119 구급현장 시나리오

제2판

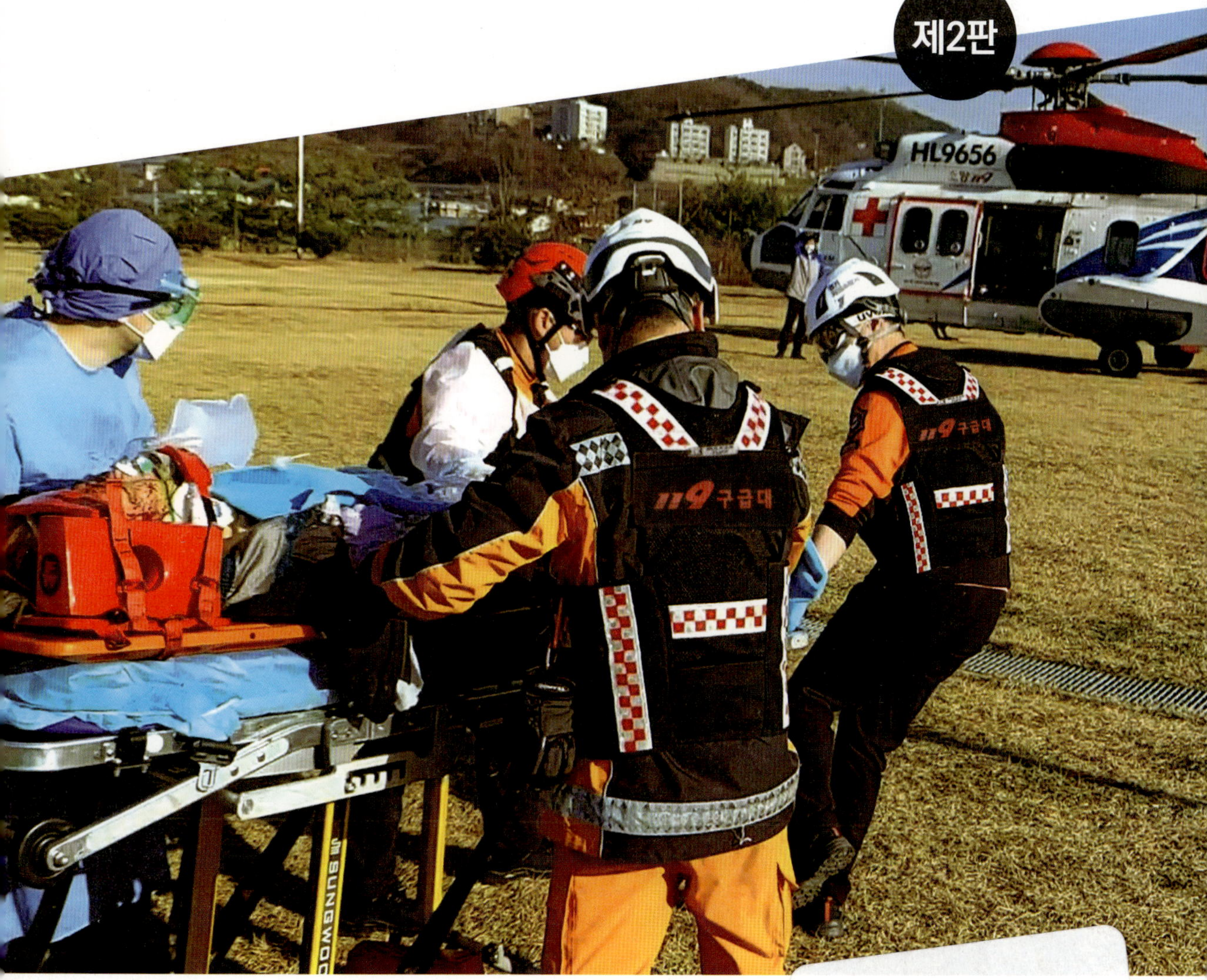

도서출판
한미의학

COI(Confict of interest)에 대한 법적 책임에 대한 고지

이 책에서 언급되는 의학적 견해와 구급장비에 대한 내용은 응급구조학, 응급의학, 간호학 일부, 소방청 119구급대원 현장응급처치 표준지침, 특별구급대 지침을 준용하고 있습니다.

특정 장비와 관련한 부분은 제조 및 유통 업체의 공개 자료를 참고하였으며, 집필진과 직간접적으로 이해관계가 없습니다.

응급구조학은 지속해서 변하는 과학의 일부로서 현장 활동과 관련한 의학적 견해는 출간 시점과 그 이후에도 정확한 지침이나 진리라 할 수 없습니다. 또한 이 책에 관한 내용은 현장 상황을 살펴보며 제작된 것이므로 임상적인 적용과 자격 및 면허에 따른 업무 범위에 대한 부분은 해당 부서의 지침에 따라야 할 것입니다.

119 구급현장 시나리오

1판 1쇄 발행 2016년 5월 20일
3쇄 발행 2021년 7월 12일
2판 1쇄 발행 2023년 5월 18일

지은이 박윤택, 김준호
펴낸이 이광재
펴낸곳 도서출판 한미의학(2023 Printed in Korea)

책임편집 서영주
본문편집 오인택
책임교정 이순례, 박순옥
마 케 팅 이종희, 이상빈
경영지원 이종희, 박희숙

출판등록 1999년 7월 13일 제22-1586호
주소 서울시 마포구 동교로23길 36 리앤리빌딩
전화 02-336-3477
팩스 02-336-6762
메일 k_medical@hanmail.net
www.hanmibook.co.kr

ISBN 979-11-90322-53-9 93510
정가 37,000원

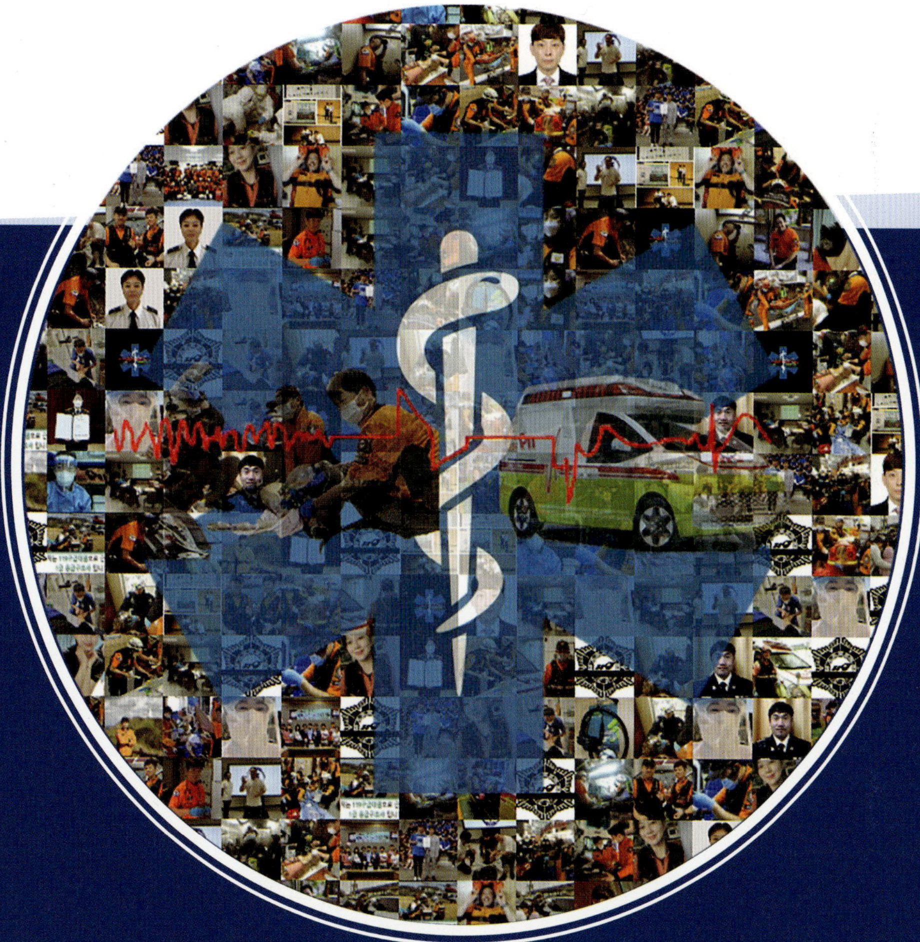

응급의료 시스템의 상징인 생명의 별 아래

꺼져가는 생명을 살리는 119 구급대원들의 이야기

서문

2006년 출간된 '119 현장 사례로 본 한국형 병원 전 시나리오'는 현직 구급대원과 응급의학과 의사로 구성되어 실제 출동 사례를 분석하는 'P-EMS(병원 전 응급의료종사자 사례 연구 모임)'에서 다뤘던 자료를 기반으로 제작된 도서로 독자들의 많은 관심을 받았습니다.

이에 힘입어 필자는 지난 17년간의 경험을 바탕으로 실제 출동 사례를 출동 단계, 현장 단계, 이송 단계로 나누어 구급대원이 질병과 사고에 따라 수행해야 하는 절차, 구급활동일지 작성법 등 현장에서 일어날 수 있는 구급 현장 전반에 관한 내용을 모았습니다.

특히 의학용어를 한글화하고, 모든 사례는 실제 수행했던 개인별 역할에 따른 팀워크 활동을 소개했습니다. 문자로 이해시키기 어려운 부분과 구급일지는 QR-Code를 통해 추가적 학습이 가능하도록 했습니다.

현장 단계는 환자가 호소하는 내용에 따른 타 질환(문제) 감별진단 검사, 병원 전 처치 노하우, 병원 선정 요령, 의료지도 방법, 의료진 인계, 특별구급대를 통한 전문 응급처치, SALS(스마트 소생술)의 경험을 독자가 현장에 있는 느낌으로 소개했습니다.

준비 단계에서부터 경험이 풍부한 서포터즈(김영부, 김희태, 안지원, 오석, 이승재, 최은정, 김훈), 여러 지도 의사, 병원 응급실 간호사, 전문 병동 의료진과 구급대원의 소통에 대한 부분을 조사하여 현장과 병원 단계의 연계성을 높였습니다.

구급장비와 관련한 부분은 필자의 다른 저서 '구급장비 운영론'과 병행 가능하도록 제작했습니다.

이 책의 의학적 근거와 응급구조학의 근거를 검토해주신 감수자 국군수도병원 박세훈 교수님, 선문대학교 응급구조학과 박영석 교수님, 감별진단법 인용을 허락해 주신 한국의과대학 의학전문대학원협회 한희철 이사장님께 감사드립니다.

끝으로 늘 소방관을 위한 도서 출간에 도움을 주시는 도서출판 한미의학 이광재 대표님과 양질의 도서를 위해 온 힘을 다해 주신 임직원 여러분께 감사드립니다.

현직 구급대원과 구급대원이 되고자 하는 학생, 소방 구급대원을 준비하는 수험생들에게 많은 도움이 되기를 소망합니다.

2023년 5월 10일

대표저자 박윤택

서문

"부상자의 운명은 맨 처음 드레싱을 시행하는 바로 그 한 사람의 손에 달려 있다."

이 말과 같이 질병으로 인한 위급한 상황이나 사고 현장 속에서 환자를 처음 만나는 구급대원의 중요성은 그 어떤 말로도 다 표현하기 어렵습니다.

현장에서 환자를 만날 때는 스스로 잘하고 있는지에 대해 늘 마음을 졸였고, 환자를 이송하고 병원에 인계한 이후에는 밀려드는 후회를 감당해야 했습니다. 이렇게 다양한 감정의 변화 속에서 10년의 구급활동 현장을 지켰습니다.

어떠한 현장에서도 정답은 없다고 생각합니다. 이 저서에 소개한 사례에서도 제가 한 현장 활동이 정답이라고 말씀드릴 수 없습니다. 하지만 이러한 사례를 공유함으로써 소방 구급대원을 준비하시는 분들에게는 간접적인 경험이 되고, 이미 현장에 계신 구급대원들에게는 새로운 경험과 함께 본인의 경험과 비교할 기회를 제공할 것입니다.

이제는 현장을 떠나 대학에서 학생들과 함께하고 있지만, 이번 출간으로 인해 지난 구급 현장을 돌아보며 부족하지만 꼭 필요한 사례를 공유할 수 있게 되어 뜻깊은 시간이었습니다. 어떤 분들에게는 필요한 내용일 수도 있고 어떤 분들에게는 부족한 내용일 수 있겠지만 이러한 노력이 구급 현장을 개선시키고 배움과 토론의 시작점이 될 수 있기를 기원합니다.

2023년 5월 10일

김준호

1판 서문

응급의료체계(emergency medical services system)는 응급의료를 신속하고 효과적으로 구현하기 위한 체계로, 응급환자 발생 시 병원 전 단계와 병원 단계에서 적절한 응급조치와 신속하고 안전한 이송을 거쳐 전문적인 응급진료를 받을 수 있도록 하기 위한 것이다.

병원 전 단계에 출동하는 구급대원의 현장은 수많은 위험과 범죄에 노출되어 있으며, 매번 새롭고 특수한 상황을 맞이하게 되는 경우로 이는 초보 구급대원에게 있어 종종 현장 스트레스로 작용하기도 한다.

현장 활동의 지침과 경험에 의한 노하우를 소개받을 수 있는 도서가 소개되고 있기는 하지만 외국 서적을 번역하고 있는 실정으로 우리나라 구급대원의 업무 범위와 업무 환경이 달라 한계로 지적되고 있어, 이런 부분을 조금이나마 해소하고자 지난 5년간 P-EMS(병원 전 응급의료 종사자 사례연구모임)를 운영하면서 수집한 현장 시나리오를 엮어 구급대원으로 성장하는 많은 응급의료인을 위해 2년의 노력 끝에 완성하게 되었다.

이 사례집에는 현재 구급대원으로 활동하고 있는 공동 저자 10명의 실제 사례를 재현하였다. 신입 구급대원이 되었을 때 느꼈던 감정과 경험, 외국의 EMT들과 우리 구급대원들과의 업무 범위에서 오는 전문적 치료의 차이, 학생 때 배웠던 지식과 신입 구급대원이 되어서 현장에서 느끼는 현실감 등의 차이를 줄이고 현장에서 활동하는 선배들의 노하우를 실제 사례를 통해 제시함으로써 조금이나마 도움이 되었으면 한다.

아무런 출판 경험이 없이 사례집을 발간하기까지 고생한 P-EMS의 공동저자와 기획 단계에서 큰 도움을 주신 여러 교수님들, 포기하지 않도록 곁에서 묵묵히 지켜봐 주신 천안 열린365의원 최덕수 원장님, 그 외 많은 도움을 주셨던 응급의료 종사자분들, 마지막으로 출간에 도움을 주신 도서출판 한미의학 이광재 대표님과 편집부 임직원에게 깊은 감사를 드린다.

2016년 5월 4일

한국형 병원 전 시나리오 대표저자 **박윤택**

저자 소개

박윤택

소방청 경북소방본부 경주소방서 근무
대한심폐소생협회 BLS-Instructor
소방청 구급지도관
소방청 구급대원I 과정 교재개발위원
소방청 119구급대원 현장응급처치 표준지침 개정단(2019)
(사)응급구조사협회 보수교육 교재개발위원(2022~2023)
(사)응급구조사협회 소방이사(2016~2019)
경기소방학교 구급외래 교관(2010~2020)
『119 현장 사례로 본 한국형 병원 전 시나리오』 출간(2016)
『구급장비 운영론』 출간(2021)
『응급구조학 총론』 공저(2023)

김준호

동남보건대학교 응급구조학과 교수
사)대한응급구조사협회 법제·정책위원장
(사)대한응급구조사협회 보수교육 교재개발위원(2022~2023)
(사)대한응급구조사협회 전문응급처치강사
대한심폐소생술협회 KALS, BLS, KBLS-Instructor
중앙소방학교, 경기소방학교, 경기남부지방경찰청 외래교수
『응급구조사를 위한 응급의료에 관한 법률』 출간(2021)
前 소방청 경기소방본부 화성소방서 근무
前 해양경찰청 군산해양경찰서 122 구조대 근무
前 삼성전자 탕정사업장 환경안전 2그룹 근무
前 고려대학교 구로병원 근무

집필을 함께하신 분

저자 박윤택 경북소방본부 응급구조사
김준호 동남보건대학교 응급구조과 교수

편집 최은정 경북소방본부 간호사

감수 박세훈 국군수도병원 응급의학과 교수
[前 소방청 119구급과 정책협력관(의무사무관)]
박영석 선문대학교 응급구조학과 교수[前 대전소방본부]

도움 주신 분(서포터즈)

경기소방본부 김영부, 오석 응급구조사
서울소방본부 김희태 응급구조사
강원소방본부 안지원 응급구조사
경북소방본부 이승재 응급구조사, 최은정 간호사
하나병원 김훈 응급구조사

1판 집필진

편집 위원
박윤택 경북소방본부(前 경기소방본부)
박주호 경북소방본부
최덕수 화성디에스병원장

공동 저자
김명진 경기도소방본부
김희은 경기도소방본부
나철욱 경기도소방본부
박신혜 교통대학교 응급구조학과 (前 충북소방본부)
박윤택 경북소방본부
박주호 경북소방본부
손정원 경기도소방본부
윤소정 경기도소방본부
주종만 경기도소방본부
정민규 경기도소방본부
최지인 경기도소방본부

(가나다순)

목차

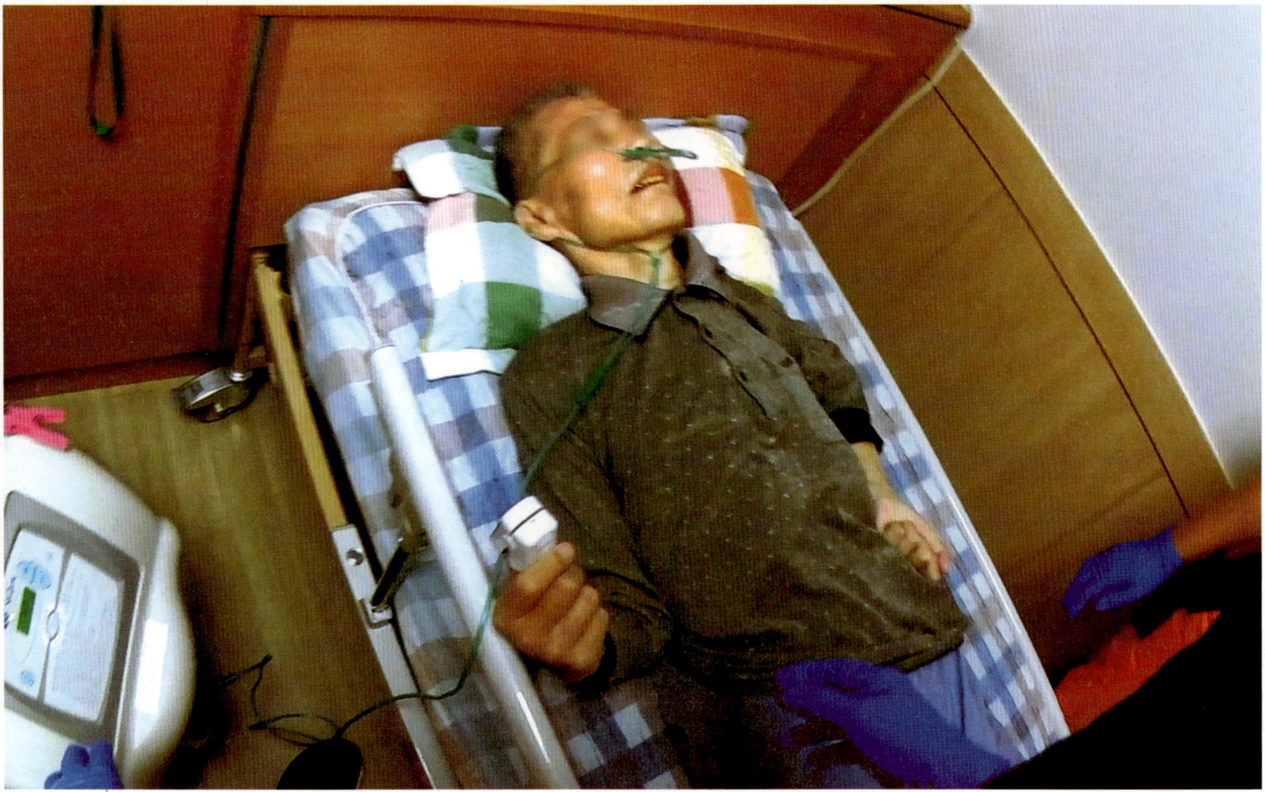

사례 1

숨쉬기가 힘들어요

목적

- 호흡곤란 환자에게 문진과 신체 검진으로 원인과 증상을 확인할 수 있다.
- 감별 진단을 통해 원인을 찾고, 증상 완화를 위한 처치 계획과 이송 단계 관리, 병원 선정 요령에 대해 학습한다.

출동 개요

출동 메시지 "구급 출동!" 장소는 ○○시 ○○동 ○○빌라
심한 호흡곤란 환자 발생

출동 정보
신고 시각 5월 20일 17:53
출동 시각 5월 20일 17:54
현장 도착 5월 20일 17:56
현장과의 거리 2km (3분 소요)

출동 인원
구급대원1 리더(처치)
구급대원2 대원(운전)

환자 정보 및 기타 정보 남자 70대 추정, 빌라 4층

출동 단계

구급차 지휘센터! 여기 ○○ 구급대 신고 내용 재송신 바람.

지휘센터 배우자가 신고한 사항으로 70대 추정 남편이 심한 '호흡곤란'이 있어 신고함.
추가로 산소호흡기가 꼭 필요하다는 요청이 있으니 참고 바람!

구급차 접수 완료!

Tip

119 신고 접수 시스템은 유선 전화의 경우 등록자 정보에 의해 정확한 지점이 파악된다.
휴대 전화는 GPS와 WiFi 지점으로 접수가 된다.
다세대 주택의 경우 신고 접수 시 동호수를 잘못 이해하는 때도 있다.
출동 단계에서 재확인하는 습관을 기르는 것이 좋다.

01 출동 중 신고자와의 통화에서 소통의 어려움(빠른 출동만을 독촉, 비협조적인 태도)이 있다면 설득 요령과 미리 파악해야 하는 정보들은 무엇인가?

02 심한 호흡곤란 증상 외 파악된 정보가 없는 경우, 준비해야 할 장비들은 무엇인가?

현장 상황

빌라 입구에 도착해 들것과 장비를 준비하여 4층으로 향한다.

빌라 문을 열고 들어섰을 때 환자는 침대 위에 누워 있고, 산소발생기에 연결된 비강캐뉼러로 힘든 호흡을 하고 있다. 산소발생기의 유량은 4L/min에 맞춰져 있고, 정상 작동 중인 것으로 보인다. 주위에 약봉지와 보행기(walker)가 보이고, 환자는 몹시 불안해하는 모습으로 숨쉬기 힘들다고 말한다. 집안에 위험 요인은 보이지 않으나 빌라 내부가 좁고 바닥 곳곳에 가재도구가 많아 보인다.

03 침상 환자(bed ridden)를 접할 때 주의점과 현장의 장애 요소는 무엇인가?

1차 평가

기본 활력징후 및 병력 청취	
의식 상태	A(명료함)
기도 및 호흡 상태	쌕쌕하는 듯한 숨소리가 들린다.
순환 상태	노동맥에서 빠르고 약한 맥박이 확인된다.

Tip

1차 평가는 생명을 직접 위협하는 징후가 있는지를 파악하는 가장 중요한 요소이다.

의식과 호흡, 맥박 상태를 파악하는 것으로 시작한다.

04 1차 평가 결과를 바탕으로 추정되는 문제는 무엇인가?

2차 평가

환자와 보호자가 안정할 수 있도록 하고 대원2는 활력징후를 평가하고, 대원1은 환자와 보호자에게 증상을 바탕으로 환자 평가 후 응급처치 계획을 세운다.

Tip

호흡곤란 증상이 발생한 원인을 찾아내고, 증상 완화를 위해 필요한 처치가 무엇인지 결정하는 단계

■ 문진과 활력징후

대원1 환자분 숨쉬기가 매우 불편하세요?

환자 (가쁜 숨을 몰아쉬며) 산소! 산소를 끊으면 안 돼요. 죽을 것만 같아요.

대원1 병원에서 호흡기와 관련해 진단 받은 병명이나 드시는 약이 있나요?

부인 병원에서 고혈압약과 이걸(정량식 흡입기를 보여 주며) 처방 받았어요.
지난밤부터 조금씩 심해지더니 이걸(정량식 흡입기) 흡입했는데도 효과가 없어요.

대원1 모두 몇 번 정도 흡입하셨어요?

부인 오늘 아침에만 3번 정도 했어요.

대원1 어떨 때 증상이 심하게 느껴지나요?(가만히 있어도, 움직일 때, 갑작스럽게?)

환자 가만히 있어도 자꾸 심해져요.

대원1 어떨 때 가장 숨이 차나요?[1)]

부인 지난밤 이후로 숨이 차다고 했어요.

대원1 환자가 열이 있지는 않았나요?[2)]

부인 모르겠어요.

대원1 숨 쉴 때 한쪽 가슴이 아프거나 가슴 뻐근함, 조이듯 아프지는 않았나요?[3)]

환자 그렇지는 않아요.

대원1 혹시 입에서 피가 나거나 침을 뱉을 때 분홍색 거품이 나오나요?[4)]

환자 그렇지는 않았어요.

대원1 담배를 오랫동안 피우셨거나 알레르기가 있나요?[5)]

환자 예전에 젊었을 때 담배를 하루 두 갑은 피웠는데 10년 전에 끊었어요.

대원1 마지막 식사는 언제 하셨나요?

부인 5시간 전에 죽을 먹였어요.

■ **신체 검진**

대원1 청진하며 "환자분 숨을 크게 들이쉬어 보세요." [호흡 보조근 사용이 관찰된다. 천명음(wheezing sound)을 확인한다.]

대원2 활력징후와 동공 반응을 측정한다. [Rt 3mm(+) / Lt 3mm(+)]

시각	혈압	맥박	호흡	체온	SpO_2	혈당
18:03	140/80 mmHg	128회/min	22회/min	36.8℃	84%	120 mg/dL

대원1 목의 기관 편위[6)]와 목동맥 팽대[7)]를 확인했으나 특이 사항이 없습니다.(가슴과 배를 보고, 누르고, 두드려[8)] 보아 특별한 문제가 없다.)

대원1 (환자와 보호자에게) 천식 증상이 있는 것으로 보입니다. 흡입기로 효과가 없으니 의료지도를 통해 분무기 처치를 해드리도록 하겠습니다.

---

1) 누울 때(순환기계), 밤(천식), 꽃(알레르기 천식), 바람(차가운 바람에 의한 천식), 불안과 스트레스(정신적 요인)의 공황 장애, 작업 환경(직업적 요인)

2) 폐렴과 연관된 질문

3) 협심증이나 공기가슴증과 연관된 질문

4) 입에서 피가 났을 때는 객혈이나 토혈의 가능성과 폐부종 증상을 의심할 수 있다.

5) 오랜 흡연에 의한 폐기종, 알레르기에 의한 천식 발작과 구별할 수 있어야 한다.

6) 공기가슴증, 무기폐와 관련

7) 심장 기능 상실(울혈성 심질환)

8) 폐심장증, 간/비장의 복수 확인

Tip

호흡 보조근 사용

호흡 보조근 영상

Tip

동공 크기

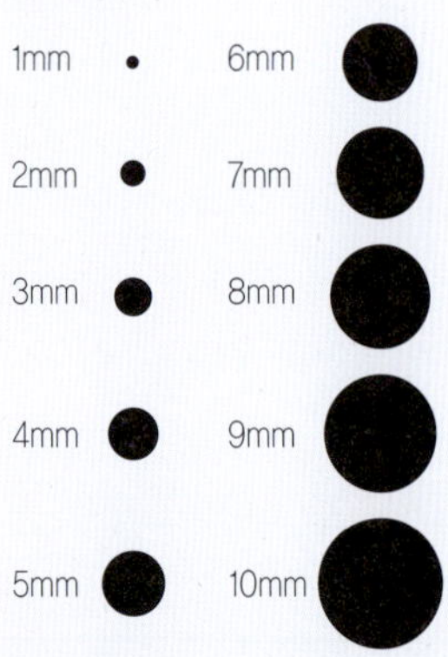

정상 동공 반응

빛에 반응할 때 2~6mm의 둥근 모양이다.

비정상 동공

빛에 반응하지 않거나 양쪽 비대칭 동공, 2mm 이하 동공, 일그러진 동공 등은 환자의 증상과 함께 관찰해야 한다.

심한 천식으로 병원과 자가 치료를 해오면서 신체적으로도 매우 쇠약하고 정신적으로 매우 불안해 보이는 듯했다. 84% 산소포화도 확인과 심전도를 확인하면서 2차 평가를 마무리한다.

05 환자에게 가장 큰 문제는 호흡곤란이다. 기관지 확장제 투여와 적절한 호흡 보조 방법은 무엇인가?

06 2차 평가 외 호흡곤란의 원인과 연관되는 질환과의 감별을 위한 문진이 있는가?

현장 심전도

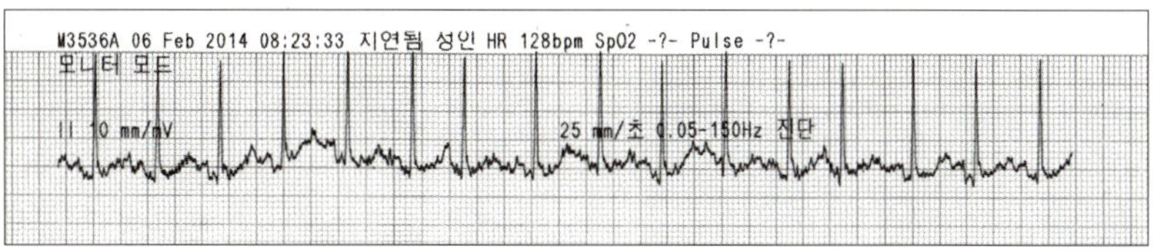

07 위 심전도에 대한 해석은?

1) 리듬이 규칙적인가? ☐ 규칙적 ☐ 불규칙적
2) 맥박수가 정상인가? (정상: 60~100회) ☐ 정상 ☐ 빠름 ☐ 느림
3) P파 너비가 정상인가? (정상 ≤ 3칸) ☐ 정상 ☐ 넓음
4) PR 간격이 정상인가? (정상 ≤ 5칸) ☐ 정상 ☐ 늘어남 ☐ P파 뒤에 R파가 없다
5) QRS 너비가 정상인가? (정상 ≤ 3칸) ☐ 정상 ☐ 좁음 ☐ 넓음
6) ST 분절은 정상인가? ☐ 정상 ☐ 상승 ☐ 하강

08 위 심전도의 혼잡한 P파는 심방세동으로 볼 것인가, 차량의 흔들림으로 인한 잡음으로 볼 것인가? 가장 적절한 분석은?

09 2차 평가 내용을 바탕으로 기록해 보자.

<table>
<tr><th colspan="7">신체 검진</th></tr>
<tr><td colspan="2">시진(눈으로 보이는 이상)</td><td colspan="5"></td></tr>
<tr><td colspan="2">청진(비정상적인 호흡음, 소리)</td><td colspan="5"></td></tr>
<tr><td colspan="2">촉진(손으로 느껴지는 이상 반응 확인)</td><td colspan="5"></td></tr>
<tr><td colspan="2">타진(소리나 반응으로 이상 반응 확인)</td><td colspan="5"></td></tr>
<tr><td colspan="2">동공 반응(빛반사/크기)</td><td colspan="5"></td></tr>
<tr><th colspan="7">활력징후</th></tr>
<tr><td>시각</td><td>혈압</td><td>맥박</td><td>호흡</td><td>체온</td><td>SpO_2</td><td>혈당</td></tr>
<tr><td>:</td><td>/ mmHg</td><td>회/min</td><td>회/min</td><td>℃</td><td>%</td><td>mg/dL</td></tr>
<tr><td colspan="2">Allergy(알레르기 유무)</td><td colspan="5"></td></tr>
<tr><td colspan="2">Medication(복용 중인 약물)</td><td colspan="5"></td></tr>
<tr><td colspan="2">Past illness(과거 병력, 수술력)</td><td colspan="5"></td></tr>
<tr><td colspan="2">Last meal(마지막 음식물 섭취 시간)</td><td colspan="5"></td></tr>
<tr><td colspan="2">Event[사고 당시 상황(기전)]</td><td colspan="5"></td></tr>
<tr><td colspan="2">Onset(발생 시점)</td><td colspan="5"></td></tr>
<tr><td colspan="2">Provocation(유발/악화/완화 요인)</td><td colspan="5"></td></tr>
<tr><td colspan="2">Quality(통증/증상의 유형)</td><td colspan="5"></td></tr>
<tr><td colspan="2">Region(연관된 통증/증상의 부위)</td><td colspan="5"></td></tr>
<tr><td colspan="2">Severity(통증/증상의 정도)</td><td colspan="5"></td></tr>
<tr><td colspan="2">Time(통증/증상 지속 시간)</td><td colspan="5"></td></tr>
</table>

현장 처치

대원1 대원2에게 비강캐뉼러로 3L/min 산소 공급을 요청하고, 분무 처치를 위해 의료지도 의사에게 연결한다.

대원1 안녕하십니까? ○○ 구급대입니다.

전일 저녁부터 발생한 호흡곤란증으로 증상이 심해 신고된 70대 남자 환자입니다. 병원에서 2년 전 천식을 진단 받았고 어제 저녁부터 호흡곤란 증상이 점점 심해 정량식 흡입기 3번에 효과가 없어 119에 신고했다고 합니다.

환자 의식은 명료하고 활력징후는

혈압	맥박	호흡	체온	SpO_2	혈당
140/80mmHg	128회/min	22회/min	36.8℃	84%	120mg/dL

를 보이며,

심전도 감시에서는 규칙적이고 정상적인 리듬을 보입니다.

가슴 청진에서 천명음(wheezing sound)이 들려 '천식'이 의심되어 초음파 분무기로 흡입 치료를 하고자 연락드렸습니다.

지도 의사 네, 대원님 말씀대로 천식이 의심됩니다. 분무기 사용을 해보신 적이 있습니까?

대원1 네, 몇 번의 경험이 있습니다.

지도 의사 벤토린 2 앰플(5mg) 분무 후 증상 호전이 있는지 관찰하시고 반응이 없으면 다시 연락 주세요.

> **Tip**
>
> **천식 환자의 산소 공급**
>
> 천식 발작 증상이 있는 경우 고유량에 의한 고농도 산소는 $PaCO_2$를 높이게 된다.
>
> 병원 전 단계에서는 증상과 SpO_2 수치에 의해 가변적으로 결정되어야 한다.
>
> 산소 맥박 포화도 측정기를 이용하여 93~95%(소아 95~97%) 농도가 유지되는 것을 목표로 한다.

---

10 올바른 초음파 분무기 사용법과 그에 따른 소아와 성인의 적절한 용량은 무엇인가?

이송 단계

분무 치료 후 5분이 지날 무렵 안정된 호흡 상태와 편한 모습을 보이기 시작한다.

분무 치료 후 활력징후는 다음과 같다.

혈압	맥박	호흡	체온	SpO_2
130/70mmHg	98회/min	18회/min	36.9℃	94%

이송 준비를 위해 비강캐뉼러 2L/min의 산소를 유지한다.

오랜 시간 침상 생활을 하는 환자로 마른 체형에 관절구축이 있으며, 좁은 집안 구조 때문에 분리형 들것이나 주들것 등은 이용하기 어렵다. 환자를 로그 롤(rog-roll) 자세로 만든 다음 응급 소형 들것 위에 올린 후 계단을 이용해서 이동한다. 구급대원이 인근 응급의료센터 이송을 알렸으나 보호자는 원거리(30km) 권역 응급의료센터로 조건 없는 이송을 요구한다.

---

11 침대에 누워 있는 환자를 구급차까지 옮기는 과정에서 주의할 사항은 무엇인가?

12 구급대원의 병원 선정과 관련하여 환자와 보호자에게 반드시 알려야 하는 것과 병원 선정에 대한 의견 차이를 어떻게 설득할 것인가?

병원 단계

병원 도착 시 응급실 입구에 도착했으나 환자는 잠시라도 산소 공급이 중단되는 것을 불안하게 생각하고 구급차에서 내리는 것을 꺼린다.

의료진이 마중 나와서 응급실에 들어가면 산소가 있으니 응급실로 들어가자고 말하지만, 환자는 극도로 불안해한다.

18:10

의료진 무슨 환자예요?

대원1 호흡곤란증으로 신고된 70대 남자입니다.
평소 침상 생활을 하고 계시며 고혈압과 천식 외 특이한 질환이 없습니다. 어젯밤부터 호흡곤란 증상이 점점 심해졌으며, 119 신고 전, 정량식 흡입기(MDM) 3회 자가 투여에 반응이 없었다고 합니다.
현장 도착 시 호흡곤란과 천명음이 있어 의료지도 후 벤토린 2앰플 분무 치료 후 증상이 호전되어 이송했고, 이송 중 증상과 관련해 특별한 이상은 없었습니다.

의료진 네, 알겠습니다. 일단 환자를 안쪽으로 옮기시죠.

13 구급차에서 응급실 의료진에게 인계하는 과정에서 주의할 사항은 무엇인가?

14 상기 사항을 구급일지에 작성해 보시오.

제한점

- 환자의 호흡곤란이 더욱 악화하더라도 구급차 내에서 환자의 상태를 호전시킬 수 있는 처치가 제한적이다.
- 병원 선정의 권한은 일차적으로 구급대원에게 있지만, 환자 병력과 관련해 치료 받는 병원 이송을 강력히 요구할 때 거절하는 것은 어려움이 있다.
  정확한 환자 평가와 이송한 병원에서 수용이 거부될 때, 상태 악화와 관련한 민원 발생의 부담이 있다.
  보호자의 요구 및 진료의 연계성을 고려해야 하며, 이송 중 응급 상황 발생 때는 최단 거리 응급의료센터로 이송함이 적절하다.
- 천식 혹은 COPD 환자는 심한 호흡곤란을 호소하기 때문에 정량식 흡입기(MDM)를 사용할 때 흡입 후 10초 이상 참는 것이 어렵다. 그러나 되도록 숨을 오래 참도록 권유해야 한다.

실전 문제

01 환자가 심한 호흡곤란과 함께 매우 불안정할 때 적절하지 <u>않은</u> 행동은?

① 즉시 고농도 산소를 흡입할 수 있도록 한다.
② 정신적 안정을 유도한다.
③ 벤츄리 마스크가 없으면 비강캐뉼러를 사용할 수 있다.
④ 휴대용 산소호흡기는 환자 이동 시 적절한 호흡 보조 장비로 사용한다.

02 환자에게 협조를 구해야 할 호흡법은 다음 중 어느 것인가?

① 환자분! 호흡을 얕게 빨리 하세요.
② 환자분! 호흡을 천천히 깊게 하세요.
③ 환자분! 호흡을 최대한 천천히 하세요
④ 환자분! 호흡을 입으로 깊게 하세요.

03 다음 심전도 분석은?

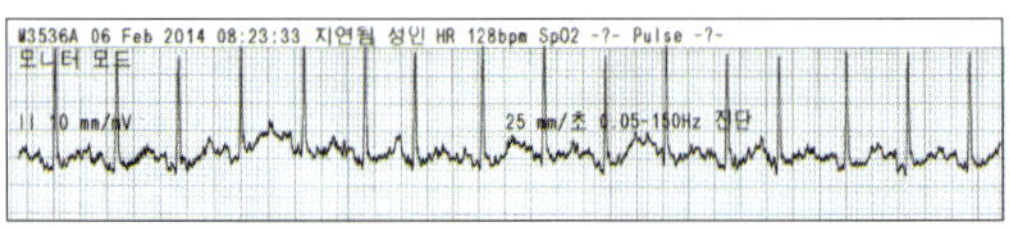

① 심방세동(atrial fibrillation)
② 심실빈맥(ventrical tachycardia)
③ 심방빈맥(atrial tachycardia)
④ 동빈맥(sinus tachycardia)

04 정량식 흡입기(MDM)의 잔량을 확인하는 방법은?

05 위 환자에게 구급차에서 산소 공급을 위해 처음 단계부터 적용할 수 있는 방법 중 가장 적절한 것은?

① 비강캐뉼러 – 3L/min
② 안면 마스크 – 8L/min
③ 벤츄리 마스크 – 산소 농도 80% 유지
④ 비재호흡 마스크 – 6L/min

06 위 환자의 병원 선정 기준에 대한 설명으로 <u>잘못된</u> 것은?

① 미리 규정된 이송 병원 선정 지침에 따른다.
② 선정 지침이 없으면 보호자의 요구에 따른다.
③ 환자의 질병 내용 및 중증도, 지역별 특성 등을 고려해야 한다.
④ 생명이 위험할 경우 의료지도 의사의 지시에 따른다.

정답 1 ②, 2 ②, 3 ④, 4 무게와 물에 뜨는 정도로 확인할 수 있다. 5 ①, 6 ②

1–② 정신적 안정은 심리적 문제가 원인일 때 도움이 될 수 있다. 하지만, 그 자체만으로 해결할 수는 없으므로 산소 요법과 함께 적용해야 한다.

2–② 되도록 안정을 취할 수 있도록 천천히 그리고 깊게 호흡을 유도한다.

3–④ 심방세동은 호흡곤란을 동반하는 COPD 환자에서 관찰될 수 있는 부정맥이다.

심방세동의 판별에는 다섯 가지의 일반적인 규칙이 있다.

1) RR 간격이 불규칙

2) P파가 보이지 않는다.

3) QRS 사이에 불규칙한 기준선의 존재

4) 심박수 130회 이상

※ 심방세동은 리듬이 불규칙한 것이 특징이다. 동빈맥은 환자의 상태를 먼저 관찰해야 한다.

4- 구급대에서는 감염 방지를 위해 1회 1인 사용 후 폐기를 원칙으로 하므로, 잔량을 확인하는 일은 없다.

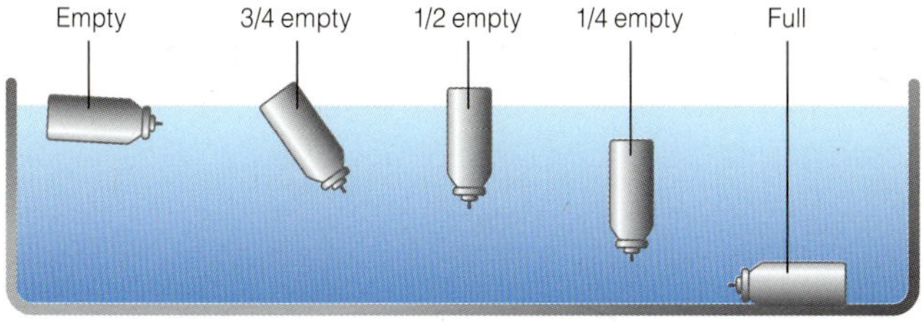

정량식 흡입기(MDM)는 표면에서 잔량을 확인하는 방법은 없고, 200회 사용할 수 있다.

1) 환자는 자신의 사용 횟수를 기록(억)하는 방법으로 잔량을 확인하거나

2) 물에 빠트려 그림과 같이 잔량을 확인하는 방법이 소개되고 있다.

5-① 벤츄리 마스크는 환자의 상태에 따라 15L/min(50%) 이상 넘지 않도록 하고, 안면 마스크와 비재호흡 마스크는 COPD 환자에게 적절하지 않다.

6-② 이송 병원 선정 지침이 없으면 환자의 치료에 적합하고 최단 시간에 이송이 가능한 의료기관으로 이송해야 한다.

[119구조·구급에 관한 법률 시행령 제12조]

사례 풀이

01 출동 중 신고자와의 통화에서 소통의 어려움(빠른 출동만을 독촉, 비협조적인 태도)이 있다면 설득 요령과 미리 파악해야 하는 정보들은 무엇인가?

가. 출동 중에 통화하고 있음을 알리며(출동하지 않고 전화만 하는 것으로 오해하기도 한다), 거리와 대략적인 시간을 알려 안심시킨다.

1) 출동지령서의 위치 재확인(주소, 아파트 등의 구조물 확인)
2) 환자의 과거력 파악
3) 현재 상태(의식, 호흡, 증상의 유형) 파악
4) 증상이 발생하기 전에 어떤 상황(행동)이었는가?
5) 출동지령서의 위치를 재확인(집 주소, 건축물의 형태, 주변 건물에는 무엇이 있는지, 몇 층에 환자가 있는지, 문은 개방되어 있는지에 대한 사항은 환자 운반을 위한 들것 사용과 장비 운반 계획에 도움이 된다.)

나. 출동 중 호흡곤란의 원인이 급성 또는 만성적 요인인지 파악한다.

또는 만성적 질병에 급성 질병이 겹친 것인지 파악해야 한다. 만약, 급성 증상[정신적(공황 장애)], 천식, 심혈관 질환, 흉부외상(공기가슴증, 혈흉), 기도폐쇄 등이 있는가를 확인한다면 필요한 장비와 추가 인력, 지휘센터 요청에 의한 이송 병원 선정에 도움이 된다.

어떤 상황에서 발생하게 되었는지에 대한 과거력과 상관관계를 파악하는 것은 증상의 원인을 알아낼 수 있고 처치에 도움이 된다.

현장 진입에 방해가 되는 요소가 있는지 확인하여 어떤 유형의 들것을 준비해야 하는지도 확인한다. 이러한 활동이 출동 중인 대원에게 상황 대처를 이미지화하여 심리적인 안정감과 대처 능력 향상에 도움을 줄 수 있다.

02 심한 호흡곤란 증상 외 파악된 정보가 없는 경우, 준비해야 할 장비들은 무엇인가?

주 증상과 관련되는 장비가 무엇인가에 중점을 둔다.

호흡기계 문제가 있는 만성질환자 중 일부는 '가정용 산소발생기'를 사용한다. 의료용 산소와 달리 1~5L/min, 산소 농도 93±3%의 산소를 발생시키므로 응급 상황에서는 반드시 의료용 산소를 휴대해야 한다.

기본적으로, 구급대원 대부분은 활력징후 측정과 관련된 기본 장비들을 휴대용 가방에 준비하고 있고, 거동이 불편한 경우 건축물의 구조에 따라 휴대용 들것 등을 휴대한다.

활력징후 측정 세트

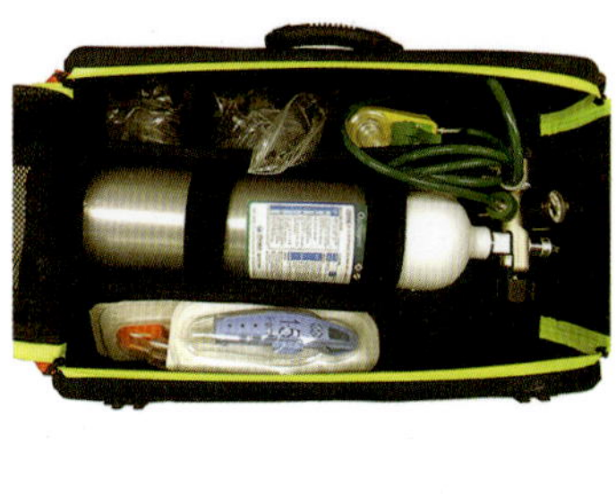

산소소생기 세트

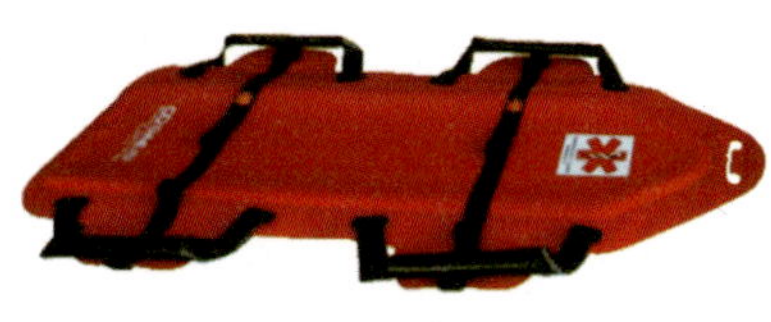

응급 소형 들것

그 외, 심혈관 응급 상황에 대비하여 산소 가방(산소 탱크와 수동/자동식 산소소생기, 산소마스크, 기도유지기 등), 심장충격기(부정맥과 심정지에 대비), 천식 증상 완화를 위한 휴대용 네블라이저 등을 생각할 수 있다.

03 침상 환자(bed ridden)를 접할 때 주의점과 현장의 장애 요소는 무엇인가?

침상 환자는 대부분 기저 질환에 의해 건강 상태가 좋지 못한 경우, 식사와 대소변까지 침상에 누워 일상생활을 하는 환자를 말한다.

- 피부: 욕창 발생
- 소화기: 움직임 감소에 따른 변비, 혹은 지속적인 설사로 인한 구조자의 감염 위험성
- 비뇨기: 소변 정체로 요로감염 위험성
- 호흡기: 폐활량 감소, 움직임 감소로 가래 등 분비물을 뱉어내지 못해 기관지염이나 폐렴 발생 위험이 크다.
- 심혈관계: 심박출량 감소, 혈액순환 저하로 저혈압과 부종이 있을 수 있다.
- 근골격계: 가동관절 움직임 감소로 인해 근 위축, 관절구축이 있어 이동 시 골절 위험이 있다.

04 1차 평가 결과를 바탕으로 추정되는 문제는 무엇인가?

쌕쌕하는 듯한 숨소리는 폐에서 기관지를 거쳐 입 밖으로 나가는 통로에서 발생하는, 강한 수축에 의한 공기 저항 소리로 보인다.

충분하지 못한 환기량으로 인해 SpO_2 수치가 떨어져 있을 것으로 추정된다.

손목동맥에서 빠르고 약한 맥박의 존재는 호흡곤란으로 인한 보상 기전에 의한 것으로 보인다.

05 환자에게 가장 큰 문제는 호흡곤란이다. 기관지 확장제 투여와 적절한 호흡 보조 방법은 무엇인가?

정량식 흡입기는 올바르게 사용한다고 하여도 실제 폐로 전달되는 약물은 10~20% 정도로 알려져 있다.

A F wilson Etc 연구에 의하면 MDI를 사용 전에 따뜻하게 데워 사용하면 약물 입자의 크기가 작아지며 상기도를 통과하는 확률이 17.7%에서 32.2%로 크게 증가했다고 한다. 입자가 작아지고 폐 말초 부위의 침착이 증가될 때 효능이 좋아진다는 결과이다. 연구자는 MDI를 사용 전 양 손바닥으로 쥐어잡고 손을 비비듯하여 가온할 수 있으며, 사용 전에 충분히 흔드는 것이 약물 입자들이 부딪히면서 온도가 오르는 데 도움이 된다고 했다. 고농도의 약재가 포함되도록 조절되어 있으며, 성인 기준 1회 1번(100㎍) 분무하고 최대 2번까지 분무할 수 있다. 24시간 내에 8번을 초과해서 분무하지 않아야 한다.

의식이 있는 환자의 경우 사용 방법에 대해 충분히 설명한 뒤에 사용하도록 하는 것이 효과적이며, 소아나 의식 장애 환자에게는 적용하기 매우 어렵다.

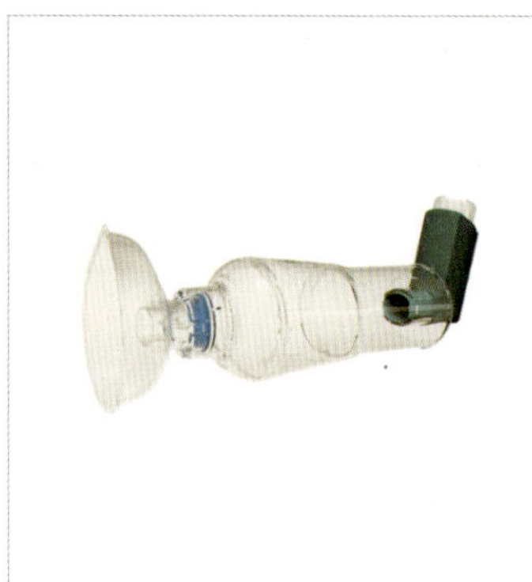

정량식 흡입기(에보할러)와 보조 흡입기의 사용

가. 특징: 기관지 천식 환자에게 가장 보편화된 기관지 확장제로 저렴하고 휴대하기가 쉽다.

금속 용기 안에 고압가스 추진체와 약물을 혼합한 형태로, 플라스틱 밸브에 연결한 후 용기를 누르면 계량 밸브가 열리면서 약물이 분출되는 형태이다. 1회 분출량이 일정해서 '정량식 흡입기'라고 부르고 있다.

연구에 의하면 환자나 응급의료 종사자들도 올바른 사용법을 지키지 못하면 효과가 미비할 정도로 사용 방법이 중요하다. 최근에는 보조 흡입기(spacer)를 사용하면 약물이 원통 안에 남아 있어, 호흡기 사용법에 서툰 환자의 흡입을 도와주어 폐까지 도달하는 약물의 양을 증가시킬 수 있도록 하고 있다.

나. 사용 방법

1) 환자에게 흡입기 사용법을 교육한다.
2) 흡입기 뚜껑을 연 뒤 강하게 3~4회 흔들어 골고루 섞이게 한다.
3) 흡입 전에 강하게 숨을 끝까지 내쉰다. 기관지 내 공기를 비우고 약물을 충분히 흡입하기 위함이다.
4) 머리를 뒤로 젖힌 자세로 입술로 흡입구 입구를 문다. 1~10초까지 숨을 들이쉬면서 2~3초 사이에 흡입기를 세게 누른다. 이때 코를 잡고 들이마시면 더욱 효과가 좋다.
5) 약물을 들이마시고 약 10초간 숨을 멈춘다.
6) 천천히 숨을 내쉬며 증상을 관찰하고 효과가 없을 때 1분 간격을 두고 한 번 더 반복한다.

06 2차 평가 외 호흡곤란의 원인과 연관되는 질환과의 감별을 위한 문진이 있는가?

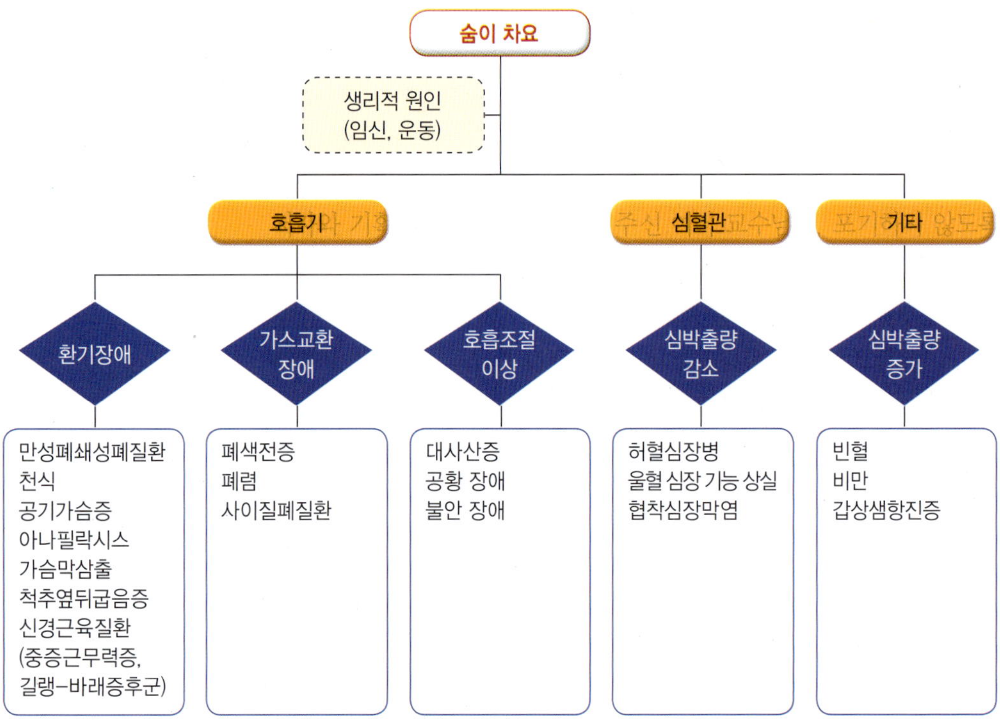

출동 단계에서 급성과 만성 질환의 유무를 판단했다면, 현장 단계에서는 증상을 유발하는 직접적인 원인 조사에 집중해야 한다.

병력을 바탕으로 호흡곤란증이 급/만성적인 상태로 나타났다.

몇 가지 평가에서 호흡곤란과 천명음, 병원에서 처방 받은 정량식 흡입기의 소지에서 만성폐쇄성폐질환 중에서 '천식'에 의한 기관지 수축이 문제라는 것을 찾아낼 수 있었다.

그 외에도 호흡곤란증과 관계되는 문제로 열이 동반될 때 폐렴을 의심할 수 있고, 심박출량이 떨어질 때는 허혈성 심장질환에 의한 호흡곤란증으로 응급 상황이 발생할 수도 있음을 알아야 한다.

응급 상황은 아니지만, 현장에서 흔히 만날 수 있는 신경정신과 관련한 공황 장애나 불안 장애와 동반되는 경우 증상이 악화하는 것처럼 보이기도 한다.

07 위 심전도에 대한 해석은?

1) 리듬이 규칙적인가? ☑ 규칙적 ☐ 불규칙적
2) 맥박수가 정상인가? (정상: 60~100회) ☐ 정상 ☑ 빠름 ☐ 느림
3) P파 너비가 정상인가? (정상 ≤ 3칸) 거칠고 톱니처럼 보인다
4) PR 간격이 정상인가? (정상 ≤ 5칸) 혼잡한 P파로 PR 간격을 구분할 수 없다
5) QRS 너비가 정상인가? (정상 ≤ 3칸) ☐ 정상 ☑ 좁음 ☐ 넓음
6) ST 분절은 정상인가? ☑ 정상 ☐ 상승 ☐ 하강

※ 환자는 불안과 빠른 호흡으로 동빈맥을 보이고 있다.

08 위 심전도의 혼잡한 P파는 심방세동으로 볼 것인가, 차량의 흔들림으로 인한 잡음으로 볼 것인가 가장 적절한 분석은?

심방세동은 심방의 근육층 여러 곳에서 전기가 발생되어 전기가 전도로를 타고 내려간다.

제대로 된 P파가 없으며 350~600회/분 심박수를 보여 심실 반응도 불규칙적이다.

PR 간격은 측정 불가, QRS 0.12초 미만을 보인다.

이 환자는 동빈맥으로 QRS의 간격이 비교적 규칙적이므로 전형적인 심방세동으로 보기 어렵다.

환자의 증상과 주 호소를 참고하여 특이한 심장성 이상 소견이 없다면 심전도 신호의 잡음으로 추정해 볼 수 있다.

환자 증상이 가슴 답답증과 숨 가쁜 느낌이므로 구분하기가 어렵기도 하다. 환자의 과거력을 문진하고 이송 중에는 호흡 양상과 환자의 상태를 지속해서 관찰해야 한다.

09 2차 평가 내용을 바탕으로 기록해 보자.

신체 검진	
시진(눈으로 보이는 이상)	호흡 보조근 사용, 목동맥이 약간 굵어져 보이나 전신 부종은 발견되지 않음
청진(비정상적인 호흡음, 소리)	양측 거친 천명음
촉진(손으로 느껴지는 이상 반응 확인)	이상 반응 없음
타진(소리나 반응으로 이상 반응 확인)	이상 반응 없음
동공 반응(빛반사/크기)	Rt 3mm(+)/Lt 3mm(+)

활력징후						
시각	혈압	맥박	호흡	체온	SpO_2	혈당
18:03	140/80mmHg	128회/min	22회/min	36.8℃	84%	120mg/dL

Allergy(알레르기 유무)	특이 사항 없음
Medication(복용 중인 약물)	신고 전 정량식 흡입기(MDM) 3회 사용, 고혈압약
Past illness(과거 병력, 수술력)	기관지 천식, 고혈압
Last meal(마지막 음식물 섭취 시간)	점심으로 죽을 먹고 5시간 정도 지난 상태
Event[사고 당시 상황(기전)]	특이 사항 없음
Onset(발생 시점)	누워 지내는데 지난밤부터 갑자기 증상이 발생
Provocation(유발/악화/완화 요인)	특이 사항 없음
Quality(통증/증상의 유형)	숨쉬기 어려움
Region(연관된 통증/증상의 부위)	가슴(호흡기계)
Severity(통증/증상의 정도)	VAS 7점
Time(통증/증상 지속 시간)	전일 저녁부터 점점 심해지고 있다.

- 참고: VAS(visual analog scale)

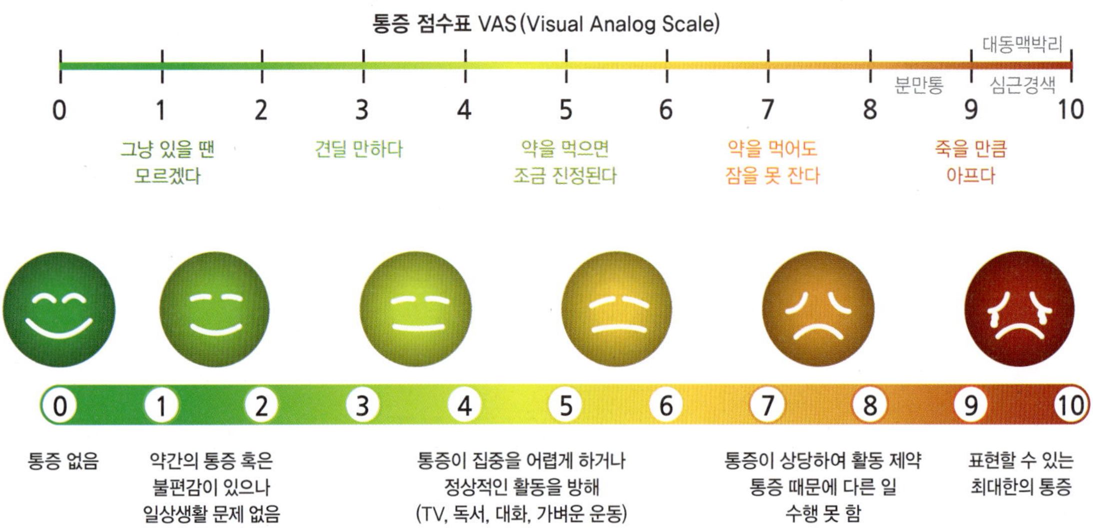

10 올바른 초음파 분무기 사용법과 그에 따른 소아와 성인의 적절한 용량은 무엇인가?

연무식 흡입기(Nebulizer)

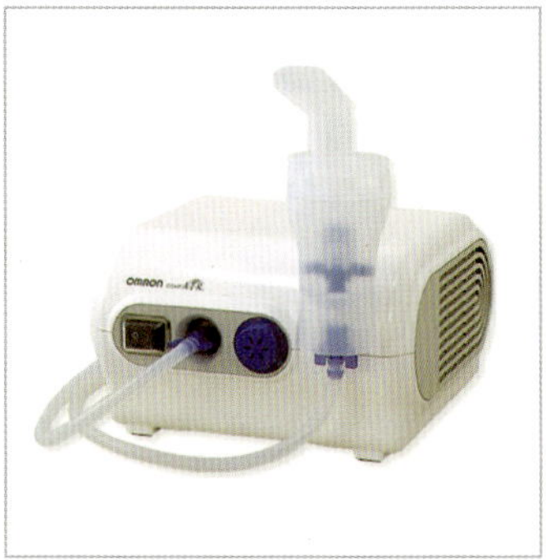

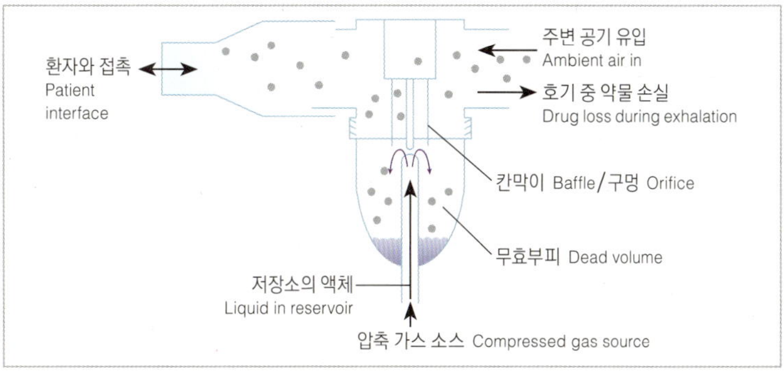

압축공기 분사 방식(Jet flow)

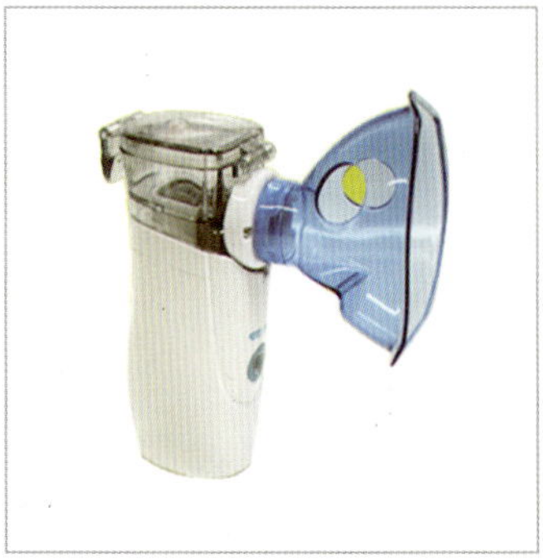

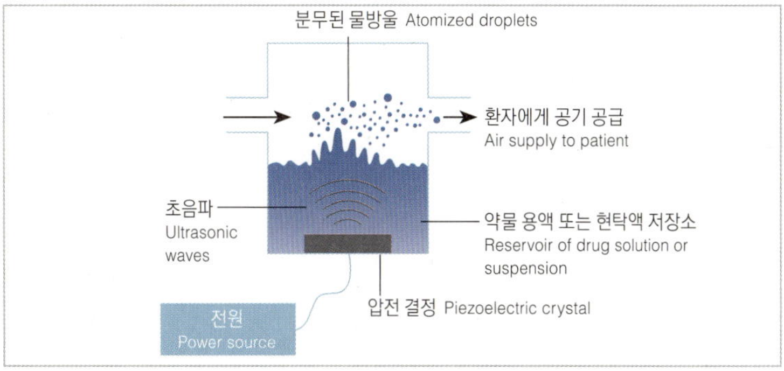

초음파 방식

가. 특징: 약물을 미세한 입자 형태로 분해(에어로졸)하여 폐포까지 약물을 전달하는 방식이다.

약리 효과가 빨라 응급 상황에 적합하여, 정량식 흡입기에 반응하지 않는 환자에게 사용한다. 작동 방식에 따라 압축공기 분사 방식과 초음파 진동자에 의한 방식으로 구분한다.

압축공기 분사 방식은 많은 양의 약을 호스로 연결해서 누워 있는 환자에게도 공급할 수 있지만, 부피가 크고 소음이 심해 소아 환자에게 거부감이 심하다.

초음파 방식은 부피가 매우 작고, 배터리로 작동할 수 있고, 소음이 거의 없는 장점이 있다. 분무량이 적어 약물을 환자에게 전달하는 힘이 약하기에 입에 가까이 붙여서 사용해야 한다. 기기 특성상 누워 있는 환자에게 적용은 매우 어려운 단점도 있다. 휴대성과 배터리 작동 등의 장점으로 인해 병원 전 단계에서 널리 사용하고 있다.

나. 사용 방법:

1) 흡입 약물과 마스크를 준비하고 전원 코드 연결 또는 배터리를 준비한다.
2) 약물 투입구(chamber) 뚜껑을 열고 약물을 주입한다.
   [성인 2앰플(5mg), 소아 1앰플(2mg)]
3) 마스크 또는 마우스피스를 끼우고 환자에게 설명한다.
4) 전원 버튼을 눌러 분사가 잘 되는지 확인한다.
5) 환자가 직접 투여하도록 하거나 환자에게 투여를 돕는 방식으로 약 5~10분간 투여한다.
6) 전원을 끄고 세척한다.

11 침대에 누워 있는 환자를 구급차까지 옮기는 과정에서 주의할 사항은 무엇인가?

침상 생활이 있는 환자는 침상을 벗어나는 것에 대해 불안감을 느끼는 경우가 많으므로 의식이 있는 경우에는 이동 계획에 대해 충분한 설명을 해주어 불안감을 최소화하는 노력이 필요하다.

침상 생활이 긴 환자는 근 위축과 관절구축이 있을 수 있으므로 이동 시에 골절 발생 위험이 있어 환자가 깔고 있는 바닥 시트와 함께 들것으로 이동하는 것이 추천되며, 낙상에 특히 주의해야 한다. 또는, 로그 롤을 통해 체위를 변경시킨 후 응급 소형 들것을 밀어 넣는 방법이 추천된다. 공통적으로는 이동 시 유치 도뇨관(foley catheter), 비위관(levin tube), 산소연결관 등이 빠지지 않도록 조치해야 한다.

12 구급대원의 병원 선정과 관련하여 환자와 보호자에게 반드시 알려야 하는 것과 병원 선정에 대한 의견 차이를 어떻게 설득할 것인가?

환자는 원거리 권역 응급의료센터 이송을 원하고 있다. 평소 치료하고 있는 것이 대부분 사유인데 원거리 이송으로 인해, 환자의 호흡곤란 상태가 언제든지 악화하여 위험한 상황이 발생할 수 있음을 알린다. 환자나 보호자가 의학적 상황에 대해 수긍하지 못한다면 의료지도(medical oversight)를 통해 연결할 수도 있다.

그런데도 원거리 이송에 대해 이견이 조율되지 못한다면 구급일지에 **"본 구급대는 환자의 추가 손상 및 악화(사망 등) 방지를 위해 응급처치에 적합하고 최단 시간 이내에 이송이 가능한 ________으로 이송을 권유했으나 ________씨가 원하는 대로 ________으로 이송함에 따라 발생하는 민사·형사상 책임을 지지 않습니다. 위 내용을 고지합니다."**라고 기록하여 향후 민원 발생에 대비하도록 한다.

만약, 이송 중 환자의 상태가 악화할 때는 가장 가까운 병원으로 이송할 것임을 추가로 안내해야 한다.

119 구급대원 현장응급처치 표준지침(이송대상기관 선정 및 결정)

The Standard Protocols for 119 Emergency Medical Services Providers

◈ 응급환자의 이송에 있어 소방청장 또는 소방본부장이 작성한 이송 병원 선정 지침(119법 시행령 제12조 제3항)이 있는 경우 그에 따른다.

1. 외상 환자

○ 중증 외상 환자(중증 외상에 대한 정의는 "다발성/중증손상" 지침 참조)
- 중증 외상의 기준에 해당하는 경우 중증 외상 진료가 가능한 가까운 권역 외상센터 및 외상전문의 수련센터 선정 병원으로 이송함을 원칙으로 하되, 권역 외상센터 선정 병원 등 지역별 여건에 따라 의료지도 등을 받아 치료가 가능한 가까운 지역 응급의료센터로 이송할 수 있다.
- 권역 외상센터가 선정되지 않은 지역의 경우 중증 외상 진료가 가능한 가까운 지역 응급의료센터 이상의 응급의료기관으로 이송함을 원칙으로 한다. 단, 행정구역상의 권역 외상센터보다 다른 광역시·도 권역 외상센터로 이송하는 것이 더 가까운 경우 가장 가까운 권역 외상센터 선정 병원으로 이송할 수 있다.
- 응급의료 취약 지역의 경우 헬기 등을 이용하여 권역 외상센터 선정 병원으로 이송하거나, 지역별 여건에 따라 치료가 가능한 가장 가까운 지역 응급의료기관 이상의 의료기관으로 이송할 수 있다.
- 현장거리, 교통체증 등으로 구급차를 이용한 이송이 헬기 이륙 소요시간(약 15분) 및 현장까지 소요예상 비행시간 등보다 더 많은 시간이 소요될 것으로 판단될 경우에는 헬기이송을 요청하고 지시에 따른다.
- 위 기준에도 불구하고 이송 병원 선정이 어려운 경우 직접 의료지도를 요청하고 지도에 따른다.

○ 경증 외상 환자
- 경증 외상 환자의 경우 가장 가까운 지역 응급의료기관으로 이송한다.
- 지도 의사의 지도가 있는 경우 혹은 환자 치료에 더 적합하다고 판단되는 경우 가장 가까운 지역 응급의료기관을 우회하여 이송할 수 있다.

2. 비외상 환자

○ 중증 응급 환자

- 가까운 지역 응급의료센터 이상의 의료기관으로 이송함을 원칙으로 하되, 지역별 여건에 따라 의료지도 등을 받아 치료 가능한 가까운 지역 응급의료기관으로 이송할 수 있다.
- 응급의료 취약 지역일 경우 가장 가까운 응급의료기관 이상의 의료기관으로 이송한다.
- 위 기준에도 불구하고 이송 병원 선정이 어려운 경우 직접 의료지도를 요청하고 지도에 따른다.

○ 경증 응급 환자

- 가장 가까운 지역 응급의료기관으로 이송하는 것을 원칙으로 한다.
- 지도 의사의 지도가 있는 경우 혹은 환자 치료에 더 적합하다고 판단될 때, 가장 가까운 지역 응급의료기관을 우회하여 이송할 수 있다.

3. 심폐정지 환자

○ 가장 가까운 지역 응급의료기관 이상 의료기관의 이송을 원칙으로 한다.

4. 뇌졸중 의증 환자

○ 급성 뇌졸중이 의심되는 경우 가까운 지역 응급의료센터 이상의 의료기관으로 이송함을 원칙으로 하되, 지역별 여건에 따라 의료지도 등을 받아 치료 가능한 가까운 지역 응급의료기관으로 이송할 수 있다.

○ 병원 전 뇌졸중 선별검사가 양성인 경우에는 즉각적인 혈전용해치료가 가능한 지역 응급의료기관 이상의 의료기관으로 이송함을 원칙으로 하며, 필요시 119 구급상황관리센터에 관련된 병원 정보를 요청할 수 있다.

○ 응급의료 취약 지역일 경우 가장 가까운 지역 응급의료기관으로 이송한다.

○ 위 기준에도 불구하고 이송 병원 선정이 어려운 경우 직접 의료지도를 요청하고 지도에 따른다.

13 구급차에서 응급실 의료진에게 인계하는 과정에서 주의할 사항은 무엇인가?

환자는 병원 내로 들어가면서 잠시라도 산소 공급이 중단되는 것을 두려워한다. 응급실 입구에 도착하면 구급차의 고정형 산소 공급 장치에서 휴대용 산소소생기로 바꾸고 투여 용량을 조절하여 환자가 불안해하지 않도록 한다. 병원 의료진 인계 때까지 산소를 계속 공급해 주도록 한다.

인계하는 과정에서 환자가 신고하게 된 상황(발병 시점)과 현장 상황, 초기 상태에 따른 응급처치 내용, 파악된 과거 병력 위주로 간략하지만 빠짐없이 알려주도록 한다.

병원 시스템에 따라 보호자가 동승하지 못한 경우에는 보호자 연락처, 병원 이송을 알렸는지 등의 정보를 물어보는 상황이 많다. 이러한 행위에 대한 법적 의무는 없지만, 환자의 중증도에 따라 보호자 동의가 필요한 검사나 시술에 빠르게 대비하기 위함으로 이해해야 한다.

14 상기 사항을 구급일지에 작성해 보시오.

Cf: QR 코드 를 찍어 구급활동일지 예시를 확인할 수 있다.

119 구급대원 현장응급처치 표준지침(호흡곤란)

The Standard Protocols for 119 Emergency Medical Services Providers

체내 산소의 공급과 이산화탄소의 배출이 정상적이지 않아 발생하는 증상으로 호흡기 계통에서는 환기, 확산, 관류의 장애와 관련이 있다. 즉 공기가 폐의 내외부로 드나드는 과정의 환기, 폐포와 폐의 모세혈관 사이에서 가스의 교환인 확산, 폐모세혈관에서 혈액순환인 관류, 이 세 가지를 원인과 관련하여 생각하여야 한다.

1. 임상적 특징

- **천식:** 기관지 평활근 수축에 의한 가역적인 기도폐쇄로 발생하며 빈호흡의 쌕쌕거리는 소리(천명음)가 특징적이다.
- **만성폐쇄성폐질환:** 가래를 동반한 기침, 거친 나음(crackles), 만성 청색증, 흡기와 호기시 저항을 특징으로 하는 만성 기관지염과 가래를 동반하지 않은 기침, 쌕쌕거림, 나음, 호기의 연장을 특징으로 하는 폐기종으로 분류한다.
- **심부전/폐부종:** 심근 손상으로 심부전이 발생하면 폐정맥압 상승으로 폐부종이 발생한다. 폐부종이 발생하면 폐포와 폐모세혈관사이에 액체가 축적되어 가스의 교환이 방해를 받아서 호흡곤란과 빈호흡이 발생한다. 심한 경우 핑크색 거품의 가래를 뱉어 낸다.
- **자연공기가슴증:** 외상없이 발생하며 재발률 30~50%인 공기가슴증으로, 일차성 공기가슴증은 뚜렷한 폐질환이 없고, 키가 크고 마른 체형, 20~40대 남성, 흡연자에서 빈발하고, 이차성 공기가슴증은 폐질환 환자에서 빈발한다. 호흡곤란과 흉통, 기침을 주로 호소하고 청진시 발병 부위의 폐음 감소가 특징적이다.

2. 환자 평가 필수 항목

- 병력청취: 호흡기 질환의 병력과 함께 호흡곤란에 관한 병력을 얻기 위해 **OPQRST(Onset, Provocation, Quality, Region, Severity, Time)**의 약어로 질문을 실시한다.
  - **O**nset: 호흡 곤란이 시작되었을 때 무엇을 하고 있었는지, 호흡곤란이 언제 시작되었는지, 갑자기 시작되었는지, 서서히 악화되었는지 물어본다.
  - **P**rovocation: 무엇이 호흡곤란을 유발시켰는지, 어떻게 하면 호흡곤란이 완화되는지, 어떤 자세에서 호흡곤란이 심해지는지 물어본다.
  - **Q**uality: 숨을 들이쉴 때와 내쉴 때 언제 더 숨이 찬지, 흉통 등의 동반된 증상은 어떠한 지, 동반된 증상이 있는지 물어본다.
  - **R**egion: 어디에 증상이 있는지, 다른 곳으로 퍼지는지(radiation) 물어본다.
  - **S**everity: 호흡곤란이 어느 정도 심한지, 이전에도 이렇게 심했는지의 정도를 물어본다.
  - **T**ime: 호흡곤란이 얼마나 오래 지속되는지 물어본다.

- 이학적 검진: 병력청취를 통한 초기 진단과 함께 시작한다.
  - 의식상태: AVPU 측정법
  - 활력징후를 체크한다.
    - 혈압: 저혈압(수축기혈압 < 90 mmHg), 고혈압성 위기(수축기혈압 > 200 mmHg)
    - 맥박수: 빠른맥(빈맥)(교감신경항진 또는 저산소증의 징후), 느린맥(서맥)(심한 저산소증 → 심정지 임박)
    - 호흡수: 빈호흡, 호흡 양상
    - 산소포화도: 산소공급의 기준이 되는 산소포화도를 측정한다.
  - 신체 검진
    - 얼굴: 숨을 쉬는 양상, 청색증 유무, 발한 유무
    - 목: 경정맥 팽창, 기관 편위
    - 흉부: 외상 및 만성질환의 징후(통 모양의 흉곽 등), 피부밑공기증 유무
    - 사지: 말초 청색증 및 곤봉지(만성 저산소혈증), 정강이부위 함요부종(pitting edema)
    - 통증: 날카로운 양상의 흉통, 어깨통증

3. 응급처치 절차 및 방법

- ㅇ '환자 초기 평가·처치 표준지침'에 따라 전반적인 평가 및 처치를 시행한다.
- ㅇ 심전도 측정기가 있는 경우 3유도 심전도 검사를 시행한다. ☞ ①
- ㅇ 기도를 유지하고 산소포화도가 94% 미만일 경우 저산소증 교정을 위해 **비강(코안)캐뉼러로 1~5L/min** 또는 **안면 마스크로 6~10L/min**의 산소를 투여한다. ☞ ② ①
- ㅇ 심혈관계, 호흡기계, 신경계 기왕력이 있는 환자가 산소투여 후 산소포화도가 95% 이상이 안 되면 의료지도를 통해 고농도 산소투여를 고려한다. ☞ ② ①
- ㅇ 산소투여로 산소포화도가 호전되지 않으면 100% 산소를 투여하면서 저장낭을 갖춘 **백밸브 마스크(산소 15L/min) 이용하여 양압환기**를 실시한다. ☞ ② ①
- ㅇ 산소투여후 반응이 없는 경우 및 청색증이 심해지면 심정지를 확인하고 심정지가 확인된 경우 '심정지 지침'을 따른다. 전문 기도유지술을 실시하는 경우 기관내삽관에 대한 충분한 훈련·경험이 없는 구급대원은 성문상 기도기를 사용하고, 충분한 훈련·경험이 있는 구급대원은 기관내삽관을 실시한다. 시행방법은 기본심폐소생술 및 기도삽관, 성문상 기도기 술기 지침을 따른다. ☞ 1급 응급구조사 등
- ㅇ 호흡기계 질환자는 산소투여 이후 **흡입용 기관지 확장제**를 투여한다. ☞ (②: 환자가 해당 약물을 휴대하고 있는 경우에 한함.) ①
- ㅇ 심혈관계 기왕력이 있는 환자는 앉은 자세(sitting position)를 취한다.
- ㅇ 혈압이 안정되고 의식이 있는 급성호흡곤란 발생환자에서 가스교환을 원활히 하고 호흡에 대한 부담을 완화하기 위해 지속적 양압환기(CPAP: Continuous Positive Airway Pressure)를 사용한다. ☞ ①

4. 응급처치 시 주의 사항

- ㅇ 만성폐쇄성폐질환: 호흡곤란이 심하다면 단계적으로 저농도에서 고농도 산소를 투여한다.
  [비강(코안)캐뉼러 → 비재호흡 마스크]
- ㅇ 자연공기가슴증: 양압 환기는 긴장성 공기가슴증으로 진행 될 가능성이 있어 주의한다.

5. 직접 의료지도 요청 기준

- ㅇ 전문 기도유지술이 필요한 경우
- ㅇ 기관지확장제 투여가 필요할 경우
- ㅇ 불안정한 활력징후를 동반한 호흡곤란 환자의 이송 병원 선정을 위해

6. 이송 병원 선정 지침

- ㅇ 중증 호흡곤란 환자(의식상태의 변화, 빠른맥(빈맥) 혹은 느린맥(서맥), 빈호흡 혹은 호흡감소, 청색증, 심한 천명음 등)의 경우, 가까운 지역 응급의료센터 이상의 의료기관으로 이송함을 원칙으로 하되, 지역별 여건에 따라 의료지도 등을 받아 치료 가능한 가까운 지역 응급의 료기관으로 이송할 수 있다.
- ㅇ 단, 응급의료 취약 지역일 경우 가장 가까운 응급의료기관 이상의 의료기관으로 이송한다.
- ㅇ 위 기준에도 불구하고 이송 병원 선정이 어려운 경우 직접 의료지도를 요청하고 지도에 따른다.
- ㅇ 경증 호흡곤란 환자의 경우, 가장 가까운 지역 응급의료기관으로 신속히 이송한다.

7. 급성 질환 성인의 특정 산소화 목표

- ㅇ 과도한 산소로 인한 부작용에 주의하여야 한다. 산소포화도 100%를 유지하기 위해 필요 이상의 산소공급은 혈관수축, 염증, 심장, 폐, 뇌에 산화 스트레스를 증가시킬 수 있는 위험이 있어, 다음의 목표 산소포화도를 권장한다.
  - 급성 중증 성인 환자 94~98%
  - 만성폐쇄성폐질환 88~92%
  - 급성 심근경색 환자 94~96%
  - 급성 호흡부전증후군 88~93%($FiO_2 \geq 0.7$)
  - 중증 외상 환자 96~98%
  - 심정지에서 ROSC된 환자 92~98%

단, 중증 흉부손상, 익수, 유독가스 흡인에 의한 기도 화상, 일산화탄소 중독, 아나필락시스, 중증 감압병, 중증 고산병, 군발 두통의 경우 100% 산소를 공급한다.

Reference

1. 소방청. 《119 구급대원 현장응급처치 표준지침》, 2023.
2. 노태호. 《알기 쉬운 심전도》, 대한의학, 2013.
3. 전국응급구조학과교수협의회. 《내과 전문응급처치학》, 도서출판 한미의학, 2007.
4. 박윤택, 윤형완. 《구급장비 운영론》, 도서출판 한미의학, 2021.
5. KSMC(한국의과대학·의학전문대학원협회). 《기본진료수행 지침》 전면 개정판(제2판), 2016.
6. Archie F Wilsin et al. Medicine, Biology, The American review of respiratory disease. Published 1 May 1991, Effect of canister temperature on performance of metered-dose inhalers. 1991 May;143(5 Pt 1):1034-7.

사례 2 식사 중에 목이 막혔어요

목적

- 기도폐쇄로 신고된 현장 출동 단계의 응급처치법을 이해한다.
- 의식 없는 환자에 대한 이물질 제거법에 대해 학습하고자 한다.

출동 개요

출동 메시지 "구급 출동!" 장소는 ○○동 요양원 내 식사 중 호흡곤란 환자 1명 발생

출동 정보
신고 시각 5월 5일 12:10
출동 시각 5월 5일 12:14
현장 도착 5월 5일 12:25
현장과의 거리 7km(11분 소요)
현장 출발 5월 5일 12:36
병원 도착 5월 5일 12:45
현장–병원과의 거리 4.8km

출동 인원
구급대원1 리더(처치)
구급대원2 대원(처치)
구급대원3 대원(운전)

환자 정보 및 기타 정보 요양보호사에 의해 신고된 75세 여자 환자, 요양원 4층

출동 단계

구급차 지휘센터 ○○ 구급차 출동 지령 재송신 바람.

지휘센터 요양원 내 식사 중 호흡곤란 환자 발생으로 청색증이 있다고 함. 현재 구급상황관리센터에서 심폐소생술 지도 중. 다른 전화번호는 구급차 핸드폰으로 별도 발송했으니 통화하면서 출동 바람.

구급차 접수 완료.

출동 중 교통 상황은 혼잡하지 않으나, 요양원 인근 좁은 골목길과 불법 주차 차량이 있어 현장 도착 시각을 지연시킨다. 구급대원들은 무전을 통해 출동 상황을 지휘센터에 보고하고 요양원에 전화한다.

요양원 직원 네, 요양원입니다.

대원1 출동 중인 119 구급대원입니다, 도착까지 4km 정도 남았습니다. 몇 가지만 물어보겠습니다. 환자분 어떤 상황입니까?

요양원 직원 어르신들 점심 식사 시간인데, 식사 마칠 무렵에 갑자기 얼굴이 파랗게 질리면서 쓰러졌습니다. 그래서 저희 직원이 가슴압박을 하고 있어요.

대원1 네, 그럼 1층에서 미리 나와서 저희 안내 좀 부탁드립니다.

Tip

중증 환자의 경우 구급상황관리센터는 구급대원이 도착할 때까지 응급처치 안내를 하는 경우가 많다.

출동 중인 대원은 신고자와 통화하지 못할지도 모른다. 지령서의 주소와 신고 내용, 신고 접수자가 보내는 추가 메시지를 놓치지 않는 것이 중요하다.

또한, 요양 기관의 경우 신고자가 비의료인인 경우가 많다. 매우 흥분하여 환자 상태에 대해 충분한 정보를 얻지 못하는 경우가 많아 차분히 설득하여 정보를 얻는 것에 대한 평소 훈련이 필요하다.

01 당신은 출동 중 신고자와의 통화 시 '출동 단계'에서 제시한 내용 외 무엇을 확인할 수 있는가?

02 출동 중 리더(구급대원1)는 현장 도착 후 대원별 역할에 대해 어떻게 주문할 것인가?

현장 상황

필요 장비를 준비하고 건물로 진입하면서 근무자에게 어느 쪽인지 물으며 이동한다. 환자가 있는 곳은 4층으로 E/V를 이용하기 위해서는 근무자 출입 카드가 있어야 한다(요양 기관의 경우 환자가 임의대로 이동하다 사고가 발생하는 경우가 많아 사용이 제한된다). 근무자 도움을 받아 현장에 도착했을 때, 남성 직원이 상황관리센터 안내를 받아 가슴압박 소생술을 하고 있다. 환자 주변에는 식사 중인 입소자들과 바닥에 먹다 남은 음식물이 보이나 흡인(suction)한 흔적은 보이지 않는다.

대원 도착을 알리고 나서 대원1은 환자를 다시 평가하고 대원2는 심장충격기로 패치를 부착한다.

03 지금까지 상황에서 환자에게 가장 발생 가능성이 높은 문제는 무엇으로 추정되는가?

1차 평가

Tip

의식 변화와 불규칙한 얕은 호흡, 순환 상태가 불량한 것이 입안의 음식물과 어떠한 연관이 있는지 알아야 한다.

기본 활력징후 및 병력 청취	
의식 상태	P(강한 통증에 약하게 반응)
기도 및 호흡 상태	입안에 음식물이 보이며, 불규칙한 얕은 호흡과 그르렁거리는 소리
순환 상태	목동맥에서 약하게 확인된다.

대원1은 가슴압박을 중단할 것을 요구하고, 1차 평가에 따른 빠른 응급처치와 2차 평가를 동시에 수행하도록 한다.

대원2는 심장충격기를 부착하여 심전도를 분석한다.

※ 환자는 심정지 상태가 아닌 것으로 확인된다.

04 1차 평가를 바탕으로 어떤 응급처치를 시행하겠는가?

05 기도폐쇄 처치를 위한 일반적인 방법에 대해 알아보자.

현장 심전도

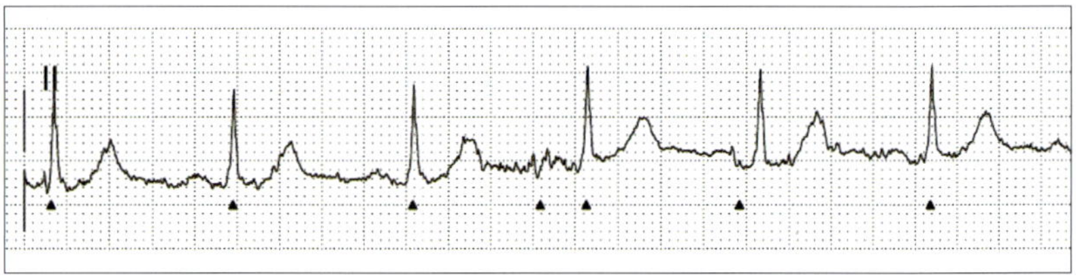

06 위 심전도에 대한 해석은?

1) 리듬이 규칙적인가?	□ 규칙적	□ 불규칙적	
2) 맥박수가 정상인가? (정상: 60~100회)	□ 정상	□ 빠름	□ 느림
3) P파 너비가 정상인가? (정상 ≤ 3칸)	□ 정상	□ 넓음	
4) PR 간격이 정상인가? (정상 ≤ 5칸)	□ 정상	□ 늘어남	
	□ P파 뒤에 R파가 없다		
5) QRS 너비가 정상인가? (정상 ≤ 3칸)	□ 정상	□ 좁음	□ 넓음
6) ST 분절은 정상인가?	□ 정상	□ 상승	□ 하강

2차 평가

대원1 사고 발생 상황과 수행한 응급처치를 확인한다.

외상 가능성이 있어 머리를 조심스럽게 움직여 기도를 개방하고 임상 결정에 필요한 질문을 시행한다.

대원2, 3 1차 평가에 따른 이물질 제거와 호흡부전에 따른 응급처치를 시행한다.

Tip

비디오 후두경은 후두의 깊은 곳까지 관찰하기 좋지만, 후두경 블레이드가 커 입안 공간이 좁은 단점이 있다.

블레이드 끝에 카메라가 있으므로 실제 눈으로 보는 것과 거리 차가 있어 익숙하지 않으면 마질겸자 사용이 어려울 수 있다.

■ 1차 응급처치 수행

대원2 흡인기와 마질겸자, 비디오 후두경을 준비하여 이물질 제거를 준비한다.

대원3 산소 탱크를 개방하고 백밸브 마스크와 산소마스크를 준비한다.

■ 문진과 활력징후

대원1 환자는 어떻게 쓰러지게 되었습니까? 혹시, 머리가 바닥에 세게 부딪히지는 않았나요?

관계자 점심 식사로 미역국과 떡이 나와 식사하고 있었는데, 식사 마치고 떡을 드시다가 갑자기 '컥컥'거리는 소리를 내며 힘들어하셔서 119에 신고했어요. 그러다가 얼굴이 시퍼렇게 질리며 쓰러지셨어요.

대원1 어떤 응급처치를 시행했습니까?

관계자 119에서 숨을 쉬는지 보라고 했는데, 숨을 쉬지 않는다고 하니 가슴압박을 하라고 해서 따라 하고 있었어요.

대원1 입안에 이물질은 확인하셨나요?

관계자 아니요, 그건 무서워서 하지 못했어요.

대원1 그러면 다른 지병이나 특별한 사건은 없었습니까?

관계자 치매, 파킨슨병, 고혈압이 있었어요.

■ 신체 검진

대원2 활력징후와 동공 반응을 측정한다.
[Rt 4mm(+)/Lt 4mm(+), 느린 반응]

시각	혈압	맥박	호흡	체온	SpO_2	혈당
12:27	85/50 mmHg	48회/min	10회/min	36.8℃	84%	128 mg/dL

산소포화도와 심전도를 확인하면서 2차 평가를 마무리한다.

---

07 2차 평가에서 나타난 신체 검진 결과에서 가장 중요한 문제와 앞으로의 처치 계획과 방법은 무엇인가?

08 2차 평가 내용을 바탕으로 기록해 보자.

신체 검진	
시진(눈으로 보이는 이상)	
청진(비정상적인 호흡음, 소리)	
촉진(손으로 느껴지는 이상 반응 확인)	
타진(소리나 반응으로 이상 반응 확인)	
동공 반응(빛반사/크기)	

활력징후						
시각	혈압	맥박	호흡	체온	SpO_2	혈당
:	/ mmHg	회/min	회/min	℃	%	mg/dL

Allergy(알레르기 유무)	
Medication(복용 중인 약물)	
Past illness(과거 병력, 수술력)	
Last meal(마지막 음식물 섭취 시간)	
Event[사고 당시 상황(기전)]	
Onset(발생 시점)	
Provocation(유발/악화/완화 요인)	
Quality(통증/증상의 유형)	
Region(연관된 통증/증상의 부위)	
Severity(통증/증상의 정도)	
Time(통증/증상 지속 시간)	

현장 처치

대원1 대원2에게 비디오 후두경과 마질겸자를 이용하여 이물질 제거를 주문한다.

대원3에게 비재호흡 마스크로 15L/min의 산소 공급을 준비하도록 하고, 심정지 상황에 대비해서 백밸브 마스크도 함께 준비할 것을 주문한다.

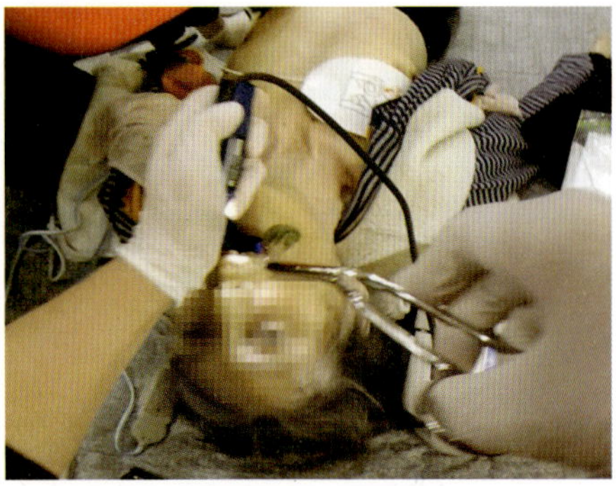

입안에는 식사 후 먹다 남은 떡 조각과 분비물이 가득하다.

환자는 강한 통증에 반응하는 상태이므로 흡인을 시도할 때 약간의 입천장반사[1]를 보인다.

대원2가 작은 흡인 팁으로 흡인하고 있어 큰 이물질 제거가 어려워 보인다.

대원1은 구경이 큰 흡인 팁을 사용할 것을 주문한다.

흡입 팁을 교환하고 이물질 대부분을 제거하고, 대원3이 비재호흡 마스크로 15L/min의 산소를 공급한다.

이물질 제거와 산소 공급 후에도 의식이 회복되지는 못했지만, 활력징후는 호전되는 것을 확인할 수 있었다.

Tip

흡인하고자 하는 대상물에 따라 흡입 카테터의 선택은 매우 중요하다.

작은 구경의 카테터는 부피가 크고, 단단한 이물질을 흡인하는데 적합하지 않다. 또한, 흡입 포트가 있는 것과 없는 것에 따라 흡인 대상물에 차이가 있을 수 있다.

자세한 설명은 10번 문제 해설편을 참조

처치 후 활력징후는 다음과 같다.

혈압	맥박	호흡	체온	SpO_2
90/60 mmHg	56회/min	13회/min	36.9℃	90%

09 의식 변화는 있지만, 입천장반사를 보일 때 기도 확보 방법으로 추천되는 것이 있는가?

10 흡인할 때 주의 사항과 카테터 종류에 따른 특성, 그리고 적당한 흡인 팁이 없을 때 응용 방법에 대해 알아보자.

1) Palatral reflex(Swalling reflex): 연하반사, 입천장반사로 불리며, 입천장을 자극하면 삼키는 반응이 나타난다.

11 의료지도가 필요한 상황인가? 만약 필요하다면 어떤 문제를 해결하기 위함인가?

이송 단계

Tip

산소포화도 측정치가 부정확할 수 있는 일반적인 상황
- 환자의 움직임
- 불량한 관류 상태
- 헤모글로빈 이상
- 손톱 매니큐어
- 우심부전 환자
- 환자나 주변 기온 강하 등

현장에서 1차 응급처치 후 증상이 일부 호전되었으나 의식 저하와 불규칙 호흡을 지속하여 코인두 유지기를 삽입하고 근거리 응급의료센터로 신속한 이송을 결정한다.

이송 중 2차 후두경 검사는 차량 흔들림으로 확인하기 어려워, 산소 공급과 활력징후를 관찰하며 상태를 확인하기로 한다.

이송 중 활력징후는 다음과 같다.

시각	혈압	맥박	호흡	체온	SpO_2
12:44	90/60 mmHg	62회/min	14회/min	36.9℃	92%

의식 상태는 자발적인 눈 뜨기가 가능한 상태지만, 물음에 반응하지는 못한다. 환자의 자발호흡 상태가 좋아지는 것에 비해 산소포화도 증가량이 적어 보인다.

대원1 이송 병원 의료진에게 환자 상태를 알리고 이송 병원까지 거리와 시간을 알린다.

12 이송 중 활력징후 관찰에서 산소포화도 증가량이 적어 보이는 이유와 응급처치에 유의할 사항은 무엇인가?

병원 단계

병원 도착 시 응급실 입구에는 의료진이 대기하고 있어, 구급대원은 즉시 중환자 구역으로 이동하여 환자에 대한 손상 기전 및 응급처치 사항을 인계한다.

의료진 무슨 환자예요?

대원1 요양원에 계시는 75세 여자 환자로 12:00경 점심 식사로 나온 떡을 드시다가 기도폐쇄로 119에 신고되었습니다.
구급대 도착 시 직원이 심폐소생술을 하고 있었지만, 심정지가 아니라 중단했습니다.

의료진 환자 상태는 어땠습니까?

대원1 질식된 상태로 추정되며 강한 통증에 반응하는 의식 상태를 보였습니다. 입안에 음식물이 있었고 약한 호흡과 그르렁거리는 소리가 들렸습니다.

처음 활력징후는

시각	혈압	맥박	호흡	체온	SpO_2	혈당
12:27	85/50 mmHg	48회/min	10회/min	36.8℃	84%	128 mg/dL

입니다.

마질겸자로 떡과 분비물 등을 제거한 이후에 호흡이 조금 나아졌고, 이송 중에 눈을 뜨는 정도의 의식 상태가 되었습니다. 과거력은 치매, 파킨슨, 고혈압 외 특이 병력은 없다고 합니다.

의사 수고하셨습니다.

의사는 진정제와 근이완제 투여 후 후두경을 이용해 남아 있는 이물질을 제거한다. 이후 환자는 규칙적인 호흡을 하며 피부색과 산소포화도가 정상 범위로 돌아왔다.

---

13 이 환자를 응급실 의료진에게 인계하는 과정에서 주의할 사항은?

14 상기 사항을 구급일지에 작성해 보시오.

제한점

- 기도폐쇄의 경우 신속한 응급처치가 중요한데 흥분한 신고자(보호자)에게 부분 기도폐쇄와 완전 기도폐쇄를 구분하여 응급처치하도록 지도하는 데 어려움이 있다.
- 입안 이물질을 제거하기 위해 적절한 흡인 카테터 적용이 중요하다. 출동 단계에서 이물질의 종류와 형상을 파악하기 어려워 여러 종류의 흡인 팁을 준비해야 하는 번거로움이 있다.
- 완전한 무의식 상태가 아닌 경우 마질겸자나 흡인기에 의한 흡입 시 입천장반사가 있을 수 있어 효과적인 제거에 상당한 어려움이 있다.

실전 문제

01 다음 중 완전 기도폐쇄의 증상이 아닌 것은?
① 손으로 목 부위를 감싸쥐는 '질식 징후'가 있을 수 있다.
② 기침할 수 없다.
③ 목소리를 낼 수 없다.
④ 협착음 또는 천명음이 청진된다.

02 부분 기도폐쇄의 응급처치법으로 맞는 것은?
① 물을 많이 마시게 한다.
② 기침을 계속하도록 격려한다.
③ 심폐소생술을 즉시 시작한다.
④ 기도삽관을 실시한다.

03 완전 기도폐쇄 환자로 의식 상태가 'P' 이하일 경우 올바른 응급처치법이 아닌 것은?
① 심폐소생술을 시작한다.
② 호흡 보조를 시행하기 전에 입안에 보이는 이물질이 있는지 관찰하고 보이면 제거한다.
③ 전문 기도유지술을 시행하기 전에 후두경으로 환자의 기도를 확인하고 이물질이 보이면 마질겸자를 이용해 제거한다.
④ 즉시 이송만 한다.

04 기도폐쇄 환자의 응급처치 및 주의 사항이 아닌 것은?
① 의식이 없어질 때까지 등 두드리기만 계속한다.
② 물을 포함하여 음식물 섭취를 금한다.
③ 보이지 않는 이물질을 제거하기 위해 손가락을 입안으로 집어넣는 등의 술기는 하지 않는다.
④ 기도폐쇄로 인한 심정지 발생 후 기도삽관이 필요할 경우 의료지도를 요청한다.

정답 1 ④, 2 ②, 3 ④, 4 ①

1-④ 완전 기도폐쇄의 경우 양손 또는 한 손으로 목 부위를 감싸쥐는 '질식 징후'를 보일 수 있으며 기침하거나 목소리를 낼 수 없다.

2-② 부분 기도폐쇄 시 기침을 계속하도록 격려하고, 즉시 이송을 시작한다.

3-④ 의식 상태가 'P' 이하인 완전 기도폐쇄 환자는 심폐소생술을 시작한다. 호흡을 보조해 주기 전이나 후두경으로 전문 기도삽입술을 시행하기 전이라면 환자의 기도 내의 이물질을 마질겸자를 이용하여 제거하며, 이물질이 보이지 않으면 즉시 기도삽관을 시행한다.

4-① 성인이 완전 기도폐쇄일 때 의식이 없어질 때까지 등 두드리기가 아닌 하임리히법(Heimlich)을 지속한다.

사례 풀이

01 당신은 출동 중 신고자와의 통화 시 '출동 단계'에서 제시한 내용 외 무엇을 확인할 수 있는가?

정확한 사고 장소(위치)를 파악한 후 기도폐쇄가 발생한 상황과 응급처치 내용, 환자 상태에 대한 파악이 중요하다.

1) 요양원까지 차량이 진입하는 데 어려움이 없는가?
2) 기도폐쇄 전/후의 상황, 발생 시간
3) 119에 신고하기 전/후의 응급처치 내용
4) 현재 환자의 의식 상태, 호흡 여부(심정지 호흡과 구분되어야 하므로 가슴이 충분히 올라오는지 확인)를 빠르게 파악한다.

그 외에도 사고 후에 의식을 잃으면서 낙상 사고가 발생하였는지, 평소 신경학적 상태와 과거력을 파악하는 것도 의미 있다.

이물질에 의한 기도폐쇄의 경우 발생 시간과 사고 상황(이물질의 종류)을 확인하는 것은 생존율 향상에 중요한 요소이다. 만약 현장까지 거리가 가깝거나 도착 직전에 통화가 연결되는 상황이라면 현장에서 파악하게 된다.

02 출동 중 리더(구급대원1)는 현장 도착 후 대원별 역할에 대해 어떻게 주문할 것인가?

요양원 이송을 위해 주들것을 갖고 올라갈 것인가, 간이형 들것만 들고 올라갈 것인가?

대원1은 질식 처치 장비(기도삽관 및 마질겸자, 흡인기 세트), 산소소생기를 휴대하여 우선 진입 후 환자 평가를 한다. 대원2는 심장충격기, 활력징후 측정 장비를 휴대하여 현장에 진입한다. 대원 3은 구급차 주차 후 주들것을 승강기 앞에 고정해 놓고 간이 이송 들것을 휴대하여 진입한다.

만약, 심정지 상태가 아니라면 숙련도에 따라 대원1 또는 대원2가 이물질 제거를 수행하고, 대원 3은 보조를 수행한다.

이물질 제거를 수행하지 않는 대원1, 2 중 한 명이 2차 평가를 수행한다.

심정지 상태면 대원1이 리더, 운전 요원은 가슴압박, 대원2는 호흡 제공(전문 기도기 삽입)을 수행한다. 만약 2인 구급대만 출동한 상황이면 대원1이 호흡(전문 기도기 삽입), 운전 요원이 가슴압박을 최초 수행하고, 2분마다 교대한다.

03 지금까지 상황에서 환자에게 가장 발생 가능성이 높은 문제는 무엇으로 추정되는가?

요양 기관에서 발생하는 이물질에 의한 기도폐쇄는 사고자가 기존 질환과 관련한 문제로 신체 정신적인 장애를 동반하고 있는 때도 있다.

대부분은 식사 중 발생하는 음식물에 의한 기도폐쇄로, 주로 떡, 나물, 밥, 죽, 미역 등으로 다양하다. 일부에 대해서는 식사하는 동안 보조자가 옆에서 식사를 도와주기도 하지만, 그렇지 않은 분들은 식사 중에 사레(aspiration) 걸림에 의해 기도폐쇄가 발생할 수 있다.

삼킴 장애가 있거나 식탐을 조절하기 어려워 급히 삼키는 경우, 사레 걸림 등으로 음식물이 기도를 막는 경우가 종종 발생한다. 대부분은 기침으로 해결되지만, 실패하는 경우 기도폐쇄에 의한 질식 상태가 된다.

이 환자는 초기 부분 기도폐쇄에서 이물질 제거가 되지 못해 완전 폐쇄 상태에서 '질식' 상태에 의한 심정지 상황으로 오인하는 상황까지 진행되었다.

04 1차 평가를 바탕으로 어떤 응급처치를 시행하겠는가?

현장 도착 당시 심정지 상황으로 판단되어 관계자에 의한 가슴압박이 진행되고 있었지만, 대원1의 환자 평가 결과 심정지 상황은 아니다. 강한 통증에 반응하는 의식 상태와, 불안한 호흡 상태와 이물질, 목동맥에서 느껴지는 맥박이 있는 상태이다. 아직 활력징후가 측정되지 않은 상태지만, 불안한 호흡 상태는 질식(asphyxia)에 의한 결과로 보인다.

현장 인력에 여유가 있다면 비강캐뉼러로 고유량 산소를 공급하면서 이물질을 제거하는 것을 추천한다. 입안의 이물질이 입 가장자리에 덩어리 형태로 있고 손가락으로 쉽게 제거 가능할 때만 시행하는 것이 좋다.

직접 눈으로 입안을 확인하여 이물질을 제거할 수 있도록 한다. 이물질 종류에 따라 굵은 흡인기 카테터와 마질 겸자를 이용하여 이물질 제거를 수행한다.

※ 주의 사항: 이물질이 보이지 않는다고 무작정 손가락을 목 안으로 집어넣거나 후비는 등의 위험한 행동을 하지 않는다. 입천장반사가 남아 있거나 돌아오는 경우 손가락 물림 사고, 구토물에 의한 감염, 부정맥 발생 가능성이 있으니 이에 대비한다.

05 기도폐쇄 처치를 위한 일반적인 방법에 대해 알아보자.

현장에 도착한 대원은 이물질이 전화 상담원(구급상황관리센터)의 하임리히법 안내에 의해 제거된 모습을 볼 수도 있다. 특히, 의식 변화가 있는 경우, 보호자가 응급처치 안내에 따라 이물질을 제거했다고 하더라도 구급대원은 입안의 이물질을 직접 확인해야 한다. 입안 깊숙이(상기도 근처) 남아 있는 이물질이 제거되지 않았을 수도 있으므로 전문적인 술기를 통해 문제를 직접 해결해야 할지도 모른다.

■ 하임리히법의 사용

병원 전 단계나 병원 단계 모두 1차 처치법으로는 등 두드리기(back blow)와 복부 밀어내기법이 사용되고 있다.

하임리히법의 원리는 복부를 밀칠 때 발생하는 압력이 폐 속에 있는 공기를 몸 밖으로 밀어내며 이물질을 움직이게 하는 원리다.

우선 기도폐쇄 유형이 부분 기도폐쇄인지 완전 기도폐쇄인지 확인한다.

먼저 환자를 만났을 때 의식이 있다면 '목에 이물질이 있는지'를 물어보고, 기침, 청색증, 말하기 어렵거나 숨쉬기 힘든 상태인지 확인해야 한다. 만약, 말을 하지 못하며 "이물질이 목에 있는가?"라는 질문에 끄덕이고만 있다면 '완전 기도폐쇄'라고 판단하여 등 두드리기와 복부 밀치기를 시행해야 한다.

부분 기도폐쇄는 대부분 말할 수 있거나 소리를 내는 정도의 상태를 보인다. 강하게 뱉어내도록 지도하면서 등 두드리기를 세게 하는 것도 도움이 된다. 완전 기도폐쇄일 경우 의식이 있는 사람에겐 복부 밀치기(하임리히법)를 하여 이물질 제거를 시도한다. 다만, 임산부는 태아 때문에 가슴압박법을 시행하고, 고도 비만의 경우는 처치자가 복부를 효과적으로 감쌀 수 없으므로 가슴압박을 한다.

■ 기도폐쇄 처치법에 대한 이해

		부분 기도폐쇄	완전 기도폐쇄(의식을 잃은 경우)
환자의 모습	특징적 소견	1. 불안하고 창백한 모습 2. 질문에 대답할 수 있다. 3. 쉰 목소리 또는 쉰 울음소리 4. 소리를 내기 어려워진다.	1. 핏기가 없는 얼굴(cyanosis, pallor)로 V-neck sign을 보임 2. 말이나 소리내기가 거의 불가능 3. 의식이 떨어지고 있다.
문진법		1. 목에 무언가 걸렸나요? 2. 숨쉬기 어렵나요?	1. 무엇을 먹거나 삼킨 후 목에 걸렸나요? 2. 응급처치 후에 이물질이 나왔나요?

		부분 기도폐쇄	완전 기도폐쇄(의식을 잃은 경우)
응급 처치법	성인과 소아	1. 강한 기침을 해서 뱉어내도록 안내한다. 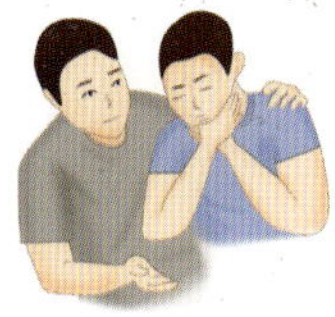	1. 등 두드리기(5회)와 복부 밀어내기(5회)를 이물질이 나오거나 의식이 사라지질 때 까지 반복한다. 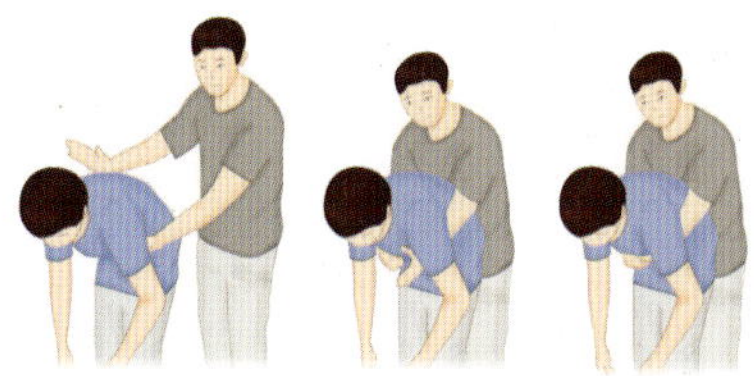
		2. 기침을 효과적으로 못하고, 이물질이 안 나오면 등 두드리기를 시행한다. 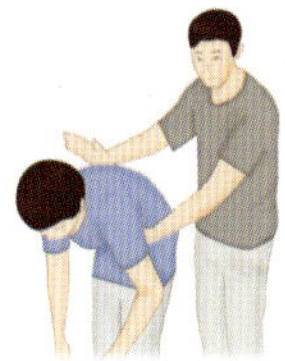	2. 의식이 없어지면 '심폐소생술' 시행 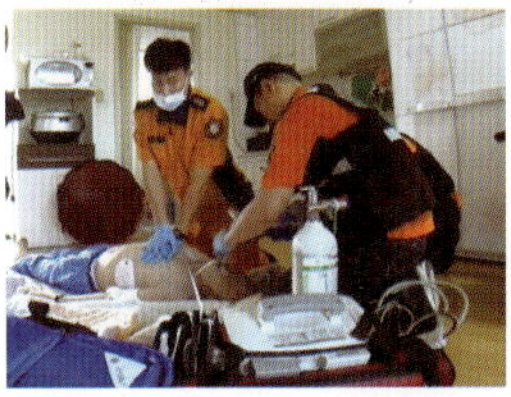
		3. 등 두드리기(5회) 후에 복부 밀어내기(5회)를 반복 시행한다. 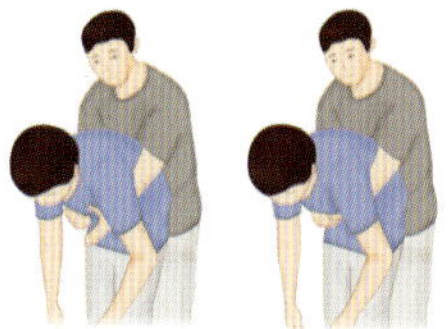	3. 입안 깊은 곳까지 손가락을 넣는 것은 구역반사에 의한 손상 위험과 이물질을 더 깊숙이 밀어 넣을 위험이 있어 주의한다. 마질겸자와 석션 기계의 도움을 받도록 한다.
		4. 이물질이 나오거나 의식을 잃기 전까지 반복한다. 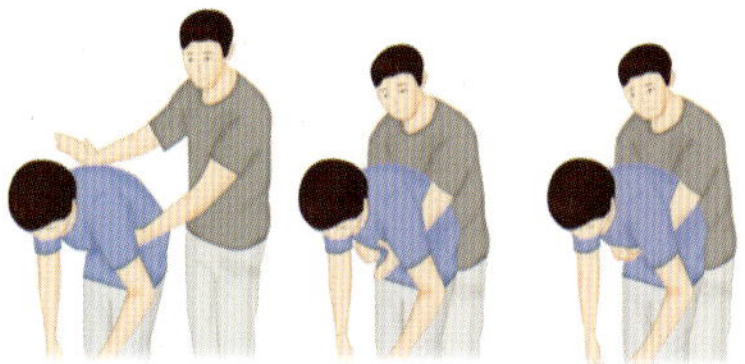	4. 성문상 기도기를 사용하려면 반드시 입안 이물질을 확인하도록 한다. 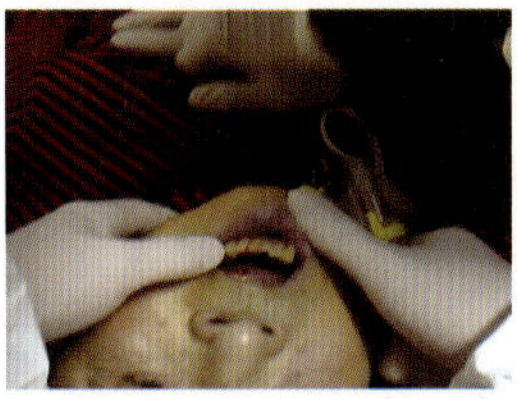
		5. 복부 비만이 심하거나 임산부는 가슴 밀어내기(chest thrust)를 시행한다. (복부 비만은 팔을 감싸기 어렵다.) 	
	영유아 (1세 미만)	등 두드리기법, 가슴 압박법을 5:5 비율로 시행한다.	

만약, 응급처치 중에 의식이 없어진다면 후두경이나 비디오 후두경으로 직접 이물질 제거를 시도하고 가슴압박법을 시행한다. 그런데도 심정지 징후가 보이면 심폐소생술로 전환해야 한다.

■ 영아 기도폐쇄 처치법의 추천

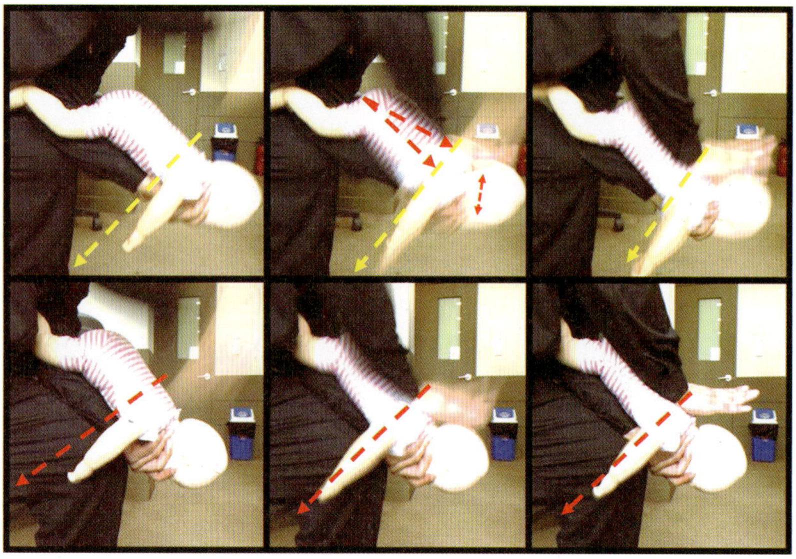

영아 기도폐쇄 등 두드리기의 추천 자세

1세 미만 영아는 간 손상의 위험이 있어 복부 밀치기를 권장하지 않는다. 영아의 경우 아이를 샌드위치법과 가슴압박법으로 각각 5회씩 수행하는 것으로 알려져 있다. 양팔로 아이를 앞뒤로 감싸는 샌드위치법은 처치자의 넓적다리에 아이를 고정하고 견갑골 사이를 5회 타격하고 돌려서 가슴압박 5회를 한다.

이때 처치자의 넓적다리에서 압박 위치가 벗어나지 않아야 하며 단단히 고정되지 못하면 흔들리거나 떨어뜨릴 수 있어 그림 B와 같은 자세가 추천된다.

06 위 심전도에 대한 해석은?

1) 리듬이 규칙적인가?	☑ 규칙적	☐ 불규칙적	
2) 맥박수가 정상인가? (정상: 60~100회)	☑ 정상	☐ 빠름	☐ 느림
3) P파 너비가 정상인가? (정상 ≤ 3칸)	☑ 정상	☐ 넓음	
4) PR 간격이 정상인가? (정상 ≤ 5칸)	☑ 정상	☐ 늘어남	☐ P파 후 R파가 없다
5) QRS 너비가 정상인가? (정상 ≤ 3칸)	☑ 정상	☐ 좁음	☐ 넓음
6) ST 분절은 정상인가?	☑ 정상	☐ 상승	☐ 하강

07 2차 평가에서 나타난 신체 검진 결과에서 가장 중요한 문제와 앞으로의 처치 계획과 방법은 무엇인가?

환자에게 가장 중요한 문제는 질식에 의한 저산소증이다.

현장 단계와 이송 중에 '경련, 마비, 호흡곤란, 저산소증' 등의 증상이 발생할 수 있는 만큼 질식의 원인 해결을 통해 기도를 확보하고 고농도 산소 공급을 통해 저산소증을 예방해야 한다. 의식 변화가 있는 기도폐쇄 환자는 흡인과 마질겸자를 통한 방법이 추천된다.

■ 흡인과 마질겸자의 사용

기도 확보를 위해 입안을 확인할 때 분비물과 여러 가지 음식물이 가득하면 기도가 보이지 않고, 기관지로 흡인될 가능성도 있다. 후두경으로 직접 보면서 흡인하는 것이 일반적이지만, 비디오 후두경을 이용하면 성문 입구까지 확인할 수 있어 효과적이다.

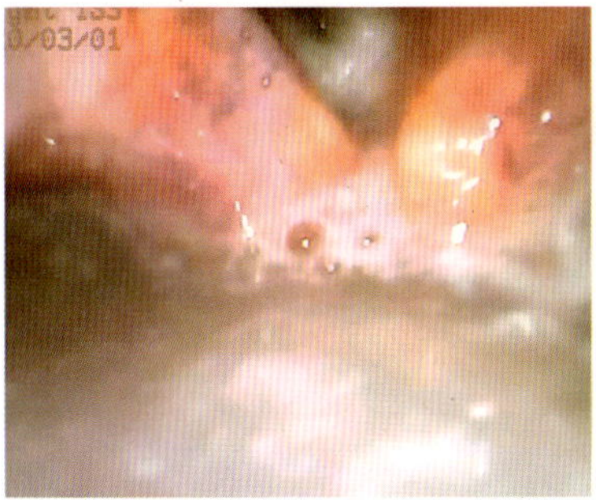

입안에 분비물이 가득한 경우

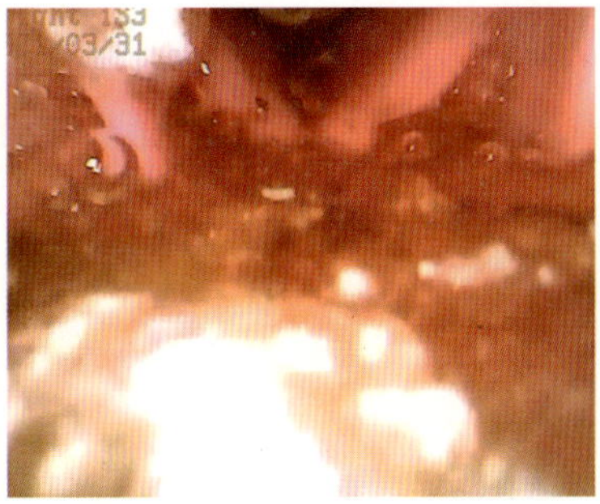

입안에 죽이 가득한 경우

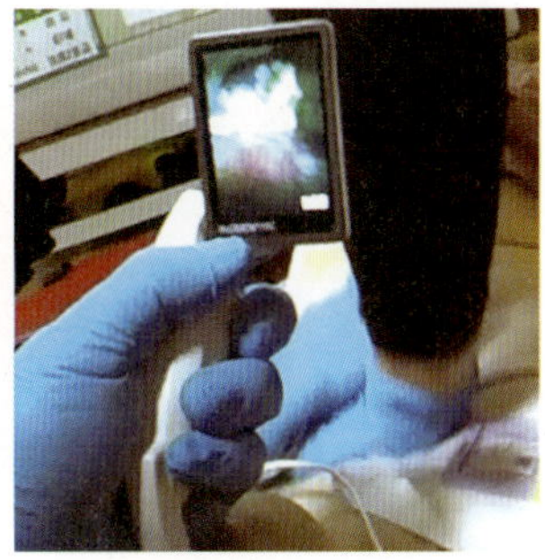

입안에 밥알이 가득한 경우

■ 마질겸자의 사용

기도폐쇄 때문에 의식이 없는 환자의 입안 이물질을 눈으로 보고 직접 제거할 때 효과적인 도구로 쓰인다.

일본의 오사카시 소방대의 2000년도 구급일지 분석에 따르면, 기도폐쇄 환자의 이물질은 구강 내 15.0%, 후두 또는 인두 64.8%, 기관 또는 기관지에서 20.2%가 발견된 것으로 보고되었다.

기도폐쇄의 결과로 정상 호흡 52.3%, 호흡곤란 17.2%, 호흡 어려움 9.4%, 호흡 정지 1.4%, 심정지 19.8% 상태를 보였고, 구급대에 의한 마질겸자 사용은 16.3%가 수행되었다.

마질겸자를 사용한 16.3% 환자는 신경학적으로 유리한 생존율을 나타내기도 했다. 이 연구에서는 이물질 폐쇄 환자 중 병원 전 심정지 발생(20%)이 있었고, 그들의 2/3에서 입안이나 후두에 이물질이 있었다.

기구를 이용한 이물질 제거를 하는 동안 추가적인 저산소증을 예방하기 위해 코인두 기도기와 비강캐뉼러를 통한 고유량 산소 공급이 추천된다.

마질겸자는 두 번 각도가 굴곡져 있어 시야 확보가 쉽다. 끝이 타원형 형태로 미끄럼 방지함이 파여 있고 그 가운데 원형의 구멍이 있는 기구로 기도폐쇄의 이물질 제거뿐만 아니라 기관내삽관할 때도 사용될 수 있다. 또한 각도(첫 번째 각 20도, 두 번째 각 40도)가 꺾여 있어 시야를 확보하기가 쉽다.

이 방법이 성공하더라도 빠른 시간에 해결되지 못할 때 저산소혈증에 의한 뇌손상(hypoxia brain damage) 같은 후유증을 남기기도 하고, 만약 실패했다면 심폐소생술과 함께 가까운 응급의료기관 이상급 병원으로 이송하는 것을 원칙으로 한다.

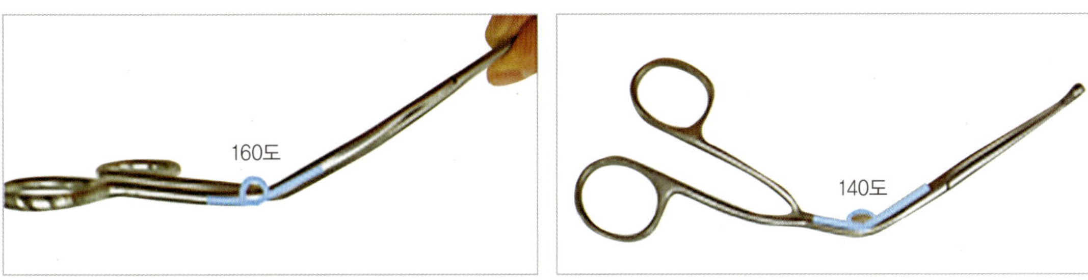

마질겸자(magil forcep)의 형태

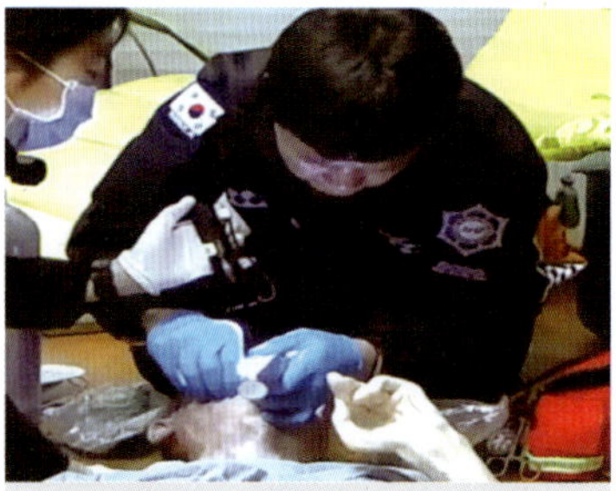

Sniffing Position에서 후두경을 전상방 45도 각도로 아래턱을 들어올린다. (치아골절과 윗입술 손상에 주의) 후두경 날 끝이 성대(vocal cord)를 지나서 삽입되지 않아야 한다. (이물질만 눈으로 직접 확인하면 된다.)

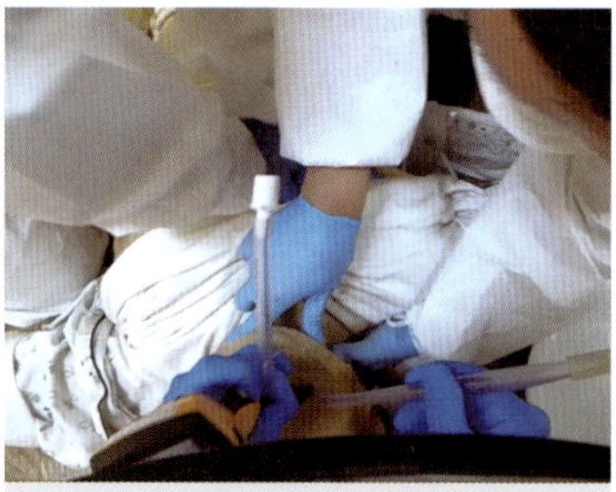

분비물(secretion)이 시야를 가리면 흡인(suction)하되 과한 흡인 시간은 저산소혈증을 더 악화시키므로 주의한다.

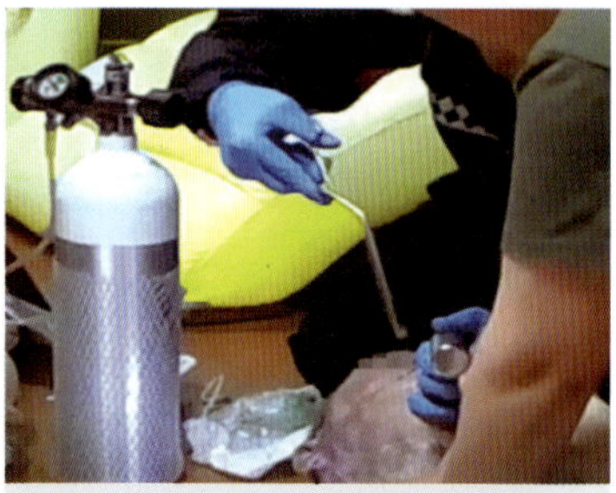

이물질이 확인되면 마질겸자로 꺼낸다. 이때 겸자의 끝이 이물질 외 연부조직을 건드리면 출혈이 생길 수 있어 주의한다.

마질겸자를 이용한 이물질 제거법

08 2차 평가 내용을 바탕으로 기록해 보자.

신체 검진						
시진(눈으로 보이는 이상)	질식된 모습					
청진(비정상적인 호흡음, 소리)	불규칙한 얕은 호흡과 그르렁거리는 소리					
촉진(손으로 느껴지는 이상 반응 확인)	–					
타진(소리나 반응으로 이상 반응 확인)	–					
동공 반응(빛반사/크기)	Rt 4mm(+)/Lt 4mm(+), 양쪽 대칭 느린 빛 반응					
활력징후						
시각	혈압	맥박	호흡	체온	SpO_2	혈당
12:27	85/50mmHg	48회/min	10회/min	36.8℃	84%	128mg/dL
Allergy(알레르기 유무)	–					
Medication(복용 중인 약물)	신경안정제, 고혈압약					
Past illness(과거 병력, 수술력)	치매, 파킨슨, 고혈압					
Last meal(마지막 음식물 섭취 시간)	12:00경					
Event[사고 당시 상황(기전)]	미역국 식사 후 떡 먹는 중					
Onset(발생 시점)	떡 먹는 중					
Provocation(유발/악화/완화 요인)	–					
Quality(통증/증상의 유형)	–					
Region(연관된 통증/증상의 부위)	–					
Severity(통증/증상의 정도)	–					
Time(통증/증상 지속 시간)	–					

09 의식 변화는 있지만, 입천장반사를 보일 때 기도 확보 방법으로 추천되는 것이 있는가?

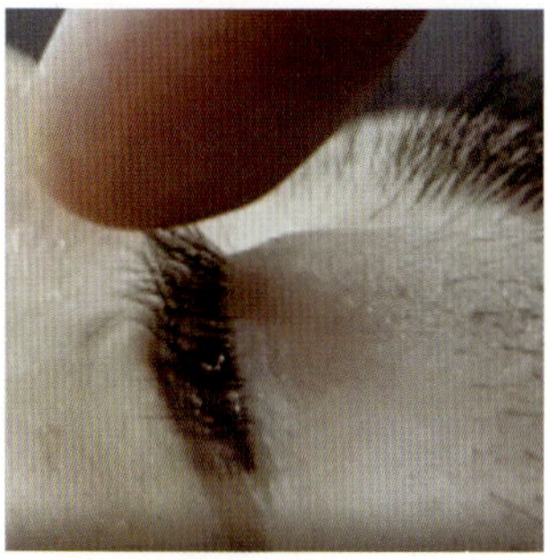

Eyslash Reflex가 남아 있는 경우

입천장반사가 남아 있을 때는 약물의 도움 없이는 입안에 기도유지기나 흡인 등의 처치를 하기에 어려움이 있다.

속눈썹반사(eyelash reflex)라는 방법을 소개한다.

의식 변화가 있는 환자의 윗눈썹을 자극했을 때 아랫눈썹이 수축(움직이고)하고 있다면 구역반사(gag reflex)가 남아 있다고 판단하는 방법이다.

이것은 1937년에 마취 의사 구델(Guedel)이 정리한 '마취 분류법'에 나타난 것으로 2단계에서 속눈썹반사가 소실되고 3단계에서 구역/구토반사가 소실된다고 정의하고 있다.

즉, 속눈썹반사가 소실된 환자는 최소한 구델의 2단계를 지났다고 보며 구역반사가 소실되고 있는 것을 의미하므로 속눈썹반사가 없다면 구역반사가 사라졌을 것으로 판단할 수 있다는 것이다.

코인두 기도기(nasopharyngeal airway)는 실제로 약한 정도의 의식 변화(verbal responsive)를 보이는 정도 이하에서 사용할 수 있다(일부 교과서에서는 '의식 없는'이라는 표현을 사용하기도 한다). 이는 입인두 기도기보다 구역반사가 비교적 약하고 입천장을 직접 자극하는 게 덜하기 때문이다.

하지만 두개골 기저부 출혈이 의심되거나 코 출혈(손상)이 있는 경우에는 적용하지 말아야 한다(실제로 코인두 기도기가 천막(dura)을 뚫고 머리 안으로 들어갔다는 보고가 있다). 코인두 기도기는 삽입 끝 지점에서 약간의 구역반사를 일으키는 경우가 많다.

10 흡인할 때 주의 사항과 카테터 종류에 따른 특성, 그리고 적당한 흡인 팁이 없을 때 응용 방법에 대해 알아보자.

흡인법은 병원과 병원 전 단계에서 약간의 차이가 있을 수 있다. 병원에서는 크게 개방형과 폐쇄형 흡인법을 사용하고 있다. 흡인은 환자의 가래와 이물질을 외력으로 체외로 배출시키는 과정인 만큼 공기 중으로 그대로 노출될 때 감염에 노출되기 쉬워 개인 감염 보호구(라텍스 글로브, 고글, 마스크, 감염 질환자의 경우 level C, D급 보호의)를 사전에 착용해야 한다.

흡인기는 크게 고정식과 이동식으로 구분할 수 있는데 고정식은 병원에서 사용하는 wall(pannel) suction unit과 구급차 내에서 사용하는 wall suction unit으로 나눌 수 있다. 이동식 또는 휴대용 흡인기라 하며 전동식과 수동식(manual) 형태로 구분할 수 있다.

현장에서 써본 경험에 의하면 고정식은 구급차 압축기의 힘이 약해 병원용에 비해 순간 압력이 약하다. 휴대용 전동식 기기와 수동식 흡입 방식은 구급차 밖 현장으로 가져갈 수 있게 만든 장비의 특성상 휴대하기 편리(소형, 경량, 배터리)하게 제작되었다. 배터리 방식은 고정식처럼 강한 힘이 있고 지속적인 사용이 가능하도록 만들어졌지만, 현장에서는 소수의 인원이 많은 장비를 휴대하기 어려운 특성이 있어 일부 장비는 소생술 가방에 휴대할 수 있도록 소형으로 제작되기도 했다.

배터리 방식 장비가 부피, 휴대성, 배터리 사용 시간, 가격에서 큰 단점이 있다면 수동형은 이러한 문제는 없지만, 작동 원리상 쥐어짤 때만 음압이 짧은 시간(약 1~2초)만 만들어져 전문 기도기 삽입을 해야 하는 경우 지속적인 압력을 만들어 낼 수 없고, bottle이 작아 효과적인 사용이 어려운 경우가 종종 있다.

■ 흡인의 일반적인 주의점

1) 처음 흡인에 실패했다면 20초 정도 과환기 후에 재흡인을 통해 저산소혈증을 예방해야 한다.
   - 흡인하는 동안 이물질과 산소를 동시에 흡인하기 때문에 5분 이내로 권장되고, 매번 흡인은 15초 이내에 수행한다.

2) 용도에 맞는 흡인 팁을 사용해야 한다.
3) 해결되지 않는 지속적인 흡인으로 이송을 지연해서는 안 된다.
4) 저산소증이 미주신경을 자극해 부정맥을 유발할 수 있다.
5) 기준 압력보다 높게 흡인하면 구강과 기관지 점막이 손상되어 출혈을 일으킬 수 있다.
6) 부분 기도폐쇄가 의심되면 충분한 전산소화(preoxygenation)를 통해 저산소증을 예방해야 한다.
7) 의식 있는 환자에게는 충분한 설명을 통해 불안감을 덜게 해야 하며, 기침을 할 수 있다면 적극적으로 할 수 있도록 독려한다.
8) 흡인에 실패했다면 그 원인을 찾아야(기계 구성품 확인, 배터리 상태, 흡인관의 꼬임, 흡인 팁 구멍을 막지 않고 수행했는지, 이물질이 기도나 기관지를 막고 있지는 않은지) 하며, 해결되지 않는다면 기도 유지와 산소 공급을 하며 신속한 이송을 고려해야 한다.
9) 흡인하는 동안 감염원(분비물)이 공기 중으로 전파될 수 있어 사전에 개인 보호장비를 착용해야 한다.
10) 구강 흡인의 카테터 삽입은 코에서 볼까지 13cm 정도, 기관내 튜브는 삽입 길이만큼 삽입, 기관 튜브는 8~11cm 정도 해야 점막 손상을 예방할 수 있다.

일반적인 가래 등에 사용되는 흡인 카테터는 임시 도뇨관, 경성 카테터(성인 12~18F, 소아 8~10F, 영아 5~8F) 등이 사용되고 있지만, 이물질에 의한 기도폐쇄 처치에는 더욱 굵은 카테터를 활용해야만 효과적인 처치가 가능하다.

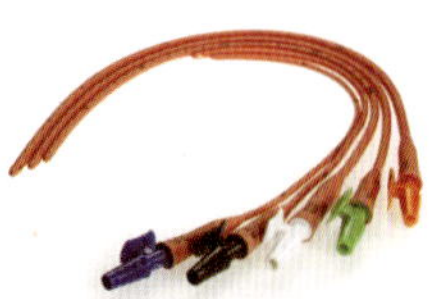
도뇨관 흡인 카테터

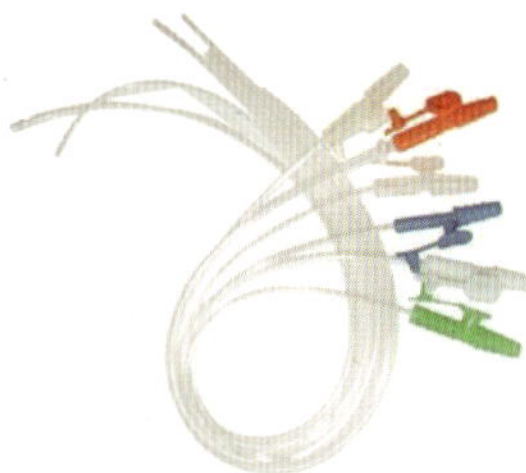
PVC 흡인 카테터

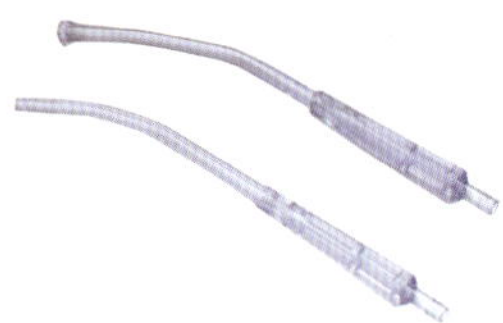
양카우어 흡인 카테터

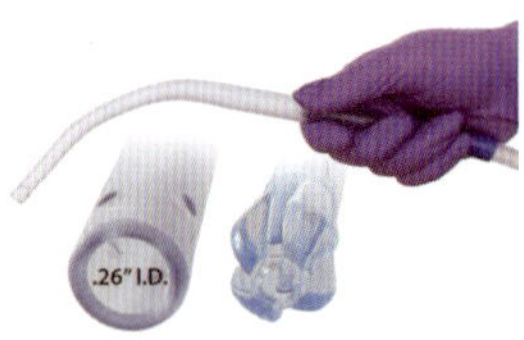

듀칸토 흡인 카테터

만약 적당한 흡입 카테터를 준비하지 못한 경우에는 산소연결관이나 흡인 튜브 자체를 이용하여 흡인하는 것도 방법일 수 있다.

11 의료지도가 필요한 상황인가? 만약 필요하다면 어떤 문제를 해결하기 위함인가?

1) 산소포화도가 유지되지 않고 완전 기도폐쇄로 악화하여 환자가 숨을 쉴 수 없거나 전문 기도유지술이 필요할 경우
2) 전문 기도유지술을 시행하는 경우는 이물질이 제거되었음에도 의식이 호전되지 않고 산소포화도가 유지되지 않아 전문 기도 관리가 필요한 경우
3) 후두경 검사를 통해 이물질을 제거할 수 없을 정도로 깊이 들어갔을 경우, 주 기관지 한쪽으로 더 밀어 넣어 전문 기도유지술을 시행하고자 할 경우.

12 이송 중 활력징후 관찰에서 산소포화도 증가량이 적어 보이는 이유와 응급처치에 유의할 사항은 무엇인가?

환자 상태가 악화하는 것을 우려해 지속적인 감시와 활력징후를 반복 측정해야 한다. 흡인 방지를 위해 회복 자세(recovery position)를 유지하고 고정식 산소투여 장비를 이용해 비재호흡 마스크로 15L/min를 투여한다. 불규칙한 호흡을 보이면 전문 기도유지술도 고려해야 한다. 때로는 흥분한 보호자가 신호를 무시하고 차선을 위반해

가며 구급차를 몰아달라고 하는 등 무조건적으로 빠른 이송을 요구할 수도 있다. 구급대원은 차분히 안전의 중요함을 설명하고 보호자를 설득해야 한다. 의식 저하 환자는 이송 중 체온 유지에도 특별히 신경을 써야 한다.

입안 이물질의 불완전한 제거, 가슴압박 소생술에 의한 흉골 골절에 기인하는 공기가슴증의 가능성도 주의하도록 한다.

13 이 환자를 응급실 의료진에게 인계하는 과정에서 주의할 사항은?

인계할 때 최초 발생 시간과 구급상황관리센터 안내에 의한 가슴압박, 구급대 도착 당시 최초 환자 상태를 잘 설명해야 한다. 또한 이송 중 환자 상태의 변화와 보호자에 대한 연락 여부에 대한 정보를 잘 전달하도록 한다.

14 상기 사항을 구급일지에 작성해 보시오.

Cf: QR 코드 를 찍어 구급활동일지 예시를 확인할 수 있다.

119 구급대원 현장응급처치 표준지침(이물질에 의한 기도폐쇄)

The Standard Protocols for 119 Emergency Medical Services Providers

이물질에 의해 기도가 막혀 환기가 충분히 혹은 완전히 이루어지지 않는 상태로 즉각적인 응급처치가 시행되지 않으면 심정지가 발생할 위험이 높다.

1. 임상적 특징

- **부분 기도폐쇄**의 경우 환자가 기침을 하거나 소리를 낼 수 있으며 협착음 혹은 천명음이 청진된다.
- **완전 기도폐쇄**의 경우 양손 혹은 한손으로 목 부위를 감싸 쥐는 '질식 징후'를 보일 수 있으며 기침을 하거나 목소리를 낼 수 없다.

2. 환자 평가 필수 항목

- 병력 청취
  - 이물질에 의한 기도폐쇄의 병력이 있는지 확인한다.
  - 기도폐쇄가 뇌졸중이나 약물중독 등 다른 원인에 의한 것은 아닌지 고려한다.
- 이학적 검진
  - 의식을 확인한다.
  - 환자가 기침이나 말을 할 수 있는지 확인한다.
  - 청색증, 호흡곤란이 있는지 관찰한다.

3. 응급처치 절차 및 방법

- '환자 초기 평가·처치 표준지침'에 따라 전반적인 평가 및 처치를 시행한다.
- 부분 기도폐쇄
  - 기침을 계속하도록 격려한다. ☞ Ⓕ ② ①
  - 기침을 효과적으로 하지 못하는 경우 등 두드리기를 시행한다. ☞ Ⓕ ② ①
  - 5회 등 두드리기가 효과적이지 못할 경우 5회 복부밀어내기를 시행한다. ☞ Ⓕ ② ①
  - 기도폐쇄가 해소되거나 환자가 의식을 잃기 전까지 등 두드리기와 복부밀어내기를 반복한다. ☞ Ⓕ ② ①
  - 임산부와 고도의 비만자는 등 두드리기 후 가슴밀어내기를 한다. ☞ Ⓕ ② ①
- 완전 기도폐쇄
  - 환자가 의식을 잃은 경우
    - ▸ 환자를 바닥에 눕히고 심폐소생술을 시작한다. ☞ Ⓕ ② ①
    - ▸ 의식이 없는 환자의 입안에 이물질이 보이는 경우 이물을 손가락으로 제거한다. ☞ Ⓕ ② ①
    - ▸ 손으로 제거하기 힘든 이물질인 경우 후두경 및 마질겸자와 같은 기구를 사용하여 제거할 수 있다. ☞ ② ①
    - ▸ 전문 기도유지술이 필요한 경우 후두경으로 환자의 기도를 확인하여 이물이 있는지 확인하고 이물질이 관찰되는 경우 또는 기도삽관에 방해가 되는 경우 마질겸자를 이용하여 제거하고, 이물이 보이지 않으면 즉시 기도삽관을 시행한다. 기도삽관의 시행자격 및 방법은 해당 술기 지침을 따른다. ☞ 1급 응급구조사 등
    - ▸ 전문 기도유지술을 시행할 수 있는 구급대원이 없거나 전문 기도유지술이 성공하면 즉시 이송을 시작한다.

4. 응급처치 시 주의 사항

- 물을 포함하여 구강 내 섭취를 금한다.
- 보이지 않는 이물을 제거하기 위해 손가락을 목안으로 집어넣는 등의 술기는 하지 않는다.

5. 직접 의료지도 요청 기준

- 기도폐쇄로 인한 심정지 발생 후 전문 기도유지술이 필요할 경우

6. 이송 병원 선정 지침

- 가까운 지역 응급의료센터 이상의 의료기관으로 이송함을 원칙으로 하되, 지역별 여건에 따라 의료지도 등을 받아 치료 가능한 가까운 지역 응급의료기관으로 이송할 수 있다.
- 단, 응급의료 취약 지역일 경우 가장 가까운 응급의료기관 이상의 의료기관으로 이송한다.
- 위 기준에도 불구하고 이송 병원 선정이 어려운 경우 직접 의료지도를 요청하고 지도에 따른다.
- 만약 심정지가 발생한 환자는 심정지 환자의 이송 병원 선정 지침에 따라 가장 가까운 지역 응급의료기관 이상의 병원으로 이송함을 원칙으로 한다.

Reference

1. 소방청. 《119 구급대원 현장응급처치 표준지침》, 2022(AHA 2020 Guideline 반영)
2. 대한심폐소생협회: 황성호, 송근정, 양혁준 등. 《공용 심폐소생술 가이드라인의 개발 및 배포 연구에 관한 연구》, 2011, pp 67-70.
3. 박윤택, 윤형완. 《구급장비 운영론》, 도서출판 한미의학, 2021.
4. KSMC(한국의과대학·의학전문대학원협회). 《기본진료수행 지침》 전면 개정판(제2판), 2016.
5. Hoffman JR: Treatment of Foreign Body Obstruction of the Upper Airway. *West J Med* 136:11-22, Jan 1982.
6. Tomohiko Sakai1 et al. Effectiveness of prehospital Magill forceps use for out-of-hospital cardiac arrest due to foreign body airway obstruction in Osaka City, *Scandinavian Journal of Trauma resucitation et emergency medicin* 2014, 22:53

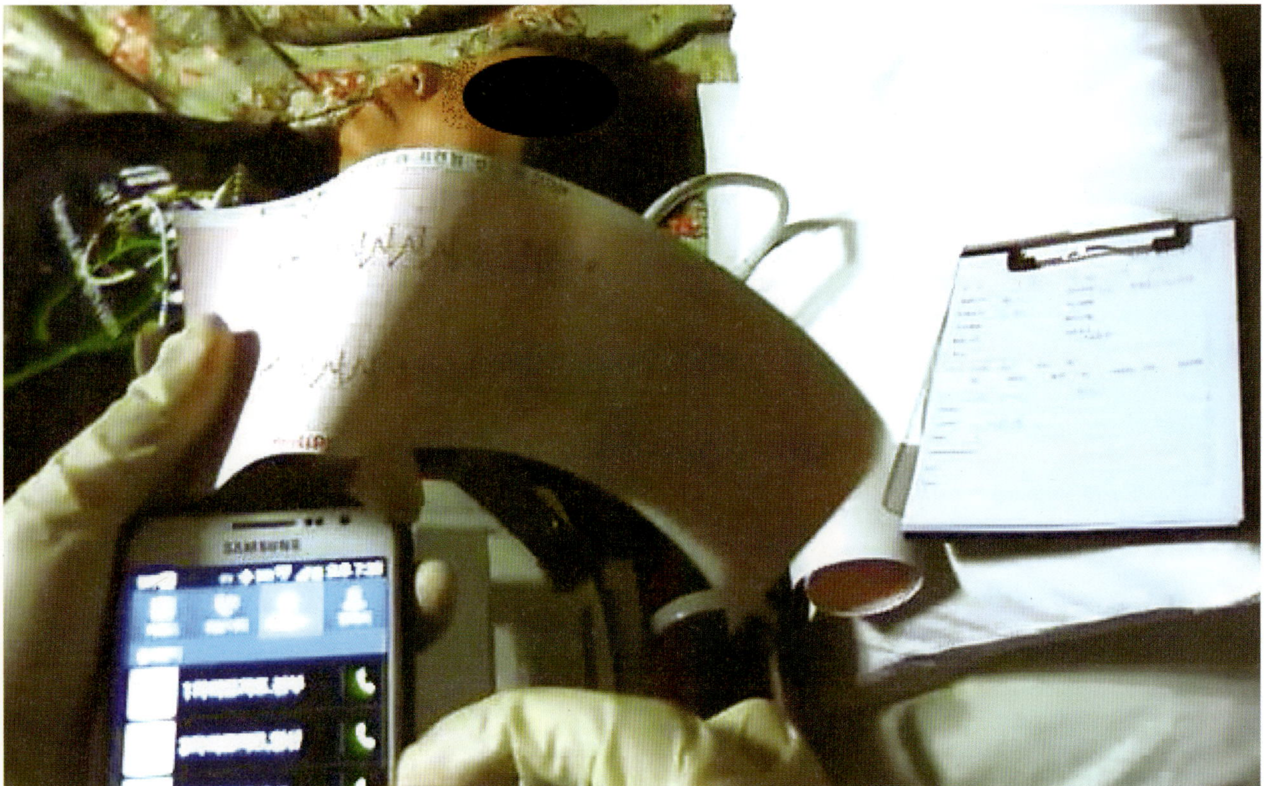

사례 3 갑자기 가슴이 두근거려요

목적

- 병원 전 단계에서 심장질환 환자의 과거력과 임상적 증상/징후를 바탕으로 심장 문제와 그 외의 문제가 원인인지 감별 진단하고, 적절한 처치에 대해 학습한다.

출동 개요

출동 메시지 "구급 출동!" 장소는 ○○동 A 아파트 109동 903호
갑자기 가슴이 두근거린다는 신고

출동 정보
신고 시각 5월 4일 19:23
출동 시각 5월 4일 19:24
현장 도착 5월 4일 19:30
현장과의 거리 2.75km (6분 소요)

출동 인원
구급대원1 리더(처치)
구급대원2 대원(처치)
구급대원3 대원(운전)

환자 정보 및 기타 정보 68세 여자, 퇴근 시간대, 17층 아파트의 9층

출동 단계

구급차 지휘센터, 현장 세부 상황 알려주기 바람.

지휘센터 현장은 A아파트 109동 903호. 가슴이 벌렁거린다며 보호자가 신고한 사항이며 신고자는 흥분된 상태로 추정됨. 신고 전화번호로 응급처치 지도 바람.

구급차 접수 완료.

퇴근 시간대라 심한 차량 정체와 약간의 출동 지연 상태를 보인다. 출동 대원들은 무전을 통해 현재 상황을 지휘센터에 알려 보고한다.

구급차 지휘센터! ○○ 구급차 출동 중 차량 정체로 출동 지연 중.

지휘센터 알았다, 출동 중 안전 운행 바람.

---

01 당신이 출동 중인 대원이라면 신고자와의 통화에서 어떤 정보를 파악할 수 있으며, 제공할 수 있는 응급처치는 무엇인가?

02 예상한 진단명이 있다면 어떤 장비들을 필수적으로 준비해야 하는가?

현장 상황

현장은 17층 중 9층에 있는 아파트로 주 출입구 입구에서 주들것과 제세동기, 휴대용 산소소생기 등의 장비를 휴대하고 엘리베이터로 올라간다. 환자의 남편이 문을 열어 주며 조금은 혼란스러운 모습으로 대원들을 맞이하면서 환자의 방으로 안내한다. 환자는 안방 침대에 걸터앉아 몸을 앞으로 약간 숙인 모습으로 상당히 불안해 보이는 모습이다. 현장엔 특이한 위험 상황은 보이지 않는다.

03 응급 환자 운반을 위한 고층 아파트 승강기 사용 시 주의 사항이 있다면 적어보자.

1차 평가

기본 활력징후 및 병력 청취	
의식 상태	A(의식 명료)
기도 및 호흡 상태	기도는 열려 있으나 호흡을 힘들어하는 정도
순환 상태	노동맥에서 빠르고 강하게 느껴지나 축축한 피부를 보임

2차 평가

환자가 불안한 모습으로 침대에 걸터앉아 있어 우선 환자를 침대에 눕도록 한다.

■ 문진과 활력징후

대원1 환자분 언제, 뭐 하시다가 이런 증상이 나타난 거예요?

환자 1시간 전에 TV 보다가 갑자기 가슴이 두근거려요.

대원1 환자분 지금도 가슴 두근거림이 심하나요?

환자 네, 조금요.

대원1 전에도 이런 증상이 있었나요? 그리고 다른 질병은 없나요?

환자 네, 10년 전부터 이런 증상은 6번 정도 있었어요. 하지만 15분 정도 지나면 괜찮아져서 병원에 가지 않았는데 오늘은 그때와 달라서 신고했어요. 다른 질병은 없습니다.

Tip

가임기 여성의 경우 폐경증후군, 갑상샘 질환과의 감별을 위한 월경력을 물어보아야 한다.

대원1 (대원2에게) 반장님 심전도 분석 좀 부탁드려요.

대원1 증상이 심해지거나 좋아지는 상황이 있습니까?

환자 그냥 갑자기 증상이 생기다가 가만히 있으면 사라지곤 했었어요.

대원1 혹시, 어떤 상황이나 커피, 흡연, 음주 후에 생기기도 하나요?[1]

환자 아니요.

보호자 ○○ 대학병원으로 가 주세요. 그곳에서 진료받은 적이 있어요.

대원1 지금 증상이 있어서 심전도를 확인하고 진료 가능한 가까운 병원으로 이송하는 것이 좋을 듯합니다. 저희를 믿고 조금만 기다려 주세요.

대원2 (대원1에게) 반장님 심전도 리듬에서 200회/min 가까운 빠른맥이 있어요.

대원1 네 알겠습니다. 활력징후도 평가해 주세요.

대원1 환자분 숨이 가쁘거나 가슴 통증, 실신한 적이 있습니까?

환자 숨이 약간 가쁘면서 두근거리는 것만 있어요.

대원1 가슴 두근거림 증상으로 힘든 것을 0~10까지 점수로 표현하면 얼마나 될까요?

환자 7점 정도 됩니다(대원이 보는 VAS는 8점).

■ 신체 검진

대원1 환자는 불안감과 가슴 두근거림, 식은땀이 확인되지만 창백한 얼굴과 호흡곤란 증상이 심하지는 않음을 확인한다.

대원2 활력징후와 동공 반응을 측정한다(양쪽 대칭 빛 반응과 3mm).

대원1 소리가 잘 들리는 청진기로 양쪽 목동맥에 잡음(bruit)[2]이 들리는지 확인한다.

시각	혈압	맥박	호흡	체온	SpO_2	혈당
19:32	100/70mmHg	187회/min	20회/min	36.4℃	98%	120mg/dL

Tip

목동맥 잡음

1) 심리나 카페인 반응 등에 의한 생리적 현상에 의한 두근거림인지 감별

2) Bruit sound: 혈관에 콜레스테롤이 축적되어 동맥경화가 생긴 경우, '혈액 난류' 현상이 발생한다. 박동이 있을 때 청진기나 초음파 도플러 검사에서 "쉿~쉿" 하는 소리가 들린다. 잡음이 있는 혈관에 압박과 마사지를 하게 되면 침전물이 떨어져 나가 작은 뇌혈관을 막을 수 있다.

대원1 목의 기관 편위[3]와 목동맥 팽대[4]를 확인했으나 특이 사항이 없다. 가슴과 배를 보고, 누르고, 두드려[5] 보아 특별한 문제가 없다.

04 1~2차 평가에서 파악한 정보를 바탕으로 추정 가능한 병명과 시행 가능한 응급 처치는 무엇인가?

현장 심전도

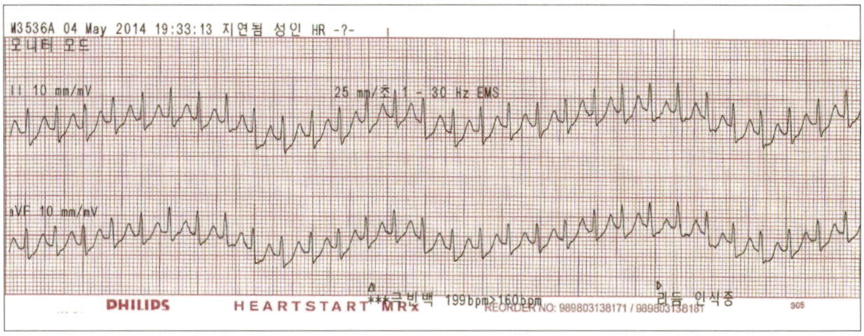

05 위 심전도에 대한 해석은?

1) 리듬이 규칙적인가?	☐ 규칙적	☐ 불규칙적	
2) 맥박수가 정상인가? (정상: 60~100회)	☐ 정상	☐ 빠름	☐ 느림
3) P파 너비가 정상인가? (정상 ≤ 3칸)	☐ 정상	☐ 넓음	☐ P 보이지 않음
4) PR 간격이 정상인가? (정상 ≤ 5칸)	☐ 정상	☐ 늘어남	☐ 확인 안 됨
5) QRS 너비가 정상인가? (정상 ≤ 3칸)	☐ 정상	☐ 좁음	☐ 넓음
6) ST 분절은 정상인가?	☐ 정상	☐ 상승	☐ 하강

06 위 심전도와 관련하여 SVT(심실상성 빠른맥)와 PSVT(발작성 심실상성 빠른맥)의 차이는 무엇인가?

3) 공기가슴증, 무기폐와 관련
4) 심장 기능 상실(울혈성 심질환)
5) 심장 기능 상실(울혈성 심질환), 폐심장증, 간/비장의 복수 확인

07 2차 평가 내용을 바탕으로 기록해 보자.

신체 검진	
시진(눈으로 보이는 이상)	
청진(비정상적인 호흡음, 소리)	
촉진(손으로 느껴지는 이상 반응 확인)	
타진(소리나 반응으로 이상 반응 확인)	
동공 반응(빛반사/크기)	

활력징후						
시각	혈압	맥박	호흡	체온	SpO_2	혈당
:	/ mmHg	회/min	회/min	℃	%	mg/dL

Allergy(알레르기 유무)	
Medication(복용 중인 약물)	
Past illness(과거 병력, 수술력)	
Last meal(마지막 음식물 섭취 시간)	
Event[사고 당시 상황(기전)]	
Onset(발생 시점)	
Provocation(유발/악화/완화 요인)	
Quality(통증/증상의 유형)	
Region(연관된 통증/증상의 부위)	
Severity(통증/증상의 정도)	
Time(통증/증상 지속 시간)	

현장 처치

대원1 대원2에게 비강캐뉼러로 3L/min의 산소 공급을 요청하고, 발살바 조작을 위해 환자에게 몇 가지 질문 후 처치를 설명한다.

환자는 혈역학적으로 안정된 상태를 보여 1차로 미주신경 자극 술기를 환자에게 설명한다. 목동맥에 대한 죽상경화증의 병력이 없고 청진상에서 특별히 잡음은 들리지 않는다.

목 부위를 노출 시키고 조심스럽게 목동맥 궁 마사지를 시행하기로 한다. 머리를 뒤로 젖히고 고개를 옆으로 돌려 목동맥 궁을 노출시킨 다음 10초 단위로 부드럽게 마사지를 시행한다.

환자에게 '항문조임근 힘주기'법도 함께 병행하게 한다.

목동맥 궁 마사지를 시행하고 몇 분이 지났을 때 환자는 '가슴 두근거림'이 조금 줄어들었다고 말한다. (심전도 모니터에 심박수가 느려지는 것이 관찰된다.)

환자를 주들것을 이용해서 구급차로 옮기기로 한다. 이동 중에 증상이 더 심해지지는 않는다.

Tip

PSVT의 응급 상황

1) 혈압 강하
2) 급속한 의식 상태 변화
3) 쇼크 소견
4) 허혈성 흉부 불쾌감
5) 급성 심부전이 있으면 응급 상황이다.

※ 급성 심부전 증상: 호흡곤란, 발목 부종, 피로감의 증상과 목정맥압 상승, 폐수포음, 말초부종의 징후를 보인다.

08 의료지도가 필요한 사항인가? 그렇다면 어떤 상황에 해당하는가?

이송 단계

구급차 탑승 후 주들것에 눕히고 출발할 때 환자는 가슴 두근거림을 다시 호소한다.

대원1이 심전도를 분석했을 때 다시 빠른맥이 확인된다.

목동맥 궁 마사지를 다시 수행하고 2분이 됐을 때 맥박이 느려지는 것을 확인한다.

■ **목동맥 궁 마사지 중 심전도 변화**

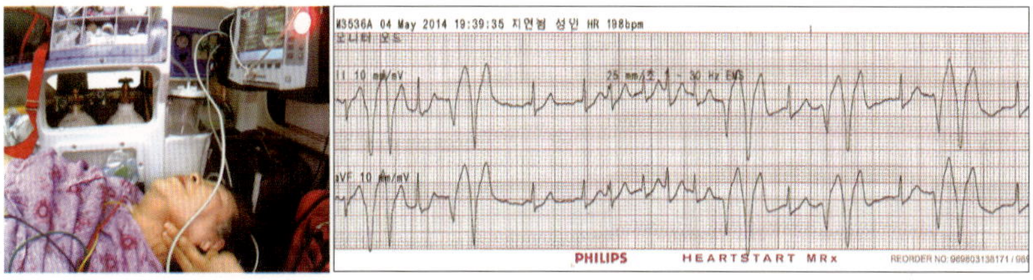

구급대원이 인근 응급의료센터 이송을 알렸으나 보호자는 원거리(30km) 권역 응급의료센터로 무조건적인 이송을 요구한다.

Tip

이송 중 관찰할 사항

이송 중에는 환자 의식과 혈역학적 상태와 심전도 감시를 통해 이상 유무를 확인해야 한다.

특별구급대는 될 수 있으면 12유도 심전도를 찍으며 PVC(심실 조기수축) 6개 이상이 보이거나 VT(심실빠른맥)가 3개 이상으로 확인되는 경우 심정지(pulseless VT, PEA, V.fib) 상황인지 반드시 확인해야 한다.

또다시 빠른맥이 나타나 활력징후와 의식 변화 등 빠른맥으로 인한 혈역학적(hemodynamic) 증상이 있다면 의료지도를 통해 수액과 산소 공급에 대한 지도와 이송 병원에 사전 통보하는 것도 필요하다.

■ 이송 중 활력징후

시각	혈압	맥박	호흡	체온	SpO_2
19:40	110/75 mmHg	110회/min	20회/min	36.4℃	98%

현재 증상이 나아졌지만, 이송 중에 증상이 재발현할 가능성이 있어 인근의 지역 응급의료기관으로 이송할 것이라고 설명하고, 주들것에 환자를 앉히고 구급차로 이동한다.

환자를 이동하는 동안 별다른 증상의 변화는 없다. 구급차 내에서 이동 중 환자의 활력징후를 다시 확인하며 비강캐뉼러를 통한 3L/min의 산소를 공급하고 심전도를 지속해서 감시하며 병원 응급실로 이송한다.

■ 이송 중 심전도

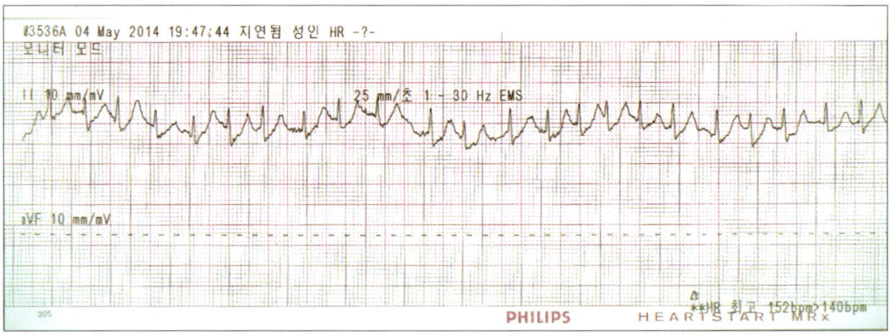

이송 중 줄어든 심박수가 유지되는 것이 확인된다. 비강캐뉼러로 산소 3L/min를 공급하고심전도 리듬을 감시하면서 구급일지를 작성한다.

대원1 이송 병원에 환자 정보와 이송 거리(시간)를 미리 전달한다.

09 이 환자에게 목동맥 마사지법 외에 시행할 수 있는 응급처치 방법이 있는가?

병원 단계

19:42

의료진 무슨 환자예요?

대원1 1시간 전 TV를 보다가 갑자기 식은땀을 동반한 가슴 두근거림이 멈추지 않아 119에 신고한 환자입니다.

의료진 조금 전에 전화한 환자입니까?

대원1 네.

의료진 지금은 좀 좋아 보이네요.

대원1 현장에서 문진했고, 이송 과정에서 좀 안정되기 시작했어요.

환자는 빠른맥에 따른 혈압 저하나 식은땀 등의 증상이 사라지긴 했지만, 여전히 빠른 맥박이 유지된 상태로 병원 의료진에게 인계되었다. 응급실에서 빠른 맥박 치료를 위해 adenosine 6mg을 정맥으로 투여받은 후 안정화되는 심장 리듬을 관찰할 수 있었다.

환자는 다행히 약물 치료에 반응하여 안정을 되찾았다.

---

10 의료진에게 인계할 때 놓치지 말아야 할 것은 무엇인가?

11 상기 사항을 구급일지에 작성해 보시오.

제한점

- 가슴 두근거림 증상이 미주신경 흥분 술기에 전혀 반응하지 않고, 혈역학적 변화가 있을 수 있었던 환자였다.
  만약, 증상이 악화했을 때 의료지도를 받게 된다면 치료에 반응하는 시간이 지연될 수 있었다.
  증상이 재발 되었을 때 의료지도를 미리 받아두는 것도 좋은 방안이 된다.
- 현장 출동 단계에서부터 가슴 벌렁거림과 두근거림 증상을 바탕으로 맹목적으로 발작성 심실상성 빠른맥으로 확정한 상태에서 문진과 평가가 이루어졌다. 예외적으로 다른 빠른맥성 질환일 가능성도 존재하고 있었다.
- 특별구급대가 아닌 경우 현행법(2022년 12월 기준)상 12유도 심전도 분석은 불법 의료 행위가 된다.
  단순한 빠른맥에서 심근경색과 연관된 빠른맥 발생의 가능성도 있으므로, 12유도 심전도 분석을 통해 부정맥을 더욱 넓게 확인할 필요가 있다.

실전 문제

01 심실상성 빠른맥(SVT) 환자의 치료에 해당하지 않는 것은?

① DC Cardioversion법
② Adenosin 투여
③ 미주신경 자극법
④ TCP에 의한 전기 치료

02 심실상성 빠른맥(SVT) 환자의 현장 또는 이송 단계에서 미주신경 자극법의 상대적 금기증은?

① 고혈압
② 죽상/동맥경화증
③ 저혈압
④ 고지혈증

03 발작성 심실상성은 대부분 증상 발현 후 일정 시간이 지나면 증상이 소실되기도 하지만 적극적인 응급 치료가 필요한 상황들도 있는데 해당하지 않는 증상은?

① 혈압 강하
② 급속한 의식 저하
③ 급성 폐부종 증상
④ 급성 심부전 증상

04 갑작스러운 가슴 두근거림을 호소한 환자에게서 측정한 심전도 중에서 발작성 심실상성 빠른맥을 고르시오.

①
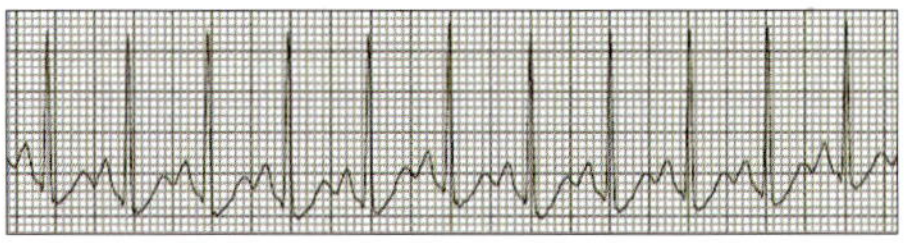

②
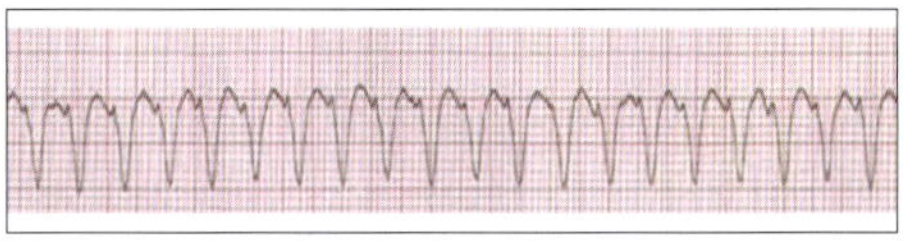

③
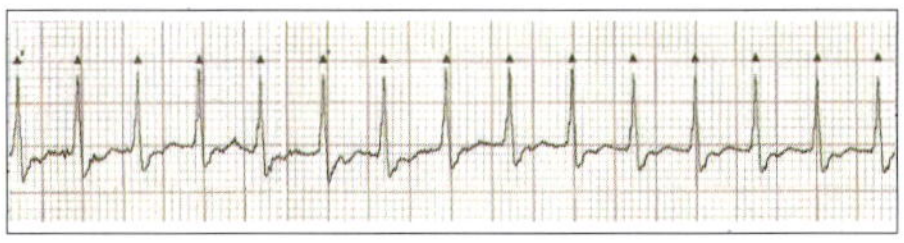

④
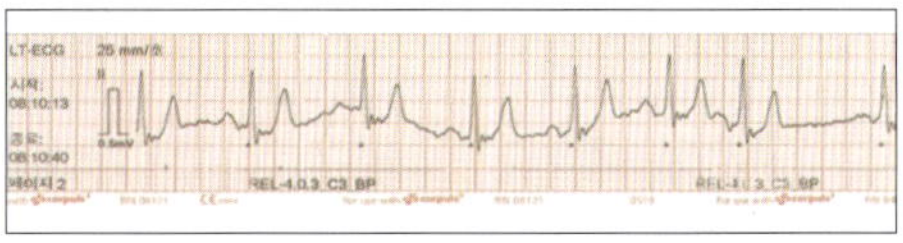

정답 1 ④, 2 ③, 3 ③, 4 ③

1–④ TCP는 느린맥으로 불안정한 환자에게 체외에서 전기적으로 맥박의 리듬을 조절하는 처치이다.

2–③ 목동맥 마사지로 인해 혈전 덩어리가 뇌혈관을 막아 부작용을 초래할 우려가 있기 때문에 주의해야 한다.

3–③ 폐부종은 호흡곤란과 연관이 깊고, 증상이 호전되기보다는 시간이 지날수록 악화되는 것이 일반적이다.

4–③ 심실상성 빠른맥과 비슷하지만 P–wave가 보이지 않고(묻히거나) 있다.

① 심실상성 빠른맥, ② 빠른맥, ④ 앞가쪽 경색

사례 풀이

01 당신이 출동 중인 대원이라면 신고자와의 통화에서 어떤 정보를 파악할 수 있으며, 제공할 수 있는 응급처치는 무엇인가?

우선 현장의 정확한 위치이다. 일반적인 아파트의 동호수와 다르다고 느껴지는 부분이 없는가?

998호라고 신고했기 때문이다. 998호라면 9층의 98호라는 의미가 있다. 다급한 신고 내용에 신고 접수 요원도 동의하는 상황이 발생할 때 나타날 수 있는 현상이다.

출동지령서가 이상하다고 생각될 때는 반드시 확인하지 않으면 전혀 다른 곳으로 출동할 수도 있다. 신고된 내용을 바탕으로 출동 중 대원 간의 임무 분담이나 처치 계획, 예상되는 장비를 설정하고 때로는 상황에 따라 추가 지원을 요청한다.

가슴이 벌렁거린다는 신고 내용으로 보아 심장에 문제가 있다고 추정해 볼 수 있다. 심장질환에서 확인할 수 있는 호흡곤란증, 가슴 통증, 어지럼증, 실신 등의 동반된 증상을 확인하고, 출동 거리와 호흡하기 편한 자세를 취할 것을 당부하며, 현재 복용 중인 약물이 있는지도 확인해 보아야 한다.

02 예상한 진단명이 있다면 어떤 장비들을 필수적으로 준비해야 하는가?

출동 중에 파악한 정보에 따르면 가슴 벌렁거림 외 특별한 증상 호소가 없는 것으로 보아 발작성 심실상성 빠른맥(PSVT)을 예상할 수 있다.

하지만, 출동 단계에서는 심근경색증과 연관된 증상인지 단정 짓기 어려워 12유도 심전도 측정이 가능한 심장충격기, 휴대용 산소소생기, 니트로글리세린 약물, 활력징후 측정용 장비, 발살바 조작법을 위한 100cc 주사기, 이동형 주들것 등을 준비해야 한다.

03 응급 환자 운반을 위한 고층 아파트 승강기 사용 시 주의 사항이 있다면 적어보자.

건설사마다 아파트의 구조가 다르다. 저층의 경우 운행이 제한된 곳도 있고, 규모에 따라 승강기가 2대씩 있는 데도 있다. 넓거나 크고, 작은 것, 격층 운행 등 환경에 따라 환자의 운반 방법이 다르게 결정되어야 한다. 응급 상황에선 주민 협조를 받아 승강기를 멈추고 기다려 주도록 조치할 수도 있다. 입구가 계단 형태로 되어 있으면 주들것 전체를 들어 움직여야 하는 예도 있다.

만약, 오래된 건물에서 승강기 교체 공사를 하는 경우에는 환자를 계단으로 이동시켜야 하므로 확인 즉시 추가 출동대 요청을 통해 도움을 받는다.

04 1~2차 평가에서 파악한 정보를 바탕으로 추정 가능한 병명과 시행 가능한 응급처치는 무엇인가?

1차 평가에서는 기도와 호흡기계 문제는 확인되지 않지만, 상당히 불안한 상태로 차갑고 축축한 피부를 보이는 것은 빠른 맥박으로 인해 말초 혈액순환이 원활하지 않다는 것이다.

2차 평가는 과거와 현재 병력을 조사해 증상의 원인을 파악하고 타 질환과 감별하는 것을 말한다. 환자는 10년 전부터 현재까지 6번의 유사한 증상이 있었으나 15분 이후 사라져 특별한 증상 치료를 하지 않았으나 오늘은 증상이 멈추지 않아 신고한 것으로 보인다.

심장질환, 공기가슴증, 호흡기계 문제, 신경질환(심리)과 달리 빠른 맥박 외에 특별한 문제가 확인되지는 않아 발작성 심실상성 빠른맥으로 생각할 수 있으나 평소와 달리 15분이 지나도 증상이 멈추지 않아 다른 문제를 생각하지 않을 수 없다.

환자는 빠른 맥박이 있지만, 혈역학적으로 불안정하지 않아 발살바 조작법과 미주신경 흥분기를 시행할 수 있다. 미주신경을 자극하면 대동맥에 혈압이 올라 미주신경의 영향이 증가하는데, 이것은 방실 결절에 영향을 주어 빠른맥을 차단하는 원리이다. 초기에 사용하며 시간이 지나면 교감신경계 영향으로 반응하지 않는다.

■ 발작성 심실상성 빠른맥의 치료

1. 혈역학적으로 안정된 경우

가. 미주신경 자극술(Vagal maneuver)

1) 목동맥 팽대 마사지:

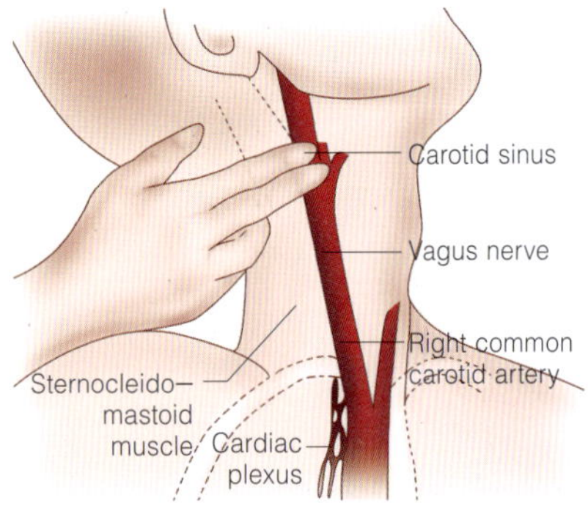

시행 전에 환자 동의를 받는 것이 좋으며, 모든 환자는 목동맥 잡음(carotid bruit)이 없는 것을 확인해야 한다. 동맥경화나 죽상경화증이 있는 환자는 마사지 동안 동맥경화반의 찌꺼기가 떨어져 나가 뇌졸중을 발생시킬 수 있기 때문이다. 양쪽 목동맥을 동시에 마사지하면 혈류 흐름에 영향을 줄 수 있으므로 한쪽씩 따로 시행해야 한다.

환자에게 진행하는 술기에 대해 미리 설명하고 6번 경추 횡돌기 쪽으로 목동맥과 압수용체(baroreceptors)를 눌러주는 방법으로 한 번에 10초 동안만 마사지한다. 이 술기는 바로 누운 자세에서 시행하는 것이 효과가 좋으며, 5~10초간 시행 후 변화가 없으면 반대쪽을 마사지한다. 마사지 전에는 비강캐뉼러로 산소 2~4L/min를 제공하고 반드시 심전도를 보면서 맥박이 안정되면 중단하도록 한다.

나. 발살바 조작법(Valsalva meneuver)

1) 항문조임근 조이기(항문 수축)
2) 입과 코를 막고 숨을 내쉬는 시늉을 하며 복부에 강한 힘주기
3) 얼음물에 6~7초간 얼굴 담그기
4) 기침 유발
5) Gag reflex 유발

2. 혈역학적으로 불안정한 경우

- 저혈압이나 호흡곤란, 심부전 증상, 의식 장애, 지속적인 가슴 통증이 있는 경우 산소 공급과 심전도 감시를 하면서 심실빠른맥(ventricular tachycardia)으로 변화하는지 확인해야 한다. 만약 맥박이 만져지지 않는 무맥성 전기활동(PEA)이면 심폐소생술을 시행한다.
- TCP를 통해 동시화된 전기적 심장 율동 전환을 시행한다(병원 단계 수행).

현행법상 119 구급대원은 미주신경 자극에 반응하지 않는 환자에 대해 약물 치료(adenosin, verapamil)와 전기적 치료(DC cardioversion)를 수행할 수 없다. 따라서 현장 단계에서 꼼꼼한 환자 병력 파악과 심전도 분석을 통해 빠른맥의 종류를 감별하고 원인에 따른 증상의 중재가 시행되어야 한다. 치료 가능한 응급의료센터급 이상의 병원 도착 전까지는 증상과 심전도를 지속해서 관찰해 응급 상황에 대처할 수 있도록 노력해야 한다.

05 위 심전도에 대한 해석은?

1) 리듬이 규칙적인가?	☑ 규칙적	☐ 불규칙적	
2) 맥박수가 정상인가? (정상: 60~100회)	☐ 정상	☑ 빠름	☐ 느림
3) P파 너비가 정상인가? (정상 ≤ 3칸)	☐ 정상	☐ 넓음	☑ P 보이지 않음
4) PR 간격이 정상인가? (정상 ≤ 5칸)	☐ 정상	☐ 늘어남	☑ 확인 안 됨
5) QRS 너비가 정상인가? (정상 ≤ 3칸)	☑ 정상	☐ 좁음	☐ 넓음
6) ST 분절은 정상인가?	☐ 정상	☐ 상승	☑ 하강

※ 환자의 증상이 갑자기 발생했으므로 발작성이고, 심실상성은 QRS가 좁게 나타나기 때문에 심실의 위쪽 부분, 즉 심방, 접합부 등에서 나타난 것으로 추정한다. 맥박수가 100회 이상이므로 전체적으로 발작성 심실상성 빠른맥으로 부른다.

증례에서 보이는 심전도는 12유도 심전도가 아닌 II-유도 심전도인 관계로 정확한 판독에 많은 어려움이 있다. 초기 심전도에서는 SVT(발작했으므로 PSVT로 간주)였다. 하지만 이후 목동맥 마사지를 시행하던 중 발생한 리듬 변화는 SA-node에서 AV-node의 전달이 지연 또는 잠시 막혔을 때 남은 전류의 흐름에 의한 '이상심실내전도(aberrant intraventricular conduction)'가 발생한 것으로 추정할 수 있다. 설명이 어려워 보이지만 결국은 VPC라는 의미다. 이후 병원 도착 전 리듬에서 작은 떨림처럼 보이는 불규칙한 P파와 QRS 간격은 A.fib이 발생한 것으로 보인다.

06 위 심전도와 관련하여 SVT(심실상성 빠른맥)와 PSVT(발작성 심실상성 빠른맥)의 차이는 무엇인가?

심실상성 빠른맥(supraventricular tachycardia)은 심실 위 동결절 외 심방과 접합부의 전기적 흥분으로 발생하는 빠른맥으로 정의된다. 외부인자(저체액성 상태, 운동, 흥분, 저산소 상태 등)에 의한 보상성 기전에 따른 동성빠른맥(sinus tachycardia)과는 비교된다.

빠른맥은 발생 위치에 따라 심방 내에서 기인하면 아래와 같이 네 가지로 분류한다. 심실에서 기인하면 Wide QRS 형태의 빠른맥을 만든다는 것을 알아야 한다.

심실상성 빠른맥	동성빠른맥	심박수 100회/min 이상, 1:1 형식의 P파와 QRS가 확인된다.
	심방세동	P파가 매우 빠르고 불규칙적이며 구분이 안 된다. 심실(QRS) 속도가 다양해 간격 또한 모두 다르다.
	심방조동	P파가 규칙적이며 200~350회/min으로 매우 빠름. 톱날 모양이 특징적 QRS와 P파는 2:1~4:1로 다양함.
	발작성 심실상성 빠른맥	갑작스러운 발작과 완화가 특징. 150~250회/min 내에서 규칙적인 형태와 QRS는 대부분 정상. P파는 QRS에 묻히거나 보이지 않는 경우가 많다.

가. 원인: (발작성 심실상성 빠른맥) 비정상적인 회귀 회로(reentry)의 발작성 흥분에 의한 것으로 전기가 심장 내 전도로를 맴돌면서 발생한다. 모든 연령층에서 발생할 수 있으며 심장질환과 무관하게 발생할 수 있다. 스트레스나 과로, 흡연, 카페인에 의해서도 유발하는 것으로 알려져 있다. 드물게는 죽상경화성 심장질환, 류머티즘성 심장질환을 앓는 경우 연관되기도 하나 심근경색에서의 발생은 드물다. 또 Wolff-Parkinson 증후군과 같이 부전도로에서 발생할 수 있다.

(빠른 맥박) 심실 충만 시간을 부족하게 만들어 일 회당 심박출량이 감소되면 그 결과 관상동맥 관류가 줄어 협심증이나 저혈압, 울혈성 심부전이 발생하기도 한다.

나. 증상: 가슴 두근거림이나 호흡곤란, 눈앞이 깜깜해짐, 어지러움, 가슴 답답, 실신, 간혹 체한 것 같다는 호소를 하는 환자들도 있다. 모두 빠른 심박수에 따른 불충분한 혈액순환 때문에 발생하므로 심박수를 안정화할 수 있는 처치가 필요하다.

다. 특징: 대부분 환자는 휴식을 취하는 행동으로 증상이 완화된다. 발작은 수분에서 몇 시간까지 지속될 수도 있다. 대개는 수분에서 끝나는 경우가 많지만 짧은 시간 내 재발하는 특징이 있어 구급대원은 증상이 사라지기 전에 심전도를 찍어 확인 후 병원에 전달하는 것이 도움이 된다.

■ SVT vs PSVT의 참고

	SVT	PSVT
심전도	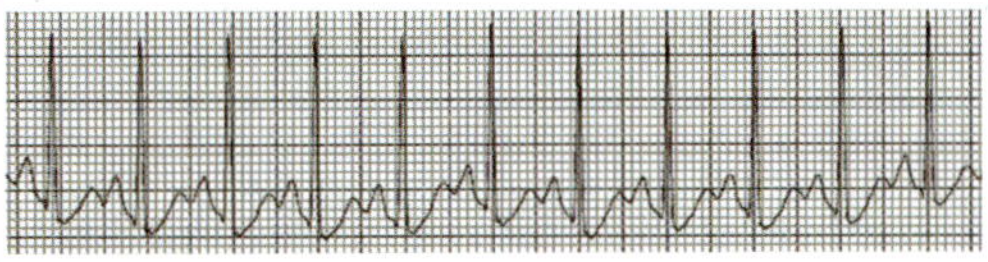	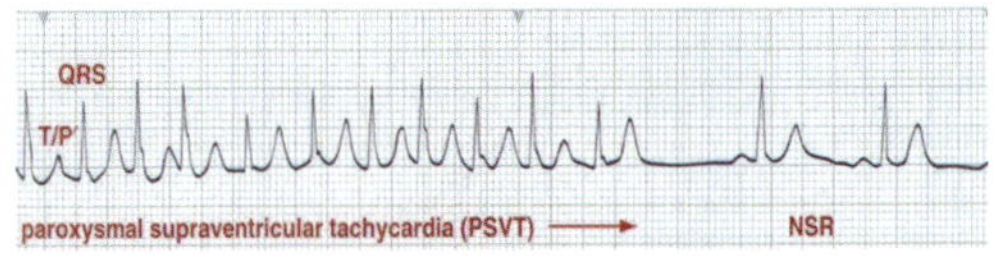
판독 소견	심박수: 150~250회/분 심박 조율 부위: 굴심방결절(sinus atrial pacemaker) 외 심방 내 어딘가(*PSVT는 심방 탈분극이 동방결절의 심박 조율 기능 이상으로 발생*). P파: T파에 묻히거나(12유도 심전도에서는 다른 유도에서 관찰되기도 한다) 빠를 경우 볼 수 없다. PR 간격: 보통 0.12초지만 이소성 심박 조율은 0.12초 이하를 보이기도 한다. QRS: 정상(0.12초)	
원인	카페인, 니코틴, 알코올 교감신경계성 약물 **허혈성 심장질환** **저산소증** 원인 불명 그 외(코카인, 디지털리스 독성 병원 전에서 보기 어려움)	나이와 상관없다. 기존 심장질환과 무관. 스트레스, 과로, 흡연, 카페인의 영향 죽상경화성 심혈관 질환이나 류마티스성 심장질환과 관련이 있다. 심근경색 환자에게 발생하는 일은 드물다.
임상적 특징	유발 요인에 의한 두근거림, 두통, 기저 질환에 따라 협심증, 호흡곤란을 호소	**갑자기 발작(몇 분에서 몇 시간)해 갑작스럽게 끝난다.** **가슴 두근거림을 느끼며 시간이 길어지면 어지럼증, 혈압 저하 등의 증상을 경험한다.** **조절되지 않으면 심실빠른맥으로 변화할 수 있어 신속한 응급 조치가 필요하다.**
치료 방법	**– 혈역학적으로 문제가 없을 때** 1) 미주신경 자극 술기(vagal maneuver)를 다음과 같은 방법으로 사용한다. 발살바 조작법(Valsalva maneuver), 즉 숨 참기, 항문조임근 조이기, 안구 자극, 귀 자극 등은 미주신경을 자극해 심박수를 느리게 한다. 목동맥 궁 마사지의 단독 수행보다 두 가지 정도 병행해 수행하기도 한다. 2) 약물(아데노신: adenosine)은 심박수를 안정시키는 데 최초 6mg 투여 후 1~2분 이내 호전되지 않으면 12mg 투여 **– 혈역학적으로 불안정한 상태** 1) 전기적 치료 TCP(경피적 전기자극치료), 즉 동시성 심장 율동 전환(synchronized cardioversion)을 시행할 수 있다. 2) 대퇴부정맥을 통해 심장 안에 전극도자를 삽입하는 '고주파전극도자 절제술'로 치료(완치율이 약 90%로 높으며 5~10% 미만의 제발 비율)	

07 2차 평가 내용을 바탕으로 기록해 보자.

신체 검진						
시진(눈으로 보이는 이상)	환자는 반드시 누워 있다					
청진(비정상적인 호흡음, 소리)	양쪽 폐음 정상음					
촉진(손으로 느껴지는 이상 반응 확인)	맥박은 아직 빠르고 강하게 촉진되고 있다					
타진(소리나 반응으로 이상 반응 확인)	해당 없음					
동공 반응(빛반사/크기)	Rt 3mm(+)/Lt 3mm(+)					
활력징후						
시각	혈압	맥박	호흡	체온	SpO_2	혈당
19:35	120/70 mmHg	200회/min	19회/min	36.4℃	98%	120 mg/dL
Allergy(알레르기 유무)	없음					
Medication(복용 중인 약물)	복용 중인 약물 없음					
Past illness(과거 병력, 수술력)	가슴 두근거림(10년 전부터 6차례 증상이 나타남)					
Last meal(마지막 음식물 섭취 시간)	오후 1시경 점심 식사					
Event[사고 당시 상황(기전)]	1시간 전부터 TV를 보다가 갑자기 식은땀과 가슴 두근거림 증상으로 신고					
Onset(발생 시점)	18:20					
Provocation(유발/악화/완화 요인)	TV를 보다가 갑작기 발생					
Quality(통증/증상의 유형)	가슴 두근거림					
Region(연관된 통증/증상의 부위)	초기에 쉬면 좋아졌지만, 재발작 이후 줄어들지 않음					
Severity(통증/증상의 정도)	NRS 7점, VAS 8점					
Time(통증/증상 지속 시간)	지속됨					

08 의료지도가 필요한 사항인가? 그렇다면 어떤 상황에 해당하는가?

⇒ 환자의 전반적인 분당 200회/min 이상 빠른맥이 사라지지 않아 매우 불안한 모습을 보인다.

혈압이 120/80mmHg로 비교적 잘 유지되어 혈역학적인 문제는 보이지 않는다. 하지만, 불안 증세와 지속적인 흉부의 불쾌감이 유지되며 보호자가 원거리 대학병원으로 이송을 강력하게 요구하고 있다. 증상이 있을 때 병원을 방문하는 것이 원인을 확인하는 데 도움이 된다는 설명에 동의하지 않는다면 의료지도 의사에게 연결하여 도움을 받을 수 있다.

의료지도를 받아야 할 사항

1) 환자 의식이 저하된 경우
2) 수축기 혈압이 90 mmHg 이하로 정맥로 확보와 수액 공급이 필요한 경우
3) 제세동 적응증에 관한 확인이 필요한 경우(심실빠른맥의 경우 무맥성 심실빠른맥과 감별에 대한 조언)
4) 빠른맥과 호흡곤란을 같이 호소하는 경우
5) SpO_2 94% 미만을 보이는 경우
6) 의료기관 선정이 어려운 경우

09 이 환자에게 목동맥 마사지법 외에 시행할 수 있는 응급처치 방법이 있는가?

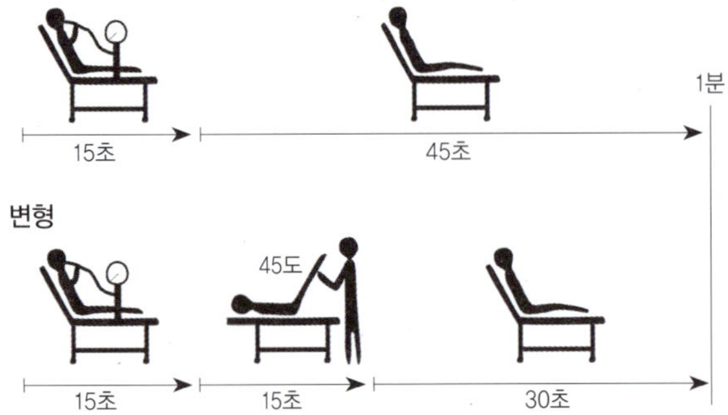

표준형 미주신경 자극법과 변형된 미주신경 자극법의 비교표

http://pemsource.org/2018/08/10/revert-for-svt/

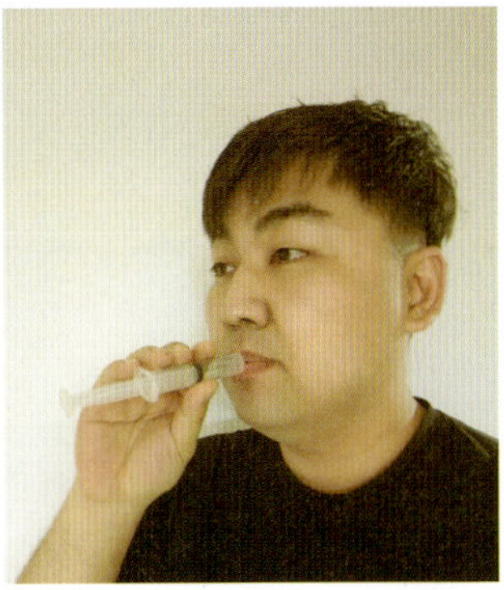

압력계가 없을 때 주사기 불기법

■ Table 2: Primary and secondary outcomes

	Standard VM (n=214)	Modified VM (n=214)	Effect size (95%CI)	p value
Presence of sinus rhythm at 1 min after VM	37 (17%)	93 (43%)	3.7 (2.3-5.8)	<0.0001
Adnosine giver	148 (69%)	108 (50%)	0.45 (0.30-0.68)	0.0002
Any emergency anti-arrhythmic treatment	171 (80%)	121 (57%)	0.33 (0.21-0.51)	<0.0001
Discharged home from emergency department	146 (68%)	134 (63%)	0.79 (0.51-1.21)	0.28
Any adverse event	8 (4%)	13 (6%)	1.61 (0.63-4.08)	0.32
Time in emergency department (h, median, IQR)	2.83(1.95-3.62)	2.82(1.95-3.77)	0.90 (0.75-1.10)	0.31

Effect size는 조정된 위험비인 응급실에서의 시간을 제외하고 조정된 승산비이다.
VM=발살바 조작법

45° 앉은 자세에서 40mmHg의 압력을 입으로만 불어주는 전통적인 미주신경 자극술은 5~20%의 낮은 성공률과 지속성 유지가 어려워 병원 전 단계에서 효율적이지 못했다(17% 성공률).

최근에는 더 나은(43% 성공률) 변형법이 소개되고 있다.

1) 환자를 45° 앉은 자세를 만든 후 혈압 압력계와 연결된 10cc 주사기를 15초 동안 불어 압력을 40mmHg까지 올린다.
2) 상체를 바닥에 눕히고 다리를 45° 올린 자세로 15초간 유지한다.
3) 45° 앉은 자세에서 30초간 머무른다.

효과가 없으면 다시 한 번 시도하는 것이 권장된다.

만약, 혈압 압력계와 주사기를 연결한 장치가 없다면 10mL 주사기를 거꾸로 물고 plunger(주사기의 '밀대' 또는 '가압대'라고 부름)를 조금 밀려날 정도로 불게 되면 40mmHg의 압력과 유사한 효과가 있다.(이것은 1분간 1회에 걸쳐 시행한다.) 이것은 현장에서나 이송하는 동안에 사용할 수 있는 방법으로 추천된다.

10 의료진에게 인계할 때 놓치지 말아야 할 것은 무엇인가?

현장에서 병원 인계 전까지 발작 리듬이 보였다면 될 수 있으면 12유도 심전도를 출력하는 것은 진료에 도움이 된다. 과거 병력부터 당일 증상이 나타나고 진행된 과정, 의료지도와 응급처치를 수행했다면 그 결과를 함께 알려주어야 한다.

11 상기 사항을 구급일지에 작성해 보시오.

Cf: QR 코드 를 찍어 구급활동일지 예시를 확인할 수 있다.

특별구급대 표준지침

빠른맥(빈맥)은 분당 심박수가 **100회 이상**인 경우로 정의되지만, 보통 빠른맥으로 인한 증상은 분당 심박수가 **150회 이상**인 경우에서 나타나며, 그 이하에서는 드물다. 빠른맥은 크게 **넓은 QRS 빠른맥(빈맥)(QRS > 0.12sec)**과 **좁은 QRS 빠른맥(빈맥)(QRS < 0.12)**으로 나눌 수 있으며, 넓은 QRS 빠른맥은 주로 심실에서 기원하는 경우가 많다.

1. 임상적 특징

- 빠른맥으로 인해 나타날 수 있는 심각한 증상으로는 의식 변화, 저혈압, 가슴 통증, 호흡곤란, 두근거림, 실신, 울혈성 심부전과 발한, 구역/구토 등 **쇼크를 시사하는 징후**들이 있다.
- 빠른맥이 일차적인 원인으로 작용하여 증상을 일으키는 경우는 보통 분당 심박수 150회 이상에서 발생하며, 그 이하에서는 드물다.

2. 환자 평가 필수 항목

- 병력 청취
  - 어지러움증, 두근거림, 가슴 통증, 실신, 발한, 구역/구토 등의 증상 동반 여부
  - 유발/완화 인자
  - 약물 복용력
- 이학적 검진
  - 빠른맥으로 인한 심각한 증상 및 징후 확인
  - 의식 유무와 맥박 확인 후 심폐소생술 여부 결정
  - 산소포화도를 포함한 활력징후 측정
  - 12유도 심전도 측정 장치가 있는 경우 12유도 심전도 검사 시행

3. 응급처치 절차 및 방법

- '환자 초기 평가·처치 표준지침'에 따라 전반적인 평가 및 처치를 시행한다.
- 기도 개방 및 유지
- 기도를 유지하고 산소포화도가 94% 이하일 경우 저산소증 교정을 위해 **비강(코안)캐뉼러**로 **1~5L/min** 또는 **안면 마스크**로 **6~10L/min**의 산소를 투여한다.
- 산소투여 후 산소포화도가 95% 이상이 안 되면 **비재호흡 마스크**를 이용하여 **11~15L/min**의 산소를 투여한다.

- 심전도 모니터링
- 심정지인 경우에서 **제세동이 필요한 빠른맥(불규칙하고 넓은 QRS)**일 경우 자동 심장충격기를 이용하여 제세동 시행
- 심각한 증상 및 징후를 가진 빠른맥 환자에서는 정맥로를 확보한다.

- 환자 인계
  - 특별구급대가 12유도 심전도를 시행한 경우 이송 병원 도착 후 이송 병원 의료진에게 구급대원이 측정한 심전도 결과와 지도 의사에게 지도받은 내용, 환자에게 시행한 처치 내용을 인계한다.

- 기록
  - 특별구급대가 12유도 심전도를 시행한 경우 이송 병원 도착 후 이송 병원 의료진에게 시행한 12유도 심전도 출력지의 부본을 제출한다.
  - 특별구급대가 12유도 심전도를 시행한 경우 귀소 전 특별구급대 전문처치기록지를 완성하여 이송 병원 의료진에게 제출한다.

4. 응급처치 시 주의 사항

- 환자가 반응이 없고 맥박이 소실된 경우, 심전도상 넓은 QRS 빠른맥은 심정지의 치료 지침에 따른다.
- 심근경색에 의한 빠른맥인지 구별하는 것이 중요
- 12유도 심전도 시행 시 환자의 가슴 부위 등 신체 노출을 최소화할 수 있도록 주의한다.

5. 직접 의료지도 요청 기준

- 환자의 활력징후가 불안정하여 정맥로 확보 및 수액 투여가 필요한 경우
- 제세동의 적응증에 대한 확인이 필요할 경우
- 12유도 심전도를 시행한 후 자동 판독 결과에서 정상 심전도 리듬(normal sinus rhythm)이 아니거나 심전도 측정 결과 판단을 위해 의사의 지도가 필요한 경우
- 자동 판독 기능이 없는 12유도 심전도 기기로 12유도 심전도를 시행하여 심전도 측정 결과 해석이 필요한 경우

6. 직접 의료지도 방법

1) 음성 직접 지도 상황(일반 통화 연결)
  - 구급대원은 자신의 소속과 자격, 특별구급대 교육 이수 여부를 밝히고 지도 의사에게 환자의 나이, 성별, 이전 심장질환 과거력을 포함한 주 증상에 따른 병력 청취 내용을 보고한다.
  - 구급대원은 어지러움증/두근거림/가슴 통증/발한/구역 구토 등의 증상 동반 여부, 유발/완화 인자, 약물 복용력을 확인하여 보고한다.
  - 시행한 12유도 심전도에 대해 ST-분절 상승 유무를 포함한 심전도 측정 결과를 보고한다. 자동 판독 기능이 있는 기기를 사용한 경우 자동 판독 결과를 함께 보고한다.
    통화 중 모바일 폰을 활용하여 심전도 이미지 전송이 가능한 경우 지도 의사에게 심전도 이미지를 전송한다. 심전도 이미지 전송이 가능하지 않은 경우 지도 의사에게 영상 직접 지도를 연결하여 지도를 받는다.
  - ST-분절 상승이 있는 경우 심전도 전송 장치가 있는 기기는 이송 병원으로 심전도를 전송한다. 심전도 전송 장치가 없는 경우 구급대원의 모바일 폰을 활용하여 지도 의사의 당직 모바일 폰으로 심전도 이미지를 전송한다.
  - 구급대원은 지도 의사와 상의하여 이송 병원을 결정하고, 이송 병원에 사전 연락을 시행한다.

2) 영상 직접 지도 상황(영상 통화 연결)
  - 영상 통화 시에는 팀의 리더가 직접 카메라를 잡거나 또는 경험이 있는 대원이 카메라를 잡고 상황을 보여주도록 한다.
  - 구급대원은 자신의 소속과 자격, 특별구급대 교육 이수 여부를 밝히고, 지도 의사에게 환자의 나이, 성별, 이전 심장질환 과거력을 포함한 주 증상에 따른 병력 청취 내용을 보고한다.
  - 구급대원은 어지러움증/두근거림/가슴 통증/발한/구역 구토 등의 증상 동반 여부, 유발/완화 인자, 약물 복용력을 확인하여 보고한다.

- 시행한 12유도 심전도에 대해 ST-분절 상승 유무를 포함한 심전도 측정 결과를 보고한다. 자동 판독 기능이 있는 기기를 사용한 경우 자동 판독 결과를 함께 보고한다. 통화 중 모바일 폰을 활용하여 심전도 이미지 전송이 가능한 경우 지도 의사에게 심전도 이미지를 전송한다. 카메라를 든 대원은 지도 의사에게 심전도 이미지를 보여주어 지도 의사가 심전도 판독을 시행할 수 있도록 한다.
- ST-분절 상승이 있는 경우 심전도 전송 장치가 있는 기기는 이송 병원으로 심전도를 전송한다. 심전도 전송 장치가 없는 경우 구급대원의 모바일 폰을 활용하여 지도 의사의 당직 모바일 폰으로 심전도 이미지를 전송한다.
- 구급대원은 지도 의사와 상의하여 이송 병원을 결정하고, 이송 병원에 사전 연락을 시행한다.

3) 응급처치 시 주의 사항
- 술기 지침의 심전도 시행, 심전도 판독, 심전도 전송 지침에 따라 심전도를 시행하고 판독, 전송한다.

7. 이송 병원 선정 지침

ㅇ 심각한 증상 및 징후를 가진 빠른맥의 경우 가까운 지역 응급의료센터 이상의 의료기관으로 이송함을 원칙으로 한다. 지역별 여건에 따라 의료지도를 받아 치료 가능한 가까운 지역 응급의료기관으로 이송할 수 있다.

ㅇ 12유도 심전도에서 ST-분절 상승 심근경색증이 확인된 경우 재관류 치료가 가능한 응급의료기관으로 이송함을 원칙으로 한다.
- 만약 이송 예상 거리가 30km 이상이거나 이송 예상 소요 시간이 1시간 이상이고, 헬기 이송이 가능한 경우에는 장거리 이송에 의한 구급차 공백을 막고 반응 시간을 줄이기 위해 헬기 이송을 요청하고 지시에 따른다.
- 12유도 심전도에서 ST-분절 상승 심근경색증이 확인되었으나 불안정한 환자 상태 등의 요인으로 재관류 치료가 가능한 응급의료기관으로 이송하지 못하는 경우에는 이송 병원 선정을 위해 의료지도를 요청한다.

ㅇ 환자 상태가 불안정할 경우나 특정한 경우, 이송 병원 선정을 위해 의료지도를 요청한다.
- 불안정한 환자 상태
  ▸ 환자 의식이 저하된 경우
  ▸ 수축기 혈압이 90mmHg 이하인 경우
  ▸ 환자가 호흡곤란을 같이 호소하거나 산소포화도가 94% 미만인 경우

ㅇ 응급의료 취약 지역일 경우 가장 가까운 지역 응급의료기관으로 이송한다.

Reference

1. Garcia,T.B., & Holtz, N.E (2001). 12-Lead ECG:The Art of Interpretation. Sudbury, MA; Jones and Bartlett.
2. 소방청. 《119 구급대원 현장응급처치 표준지침》, 2023.
3. 전국응급구조학과교수협의회. 《내과전문응급처치학》(제5판), 도서출판 한미의학, 2018, p108
4. Appelboam A, Reuben A, Mann C, et al. Postural modification to the standard Valsalva manoeuvre for emergency treatment of supraventricular tachycardias (REVERT): a randomised controlled trial. The Lancet. 2015;386(10005):1747-1753. doi:10.1016/s0140-6736(15)61485-4
5. Garcia,T.B., & Holtz, N.E (2001). 12-Lead ECG: The Art of Interpretation. Sudbury, MA; Jones and Bartlett.
6. https://www.medmastery.com/magazine/modified-valsalva-maneuver-video-review
7. 심전도 해석에 도움 주신 분: EM. 김기운, 박세훈, 김현종

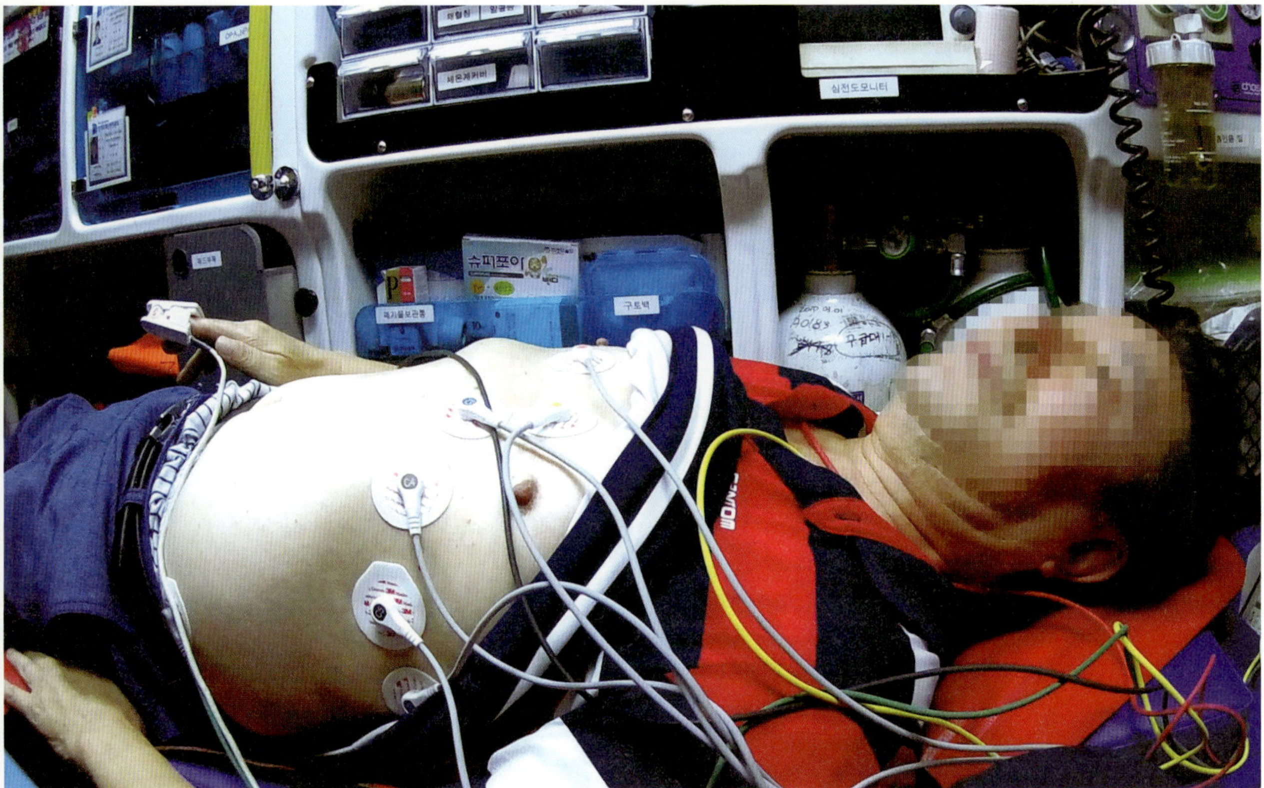

사례 4 가슴 통증이 심해요

목적

- 가슴 통증은 심장질환, 외상, 정신적 문제, 호흡곤란과 연관된 폐의 문제에서도 나타날 수 있으므로, 원인을 찾아내어 심인성인지 비심인성인지를 구별할 수 있어야 한다.
- 감별 진단을 바탕으로 환자 증상 완화를 위한 적절한 응급처치 계획과 치료 가능한 병원 선정에 대해 알아보기로 한다.

출동 개요

Tip

자체 접수
환자가 소방 기관에 방문하거나 또는 119상황실에 연락하여 출동 지령을 요청하는 경우이다.
간혹, 매우 경미하거나 이송이 필요하지 않은 경우(가벼운 찰과상, 병원 안내, 상비약을 얻기 위함)에는 이송 지침 또는 의료지도를 통해 결정되어야 한다.

출동 메시지 "구급 출동!" 장소는 센터로 방문한 가슴 통증 환자(센터 자체 접수)

출동 정보
신고 시각 11월 21일 08:00:30
출동 시각 11월 21일 08:03
현장과의 거리 0m (센터 방문)

출동 인원
구급대원1 리더(처치)
구급대원2 대원(처치)
구급대원3 대원(운전)

환자 정보 및 기타 정보 남자 69세, 가슴 통증 호소

현장 상황

승용차 한 대가 아주 급하게 안전센터 입구에 멈춰 섰다.

보호자 (아주머니 한 분이 운전석에서 내려 사무실 창을 두드리며) 도와 주세요!

구급대원이 다가갔을 때 뒷좌석의 남편이 환자라고 알렸고, 환자는 보호자의 부축을 받으며 차에서 내린다.

대원1 무슨 일입니까?

보호자 저희 남편이 '가슴 통증'이 있어 급히 병원으로 가다가 무서워서 찾아왔어요. 병원에서 이렇게 다시 아프면 바로 응급실로 가라고 했었거든요.

대원1 어떻게 아프세요?

환자 (아픈 얼굴로 식은땀을 흘리며 가슴을 쥐어 잡고) 30분 동안 가슴 통증이 심합니다.

대원1 환자분 구급차에 탑승하세요. 저희가 좀 살펴보겠습니다.(바로 탑승시킨다.)

활력징후와 심전도 분석을 준비하고, 다른 대원들이 상황실에 출동 지령을 요청한다.

---

01 별다른 환자 평가나 병원 선정 절차 없이 구급차에 급히 탑승시켜 출발하려고 하는 이유는 무엇인가?

1차 평가

기본 활력징후 및 병력 청취	
의식 상태	A(명료함)
기도 및 호흡 상태	호흡곤란과 관련한 특별한 어려움은 없다.
순환 상태	노동맥에서 강하고 규칙적인 맥박이 확인, 차갑고 축축한 피부

02 1차 평가 결과를 바탕으로 추정되는 문제는 무엇인가?

2차 평가

환자와 보호자에게 안정을 취할 수 있도록 한다. **대원1**은 증상에 대한 환자 평가와 응급처치 계획을 세우고, **대원2**는 활력징후를 평가하고, **대원3**은 이송을 위한 준비를 한다.

■ 문진과 활력징후

> **Tip**
> 가슴 통증의 원인과 연관되는 질병과 감별 진단을 통해 증상 완화를 위해 필요한 처치가 무엇인지 결정하는 단계

> **Tip**
> **발기부전 치료제**
> 24시간 이내에(시알리스는 48시간) 발기부전 치료제를 복용한 경우 니트로글리세린과 상호 작용으로 심각한 저혈압을 유발할 수 있어 금기

대원1 환자분 가슴 통증이 이전에도 있었나요?

환자 (VAS 9점) 네, 협심증이 있어 ○○ 병원에서 11년 전에 스텐트 넣었어요.

대원1 그러면 24시간 이내에 2번 이상 가슴 아픈 증상이 없었나요?

환자 아침에 아픈 것 말고는 없었어요.

대원1 평소 드시는 약이 있나요? 특히 발기부전제를 먹지는 않았나요?

환자 고혈압, 당뇨약을 먹고 있고, 스텐트 삽입 후에 혈전 억제제 먹고 있어요.

대원1 언제 뭐 하던 중에 가슴이 아팠나요?

환자 오늘 아침 7시에 아침 먹고 30분쯤 지나 집에서 짐 옮길 때 아프더니 지금까지 그래요.

대원1 어떨 때 증상이 심하게 느껴지나요? (가만히 있어도, 움직일 때, 갑작스럽게?)

환자 가만히 있어도 자꾸 심해져요.

대원1 통증이 있을 때 숨참, 식은땀, 구토, 분홍색 거품의 침, 입에서 피, 어지러움, 실신이 있나요?

환자 식은땀과 약간 어지럼증이 있어요.

대원1 혹시 가슴을 부딪히거나 물건 들 때 뻐근하거나 정신적 스트레스가 있었나요?[1]

환자 그런 일은 없었어요.

대원1 환자가 열이 있지는 않았나요?[2]

보호자 모르겠어요.

대원1 숨 쉴 때 한쪽 가슴이 아프거나 가슴 뻐근함, 조이듯 아픈 증상은 없나요?[3]

환자 (매우 힘들어하며) 가슴이 뻐근하면서 누르는 듯한 느낌, 조이는 통증이 있어요.

대원1 담배를 오랫동안 피우셨거나 알레르기가 있나요?[4]

보호자 예전에 젊었을 때 담배를 하루 두 갑은 피웠는데 10년 전에 끊었어요.

대원1 식도염을 진단 받거나 평소 공복에 더 심해지는 속 쓰림은 없었나요?

보호자 없었어요.

대원1 직계 가족 중에 심장질환이 있었던 분이 계셨나요?

보호자 돌아가신 아버지가 심장마비로 돌아가셨어요.

대원1 마지막 식사는 언제 하셨나요?

보호자 1시간 전에 죽 먹었어요.

■ 신체 검진

대원1 청진을 하며 "환자분 숨을 크게 들이쉬어 보세요"라고 말한다. (양쪽 폐음 정상)

대원2 활력징후와 동공 반응을 측정한다. [Rt 3mm(+) / Lt 3mm(+)]

시각	혈압	맥박	호흡	체온	SpO_2	혈당
08:04	110/85 mmHg	69회/min	14회/min	36.5℃	99%	180 mg/dL

대원1 목의 기관 편위[5]와 목정맥팽대[6]를 확인했으나 특이 사항이 없다. 가슴과 배를 보고, 누르고, 두드려[7] 보아 특별한 문제가 없다.

1) 외상, 근육 통증, 정신적 문제와 연관된 질문
2) 폐렴과 연관된 질문
3) 협심증이나 공기가슴증과 연관된 질문
4) 오랜 흡연에 의한 폐기종, 알레르기에 의한 천식 발작과 구별할 수 있어야 한다.
5) 공기가슴증, 무기폐(atelectasis)와 관련
6) 우심실 경색에서 신체 외부로 확인되는 대표적인 증상
7) 심장 기능 상실(울혈성 심질환), 폐심장증, 간/비장의 복수 확인

대원1 (환자와 보호자에게) 환자와 보호자께서 생각하신 것처럼 심장 문제가 있어 보입니다. 심전도를 확인하며 병원으로 이송하도록 하겠습니다.

심한 가슴 통증을 호소하고 있어 신속히 병원으로 이송함과 동시에 심전도 분석을 시행한다. 심근경색증이 의심되므로 특별구급대 자격으로 의료지도를 통해 12유도 심전도 분석을 위한 준비를 하며 2차 평가를 마무리한다.

---

03 환자에게 가장 큰 문제는 가슴 통증이다. 예상되는 문제와 적절한 처치 그리고 주의해야 할 부분은 무엇인가?

04 2차 평가 외 가슴 통증의 원인과 연관되는 질환과의 감별을 위한 문진이 있는가?

현장 심전도

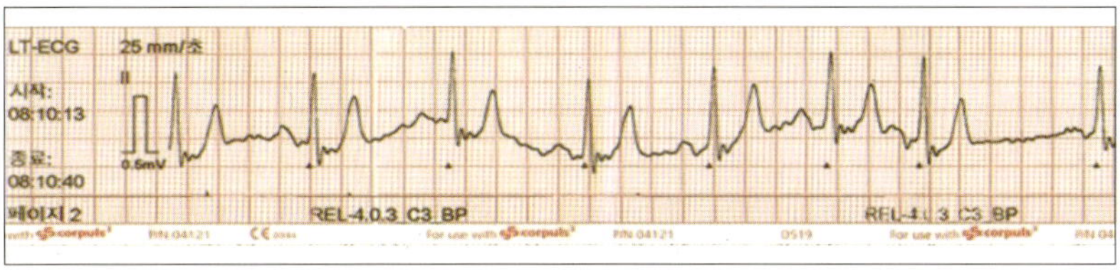

05 위 심전도에 대한 해석은?

1) 리듬이 규칙적인가? □ 규칙적 □ 불규칙적
2) 맥박수가 정상인가? (정상: 60~100회) □ 정상 □ 빠름 □ 느림
3) P파 너비가 정상인가? (정상 ≤ 3칸) □ 정상 □ 넓음
4) PR 간격이 정상인가? (정상 ≤ 5칸) □ 정상 □ 늘어남 □ P파 뒤에 R파가 없다
5) QRS 너비가 정상인가? (정상 ≤ 3칸) □ 정상 □ 좁음 □ 넓음
6) ST 분절은 정상인가? □ 정상 □ 상승 □ 하강

06 위에서 평가한 항목들을 바탕으로 의료지도가 필요한 상황인가? 의료지도가 필요한 상황이라면 보고할 내용은 무엇이고 어떤 처치가 예상되는가?

07 2차 평가 내용을 바탕으로 기록해 보자.

신체 검진	
시진(눈으로 보이는 이상)	
청진(비정상적인 호흡음, 소리)	
촉진(손으로 느껴지는 이상 반응 확인)	
타진(소리나 반응으로 이상 반응 확인)	
동공 반응(빛반사/크기)	

활력징후						
시각	혈압	맥박	호흡	체온	SpO_2	혈당
:	/ mmHg	회/min	회/min	℃	%	mg/dL

Allergy(알레르기 유무)	
Medication(복용 중인 약물)	
Past illness(과거 병력, 수술력)	
Last meal(마지막 음식물 섭취 시간)	
Event[사고 당시 상황(기전)]	
Onset(발생 시점)	
Provocation(유발/악화/완화 요인)	
Quality(통증/증상의 유형)	
Region(연관된 통증/증상의 부위)	
Severity(통증/증상의 정도)	
Time(통증/증상 지속 시간)	

현장 처치

Tip

PCI(percutaneous coronary intervention, 경피적 관상동맥 중재술)

- 협착, 폐쇄된 관상동맥 내로 카테터 삽입 후 재확장을 시도하는 시술이다.
- 대퇴동맥, 쇄골하동맥을 통해 관상동맥 내로 카테터 삽입→balloon을 부풀려 협착된 관상동맥 확장(풍선 확장술) 또는 스텐트 삽입
- 하나 또는 두 개의 관상동맥이 좁아진 경우 그 길이가 길지 않을 때 사용
- 스텐트는 주로 스테인리스 스틸과 같은 금속으로 만들어지며 그물망과 비슷한 형태

→ 따로 제거하지 않고 몸에 계속 남아 있음

대원1 대원2에게 비강캐뉼러로 3L/min 산소 공급을 요청하고, 가슴 통증 처치를 위해 12유도 심전도와 약물 투여를 위해 의료지도 의사에게 연결한다.

대원1 안녕하십니까? ○○ 특별구급대 1급 응급구조사입니다.
69세 남자로 11년 전 협심증이 있어 PCI 시행했던 환자입니다. 신고 30분 전 물건을 옮기다가 갑작스러운 가슴 통증으로 병원 방문 중에 통증이 심해 소방서로 찾아왔습니다.
활력징후는

시각	혈압	맥박	호흡	체온	SpO_2	혈당
08:10	110/85 mmHg	69회/min	14회/min	36.5℃	99%	180 mg/dL

입니다.

심전도 감시에서 규칙적이고 정상적인 리듬을 보입니다만, 12유도 심전도는 아직 시행 전입니다.
VAS 9점 상태로 보이며, 고혈압과 당뇨, 혈전 억제제를 복용 중이라고 합니다.
NTG와 정맥로 확보가 필요해서 연락드립니다.

지도 의사 네, 12유도 심전도 측정해 주시고, 발기부전 치료제나 호흡음 이상, 입에서 분홍색 거품 같은 것은 없나요? 진료는 어느 병원에서 받았나요?

대원1 네, 알려드린 것 외 다른 것은 없다고 하며, 병원은 ○○ 병원에 다니고 있다고 합니다. 12유도 심전도는 지금 측정하겠습니다.

지도 의사 우심실 경색 소견이 없으면 정맥로 확보하여 생리식염수 300mL 주입하며 혀밑으로 NTG 1tb 주시고, 계속 관찰하면서 이송하세요. 중간에 혈역학적 변화나 심전도 이상이 있으면 바로 연락해주시고요.

대원1 네, 알겠습니다.

---

08 심한 가슴 통증 환자에게 의료지도 의사는 우심실 경색 소견이 있으면 NTG를 투여하지 말라고 하고 있다. 우심실 경색 소견의 정의와 NTG를 투여하면 안 되는 이유는 무엇인가?

이송 단계

의료지도를 받는 동안 구급차는 환자가 진료받던 병원으로 이동한다.

의료지도에 따라 대원1은 12유도 심전도를 측정하고, 대원2는 NTG 1tb을 혀밑으로 투여할 준비를 한다.(구급차가 심하게 흔들리는 경우 차량을 잠시 정차하도록 하는 것이 도움이 된다.)

12유도 심전도에서 부정맥으로 보여 대원2는 의료지도 의사에게 리듬을 알려주고 NTG를 투여한다.

NTG 투여 후 4분 뒤 환자는 NRS 2점 상태를 보이며 편안해졌다고 말한다.

이송 중 활력징후는 다음과 같다.

시각	혈압	맥박	호흡	체온	SpO_2
08:20	130/70 mmHg	98회/min	18회/min	36.9℃	94%

병원 도착 인근 지점(08:27)부터 통증이 재발하여 NRS 7점 상태를 보이며 불안해한다.

09 병원 인근에서 갑자기 불안정해진 환자에게 제공할 응급처치와 병원 도착 후 가장 적합한 행동은 무엇인가?

이송 중 심전도

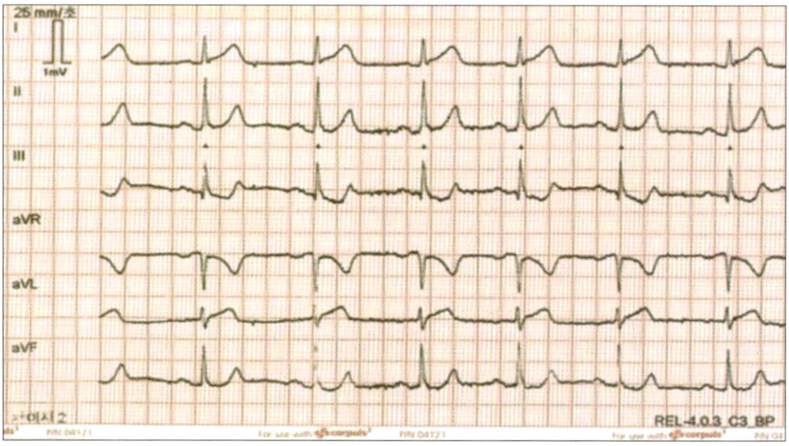

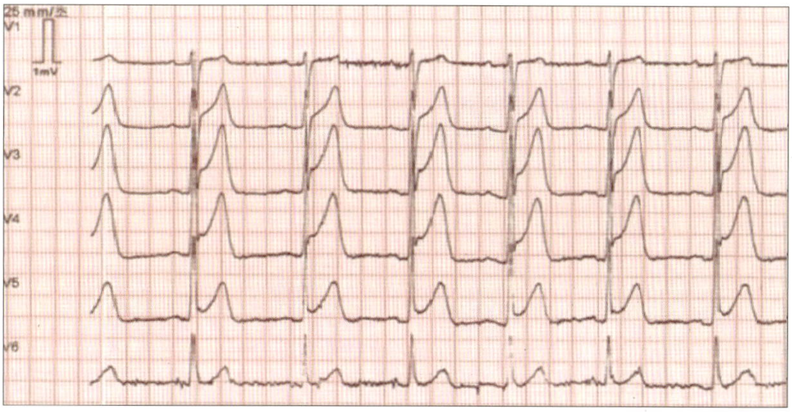

10 위 심전도에 대한 해석은?

1)	리듬이 규칙적인가?	☐ 규칙적	☐ 불규칙적	
2)	맥박수가 정상인가? (정상: 60~100회)	☐ 정상	☐ 빠름	☐ 느림
3)	P파 너비가 정상인가? (정상 ≤ 3칸)	☐ 정상	☐ 넓음	
4)	PR 간격이 정상인가? (정상 ≤ 5칸)	☐ 정상	☐ 늘어남	☐ P파 뒤에 R파가 없다
5)	QRS 너비가 정상인가? (정상 ≤ 3칸)	☐ 정상	☐ 좁음	☐ 넓음
6)	ST 분절은 정상인가?	☐ 정상	☐ 상승	☐ 하강

병원 단계

병원 도착 후 대원1은 급히 내려 환자 분류소에 사전 연락한 환자 상태가 악화했다고 알린다.

의료진 무슨 환자예요?

대원1 가슴 통증으로 신고된 69세 남자입니다. 11년 전 가슴 통증으로 이 병원에서 PCI 했었습니다. 신고 30분 전(07:30) 집에서 무거운 짐을 옮기다가 가슴 통증이 발생했고, 병원 가던 중 소방서에 방문했습니다.

방문 당시 식은땀을 동반한 NRS 9점의 가슴 뻐근함, 누르는 듯한 느낌, 조이는 통증을 호소했습니다. 12유도 심전도에서 부정맥이 보였고, NTG 1tb 투여 후에 NRS 2점까지 내려갔다가 병원 도착 전에 NRS 7점이 되었고, 현재 활력징후는 특별한 변화가 없습니다.

의료진 출발 전에 전화 주셨던 환자인가요?

대원1 네.

의료진 그 외 병력은 없습니까?

대원1 고혈압과 당뇨가 있어 지역 병원에서 정기적으로 진료 받고 있다고 합니다.

의료진 네, 알겠습니다. 일단 환자를 안쪽으로 옮기시죠.

---

11 상기 사항을 구급일지에 작성해 보시오.

응급실 도착 심전도

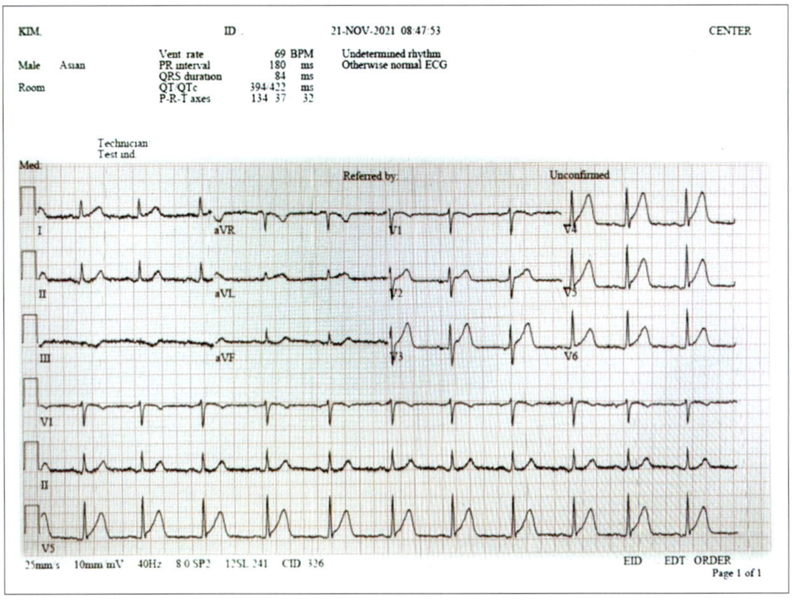

PCI 시행 전 심전도

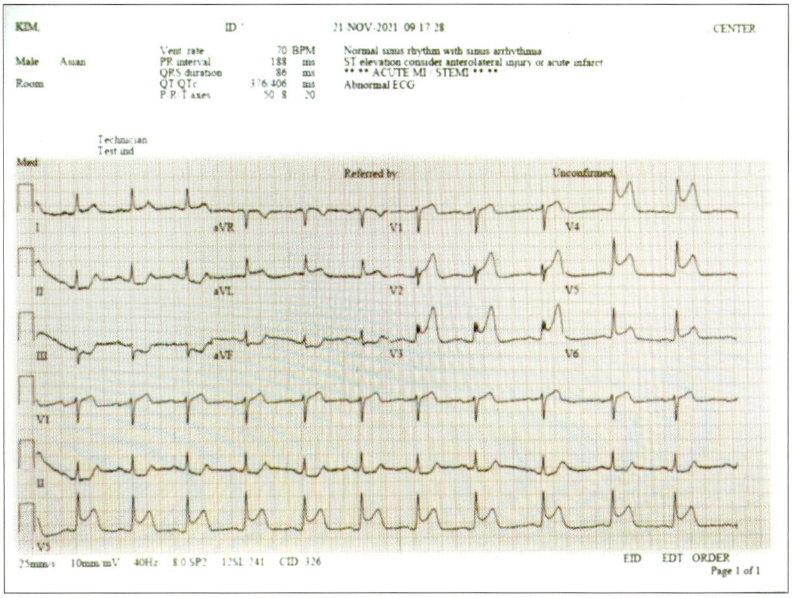

제한점

- 현행(23년 1월 기준) 응급의료에 관한 법률에서 1급 응급구조사 업무 범위에 따라 '12유도 심전도' 검사가 허용되고 있지 않다. 다만, 소방청에서 시범으로 진행하는 '특별구급대' 지침에 따라 특별구급대 교육을 받은 1급 응급구조사/간호사가 의료지도 후에 수행하는 것으로 하고 있다.
- 특별구급대가 아닌 일반 구급대원은 증례와 같은 환자에게 사지 유도만 허락되고 있어 부정맥을 확인하기 어려운 부분이 있다.
- ST 분절 상승 부정맥의 통증 완화를 위해 의료지도를 통해 NTG를 혀밑에 투여할 수 있도록 하고 있다. 다만, 우심실 경색이 의심되는 경우에는 금지되어 있는 만큼 12유도 심전도 확인 후에 투여하는 것이 바람직하다.
- 증례와 같이 갑작스럽게 찾아온 환자가 심한 증상을 보일 때, 의료지도 후에 응급처치해야 하는 상황이라면 평소 많은 훈련이 필요하다.

실전 문제

01 심근경색증의 흔한 증상으로 해당하지 않는 것은?

① 어깨, 목, 턱, 또는 등으로 방사되는 가슴 통증, 가슴 불쾌감이 나타난다.

② 협심증은 심장 근육에 필요한 만큼의 산소가 공급되지 못해 발생한다.

③ 보통 10분 이상 통증이 지속되는 때는 없다.

④ 심장 근육의 혈류 공급이 감소 또는 중단되어 심장 근육의 괴사가 일어난다.

02 가슴 통증 환자의 임상적 특징이 아닌 것은?

① 갑작스러운 무력감, 오심, 발한과 같은 비특이적인 전신 증상이 나타난다.

② 협심증의 경우 가슴 통증이 휴식이나 NTG 투여로 소실된다.

③ 심근경색의 경우 가슴 통증이 감소될 수 있지만, 허혈이 해결되지 않으면 통증이 지속되는 경향이 있다.

④ ST 분절 상승 심근경색의 경우 즉각적인 재관류 요법이 필요하지는 않다.

03 가슴 통증 환자의 응급처치 절차 및 방법에 관해 잘못된 것은?

① 산소투여를 통해 비강캐뉼러로 4L/min의 산소를 투여하되 산소포화도를 94% 이상 유지한다.

② NTG를 혀밑으로 1분 간격으로 총 3회까지 투여할 수 있다.

③ 심장성 폐부종이 의심될 때 지속적 양압환기를 사용할 수 있다.

④ 심인성 가슴 통증이 의심될 경우 정맥로 확보는 현장에서 총 2회까지 시행하도록 한다. (이송 시간 지연 방지)

04 니트로글리세린 투여 여건에 해당하는 것은?

① 수축기 혈압이 90mmHg 이상인 경우

② 분당 50회 미만의 느린맥 환자

③ 니트로글리세린 투여 후 수축기 혈압이 20mmHg 이상 감소한 경우

④ 최근 24시간 이내 비아그라 등을 먹은 경우

05 가슴 통증 환자 평가 시 잘못 서술한 것은?

① 가슴 통증의 발병 시간 및 지속 시간을 확인한다.

② 12유도 심전도 측정 시 ST 분절 상승 여부를 확인한다.

③ 니트로글리세린 복용 시 가슴 통증의 변화

④ 목정맥팽대 여부는 현장 평가에서 중요하지 않다.

정답 1 ③, 2 ④, 3 ②, 4 ①, 5 ④

1-③ 협심증은 보통 5~10분 사이에 통증이 발생하다 사라지는 것이 특징이며, 심근경색증은 30분 이상 통증이 지속된다. 혈액 공급이 완전히 차단되기 때문에 환자는 계속 통증을 호소한다.

2-④ ST 분절 심근경색의 경우 즉각적인 재관류 요법이 필요한 응급 상황에 해당된다.

3-② 병원 전 니트로글리세린은 5분 간격으로 최대 3회까지 투여한다.

4-① 니트로글리세린은 수축기 90mmHg 이상 유지될 경우 투여해야 한다. 니트로글리세린의 투여로 인해 혈압이 떨어질 수 있기 때문이다.

5-④ 우심실 경색의 경우 폐순환은 물론 전신적 부적절한 순환부전으로 혈압 저하가 일어날 수 있다. 그로 인해 목정맥의 울혈로 인한 팽대를 관찰할 수 있기에 가슴 통증 환자에게 목정맥팽대의 여부 확인은 매우 중요하다.

사례 풀이

01 별다른 환자 평가나 병원 선정 절차 없이 구급차에 급히 탑승시켜 출발하려고 하는 이유는 무엇인가?

가슴 통증이 허혈성 심장질환과 관련이 있는 것으로 판단되었다면 10분 넘는 통증은 심근경색증과 관련이 있다는 것을 알아야 한다. 협심증은 혈관의 일시적인 수축 현상에 따른 증상을 나타내지만, 급성 심근경색증은 지속적인 혈류 공급의 장애로 인해 해당 부위의 심장 근육 괴사를 의미한다. 이것은 적기에 재개통시키거나 혈관을 확장시키지 못하면 비가역적인 손상을 일으킬 수 있어 빨리 치료해야 한다. 간혹, 이송하는 동안에 급성 심근경색증에 의한 심정지가 발생하므로 이송 중에도 심전도 감시를 게을리 할 수 없다.

02 1차 평가 결과를 바탕으로 추정되는 문제는 무엇인가?

의식과 호흡 상태에서는 특별한 문제가 확인되지 않는다. 순환 상태 평가에서 맥박의 특별한 문제는 보이지 않으나 차갑고 축축한 피부를 보이는 것은 쇼크의 징후로 볼 수 있다.

활력징후 평가와 심전도 평가를 바탕으로 혈역학적인 문제가 있는지 확인해야 한다. 만약 차갑고 축축한 피부가 활력징후 평가에서 저혈압을 나타낸다면 우심실 경색 같은 심각한 상태일 수 있다는 것을 인식해야 한다.

03 환자에게 가장 큰 문제는 가슴 통증이다. 예상되는 문제와 적절한 처치 그리고 주의해야 할 부분은 무엇인가?

해당 환자는 과거 심장질환으로 스텐트 삽입술을 받은 환자이며, 증상 발생 후 10분 이상 지연되고 있는 가슴 통증이 있다. 협심증보다는 심근경색증을 의심해야 하는 상황이다. 가슴 통증과 더불어 식은땀과 약간의 어지럼증이 있는 것은 교감신경 흥분에 따른 동반 증상으로 보인다.

수축기 혈압 110mmHg로 평가되고 호흡곤란 증상이 없는 등 니트로글리세린 투여 금기증에 속하지 않는다. 구급대 여건에 따라 심전도를 감시(3유도 또는 12유도)하고 의료지도를 요청한 후 니트로글리세린을 투여하며 리듬 변화와 환자 상태의 변화가 있는지 확인해야 한다.(투여 전/후 통증의 변화를 NRS로 기록한다.)

니트로글리세린 투여 전과 후의 혈압이 20mmHg 이상 감소할 경우 추가 투여가 금지되며, 생리식염수 500mL를 정맥 주입하며 혈압 상승이 나타나는지 확인해야 한다.

■ 니트로글리세린 투여 금기증

- 수축기 혈압이 90mmHg 이하
- 분당 50회 미만의 느린맥(서맥) 환자
- 심부전이 없는 상태에서의 빠른맥 > 100회/min
- 발기부전제를 복용한 경우: 최근 24시간 이내 비아그라, 레비트라 등을 복용하거나 48시간 이내 시알리스를 복용한 경우
- 니트로글리세린 투여 후 수축기 혈압이 20mmHg 이상 감소한 경우 추가 투여 금지
- 니트로글리세린 과민 반응이 있었던 환자
- 녹내장 환자, 두부외상이나 뇌출혈, 중증 빈혈 환자
- 우심실 경색 의심 환자

04 2차 평가 외 가슴 통증의 원인과 연관되는 질환과의 감별을 위한 문진이 있는가?

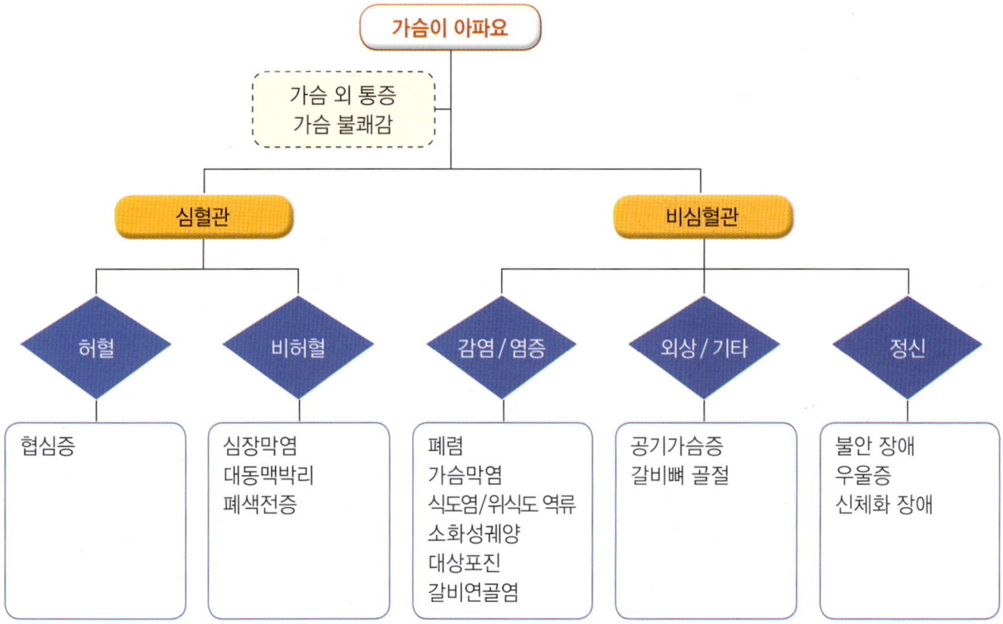

출동 단계에서 급성과 만성 질환의 유무를 판단했다면 현장 단계에서는 증상을 유발하는 직접적인 원인 조사에 집중해야 한다. 2차 평가에서 파악하지 않은 내용은 현장 상황, 환자와 보호자에게 질문한 큰 덩어리 상황에 해당하지 않기 때문이다.

환자에게 불안증, 우울증, 치매와 같은 정신과적 문제가 있다면 복부 통증과 가슴 통증을 구별하지 못할 수도 있다.

가슴 통증은 환자가 호소하는 증상과 감별을 위한 질문, 객관적 검사(활력징후, 심전도 검사)를 통해 종합적으로 평가되어야 한다. 가슴 통증을 호소하는 환자의 1/3에서는 발한, 오심, 상복부 통증, 어지럼증, 호흡곤란, 가슴 두근거림, 의식 변화, 실신 등의 비전형적인 증상을 표현할 수 있으므로 관련 질환에 대해 평가한다.

05 위 심전도에 대한 해석은?

1) 리듬이 규칙적인가?	☑ 규칙적	☐ 불규칙적	
2) 맥박수가 정상인가? (정상: 60~100회)	☑ 정상	☐ 빠름	☐ 느림
3) P파 너비가 정상인가? (정상 ≤ 3칸)	☑ 정상	☐ 넓음	
4) PR 간격이 정상인가? (정상 ≤ 5칸)	☑ 정상	☐ 늘어남	☐ P파 뒤에 R파가 없다
5) QRS 너비가 정상인가? (정상 ≤ 3칸)	☑ 정상	☐ 좁음	☐ 넓음
6) ST 분절은 정상인가?	☑ 정상	☐ 상승	☐ 하강

06 위에서 평가한 항목들을 바탕으로 의료지도가 필요한 상황인가? 의료지도가 필요한 상황이라면 보고할 내용은 무엇이고 어떤 처치가 예상되는가?

위 환자는 니트로글리세린 투여를 위해 의료지도가 필요한 것으로 보인다.

1) 과거력
2) 최초 발생 시간과 지속 시간이 10분을 넘는가

3) 통증의 질과 부위, 연관통, 통증의 악화 요인과 완화 요인
4) 활력징후, 심전도
5) 요청한 사유 (처치, 병원 선정 협의)
6) 병원까지의 시간(거리)

■ 직접 의료지도 요청 기준

- 1급 응급구조사가 환자가 소유하고 있지 않은 니트로글리세린을 투여할 경우 ☞ ①
- 니트로글리세린 투여 후 저혈압이 발생한 경우
  - 우심실 경색이 의심되는 경우 의료지도를 요청하여 생리식염수 500mL를 정주
- 심인성 가슴 통증 환자에서 정맥로를 확보할 경우
- 심전도에서 ST-분절 상승일 경우, 이송 병원에 사전 연락: 관상동맥중재술(PCI) 팀을 미리 활성화
- 지속적 양압환기(CPAP)를 사용할 때

07 2차 평가 내용을 바탕으로 기록해 보자.

신체 검진	
시진(눈으로 보이는 이상)	식은땀
청진(비정상적인 호흡음, 소리)	양쪽 폐음 대칭적이며 깨끗함
촉진(손으로 느껴지는 이상 반응 확인)	외상과 관련한 특별한 문제 보이지 않음
타진(소리나 반응으로 이상 반응 확인)	시행하지 않음
동공 반응(빛반사/크기)	Rt 3mm(+)/Lt 3mm(+)

활력징후						
시각	혈압	맥박	호흡	체온	SpO_2	혈당
08:04	110/85mmHg	69회/min	14회/min	36.5℃	99%	180mg/dL

Allergy(알레르기 유무)	없음
Medication(복용 중인 약물)	고혈압, 당뇨, 혈전 억제제
Past illness(과거 병력, 수술력)	고혈압, 당뇨, 협심증(2010년 스텐트 삽입)
Last meal(마지막 음식물 섭취 시간)	아침 식사 07시경 죽 먹음
Event[사고 당시 상황(기전)]	집에서 물건을 옮기던 중
Onset(발생 시점)	07시 30분경 물건을 옮길 때
Provocation(유발/악화/완화 요인)	물건 옮기며 힘을 쓰고 있을 때
Quality(통증/증상의 유형)	쥐어짜는 듯한 통증과 뻐근함, 누르는 듯 조이는 듯한 통증
Region(연관된 통증/증상의 부위)	없음
Severity(통증/증상의 정도)	NRS 9점
Time(통증/증상 지속 시간)	30분간 지속

08 심한 가슴 통증 환자에게 의료지도 의사는 우심실 경색 소견이 있으면 NTG를 투여하지 말라고 하고 있다. 우심실 경색 소견의 정의와 NTG를 투여하면 안 되는 이유는 무엇인가?

현장에서 20분 이상 가슴 통증을 호소하고 심전도에서 2개 이상 리드에서 1mm 이상의 ST 절 상승이 있다면 급성 심근경색증을 의심해야 한다. 특히, II, III, AVF의 2개 이상 리드에서 ST 절 상승이 있다면 하벽 경색을 의심할 수 있다. **하벽 경색**은 **우심실 경색**을 동반하는 경우가 많아 reverse 심전도를 통해 우심실경색증을 확인해야 한다.

- 우심실 경색 의심 소견
  1) Reverse 심전도에서 V3R, V4R에서 ST 절 상승 소견
  2) 니트로글리세린 투여 후 수축기압 20mmHg 이상 갑자기 감소하는 저혈압 상태
  3) 하벽 경색이 의심될 때 리드 II의 ST 절 상승이 다른 유도보다 큰 경우
  4) 경정맥압 상승으로 목정맥팽대(JVD)가 관찰되는 경우

- 우심실 경색 환자에게 니트로글리세린을 투여하면 말초 혈관 확장을 통해 우심실과 좌심실 전부하 감소가 나타난다. 이것은 우심실과 좌심실에 피가 많이 못 가는 결과를 발생시키게 되어 순환 장애(혈압을 떨어뜨림)를 일으키는 결과를 가져온다.

허혈성 심장질환(관상동맥 질환)에서 nitrate는 매우 강력한 심혈관 확장제이다. 관상동맥에 최대한 혈액 공급을 늘려 그 부위의 관류 개선을 통해 경색의 범위가 커지는 것을 막는 것이 목적이다. 여기서 정맥 확장제로서의 작용은 큰 문제가 되지 않지만, 우심실 경색에서는 정맥 확장제 효과가 문제가 된다. 우심실 경색에서는 우심실의 수축력이 떨어진다. 우심실에서 혈액을 잘 짜주지 못하므로 폐혈관을 거쳐 좌심실로 유입되는 혈액량이 줄어들게 된다.(이것을 좌심실 전부하 감소라고 한다.)

이는 일회박출량(stroke volume)과 전반적인 심박출량(cardiac output) 저하를 일으켜 결국 혈압 저하로 이어진다. 줄어든 심박출량 때문에 전신 혈관을 돌아 우심방으로 들어오는 혈액량이 줄어들어 결국 우심실 전부하도 줄어들게 된다. 결국, 좌심실과 우심실의 전부하 감소가 발생하게 된다.

우심실 수축력 저하와 더불어 우심실 전부하도 줄어드니 좌심실 전부하는 더욱 줄어들어 결국 심박출량도 더욱 줄어들고 혈압은 계속 떨어진다. 이 혈압 저하를 보상하기 위해서 동맥 혈관이 수축하고, 이에 좌심실 후부하는 증가한다.

우심실 수축력 저하는 방법이 없으므로 좌심실 전부하를 늘려주기 위해서 우심실 전부하를 늘려줘야 한다. 그러므로 우심실 경색에서 혈량 증가(volume expansion)가 우선적인 처치가 된다.

우심실 경색에서 nitrate가 금기인 이유는 nitrate의 정맥 확장제 효과는 우심실 전부하, 좌심실 전부하 저하를 가져오며, 폐와 전신의 정맥이 늘어나면서 혈액을 더 많이 보유하게 되고 우심실, 좌심실 쪽으로 혈류 유입이 저하된다. 우심실 전부하, 좌심실 전부하 저하는 안 그래도 낮은 혈압을 더욱 떨어뜨린다. 그렇게 낮아진 혈압은 다시 심장 혈관의 저관류 상태에 의한 경색의 크기 확장을 초래하는 악순환에 빠지게 된다.

09 병원 인근에서 갑자기 불안정해진 환자에게 제공할 응급처치와 병원 도착 후 가장 적합한 행동은 무엇인가?

가슴 통증 환자는 빠른 치료를 위해 이송하고자 하는 병원에 사전 통보하도록 하고 있다. 상태가 위중할 경우 이송예정 병원에 변화된 상태를 알리며, 의료지도 후에 생리식염수 500mL를 정주하면서 신속하게 이송하도록 한다.

이송 중에는 심전도를 확인하면서 심실빠른맥이나 심실세동이 나타나면 해당 지침에 따라 소생술을 하도록 한다.

병원 도착 후 대원 한 명은 응급실 의료진에게 이송을 통보한 환자가 도착했음을 알려 빠른 치료가 되도록 조치한다.

10 위 심전도에 대한 해석은?

1) 리듬이 규칙적인가?	☑ 규칙적	☐ 불규칙적	
2) 맥박수가 정상인가? (정상: 60~100회)	☑ 정상	☐ 빠름	☐ 느림
3) P파 너비가 정상인가? (정상 ≤ 3칸)	☑ 정상	☐ 넓음	
4) PR 간격이 정상인가? (정상 ≤ 5칸)	☑ 정상	☐ 늘어남	☐ P파 뒤에 R파가 없다
5) QRS 너비가 정상인가? (정상 ≤ 3칸)	☑ 정상	☐ 좁음	☐ 넓음
6) ST 분절은 정상인가?	☐ 정상	☑ 상승	☐ 하강

ST 분절은 V1~V5에서 상승을 나타내고 있어 전중격(anterioseptal) 경색증이 의심된다.

11 상기 사항을 구급일지에 작성해 보시오.

Cf: QR 코드 [챕터4 구급활동일지] 를 찍어 구급활동일지 예시를 확인할 수 있다.

특별구급대 표준지침

어깨, 목, 턱 또는 등으로 방사되는 가슴 통증이나 흉부 불쾌감은 허혈성 심장질환의 흔한 증상이다. 하지만 허혈성 심장질환 환자 모두가 가슴 통증 증상을 나타내지 않을 수 있다는 것을 주의해야 한다.(특히 **당뇨 환자**) **협심증**은 심장 근육에 필요한 만큼의 산소가 공급되지 못해 발생되는 흉부 불편감 또는 통증을 말하며, 아직 심장 근육의 괴사는 일어나지 않은 단계이다. 협심증은 신체적으로 무리한 경우, 추위에 노출된 경우, 감정적인 스트레스를 받았을 때 잘 발생되고, 심근경색과는 달리 보통 10분 이상 통증이 지속되는 경우는 없으며, 거의 대부분 니트로글리세린에 의해 통증이 없어진다. 협심증과 달리 **급성 심근경색**은 심장 근육으로의 혈류 공급이 감소하거나 중단되어 심장 근육 괴사가 일어난 것으로 **ST-분절 상승 심근경색**과 **ST-분절 비상승 심근경색**으로 나눌 수 있다. ST-분절 상승 심근경색의 경우 즉각적인 재관류 요법의 시행이 필요하다.

1. 임상적 특징

- 특별한 원인이 없는 갑작스런 무력감, 오심, 발한과 같은 비특이적 전신 증상에서부터 가슴 통증, 폐부종으로 인한 호흡곤란, 부정맥으로 인한 실신, 어지럼증 등 다양한 형태로 나타날 수 있다.
- 심근경색의 통증은 협심증보다 오래 지속되며, 협심증의 경우 보통 가슴 통증이 10분 이상 지속되지 않는다.
- 협심증의 경우 가슴 통증이 휴식이나 니트로글리세린의 투여로 소실되지만, 심근경색의 경우 가슴 통증이 경감될 수는 있으나 심근의 허혈이 해소되지 않으므로 통증이 지속되는 차이를 보인다.

2. 환자 평가 필수 항목

- 병력 청취
  - 가슴 통증의 발생 시간 및 지속 시간
  - 유발/완화 인자, 니트로글리세린 복용 시 가슴 통증의 변화
  - 가슴 통증의 위치 및 방사 여부
  - 가슴 통증의 강도
  - 최근 발기부전 치료제 복용력 및 아스피린 알레르기 유무 확인
  - 기타 심혈관 위험 인자 확인(과거력, 가족력, 음주, 흡연 여부 등)
- 이학적 검진
  - 환자의 의식 수준 및 산소포화도를 포함하여 활력징후를 측정한다.
  - 심인성 폐부종에 대한 이학적 검사를 실시한다.
    - ▸ 호흡음을 청진하여 수포음의 유무를 확인한다.
    - ▸ 경정맥 팽대 유무를 확인한다.
  - 12유도 심전도 검사
    - ▸ 12유도 심전도 측정 장치가 있는 경우 12유도 심전도 검사로 **ST-분절 상승** 유무를 확인한다.
    - ▸ 심전도 전송 장치가 있으면 이송 병원으로 심전도를 전송한다.
    - ▸ 단, 다음의 경우 현장에서 12유도 심전도를 시행하지 않고 최단 거리의 지역 응급의료센터 이상 응급의료기관으로 이송한다.
      - 환자 의식이 저하된 경우(의식 수준 V 이하)
      - 수축기 혈압이 90 mmHg 이하인 경우
      - 환자가 호흡곤란을 같이 호소하거나 산소포화도가 94% 미만인 경우
  - 이송 중 심전도 모니터링
    - ▸ 환자 이송 중 부정맥 발생 유무에 대한 모니터링

3. 응급처치 절차 및 방법

- '환자 초기 평가·처치 표준지침'에 따라 전반적인 평가 및 처치를 시행한다.
- **산소**투여: 비강(코안)캐뉼러로 1~5L/min의 산소를 투여, 산소포화도를 94% 이상 유지
- **니트로글리세린 설하 투여**
  - 심인성 가슴 통증이 의심될 때 니트로글리세린 1알(0.4~0.6mg)을 설하(혀밑)로 매 3~5분 간격으로 총 3회까지 투여
- 정맥로 확보
  - 심인성 가슴 통증이 의심될 때 현장에서 정맥로 확보를 총 2회까지 시행
  - 니트로글리세린 투여 후 저혈압을 보이는 경우 의료지도를 통해 생리식염수 500mL를 정주
- 심장성 폐부종이 의심될 때(환자가 호흡곤란을 같이 호소하거나 산소포화도가 94% 미만인 경우) **지속적 양압환기(CPAP)** 사용
- 환자 인계
  - 특별구급대가 12유도 심전도를 시행한 경우 이송 병원 도착 후 이송 병원 의료진에게 구급대원이 측정한 심전도 결과와 지도 의사에게 지도 받은 내용, 환자에게 시행한 처치 내용을 인계한다.
- 기록
  - 특별구급대가 12유도 심전도를 시행한 경우 이송 병원 도착 후 이송 병원 의료진에게 12유도 심전도 출력지의 부본을 제출한다.
  - 특별구급대가 12유도 심전도를 시행한 경우 귀소 전 특별구급대 전문처치기록지를 완성하여 이송 병원 의료진에게 제출한다.

4. 응급처치 시 주의 사항

- 12유도 심전도 시행 시 환자의 가슴 부위 등 신체 노출을 최소화할 수 있도록 주의한다.
- 지속적 양압환기(CPAP)
  - 5~10cmH_2O의 PEEP(호기말 양압)을 적용
  - **CPAP 금기증**
    - 의식 저하 또는 자발호흡이 없는 경우
    - 심한 안면부 외상이 동반된 경우
    - 혈역학적 불안정한 상태인 경우
    - 공기가슴증(기흉)이 의심될 때
- **니트로글리세린(NTG): 다음에 해당하는 경우 투여하지 않음**
  - 수축기 혈압이 90mmHg 이하
  - 분당 50회 미만의 느린맥(서맥) 환자
  - 심부전이 없는 상태에서의 빠른맥(빈맥)(> 100회/분)
  - 48시간 이내 발기부전 치료제를 복용한 경우: 최근 24시간 이내 비아그라, 레비트라 등을 복용하거나 48시간 이내 시알리스를 복용한 경우
  - 니트로글리세린 투여 후 수축기 혈압이 20mmHg 이상 감소한 경우 추가 투여 금지
  - NTG 과민 반응이 있었던 환자
  - 녹내장 환자, 두부외상이나 뇌출혈, 중증 빈혈 환자
  - 우심실 경색 의심 환자

5. 직접 의료지도 요청 기준

- 니트로글리세린 투여가 필요한 경우
- 니트로글리세린 투여 후 저혈압이 발생한 경우
  - 우심실 경색이 의심되는 경우 의료지도를 요청하여 생리식염수 500mL를 정주
- 심인성 가슴 통증 환자에서 정맥로를 확보할 경우
- 12유도 심전도를 시행한 후 자동 판독 결과에서 정상 심전도 리듬(normal sinus rhythm)이 아니거나 심전도 측정 결과 판단을 위해 의사의 지도가 필요한 경우
- 자동 판독 기능이 없는 12유도 심전도 기기로 12유도 심전도를 시행하여 측정 결과의 해석이 필요한 경우
- 지속적 양압환기(CPAP)를 사용할 때
- ST-분절 상승 심전도(예시)

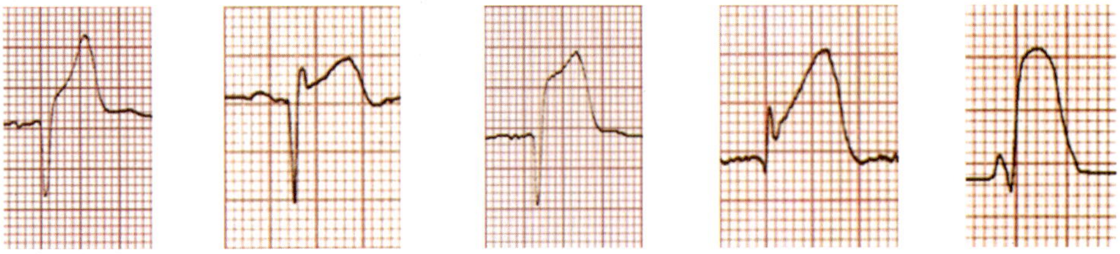

6. 직접 의료지도 방법

1) 음성 직접 지도 상황(일반 통화 연결)
   - 구급대원은 자신의 소속과 자격, 특별구급대 교육 이수 여부를 밝히고 지도 의사에게 환자의 나이, 성별, 이전 심장질환 과거력을 포함한 주 증상에 따른 병력 청취 내용을 보고한다.
   - 구급대원은 환자의 니트로글리세린 보유 여부 및 자가 투약 여부, 투약 시 투약 효과 등 직접 의료지도 연결 시까지 시행된 처치를 보고한다.

■ 직접 의료지도에서 보고가 필요한 관련 병력 청취

- 호흡곤란 동반: 이전 심장질환 과거력, 가슴 통증/두근거림/발열/기침 가래 등 호흡기 증상 등의 증상 동반 여부, 유발/완화 인자
- 느린맥 동반: 이전 심장질환 과거력, 어지러움증/두근거림/가슴 통증/발한/구역 구토 등의 증상 동반 여부, 유발/완화 인자, 약물 복용력
- 빠른맥 동반: 이전 심장질환 과거력, 어지러움증/두근거림/가슴 통증/발한/구역 구토 등의 증상 동반 여부, 유발/완화 인자, 약물 복용력
- 실신 동반: 이전 심장질환 과거력, 동반 증상, 의식 소실 시간, 증상 발생 당시 상황, 유발/완화 인자, 재발 여부, 약물 복용력

   - 시행한 12유도 심전도에 대해 ST-분절 상승 유무를 포함한 심전도 측정 결과를 보고한다. 자동 판독 기능이 있는 기기를 사용한 경우 자동 판독 결과를 함께 보고한다. 통화 중 모바일 폰을 활용하여 심전도 이미지 전송이 가능한 경우 지도 의사에게 심전도 이미지를 전송한다. 심전도 이미지 전송이 가능하지 않은 경우 지도 의사에게 영상 직접 지도를 연결하여 지도를 받는다.
   - 시행한 12유도 심전도에서 ST-분절 상승이 있는 경우 심전도 전송 장치가 있는 기기는 이송 병원으로 심전도를 전송한다. 심전도 전송 장치가 없는 경우 구급대원의 모바일 폰을 활용하여 지도 의사의 당직 모바일 폰으로 심전도 이미지를 전송한다.
   - 구급대원은 ST-분절 상승 유무에 따라 지도 의사와 상의하여 이송 병원을 결정하고, 이송 병원에 사전 연락한다.

2) 영상 직접 지도 상황(영상 통화 연결)

- 영상 통화 시에는 팀의 리더가 직접 카메라를 잡거나 또는 경험이 있는 대원이 카메라를 잡고 상황을 보여주도록 한다.
- 구급대원은 자신의 소속과 자격, 특별구급대 교육 이수 여부를 밝히고, 지도 의사에게 환자의 나이, 성별, 이전 심장질환 과거력을 포함한 주 증상에 따른 병력 청취 내용을 보고한다.
- 구급대원은 환자의 니트로글리세린 보유 여부 및 자가 투약 여부, 투약 시 투약 효과 등 직접 의료지도 연결 시까지 시행된 처치를 보고한다.

■ 직접 의료지도에서 보고가 필요한 관련 병력 청취

- 호흡곤란 동반: 이전 심장질환 과거력, 가슴 통증/두근거림/발열/기침 가래 등 호흡기 증상 등의 증상 동반 여부, 유발/완화 인자
- 느린맥 동반: 이전 심장질환 과거력, 어지러움증/두근거림/가슴 통증/발한/구역 구토 등의 증상 동반 여부, 유발/완화 인자, 약물 복용력
- 빠른맥 동반: 이전 심장질환 과거력, 어지러움증/두근거림/가슴 통증/발한/구역 구토 등의 증상 동반 여부, 유발/완화 인자, 약물 복용력
- 실신 동반: 이전 심장질환 과거력, 동반 증상, 의식 소실 시간, 증상 발생 당시 상황, 유발/완화 인자, 재발 여부, 약물 복용력

- 시행한 12유도 심전도에 대해 ST-분절 상승 유무를 포함한 심전도 측정 결과를 보고한다. 자동 판독 기능이 있는 기기를 사용한 경우 자동 판독 결과를 함께 보고한다. 통화 중 모바일 폰을 활용하여 심전도 이미지 전송이 가능한 경우 지도 의사에게 심전도 이미지를 전송한다. 카메라를 든 대원은 지도 의사에게 심전도 이미지를 보여주어 지도 의사가 심전도 판독을 시행할 수 있도록 한다.
- ST-분절 상승이 있는 경우 심전도 전송 장치가 있는 기기는 이송 병원으로 심전도를 전송한다. 심전도 전송 장치가 없는 경우 구급대원의 모바일 폰을 활용하여 지도 의사의 당직 모바일 폰으로 심전도 이미지를 전송한다.
- 구급대원은 ST-분절 상승 유무에 따라 지도 의사와 상의하여 이송 병원을 결정하고, 이송 병원에 사전 연락한다.

3) 응급처치 시 주의 사항

○ 술기 지침의 심전도 시행, 심전도 측정 결과 보고, 심전도 전송 지침에 따라 심전도를 시행하고 판독, 전송한다.

7. 이송 병원 선정 지침

○ 12유도 심전도에서 ST-분절 상승 심근경색증이 확인된 경우 재관류 치료가 가능한 응급의료기관으로 이송함을 원칙으로 한다.

- 만약 이송 예상 거리가 30km 이상이거나 이송 예상 소요 시간이 1시간 이상이고 헬기 이송이 가능한 경우에는 장거리 이송에 의한 구급차 공백을 막고 반응 시간을 줄이기 위해 헬기 이송을 요청하고 지시에 따른다.
- 12유도 심전도에서 ST-분절 상승 심근경색증이 확인되었으나 불안정한 환자 상태 등의 요인으로 재관류 치료가 가능한 응급의료기관으로 이송하지 못하는 경우에는 이송 병원 선정을 위해 의료지도를 요청한다.

○ ST-분절 상승 심근경색이 아닌 심인성 가슴 통증이 의심될 때는 가까운 지역 응급의료센터 이상의 의료기관으로 이송함을 원칙으로 한다. 지역별 여건에 따라 의료지도를 받아 치료 가능한 가까운 지역 응급의료기관으로 이송할 수 있다.

○ 환자 상태가 불안정할 경우 이송 병원 선정을 위해 의료지도를 요청한다.

- 불안정한 환자 상태
  - ▸ 환자 의식이 저하된 경우
  - ▸ 수축기 혈압이 90mmHg 이하인 경우
  - ▸ 환자가 호흡곤란을 같이 호소하거나 산소포화도가 94% 미만인 경우

○ 응급의료 취약 지역일 경우 가장 가까운 응급의료기관으로 이송한다.

○ 위 기준에도 불구하고 이송 병원 선정이 어려운 경우 직접 의료지도를 요청하고 지도에 따른다.

Reference

1. 소방청. 《119 구급대원 현장응급처치 표준지침》, 2023.
2. 노태호. 《알기 쉬운 심전도》, 대한의학, 2013.
3. 전국응급구조학과교수협의회. 《내과전문응급처치학》, 도서출판 한미의학, 2007.
4. 박윤택, 윤형완. 《구급장비 운영론》, 도서출판 한미의학, 2021.
5. KSMC(한국의과대학·의학전문대학원협회). 《기본진료수행 지침》 전면 개정판(제2판), 2016.
6. 중앙소방학교. 《현장구급대원을 위한 전문술기과정》

사례 5 수영하다가 갑자기 기절했어요

목적

- 수중에서 발생한 심정지 상황에서 최초 반응자(발견자)의 빠른 상황 판단과 전화 상담원(구급상황관리사)에 의한 심폐소생술의 중요성, 현장 대원의 숙달된 팀워크 소생술의 중요성에 대해 알아본다.

출동 개요

Tip

DA-CPR
(Dispatcher assistant CPR):
전화 상담원(구급상황관리사)에 의한 의료 상담에 따른 심폐소생술

1. 심정지 상황을 파악
2. 자동 심장충격기가 주변에 있으면 준비 안내
3. 가슴압박 소생술 경험 여부에 따른 소생술 안내
4. 전화 상담원 리드에 따른 가슴압박 소생술
5. 자동 심장충격기가 준비되면 안내

119 구급대가 도착할 때까지 안내하는 방식

출동 메시지 "○○ 구급차, ○○ 구급차 구급 출동!" 장소는 ○○동 ○○ 수영장 심정지 환자 발생

출동 정보
신고 시각 9월 15일 20:02
출동 시각 9월 15일 20:04
현장 도착 9월 15일 20:05(**환자 접촉** 20:11)
현장과의 거리 1km(5분 소요)

1차 출동 인원
구급대원1 리더(처치)
구급대원2 대원(운전)

2차 출동 인원
구급대원3 대원(처치)
구급대원4 대원(운전)

환자 정보 및 기타 정보 30대 여성
수영장에서 잠수 강습 중 갑작스러운 의식 소실
수영 강사에 의한 DA-CPR 시행 중

출동 단계

구급 출동 후 귀소 중 인근 지역에서 심정지 상황이 발생하여 원거리 구급차가 출동하고 있다는 무전이 들린다.

구급차 지휘센터! 여기 ○○ 구급차 귀소 중이며, ○○ 수영장 인근에 있어 출동하겠음.
출동 상황은 무전으로 확인했음.

지휘센터 그럼 ○○(후착) 구급 ○○동 수영장 심정지 출동으로 지령 보내겠음. 현재 선착 구급차 현장 도착 2분 전인 상황임.
현재 신고자에 의하면 환자가 움직이고 있다고 하니 현장에서 확인하기 바람.

구급차 접수 완료!

구급차 선착 구급차 여기 ○○(후착) 구급!

필요한 정보를 주고받기 위해 무전을 했지만, 응답이 없다.

01 중증 환자에 대한 추가 출동을 하는 경우, 상대 차량에 연락해서 주고받을 정보는 무엇인가?

02 심정지로 신고된 환자가 움직인다는 새로운 내용이 전달되었는데 확인해야 할 사항은 무엇인가?

현장 상황

수영장 입구에 도착했을 때 1차 출동(선착) 구급차가 보인다.

1차 출동대 대원1은 심장충격기를 챙겨 현장 진입 중이었고, 대원2는 응급처치 가방과 산소 가방을 준비하는 모습이었다. 1차 출동대 차량 옆에 주차하고, 대원4에게 들것 준비를 요청하고 현장으로 진입한다.

현장 도착 당시 전화 상담원의 지시에 따라 수영 강사 2명은 인공호흡과 가슴압박을 각각 시행하고 있었다.

*주변인에게 담요로 스크린을 쳐 달라고 요청한다.(개인 프라이버시 보호)

Tip

응급 환자의 개인 프라이버시 존중은 남녀노소 모두에게 중요하다.

상처를 확인하거나 패드 부착, 청진, 심전도 분석 등의 행위를 할 때 과도한 신체 노출을 하는 경우가 있다. 될 수 있으면 신체 노출을 최소화하고, 주변 인력이 가능하면 담요나 커튼 등으로 스크린을 설치해 주는 것이 좋다.

서초 소방서 제공

대원1 심정지를 확인하고 대원별 임무를 지정한다.

대원2는 대원3과 가슴압박 교대, 대원4는 인공호흡(전문 기도기)과 AED(수건으로 물기 제거 후 패드 부착)를 담당할 것을 주문한다.

대원1은 1차 평가 후 목격자에게 사고 상황을 재파악하고 보호자 연락처 확인을 요청한다. 나머지 대원들은 팀 소생술을 시작한다.

03 리더의 역할은 무엇이고, 팀워크 소생술의 장점은 무엇인가?

1차 평가

Tip

심정지와 같은 매우 급한 상황에서는 1차 평가 후에 즉각적인 현장 처치가 진행되는 경우가 대부분이다.

2차 평가는 현장 처치와 동시에 진행되는 것이 일반적이라 하겠다.

심정지는 다른 상황과 달리 1차, 2차 평가, 응급처치의 순서로 진행되지 않는다. 같은 시간에 동시에 이뤄져야 하는 아주 복잡한 과정의 하나이다.

기본 활력징후 및 병력 청취	
의식 상태	U(의식 없음)
기도 및 호흡 상태	호흡 없음
순환 상태	목동맥과 넙다리동맥을 동시 확인했으나 만져지지 않음

04 목동맥과 넙다리동맥을 동시에 확인하는 이유는 무엇인가?

현장 심전도

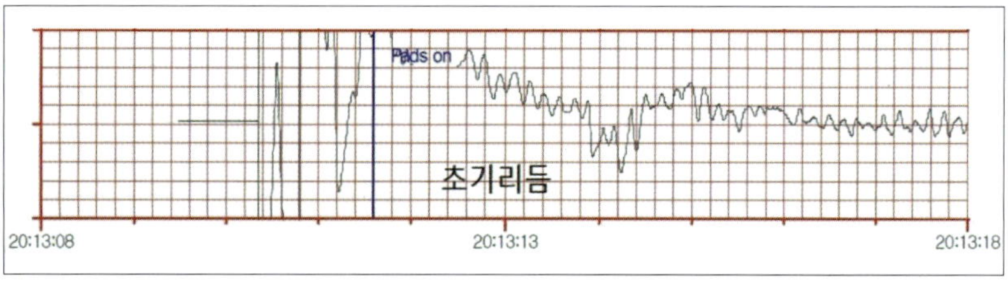

05 심전도 소견은 어떤 리듬으로 보이며, 즉각적으로 시행해야 하는 것은 무엇인가?

현장 처치

대원1은 전문 소생술을 위해 의료지도를 받으며 고품질의 기본 소생술을 독려하고, 대원2는 가슴압박을 이어받으며 소생술을 진행한다.

20:13

대원2 가슴압박 소생술을 시작한다.

대원3 가슴압박 품질 측정기를 적용한다.

20:13

대원4 심장충격기를 적용하고 환기를 제공한다.
심실세동 확인 후 150J 전기 충격을 제공하고 즉시 가슴압박을 시행한다.
BVM에 저장낭을 연결하여 15L/min의 산소를 공급한다.
(30 : 2 비율 제공)

Tip

고품질의 심폐소생술

가슴압박은 깊고 강하고 빠르며 완벽한 이완, 환기는 과환기를 방지하여 혈류 순환을 더욱 원활히 하는 개념이다.

AHA 2010 지침에서부터 권고되는 개념으로 ABC가 CAB로 변경된 개념에 더한다.

효율적인 가슴압박은 순환 혈액량을 늘리며, 과환기 방지는 흉강 내압 상승을 방지하여 순환 혈액량을 늘리는 것을 말한다.

소생술 중에 팀 리더나 대원 간 서로의 행위에 대해 피드백을 해주는 것이 도움이 되고 있다.

최근에는 가슴압박의 깊이, 속도, 이완 정도를 피드백해주는 장치들이 단독 또는 심장충격기와 함께 장착되어 사용되고 있다.

Tip

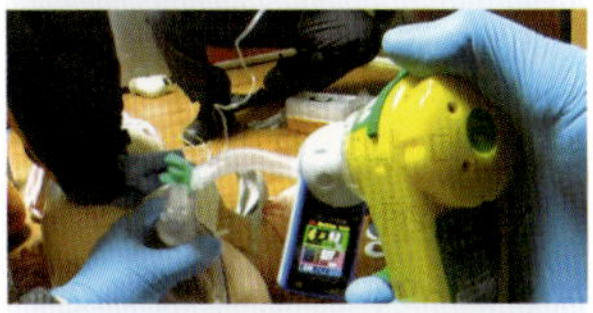

자동식 산소소생기 (Microvent-CPR)

AHA Guideline 2015 환기 지침을 따르는 환기 장치로 10회/min(6초마다 1회 자동 환기)가 가능하며, 환기량은 환기량 측정기나 가슴이 올라오는 모습을 직접 관찰하면서 (300~1,200mL/min) 조절이 가능하다. 1회 환기량은 500~600mL로 조절할 수 있다.

자동식 산소소생기를 사용하면 방아쇠(Trigger)를 당기거나 자동 모드를 통해서만 산소를 소모하므로, 산소 공급과 관계없이 소모되는 수동식 산소소생기(BVM)에 비해 산소 소모를 크게 줄일 수 있다.

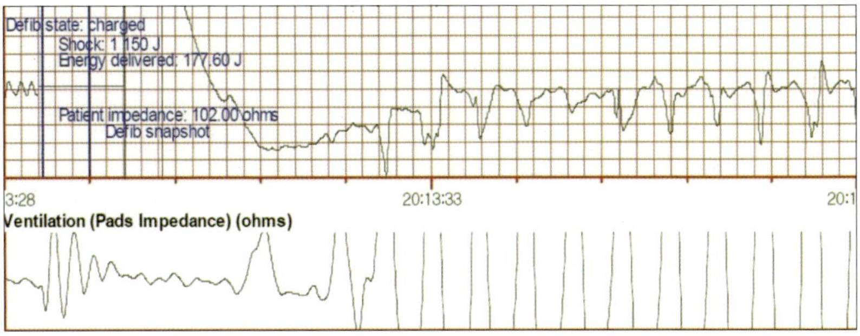

20:14

대원4 전문 기도기 삽입 및 자동식 산소소생기를 사용한다.
I-gel 5호 삽입, 호기말 이산화탄소 측정기 연결, 자동식 산소소생기(microvent-CPR)를 연결한다.

■ 2차 평가 (신고자에게 상황 파악, 보호자에게 전화 통화)

대원1 쓰러질 때 무엇을 하고 있었고, 어떻게 목격되었나요?

신고자 네, 함께 잠수하고 있었는데, 갑자기 정신을 잃어서 구조했습니다. 평소 심폐소생술 훈련을 하므로 바로 심폐소생술을 하면서 119에 신고했습니다.

대원1 잠수한 시간이 얼마나 되었나요?

신고자 한 20분 정도 하고 있었어요.

대원1 평소 건강 상태에 대해 알고 있었나요?

보호자(동생) 같이 살고 있지 않아서 요즘은 잘 모르지만, 평소 건강했고 특별한 문제가 없었던 것으로 알아요.

대원1 환자 인적 사항 좀 알려주세요

보호자(동생) 나이는 올해 30세이고, ○○시 ○○동에 혼자 살고 있어요.

■ 신체 검진과 활력징후

대원3 활력징후와 동공 반응을 측정한다. [Rt 8mm(−) / Lt 8mm(−)]

활력징후는 다음과 같다.

혈압	맥박	호흡	체온	SpO_2	혈당
0/0 mmHg	0회/min	0회/min	35.6℃	− %	89 mg/dL

20:15

대원4 2분 경과 후 리듬을 확인하고 정맥로를 확보한다.

대원1 심실세동, 200J의 전기 충격을 제공한다.

대원3 가슴압박 실시/$EtCO_2$ 수치 35~40mmHg를 대원1에게 알린다.
왼쪽 팔 정맥로를 확보한다. (18G)
가슴압박 중 규칙적인 QRS 리듬 생성을 확인한다.

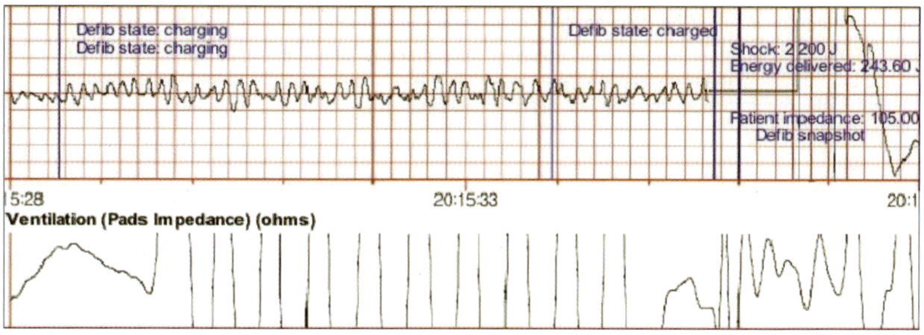

20:17 2분 경과 후 리듬을 확인한다. (ROSC)
규칙적인 QRS 리듬과 목동맥과 넙다리동맥을 확인한다.
(가슴압박 중단)

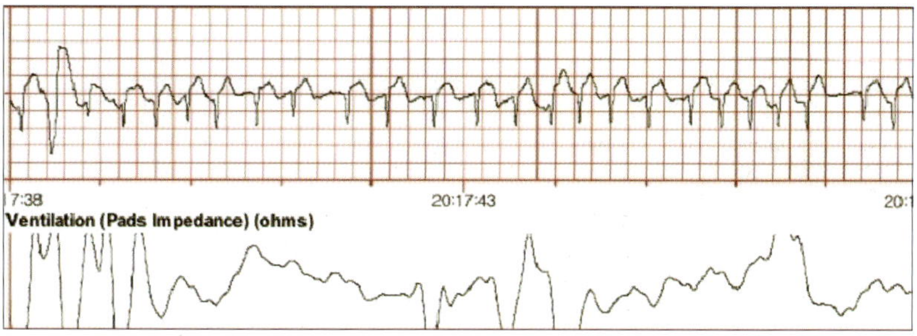

20:19 자발호흡이 확인되지만 아직 구역 반사는 없는 상태. (ROSV)
자발호흡 확인으로 microvent-CPR 제거, 비재호흡 마스크로 15L/min의 산소를 제공한다.

활력징후는 다음과 같다.

혈압	맥박	호흡	SpO_2
140/85mmHg	113회/min	9회/min	99%

20:20 현장에서 구급차로 이동을 준비한다.

20:23 출발 전 활력징후를 측정한다.

활력징후는 다음과 같다.

혈압	맥박	호흡	SpO_2	혈당
140/80 mmHg	88회/min	10회/min	99%	246 mg/dL

06 소생술 도중 호기말 이산화탄소 측정값 35mmHg 이상은 무엇을 의미하는가?

07 자발호흡회복(ROSV) 이후 I-gel을 제거하지 않고 비재호흡 마스크에 의한 산소 공급을 하는 이유와 병원 전까지 소생 후 처치와 관련해서 주의해야 할 것은 무엇인가?

08 2차 평가 내용을 바탕으로 기록해 보자.

신체 검진	
시진(눈으로 보이는 이상)	
청진(비정상적인 호흡음, 소리)	
촉진(손으로 느껴지는 이상 반응 확인)	
타진(소리나 반응으로 이상 반응 확인)	
동공 반응(빛반사/크기)	

활력징후						
시각	혈압	맥박	호흡	체온	SpO_2	혈당
:	/ mmHg	회/min	회/min	℃	%	mg/dL

Allergy(알레르기 유무)	
Medication(복용 중인 약물)	
Past illness(과거 병력, 수술력)	
Last meal(마지막 음식물 섭취 시간)	
Event[사고 당시 상황(기전)]	
Onset(발생 시점)	
Provocation(유발/악화/완화 요인)	
Quality(통증/증상의 유형)	
Region(연관된 통증/증상의 부위)	
Severity(통증/증상의 정도)	
Time(통증/증상 지속 시간)	

이송 단계

20:30

출발 전 지휘센터를 통해 인근 권역 응급의료센터에 연락해 달라고 요구한다. 구급대원 2명이 뒤에 탑승하여 한 사람은 환자 기록을 정리하고, 다른 한 사람은 산소를 공급하고 심전도를 모니터한다.

이송 중 구역반사를 보이는 정도의 의식 회복과 자발호흡 능력을 보여 I-gel은 제거하고, 비재호흡 마스크로 15L/min의 산소를 제공한다.

아직 눈을 뜨고 말을 할 수 있는 정도의 의식은 아니지만, 가슴압박 후유증 때문인지 고통스러워하는 모습을 보인다. [동공 반응 Rt 4mm(+)/Lt 4mm(+), 느린 반응]

이송 중 활력징후는 다음과 같다.

혈압	맥박	호흡	체온	SpO_2
130/70mmHg	98회/min	18회/min	36.2℃	99%

구급차는 현장을 떠난 지 얼마 되지 않아 권역 응급의료센터 입구에 도착한다. 대원들은 환자를 내릴 준비를 하기 위해 산소 탱크와 심장충격기 등을 정리한다.

이송 중 심전도

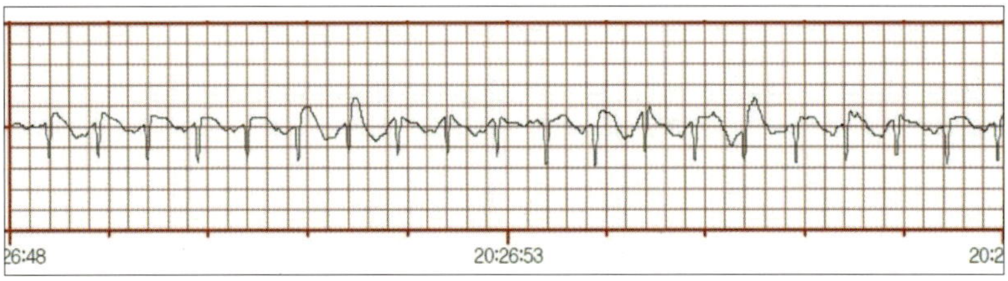

09 위 심전도에 대한 해석은?

1) 리듬이 규칙적인가? □ 규칙적 □ 불규칙적
2) 맥박수가 정상인가? (정상: 60~100회) □ 정상 □ 빠름 □ 느림
3) P파 너비가 정상인가? (정상 ≤ 3칸) □ 정상 □ 넓음
4) PR 간격이 정상인가? (정상 ≤ 5칸) □ 정상 □ 늘어남 □ P파 뒤에 R파가 없다
5) QRS 너비가 정상인가? (정상 ≤ 3칸) □ 정상 □ 좁음 □ 넓음
6) ST 분절은 정상인가? □ 정상 □ 상승 □ 하강

10 자발순환회복 환자를 응급의료센터급 이상 병원으로 이송을 권고하는 이유는 무엇인가? 만약 인근에 없다면 어떻게 할 것인가?

병원 단계

20:33

병원에 도착했을 때 전공의와 간호사가 입구에 대기하고 있었다.
대원1은 전공의에게 환자 발생 상황과 자발순환회복까지를 전달한다.
나머지 대원들은 환자를 응급소생실로 옮긴다.
의료진은 환자 모니터와 12유도 심전도를 측정한다.

대원1 30세 여자분으로 평소 병력은 없었다고 합니다.
금일 20시경 수영장 강사와 잠수 훈련을 하다가 갑자기 의식을 잃었다고 합니다. 수영장 강사에 의해 심폐소생술이 구급대 도착까지 고품질로 진행되었습니다.
최초 리듬이 Mega Vfb로 나왔고, 3Cycle만에 ROSC와 ROSV 된 환자입니다. 이송 중에 입천장반사까지 보여 I-gel 제거하고 비재호흡 마스크로 15L/min의 산소를 주고 왔습니다.

의료진 평소 병력에 대해서는 전혀 모릅니까?

대원1 네, 수영장 강사들도 모르고, 회원 카드를 찾아서 따로 사는 동생에게 연락했는데, 평소 특별한 병력 없이 직장생활 잘했다고 합니다.

의료진 네, 알겠습니다. 저희가 검사해 보도록 하겠습니다.

11 상기 사항을 구급일지에 작성해 보시오.

12 심폐정지 세부상황표를 작성해 보시오.

제한점

- 심정지 원인을 파악하는 데 도움이 되는 12유도 심전도를 소생 후 확인하지 못했다.(심정지의 재발을 걱정해 패드를 계속 붙이고 감시하는 데 중점을 두었고, 현장에서 병원까지 거리가 짧아 병원 인계를 위한 준비를 했기 때문이다.)
- 빠르게 이송 중인 구급차의 환자실은 많이 흔들리며 내부가 좁아 대원들의 동선에 많은 어려움이 있어 부가적인 몇 가지를 더 수행하는 것은 기대하기 어렵다.(이송 중 처치에 대해서는 탑승 전 미리 계획을 세우는 것이 좋다.)
- 가까운 곳의 구급차가 출동 중인 상황에서, 주변 지역 구급차가 추가 출동되어 출동 중 상황 전파가 어렵고, 건물 내부에서 무전이 불가했다.

실전 문제

01 심장 충격기 패드 부착 이후 가장 먼저 수행해야 하는 것으로 적절한 것은?

① 2분간 심폐소생술을 실시한 후 분석한다.
② 즉시 환자에게서 떨어지고 리듬을 분석한다.
③ 호흡, 맥박이 없으므로 바로 제세동을 한다.
④ 즉시 분석하지만, 환기는 그대로 실시한다.

02 자발순환된 환자를 이송하는 도중 다음과 같은 리듬 변화가 있을 때 수행해야 할 것은 무엇인가?

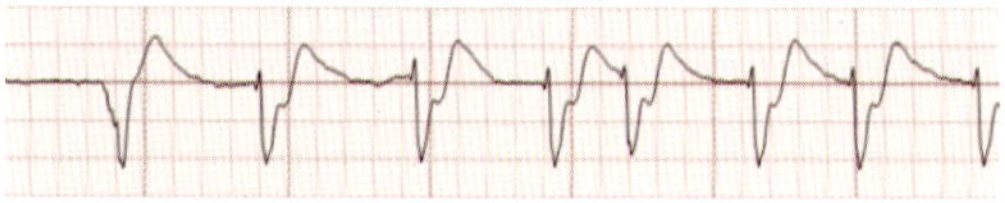

① 즉시 전기 충격을 제공한다.
② 가슴압박을 바로 시행한다.
③ 맥박을 만져보고 없으면 가슴압박을 한다.
④ 서맥의 원인을 찾도록 한다.

03 전문 기도기를 삽입하는 이유로 가장 적절한 것은?

① 많은 양의 산소를 공급하기 위해서이다.
② 위 팽만을 최소화할 수 있기 때문이다.
③ 정확한 양의 산소를 공급할 수 있기 때문이다.
④ 가슴압박을 쉼 없이 할 수 있기 때문이다.

04 전기 충격이 필요한 리듬을 모두 고르시오. (맥박은 모두 없음)

① 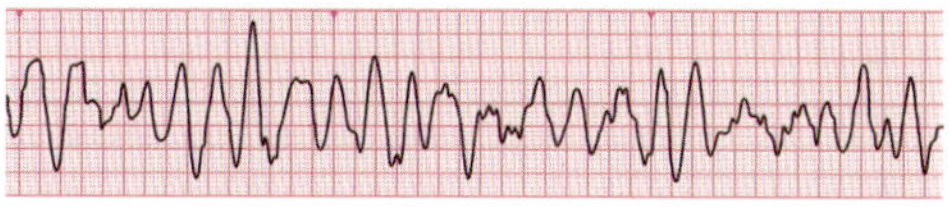

② 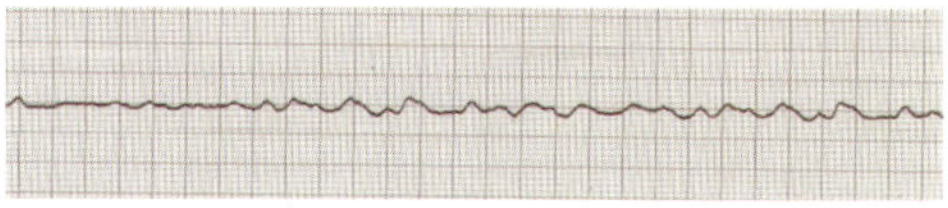

③ 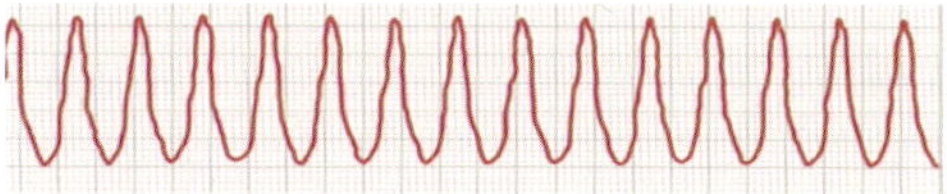

④ 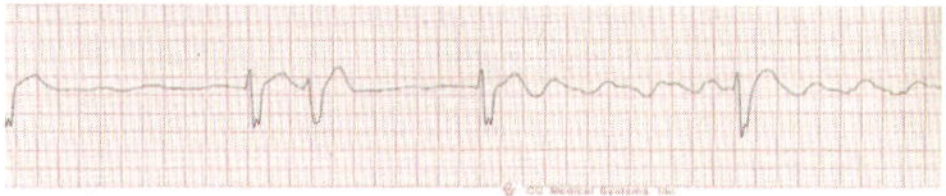

05 현장에서 자발순환이 되었지만, 이송 준비 중에 심정지가 재발했을 때 가장 적절한 행동은?

① 이동 중이므로 가슴압박을 하며 빠르게 이송을 준비한다.
② 심정지 재발이 확인되면 즉시 이동을 멈추고 심폐소생술을 다시 시행한다.
③ 보호자에게 다시 심정지가 왔음을 설명하고 병원 이송과 현장응급처치 중 하나를 선택하도록 한다.
④ 즉시 의료지도 연결 후 지도 의사의 지시에 따른다.

06 전문 기도기가 유지된 상태에서 BVM을 통한 환기를 제공할 때 가장 적절한 방법은? (단, BVM은 1.5L bag 기준이다.)

① Bag 전체를 1초에 1회씩 짜주어야 한다.
② Bag 1/2을 3초에 1회씩 짜주어야 한다.
③ Bag 1/3을 1초에 1회, 6초 간격으로 짜주어야 한다.
④ Bag 1/3을 3초에 1회, 5초 간격으로 짜주어야 한다.

정답 1 ②, 2 ③, 3 ④, 4 ①, ③, 5 ②, 6 ③

1-② 심장충격기 패드 부착 후 신속하게 리듬 분석 버튼을 누르고 분석 결과에 따라 전기 충격 또는 가슴압박을 하게 된다.
- 현행법상 의료법에서 정하는 시범 사업을 제외한 모든 구급차에서는 AED 모드에 의한 분석을 수행해야만 한다.

2-③ 자발순환이 되어도 이송 중 또는 병원 내 치료 과정에서 심정지가 재발할 수 있으므로 지속적인 관찰이 필요하다.
이 리듬을 보고 느린맥이라 생각하면 안 된다. 반드시 맥박을 만져보고 맥박이 느껴지는지 확인해야 한다.
전기적 활동만 남아 있는 무맥성 전기 활동(PEA) 리듬으로 전기 충격이 필요 없고 즉각적인 가슴압박 소생술을 해야 한다. (심정지 상태)
또한, 맥박이 느껴지지 않은 모든 리듬은 무맥성 전기 활동이므로 가슴압박 소생술을 시행해야 한다.

3-④ 전문 기도기를 삽입하여 가슴압박을 멈추지 않고 6초에 1회 500mL 환기를 제공하게 되면 혈류 공급을 더욱 증가시킬 수 있다.

4-① Mega Vfb ③ Pulseness VT 리듬은 모두 혈류 흐름을 유발하지 않는 부정맥으로, 전기 충격을 필요로 하며, ② fine Vfb은 임상적으로 non-shockable로 본다. ④번 리듬은 전기적 활동만 존재하는 PEA (무맥성 전기 활동) 리듬으로 전기 충격이 필요하지 않다.

5-② 이송 준비 도중 다시 심정지가 왔다면 즉시 이송 준비를 멈추고 종전에 현장응급처치를 다시 시행한다. 물론 보호자에게 다시 심정지가 왔음을 알리고 현장응급처치를 설명한다.

6-③ AHA 2020 Guideline에 따르면 전문 기도기가 확보된 상태에서는 과환기 방지에 주의하여 1회 500~600mL를 6초 간격으로 제공하도록 권고하고 있다.

사례 풀이

01 중증 환자에 대한 추가 출동을 하는 경우, 상대 차량에 연락해서 주고받을 정보는 무엇인가?

후착대가 도착하는 시점(거리와 시간), 추가로 필요한 장비(선착대에서 빠른 현장 접근을 위해 기본적인 장비를 준비)의 요구를 물어볼 수 있다. 신고 장소에 대한 정보, 차량 진입로, 사전 의료지도 활성화 여부 등에 대한 정보 교환은 더욱 빠른 접근과 처치에 도움이 된다.

02 심정지로 신고된 환자가 움직인다는 새로운 내용이 전달되었는데 확인해야 할 사항은?

수보요원이 통화 중에 심정지로 의심되면 간단한 위치 정보만 파악 후 '구급상황관리사'에게 연결하여 의료 상담과 응급처치 안내를 받게 되므로 출동 중인 대원은 신고자와 통화하지 못하게 된다.

출동 중인 대원은 수보요원이 안내하는 위치 정보와 최초 신고 내용 그리고 구급상황관리사가 상담 중에 알아낸 정보를 무전기나 테블릿 PC 지령시스템에서 실시간으로 제공받는다.

심정지 초기 일부 환자(25%)에게서는 심정지 호흡과 발작 형태의 모습(약 7분간)이 보여 심정지가 아닌 것으로 착각할 수 있다. 심정지 호흡은 갈비뼈 근육의 경련이 호흡하는 것처럼 보일 수 있으며, 발작 형태 또한 일시적인 근육 경련이 마치 발작 증상처럼 보일 수 있다. 더욱 정확한 판단을 위해서는 가슴의 확장을 통해 호흡하고 있는지를 확인해야 한다. 호흡은 입, 가슴, 배를 동시에 훑어봐야 하는데, 특히 배가 올라오는 것이 가장 잘 보인다.

03 리더의 역할은 무엇이고, 팀워크 소생술의 장점은 무엇인가?

리더는 전문 소생술을 하는 동안 지도 의사와 팀 단위(구급차 2대) 소생술을 실시하는 현장 대원 사이에서 연결자 역할을 하며 원활한 소생술을 이끄는 역할을 한다.

리더의 기본적인 역할: 소생술 도중 BLS 품질을 감독하며, 대원 개별의 역할이 원활하게 수행되는지 확인하고 수정할 수 있어야 한다.

팀 전체는 상호 존중하며 분명한 의사 전달과 순환형(feedback) 대화가 진행되어야 한다.

소생술 중에 팀원에 대한 분명한 역할을 지시하고, 현장 정보와 상황을 공유하며 이송 결정 단계에서 상황 요약과 브리핑을 할 수 있어야 한다.

팀 리더는 다음과 같은 항목들을 통해 팀워크를 형성해야 한다.

- 의사를 명확히 한다.
- 역할과 임무를 명확히 한다.
- 스스로 한계를 안다.
- 지식을 공유한다.
- 건설적인 중재를 한다
- 재평가 및 요약한다.
- 상호 존중한다.

■ 팀워크 소생술 장점

팀워크 소생술의 장점은 미리 훈련된 팀의 경우 BLS 단계에 별다른 지시 없이도 자신들의 임무를 신속하게 수행할 수 있다. 후착대가 도착한 후 ALS 단계에서는 지도 의사와 연결된 팀 리더 지시에 따라 자기 위치에 맞는 소생술을 진행할 수 있다. 이것은 대원끼리의 동선 중복을 피하고 소생술 중에 응급처치의 명확한 임무를 정함으로써 더욱 집중할 수 있게 해준다.

소생술에 집중하고 있는 대원 당사자는 자신의 술기에 어떠한 문제가 있는지 인식하기 어려운 경우가 많은데, 팀 리더와 동료 대원에 의한 피드백으로 수정할 수 있다.

04 목동맥과 넙다리동맥을 동시에 확인하는 이유는 무엇인가?

맥박의 존재 여부를 확인하는 것은 매우 어려운 일이다.(독일 구급대원에 의한 실험에서 15%만이 10초 이내 확인이 가능하다는 연구도 있다. 응급실 의료인을 대상으로 한 또 다른 연구에서는 10초 이내에 맥박 여부를 확인하는 정확도는 65% 정도라고 한다.) 그러므로 목동맥과 넙다리동맥을 동시에 확인하는 것은 정확도를 높이기 위함으로 보인다. 또한, 통상 20초 이상의 맥박 촉진이 계속되는 상태를 자발순환회복이라 정의하고 있다.

05 심전도 소견은 어떤 리듬으로 보이며, 즉각적으로 시행해야 하는 것은 무엇인가?

1) 리듬이 규칙적인가?	☐ 규칙적	☑ 불규칙적		
2) 맥박수가 정상인가? (정상: 60~100회)	☐ 정상	☑ 빠름	☐ 느림	
3) P파 너비가 정상인가? (정상 ≤ 3칸)	☐ 정상	☐ 넓음	☑ 확인 불가	
4) PR 간격이 정상인가? (정상 ≤ 5칸)	☐ 정상	☐ 늘어남	☑ 확인 불가	
5) QRS 너비가 정상인가? (정상 ≤ 3칸)	☐ 정상	☐ 좁음	☐ 넓음	☑ 확인 불가
6) ST 분절은 정상인가?	☐ 정상	☐ 상승	☐ 하강	☑ 확인 불가

무질서한 파형의 리듬으로, 파형 크기로 보아 심실세동(coarse Vfb) 리듬임으로 확인 즉시 가슴압박 소생술을 시작해야 한다.

06 소생술 도중 호기말 이산화탄소 측정값 35mmHg 이상은 무엇을 의미하는가?

$EtCO_2$(end-tidal CO_2)는 산소를 마시고 폐호흡을 통해 이산화탄소가 배출될 때 이산화탄소의 분압도를 의미하며 정상적인 수치는 35~45mmHg로 정의한다. 일반적인 상태에서 35mmHg 이하는 저환기 또는 저탄산증이며, 45mmHg 이상은 과환기 또는 과탄산증을 의미한다. 산소가 많고 이산화탄소가 적으면 수치가 낮아지고, 이산화탄소가 많고 산소가 적으면 수치가 정상치보다 올라가게 된다.

심정지 상태에서는 산소화가 낮으므로 낮게 표시된다. 고품질의 가슴압박과 산소가 공급될 때 호기말 이산화탄소 수치는 30mmHg 이상으로 급격히 상승하는 것을 확인할 수 있다. 만약, 수치가 10mmHg 이하를 나타내고 있다면 가슴압박에 문제가 있거나 기도가 폐쇄되어 있는지 확인하고 수정해야 한다.

07 자발호흡회복(ROSV) 이후 I-gel을 제거하지 않고 비재호흡 마스크에 의한 산소 공급을 하는 이유와 병원 전까지 소생 후 처치와 관련해서 주의해야 할 것은 무엇인가?

심정지에서 회복된 상태라 하더라도 원인 교정을 하지 않은 한 재발의 위험이 크다. 자발호흡이 완전히 회복되지 않은 상태라면 심정지 동안의 불충분한 환기로 인한 저산소증을 교정해야 한다.

원활한 자발호흡 상태를 보인다면 비재호흡 마스크나 코인두 기도기 정도로 기도 확보를 하고 고농도 산소(15L/min)를 제공한다. 불완전한 자발호흡 상태라면 삽입된 전문 기도기는 가장 확실한 기도 개방 상태가 되며, BVM이나 수요 밸브(demanded valve) 기능이 있는 산소소생기로 환기를 보조한다. 물론 I-gel과 같은 성문상 기도기가 경정맥을 압박해 뇌에서 심장으로의 혈류를 방해하여 뇌압을 높인다는 보고도 있지만, 심정지 회복 후 활발하지 않은 자발호흡 상태에 고유량의 산소를 공급하는 것은 저산소증 교정에 좋은 방법이다. 산소 공급 중에 구역반사가 회복되면 즉시 제거하는 것이 좋다.

08 2차 평가 내용을 바탕으로 기록해 보자.

신체 검진	
시진(눈으로 보이는 이상)	안면부 청색증
청진(비정상적인 호흡음, 소리)	무호흡
촉진(손으로 느껴지는 이상 반응 확인)	목동맥과 넙다리동맥에서 맥박 확인이 안 됨
타진(소리나 반응으로 이상 반응 확인)	–
동공 반응(빛반사/크기)	Rt 8mm(–)/Lt 8mm(–)

활력징후						
시각	혈압	맥박	호흡	체온	SpO_2	혈당
20:11	0/mmHg	0회/min	0회/min	35.6℃	–%	89 mg/dL

Allergy(알레르기 유무)	없음
Medication(복용 중인 약물)	없음
Past illness(과거 병력, 수술력)	없음
Last meal(마지막 음식물 섭취 시간)	–
Event[사고 당시 상황(기전)]	약 20분 정도 감수 훈련을 하던 중에 갑작스러운 의식 소실
Onset(발생 시점)	신고 시각 20:02 추정
Provocation(유발/악화/완화 요인)	–
Quality(통증/증상의 유형)	–
Region(연관된 통증/증상의 부위)	–
Severity(통증/증상의 정도)	–
Time(통증/증상 지속 시간)	–

09 위 심전도에 대한 해석은?

1) 리듬이 규칙적인가?	☑ 규칙적	☐ 불규칙적		
2) 맥박수가 정상인가? (정상: 60~100회)	☑ 정상	☐ 빠름	☐ 느림	
3) P파 너비가 정상인가? (정상 ≤ 3칸)	☑ 정상	☐ 넓음		
4) PR 간격이 정상인가? (정상 ≤ 5칸)	☑ 정상	☐ 늘어남	☐ P파 뒤에 R파가 없다	
5) QRS 너비가 정상인가? (정상 ≤ 3칸)	☑ 정상	☐ 좁음	☐ 넓음	
6) ST 분절은 정상인가?	☐ 정상	☐ 상승	☐ 하강	☑ 확인 불가

10 자발순환회복 환자를 응급의료센터급 이상의 병원으로 이송하기를 권고하는 이유는 무엇인가? 만약 인근에 없다면 어떻게 할 것인가?

자발순환이 되지 않은 상태의 환자는 여러 지침에서 가장 가까운 응급실을 방문하도록 하지만, 현장에서 자발순환된 심정지 환자는 지역 응급의료센터 이상 병원으로 이송을 권고하고 있다. 소생 후 치료를 위해 인력과 장비가 있는 곳으로 이송하라는 것이다.

소생 후에는 다음과 같은 치료를 한다.

1) 심혈관 중재술(percutaneous coronary intervention, PCI)
2) 목표 체온 유지 치료(targeted temperature management, TTM)
3) 심정지 재발 상태에서의 체외막 산소 공급(extra corporeal membrane oxygenation, ECMO)
4) 삽입형 제세동기(implantable cardioverter defibrillator, ICD)

자발순환 환자를 지역 응급의료센터 이하로 이송하게 되면 인력과 장비가 없어 전원하는 경우가 많아 적절한 치료 시기를 놓칠 수 있다. 적절한 병원 선정이 어려우면 지휘센터(구급상황관리사)나 의료지도의 도움을 받는다.

11 상기 사항을 구급일지에 작성해 보시오.

Cf: QR 코드 (챕터5 구급활동일지) 를 찍어 구급활동일지 예시를 확인할 수 있다.

12 심폐정지 세부상황표를 작성해 보시오.

Cf: QR 코드 (챕터5 심폐정지 세부) 를 찍어 심폐정지 세부상황표 예시를 확인할 수 있다.

119 구급대원 현장응급처치 표준지침[심정지(비외상성)]

The Standard Protocols for 119 Emergency Medical Services Providers

심정지는 환자의 의식, 호흡(비정상적 호흡 포함)과 맥박이 없거나 심전도 모니터상 무수축 및 무맥성 전기활동(PEA)이 보이는 경우에 해당한다. 비정상적 호흡은 흔히 임종호흡으로 불리며 분당 3~4회의 매우 느리고 불규칙하며 힘들게 호흡하는 모습을 보인다. 간혹 호흡과 함께 '끅' 하는 소리가 나기도 한다.

1. 임상적 특징

○ 질병으로 인하여 24시간 이전에 사망할 것이 예견되지 않던 환자에서 증상 발생 2시간 이내에 심정지가 발생한 것을 '급성 심정지'라고 하여 심인성 심정지일 확률이 높으며 심실세동 등 악성 부정맥의 경우 신속한 **제세동 치료**가 소생술 성공에 결정적이다.

○ 가역적인 원인인 저혈량혈증, 저산소증, 대사성 산증, 저/고칼륨혈증, 저체온증, 긴장성 기흉, 심장압전, 독성물질, 폐동맥혈전증, 관상동맥혈전증(급성심근경색) 등으로 2차적으로 심정지가 발생할 수 있으므로 이러한 원인을 찾으려는 노력이 중요하다.

2. 환자 평가 필수 항목

○ 현장 안전을 확인하고 감염방지 조치를 취한다.
  - 의식 확인 및 호흡, 맥박을 평가하여 심정지 여부를 확인한다.
  - 심정지의 원인이 **외상, 목맴, 질식, 익수**에 해당하는지 확인한다.

○ 심전도 모니터가 부착되어있는 경우 '무수축' 확인으로 맥박 평가를 대신할 수 있다.

○ 심정지 목격 여부, 일반인 심폐소생술 실시, 심정지부터 심폐소생술 시작까지 시간, 심정지부터 심장충격기 부착 및 제세동까지 시간 등이 환자의 생존과 생존 후 신경학적 결과에 영향을 미치므로 이에 대한 정보를 수집해야 한다.

3. 응급처치 절차 및 방법

○ 심정지로 확인되면 **심장충격기를 준비**한다. ☞ Ⓕ ② ①
  - 구급대원은 현장도착과 동시에 심장충격기를 가져간다.
  - 환자에게 제일 먼저 심장충격기를 적용하되, 구급대원이 2인 이상일 경우 심장충격기 준비와 함께 심폐소생술이 동시다발적으로 이루어질 수 있다.

○ **가슴압박** ☞ Ⓕ ② ①
  - 구급대원은 필요할 경우 일반인에게 심폐소생술 참여 혹은 근처의 자동 심장충격기를 가져올 것을 권유할 수 있으며 해당 일반인이 심폐소생술을 할 경우 가슴압박만을 실시할 수 있다.
  - 현장 도착 시 한꺼번에 여러 가지 일을 동시에 시행해야 하지만 가슴압박을 충실하게 진행하는 것이 최우선적이다.
  - 흉골(복장뼈–sternum)의 아래쪽 절반 부위를 최소 5cm 깊이(6cm 초과 안 됨)로 분당 100~120회 정도 속도로 빠르게 압박하며 압박 후 충분히 이완 되도록 한다.
  - 구급대원이 2인 이상일 경우 적절한 가슴압박이 시행되고 있는지 압박 깊이, 속도, 압박 대 이완의 비(1:1) 등을 지속적으로 상호 점검하고 격려한다. 적절한 가슴압박을 모니터하기 위하여 메트로놈, 흉부저항감시장비, 가슴압박품질측정 장치 등을 사용할 수 있다.
  - <u>전문 처치 및 원활한 심폐소생술을 위하여 필요시</u> 가슴압박을 위한 기계식 압박 장비를 사용할 수 있으며 장비 사용 방법은 관련 술기 지침을 따른다.

    ※ 환자를 들것으로 이동하거나, 운행 중인 구급차, 열차 및 항공기 등 좁은 공간, 소생술이 길어지거나 인력이 부족한 경우 또는 감염병 노출 위험 등 특수한 상황에서는 가슴압박의 중단을 최소화하기 위해, 압박장치의 비적응증을 제외하고 적극적으로 기계식 압박 장비의 사용을 고려한다.

○ **기도 확보 및 호흡 보조**
  - 환자에게 외상의 증거가 없을 경우 모든 구급대원은 기도 확보를 위하여 도수 조작을 시행하고 입인두 기도기를 삽입(☞ ② ①)한다.

- 구급대원이 백밸브 마스크를 사용할 수 없는 경우(인력 부족, 자격 부족) 심장압박을 지속하면서 비재호흡 마스크로 15L/min 산소를 공급하며 수동적으로 호흡을 보조한다. ☞ Ⓕ ② ①
- 구급대원이 백밸브 마스크를 사용할 수 있는 경우 가슴압박이 효율적으로 시행되는 동안 백밸브 마스크를 사용하여 15L/min 산소를 가슴압박 30대 호흡보조 2로 제공한다.(☞ ② ①) 시행 방법은 백밸브 마스크 술기 지침을 따른다.
- 심정지의 원인이 외상, 목맴에 해당하면 하악견인법(jaw thrust)으로 기도 확보하며 경추 고정을 고려한 후 호흡보조를 시행한다. ☞ Ⓕ ② ①
- 심정지의 원인이 익수 혹은 약물중독으로 인한 질식성인 경우 반드시 기도 확보 후 백밸브 마스크를 이용한 호흡보조를 시행한다. ☞ Ⓕ ② ① 익수에 의한 심정지는 익수 지침을 따른다.

○ **전문 기도유지술** ☞ 1급 응급구조사 등
- 전문 기도유지술은 후두마스크 등을 비롯한 성문주위 기도 확보 장비 및 기관내삽관을 포함한다.
- 기관내삽관에 대한 충분한 훈련·경험이 없는 구급대원은 성문상 기도기를 사용하고, 충분한 훈련·경험이 있는 구급대원은 기관내삽관을 실시한다.
- 전문 기도유지술(기관내삽관, 성문상 기도기)에 대한 충분한 훈련과 경험이 없는 구급대원은 백마스크 인공호흡을 한다.
- 전문 기도유지술 시행 자격 및 방법은 기본심폐소생술 및 기도삽관, 성문상 기도기 술기 지침을 따르며 가능하면 구급차 이송이 시작되기 전에 시행한다.
- 기도 확보가 적절히 시행되었는지 환자의 양측 흉부의 상승의 육안적 확인, 호흡음의 청진, 호기말 이산화탄소 측정장비 등을 사용하여 기도 확보가 적절히 시행되었는지 반드시 확인한다. ☞ ② ①
- 전문 기도유지술이 시행된 경우 백밸브 마스크의 마스크를 제거하고 전문 기도삽입장비와 연결한 후 분당 10회의 속도로 가슴압박의 이완기에 호흡을 보조한다. 전문 기도유지술이 시행된 후 가슴압박(☞ Ⓕ ② ①)은 가능한 중단 없이 시행되도록 한다. 과환기 되지 않도록 지속적으로 주의한다.
- 기관 내 삽관을 시행한 후에는 호기말 이산화탄소 측정 장치(end tidal CO_2 detector)를 적용한다. 장비사용 방법은 관련 술기 지침을 따른다.

○ **자동 심장충격기 리듬 확인** ☞ Ⓕ ② ①
- 자동 심장충격기의 패드 부착은 가슴압박과 호흡보조에 방해되지 않게 가능한 신속히 이루어지도록 하며, **현장에서 반드시 심장충격기를 사용**하도록 한다.(**구급차 운행 중에 정차중이고 시동을 끈 상태에서는 리듬분석 가능**함.) 자세한 시행방법은 자동 심장충격기 술기 지침에 따른다.
- 자동 심장충격기의 리듬이 분석되는 동안 가슴압박 및 호흡보조를 멈춘다.
- 제세동이 필요하지 않은 경우 즉시 가슴압박을 비롯한 심폐소생술을 시작한다.
- 제세동이 필요한 경우 충전버튼을 누르고(장비에 따라 자동으로 충전되는 경우도 있음) 충전되는 동안 가슴압박을 시행한다. 충전이 완료되면 가슴압박을 멈추고 환자에게서 떨어진 후 제세동을 시행한다. 제세동을 시행한 이후 바로 가슴압박을 비롯한 심폐소생술을 재개한다.
- 자동 심장충격기 리듬은 5주기(30:2를 1주기)마다 혹은 2분마다 분석한다.

○ 심폐소생술은 '2020 심폐소생술 가이드라인' 기준으로 적용하고, 현장 치료는(CPR 준비, 이송 및 기타 시간 제외) 기본소생술팀은 최소 6분, 전문 소생술팀은 10분까지 시행한 후 처치 시간 및 추가적 응급처치는 지도 의사의 의료지도를 받아 처치 후 이송할 수 있다. 단, 외상성 심정지는 필요한 응급처치를 우선으로 제공하여야 한다.

○ 에피네프린 정맥 투여 ☞ ①
- 환자의 팔에 정맥로를 확보한 후 에피네프린 1mg을 정맥투여한다.
- 생리식염수 20mL를 덩이(bolus) 주사하고 환자의 팔을 20초 정도 들어주어 약물이 심장으로 빠르게 도달할 수 있도록 한다.
- 심정지의 경우 에피네프린 1mg을 자발순환이 회복될 때까지 매 3분에서 5분 간격으로 정맥투여 하도록 한다.

○ 이송의 시작
- 심정지의 원인이 외상, 목맴, 질식, 익수에 해당하지 않으면 반응시간에 따른 지속적 가슴압박 시행 후 이송을 시작한다. ☞ Ⓕ ② ①

- 이송 시작 전 필요 시 정맥로를 확보(☞ ①)할 수 있다. 정맥로 확보를 위해 가슴압박을 중단하거나 이송의 시작을 지연시키지 않는다.

ㅇ 이송 중 심폐소생술
- 구급차 운행 중 심폐소생술을 지속하며 적절히(가슴압박의 지속성, 속도, 깊이, 호흡보조의 효과성(기도 확보가 적절히 유지되고 있는지 등) 이루어지고 있는지 점검한다. 이를 위하여 지속적 호기말 이산화탄소 측정장비를 사용(☞ ①)할 수 있다.
- 이송 중 제세동 가능리듬을 확인하기 위하여 구급차를 멈추는 것은 구급차 교통사고 발생 및 안전사고 등이 발생될 수 있으므로 가능한 자제한다.

ㅇ 사전연락 ☞ Ⓕ ② ①
- 이송시작 전에 이송할 병원에 사전 연락을 취하여 환자의 소생술이 연속될 수 있도록 한다.
- 구급대원은 소방상황실에 이송할 병원에 사전 연락 및 수용가능 여부를 확인해 줄 것을 요청하고 환자의 상태 및 병원도착까지의 예상시간 등의 정보가 이송할 병원에 전달될 수 있도록 노력한다.

ㅇ 환자 인계 ☞ Ⓕ ② ①
- 구급대는 이송한 병원의 소생술이 시작될 때까지 소생을 위한 노력을 지속하여야 한다.
- 이송 병원의 의료진에게 심폐소생술 시행에 관련한 환자 정보를 전달하여야 한다.
- 구급대가 에피네프린을 사용한 경우 이송 병원 도착 후 이송 병원 의료진에게 투여한 약물 종류, 양, 투여시각을 인계한다.

ㅇ 기록 ☞ Ⓕ ② ①
- 환자 인계 후 구급활동일지 및 심폐정지환자 응급처치 세부상황표를 완성한다.

4. 응급처치 시 주의 사항

ㅇ 환자의 맥박을 10초 이상 확인하지 않으며 맥박이 불확실 한 경우 심폐소생술을 시작한다.

ㅇ 제세동 시행 후 심장충격기의 가슴압박 음성지시를 기다릴 필요 없이 **제세동 시행 직후 가슴압박을 지체 없이 시작**해야 한다.

ㅇ 제세동 리듬을 분석 간격인 2분(5cycle) 동안에는 제세동 가능리듬이 관찰 혹은 심장충격기에 의한 리듬분석 지시 등이 있더라도 이를 무시하고 가슴압박을 지속한다. 즉, 리듬을 분석하기 위해 가슴압박을 멈추지 않는다.

ㅇ 현장에서는 되도록 심장충격기 전원을 끄거나 환자에게서 제거하지 않는다. 단, 현장에서 환자 이동 시 현장상황에 따라 심장충격기를 끌 수 있으나, 이동 후 신속하게 전원을 연결한다.

ㅇ 환자의 움직임, 자발호흡, 소리(기침), 심전도 상 정상리듬(동맥의 파형 등), 호기말 이산화탄소의 급격한 상승 등이 관찰되지 않는 한 환자의 소생여부를 확인하기 위하여 심폐소생술을 중단하고 의식 확인, 맥박촉지 및 혈압측정을 하지 않는다.

ㅇ 자발호흡 및 순환 회복시 환자의식이 회복되더라도 삽입한 기도유지기 및 성문주위 기도 확보 장비 또는 기관내삽관은 제거하지 않는다.(단, 환자의 의식이 명료하여 구역반사 등을 보일 때는 의료지도 후 제거 할 수 있다.)

ㅇ 협소한 엘리베이터가 있는 공동주택에서는 혈액 순환을 유지할 수 있도록 환자의 적절한 체위 유지를 위해 노력하고, 가슴압박의 중단을 최소화한다.

ㅇ 정맥로 확보: 심폐소생술 시 에피네프린 투약을 위해 선호되는 혈관은 손등, 손목, 그리고 팔오금에 위치한 혈관들이다. 카테터는 16-18게이지 정도의 굵은 카테터를 사용하며, 카테터의 열린 상태를 유지하기 위하여 생리식염수를 연결하여 수액을 지속 주입하도록 한다. 심정지 치료에서 가장 중요한 것은 고품질 가슴압박과 제세동 가능리듬에서의 빠른 제세동이다. 정맥로 확보 및 에피네프린 투약을 위하여 고품질 가슴압박을 멈추거나 제세동 가능리듬에서 제세동을 지연시켜서는 안된다. 정맥로 확보의 국소적 합병증으로 혈종, 연조직염, 혈전증, 정맥염 등이 생길 수 있으며, 전신 합병증으로 패혈증, 폐색전증, 공기색전증 등이 발생할 수 있다.

5. 비말접촉으로 전파 가능성이 있는 감염병(의심) 환자 처치 시 주의 사항

ㅇ 가슴압박이나 제세동을 실시하는 경우 반드시 해당 감염병에 따른 지침에 부합하는 감염보호복을 착용하여야 한다.

ㅇ 환자와의 접촉 최소화를 위해 처치하는 구급대원 등의 인원을 최소화하고 기계식 압박 장치를 사용할 수 있다.

ㅇ 전문 기도유지술이 필요한 경우 가슴압박을 중단하고, 환자의 입에 가까이 가지 않도록 가능한 비디오후두경을 사용하여 기관내삽관을 우선 시행하도록 하며, 기관내삽관에 실패했을 경우 성문상 기도기를 삽입하거나 헤파필터(HEPA Filter)를 연결한 백마스크로 인공호흡을 실시한다. 전문 기도유지술을 실시한 경우에도 헤파필터를 연결하여 인공호흡을 하여야 한다.

ㅇ 소생술 종료 후 감염관리지침에 따라 개인보호장비와 구급장비를 폐기 및 소독하고 손을 충분히 씻는다.

※ 감염병 종류에 따라 별도의 지침이 있는 경우 그 지침을 따른다.

6. 직접 의료지도 요청 기준

ㅇ 심폐소생술 유보 및 중단의 경우('소생술 유보 및 소생술 중단지침' 참조)

ㅇ 위 지침에서 다루지 못한 특수한 상황이나 보다 전문적인 의학적 평가 및 처치가 필요한 경우

ㅇ 이송 병원 선정에 관한 조언이 필요한 경우(예: 장거리 이송 등)

ㅇ 구급대 팀의 리더가 에피네프린 정맥주사 투여, 전문 기도기 삽입이 필요하다고 판단한 경우

7. 이송 병원 선정 지침

ㅇ 가장 가까운 지역응급의료기관 이상의 병원으로 이송함을 원칙으로 한다.

ㅇ 이송 병원 선정이 어려운 경우 직접 의료지도를 요청하고 지도에 따른다.

ㅇ 지역 내 이송 병원 선정 지침이 있을 경우 지역 지침에 따라 이송할 수 있다.

※ 성인 심정지 원인에 대한 조사(5H5T)

ㅇ 5H: 저혈량증, 저산소증, 산증, 저/고칼륨혈증, 저체온증

ㅇ 5T: 폐혈전증, 심근경색, 긴장성기흉, 심장눌림증, 약물중독

119 구급대원 현장응급처치 표준지침(소생 후 치료)

The Standard Protocols for 119 Emergency Medical Services Providers

1. 임상적 특징

ㅇ 환자의 자발호흡이 관찰되거나 환자가 소리를 내거나 스스로 움직인 경우

ㅇ 환자의 맥박이 촉지 되거나 수축기 혈압이 60mmHg 이상으로 측정된 경우

2. 환자 평가 필수 항목

ㅇ 병력청취: 환자의 SAMPLE 등의 병력을 청취한다.

ㅇ 이학적 검진: 환자의 혈역학적 안정성을 평가하기 위해 다음을 꼭 확인한다.

- 환자의 의식수준, 생체징후, 심전도, 산소포화도 모니터를 시행한다.
- 생체징후와 심전도 모니터의 측정치를 기록한다.

3. 응급처치 절차 및 방법

ㅇ 환자의 기도를 적절한 기구로 유지하며 환자가 구역반사가 있고 비강(코안)에서 출혈이 보이지 않는 경우 입인두기도기를 코인두기도기로 바꾸어줄 수 있다. 구강내 분비물이나 토사물 제거를 위해 흡인을 시행한다.

ㅇ 필요할 경우(환자의 의식이 V 이하거나, 호흡수가 분당 8회 미만, 호흡의 깊이가 미약한 경우, 적절한 산소투여 후에도 산소포화도가 90% 이하인 경우 등) 백밸브 마스크를 사용(☞ ② ①)하여 호흡보조를 해야 한다.

ㅇ 비재호흡 마스크 혹은 백밸브 마스크 등을 사용(☞ ② ①)하여 산소포화도가 92~98% 유지될 수 있도록 산소를 공급하며 환자가 저산소증에 빠지지 않도록 주의한다.

ㅇ 현장에서 자발순환이 회복된 경우 즉시 이송을 시작하고 구급차 이송 중 자발순환이 회복된 경우 이송을 지속하며 위 1)~3)번 지침을 따른다. ☞ Ⓕ ② ①

○ 의료지도를 통해 정맥로 확보를 고려하고, 수축기혈압 90 mmHg 이하인 경우 생리식염수를 투여(☞ ①)한다.
○ 환자는 이송 중에서 다시 심정지가 발생할 수 있음에 유의하고 환자의 의식, 호흡, 맥박, 심전도, 산소포화도를 2분 주기로 병원도착 전까지 지속적으로 관찰한다. ☞ Ⓕ ② ①

4. 응급처치 시 주의 사항

○ 심전도상 QRS complex 등이 관찰된다 하더라도 이것만으로는 소생의 증거로 쓰일 수 없다.

5. 직접 의료지도 요청 기준

○ 정맥로 확보 및 수액 투여
○ 관상동맥 중재술, 저체온 유도법 등 소생후 치료를 위하여 최단거리 병원을 우회할 경우
○ 병원 선정 또는 보호자가 원거리 이송을 요청할 경우

6. 이송 병원 선정 지침

○ 가장 가까운 지역응급의료기관 이상의 병원으로 이송함을 원칙으로 한다.
○ 직접 의료지도를 통하여 관상동맥 중재술, 저체온 유도법 등 소생 후 치료를 적극적으로 할 수 있는 병원으로 이송할 수 있다.
○ 지역 내 이송 병원 선정 지침이 있을 경우 지역 지침에 따라 이송할 수 있다.

※ CPC Scale(신경학적 수행 능력 지표)
- CPC1: 의식이 있고 사회생활 가능, 완전한 회복 또는 가벼운 장애가 있음
- CPC2: 의식이 있고 독립적인 일상생활이 가능하나 중간 정도 장애가 있음
- CPC3: 의식 있고 간단한 의사소통 가능, 일상생활이 타인의 도움이 있어야 가능(중증 치매나 마비)
- CPC4: 뇌사가 아닌 혼수상태, 주변 및 상황을 인지하지 못함
- CPC5: 무호흡, 반사 소실, 뇌사 상태

■ COVID-19에 따른 권고 사항

CPR과 같이 병력 자체를 모를 경우 호흡기 감염을 통한 감염은 모든 상황에서 대비해야 하는 것이 합리적이다. 코로나 바이러스 뿐만이 아니라 우리나라에 흔한 결핵, 독감, 세균성 폐렴 등 많은 질환이 구급대원에게 감염될 수 있다.

그러므로 팬데믹/엔데믹 상황에서는 안전한 소생술을 시행하기 위한 절차를 가지고 이를 지키려 노력해야 한다.

■ AHA의 COVID-19 CPR 지침

– COVID-19 의심 또는 확진 환자의 CPR 알고리즘 조정 요약

○ **치료자의 노출 감소시키기**
- 현장에 들어가기 전에 개인 보호장비 착용
- 소생술 참여자 숫자 줄이기
- 기계압박기(mechanical CPR device)를 사용할 것
- 새로운 구급대원, 의료진에게 COVID-19 위험성에 대해 소통할 것

○ **에어로졸 발생을 줄이는 산소 공급 및 환기 전략을 우선시할 것**
- 헤파필터(HEPA filter)를 모든 환기에서 사용
- 커프가 있는 튜브로 기관내삽관을 시행하고, 기계 호흡기에 연결할 것(가능하다면)
- 첫 시도에 성공할 가능성이 높은 가장 잘하는 대원이 기관내삽관을 할 것
- 기관내삽관 시에 가슴압박을 멈출 것
- 비디오 후두경을 사용할 것

- 기관내삽관 전에 백밸브 마스크에 헤파필터를 장착하고 바람이 새지 않도록 얼굴에 꽉 맞출 것(tight seal)
- 만약 기관내삽관이 느려지면 성문상 기도기(supraglottic airway)를 사용하기
- 환기관(closed circuit)의 여는 행위(disconnection)를 최소화할 것

○ **소생술의 적절성을 고려할 것**

- 치료의 목적을 분명히 할 것
- 환자의 생존을 위한 환자의 위험 요인을 고려하고, 결정을 안내하는 정책 채택하기

Reference

1. 소방청. 《119 구급대원 현장응급처치 표준지침》, 2023.
2. AHA 2020 Guideline.
3. Checking the carotid pulse check: diagnostic accuracy of first responders in patients with and without a pulse-ScienceDirect.

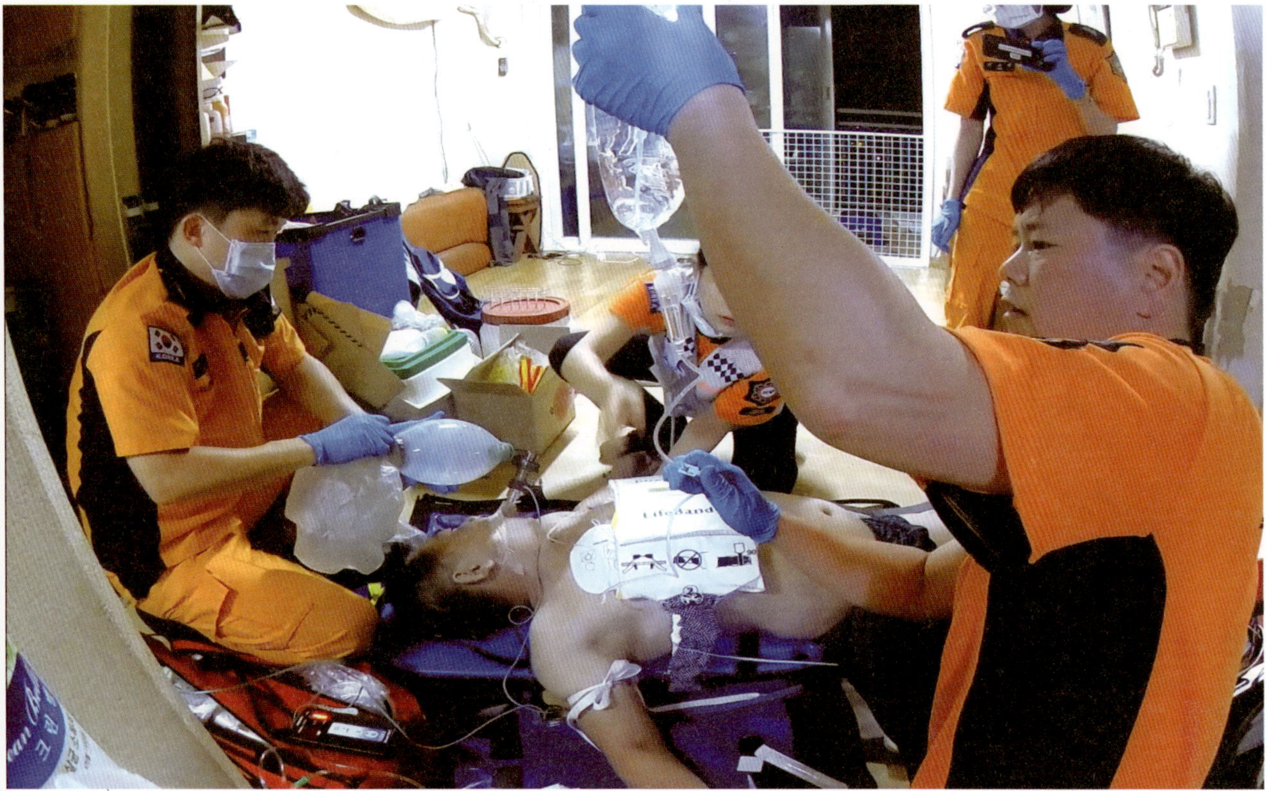

사례 6 아빠가 숨을 안 쉬는 것 같아요

목적

- 병원 전 심정지 환자에 대한 전문 소생술(ALS) 수행을 알아보기로 한다.
- 현재 우리나라는 시범 사업에 의한 SALS(스마트 소생술)과 특별구급대의 전문 소생술이 진행되고 있다. 두 소생술의 공통점과 차이점을 이해하고, 현장 적용을 위해 알아보기로 한다.

출동 개요

출동 메시지	"○○ 구급차, ○○ 구급차 심정지 출동!" 장소는 ○○동 ○○아파트 ○○○동 1705호
1차 출동 정보	신고 시각 10월 19일 07:13 출동 시각 10월 19일 07:14 현장 도착 10월 19일 07:22 환자 접촉 07:24 현장과의 거리 1.5km (4분 소요)
2차 출동 정보	환자 접촉 10월 19일 07:27 현장과의 거리 4km(7분 소요)
1차 출동 인원	구급대원1 리더 구급대원2 대원(처치) 구급대원3 대원(운전)
2차 출동 인원	구급대원4 대원(처치) 구급대원5 대원(운전)
환자 정보 및 기타 정보	50대 남자 신고자 딸이 구급상황관리사에 의해 심폐소생술 진행 중

Tip

스마트 의료지도(smart advanced life support)는 2015년부터 소방청과 보건복지부가 현장에 출동한 구급대원과 지도 의사 간 스마트폰을 통한 영상 통화로, 전문 소생술을 시행하는 시범 사업이다.

① 구급대원 현장 출동 시 팀 단위 접근 방식(또는 다중 출동 체계) 실시
② 역량 있는 지도 의사와 구급대원의 팀 리더 간 핫라인 구축
③ 스마트 기기를 통해 지도 의사가 영상으로 현장을 직접 확인하며 지도
④ 구급대원은 의사의 지시에 따라 전문 소생술 시행

출동 단계

대원1 지휘센터, 여기 ○○ 구급차! 출동 내용 추가 상황 알려주기 바람.

지휘센터 심정지 상황으로 추정되어 딸이 구급상황관리사에 의한 심폐소생술을 시행하는 중이며, 추가 구급대 출동 중인 상황

대원1 접수 완료!

출근 시간으로 차량 정체가 있었으며, 신고자와 전화 연락을 시도했으나 상황관리센터와 통화 중으로 연결이 되지 않는다.

구급상황관리사와 전화 통화로 심폐소생술을 하고 있어 출동 대원이 신고자와 직접 통화를 하지 못했다.(위치 파악이 어려운 경우 3자 통화를 시도하기도 한다).

Tip

신고 접수 단계에서 심정지가 확인되는 확률은 70%를 넘는다. 수보 단계에서 심정지가 인지된 경우 출동 단계부터 지도 의사와 사전 연락하는 것은 후착대 도착 시 매끄러운 연결을 하기 위한 노력이다.

가끔 심정지 상황에 따라 자격 등급에 맞게 전문 기도기와 정맥로 확보 등의 사전 의료지도를 받을 때도 있어 빠른 현장 대응이 가능하다.

지역에 따라서 신고자와 영상 통화로 심폐소생술을 안내하는 곳도 있다.

▪ 지도 의사 사전 연락(일반 전화)

대원1 안녕하십니까? ○○ 소방서(자격 소개) 구급대원입니다.
50대 남자 심정지로 출동 중이며 현장 도착까지 4분, 후착대 7분 후 도착 예상입니다.
후착대 도착하면 다시 연락드리겠습니다.

지도 의사 네, 도착하면 연락해주세요.

대원1 알겠습니다. 후착대 도착하면 다시 연락드리겠습니다.

■ **후착 구급대 연락**

(문항 1과 함께 고민해 보도록 하시오.)

01 출동 중 팀 리더는 선착 대원과 후착대에 대해 어떤 역할을 수행해야 하는가?

현장 상황

아파트 입구에서 경비원의 안내를 받아 아파트 동을 신속하게 찾았다.

대원1 심장충격기를 들고 1층 세대 호출 후에 '자동 닫힘 센서'에 tape를 붙여 후착대가 신속히 접근할 수 있도록 조치한다.

대원2 산소소생기와 수액 세트를 준비하여 대원1과 함께 승강기에 탑승한다.

대원3 차량 주차 후에 현장으로 이동한다.

현관문을 열고 들어서자 방 안쪽에서 "여기 안방이에요!"라고 다급히 외치는 소리가 들린다.

환자는 살림살이로 채워진 좁은 안방 침대에 누워 있고, 딸이 스피커폰에서 들리는 메트로놈 소리에 맞춰 가슴압박 소생술을 시행하고 있다. 대원1은 구급상황관리사에게 대원이 도착했음을 알리고 통화를 끊는다.

대원1 환자가 '껄떡'이는 임종 호흡을 하는 것을 확인한다.
심정지의 정확한 확인을 위해 목동맥과 넙다리동맥 맥박, 가슴이 올라오는지를 확인한다.

심정지로 확인되어 모든 대원에게 환자를 거실로 옮기도록 요청한다. 좁은 공간에서 효과적인 소생술을 이어갈 수 없다는 판단 때문이다. 이동 후 대원2에게 즉시 가슴압박 소생술을 시행하라고 지시한다.

02 현장 상황에서 보이는 공간적인 제약에서 효과적인 소생술 수행을 위한 방법은 무엇인가?

1차 평가

기본 활력징후 및 병력 청취	
의식 상태	U(의식 없음)
기도 및 호흡 상태	심정지 호흡(Gasping)
순환 상태	목동맥과 넙다리동맥을 동시 확인했으나 만져지지 않음

현장 심전도

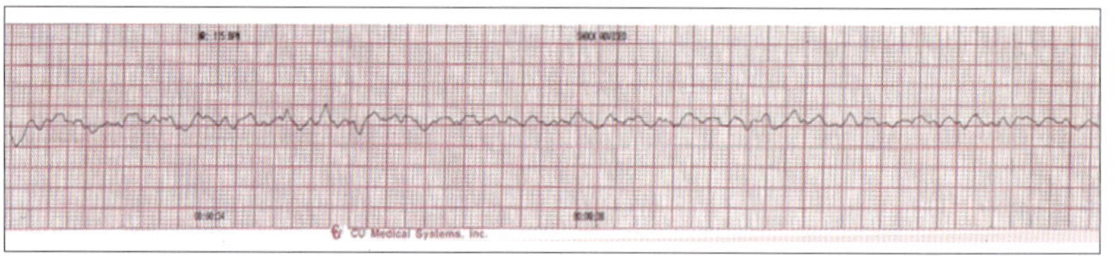

03 심전도 소견은 어떤 리듬이며 즉각적으로 시행해야 하는 것은 무엇인가?

현장 처치와 2차 평가

대원1 후착대 도착 시각을 파악하는 동안 대원2가 가슴압박을 이어받으며 소생술을 진행한다.

07:24

대원2 가슴압박 소생술을 시작한다.

대원1 가슴압박 품질 측정기를 적용한다.

대원1 심장충격기를 적용한다. **(심실세동 200J Shock #1)**

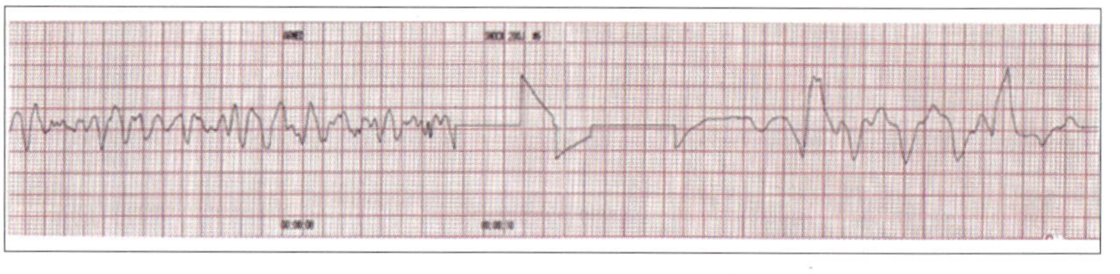

BVM에 저장낭을 연결하여 15L/min의 산소를 공급한다. (30:2 비율 제공)

■ 2차 평가

대원1 쓰러진 시간과 평소 병력은 뭐가 있어요?(수술 받거나 약물 복용)

보호자 쓰러지고 바로 신고했어요. 평소 건강하셨고 며칠 전 건강 검진에서 혈압이 높다고 했어요. 그런데 빨리 병원에 안 가요?

대원1 보호자분, 지금 환자분은 심정지 상태로 응급 상황입니다. 지금 바로 이송하게 되면 살릴 기회가 적어집니다. 그래서 지도 의사와

Tip

심폐소생술 중 모니터 기기의 부착 시점

효율적인 심폐소생술을 위해 여러 가지의 모니터기를 적용하고 있다.

1. 호기말 이산화탄소 측정기는 전문 기도기 삽입과 동시(평소 함께 보관하는 것이 편리) 적용
2. 환기량 측정 장치(amflow)는 백밸브 마스크나 자동식 산소소생기로 인공호흡을 제공할 때, 과환기 방지를 위해 제공되는 환기량을 수치로 확인 가능하여 전문 기도기나 백밸브 마스크 적용할 때 적용
3. 가슴압박 품질 측정기: 가슴압박과 동시에 적용
4. 메트로놈: 현장 진입과 동시에 적용
5. 산소 맥박 포화도 측정기: 심정지 기간에는 의미가 없지만, 순환 회복이 되었을 때 적용

이것은 가장 이상적인 적용 시점이며, 현장 대원의 숙련도에 따라 차이가 있다.

영상 화면을 보면서 병원처럼 전문 약물로 응급처치하려고 합니다. 저희를 한 번 믿고 따라주세요. **(동의를 구하는 절차)**

보호자 네, 얼른 해주세요. 제발 저희 아버지 살려주세요.

대원1 네, 최선을 다하겠습니다. 아버님 쓰러질 때 상황이 어땠는지 설명해주세요.

보호자 7시에 아침 먹고 출근 준비하다 갑자기 가슴이 아프다고 하면서 쓰러졌고, 자꾸 몸을 부르르 떨었어요. 그러고는 정신을 잃어서 119에 신고했어요.

대원1 환자 인적 사항 좀 알려주세요

보호자 나이는 올해 53세이고…….

대원1 활력징후와 동공 반응을 측정한다(양쪽 동공 반응 없이 6mm를 보인다).

활력징후는 다음과 같다.

혈압	맥박	호흡	체온	SpO_2	혈당
0/0mmHg	0회/min	0회/min	35.1℃	0%	89mg/dL

07:26 2분 경과(심실세동 200J Shock #2)

대원2에게 고품질 가슴압박 소생술(깊고, 강하고, 빠른 압박)을 주문하고 메트로놈을 적용한다. (대원2에게 메트로놈에 맞춰 가슴압박할 것을 주문한다.)

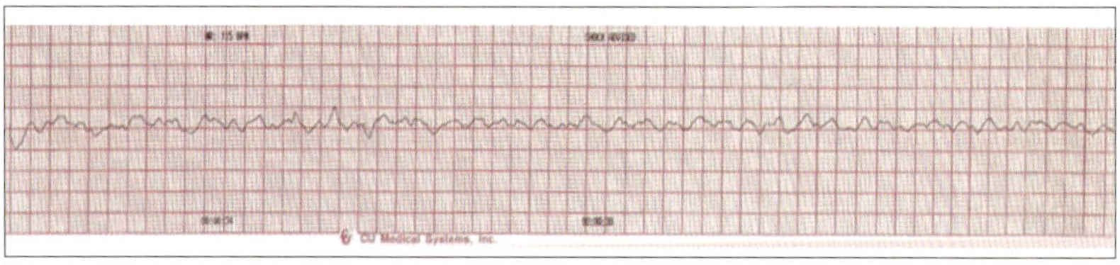

▪ 후착대 도착 07:27

Tip

스마트 소생술에 대해서는 사전 교육과 중간 보수 교육을 통해 평소 팀워크 훈련을 하므로 출동 단계부터 자신의 임무에 대한 프로토콜을 알고 있다. 그러므로 팀 리더의 임무 지정 후에 자신의 임무 수행이 가능하도록 하고 있다.

대원1 후착대(대원4, 5)에 지금까지 파악한 내용을 간략히 전달하고 팀원 전체에 의료지도 연결 후 임무를 지정한다.

대원2 정맥로 확보 후 약물을 투입하고 시간을 기록한다.

대원3, 5 가슴압박과 환기를 교대로 실시한다.

대원4 I-Gel 삽입 후 심장충격기와 약물 투입 보조를 주문한다.

임무 지정 후 지도 의사와 영상 통화를 시작한다.

■ 의료지도(스마트폰으로 연결)

대원1 좀 전에 연락드렸던 ○○ 소방서 구급대원입니다. 후착대 도착해서 연락드렸습니다.
53세 남자 환자로 최근 건강 검진에서 고혈압 소견 외 특별한 병력이 없던 환자입니다. 금일 07시경 아침 식사 후 출근 준비 중 갑작스러운 가슴 통증을 호소하다가 쓰러져 심정지 호흡 상태를 보여 119에 신고된 상황입니다. 최초 리듬이 coarse Vfb 리듬으로 2회 shock 제공했습니다.

대원1 (현장 상황 전체와 고품질 가슴압박 상태를 화면에 보여주며) 잘 보이십니까?

지도 의사 네, 잘 보입니다. 정맥로 확보와 I-gel 삽입해 주시고, 2주기마다 epinephrine 1 앰플 투여 후 생리식염수 20mL를 덩이 주사(bolus injection)하고 10~20초 동안 팔 들어올리기 해주세요. 심실세동 계속 진행되면 amiodarone 주입할 준비해주세요. 그리고 심장 충격 제공할 때 리듬도 보여주시기 바랍니다.

대원1 네, 가슴압박 2주기마다 epinephrine 1 앰플 투여, 심실세동 계속되면 amiodarone 주입 준비와 2분 분석마다 심전도 리듬 보여드리겠습니다.

Tip

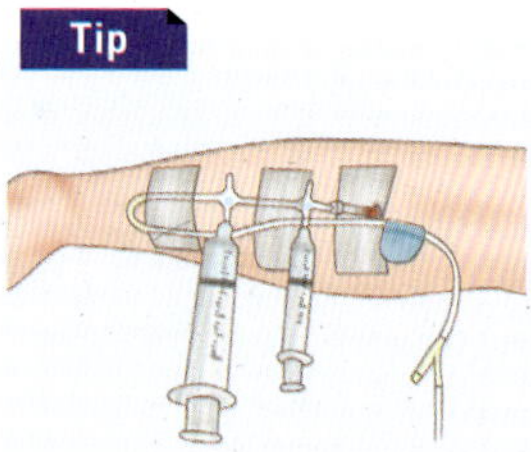

대원4 I-gel 삽입과 호기말 이산화탄소 측정기를 적용한다. (**대원1**은 삽입된 모습을 영상으로 보여준다.)
I-gel 삽입, 호기말 이산화탄소 측정기 연결 후 $EtCO_2$ 19mmHg를 확인한다.

대원2 정맥로 확보(위팔정맥 18G) 및 삼방밸브(3-way stopcock)와 연장 튜브를 연결한다.

07:28 2분 경과(심실세동 200J Shock #3)

대원3 Epinephrine 1 앰플 주입 #1

(대원 간 고품질 가슴압박 격려, 10번 가슴압박마다 bag을 1/3만 짜주며 과환기 방지할 것을 독려한다.)

07:30 2분 경과 후 리듬 확인(ROSC)
규칙적인 QRS 리듬과 목동맥과 넙다리동맥을 확인한다.

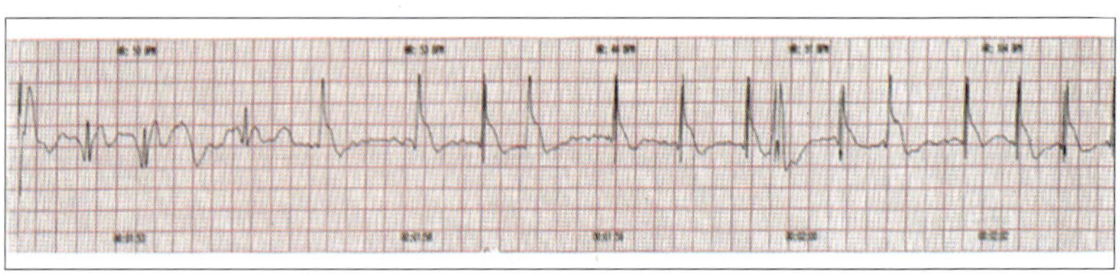

활력징후는 다음과 같다.

혈압	맥박	호흡	SpO_2	혈당
130/80mmHg	88회/min	18회/min	99%	246mg/dL

07:33 심장충격기에서 심정지 재발(심실세동)리듬이 확인되어, 지도 의사에게 알린다.
지도 의사는 전기 충격 후 신속한 심폐소생술을 주문한다.
대원3은 가슴압박 소생술을 시작한다.(심실세동 200J Shock #4)

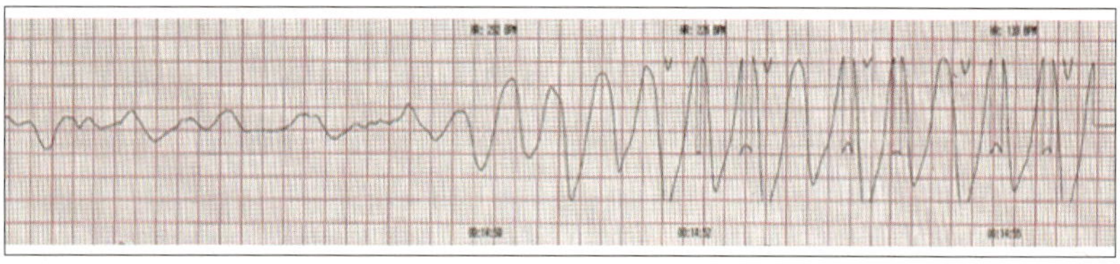

07:35 2분 경과(심실세동 200J Shock #5)

대원3 epinephrine 1 앰플 주입 #2

지도 의사 대원님 심실세동이 계속되고 있으니 amiodarone 300mg 주입하시고, 다음 2주기 이후에도 Vfb면 150mg 주입해주세요.

대원1 네, 지금 amiodarone 300mg 주입 후 2주기 이후에도 Vfb면 150mg 주입하도록 하겠습니다.

대원3 amiodarone 300mg 주입 #1

07:37 2분 경과(심실세동 200J shock #6)

07:39 2분 경과(심실세동 200J shock #7)

대원3 epinephrine 1 앰플 주입 #3
amiodarone 150mg 주입 #2

07:41 2분 경과(심실세동 200J shock #8)

지도 의사 대원님 불응성 심실세동(refractory Vfb)이므로 2주기만 더 시행해 보고 반응 없으면 기계식 가슴압박 장치가 있으면 적용하고 이송하도록 하겠습니다.

대원1 네, autopulse가 있습니다. 준비하겠습니다.
$EtCO_2$ 40mmHg를 확인한다.

07:43 2분 경과(심실세동 200J shock #9)

대원3 epinephrine 1 앰플 주입 #4

07:45 2분 경과(심실세동 200J shock #10)

07:47 2분 경과 후 자발순환, 호흡이 확인된다.

대원1 심전도에서 규칙적인 QRS를 보이고, 목동맥과 넙다리동맥에서 맥박이 확인됩니다.

지도 의사 네, 심정지가 재발할 수 있으니 계속 관찰하십시오. 근처 병원에 통보해 놓겠습니다.

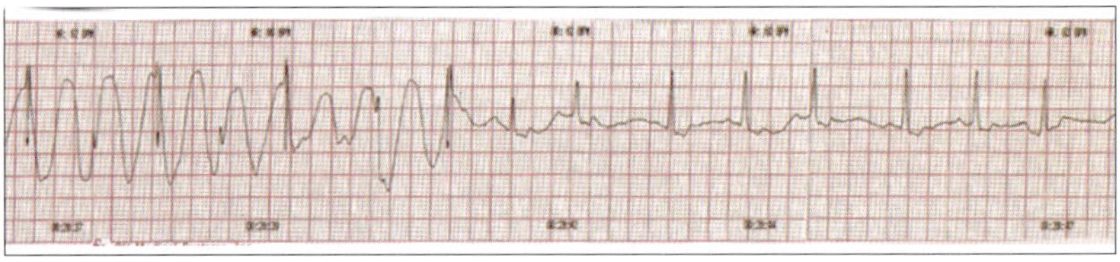

활력징후는 다음과 같다.

혈압	맥박	호흡	SpO_2
140/85mmHg	113회/min	13회/min	99%

07:50 현장에서 구급차로 이동을 준비한다.

※ 대원1은 보호자에게 자발순환이 회복되었지만, 이송 중에 다시 재발할 수 있음을 알리고 재발 시 동일하게 소생술을 진행한다고 설명한다.

04 SALS(스마트 전문 소생술)와 특별구급대의 전문 소생술에 어떤 차이가 있는가?

05 불응성 심실세동(refractory Vfb)은 어떤 리듬이며, 어떤 조치가 필요한가?

06 epinephrine 정맥 주입 후 생리식염수 20ml 덩이 주사, 팔 들어올리기의 이유와 amiodarone 주입 시 5% D/W 20~30cc에 혼합하여 덩이 주사하는 이유는 무엇인가?

07 기계식 가슴압박 장치의 적응증과 비적응증에 대해 설명해보시오.

08 2차 평가 내용을 바탕으로 기록해 보자.

신체 검진	
시진(눈으로 보이는 이상)	
청진(비정상적인 호흡음, 소리)	
촉진(손으로 느껴지는 이상 반응 확인)	
타진(소리나 반응으로 이상 반응 확인)	
동공 반응(빛반사/크기)	

활력징후						
시각	혈압	맥박	호흡	체온	SpO_2	혈당
:	/ mmHg	회/min	회/min	℃	%	mg/dL

Allergy(알레르기 유무)	
Medication(복용 중인 약물)	
Past illness(과거 병력, 수술력)	
Last meal(마지막 음식물 섭취 시간)	
Event[사고 당시 상황(기전)]	
Onset(발생 시점)	
Provocation(유발/악화/완화 요인)	
Quality(통증/증상의 유형)	
Region(연관된 통증/증상의 부위)	
Severity(통증/증상의 정도)	
Time(통증/증상 지속 시간)	

이송 단계

현장에서 구급차로 이송된 환자는 다시 심정지에 빠지지 않았다. 최대한 외부 충격을 줄이기 위해 구급대원 5명은 주의 깊게 환자를 살피며 병원 이송을 시작한다. 이송 중 구급대원은 활력징후를 계속 확인하고 자발호흡에 맞추어 산소를 공급한다. 의식은 없으나 상체의 움직임이 있는 상태이다.

이송 병원에 환자의 상태 및 이송 사항에 관해 통보한다.

이송 중 활력징후는 다음과 같다.

혈압	맥박	호흡	체온	SpO_2
150/P mmHg	100회/min	14회/min	36.9℃	96%

구급차는 현장을 떠난 지 얼마 되지 않아 권역 응급의료센터 입구에 도착한다. 대원들은 환자를 내릴 준비를 하기 위해 산소 탱크와 심장충격기 등을 정리한다.

Tip

구급대원은 이송 시작 전에 병원에 사전 연락을 취해 환자의 소생술이 연속될 수 있도록 한다.

지휘센터에 이송할 병원에 사전 연락 및 수용 가능 여부를 확인해 달라고 요청하고, 환자의 상태 및 병원 도착까지의 예상 시간 등의 정보가 이송할 병원에 전달될 수 있도록 노력한다.

09 자발순환 후 병원 이송 단계에서 고려해야 할 사항이 있는가?

이송 중 심전도

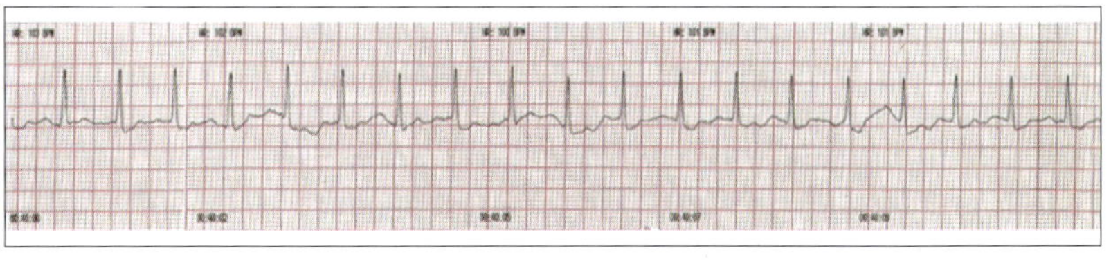

10 위 심전도에 대한 해석은?

1) 리듬이 규칙적인가? ☐ 규칙적 ☐ 불규칙적
2) 맥박수가 정상인가? (정상: 60~100회) ☐ 정상 ☐ 빠름 ☐ 느림
3) P파 너비가 정상인가? (정상 ≤ 3칸) ☐ 정상 ☐ 넓음
4) PR 간격이 정상인가? (정상 ≤ 5칸) ☐ 정상 ☐ 늘어남 ☐ P파 뒤에 R파가 없다
5) QRS 너비가 정상인가? (정상 ≤ 3칸) ☐ 정상 ☐ 좁음 ☐ 넓음
6) ST 분절은 정상인가? ☐ 정상 ☐ 상승 ☐ 하강

병원 단계

환자 이송에 관한 사항을 통보 받은 의료진은 응급실 입구에 대기 중이다.

의료진 수고하셨습니다. 지금 환자의 상태는 어떠한가요?

대원1 지금은 ROSC 된 상태입니다. 현장 처치 중에 ROSC 한 번 회복되었다가 다시 심실세동으로 빠져 항부정맥제와 전기 충격을 반복하여 리듬이 정상으로 회복되었습니다.

의료진 처치 중 리듬을 좀 확인할 수 있을까요?

대원1 네. 바로 정리해서 드리겠습니다.

의료진 약물은 어떤 약물을 얼마만큼 사용하셨나요?

대원1 시간별로 투여한 약물의 기록지를 건넨다.

병원 의료진은 환자 소생 후 치료를 위한 혈액 검사, 심전도, 두부 CT(뇌출혈 가능성을 위한) 촬영을 시행했으며 심근경색으로 진단되어 PCI(관상동맥중재술)를 실시했다.

그 후 ICU(중환자실), 집중치료실을 거쳐 일반 병실로 입원했다가 심정지 발생 1주일 후 CPC1 상태로 퇴원하게 되었다.

---

11 상기 사항을 구급일지에 작성해 보시오.

제한점

- 계단 및 경사진 곳에서 환자 운반을 위한 장비 선택 시 현장의 종합적인 정보를 바탕으로 선택해야 한다.
  - 주들것으로 의식 없는 환자를 이송할 때, 좁은 공간(특히 승강기)에서 의자형으로 변형할 때 2차 사고 위험이 있다.
  - 심정지 환자의 경우는 응급 소형 들것(간이형)을 사용하면 승강기 바닥에서 심폐소생술도 가능하다.
- 현장 도착 후 스마트 기기를 이용한 의료지도의 연결이 늦어졌으며 기기 사용이 익숙하지 못한 상태로 초기 지도 의사와의 의사소통이 원활하게 이루어지지 못했다.
- 환자의 상태가 회복과 악화로 반복되어 환자에게 집중하다 보니 보호자에게 충분한 설명을 하지 못했고, 2차 ROSC 회복 후 환자 이송에 중점을 두었기에 활력징후 관찰을 정확하게 실행하지 못한 점은 아쉬운 점이다.
- 막바지 더위에 오랜 가슴압박 소생술은 대원을 지치게 만든다. 환자 운반과 이송 단계에서 안전사고로 이어질 수 있는 만큼 기계식 가슴압박 장치의 적절한 사용 시점에 대한 고민이 필요하다.

실전 문제

01 전문 심장소생술 중 정맥로 확보 시 주의 사항으로 틀린 것은?

① 다른 응급처치에 방해가 되지 않는 정맥로를 선택한다.

② 가능한 굵은 주삿바늘(18G 이상)을 사용한다.

③ 혈관 확보가 안 될 때 근육 또는 피하 주사도 가능하다.

④ 정맥로 확보 때문에 제세동이나 환자 이송을 지연시켜서는 안 된다.

02 신고 내용에서 심정지 상황으로 추정하기 어려운 것은?

① 심한 경련과 발작을 하면서 입에 거품이 나와요.

② 쓰러져 숨을 헐떡이고 있어요.

③ 숨을 쉬지 않는 것 같아요.

④ 얼굴이 새파랗게 변해 있고 움직이지 않아요.

03 전문 소생술을 시행하는 도중 $EtCO_2$ 수치가 10mmHg 이하로 표시되고 있을 때 가정 적절한 행동은 무엇인가?

① 흉부 압박의 속도가 100~120회/min를 유지하는지 확인한다.

② 환기량이 분당 10회 이상으로 적절한지 확인한다.

③ 고품질의 가슴압박 소생술이 올바르게 진행되고 있는지 확인하고 수정한다.

④ 호기말 이산화탄소 측정기 배터리가 정상인지 확인한다.

04 응급의료 종사자가 심폐소생술을 유보할 수 있는 상황으로 잘못된 것은?

① 법적인 보호자가 심폐소생술을 원치 않는 경우

② 사후경직, 시반, 참수, 신체 분리, 부패가 진행된 경우

③ 심폐소생술로 소생 가능성이 없다고 구급대원 리더가 판단한 경우

④ 응급의료 종사자가 심각한 손상을 입을 수 있는 위험한 상황

05 기계식 가슴압박 장치를 사용하는 가장 적절한 상황은?

① 승강기가 고장 난 아파트 현장에서 사용

② 지하 3층에 추락한 심정지 환자를 지상으로 이동하는 과정

③ PEA가 반복되고 있어 이송을 결정하는 단계

④ 고품질의 BLS가 안 되는 대원을 대신해서 사용

정답 1 ③, 2 ①, 3 ③, 4 ③, 5 ③

1-③ 심폐소생술 중에는 순환이 주로 심장과 뇌 사이에서만 유지되며 근육, 피하로의 혈류량은 배우 적으므로 흡수되지 않는다.

2-① 현장의 여러 가지 정보로 판단할 수 있겠지만 간질 발작의 경우는 심한 경련과 구토물을 동반할 수도 있다.

3-③ 심폐소생술 도중 $EtCO_2$ 10mmHg 이하는 고품질의 가슴압박 소생술(깊고, 강하고, 빠르게)이 수행되지 않는다는 증거이므로 즉시 수정하도록 해야 한다.

⇒ 호기말 이산화탄소($EtCO_2$) 측정기는 혈중 이산화탄소 농도를 추정할 수 있으며 정상은 35~45mmHg이다. 혈액 속의 수치보다 약 2~5mmHg 정도 낮게 나타난다. 전문 기도유지기의 팁에 부착하고 BVM에 꽂아 인공호흡을 할 때 효과적인 심폐소생술이 실시되려면 10mmHg 이상 유지되어야 가슴압박의 최적화를 기대할 수 있다. 자발순환 시에는 갑자기 30mmHg 이상 상승한다.

4-③ 우리나라에서 사망 선언은 의료법에 따라 의사, 치과의사, 한의사, 조산사만 가능하다.

5-③ 소생술이 길어 대원이 지쳤을 때나 이송을 준비하는 단계에서 사용할 수 있다.

사례 풀이

01 출동 중 팀 리더는 선착 대원과 후착대에 대해 어떤 역할을 수행해야 하는가?

후착대 도착 소요 시간 파악, 휴대용 산소 추가 준비, 들것 준비(평소 소통되지 않는 구급대라면), 심장충격기 추가, 수액 세트, 기계식 가슴압박 장치를 어떻게 나눌 것인가에 대해 출동 단계에서 조정할 수 있다.

선착 대원이 이 모든 장비를 짊어지고 이동하기 어려운 상황에서는 최소한의 장비를 가지고 이동하고 후착대에 부탁할 수 있다.

출동 중 대원 임무 지정과 장비 준비 예시: 대원1은 환자 평가 및 병력 청취, 심장충격기, 대원2는 산소 공급(환기), 휴대용 산소 가방, 운전원은 가슴압박, 차량 주차 및 주들것 준비

02 현장 상황에서 보이는 공간적인 제약에서 효과적인 소생술 수행을 위한 방법은 무엇인가?

2020 AHA 지침에서는 침대에 누워 있는 환자를 바닥에 내리지 않도록 하고 있다. 이것은 될 수 있으면 C-A-B 지침을 따르도록 하는 개념이지 절대적으로 따르라는 것은 아니다. 장소가 좁아 팀 소생술에 지장이 있는 경우라면 리듬 분석을 하는 시간에 여러 사람이 동시에 협력하여 거실 등으로 옮기는 것이 좋다. 팀 리더는 이동을 위한 계획을 미리 알리고 머리 쪽에서 직접 이동에 참여하며, 이동 후에 신속한 가슴압박이 될 수 있도록 해야 한다.

03 심전도 소견은 어떤 리듬이며, 즉각적으로 시행해야 하는 것은 무엇인가?

심실세동은 매우 빠른 속도로 심전도 기저 라인이 흔들리는 파형으로, 심장의 수축을 나타내는 QRS 파형은 관찰할 수 없다. 환자는 의식이 없고, 심장은 잔떨림으로 정상적인 심박출량을 유지하지 못하고 있다. 세동의 파형이 클수록 소생의 가능성이 크고, 아주 작은 세동 파형에서 큰 심실 파형으로 바뀔수록 환자의 상태는 좋아지고 있음을 나타낸다. 즉각적인 제세동이 요구되고 효과적인 가슴압박과 인공호흡이 필요하다.

04 SALS(스마트 전문 소생술)와 특별구급대의 전문 소생술에 어떤 차이가 있는가?

	SALS(스마트 전문 소생술)	특별구급대 전문 소생술
대상	• 18세 이상 • 질병(외상, 목맴, 중독, 익수 등은 제외) • 영상 통화(음성 통화는 허용하지 않음)	• 모든 심정지 대상
고려 대상	• 심정지 전 CPC 점수 • 초고령 • 보호자 동의를 구할 수 없는 경우 • IV 실패 • 임산부(즉시 이송) • 불응성 심정지 • 고칼륨혈증	• 모든 심정지 대상
출동 대원 자격	스마트 소생술 교육 이수자	탑승대원은 3인 출동조로 운영하며 별도의 특별 교육 과정을 이수하고 인증 받은 2인 이상의 전문 자격자(1급 응급구조사·간호사)가 탑승

	SALS(스마트 전문 소생술)	특별구급대 전문 소생술
교육 과정	• 기본 교육 • 팀 리더 교육 • 보수 교육	• 1급 응급구조사(간호사) 특별구급대 교육 이수 • 2급 응급구조사: 소방관서 자체 교육 이수 • 전원 보수 교육
심장충격기 사용	수동 모드 사용	자동 모드 사용
병원 통보	지도 의사가 해당 병원에 진행 상황을 통보	구급대원이 직접 또는 지휘센터에서 통보

05 불응성 심실세동(refractory Vfb)은 어떤 리듬이며, 어떤 조치가 필요한가?

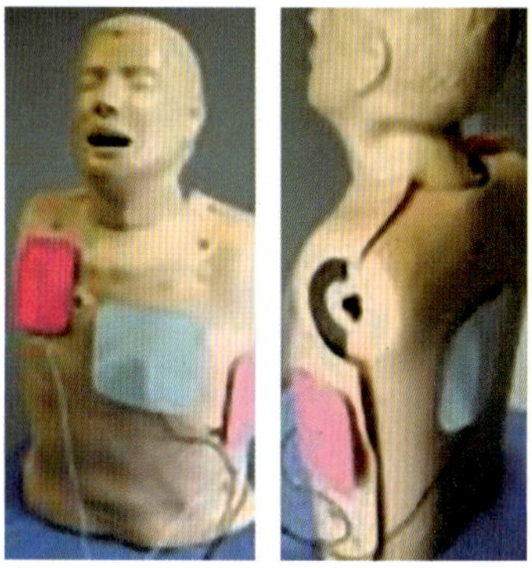

불응성 심실세동(refractory Vfb)은 전기 충격 에너지 증가, 약물 투여(epinephrine, amiodarone), 마그네슘, 리도카인, 베타블록커, ECMO 등의 치료가 필요하므로 빠른 이송을 고려해야 하는 경우이다.

현장에서 5회(10분 이상) 이상 전기 충격에 반응하지 않으면 약물 투여와 패드 위치 변경 부착을 시도해볼 수 있다.

일부 지역에서는 DSED(double sequential external defibrillation)를 위해 심장충격기를 현장에 2대 준비하기도 한다. (AHA Guideline에서는 권장하지 않음)

06 epinephrine 정맥 주입 후 생리식염수 20ml 덩이 주사, 팔 들어올리기의 이유와 amiodarone 주입 시 5% D/W 20~30cc에 혼합하여 덩이 주사하는 이유는 무엇인가?

위팔 정맥에서 심장까지의 거리는 길다. 약물을 주입하고 심장까지 빠른 시간에 도달하게 할 수 있으며, 10~20초간 팔을 들어올리는 것 또한 약물의 신속한 전달에 도움을 준다.(오래된 AHA ACLS 지침이다.)

amiodarone은 약제가 끈끈한 성분으로 되어 있어 혈관을 지날 때 통증이 나타나고 시간이 걸리는 단점이 있다. 생리식염수를 사용해도 무방하나 약물 자체의 불안정성이 있어 5% 포도당과 혼합하는 것이 일반적이다. 또한, amiodarone은 AHA 2020 지침에 의해 lidocaine이 대신 사용 가능한 것으로 변경되었고, SALS 지역에서는 lidocaine 2%로 진행하는 곳도 있다. (첫 번째 5cc, 두 번째부터는 2.5cc 주입)

07 기계식 가슴압박 장치의 적응증과 비적응증에 대해 설명해보시오.

일반적으로 기계식 가슴압박 장치는 사람을 대신하는 것보다 효율이 뛰어나다는 연구 결과는 아직 없으며, 오히려 사람이 가슴압박을 하는 것보다 갈비뼈 골절을 더 일으킨다는 연구가 있다. 그러나 지친 구급대원을 대신할 수 있고 이동 중에 효과적으로 쓰일 수 있는 유용한 장비이다.

119 구급대원 표준지침에서는 다음과 같은 상황에서 사용할 수 있다.

1) 환자를 들것으로 이동 중
2) 운행 중인 구급차 안
3) 열차와 항공기 등 좁은 공간
4) 소생술이 길어지거나 인력이 부족한 경우
5) 감염병 노출 위험 등 특수한 상황
6) 기계식 가슴압박 장치의 비적응증은 제외
   - 기계식 가슴압박 장치를 환자의 가슴에 안전하고 정확하게 배치할 수 없는 경우

- 흉곽이 너무 작은 환자의 경우(흉곽의 크기가 작은 경우 기계 구조상 작동이 되지 않는다)
- 흉곽이 너무 큰 환자의 경우(압박 피스톤 길이가 지원할 수 없는 정도의 체형)
- 흉곽 압박 벨트의 조임 범위가 너무 긴 경우
- 환자가 전체적으로 너무 클 경우(기계의 압박 범위 내에 들어가지 못하는 경우)
- 현장 상황에서 고정하기 어려운 경우
- 18세 미만
- 외상성 손상에 의한 심정지는 흉곽을 효율적으로 압박하기 어려워 금기(균일한 압박이 어렵다)
- 흉곽의 기형이 있는 환자
- 임산부

08 2차 평가 내용을 바탕으로 기록해 보자.

신체 검진	
시진(눈으로 보이는 이상)	
청진(비정상적인 호흡음, 소리)	
촉진(손으로 느껴지는 이상 반응 확인)	
타진(소리나 반응으로 이상 반응 확인)	
동공 반응(빛반사/크기)	

활력징후						
시각	혈압	맥박	호흡	체온	SpO_2	혈당
18:03	140/80 mmHg	128회/min	22회/min	36.8℃	84%	120 mg/dL

Allergy(알레르기 유무)	
Medication(복용 중인 약물)	
Past illness(과거 병력, 수술력)	
Last meal(마지막 음식물 섭취 시간)	
Event[사고 당시 상황(기전)]	
Onset(발생 시점)	
Provocation(유발/악화/완화 요인)	
Quality(통증/증상의 유형)	
Region(연관된 통증/증상의 부위)	
Severity(통증/증상의 정도)	
Time(통증/증상 지속 시간)	

09 자발순환 후 병원 이송 단계에서 고려해야 할 사항이 있는가?

대다수의 대원들은 자발순환회복이 있는 환자의 심장이 다시 멈추기 전에 병원 의료진에게 빨리 인계하고 싶은 마음이 있을 것이다. 하지만, 우리는 알고 있어야 한다. 병원 전 자발순환이 환자의 81%가 심실세동이 재발할 수 있으며, 제세동 후 51%의 환자가 약 5분 정도 시간이 지난 후에 심실세동이 재발할 수 있다는 보고서가 있다. 이송을 준비하는 시간과 구급차로 이동하는 동안에 심정지가 재발할 가능성이 높다는 얘기다.

현장에서 구급차, 구급차에서 병원에 도착하는 순간까지 계속적으로 심박동과 활력징후를 확인해야 한다. 심장충격기의 패드는 응급실 의료진에 의해 심박동이 확인되는 순간까지 제거하지 말아야 한다. 12유도 심전도 측정은 심정지의 원인과 현재 상태를 확인하는 데 중요한 역할을 하므로 될 수 있으면 이송 중이라도 확인하는 것이 치료에 도움이 된다.

10 위 심전도에 대한 해석은?

심정지 회복 단계에서의 심전도를 보고 각각의 파형과 모양, 간격 등을 구분하면서 의미를 분석할 필요는 없다. 아직 완연한 정상적인 그래프는 아니며, QRS가 뾰족하게 나타난 것은 동 리듬을 회복할 가능성이 매우 크다는 뜻이다. 구급대원은 목동맥을 확인하고 환자 상태를 관찰해야 한다.

1) 리듬이 규칙적인가?	☑ 규칙적	☐ 불규칙적	
2) 맥박수가 정상인가? (정상: 60~100회)	☐ 정상	☑ 빠름	☐ 느림
3) P파 너비가 정상인가? (정상 ≤ 3칸)	☑ 정상이나 불규칙		☐ 넓음
4) PR 간격이 정상인가? (정상 ≤ 5칸)	☑ 정상, 측정이 어려운 파형 관찰	☐ 늘어남	☐ P파 뒤에 R파가 없다
5) QRS 너비가 정상인가? (정상 ≤ 3칸)	☑ 정상	☐ 좁음	☐ 넓음
6) ST 분절은 정상인가?	☐ 정상	☐ 상승	☑ 하강

11 상기 사항을 구급일지에 작성해 보시오.

사례 5를 참조한다.

119 구급대원 Smart Advance Life Support 교육 매뉴얼

스마트 의료지도는 상황실 단계부터 심정지를 빨리 인지하고 현장으로 2대의 구급 팀을 출동시켜 영상 통화 기반의 의료지도 하에 현장에서 양질의 전문 소생술을 구현하는 것을 목적으로 하고 있다.

지도 의사의 역할은 현장 소생술 10분 이상을 진행할 때 구급대원들이 이를 가능하도록 지도하고 격려하는 데 있다.

10분 이내의 단시간 내 ROSC 되는 경우는 특별히 의사의 지도가 어떠한 역할을 했다고 보기 힘들며, 구급대원들만으로 가능하다. 그러나 10분 이내 ROSC 되는 것은 전체의 10% 정도밖에 되지 않는다.

◆ SALS 시행에 따른 주요점

1. 도착 전 지도 의사 알림(pre-arrival Notice)을 시행한다.
2. 도착 전 구급대원 간 역할 결정 및 팀워크를 형성한다.
3. 영상 연결은 도착 시 바로 시행하고, 현장의 전체적인 모습과 환자 전체 모습을 보여준다.

※ 반드시 지도 의사에게 보여줘야 할 영상
- 전체 모습
- 환자 모습
- 모니터 리듬, I-gel 깊이, 가슴압박 위치

4. 환자의 심정지 전 상태 파악하여 지도 의사에게 보고한다(CPC).
5. 영상 통화는 리더 대원이 직접 카메라를 잡거나, 경험이 있는 대원을 통해 위의 모습을 보여주도록 교육해야 한다.

※ CPC Scale(신경학적 수행 능력 지표)

1		경증-완전 회복	의식이 있고 사회생활 가능 완전한 회복 또는 가벼운 장애가 있음
2		중등도 장애 독립적 일상생활	의식이 있고, 독립적 일상생활 활동이 가능하나 중간 정도의 장애가 있음
3		중증 장애	의식이 있고, 간단한 의사소통 가능 타인의 도움이 있어야 일상생활 가능(중증 치매나 마비)
4		식물인간	뇌사가 아닌 혼수 상태, 주변 및 상황을 인지하지 못함
5		뇌사	무호흡, 반사 소실, EEG 무반응 등

◆ 심정지의 인지와 지도 의사 연결

지휘센터에서 심정지를 인지하면 수보 요원은 구급상황관리사에게 보호자와의 통화를 넘겨주고 두 대의 구급차를 출동시킨다.

1차 출동대는 신고 초기부터 의료지도 의사와 연결을 미리 시도하여 환자가 있음을 알리고, 제세동기 및 약물, 전문 기도기를 준비하도록 한다.

1. 지도 의사의 의견을 환자 보호자에게 전달할 것들
   - 환자의 현재 상태: '사망' 상태임을 분명하게 이야기한다.
   - 현 상태에서의 생존 확률
   - 현장 CPR에서 '응급실에서 시행하는 전문 소생술'과 같이 시행한다는 점
   - 현장에서 ROSC를 만드는 것이 살리는 데, 가장 유리하다는 점
   - 현장에서 ROSC까지 평균 20분 정도 소요된다는 점
   - 초기 10분 정도에 1차 설명을 하고, 20분 정도 지나서 진행된 내용을 설명하며 추후 설명은 지도 의사의 판단에 따라 시행한다.
2. 현장 이탈과 병원 연락
   - 지도 의사 휴대 전화에는 협력 병원의 핫라인 번호가 모두 저장되어 있어야 하며, 이송할 병원에 사전 보고를 반드시 해야 한다.
3. 지도 의사 필수 영상 통화 지시 사항
   - 가슴압박 "깊고, 강하고, 빠르게!"
   - 가슴압박 교대자 먼저 지정하세요. 누가 다음에 할지 미리 정해 놓으세요.
   - 과환기 주의–가슴압박 10회마다 1회, 1/3만 짜세요.

◆ 현장 도착과 기본 심폐소생술(BLS)

현장에 도착하면 기존의 방법과 같이 2급(또는 운전원) 구급대원은 가슴압박을 보호자로부터 이어서 수행하고, 1급 구급대원(간호사)은 환자의 가슴에 제세동기의 패드를 부착한다. (기존 기본 심폐소생술과 동일) 이때 의료지도 의사와 영상 통화는 연결되어 있어야 하며, 1급 구급대원의 별다른 설명 없이도 의료지도 의사는 현장의 상황을 이해할 수 있다.

제세동기는 수동 모드로 전환하여 초기 리듬을 확인하고 2급(운전원) 구급대원의 고품질 가슴압박을 독려한다.

◆ 환자 정보 획득 및 현장 심폐소생술에 대한 설명

심인성으로 추정되는 비외상성 심정지의 환자만 스마트 의료지도의 범위에 해당하므로, 현장 전문 소생술의 제외 대상을 감별해 낼 수 있어야 한다. 이를 위해 환자의 심정지 시 정황, 심정지 목격(또는 추측) 시간, 과거 심폐소생술 거부 여부, 말기 질환의 유무를 포함한 과거력, 평소 활동의 정도(CPC score) 등의 정보를 파악해야 한다.

[현장 전문 소생술의 제외 대상]

1) 질병 외 원인에 의해 발생한 심정지: 외상, 중독, 목맴, 미상의 경우 제외
2) 18세 미만에서 발생한 심정지
3) 현장에서는 심정지 상태가 아니었으나 이송 중 발생한 심정지
4) 명백한 사망(사후강직, 부패 등)임에도 불구하고 보호자가 심폐소생술을 원해 심폐소생술이 시행된 경우
5) 심정지의 원인이 질병에 의한 것인지 질병 외의 원인에 의한 것인지 파악이 불가능한 경우
6) 심정지 전 환자가 심폐소생술 거부 의사를 밝힌 경우
7) 지도 의사의 판단하에 현장에서의 심폐소생술보다 병원에 조기 이송하여 치료하는 것이 환자 소생률을 증가시킬 것으로 판단되는 경우 등

현장 심폐소생술의 대상이 되는 환자의 경우, 보호자에게 심정지 사실을 알리고 현장에서의 심폐소생술이 환자의 생존율을 증가시킬 수 있음을 설명하고 지도 의사와 연결해 준다. 지도 의사는 다시 한 번 현장 소생술의 중요성을 설명하고 보호자의 동의를 얻는다.

◆ 2차 출동대 도착

2차 출동대가 도착하여 추가 인력이 생기면 후착대의 2급(운전원) 구급대원은 바로 선착대의 가슴압박을 교대해준다. 가슴압박 교대를 해준 2급(운전원) 구급대원은 환자의 머리 쪽으로 이동하여 호흡 보조를 맡는다. 1차 출동대의 1급(간호사) 구급대원은 심폐소생술 팀의 리더가 되어 지도 의사의 지시하에 2차 출동대의 1급(간호사) 구급대원에게 정맥로 확보 및 에피네프린을 준비시킨다. 리더의 지시를 받은 2차 출동대의 1급(간호사) 구급대원은 정맥로가 확보되는 대로 구성원에게 정맥로가 확보

되었음을 알리고 에피네프린 약물을 준비한다. 일단 정맥로 확보 및 약물 투여에 성공하면 2차 출동대의 1급(간호사) 구급대원은 환자의 머리 쪽으로 가서 전문 기도확보술을 시행하도록 한다.

1차 출동대의 1급(간호사) 구급대원은 팀 리더로서 지도 의사의 지시를 팀원에게 정확히 전달하고 팀원이 술기에 실패할 경우 대처해야 한다. 또한, 영상으로 전달하기 부족한 정보를 지도 의사에게 전달할 수 있어야 한다.

◆ 약물 투여

약물 준비가 끝나면 심정지 약물 투여 방법에 따라 에피네프린 1mg을 정맥 투여한다. 심정지 시 모든 약물은 투여 직후 생리식염수 20mL를 덩이 주사하고 환자의 팔을 20초 정도 들어주어 약물이 심장으로 빠르게 도달할 수 있도록 해야 한다.

2분마다 제세동의 리듬을 확인하여 심실세동, 무맥성 심실빈맥의 경우 제세동을 준비하고, 그 이외의 리듬에서는 가슴압박을 지속하도록 한다. 리듬을 확인하는 시간에 2급(운전원) 구급대원들은 가슴압박을 교대하도록 하되, 리듬을 확인하기 위한 흉부 압박 중지 시간(hand off time)을 최소화해야 한다.

심실세동, 무맥성 심실빈맥이 지속될 때 지도 의사는 아미오다론 투여를 지시한다. 아미오다론은 5% 포도당 20~30cc에 혼합하여 한 번에 주사하며, 약물 투여 방법은 에피네프린과 같다.

◆ 이송의 결정

심폐소생술 중 자발순환이 회복되면 지도 의사의 지시하에 혈압을 측정하고 이송을 준비한다. 지도 의사는 환자의 상태에 대해 보호자에게 설명을 다시 해야 하며, 이송 중 재심정지의 가능성을 설명한다. 보호자에게 설명하는 중에 구급대원들은 1차 출동대의 차량으로 환자 이송을 준비한다.

계속되는 심폐소생술에도 환자가 반응이 없는 경우, 지도 의사는 환자의 현재 상태와 소생 가능성을 예측하여 이송 여부를 결정하게 된다. 이 경우에도 지도 의사는 보호자에게 환자의 상태를 설명하고 1차 출동대에게 환자 이송을 준비시킨다.

지도 의사는 현장의 의료지도를 종료하고 이송될 병원의 수용 여부를 살핀 후 미리 환자의 정보를 제공한다.

◆ 팀워크의 형성

SALS에서의 팀워크는 병원 내 심정지 치료 또는 구급대원 단독 치료보다 복잡하다. 이는 구급대원과 지도 의사가 영상을 통해 팀워크를 이루고 각 구급대원들 간에도 팀워크가 형성되어야 하기 때문이다.

스마트 의료지도의 알고리즘

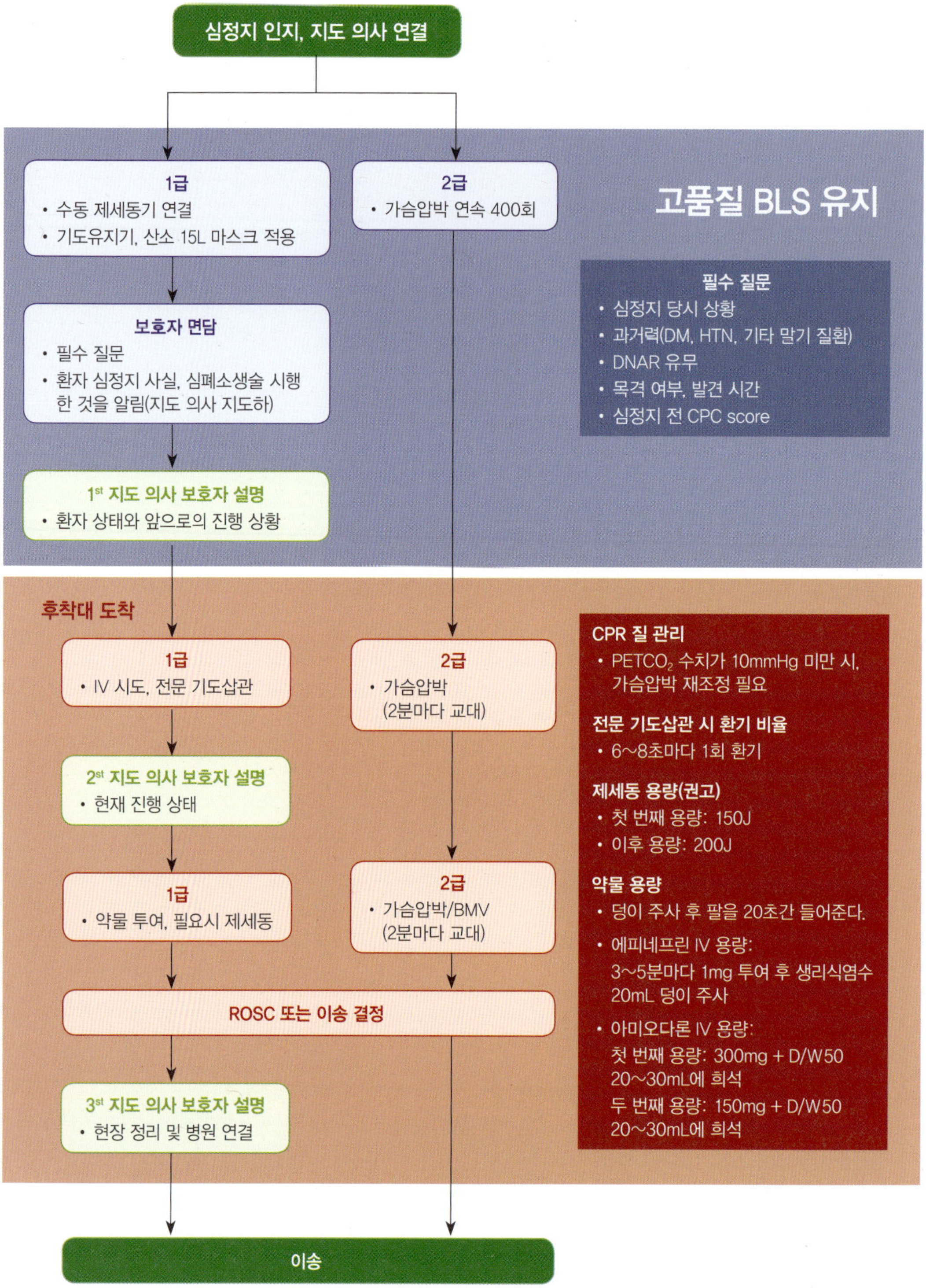

특별구급대 표준지침

심정지는 환자의 의식, 호흡(비정상적 호흡 포함)과 맥박이 없거나 심전도 모니터상 무수축 및 무맥성 전기 활동(PEA)이 보이는 경우에 해당한다. 비정상적 호흡은 흔히 임종 호흡으로 불리며 분당 3~4회의 매우 느리고 불규칙하며 힘들게 호흡하는 모습을 보인다. 간혹 호흡과 함께 '끅' 하는 소리가 나기도 한다.

1. 임상적 특징

ㅇ 질병으로 인하여 24시간 이전에 사망할 것이 예견되지 않았던 환자에게서 증상 발생 2시간 이내에 심정지가 발생한 것을 '급성 심정지'라고 하며, 심인성 심정지일 확률이 높다. 심실세동 등 악성 부정맥의 경우 신속한 **제세동 치료**가 소생술 성공에 결정적이다.

ㅇ 가역적인 원인인 저혈량혈증, 저산소증, 대사성 산증, 저/고칼륨혈증, 저체온증, 긴장성 기흉, 심장압전, 독성 물질, 폐동맥혈전증, 관상동맥혈전증(급성 심근경색) 등으로 2차적으로 심정지가 발생할 수 있으므로 이러한 원인을 찾으려는 노력이 중요하다.

2. 환자 평가 필수 항목

ㅇ 현장 안전을 확인하고 감염 방지 조치를 취한다.
- 의식 확인 및 호흡, 맥박을 평가하여 심정지 여부를 확인한다.
- 심정지의 원인이 **외상, 목맴, 질식, 익수**에 해당하는지 확인한다.

ㅇ 심전도 모니터가 부착되어 있는 경우 '무수축' 확인으로 맥박 평가를 대신할 수 있다.

ㅇ 심정지 목격 여부, 일반인 심폐소생술 실시, 심정지부터 심폐소생술 시작까지 시간, 심정지부터 심장충격기 부착 및 제세동까지 시간 등이 환자의 생존과 생존 후 신경학적 결과에 영향을 미치므로 이에 대한 정보를 수집해야 한다.

3. 응급처치 절차 및 방법

ㅇ 심정지로 확인되면 **심장충격기**를 **준비**한다.
- 현장 도착과 동시에 심장충격기를 가져가서 한 구급대원이 심장충격기를 준비하는 동안 다른 구급대원은 심폐소생술을 시행한다.
- 심폐소생술은 다음의 가슴압박, 기도 확보, 호흡 보조를 포함하며 심장충격기 준비와 함께 동시 다발적으로 이루어질 수 있다.

ㅇ **가슴압박**
- 구급대원은 필요할 경우 일반인에게 심폐소생술 참여 혹은 근처의 자동 심장충격기를 가져올 것을 권유할 수 있으며 해당 일반인이 심폐소생술을 할 경우 가슴압박만을 실시할 수 있다.
- 현장 도착 시 한 번에 여러 가지 일을 동시에 시행해야 하지만 가슴압박을 충실하게 진행하는 것이 최우선적이다.
- 복장뼈(흉골, sternum)의 아래쪽 절반 부위를 최소 5cm 깊이(6cm 초과 안 됨)로 분당 100~120회 정도의 속도로 빠르게 압박하며 압박 후 충분히 이완되도록 한다.
- 적절한 가슴압박이 시행되고 있는지 압박 깊이, 속도, 압박 대 이완의 비(1:1) 등을 지속적으로 상호 점검하고 격려한다. 적절한 가슴압박을 모니터하기 위해 메트로놈, 흉부저항 감시 장비 등을 사용할 수 있다.
- <u>전문 처치 및 원활한 심폐소생술을 위해 필요시</u> 가슴압박을 위한 기계식 압박 장비를 사용할 수 있으며 장비 사용 방법은 관련 술기 지침을 따른다.

ㅇ 기도 확보 및 호흡 보조
- 환자에게 외상의 증거가 없을 경우 모든 구급대원은 기도 확보를 위해 도수조작을 시행하고 입인두 기도기를 삽입한다.
- 가슴압박이 효율적으로 시행되는 동안 백밸브 마스크를 사용하여 15L/min의 산소를 가슴압박 30대 호흡 보조 2로 제공한다. 시행 방법은 백밸브 마스크 술기 지침을 따른다.
- 심정지의 원인이 <u>외상, 목맴에 해당하면 하악견인법(jaw thrust)</u>으로 기도 확보 후 호흡 보조를 시행한다.
- 심정지의 원인이 <u>질식, 익수에 해당하면</u> 기도 확보 후 백밸브 마스크를 이용한 호흡 보조를 시행한다. 익수에 의한 심정지는 익수 지침을 따른다.

○ 전문 기도유지술

- 선문 기도유지술은 후두 마스크 등을 비롯한 성문 수위 기도 확보 장비 및 기관내삽관을 포함한다.
- 전문 기도유지술 시행 자격 및 방법은 기본 심폐소생술 및 기도삽관, 성문상 기도기 술기 지침을 따르며 가능하면 구급차 이송이 시작되기 전에 시행한다.
- 기도 확보가 적절히 시행되었는지 환자의 양측 흉부의 상승의 육안적 확인, 호흡음의 청진, 호기말 이산화탄소 측정 장비 등을 사용한다.
- 전문 기도유지술이 시행된 경우 백밸브 마스크의 마스크를 제거하고 전문 기도 삽입 장비와 연결한 후 분당 8~10회의 속도(또는 가슴압박 10~12회마다 1회 환기)로 가슴압박의 이완기에 호흡을 보조한다. 전문 기도유지술이 시행된 후 가슴압박은 가능한 중단 없이 시행되도록 한다. 과환기되지 않도록 지속적으로 주의한다.
- 기관내삽관을 시행한 후에는 호기말 이산화탄소 측정 장치(end tidal CO_2 detector)를 적용한다. 장비 사용 방법은 관련 술기 지침을 따른다.

○ 자동 심장충격기 리듬 확인

- 자동 심장충격기의 패드 부착은 가슴압박과 호흡 보조에 방해되지 않게 가능한 신속히 이루어지도록 하며, 현장에서 반드시 심장충격기를 사용하도록 한다(자동 심장충격기는 구급차 운행 중에 정차 중이고 시동을 끈 상태에서는 리듬 분석 가능함).
- 자동 심장충격기의 리듬이 분석되는 동안 가슴압박 및 호흡 보조를 멈춘다.
- 제세동이 필요하지 않은 경우 즉시 가슴압박을 비롯한 심폐소생술을 시작한다.
- 제세동이 필요한 경우 충전 버튼을 누르고(장비에 따라 자동으로 충전되는 경우도 있음) 충전되는 동안 가슴압박을 시행한다. 충전이 완료되면 가슴압박을 멈추고 환자에게서 떨어진 후 제세동을 시행한다. 제세동을 시행한 직후 바로 가슴압박을 비롯한 심폐소생술을 재개한다.
- 자동 심장충격기 리듬은 5주기(30:2를 1주기)마다 혹은 2분마다 분석한다.

○ 에피네프린 정맥 투여

- 특별구급대 이외에 일반 구급대 또는 펌뷸런스가 현장에 도착하여 특별구급대 포함 2개 대 이상이 현장에 도착해 있는 다중 출동 상황에서 에피네프린 투여를 고려한다.
- 에피네프린 투여 방법은 6. 직접 의료지도 방법의 지침에 따른다.

○ 심폐소생술은 2015 AHA 가이드라인 기준으로 적용하고, 현장에서 순수한 소생술(CPR 준비, 이송 및 기타 시간 제외) 시간을 최소 5분 이상으로 한다. 단, 외상성 심정지는 필요한 응급처치를 우선으로 제공하고 소생술 시간, 추가적 응급처치 내용을 지도 의사의 의료지도를 받아 처치 후 이송할 수 있다.

○ 이송의 시작

- 심정지의 원인이 외상, 목맴, 질식, 익수에 해당하지 않으면 반응 시간에 따른 지속적 가슴압박 시행 후 이송을 시작한다.
- 이송 시작 전 필요시 정맥로를 확보할 수 있다. 정맥로 확보를 위해 가슴압박을 중단하거나 이송의 시작을 지연시키지 않는다.

○ 이송 중 심폐소생술

- 구급차 운행 중 심폐소생술을 지속하며 적절히[가슴압박의 지속성, 속도, 깊이, 호흡 보조의 효과성(기도 확보가 적절히 유지되고 있는지 등)] 이루어지고 있는지 점검한다. 이를 위해 지속적 호기말 이산화탄소 측정 장비를 사용할 수 있다.
- 이송 중 제세동 가능 리듬을 확인하기 위해 구급차를 멈추는 것은 구급차 및 기타 교통상 안전을 위협할 수 있으므로 가능한 자제한다.

○ 사전 연락

- 이송 시작 전에 이송할 병원에 사전 연락을 취해 환자의 소생술이 연속될 수 있도록 한다.
- 구급대원은 소방 상황실에 이송할 병원에 사전 연락 및 수용 가능 여부를 확인해 줄 것을 요청하고 환자의 상태 및 병원 도착까지의 예상 시간 등의 정보가 이송할 병원에 전달될 수 있도록 노력한다.

ㅇ 환자 인계

- 구급대는 이송한 병원의 소생술이 시작될 때까지 소생을 위한 노력을 지속해야 한다.
- 이송 병원의 의료진에게 심폐소생술 시행에 관련한 환자 정보를 전달해야 한다.
- 특별구급대가 에피네프린을 사용한 경우 이송 병원 도착 후 이송 병원 의료진에게 투여한 약물 종류, 양, 투여 시각을 인계한다.

ㅇ 기록

- 환자 인계 후 구급활동일지 및 심폐 정지 환자 응급처치 세부상황표를 완성한다.
- 특별구급대가 에피네프린을 사용하기 위해 직접 의료지도를 받은 경우 귀소 전 특별구급대 전문처치기록지를 완성하여 이송 병원 의료진에게 제출한다.

4. 응급처치 시 주의 사항

ㅇ 환자의 맥박을 10초 이상 확인하지 않으며 맥박이 불확실할 경우 심폐소생술을 시작한다.

ㅇ 제세동 시행 후 심장충격기의 가슴압박 음성 지시를 기다릴 필요 없이 **제세동 시행 직후 가슴압박을 지체 없이 시작**해야 한다.

ㅇ 제세동 리듬 분석 간격인 2분(5cycle) 동안에는 제세동 가능 리듬이 관찰 혹은 심장충격기에 의한 리듬 분석 지시 등이 있더라도 이를 무시하고 가슴압박을 지속한다. 즉, 리듬을 분석하기 위해 가슴압박을 멈추지 않는다.

ㅇ 현장에서는 되도록 심장충격기 전원을 끄거나 환자에게서 제거하지 않는다. 단, 현장에서 환자 이동 시 현장 상황에 따라 심장충격기를 끌 수 있으나 이동 후 신속하게 전원을 연결한다.

ㅇ 환자의 움직임, 자발호흡, 소리(기침) 등이 관찰되지 않는 한 환자의 소생 여부를 확인하기 위해 심폐소생술을 중단하고 의식 확인, 맥박 촉지 및 혈압 측정을 하지 않는다.

ㅇ 자발호흡 및 순환 회복 시 환자 의식이 회복되더라도 삽입한 기도유지기 및 성문 주위 기도 확보 장비 또는 기관내삽관은 제거하지 않는다(단, 환자의 의식이 명료하여 구역반사 등을 보일 때는 의료지도 후 제거할 수 있다).

ㅇ 협소한 엘리베이터가 있는 공동 주택에서는 혈액순환을 유지할 수 있도록 환자의 적절한 체위 유지를 위해 노력하고, 가슴압박의 중단을 최소화한다.

ㅇ 스마트 의료지도 시범 사업에 참여하는 지역의 경우 스마트 의료지도 지침에 따라 직접 의료지도를 받고 응급처치를 수행한다.

5. 직접 의료지도 요청 기준

ㅇ 심폐소생술 유보 및 중단의 경우('소생술 유보 및 소생술 중단지침' 참조)

ㅇ 위 지침에서 다루지 못한 특수한 상황이나 보다 전문적인 의학적 평가 및 처치가 필요한 경우

ㅇ 이송 병원 선정에 관한 조언이 필요한 경우(예: 장거리 이송 등)

ㅇ 특별구급대 팀의 리더가 에피네프린 정맥 주사 투여가 필요하다고 판단한 경우

- 특별구급대 이외에 일반 구급대 또는 펌뷸런스가 1개 대 이상 도착하여 특별구급대 포함 2개 대 이상이 현장에 도착한 상황에서 심정지 환자에게 가슴압박을 시작하고 심장충격기를 적용한 후

6. 직접 의료지도 방법

1) 음성 직접 지도 상황(일반 통화 연결)

- 특별구급대가 심정지 상황에 출동한 경우 영상 직접 지도를 받는 것을 원칙으로 한다. 영상 직접 지도가 불가능한 상황에서는 음성 직접 지도를 받아 기존의 업무 범위 내에서 처치를 수행한다. 음성 직접 지도 상황에서 에피네프린 정맥 주사 투여는 불가능하다.

2) 영상 직접 지도 상황(영상 통화 연결)

- 영상 통화 시에는 팀의 리더가 직접 카메라를 잡거나 또는 경험이 있는 대원이 카메라를 잡고 상황을 보여주도록 한다.
- 구급대원은 지도 의사에게 자신의 소속과 자격, 특별구급대 교육 이수 여부를 밝히고, 현장 출동 구급대 수, 구급대원 수를 보고한다.

- 구급대원은 지도 의사에게 환자의 나이, 성별, 목격 여부, 마지막 정상 일시를 보고한다. 카메라를 든 대원은 지도 의사에게 현장의 전체적인 모습과 환자의 전체 모습을 보여주고, 가슴압박 위치를 비추어 압박 위치를 확인할 수 있도록 한다.
- 구급대원은 지도 의사에게 심장충격기 적용 후 확인된 초기 리듬과 기도 확보 등 직접 의료지도 연결 시까지 수행된 처치를 보고한다. 카메라를 든 대원은 심장충격기의 모니터 리듬을 보여준다. 전문 기도기를 사용하여 기도가 확보된 상태라면 전문 기도기의 삽입 깊이를 보여준다.
- 현장에서 정맥 주사로 확보 및 에피네프린 정맥 주사 투여에 대해 지도 의사의 지시를 받아 환자의 팔에 정맥 주사를 확보한다.
- 정맥 주사로를 확보한 후 심정지 약물 투여 방법에 따라 에피네프린 1mg을 정맥 투여한다. 투여 직후 생리식염수 20mL를 덩이 주사하고 환자의 팔을 20초 정도 들어주어 약물이 심장으로 빠르게 도달할 수 있도록 한다.
- 에피네프린 정맥 투여 후 주사 부위의 이상 여부를 확인하고, 3~5분 후 반복 투여 여부와 반복 투여 횟수에 대해 지도 의사의 지시에 따른다. 카메라를 든 대원은 정맥 주사 상태를 비추어 지도 의사가 확인할 수 있도록 한다.
- 에피네프린 반복 투여 시 투약 간격과 투약 횟수를 특별구급대 전문처치기록지에 기록한다.

3) 응급처치 시 주의 사항
- 정맥로 확보: 심폐소생술 시 에피네프린 투약을 위해 선호되는 혈관은 손등, 손목, 그리고 팔 오금에 위치한 혈관들이다. 카테터는 16~18게이지 정도의 굵은 카테터를 사용하며, 카테터의 열린 상태를 유지하기 위해 생리식염수를 연결하여 수액을 지속 주입하도록 한다.
- 심정지 치료에서 가장 중요한 것은 고품질 가슴압박과 제세동 가능 리듬에서의 빠른 제세동이다. 정맥로 확보 및 에피네프린 투약을 위해 고품질 가슴압박을 멈추거나 제세동 가능 리듬에서 제세동을 지연시켜서는 안 된다.
- 정맥로 확보의 국소적 합병증으로 혈종, 연조직염, 혈전증, 정맥염 등이 생길 수 있으며, 전신 합병증으로 패혈증, 폐색전증, 공기색전증 등이 발생할 수 있다.
- 이송 병원 도착 후 시행한 처치를 이송 병원 의료진에게 보고하고, 귀소 전 작성한 특별구급대 전문처치기록지를 반드시 제출한다.

7. 이송 병원 선정 지침

○ 가장 가까운 지역 응급의료기관 이상의 병원으로 이송함을 원칙으로 한다.

○ 이송 병원 선정이 어려운 경우 직접 의료지도를 요청하고 지도에 따른다.

Reference

1. 소방청. 《119 구급대원 현장응급처치 표준지침》, 2023.
2. AHA 2020 Guideline
3. 김기운 외 10명. 《스마트의료지도 전문소생술 교육 매뉴얼》, 국립중앙의료원 중앙응급의료센터, 2020.
4. 전국응급구조학과교수협의회. 《내과전문응급처치학》, 서울: 도서출판 한미의학, 2018.

사례 7 차량이 물에 빠졌어요

목적

- 구조가 필요한 익수 환자에 대한 접근법과 의식 변화 상태에서의 응급처치법을 알아본다.
- 이송 단계에서 저체온증과 관련한 처치에 대해 알아보며 현장 대응 능력을 향상한다.

출동 개요

출동 메시지 "○○ 구급차, 구조대, 펌프 차량 구조·구급 출동!"
장소는 ○○동 ○○저수지에 차량이 빠졌다는 신고

출동 정보
- **신고 시각** 4월 6일 07:31
- **출동 시각** 4월 6일 07:32
- **현장 도착** 4월 6일 07:35
- **현장과의 거리** 4km(5분 소요)
- **현장–병원과의 거리** 7km(8분 소요)

출동 인원
- **구급대원1** 리더(처치)
- **구급대원2** 대원(처치)
- **구급대원3** 대원(운전)

추가 출동 인원 구조대원 3명, 펌뷸런스 대원 3명

환자 정보 및 기타 정보 최초 발견자가 익수자 구조 작업 중. 저수지 둑으로 차량 진입 곤란, 경찰 공동 대응 요청 중

출동 단계

Tip

구조가 필요한 경우는 구급차 외에 구조대, 펌뷸런스(펌프차+앰뷸런스의 합성어로 기본적인 응급처치 장비를 보유하고 있는 소방 펌프 차량)가 함께 출동한다.

구조대는 소방서 단위로 1개 대가 구성되어 있으므로 구급차와 비슷한 시간에 현장 도착이 어려우면 펌뷸런스 차량이 함께 출동하게 된다.

구급대원이 먼저 도착한 경우에는 사고 규모와 형태, 위험성 판단, 구조가 필요한 인원, 추가 출동대 필요 여부 등을 파악해서 전해주는 것이 중요하다.

구급차 지휘센터! 여기 ○○ 구급대 신고 내용 재송신 바람.

지휘센터 ○○ 저수지에 차가 빠져 허우적거리고 있는 사람을 주변 목격자들이 구조를 시도하고 있다고 하니 신속하게 출동하기 바람. 구조대와 펌뷸런스도 함께 출동 중이며, 경찰 공동 대응 협조한 사항이니 참고 바람.

구급차 접수 완료!
(신고자에게 전화한다.)
출동 중인 구급차입니다. 혹시 사고 나는 모습을 목격하셨나요?

신고자 아니요. 직접 보지는 못했지만, 저수지에서 낚시하고 있는데 "쿵" 하는 소리가 크게 나더니 차량이 물에 빠져 있었어요.
와서 보시면 알겠지만, 도로 난간에 부딪히면서 빠진 것 같아요.

구급차 혹시 몇 명인지 아세요?

신고자 그건 잘 모르겠고, 저수지 위에 승용차가 둥둥 떠 있어요.

구급차 네, 지금 2km 정도 남았습니다. 저희 보시면 손 흔들어서 안내 좀 부탁드립니다.

신고자 네, 알겠습니다.

구급차는 무전을 통해 추가 출동 중인 구조대와 펌뷸런스에게 신고자에게서 파악한 정보를 공유한다.

01 신고자 통화에서 미흡한 부분은 무엇인가?

현장 상황

현장 도착 시 중형 승용차 한 대가 저수지 가장자리 쪽에 빠져 반쯤 잠긴 상태였다. 주변 사람들이 긴 나무를 잡고 차량 주변에 붙어 있는 모습이 보인다. 차량이 떨어진 쪽 도로 난간이 파손된 것으로 보아 주행 중 난간을 뚫고 추락한 것으로 보인다.

구급대는 현장 상황을 추가 출동대에 무전으로 알린다. 추가 출동대는 현장 도착 2분 전이다.

대원2는 사고 차량 주변 사람들에게 곧 구조대가 도착하니 안전을 위해 떨어지라고 한다. 대원1은 구조 후 응급처치를 위해 장비를 준비하고, 대원2는 이송 들것을 준비한다. 곧, 펌프차와 구조대가 도착하고 차량으로 접근해 확인한다.

구조대원은 환자가 의식이 희미하고 알아듣기 어려운 소리를 내며 얼굴에 청색증이 보인다고 한다. 대원1은 구조대원에게 환자에게 목 보호대를 하고 긴 척추 고정판에 고정할 것을 주문한다. 선임 구조대원은 동료에게 환자에게 목 보호대를 하고 긴 척추 고정판에 고정하도록 지시하여 10분 후 구조가 완료된다.

02 현장에 구급차만 먼저 도착했을 때 주변 사람들이 빠른 구조를 독촉한다면 주의할 사항은 무엇인가?

03 물속에서 발생한 척추 손상의 2차 손상 방지를 위한 고정에서 주의할 점은 무엇인가?

1차 평가

기본 활력징후 및 병력 청취	
의식 상태	V(소리에 눈 뜨는 반응)
기도 및 호흡 상태	기도는 개방되어 있으나 얕고 약한 호흡
순환 상태	(약 20초간 확인) 위팔동맥에서 빠르고 약한 맥박과 안면부 청색증이 확인된다.

04 출동 단계부터 1차 평가까지 내용으로 보아 현재 어떤 상태로 판단되며, 필요한 조치가 있는가?

2차 평가

구조가 완료된 환자는 축축하게 젖어 있고, 청색증 얼굴에 얕고 약한 호흡 상태를 보인다. 구조대원이 접근했을 때 운전석 에어백은 터져 있으며 안전띠를 착용한 상태로 있었고 얼굴이 반쯤 물에 잠겨 있다.

환자가 호흡할 때 알코올 냄새가 나는 것으로 보아 음주가 의심된다. 갓길에 부딪힌 흔적과 차량 위치로 보아 음주 후 삼거리를 좌회전으로 통과하던 중에 저수지로 추락한 것으로 추정된다.

환자를 히터가 작동 중인 구급차에 옮기고, 대원2는 젖은 옷을 모두 제거 후 활력징후를 평가하고, 대원1은 환자 평가 후 응급처치 계획을 세운다.

■ 문진과 활력징후

대원1 환자분 어디가 가장 불편하세요?

환자 으흐흐~
(신음 소리와 작고 알아듣기 어려운 소리를 계속하며 온몸을 떨고 있다.)

대원1 환자분 정신차려 보세요! 사고 어떻게 났는지 기억나세요?
(환자는 아직 대화에 반응하지 못하는 것으로 보인다.)

■ 신체 검진

대원1 머리부터 발끝까지 외상 평가를 할 때 안면과 목 뒤편, 가슴, 복부 등에 차 사고와 관련한 손상의 명백한 증거가 보이지 않지만, 차가운 피부와 근육의 떨림이 심하다는 것을 확인한다.

대원2 활력징후와 동공 반응을 측정한다(양쪽 대칭 빛 반응과 3mm).

시각	혈압	맥박	호흡	체온	SpO_2	혈당
07:46	140/80 mmHg	128회/min	28회/min	LOW℃	90%	120 mg/dL

Tip

체온계 'LOW'와 'HI'의 의미?

귀 체온계 중에서 가장 많이 쓰이는 B사 제품은
작동 환경: 10~40℃,
제품 보관 온도: −25~55℃,
측정 온도: 34~42.2℃까지이다.

34℃ 이하에서는 LOW,
42.2℃ 이상은 HI로 표시된다.

대원1 2차 평가로 얻어진 정보에 의해 응급처치 계획과 이송 병원을 선정한다.

05 2차 평가에서 찾아낸 문제점은 무엇인가?

현장 처치

2차 평가의 활력징후에서 낮은 체온과 호흡곤란 증상이 있으므로 보온에 신경 쓰며 따뜻하고 가습된 산소를 공급하도록 한다. 따뜻한 공기를 제공할 만한 장치가 현재 없다면 히터를 최대한 가동하도록 한다.

대원2 젖은 옷을 모두 제거하고 수건으로 닦은 다음 구급차용 담요로 환자 몸을 감싸고 그 위에 우주 담요(space blanket)를 덮어 이중 보온 조치를 한다.

대원1 안면 마스크를 통해 산소 6L/min를 공급하고 현장에서 출발하며 심전도를 분석한다.

06 저체온증의 임상적 특징과 체온 유지를 위한 응급처치 방법은 무엇인가?

현장 심전도

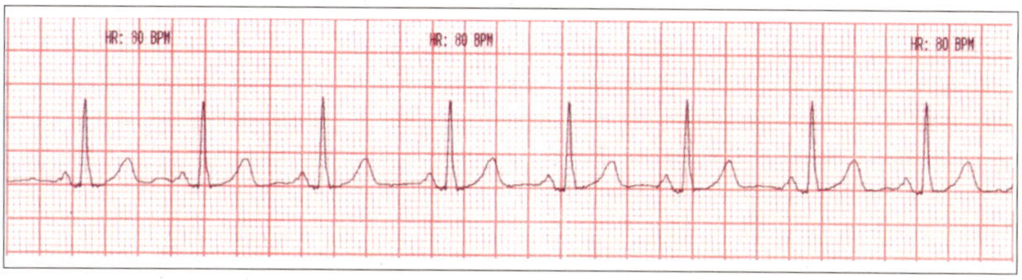

07 위 심전도에 대한 해석은?

1) 리듬이 규칙적인가?	□ 규칙적	□ 불규칙적	
2) 맥박수가 정상인가? (정상: 60~100회)	□ 정상	□ 빠름	□ 느림
3) P파 너비가 정상인가? (정상 ≤ 3칸)	□ 정상	□ 넓음	
4) PR 간격이 정상인가? (정상 ≤ 5칸)	□ 정상	□ 늘어남	□ P파 뒤에 R파가 없다
5) QRS 너비가 정상인가? (정상 ≤ 3칸)	□ 정상	□ 좁음	□ 넓음
6) ST 분절은 정상인가?	□ 정상	□ 상승	□ 하강

08 중증 저체온 상태에서 발생되는 특징적인 리듬과 그에 대한 조치는 어떤 것이 있는가?

이송 단계

대원1은 15km 지점에 있는 지역 응급의료센터를 이송 병원으로 결정하고 환자 상태와 도착 예정 시간을 알린다. 가온을 위해 큰 핫팩 4개를 터트려 큰 혈관이 지나는 사타구니와 겨드랑이에 적용한다. 현장 출발 후 6~7분 정도 지날 무렵, 환자는 청색증이 사라지며 훨씬 편안한 모습으로 호흡하는 모습을 보이지만 여전히 대화할 때 턱 떨림 현상이 남아 있다.

대원1 환자분 사고 어떻게 났는지 기억나세요?

환자 네, 커브길 돌다가 도로 난간을 들이받고는 기억이 안 납니다. 정신이 들었을 때 물에 빠져 있었구요.

대원1 혹시 음주하셨나요?

환자 어제저녁 사정까지 술 조금 마셨습니다.(음주를 숨기는 경우가 많다.)

대원1 가장 불편한 곳이 어딥니까?

환자 특별히 아픈 곳은 모르겠고, 추워요.

대원1 평소 진료 받거나 약 먹는 것이 있나요?

환자 아뇨, 없습니다.

활력징후는 다음과 같다(신분증으로 인적 사항을 확인했을 때 30대 초반 남자로 확인되었다).

시각	혈압	맥박	호흡	체온	SpO_2
07:53	130/80mmHg	108회/min	22회/min	34.5℃	94%

09 이송 중 추가로 필요한 처치는 무엇인지 생각해보자.

10 2차 평가 내용을 바탕으로 기록해 보자.

신체 검진	
시진(눈으로 보이는 이상)	
청진(비정상적인 호흡음, 소리)	
촉진(손으로 느껴지는 이상 반응 확인)	
타진(소리나 반응으로 이상 반응 확인)	
동공 반응(빛반사/크기)	

활력징후						
시각	혈압	맥박	호흡	체온	SpO_2	혈당
:	/ mmHg	회/min	회/min	℃	%	mg/dL

Allergy(알레르기 유무)	
Medication(복용 중인 약물)	
Past illness(과거 병력, 수술력)	
Last meal(마지막 음식물 섭취 시간)	
Event[사고 당시 상황(기전)]	
Onset(발생 시점)	
Provocation(유발/악화/완화 요인)	
Quality(통증/증상의 유형)	
Region(연관된 통증/증상의 부위)	
Severity(통증/증상의 정도)	
Time(통증/증상 지속 시간)	

병원 단계

Tip

익수는 보통 두 가지 유형의 사고로 구분된다.

1) 폐로 물이 들어가지 않는 상태를 건성 익수(dry drowning, 10~20%)라고 하며, 물이 후두를 자극하면 후두 경련으로 인해 기도가 폐쇄되어 사망에 이르게 된다.
2) 숨을 참다가 폐로 물이 흡입되면 폐부종(환기 장애)이 발생하고, 저산소증으로 인해 무호흡/심정지가 발생하게 된다.

08:15

의료진 어떤 상황입니까?

대원1 30대 초반 남자로, 아침 7시 30분쯤 도로 난간을 뚫고 저수지에 추락한 것으로 보입니다.

현장 도착했을 때 에어백이 터졌고, 의식은 언어에 반응하는 상태(stupor)로 헛소리를 하기도 하며 자정까지 음주를 했다고 합니다.

초기 활력징후는

시각	혈압	맥박	호흡	체온	SpO_2
07:46	140/80 mmHg	128회/min	28회/min	LOW℃	90%

입니다.

이송할 때 보온 조치와 안면 마스크로 산소 6L/min를 투여하며 6~7분 가던 중, 호흡과 의식 상태가 조금 회복되어 간단한 질문에 반응하는 정도로 병원에 도착했습니다.

이송 중 활력징후는

시각	혈압	맥박	호흡	체온	SpO_2
07:53	130/80 mmHg	108회/min	22회/min	34.5℃	94%

였습니다.

의료진 물에 빠졌을 때 얼굴이 물에 잠겨 있었나요?
그리고 물에 빠져 있었던 시간이 얼마나 됐는지 알 수 있을까요?

대원1 사고 후 3분 이내에 신고되었고, 현장까지 5분 정도 시간이 걸렸습니다. 구조될 때 얼굴 일부가 물에 잠겨 있었고, 청색증도 있었습니다.
구조되는 시간까지는 10분 이상 시간이 걸린 것으로 보입니다.

의료진 사고 난 것은 기억하고 있나요? LOC 여부는요?

대원1 사고 당시를 기억하지 못하고, 정신 차렸을 때는 물에 빠져 있었다고 합니다.

의료진 네, 안으로 옮겨서 관찰하도록 하겠습니다.

---

11 상기 사항을 구급일지에 작성해 보시오.

제한점

- 차량 진입이 곤란한 장소에서 진입은 가능하나 회전할 수 없어 후진해서 나오는 경우가 있다. 차량으로 이동하는 것이 오히려 시간이 지체될 경우 가장 근접한 곳에 주차할 수 있어야 한다. 전화상 설명으로 진입로를 찾기가 어려웠다.
- 사고 현장이 구급차에서 멀리 떨어진 곳이라면 휴대 장비를 신속하게 결정해야 한다. 심정지 상황인데도 불구하고 들것만 휴대했을 경우 최악의 오류를 범할 수 있다. 환자의 운반을 고려하여 구급대원 2명이 현장까지 가는 데 적절한 장비를 충분히 휴대할 수 없었다.
- 만약 구조대원보다 구급대원이 먼저 도착한 상황이라면 당황할 수 있다. 기본적인 구조상황에 대비해 훈련할 필요도 있다.

실전 문제

01 익수자의 특징으로 보기 어려운 것은?

① 계속해서 얼굴을 수면 위로 내밀려고 한다.
② 팔은 움직이지 않지만 몸은 앞으로 나아간다.
③ 계속해서 몸부림친다.
④ 계속되는 호흡으로 물을 마셔 말을 제대로 못한다.

02 물에 빠진 환자의 체온 측정(귀 체온계)에서 'LOW'가 확인된 저체온증 의심 환자에 대한 2차 평가 내용 중 다른 하나는?

① 몸을 만져보고 떨림이 있는지 확인하여 추정할 수 있다.
② 체온계 회사에서 표시한 최저 측정값으로 기록한다.
③ 느린맥 가능성이 높으므로 맥박 확인은 30초 이상 확인한다.
④ 떨림이 감소하는 것은 34℃ 이하의 상태로 추정할 수 있다.

03 익수 환자의 초기 평가 항목 중 필수 항목으로 거리가 먼 것은?

① 물의 온도
② 추락과 같은 외상 가능성 여부
③ 침수 시간
④ 정신과적 치료 여부

04 익수 환자의 응급처치 절차이다. 올바른 순서는?

> 가. 물 밖의 안전한 곳으로 옮긴다.
> 나. 젖은 의복을 제거하고 마른 의복으로 덮어준다.
> 다. 현장표준지침에 따라 전반적 평가와 처치를 시행한다.
> 라. 산소를 공급한다.

① 가–나–다–라
② 나–가–라–다
③ 가–다–라–나
④ 다–라–가–나

05 익수 환자의 응급처치 시 주의 사항이다. 잘못된 것은?

① 시간이 지나면 가라앉게 되므로 신속하게 직접 구조한다.
② 현장에서는 폐의 물을 제거하기 위한 시도는 하지 않는다.
③ 다이빙 사고는 척추 손상 가능성에 대해 고려한다.
④ 증상이 약해도 폐렴 발생 가능성이 있으므로 의료기관으로 이송한다.

정답 1 ②, 2 ③, 3 ④, 4 ③, 5 ①

1–② 주로 나아가지 못하고 제자리에서 팔을 많이 움직이며 때에 따라 도움을 요청하지도 않고 가만히 서 있기도 한다.

2–③ 느린맥 가능성이 높으므로 20초 이상 확인하는 것이 권고된다.

3–④ 정신과적 문제는 2차 평가에서 시행한다.

4–③ 가–다–라–나

5–① 개인의 안전을 확보하지 못하고 구조를 위한 준비가 되어 있지 않은 상태에서의 구조를 위한 시도는 또 다른 희생을 부를 수도 있으므로, 주변에 도움을 요청하고 부유물 등을 찾아 건네주도록 한다.

일반적인 주의 사항은 다음과 같다.

- 의식이 있고 구조가 필요한 경우 기구나 로프를 이용하도록 한다. 의식이 없는 경우는 구조대가 구조하도록 한다.
- 폐의 물을 제거하는 시도는 금지한다(입 밖으로 나오지 못하는 경우 식도로 들어갈 수 있고, 식도의 음식물이 기도를 폐쇄할 수 있다).
- 의식 없는 환자의 주변 상황과 사고 목격 여부 등을 평가하여 척추 손상 가능성이 있으면 고정해야 한다. 만약, 척추 손상 가능성이 없다면 고정하지 않는다.
- 저체온 심정지는 체온이 35℃ 이상 될 때까지 소생술을 멈추지 않는다.
- 증상이 약해도 폐렴 가능성이 있으므로 병원 이송이 원칙이다.

사례 풀이

01 신고자 통화에서 미흡한 부분은 무엇인가?

출동 대원은 신고자에게서 몇 가지의 제한적인 정보를 얻을 수 있었다. 신고자는 사고를 목격하지는 않았지만, 현장 주변에 있었고 사고 상황을 간접적으로 확인할 수 있었다. 사고로 인해 차량이 물에 떠 있는 것과 주변 목격자들이 구조를 시도한다는 것을 확인할 수 있었다. 하지만, 구조 대상 인원수와 손상 정도를 파악할 수는 없었다.

안전 조치와 구조를 위해 추가로 필요한 정보는 다음과 같다.

1) 사고 차량의 보다 정확한 위치(저수지 물가에서 얼마나 떨어져 있으며 수심은 어느 정도인가?)
2) 사고 차량이 있는 곳까지의 차량 진입로를 보다 상세하게 파악하는 것은 빠른 접근에 도움이 된다.
3) 목격자에 의한 구조가 어떤 상황인가? 위험하지는 않은가? 위험하다면 하지 말 것을 요구해야 한다. 이것은 또 다른 희생자를 만들 수 있기 때문이다.

02 현장에 구급차만 먼저 도착했을 때 주변 사람들이 빠른 구조를 독촉한다면 주의할 사항은 무엇인가?

구경꾼이 많은 현장에는 안전과 처치에 제약을 받을 수 있다. 돌발 행동과 폭언으로 구급대원을 위협하기도 하고 현장 처치를 제지하면서 무조건적인 이송을 요구하기도 한다. 안전을 위협할 만한 특이한 요소는 없으나 많은 구경꾼을 통제하는 것이 필요하다. 현장에서 구급차까지 이동 거리가 멀다면 주변 목격자들의 도움을 요청할 수 있고, 의도적인 익수 환자라면 환자의 인적 사항 파악이나 보호자 확인을 위해서 경찰의 협조 요청도 필요할 수 있다.

03 물속에서 발생한 척추 손상의 2차 손상 방지를 위한 고정에서 주의할 점은 무엇인가?

익수 사고에서 척추 손상 가능성에 대한 언급을 많이 하고 있다. 다리나 높은 곳에서 투신할 때 충격으로 척추 골절, 복부 내 장기 손상, 뇌진탕 등의 문제가 발생하게 되는데, 실신하는 경우 흡인을 하기도 한다.

다이빙 손상이나 차량 추돌 시 척추의 압박 굽힘(compressive flexion)이 발생하게 된다. 사고 당시 에어백이 작동한 차량은 어느 정도 보호를 받을 수 있으나 에어백이 없거나 작동되지 않은 상태에서는 목 손상이 발생할 가능성이 크다.

가속력이 높은 경우에 척추뼈몸통(vertebral body) 파열로 부서진 뼛조각이 척주관을 밀게 되면서 신경학적 손상이 발생한다. 주로 C4~5와 C5~6 level에서 발생하므로 주로 어깨 부위의 통증과 팔을 들어올리지 못하는 증상을 보인다. 평소 구조대원과의 훈련을 통해 목 손상이 의심될 만한 사고 기전이 있는 경우 우선 목 보호대를 착용하도록 해야 한다.

환자가 의식이 있는 경우에는 손상 부위 확인에 도움이 되지만, 의식이 저하되거나 없는 경우에는 전신 고정까지 고려해야 한다.(긴 척추 고정판은 기본적으로 부력이 있으며, 부력을 위한 다른 도구들이 동반되어야 한다.)

물론 2차 사고가 발생할 수 있거나 구조가 긴급히 우선되어야 하는 경우는 제외된다.

04 출동 단계부터 1차 평가까지 내용으로 보아 현재 어떤 상태로 판단되며, 필요한 조치가 있는가?

음주로 추정되는 상황이며 회전 길에서 갓길 추돌 후 저수지로 추락했다. 사고 후 의식 저하와 얕고 약한 호흡, 빠르고 약한 맥박, 안면부 청색증과 함께 자력 탈출이 어려운 상태이다. 구조대 현장 도착 시 얼굴이 반쯤 물에 묻혀 있는 것으로 보아, 사고 충격으로 인한 의식 소실 상태와 가슴 손상, 물의 흡인 가능성이 있다. 물에 빠진 시간의 정확한 추정은 어렵지만, 신고 단계부터 현장 도착 시각까지로 보아 약 10분 정도 소요되어 저체온도 의심된다.

빠른 구조 후에 내과적 처치로 저체온증을 예방하고(미리 차량 내 히터와 담요를 준비) 가온된 고농도 산소를 공급할 수 있도록 준비해야 한다.(저체온증 처치가 필요한 경우 출동 단계부터 발열팩이나 혈액 가온기를 이용해서 증류수를 미리 데워 사용하는 것도 방법이다.) 외과적 처치로는 목뼈 손상에 대한 신경학적 평가가 진행되어야 하며 손상이 의심되면 전신 고정을 단단히 해야 한다.

05 2차 평가에서 찾아낸 문제점은 무엇인가?

구급대원에게 인계되었을 무렵 환자는 저체온증 상태였으며,대화에 반응하지 못하는 정도의 의식 상태였다. 1차 평가 시점보다 의식은 회복되고 있는 것으로 확인된다.

전신 외상 평가에서 특별한 문제를 찾아내지 못하고, 귀 체온계 측정에서 'LOW'로 표시되는 것으로 보아 34℃ 이하의 저체온증이 가장 큰 문제점으로 보인다. 다만 산소포화도가 90%로 확인되는 것은 추위에 의한 것으로 추측되며 저용량의 산소를 공급하며 관찰해야 할 것으로 보인다.

06 저체온증의 임상적 특징과 체온 유지를 위한 응급처치 방법은 무엇인가?

소방청이 지난 2017년 이송한 한랭 질환자 중 30명(73.2%)이 저체온증인 것으로 나타났다. 중심 체온 35℃ 이하를 임상적 저체온증으로 정의한다. 119 구급대원 현장응급처치 표준지침에서는 저체온 환자의 임상적 특징을 다음과 같이 세 가지 부류로 구분하고 있다.

저체온증의 구분과 증상	저체온증 치료
34℃ 이상은 경증의 저체온증 상태다. • 추위를 느끼며 떨림이 나타난다. • 기면, 경한 혼동 증상, 판단력 저하 • 운동 실조 증상이 나타난다. • 호흡수, 혈압, 맥박수가 상승한다.	수동 재가온법: 보온용 담요, 히터 작동
30~34℃는 중등도의 저체온증 상태다. • 떨림이 감소한다. • 기면, 혼미, 섬망 등의 증상이 나타난다. • 반사가 저하된다. • 신체 기능의 저하로 호흡수, 혈압, 맥박수가 감소	능동 재가온법: 열등, 히터, 가온 수액(39~40℃), 따뜻한 물주머니를 큰 혈관에 적용, 보온용 담요, 열풍 담요, 따뜻한 물 마시기 ※ 1~2℃ 체온 상승 효과가 있다.
30℃ 이하는 중증의 저체온증 상태다. • 떨림이 사라지며 혼수가 나타난다. • 부정맥의 위험성이 증가한다(J-wave 관찰 가능). • 호흡, 맥박수가 감소하고 맥박이 잘 느껴지지 않는다. • 심정지가 나타난다.(31℃ 미만에서 Vfib 출현)	능동적 심부 재가온법: 위장관 세척, 복강 세척, 방광 세척, 흉강 세척, 체외 순환 가온법(차가운 혈액을 외부 기계에 의해 가온해 다시 체내로 주입하는 방법으로 전문 병원에서만 가능) ※ 1~7℃ 체온 상승 효과가 있다.

저체온증은 'trauma's lethal triad(외상 환자 죽음의 3 징후)' 중 하나로 35℃ 이하의 저체온은 혈액 응고 시스템을 손상시켜(혈액 응고 장애 발생) 출혈을 조절하기 어렵다. 현장 단계에서부터 적극적 체온 유지가 생존에 중요한 요소가 된다.

2020 AHA 지침에서 심폐소생술(전문 소생술 포함)과 함께 재가온(rewarming)이 생존율을 향상시키는 것으로 권고하고 있다. 35℃ 이하 저체온 상태에서는 대사 능력이 급격히 떨어져 약물에 대한 반응이 저하되기 때문에 충분한 재가온을 시행해야 한다.

■ 병력 및 현장 조사

- 실제로 물에 잠겼는가? (신체 일부만 잠겼는가? 얼굴까지 잠겼는가?)
- 외상의 가능성이 있는가? (척추 손상을 의심할 만한 상황인가?)
- 침수된 시간이 얼마나 지났는가? (정확히 모른다면 발견한 시간부터 얼마나 지났는가?)
- 물의 온도는 얼마인가? (잘 모른다면 계절 평균 수온을 참고한다.)
- 나이(어린이와 노인은 추위에 대한 저항력이 약하다.)
- 만성 질환이 있는 사람은 추위에 특히 취약하다.
- 갑상선기능저하증은 정상 체온 조절에 어려움이 있다.
- 약물 복용력(진정제, 수면제 등의 약물을 복용했는가?)
- 추운 환경에서 노출된 시간은 어느 정도이며 비, 바람이 있었는가?
- 음주 상태인가?

■ 재가온법

경증의 저체온증에서는 체온 상승을 위해 골격근 떨림과 피부 혈관 수축, 말초 혈류 감소, 대뇌혈류 증가, 이뇨(냉이뇨), 심박수 증가, 호흡수 증가, 심박출량 증가, 혈압 상승 등의 현상이 나타나지만 이마저도 30~32℃ 중증도 저체온에서는 감소하게 된다.

사실 병원 전 단계에서 가장 좋은 방법은 더는 체온을 잃지 않게 하는 것(젖은 의복 제거, 물기 닦기, 담요 씌우기, 추운 환경에서 벗어날 것)과 능동적 체외 재가온(따뜻한 물, 가온된 산소 공급, 온풍 담요, 히터, 가온 수액 정맥 주입, 핫팩 적용 등), 저산소증(체온이 1℃ 하강할 때 산소 소모량이 6% 증가)에 대비해 따뜻한 물에 데워진 산소를 공급하는 것이다.

하지만 아직 소방청 구급 차량 적재 기준과 119 구급대원 현장응급처치 표준지침에서는 재가온을 위해 '히터 작동, 온장고에 보관 중인 수액을 정맥로 주입이 아닌 겨드랑이와 사타구니에 적용'으로만 되어 있어 앞으로 가온을 위한 범위가 개선될 필요가 있다. 현재로는 의료지도를 통해 정맥로 확보나 수액 투여를 하는 방안이 적절하다고 판단된다.

■ 가온에 도움이 되는 장비

앞으로 다가올 겨울철 한랭 손상 환자를 위해 이미 알고 있는 방법 외에 두 가지 장비를 소개하고자 한다.

첫 번째 장비는 '우주 담요'다. 외국에서는 오래전부터 널리 사용되고 있었다. 하지만 우리나라에서는 3년 전부터 해양경찰청에서 기상이 좋지 않거나 수난 구조를 할 때 사용 중이다. 국내 구급대원 중에도 개인적으로 구매하거나 관서에서 구매해 보급하는 곳도 여럿 있다. 하지만 현장에서 사용하는 경우는 드물다. 주로 방풍 담요나 은박 비닐, 응급 구호 담요 등으로 판매되고 있는데 가격이 매우 저렴(장당 천 원 정도)하고 휴대가 간편하다. 1964년 NASA는 우주 환경에서 우주인과 우주선을 열 손실이나 뜨거운 태양열로부터 보호하려고 우주 담요를 사용하기 시작했다.

우주 담요는 폴리에틸렌에 알루미늄으로 코팅되어 있으며, 이러한 재질은 열을 97% 반사하고 체온 손실을 90%까지 막아줄 수 있다. 성인 몸 전체를 덮을 수 있는 210×130~160 cm의 길이를 제공하며, 필요에 따라 고립된 상황에서 간단한 천막으로도 사용할 수 있다. 부피가 매우 작아 응급처치 가방이나 조끼에 하나씩 넣고 다니며 중증 외상 환자나 익수 환자, 겨울철 구조 상황에서 쓰기 편리하다.

두 번째는 별도의 부가 장치가 없이 진공 포장을 해제하는 순간 Warm panel과 산소가 반응해 열을 생성하는 특이한 소재이다. 제품은 병원용과 병원 전 단계, 소아용 모델로 쓰임새에 따라 세분되어 있다. 국내 유통 모델의 경우 9개 warm panel로 구성되어 15분 이내에 43℃에 도달하여 10시간 이상 일정한 온도를 유지할 수 있다. 크기는 방풍 비닐과 달리 저체온증의 가온 권고 사항에 의해 몸통 위주의 86 × 152 cm 크기이다.

세 번째로 소개할 장비는 '수액 가온기'다. 이것은 중증 외상 쇼크가 진행되거나 중등도(moderate) 저체온증(34℃ 이하)에서 능동적 가온을 위해 따뜻한 수액을 공급하는 것을 목적으로 한다. 현재 구급차 적재 장비로 지정된 장비는 아니지만 소개하고자 한다. 수액 가온기는 주로 응급실이나 중환자실, 수술실에서 상용 전원(220V)을 이용해 혈액 가온기로 사용한다. 수액 가온도 함께 사용할 수 있다.

병원 전 단계에서 사용할 수 있는 것은 가온 백(팩)과 가온기로 구분할 수 있다. 가온백은 수액을 담을 수 있는 가방(팩)에 전열판을 설치해 차량용 시거 전원(5, 12V) 또는 상용 전원(110~220V)으로 수액을 데우거나 보온할 수 있다. 가온되는 시간은 제조 업체에 따라 다르지만, 분당 최대 0.5℃ 상승하는 것으로 알려져 있다. 현장에서 급히 가온할 수 없으니 평소에 가온 상태를 유지하고 있어야 한다. 반면 수액 가온기는 수액을 데울 필요 없이 가열판을 통과하는 수액 라인을 데움으로써 가온되는 방식이다. 업체마다 차이가 있지만, 최대 10초 이내 20℃까지도 상승 가능한 장비도 있어 현장 출동 중 충분히 가온이 가능할 것으로 보인다.

하지만 부피나 고정, 구급차 외에 사용할 때 전원 사용 등의 제한은 단점이 될 수 있다. 만약 대용량 배터리를 활용한다면 산악 지역이나 해안 등에서 발생하는 사고에서도 대안이 될 수 있다.

병원 전 단계의 한랭 손상 환자는 노출된 시간이나 사고 처리, 구조 시간이 길어지는 상황, 구급차까지 이동 시간이 길어지는 상황, 이송에 협조가 어려운 상황에서 체온 유지와 가온을 위한 노력을 해야 한다.

방풍 비닐(은박 담요)

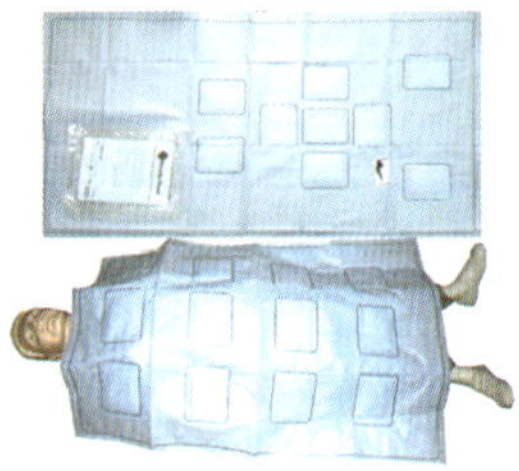

발열 모포(ready heat)

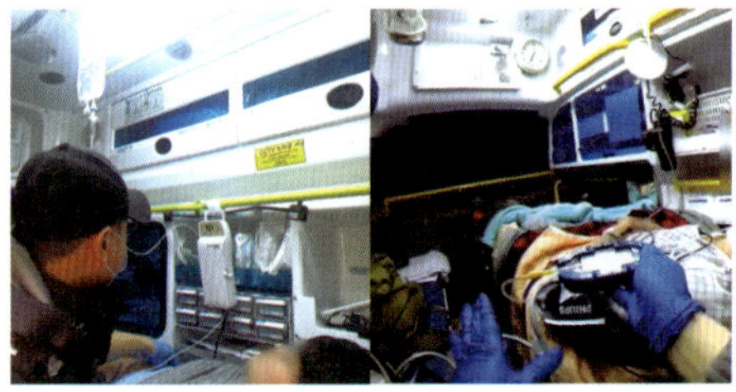

수액 가온기 사용

07 위 심전도에 대한 해석은?

1) 리듬이 규칙적인가?	☑ 규칙적	☐ 불규칙적	
2) 맥박수가 정상인가? (정상: 60~100회)	☑ 정상	☐ 빠름	☐ 느림
3) P파 너비가 정상인가? (정상 ≤ 3칸)	☑ 정상	☐ 넓음	
4) PR 간격이 정상인가? (정상 ≤ 5칸)	☑ 정상	☐ 늘어남	☐ P파 뒤에 R파가 없다
5) QRS 너비가 정상인가? (정상 ≤ 3칸)	☑ 정상	☐ 좁음	☐ 넓음
6) ST 분절은 정상인가?	☑ 정상	☐ 상승	☐ 하강

08 중증 저체온 상태에서 발생되는 특징적인 리듬과 그에 대한 조치는 어떤 것이 있는가?

저체온증에서는 초기 체온 유지를 위해 빠른맥이 나타나다가 중증 저체온(30℃ 이하)에서는 느린맥으로 변하게 된다. 32℃에서는 Osborne's J wave가 나타나지만, 리듬 자체가 특별한 위험은 아니다.

현장에서는 골격근 떨림으로 인해 잔떨림 현상이 마치 심방세동 리듬처럼 보일 수도 있다. 중증 저체온증에서는 그리 크지 않은 움직임에도 심실세동이 발생할 수 있으므로, 최대한 조심스럽게 몸을 움직이며 심전도 감시를 게을리해서는 안 된다. 만약 심실세동이 나타나면 특별구급대 또는 표준지침에 따라 소생술을 시행하되, 체온 정상화와 병원 인계까지 오랜 시간 동안 소생술을 포기하지 않도록 한다.

그 외 저체온증 전문 심장소생술에 대한 부분은 의료지도 의사에 따라 수행하도록 한다.

09 이송 중 추가로 필요한 처치는 무엇인지 생각해보자.

환자의 상태는 전문적인 처치가 필요한 상황이지만 경련이 심할 때는 응급처치 시도를 불가능하게 한다. 또한, 이송 거리와 시간을 고려하여 신속한 이송을 결정할 수 있다. 구급차의 히터를 최대한 올려두고 담요로 환자를 덮은 상태에서 젖은 옷을 벗기고 시트로 닦아낸다. 가능한 한 체온 손실을 줄이는 노력도 필요하다. 구급차 내의 몸부림은 강제적 제지보다는 주위 물건으로부터 손상을 받지 않을 정도의 제지가 좋다.

10 2차 평가 내용을 바탕으로 기록해 보자.

신체 검진	
시진(눈으로 보이는 이상)	안면 청색증, 턱 떨림
청진(비정상적인 호흡음, 소리)	얕고 약한 호흡
촉진(손으로 느껴지는 이상 반응 확인)	차가운 피부
타진(소리나 반응으로 이상 반응 확인)	–
동공 반응(빛반사/크기)	Rt 3mm(+)/Lt 3mm(+)

	활력징후						
1차	시각	혈압	맥박	호흡	체온	SpO_2	혈당
	07:46	140/80 mmHg	128회/min	28회/min	LOW℃	90%	120 mg/dL
2차	시각	혈압	맥박	호흡	체온	SpO_2	혈당
	07:53	130/80 mmHg	108회/min	22회/min	34.5℃	94%	mg/dL

Allergy(알레르기 유무)	–
Medication(복용 중인 약물)	없음
Past illness(과거 병력, 수술력)	없음
Last meal(마지막 음식물 섭취 시간)	자정까지 음주
Event[사고 당시 상황(기전)]	커브 길 주행 중 도로 난간 뚫고 저수지 추락 추정
Onset(발생 시점)	07:30분 추정
Provocation(유발/악화/완화 요인)	음주에 의한 사고 추정
Quality(통증/증상의 유형)	–
Region(연관된 통증/증상의 부위)	–
Severity(통증/증상의 정도)	안면부 청색증, 통증을 표현하지 못함
Time(통증/증상 지속 시간)	현장 출발 후 6~7분 이후 청색증 완화

11 상기 사항을 구급일지에 작성해 보시오.

Cf: QR 코드 를 찍어 구급활동일지 예시를 확인할 수 있다.

119 구급대원 현장응급처치 표준지침 [익수(침수와 익사)]

The Standard Protocols for 119 Emergency Medical Services Providers

침수는 액체(가장 흔하게는 물)에 빠져 호흡곤란을 경험하는 상태를 말하고, **익사**는 침수상태가 오래되거나, 저산소증 상태가 진행되어 심정지(사망)에 이르는 상태를 말하는 것으로, 침수와 익사는 일련의 과정이다. 통상적으로 침수와 익사로 구분하지 않고 **익수**로 용어를 통일하기도 한다.

1. 임상적 특징

- 물에 빠지게 되면, 숨을 최대한 참다가 물을 폐로 흡입하게 된다. 다량의 물이 흡입되면서 폐부종이 발생하게 되고, 결국은 저산소증이 발생하여 무호흡 및 심정지까지 이어질 수 있다.
- **건성(dry) 익사**는 소량의 물이 흡입된 직후 신체 방어기전으로 물이 추가로 흡입되는 것을 막기 위한 후두경련이 일어난 경우로, 다량의 물이 흡입되지 않을 수도 있으나, 역시 저산소증으로 사망할 수 있다.

2. 환자 평가 필수 항목

- 병력 청취
  - 깊이에 상관없이 실제 물에 빠졌었는지 여부
  - 다이빙보드에서의 다이빙 또는 추락과 같은 외상 가능성 여부
  - 침수 시간
  - 물의 온도
  - 민물 또는 바닷물
- 이학적 검진
  - 반응 여부(무반응, 이상 반응, 정상 반응)
  - 호흡 상태(무호흡, 이상 호흡, 정상 호흡)
  - 의식 상태
  - 구토
  - 기침

3. 응급처치 절차 및 방법

- 환자를 물에서 구출하고 안전한 곳으로 옮긴다. ☞ Ⓕ ② ①
- '환자 초기 평가·처치 표준지침'에 따라 전반적인 평가 및 처치를 시행한다.
- 젖은 피복을 제거하고, 마른 피복으로 덮어준다. ☞ Ⓕ ② ①
- **무반응, 심정지 환자**
  - 저온이 아닌 심정지의 경우
    - ▸ 기도확보
      - 기도확보를 위해 도수조작(두부후굴 제외)을 시행하고, **입인두 기도기**를 삽입(☞ ② ①)한다. 다만 **전문 기도유지술**(☞ 1급 응급구조사 등)을 시행할 경우 이를 생략할 수 있다.
      - 기관내삽관에 대한 충분한 훈련·경험이 없는 구급대원은 성문상 기도기를 사용하고, 충분한 훈련·경험이 있는 구급대원은 기관내삽관을 실시한다. ☞ 1급 응급구조사 등
      - 기도확보가 적절히 시행되었는지 환자 양측 흉부가 상승하는지 육안 확인, 호흡음 청진, 호기말 이산화탄소 측정 장비를 사용한다. ☞ ② ①
    - ▸ 호흡보조
      - 산소(분당 10~15L)를 연결하고, **백밸브 마스크**를 사용하여 호흡을 보조한다. ☞ ② ①
      - 전문 기도삽입술이 시행되지 않은 환자에서는 백밸브 마스크를 환자의 얼굴에 밀착시키고 가슴압박과 인공호흡의 비가 **30:2**가 되도록 호흡을 보조한다. ☞ ② ①

- 전문 기도삽입술이 시행된 경우 백밸브 마스크의 마스크를 제거하고 전문 기도삽입장비와 연결한 후 6초에 한번(분당 10회) 가슴압박의 이완기에 호흡을 보조한다. 전문 기도삽입술이 시행된 후 가슴압박은 **가능한 중단 없이** 지속적으로 시행되도록 한다.

▸ 가슴압박 ☞ Ⓕ ② ①

- 구급대원은 필요할 경우 일반인에게 심폐소생술 참여 혹은 근처의 자동심장충격기를 가져올 것을 권유할 수 있으며 해당 일반인이 심폐소생술을 할 경우 가슴압박만을 실시할 수 있다.
- 가슴압박은 환자의 가슴 한 가운데를 최소 5cm 깊이(6cm초과 안됨)로 분당 100~120회의 속도로 빠르게 압박하며 압박 후 충분히 이완되도록 한다.
- 구급대원이 2인 이상일 경우 적절한 가슴압박이 시행되고 있는지 압박 깊이, 속도, 압박 대 이완의 비(1:1) 등을 지속적으로 상호 점검하고 격려한다. 적절한 가슴압박을 모니터하기 위하여 메트로놈, 흉부저항감시장비 등을 사용할 수 있다.
- 가슴압박을 위한 기계식 장비의 사용은 각 지역 소방본부의 지침에 따른다.

※ 환자를 들것으로 이동하거나, 운행 중인 구급차, 열차 및 항공기 등 좁은 공간, 소생술이 길어지거나 인력이 부족한 경우 또는 감염병노출 위험 등 특수한 상황에서는 가슴압박의 중단을 최소화하기 위해, 압박장치의 비적응증을 제외하고 적극적으로 기계식 압박 장비의 사용을 고려한다.

▸ 자동심장충격기 리듬 확인 ☞ Ⓕ ② ①

- 심정지로 확인되면 심장충격기를 준비한다.
- 환자 흉부의 물기를 완전히 닦는다.
- 자동심장충격기의 패드 부착은 가슴압박과 호흡보조에 방해되지 않게 가능한 신속히 이루어지도록 한다.
- 자동심장충격기의 리듬이 분석되는 동안 가슴압박 및 호흡보조를 멈춘다.
- 제세동이 필요하지 않은 경우 즉시 가슴압박을 비롯한 심폐소생술을 시작한다.
- 제세동이 필요한 경우 충전버튼을 누르고(장비에 따라 자동으로 충전되는 경우도 있음) 충전되는 동안 가슴압박을 시행한다. 충전이 완료되면 가슴압박을 멈추고 제세동을 시행한다. 제세동을 시행한 직후 가슴압박을 비롯한 심폐소생술을 시작한다.

– 저온에서의 심정지일 경우

▸ 저온이 아닌 경우의 심정지 치료 순서대로 치료를 시행한다.

▸ **재가온 치료**를 시행한다.

- 재가온 치료는 심폐소생술을 시행하는 인력 외에 추가 인력이 있을 경우 시행한다.
- 구급차내 히터를 작동시켜 실내온도를 최대한 높인다. ☞ Ⓕ ② ①
- 온장고에 보관되어 있던 따뜻한 수액을 겨드랑이와 사타구니에 적용한다. 이 때 수액이 피부에 직접 닿지 않게 수건이나 거즈로 싸서 적용한다. ☞ ② ①

○ **심정지가 아닌 환자**

– 척추 손상이 의심되는 환자

▸ 척추 고정을 실시한다.('척추 고정' 술기 지침 참조) ☞ ② ①

– 호흡곤란 환자

▸ 비재호흡 마스크로 15L/min 100% 산소를 투여한다. ☞ ② ①

– 저체온 환자

▸ 구급차 내 히터를 작동시켜 실내온도를 최대한 높인다. ☞ Ⓕ ② ①

▸ 온장고에 보관되어 있던 따뜻한 수액을 겨드랑이와 사타구니에 적용한다. 이때 수액이 피부에 직접 닿지 않게 수건이나 거즈로 싸서 적용한다. ☞ ② ①

- 의식이 없는 환자
  - 기도를 개방하고, 환자의 의식이 P 이하인 경우 **입인두 기도기(oral airway)를 삽입**하여 기도를 유지한다. 만약 환자가 구역반사를 보일 경우에는 이를 제거하고 **코인두 기도기를 삽입**하여 기도를 유지한다. ☞ ② ①
  - 비재호흡 마스크로 15L/min 100% 산소를 투여한다. ☞ ② ①
  - 전문 기도 확보가 필요할 경우 후두마스크 또는 기관내삽관(☞ 1급 응급구조사 등)을 시행하고, 산소(분당 10~15L)를 연결하고, **백밸브 마스크**를 사용하여 호흡을 보조(☞ ② ①)한다.
  - 기도확보가 적절히 시행되었는지는, 환자 양측 흉부가 상승하는지 육안 확인, 호흡음 청진, 호기말 이산화탄소 측정 장비를 사용한다. ☞ ② ①

4. 응급처치 시 주의 사항

- 환자 구출을 위해 물에 뛰어들지 말고, 기구나 로프를 이용해 환자를 구조한다.
- 이물에 의한 기도폐쇄가 아니면, 폐의 물을 제거하기 위한 시도는 하지 않는다.
- 다이빙 사고 등 외상에 의한 척주 손상 가능성에 대해 고려하고 조치한다.
- 척추 손상이 의심되지 않는 경우, 척추 고정은 하지 않는다.
- 저체온에 의한 심정지의 경우, 체온이 35도 이상이 될 때까지 소생술을 중단하지 않아야 한다.
- 침수 환자는 증상이 경미하더라도, 지연성 흡인성 폐렴 발생 가능성으로 반드시 의료기관으로 이송한다.

5. 직접 의료지도 요청 기준

- 심폐소생술 유보 및 중단의 경우('소생술 유보 및 소생술 중단' 지침 참조)
- 심정지 환자의 기도확보를 위해 전문 기도유지술이 필요한 경우
- 정맥로 확보 및 수액 투여
- 이송 병원 선정에 관한 조언이 필요한 경우(예: 장거리 이송 등)

6. 이송 병원 선정 지침

- 가장 가까운 지역 응급의료기관 이상의 병원으로 이송함을 원칙으로 한다.
- 지역 내 이송 병원 선정 지침이 있을 경우 지역 지침에 따라 이송할 수 있다.

Reference

1. FRANK H. NETTER, MD 2nd Edition, THE NETTER COLLECTION of Medical illustrations VOLUME 7, Part II Spinal cord and peripheral Motor and Sensory System p91.
2. Gerecht R. The lethal triad. Hypothermia, acidosis & coagulopathy create a deadly cycle for trauma patients. JEMS. 2014;39(4):56-60.
3. 박윤택, 윤형완. 《구급장비 운영론》, 도서출판 한미의학, 2021.
4. 김기운. 《Practical Emergency Medicine》, p669, 군자출판사, 2020.
5. 소방청. 《119 구급대원 현장응급처치 표준지침》, 2023.

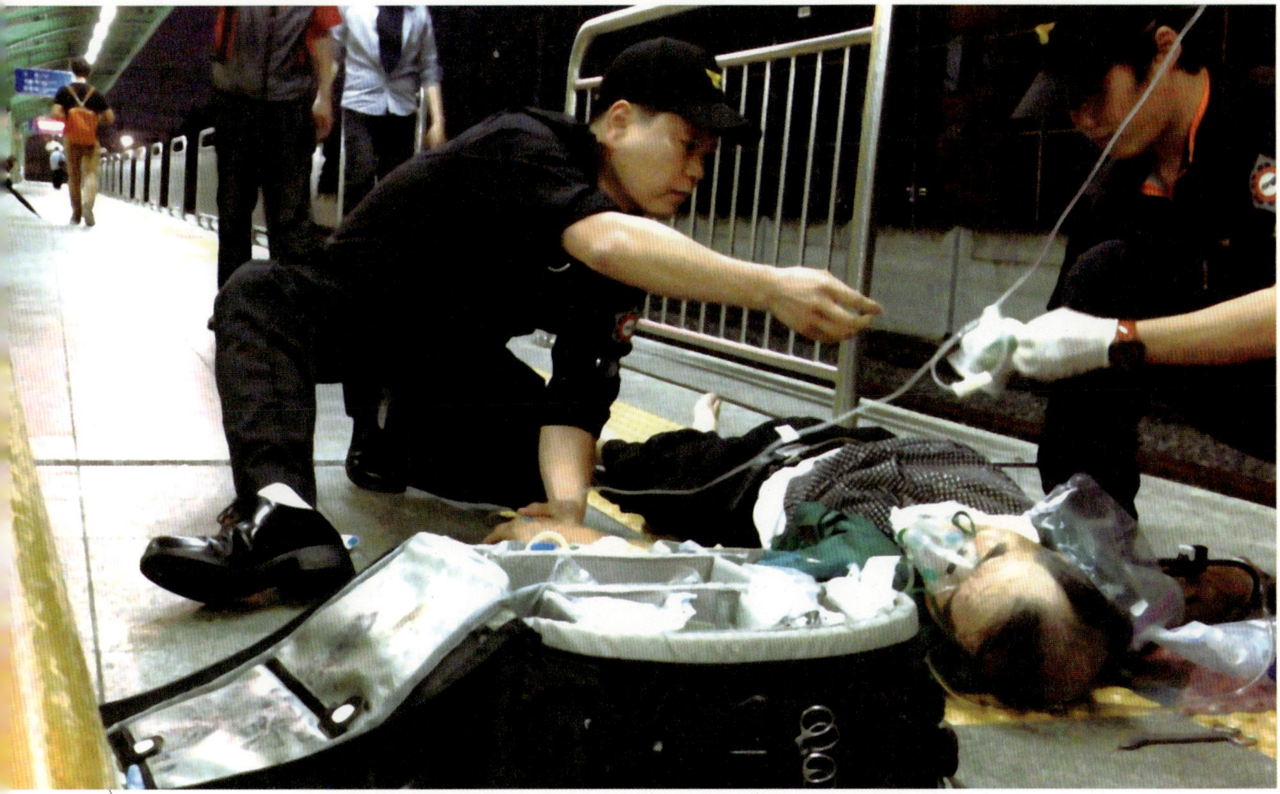

사례 8 식은땀 흘리며 의식이 없어요

목적

- 의식 장애를 보이는 환자에게서 저혈당 증상을 찾아내고, 현장응급처치에 대해 알아본다.

출동 개요

출동 메시지 "구급 출동!" 장소는 ○○시 ○○동 전철 1호선 승강장에서 심한 호흡곤란 환자 발생

출동 정보
신고 시각 11월 16일 19:26
출동 시각 11월 16일 19:27
현장 도착 11월 16일 19:30 **환자 접촉** 19:37
현장과의 거리 0.6km(3분 소요)
현장-병원과의 거리 1.3km(4분 소요)

출동 인원
구급대원1 리더(처치)
구급대원2 대원(운전)

환자 정보 및 기타 정보
- 70대 남자
- 전철역 승강장에 쓰러진 환자
- 신고자는 역을 지나친 상태
- 날씨: 늦가을 저녁 날씨로 영상 5℃

출동 단계

구급차 지휘센터! 여기 ○○ 구급대 신고 내용 재송신 바람.

지휘센터 ○○역 지하철 승강장에 호흡곤란을 호소하다가 쓰러진 환자가 있다는 신고. 신고자는 다른 지역에서 갈아타기 위해 기다리던 사람으로 정확한 위치 파악이 안 되는 상태.

구급차 그러면 ○○역 사무실에 CCTV를 통해 승강장 어느 방향인지 확인해 달라고 요청 바람.

지휘센터 알겠음. 상황실에서 요청할 테니 구급차는 신고자에게 다시 통화해 보기 바람.

구급차 접수 완료!

신고자에게 다시 통화를 시도했지만, 이미 열차를 타고 지나간 상태이며 통화가 되지 않아 정보 확인이 되지 않는다.

---

01 신고 후 현장을 떠나는 경우는 현장 위치와 환자 상태에 대한 정보 파악이 어려울 수 있다. 제시한 내용 외에 도움될 정보가 있는가?

현장 상황

출동 중 지휘센터와 통화하는 동안 구급차는 ○○역 주차장에 도착한다.

대원1과 대원2는 호흡곤란 호소 후에 쓰러졌다는 신고 내용에 따라 심정지와 쇼크 처치를 위한 장비를 준비한다.

대원1과 대원2는 휴대용 무전기를 각자 준비한 뒤 대원1은 활력징후 측정 가방과 심장충격기를 들고 역 사무실로 향하고, 대원2는 휴대용 산소, 수액 세트, 휴대용 들것을 준비한다.

대원1이 역 사무실에 도착했을 때 CCTV를 통해 서울 방향 승강장에 쓰러진 환자가 있다는 정보를 확인할 수 있었고, 직원이 현장으로 안내한다.

대원1은 대원2에게 무전을 통해 해당 장소로 찾아올 것을 알린다.

현장에 도착했을 때 환자는 차가운 바닥에 쓰러진 상태로 식은땀을 흘리고 있고 얼굴 옆에는 핏자국이 확인된다.

02 현장의 위험 요인을 보고 현장 대원들이 취해야 할 안전 확보 방법이 있는가?

1차 평가

Tip

1차 평가는 생명을 직접 위협하는 징후가 있는지를 파악하는 가장 중요한 요소이다.

의식과 호흡, 맥박 상태를 파악하는 것으로 시작한다.

기본 활력징후 및 병력 청취	
의식 상태	V(졸리는 상태, 크게 말하면 눈을 뜬다)
기도 및 호흡 상태	기도가 열려 있고 정상 호흡을 한다.
순환 상태	약하고 느린 맥박이 노동맥에서 확인된다.

03 1차 평가 결과를 바탕으로 추정되는 문제는 무엇인가?

2차 평가

환자는 의자에 앉아 있다가 쓰러지면서 머리를 바닥에 부딪힌 것으로 추정된다.

대원1은 2차 평가를 시행하고, 도착한 대원2에게 활력징후 측정을 요청한다.

대원2는 직원에게 천이나 담요 등이 있으면 환자를 가릴 수 있도록 해달라고 요청한다.

대원1 환자분 지금 어디가 제일 불편하세요?

환자 눈을 뜨며 뭐라고 말하긴 하지만 들리지 않는다.

환자에게 더 이상의 병력 청취가 어려워 휴대하고 있던 휴대 전화에서 자녀로 등록된 딸과 통화한다.

■ 문진과 활력징후

대원1 구급대원입니다. 전화기 주인의 따님 맞으시죠?

보호자 네, 맞습니다. 무슨 일인가요?

대원1 ○○역 승강장에 쓰러져 있다는 신고가 들어왔습니다.

보호자 아버지 괜찮으세요?

대원1 의식이 없어 연락드렸습니다. 평소 앓고 있는 지병이 있나요?
오른쪽 팔에 주사 흉터가 보이는데 혹시 혈액 투석하세요?

보호자 당뇨도 있고 신장이 안 좋아서요.

대원1 언제 진단 받으셨나요? 1주일에 3번 투석하세요?

보호자 당뇨는 한 4년 됐고, 투석은 올해 3월부터 월, 수, 금으로 ○○병원에서 투석 받아요.

대원1 언제 마지막 식사를 했는지 아시나요?

보호자 따로 살고 있어서 잘 모르겠어요.

대원1 저희가 검사를 좀 하고 응급처치하도록 하겠습니다. 다시 연락드리겠습니다.
○○○ 병원으로 오시면 되겠습니다(인적 사항도 파악한다).

■ 신체 검진

대원1 졸린 듯한 모습이고 식은땀을 흘리고 있으며 차고 축축한 피부가 느껴진다.

오른쪽 팔에서 동정맥루(AV fistula)가 보이며, 오른쪽 머리 뒷부분은 바닥에 부딪힐 때 발생한 것으로 추정되는 2cm의 열상이 관찰되고 다른 외상은 관찰되지 않는다.

대원2 활력징후와 동공 반응을 측정한다[Rt 2mm(+) / Lt 2mm(+)].

시각	혈압	맥박	호흡	체온	SpO_2	혈당
19:45	130/90 mmHg	50회/min	16회/min	LOW	89%	37 mg/dL

환자는 저혈당 쇼크 증상을 보이는 것으로 평가되었고, 보호자에게 해당 내용을 전달한 후 저혈당 쇼크 처치를 위해 의료지도를 요청하기로 한다.

04 시진을 통한 동정맥루(AV fistula)를 가진 환자를 평가하거나 처치할 때 주의할 점은 무엇인가?

05 겨울철 추운 현장에서 응급처치를 위해 더 머무를 것인가, 아니면 빠른 이송을 선택할 것인가? (환자의 체온 측정값은 'LOW'이다.)

06 저혈당으로 평가된 환자에게 의료지도 요청 기준은 무엇인가?

07 2차 평가 내용을 바탕으로 기록해 보자.

신체 검진	
시진(눈으로 보이는 이상)	
청진(비정상적인 호흡음, 소리)	
촉진(손으로 느껴지는 이상 반응 확인)	
타진(소리나 반응으로 이상 반응 확인)	
동공 반응(빛반사/크기)	

활력징후						
시각	혈압	맥박	호흡	체온	SpO_2	혈당
:	/ mmHg	회/min	회/min	℃	%	mg/dL

Allergy(알레르기 유무)	
Medication(복용 중인 약물)	
Past illness(과거 병력, 수술력)	
Last meal(마지막 음식물 섭취 시간)	
Event[사고 당시 상황(기전)]	
Onset(발생 시점)	
Provocation(유발/악화/완화 요인)	
Quality(통증/증상의 유형)	
Region(연관된 통증/증상의 부위)	
Severity(통증/증상의 정도)	
Time(통증/증상 지속 시간)	

현장 처치

19:48

■ 의료지도

동정맥루가 확인되지 않는 왼쪽 팔에 정맥로 확보 후 50% 포도당액 50mL 점적 투여와 비재호흡 마스크로 10L/min의 산소를 투여하라는 지도를 받았다. 대원2는 직원에게 담요를 가져다 달라고 요청하고, 수액 세트를 준비한다.

대원1이 정맥로 확보를 위해 정맥 혈관을 확인했으나 혈관 상태가 좋지 못하다. 1회 실패 후에 반대쪽 팔에 시도한 후에야 포도당을 주입한다. 포도당 용액 50mL가 주입되자 의식과 산소포화도가 정상으로 회복되는 것이 확인된다.

환자는 머리 부딪힘과 관련하여 목 통증은 없다고 한다. 병원 이송을 위해 이동하자고 했을 때 병원에 가지 않겠다고 거부한다. 이송을 거부했지만, 설득을 통해 환자는 걸어서 구급차에 탑승한다.

병원 이송을 시작하면서 혈당을 다시 측정한다. 추위와 식은땀으로 인한 체온 보호를 위해 히터를 강하게 틀고 담요를 덮어준 상태로 이송한다.

대원1 환자분, 이제 정신 좀 드세요? 점심 식사는 하셨어요?

환자 점심 아직 안 먹었어요. 오전에 장을 보러 시장 와서 계속 돌아다녔어요.

대원1 쓰러지기 전에 기억나세요?

환자 음…… 모르겠어요. 그런데 피는 왜 나는 거예요?

대원1 쓰러지면서 바닥에 머리를 부딪힌 것 같습니다.

대원1 환자분, 저희가 따님이랑 연락했습니다. 당뇨도 있고 신장 투석도 받으신다고 들었어요. 투석은 무슨 요일에 받으세요?

환자 월, 수, 금 받아요.

활력징후는 다음과 같다.

시각	혈압	맥박	호흡	체온	SpO_2	혈당
20:50	130/90 mmHg	50회/min	16회/min	LOW	96%	257 mg/dL

08 병원 전 단계에서 정맥로 확보가 어려울 때 도움이 될 정보가 있는가?

09 만약 2회의 정맥로 확보 시도에도 실패할 경우 대처 방법이 있는가?

10 만약 환자가 포도당 투여 후 의식이 명료해져 병원 이송을 거부한다면 어떻게 설득할 것인가?

이송 단계

21:00

대원1 병원 가면서 심전도 좀 확인할게요.

환자 아니에요. 됐어요. 병원 가서 할게요.

구급대원이 환자의 심전도 측정을 권유했으나 환자가 거부 의사를 밝혀 측정하지 못한다.

활력징후는 다음과 같다.

혈압	맥박	호흡	체온	SpO_2	혈당
130/70 mmHg	62회/min	18회/min	35.2℃	94%	257 mg/dL

이송 중에 특별한 변화 없이 병원에 도착한다.

11 50% 포도당 100mL 용량 중 50ml 투여 후 BST 257mg/dL가 측정되었다. 이 경우 환자를 병원으로 이송하면서 남은 용량의 50% 포도당을 투여할 것인가, 투여를 중지할 것인가, 아니면 다른 수액으로 교체할 것인가?

병원 단계

21:05

병원 도착 시 구급대원은 환자와 같이 응급실로 들어가 의료진에게 초기 증상, 활력징후, 현장 처치 내용 및 현장 상황을 인계한다.

의료진 무슨 환자인가요?

대원1 70대 남성 환자로 호흡곤란이 있다고 신고된 사항으로, 현장 도착 시 의식 변화가 있었고, BST 37mg/dL로 확인되었습니다.

의료지도를 통해 정맥로를 확보한 뒤 50% 포도당 50mL를 투여했을 때 의식이 회복되어 이송했습니다.

의료진 머리 상처는 뭐예요?

대원1 의자에 앉아 있다가 의식을 잃으면서 쓰러진 것으로 추정되며 목 통증은 없다고 합니다.

의료진 투석은 어디서 받으세요?

대원1 ○○ 병원에서 월, 수, 금 받는다고 합니다.

의료진 네, 안으로 들어가서 관찰하도록 하겠습니다.

---

12 가끔 저혈당으로 인한 쇼크 환자의 혈당 측정값이 저혈당 기준(70mg/dL)에 해당하지 않지만, 이송한 병원에서 낮은 혈당값으로 표시되는 경우가 있다면 어떤 문제이며 예방법은 무엇인가?

13 상기 사항을 구급일지에 작성해 보시오.

제한점

- 구급대원은 환자에게 신속하게 약물을 투여하고 싶었으나 구급대원의 단독 처치에 대한 법적 한계가 있어 급박한 상황임에도 의료지도를 먼저 요청했어야 했다.
- 현장은 구경꾼과 행인에 의해 혼잡하고 불안정한 상황이어서 포도당 주입을 현장에서 할지 이송 중인 구급차에서 할지 고민이 있었다.
- 현장에서 정맥로 확보 실패에 대한 두려움이 있었으나 저혈당 환자의 급작스런 의식 변화를 고려해 신속하게 정맥로 확보 후 이송하기로 결정했다.

실전 문제

01 저혈당 환자의 특징이 아닌 것은?

① 갑자기 의식 장애나 경련 등의 증상이 나타난다.
② 차갑고 창백하며 축축한 피부를 보인다.
③ 환자의 호흡에서 아세톤 냄새가 나기도 한다.
④ 혈당측정기에 낮은 혈당 수치가 측정됨에도 의식이 명료할 수 있다.

02 저혈당 환자의 병력 청취에 관한 물음 중 부적절한 것은?

① 증상이 일어나기 전에 평소와 같이 인슐린을 투여했는가?
② 아침 식사를 하지 않고 인슐린을 투여했는가?
③ 음식물을 섭취한 후 카페인을 섭취했는가?
④ 증상이 일어나기 전에 평소보다 힘든 운동이나 작업을 했는가?

03 저혈당 쇼크 환자에 대한 응급처치 중 가장 적절한 것은?

① 혈당 검사를 할 때 피가 나오지 않아 손가락 끝을 쥐어 짜냈다.
② 50% 포도당 용액이 없어 10% 포도당 용액으로 정맥 주입했다.
③ 의식은 조금 있으나 혼미한(confuse) 상태라면 입으로 포도당 용액을 줄 수 있다.
④ 의식이 혼미하지만, 구역질반사가 남아 있어 포도당 젤리를 입에 넣어 주었다.

04 저혈당 환자를 평가한 결과 중에 틀린 것은?

① 소아 혈당 70mg/dL이므로 저혈당이다.
② 두근거림과 손 떨림을 호소한다.
③ 식은땀 및 빠른맥을 동반한 의식 저하가 있다.
④ 성인 혈당 69mg/dL이 확인되어 저혈당이다.

05 의식이 혼미한 저혈당 환자의 응급처치로 가장 적절하지 않은 것은?

① 구토나 분비물이 있을 때 흡인해준다.
② SpO_2 93%가 확인되어 고농도 산소를 공급한다.
③ 의료지도를 통해 정맥으로 50% 포도당을 투여한다.
④ 낮은 혈당 수치를 보이면 즉시 경구 혈당조절제를 먹인다.

06 의식이 혼미한 소아 당뇨 환자에 대한 응급처치로 옳은 것은?

① 소아 환자라 해도 정맥로를 확보한 후 이송해야 한다.
② 보호자가 흥분해 있으므로 도움이 되지 않으니 떨어지게 한다.
③ 병원 도착 또는 의료인 인계 시까지 30~60분 간격으로 휴대용 혈당 측정기를 이용한 말초혈관 포도당 농도를 반복 측정한다.
④ 급성 저혈당 환자는 의식이 변하는 응급 상황이므로 나이에 상관없이 50% 포도당 용액만 주입한다.

정답 1 ③, 2 ③, 3 ②, 4 ①, 5 ④, 6 ③

1-③ 호흡에서 아세톤 냄새가 나는 것은 고혈당으로 인한 당뇨성 케톤산증 증상이다.

2-③ 카페인 섭취가 저혈당을 일으킨다는 근거는 없다.

3-② 저혈당 쇼크 환자에게 50% 포도당이 없다면 10% 포도당 용액으로 주입하여도 상관없다.

4-① 소아에서 60mg/dL 미만이면서 의식 저하, 식은땀, 경련, 무의식 등의 증상을 보이는 경우 급성 저혈당 의증이라 한다.

5-④ 환자의 의식 상태가 어떤지가 중요하며, 의식이 있는 경우 구강으로 설탕물 등을 섭취하도록 하지만 의식이 없다면 흡인의 위험성이 있어 구강으로 음식물 섭취를 금하고 정맥로를 통한 포도당 투여가 필요하다.

6-③ 나이에 따른 포도당 용액 주입을 해주어야 한다.
정맥 주사: 1) 10세 미만: 10% 포도당 용액 5mL/kg 2) 10세 이상: 50% 포도당 용액 50mL
※ 10세 미만 소아에 대한 포도당 주입 지침의 의미는 두 가지 이유를 들 수 있다.
첫째: 고장액(hypertonic solution), (50% 포도당) 투여 후 갑자기 중단할 때 내인성 인슐린 분비로 반동 저혈당(rebound reaction)이 나타날 수 있는데 성인보다 소아에서 그 작용이 상대적으로 크다.
둘째: 고농도는 적은 수액량으로 고열량을 공급할 수 있다. 그러나 소아에게 말초 투여 시에는 국소 자극을 유발하고, 25% 이상 포도당은 고삼투압이므로 말초혈관의 혈전 정맥염과 조직 괴사를 유발할 수 있다.

사례 풀이

01 신고 후 현장을 떠나는 경우는 현장 위치와 환자 상태에 대한 정보 파악이 어려울 수 있다. 제시한 내용 외에 도움될 정보가 있는가?

대중교통을 기다리거나 차량 이동 중, 또는 길을 지나가던 중에 사고 현장을 발견했을 때 가까이 다가가 상황을 살피며 119에 신고하지 못하는 경우가 많다. 차량을 급히 세우기 어렵거나 바삐 길을 가야 하는 상황에서 신고만 하기 때문이다. 이런 경우 현장의 많은 정보를 전달해 주기가 어려워 대략적인 사고 장소와 규모에 대한 정보 외 제공이 어렵다.

신고자의 이동 방향을 묻고 좌우측 어느 방향인지, 주변 건물, 지형, 이정표, 환자가 몇 명인지, 의식이 있어 움직이고 있는지, 주변에 사람들이 있는지 등의 정보들을 얻을 수 있도록 노력해야 한다.

02 현장의 위험 요인을 보고 현장 대원들이 취해야 할 안전 확보 방법이 있는가?

환자 발생 장소가 승강장이기 때문에 다음과 같은 위험 요소가 있다.

첫째. 전철 운행이 통제되지 않은 상태로 전철이 승강장 내로 진입할 때 안전사고 위험이 있다.

둘째. 승강장 안전문이 설치되지 않는 곳에서는 응급처치하는 대원이나 환자의 예상치 못한 움직임이 있을 때 전철 선로에 추락할 위험이 있다.

셋째. 차가운 바닥에 놓여 있으며 행인에 의해 부딪힘 사고가 발생할 위험이 있다.

역사 직원이나 주변 행인에게 도움을 받을 수 있다면 현장을 통제하면서 환자의 위치를 안전한 곳으로 옮기는 것이 필요하다.

03 1차 평가 결과를 바탕으로 추정되는 문제는 무엇인가?

의식 변화와 함께 약하고 느린 맥박이 확인되고 있는 것은 순환기계 장애가 있는 것으로 볼 수도 있지만, 의식 상태가 졸리는 상태로 크게 말하면 눈을 뜨는 것으로 보아 신경학적 이상 소견을 보인다.

또한, 환자는 호흡곤란이 있는 것으로 신고되었고, 현장 도착 당시 식은땀을 동반한 의식 소실이 관찰된 것은 순환기계 문제를 배제할 수 없다.

활력징후 평가와 2차 평가를 통해 원인을 정확히 파악해야 한다.

04 시진을 통한 동정맥루(AV fistula)를 가진 환자를 평가하거나 처치할 때 주의할 점은 무엇인가?

혈압 측정이나 정맥 주사를 통해 혈관 손상을 일으킬 수 있어 동정맥루가 있는 팔은 혈압 측정이나 정맥 주사 등을 시행하지 않는 것이 원칙이다.

※ 신장 혈액 투석과 동정맥루(AV fistula) 만성 신부전과 말기 신장 질환의 경우 신장의 중요한 기능을 인공적으로 대체해주는 혈액 투석이 생명 유지 수단이다. 투석의 효과는 과부하된 혈액량을 줄이고 전해질, 요소 등 다른 물질들의 혈중 농도가 해로울 정도로 상승하는 것을 일시적으로 줄이는 효과가 있다.

투석의 형태로는 혈액 투석과 복막 투석이 있다. 혈액 투석의 경우 환자의 혈액은 공막과 투석액이 들어있는 기계 속을 흐르는데, 분당 300~400mL의 많은 혈류를 얻기 위해서 특수한 형태의 혈관 확보가 필요하다.

종종 아래팔 아래쪽에 동맥과 정맥을 외과적으로 연결하는 표재성 내부단락을 만들기도 한다.

만일 서로 연결할 만한 온전한 동맥과 정맥의 확보가 어려우면 동맥과 정맥 사이에 특수한 인조 혈관 이식 수술을 할 수도 있다(그림 참고).

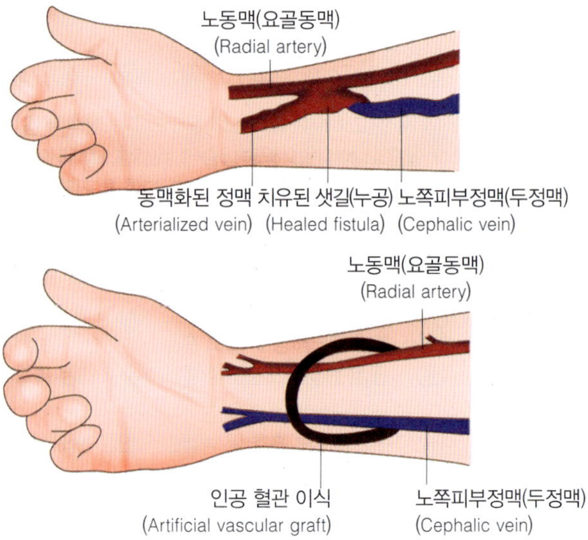

05 겨울철 추운 현장에서 응급처치를 위해 더 머무를 것인가, 아니면 빠른 이송을 선택할 것인가? (환자의 체온 측정값은 'LOW'이다.)

체온계를 통한 체온 측정에서 'LOW'가 표시되는 것은 35℃ 이하일 때 표시된다. 정확한 측정값은 입이나 겨드랑이 항문을 통해 측정한 값이어야 하나 현장에서 측정할 수 없다. 다만, 30~34℃의 중등도 저체온증에서 보이는 떨림의 감소, 기면, 혼미, 반사가 떨어짐, 호흡수, 혈압, 맥박수 감소 등의 증상과 비슷한 상태를 보이는 것은 저혈당 증상과 비슷한 부분이 있다.

환자가 젖은 상태이거나 바람이 많이 부는 지역이 아니므로 보온을 위해 담요를 준비하고 포도당 주입을 빠르게 수행하는 것이 호흡곤란을 동반한 환자에게 더 좋은 선택으로 보인다. 특히, 저혈당이 원인이 되는 환자들은 포도당 투여 중간에 빠르게 회복되는 특징이 있기 때문이다. 하지만, 정맥로의 확보가 어려워 현장 체류 시간이 길어지는 경우는 빠른 이송이 대안이 된다.

06 저혈당으로 평가된 환자에게 의료지도 요청 기준은 무엇인가?

의식 변화가 있고 혈당 측정기에서 저혈당으로 확인되어도 더욱 정확한 평가가 필요하다. 당뇨 병력이 있던 환자가 혈당 관리에 문제가 있어 발생된 것인지 확인해야 한다. 평소 당뇨가 없던 사람도 8시간 이상 굶었다면 저혈당이 발생할 수도 있고, 특정 약물(아스피린, 피임약, 스테로이드, 혈압약, 항생제)은 혈당을 낮추게 할 수 있어 원인과 증상을 잘 파악해야 한다.

■ 당뇨병이란?

부적절한 인슐린 분비(제1형 당뇨병, 인슐린 의존성 당뇨병)나 체세포가 인슐린에 대해 잘 반응하지 못해 생긴 인슐린 활동 장애(제2형 당뇨병, 인슐린 비의존성 당뇨병)를 말한다.

■ 당뇨성 응급

	당뇨성 케톤산증	고혈당성 고삼투성 비케톤성(HHNK) 산증	저혈당증
일반적 원인	• 인슐린 주사 중단 • 카테콜라민 방출을 야기하는 생리적 스트레스(감염, 수술 등)	• 고혈당증과 비보상성 이뇨를 야기하는 생리적 스트레스 (감염, 뇌졸중 등)	• 과도한 인슐린 사용 • 음식 섭취에 비해 과도한 양의 인슐린
증상과 징후	• 다뇨, 다갈, 다식 • 따뜻하고 건조한 피부와 점막 • 오심/구토 • 복통 • 빠른맥 • 깊고 빠른 호흡(쿠스마울 호흡) • 호흡에서 달콤한 냄새 • 발열(감염과 관련될 때) • 의식 수준의 감소 혹은 명백한 혼수	• 다뇨, 다갈, 다식 • 따뜻하고 건조한 피부와 점막 • 기립성 저혈압 • 빠른맥 • 의식 수준의 감소 혹은 명백한 혼수	• 다뇨, 다갈, 다식 • 차고 습한 피부 • 허약, 협동 운동 장애 • 두통 • 불안정하고 초조한 행동 • 의식 수준 감소 혹은 이상한 행동 • 혼수(심한 경우)
응급처치	수액, 인슐린 직접 주사	수액, 인슐린 직접 주사	덱스트로즈

■ 119 구급 직접 의료지도 요청 기준

1) 환자의 활력징후가 불안정하여 정맥로 확보 및 수액 투여가 필요한 경우(수축기압 90mmHg 이하)
2) 저혈당으로 인한 의식 저하에서 포도당 투여가 필요한 경우(BST 70mg/dL 이하)
3) 의식이 없고 환기가 부적절한 환자에서 1시간 이상의 이송 시간이 예상되는 경우(뇌손상이 의심될 때 기도 확보를 위함)
4) 부정맥이나 저혈압과 같은 심혈관계 증상에 의한 의식 저하가 의심되는 경우

07 2차 평가 내용을 바탕으로 기록해 보자.

신체 검진	
시진(눈으로 보이는 이상)	차가운 바닥에 쓰러진 상태, 식은땀과 얼굴 옆 핏자국
청진(비정상적인 호흡음, 소리)	정상 호흡음
촉진(손으로 느껴지는 이상 반응 확인)	축축한 피부
타진(소리나 반응으로 이상 반응 확인)	–
동공 반응(빛반사/크기)	Rt 2mm(+)/Lt 2mm(+)

활력징후						
시각	혈압	맥박	호흡	체온	SpO_2	혈당
19:45	130/90mmHg	50회/min	16회/min	LOW	89%	37mg/dL

Allergy(알레르기 유무)	없음
Medication(복용 중인 약물)	당뇨약
Past illness(과거 병력, 수술력)	4년 전 당뇨 진단 후 3월부터 월, 수, 금 투석
Last meal(마지막 음식물 섭취 시간)	파악 불가
Event[사고 당시 상황(기전)]	파악 불가
Onset(발생 시점)	신고 전
Provocation(유발/악화/완화 요인)	–
Quality(통증/증상의 유형)	–
Region(연관된 통증/증상의 부위)	–
Severity(통증/증상의 정도)	–
Time(통증/증상 지속 시간)	쓰러진 이후 계속적

08 병원 전 단계에서 정맥로 확보가 어려울 때 도움이 될 정보가 있는가?

병원 전 단계에서의 정맥로 확보는 오염된 환경이 많으며, 중증 환자의 경우 이동 중인 차량 안에서 시행하는 경우가 대부분으로 병원 안에서 시행하는 것보다 제약이 많다.

다음은 현장 경험을 바탕으로 습득한 어려운 정맥로 확보를 극복하는 방법을 안내하고자 한다.

1) 자신있게 술기자의 자세를 편하게 만든 후 손을 자유롭게 한다. "자신감이 성공의 절반이 된다."
   - 풍부한 조명, 움직임의 최소화, 깨끗한 환경, 쾌적한 온도가 도움이 된다.
2) 도입 침의 사면이 항상 위로 향하도록 한다. 그렇지 않으면 피부를 관통할 때 틀어진 경사면 방향으로 진입할 수 있어 혈관 옆을 찌르는 경우가 생길 수 있다.
3) 좋은 혈관의 세 가지 조건
   - 잘 보이고 손끝으로 혈관이 잘 느껴지는 곳(굵고 곧은 혈관을 말하며 혈관의 분기부는 실패하는 경우가 많아 피한다).
   - 잘 보이지 않지만 혈관이 잘 느껴지는 곳
   - 잘 보이지만 잘 느껴지지 않는 혈관(말단의 작은 혈관의 경우는 볼 수는 있어도 느낄 수가 없는 경우가 많다.)
4) 터니켓을 묶은 후 혈관이 느껴지나 맨눈으로 잘 보이지 않는다면 혈관의 시작과 끝 지점을 손톱으로 찔러 표시하면 도움이 될 수 있다.[혈관의 진행 방향을(해부학적) 미리 알고 있어야 한다.]
5) 바늘을 찌르는 동안 혈관이 움직이지 않게 고정한다. – 손목을 꺾거나 팔뚝을 과신전시키거나 찌르는 곳의 위 아래 정맥을 동시에 고정하는 것은 혈관을 도드라지게 하며 고정하는 효과가 있다.
6) 숙달될 때까지 계속된 이미지 트레이닝과 손으로 연습하기(마네킹으로 연습한다.)
7) 혈관을 충혈시키는 노력을 한다.
   - 주사 부위를 심장보다 낮게 위치키면 정맥혈을 정체시켜 혈관 확장에 도움이 된다
   - 주사 부위를 따뜻하게 하는 것은 혈관을 확장시키는데 도움이 된다.
   - 적당히 두드리는 자극은 히스타민을 분비해 혈관이 도드라지게 한다.
8) 환자의 증상과 징후에 맞는 카테터를 선택한다.(20~23G는 비응급, 쇼크 등 응급상황에서는 14~18G). 중증 외상 환자의 저체액성 쇼크에서는 두 개의 큰 혈관을 확보하는 것도 필요하다.
9) 혈관을 고정하기 위해 피부를 너무 강하게 잡아당기면 혈관이 납작해져 잘 안 보일 수 있다.

10) 혈관을 고정하는 손가락이 바늘을 찌르는데 간섭(방해)되지 않는 위치에 둬야 한다. 대부분 찌른 후 카테터를 낮춰야 할 때 방해받으며 이는 불안정한 바늘 끝 위치를 움직이게 하는 원인이 된다.

11) 손으로 느껴서 잘 만져지는 탄력 있는 혈관을 찾되 두드러지는 혈관보다 피부밑에서 탄력이 있는 혈관이 성공률이 높다.(혈관이 깊지 않으며 얇아서 실패하는 경우가 많다.)

12) 세게 두드리는 것보다 손가락으로 툭툭 두들기는 것이 좋다.(세게 두드리면 발적돼 혈관이 잘 안 보이는 경우가 많다.)

13) 찔렀을 때 실패한 경우 침에서 젤 코를 넣었다 뺐다하며 혈관을 찾는 건 성공해도 혈관을 손상시켜 울혈 될 수 있다. 그 과정에서 젤 코의 일부분이 뜯어져 혈관으로 들어갈 수도 있다.

14) 정맥로 확보에 성공했다면 수액 연결선을 잘 정리해 빠지지 않도록 단단히 고정해야 한다. 소아의 경우나 팔꿈치 혈관의 경우 가벼운 부목을 사용해 관절의 움직임을 고정하면 도움이 된다.

15) 감염 예방 조치를 하도록 하라. 현장에서는 감염에 취약한 상황이 많다. 현장 상황이 열악해도 가능한 깨끗한 환경에서 바늘이 삽입되도록 방수 패드 등을 활용한다.

16) 조명을 확보한다. 혈관이 피부밑에 얇게 위치한 경우 바늘을 구부려 사용하면 표면에 가깝게 접근할 수 있다.

17) 터니켓(tourniquet)의 위치는 그리 중요하지 않지만 찌를 때 방해가 되거나 지나치게 먼 거리에서 묶는다면 울혈 될 시간이 길어질 수 있어 환자도 불편하고 술기 시간도 길어지는 단점이 있다.

18) 혈관을 고정할 때 아래로 당기지 말고 혈관 윗부분을 위로 밀면서 고정하는 게 편할 수도 있다. 실제로 혈관 아래를 누르고 있는 것과 윗부분을 누르고 있는 걸 비교해 보라!(알엔시야 의견)

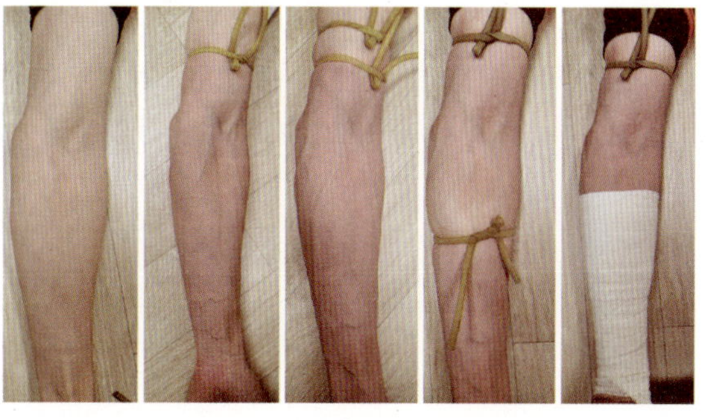

이송 단계에서 정맥로 확보는 어떻게 해야 할까?

병원 밖 환경에서 정맥로 확보는 개인의 술기 능력 외에도 여러 가지 숨은 어려움이 있다는 것을 알아야 한다. 환자와 보호자의 빠른 이송 요구, 사고 현장의 환경적 제약, 좁은 구급차 안에서 어려운 자세, 흔들림, 보호자의 시선이 있다. 평소 기본적인 술기 훈련이 없으면 움직이는 구급차 안에서의 성공적인 정맥로 확보는 기대하기 어렵다.

추가로, 최근에는 주사하고자 하는 혈관의 위와 아래를 차례로 묶는 방법이나 말초에서 부터 주사 부위 부근까지 탄력 붕대나 고무밴드(thera-band)로 묶어 올리는 방법이 소개되고 있다. 이것은 혈관의 울혈을 최대한 높게 하기 위함이다.

09 만약 2회의 정맥로 확보 시도에도 실패할 경우 대처 방법이 있는가?

정맥로 확보를 실패했다면 치료 가능한 병원으로 신속한 이송을 준비해야 한다. 환자의 움직임은 혈당값을 더 떨어뜨릴 수 있으므로 들것으로 이동하는 것이 유리하다.

의식이 떨어지는 상황에서는 흡인의 위험이 있어 원칙적으로 먹이지 말아야 하지만 저혈당 상태가 심하며 병원 진료까지 상당한 시간이 소요될 때는 포도당(50% 농도)을 깨끗한 거즈에 적셔 입에 흡수되도록 하는 것이 도움이 된다. 입으로 포도당을 제공하면 약 10분 후에 효과가 나타난다.(정맥으로 주입할 때 약효는 40분까지 최대 효과를 나타냄) 만약, 의식이 V 이상이라면 씹는 포도당, 설탕, 꿀, 당이 많은 음료수 섭취가 도움이 된다.

1g의 당질은 혈당을 약 3mg/dL 올릴 수 있다. [15g 당질(45mg/dL)의 예시: 설탕 1숟가락, 주스 1/2컵(종이컵 1컵 반 정도), 사탕 3알, 요구르트 1병(100mL), 콜라 1/2컵]

의식이 V 이상이라면 씹는 포도당, 설탕, 꿀, 당이 많은 음료수 섭취가 도움이 된다.

10 만약 환자가 포도당 투여 후 의식이 명료해져 병원 이송을 거부한다면 어떻게 설득할 것인가?

환자에게 저혈당에 대한 위험 및 치료 방법에 관해 설명한다. 구급대원이 현장에서 고농도의 포도당을 투여하는 것은 일차적인 처치임을 설명하고, 병원에는 저혈당 쇼크 원인을 찾기 위해 방문한다는 것을 알려주어야 한다. 계속 설득되지 않으면 의료지도 의사의 도움을 받고, 이후에 발생할 수 있는 상황과 상황이 악화할 경우 다시 신고하도록 안내하고 이송 거부 확인서를 받는다. 현장 구급대원은 환자 상태에 따라 미이송에 대한 추후 피소를 대비해 모든 상황을 기록해야 한다.

11 50% 포도당 100mL 용량 중 50mL 투여 후 BST 257mg/dL가 측정되었다. 이 경우 환자를 병원으로 이송하면서 남은 용량의 50% 포도당을 투여할 것인가, 투여를 중지할 것인가, 아니면 다른 수액으로 교체할 것인가?

병원 전 단계에서의 저혈당 환자에 대한 포도당 주입은 50mL로 권고하고 있으며, 교체 수액에 대해서는 의료지도 의사의 판단에 따라 10% 포도당이나 생리식염수 주입 등으로 다르게 적용되고 있다. 많은 포도당이 주입되어도 불필요하지만, 정맥로 확보에 문제가 있어 혈관 외 유출이 될 때 발생할 수 있는 정맥염 등의 부작용을 최소화하기 위함이다.

50% 포도당을 투여하고 15분 후에(표준지침에서는 30~60분으로 표기되어 있지만 사실상 30분 이상이면 모두 병원에 도착하게 된다) 다시 혈당을 측정하여 혈당이 200mg/dL가 되지 않으면 의식을 회복할 때까지 계속해서 50% 포도당을 투여한다. 혈당값 교정 후에도 의식이 좋아지지 않는다면 다른 신경학적 문제가 발생했을 수 있어 의료지도를 받는 것이 필요하다.

12 가끔 저혈당으로 인한 쇼크 환자에 대한 혈당 측정값이 저혈당 기준(70mg/dL)에 해당하지 않지만, 이송한 병원에서 낮은 혈당값으로 표시되는 경우가 있다면 어떤 문제이며 예방법은 무엇인가?

현재 구급대에서 사용하는 혈당 측정기는 짧은 시간 내 작은 혈액량으로 혈당 측정이 가능한 '전기화학법[1]' 방식을 사용 중이다. 검사 원리는 포도당 요소(검사지에 따라 4가지 종류)가 있는 검사지에 혈액을 떨어뜨리면 산화 반응이 발생하는데, 이때 발생한 전류를 정량화시켜 혈액 속의 혈당을 분석하는 방식이다.

검사에 사용하는 효소는 크게 당특이 효소(GOD-FAD)와 비당특이 효소(GDH-PQQ)로 각각의 장단점이 있다.

- 당특이 효소: 엿당, 오탄당, 육탄당 등 다른 당류와 교차 반응하지 않고 혈중 산소에 영향을 받지 않는 방식으로, 여러 물질에 의해 측정 수치에 오차를 나타내지 않는 장점이 있다.
- 비당특이 효소: 포도당, 엿당을 구분하지 않아 측정값이 실제보다 높게 나올 수 있고, 투석에 사용되는 'icodextrin'[2]으로 혈당값이 높게 측정될 수 있다.

실제 미국에서 진료 중에 실제보다 높은 값 때문에 인슐린 과다 투여로 사망한 사건이 보고되기도 했다.

구급대원은 자신이 사용하는 혈당 기계의 종류를 미리 알고 있어야 하며, 혈액 투석을 하는 환자에게 사용하고 있다면 측정 혈당값에 대한 오류 가능성을 예측할 수 있어야 한다. 또한, 기계 오류에 의한 잘못된 측정을 예방하기 위해 대한당뇨병학회 진료지침에서도 1년에 1회 이상 검사실에서 측정한 혈당치와 비교하거나 1주일에 1번씩 대조 용액(control solution)으로 확인할 것을 권고하고 있다.

---

1) 포도당이 효소와 반응하는 과정에서 발생한 전자를 전자 전달 매개체를 이용하여 전극으로 전달하고, 흐르는 전류를 측정하는 원리(출처 한국보건산업진흥원, 미래에셋대우 리서치 센터)

2) 수용성 포도당 종합체(투석액)

- 일반적인 혈당 측정기 사용 주의 사항
  1) 40도 이상 높은 온도에서 보관 또는 사용하지 않는다.
  2) 높은 습도에서 보관하지 않는다.
  3) 직사광선에 변색된 스틱은 사용하지 않는다(오류 발생).
  4) 유효기간 3개월이 지나면 에러가 표시되거나 검사값에 오차가 있다.
  5) 사용 전에 알코올 솜으로 측정 부위를 잘 닦고 말리도록 한다.(소독 외에 주변 이물질이 혈액에 포함되는 것을 예방)
  6) 살이 도톰한 손가락 측면이 통증이 적어 검사하기에 좋다.(굳은살을 피하도록 한다)
  7) 혈당 스틱을 미리 꽂아 코드가 정확히 맞고 준비 상태가 되었는지 확인한다.
  8) 검사 바늘은 충분히 찔러 피가 잘 나오도록 하되, 쥐어짜면 주변 조직액에 희석되어 낮은 값으로 표시되므로 부드럽고 천천히 눌러준다.
  9) 측정 기기를 떨어뜨리거나 큰 충격이 있었다면 대조 용액으로 검사하도록 한다.

13 상기 사항을 구급일지에 작성해 보시오.

Cf: QR 코드 를 찍어 구급활동일지 예시를 확인할 수 있다.

119 구급대원 현장응급처치 표준지침(급성 저혈당 의증)

The Standard Protocols for 119 Emergency Medical Services Providers

한번 측정한 혈당이 성인에서 70 mg/dL(3.9 mm), 소아에서 60 mg/dL(3.3 mm) 미만이면서 의식의 저하, 식은땀, 경련, 무의식 등의 증상을 보이는 경우 급성 저혈당 의증이라 한다.

1. 임상적 특징

○ 지속적인 저혈당증은 중증의 신경학적인 합병증, 심정지 등을 유발할 수 있다.

2. 환자 평가 필수 항목

○ 병력청취
- 당뇨환자에서 음식물 섭취감소, 당뇨 약의 과다복용, 신체활동의 증가

○ 이학적 검진
- 갑작스런 혈당의 저하는 공포감, 신경질, 과민성, 오심, 구토, 두근거림, 손 떨림 등의 증상을 동반한다. 가장 중요한 증상은 **식은땀과 빠른맥(빈맥)을 동반한 의식저하**이다.
- 휴대용 혈당계를 이용하여 혈당검사를 시행함으로써 간단하게 진단할 수 있다.

3. 응급처치 절차 및 방법

○ '환자 초기 평가·처치 표준지침'에 따라 전반적인 평가 및 처치를 시행한다.

○ 휴대용 혈당계를 이용하여 혈당을 측정한다. ☞ ② ①

○ 환자의 의식이 명료하고 구역반사가 있다면 경구로 포도당용액을 줄 수 있다. ☞ Ⓕ ② ①
- 경구투여: **50% 포도당 용액**을 마시도록 한다.
  - **10세 미만: 25그램(50 mL)**
  - **10세 이상: 50그램(100 mL)**

○ 의식수준이 낮거나 구역반사가 없다면 정맥로를 확보한다. ☞ ①

○ 의료지도를 얻은 후 지도하는 용량의 포도당 용액을 주입한다. ☞ ①
- 정맥투여
  - **10세 미만: 10% 포도당 용액 5 mL/kg**
  - **10세 이상: 50% 포도당 용액 50 mL/kg**

○ 최초 포도당 용액을 주입한 후 **10% 포도당**을 정맥으로 점적 주사하여혈중 포도당 농도를 유지하도록 한다. ☞ ①

○ 병원도착 또는 의료인 인계시까지 30~60분 간격으로 휴대용 혈당계를 이용하여 말초혈관 포도당 농도를 반복 측정한다. ☞ ② ①

○ 만약 구토를 할 경우 흡입기를 이용하여 흡입한다. ☞ ② ①

4. 응급처치 시 주의 사항

○ 매우 높거나 낮은 혈당에서는 휴대용 혈당계를 이용한 측정치에 오류가 있을 수 있으므로 반복하여 측정하는 것이 오류를 줄일 수 있다.

○ 10% 포도당 용액이나 50% 포도당 용액의 효과의 차이는 없다.

○ 첫 번째 포도당 투여 후에도 의식이 회복되지 않는 경우, 다음의 원인들을 고려하여 보고 필요한 경우 의료지도를 요청하여 추가 포도당 투여여부를 결정하여야 한다.
- 뇌졸중('급성 뇌졸중 의증' 지침 참조)
- 두부외상('두부 손상' 지침 참조)

- 경련성 질환('경련' 지침 참조)
- 심정지 상태('심정지' 지침 참조)
- 그 외 대사성 의식장애('대사성 의식장애' 지침 참조)

5. 직접 의료지도 요청 기준

○ 환자 생체 징후가 불안정하여 정맥로 확보 및 수액 투여가 필요한 경우
○ 첫 번째 포도당 투여 후에도 의식이 회복되지 않는 경우
○ 환자가 의식회복 등 증상호전 후 이송을 거부하는 경우

6. 이송 병원 선정 지침

○ 저혈당으로 인한 의식저하가 의심되고 포도당 투여에 호전이 있는 경우, 가장 가까운 지역 응급의료기관으로 이상으로 이송을 원칙으로 한다.
○ 지속적으로 의식회복이 되지 않고 다른 원인이 의심되는 경우, 중증이므로 가까운 지역 응급의료센터 이상의 의료기관으로 이송함을 원칙으로 하며 구체적인 병원선정은 해당 지침의 병원 선정을 따른다.
○ 응급의료 취약 지역일 경우 가장 가까운 지역 응급의료기관으로 이송한다.
○ 위 기준에도 불구하고 이송 병원 선정이 어려운 경우 직접 의료지도를 요청하고 지도에 따른다.

Reference

1. Seon Yeong Park Department of Nursing, Sahmyook Medical Center, Seoul, Korea, Self-Monitoring Blood Glucose Meter: Is Your Glucose Meter Accurate?, J Korean Diabetes 2015;16:38-42.
2. 소방청. 《119 구급대원 현장응급처치 표준지침》, 2023.

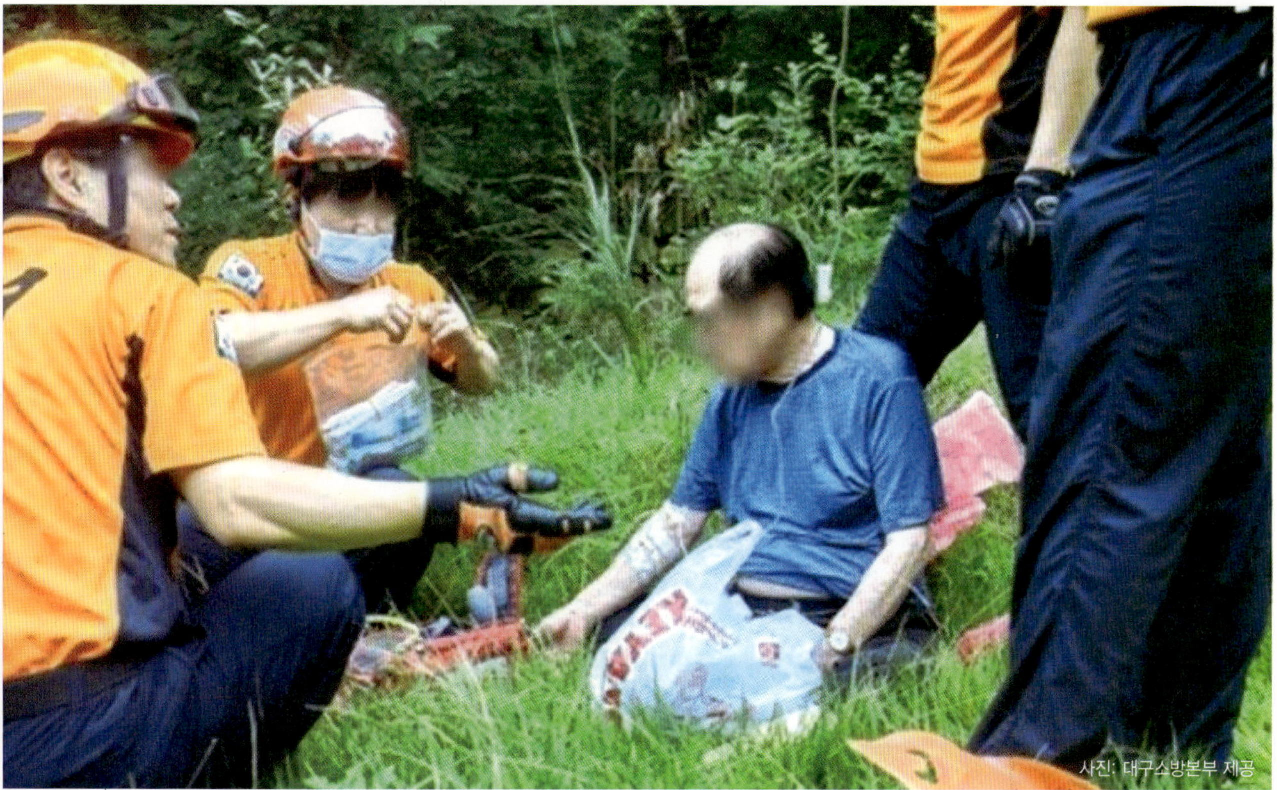
사진: 대구소방본부 제공

사례 9 벌초하다가 벌에 쏘였어요

목적

- 벌 쏘임과 관련한 알레르기 반응(아나필락시스)을 확인할 수 있으며, 의료 지도를 통해 적절한 응급처치(에피네프린 자동 주사기 사용) 수행 능력을 기르도록 한다.

출동 개요

출동 메시지 "구급 출동!" 장소는 ○○동 ○○○산 입구
벌초 작업 중에 벌에 쏘였다는 신고

출동 정보
신고 시각 9월 15일 10:28
출동 시각 9월 15일 10:29
현장 도착 9월 15일 10:40
현장과의 거리 9km(11분 소요)

출동 인원
구급대원1 리더(처치)
구급대원2 대원(처치)
구급대원3 대원(운전)

환자 정보 및 기타 정보 60대 남자, 벌초 중 말벌(추정)에 쏘임. ○○○산 입구에서 대기 중

출동 단계

구급차 지휘센터! 여기 ○○ 구급대 신고 내용 재송신 바람.

지휘센터 60대 남자로 벌초 작업 중에 말벌에 쏘인 것 같다며 신고한 사항으로 ○○○산 입구에서 대기 중이라 함. 벌에 쏘인 후 온몸에 힘이 없다는 추가 내용.

구급차 접수 완료!

01 벌 쏘임 사고 출동 중 신고자와 통화에서 파악되어야 하는 정보들은 무엇인가?

02 출동 단계에서 말벌에 쏘인 것으로 확인될 때 어떤 장비를 준비해야 하는가?

현장 상황

산 입구 인근에 벌초객들이 주차한 차량으로 도로가 좁아 진입에 어려움이 있다. 신고자에게 사이렌 소리가 들리는지 물어보며 가까운 곳에 도착했음을 알린다. 약 3분 후에 신고자 지인이 산밑으로 내려와 안내하고 있는 모습을 발견한다. 구급차 앞자리에 탑승하게 하여 환자가 있는 곳으로 안내하게 한다.

현장에 도착했을 때 환자로 보이는 남자는 무덤 옆에 앉아 매우 힘들어하는 모습이다.

1차 평가

기본 활력징후 및 병력 청취	
의식 상태	A(명료함)
기도 및 호흡 상태	입술 부종을 동반한 약한 호흡과 그르렁거리는 소리가 들린다.
순환 상태	노동맥에서 차갑고 축축한 피부, 규칙적이지만 약한 맥박이 확인된다.

03 1차 평가 결과를 바탕으로 추정되는 문제는 무엇인가?

2차 평가

환자와 보호자에게 안정을 취하도록 하고, 대원2는 활력징후를 평가하고, 대원1은 환자와 보호자에게 증상을 바탕으로 환자 평가 후 응급처치 계획을 세운다.

환자는 2차 평가 중에 물음에 대답하는 의식(V) 상태를 보이며, 오른쪽 팔뚝에는 벌에 쏘인 흔적이 있다.

Tip

호흡곤란 증상이 발생한 원인을 찾아내고, 증상 완화를 위해 필요한 처치가 무엇인지 결정하는 단계

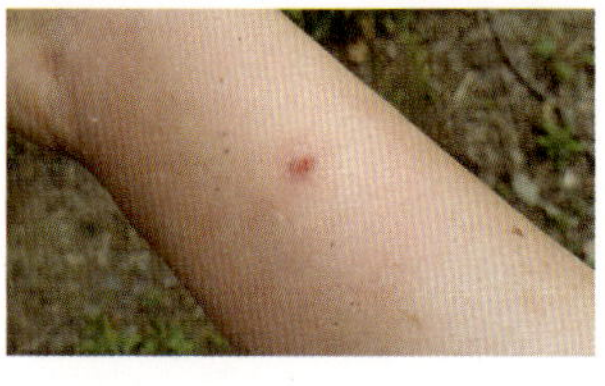

■ 문진과 활력징후

대원1: 어쩌다가 벌에 쏘이게 됐나요? 그리고 말벌이 확실한가요?

보호자: (죽어 있는 말벌을 보여주며) 벌초하다가 벌집을 건드렸고, 스프레이로 죽였어요.

대원1: 말벌에는 평소 알레르기가 있으신가요?[1]

환자: (졸리는 듯한 모습으로) 없었어요.

대원1: 진단 받았거나 약 드시는 것이 있나요?

보호자: 한 3년 전부터 천식이 있어서 가끔 흡입형 분무기를 쓰고 있어요.

대원1: 이전에도 벌에 쏘인 적이 있었나요?

환자: 말벌은 처음입니다.

대원1: 마지막 식사는 언제 했나요?

보호자: 07시 30분에 아침 먹었어요

대원1: 벌에 쏘인 시간이 언제입니까?

보호자: 10시 20분경입니다. 쏘이고 붓기에 바로 119에 신고했어요.

대원1: 통증은 어떤가요? / 얼마나 아픈가요? (NRS 점수를 묻는다)

환자: 따끔거리고 화끈거립니다.(NRS 7점)

대원1: 지금 숨 쉬기 힘든 것 외에 침 넘김이 어렵거나 목이 붓지는 않나요?

1) 평소 알레르기 유무를 확인하고 벌 독성에 대한 반응을 확인. 다른 알레르기와 중복 반응의 가능성 확인. 과거 벌 쏘임 후 반응의 확인

환자/보호자 (힘들어하며) 숨쉬기 힘들어요. 어서 병원으로 갑시다.

대원1 네, 바로 응급처치할 수 있도록 하려고 합니다. 조금만 기다려 주세요.

■ 신체 검진

대원1 (온몸이 땀으로 젖어 있다) 식은땀과 차갑고 축축한 피부를 보이며 손목동맥에서 약한 맥박이 느껴진다.

대원2 활력징후와 동공 반응을 측정한다. [Rt 3mm(+) / Lt 3mm(+)]

시각	혈압	맥박	호흡	체온	SpO_2	혈당
10:46	70/40 mmHg	98회/min	31회/min	36℃	89%	–mg/dL

대원1 오른쪽 팔뚝에 벌 쏘인 흔적이 발견된다.

증상과 활력징후를 바탕으로 특별구급대의 에피네프린 자동 주사를 위한 진단 기준 두 가지 이상에 해당하는 것으로 평가되어 의료지도를 요청하기로 한다.

04 이 환자는 아나필락시스의 어떤 진단 기준에 속해서 의료지도를 요청하는가?

05 아나필락시스 처치를 위한 에피네프린 자동 주사 외에 현장에서 처치할 수 있는 응급처치는 무엇인가?

현장 심전도

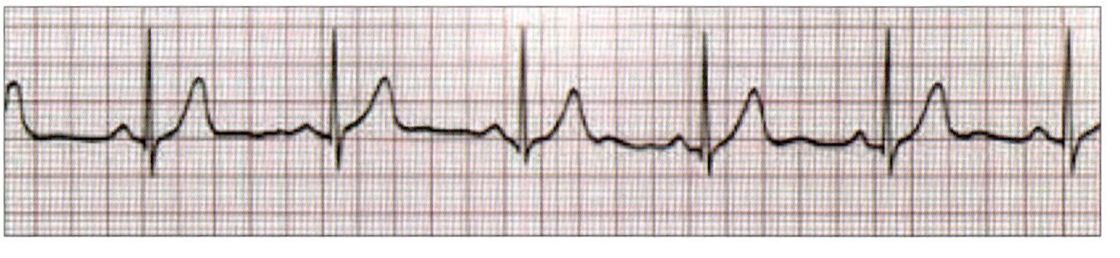

06 위 심전도에 대한 해석은?

1) 리듬이 규칙적인가? ☐ 규칙적 ☐ 불규칙적
2) 맥박수가 정상인가? (정상: 60~100회) ☐ 정상 ☐ 빠름 ☐ 느림
3) P파 너비가 정상인가? (정상 ≤ 3칸) ☐ 정상 ☐ 넓음
4) PR 간격이 정상인가? (정상 ≤ 5칸) ☐ 정상 ☐ 늘어남 ☐ P파 뒤에 R파가 없다
5) QRS 너비가 정상인가? (정상 ≤ 3칸) ☐ 정상 ☐ 좁음 ☐ 넓음
6) ST 분절은 정상인가? ☐ 정상 ☐ 상승 ☐ 하강

07 2차 평가 내용을 바탕으로 기록해 보자.

신체 검진	
시진(눈으로 보이는 이상)	
청진(비정상적인 호흡음, 소리)	
촉진(손으로 느껴지는 이상 반응 확인)	
타진(소리나 반응으로 이상 반응 확인)	
동공 반응(빛반사/크기)	

활력징후						
시각	혈압	맥박	호흡	체온	SpO_2	혈당
:	/ mmHg	회/min	회/min	℃	%	mg/dL

Allergy(알레르기 유무)	
Medication(복용 중인 약물)	
Past illness(과거 병력, 수술력)	
Last meal(마지막 음식물 섭취 시간)	
Event[사고 당시 상황(기전)]	
Onset(발생 시점)	
Provocation(유발/악화/완화 요인)	
Quality(통증/증상의 유형)	
Region(연관된 통증/증상의 부위)	
Severity(통증/증상의 정도)	
Time(통증/증상 지속 시간)	

현장 처치

10:50

대원1은 대원2에게 에피네프린 자동 주사기를 준비해 달라고 요청하고, 지도 의사와 영상 통화를 준비한다.

대원1 안녕하십니까? ○○ 소방서 특별구급대 응급구조사 1급 ○○○입니다. 벌쏘임에 의한 아나필락시스가 의심되어 에피네프린 자동 주사기 사용을 위해 연락드렸습니다.

60대 남자로 평소 알레르기가 없던 분으로, 10시 20분에 벌초 작업을 하다가 벌집을 건드려 말벌에 쏘였다고 합니다.

의식은 A에서 V로 변화하고 있고, 입술 부종, 약한 호흡, 그르렁거리는 호흡을 하고 있습니다. 피부는 차갑고 축축한 상태를 동반합니다.

(환자 상태를 보여주며) 얼굴과 벌에 쏘인 부위가 잘 보이세요?

지도 의사 네, 잘 보입니다.

대원1 활력징후는

혈압	맥박	호흡	체온	SpO_2
70/40mmHg	98회/min	31회/min	36℃	89%

입니다.

지도 의사 병원까지 거리가 얼마나 되나요?

대원1 지역 응급의료기관까지 약 15분 정도입니다.

지도 의사 그러면 정맥로 확보해서 생리식염수 300mL 주입하면서 에피네프린 자동 주사기 1회 주사하세요.

산소는 비재호흡 마스크로 10L/min 이상 공급하고, 주사 이후에도 반응이 없으면 반드시 다시 연락주세요.

대원1 네, 알겠습니다.

환자와 보호자에게 주사가 필요함을 알리고, 정맥로 확보 후에 비재호흡 마스크로 10L/min의 산소를 공급하면서 이송 준비를 한다.

Tip

에피네프린 자동 주사기(젝스트)

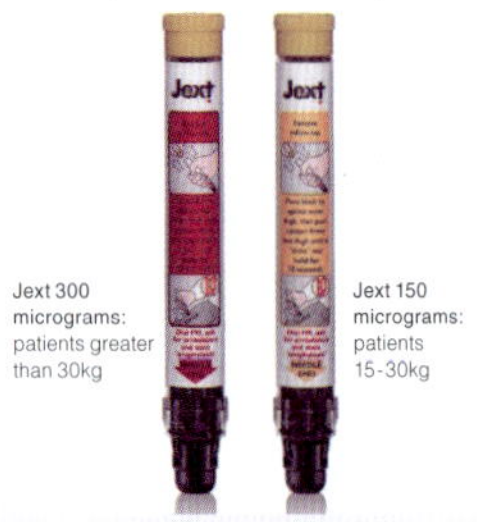

- 자가 투약이 가능한 형태의 주사 세트
- 성인과 소아용으로 제작되고 아나필락시스가 있는 경우 넓적다리 중간의 바깥쪽에 주사
- 증상 호전이 없는 경우 5~15분 간격으로 반복 투여 가능 (최대 3회)

08 에피네프린 자동 주사기의 적절한 사용 방법은 무엇인가?

이송 단계

에피네프린 자동 주사기 사용 후 구급차가 병원으로 이동했고, 주사액 주입 후 약 4분 후에 환자는 의식과 호흡, 얼굴(입술 주변)의 부기가 가라앉는 모습을 보인다.

이송 중 활력징후는 다음과 같다.

시각	혈압	맥박	호흡	체온	SpO_2
11:00	105/70mmHg	80회/min	21회/min	36.6℃	95%

대원1 이송 중인 병원에 에피네프린 자동 주사기 사용 후 증상이 나아지고 있음과 병원까지 시간을 미리 알려준다.

---

09 이 환자는 이송 중 전반적으로 건강이 회복되었다. 만약 변화 없이 증상이 지속되고 있다면 어떤 조치가 필요한가?

병원 단계

환자는 이송 중에 호전되어 특별한 변화 없이 병원에 도착한다.

의료진 무슨 환자입니까?

대원1 이송 중에 전화했던, 벌에 쏘여 아나필락시스 증상을 보였던 환자입니다.

60대 남자로 평소 알레르기가 없었고, 10시 20분경 벌초 작업 중에 말벌에 쏘인 후 입술 부종, 약한 호흡, 그르렁거리는 호흡, 차갑고 축축한 피부 상태를 보였습니다.

초기 활력징후는

혈압	맥박	호흡	체온	SpO_2
70/40mmHg	98회/min	31회/min	36℃	89%

였습니다.

의료지도를 통해 에피네프린 자동 주사기 1회 주사하고, 4분 정도 지났을 때 상태가 호전되었습니다.

의료진 에피네프린 자동 주사는 1회만 주입했고, 이송 중 특별한 변화는 없었나요?

대원1 네, 1회만 투여했고 증상 호전 후에 특별한 변화 없이 도착했습니다.

의료진 네, 안으로 들어가서 살펴보겠습니다.

10 특별구급대가 병원 도착 후 의료진에게 인계해 주어야 하는 사항은 무엇인가?

11 상기 사항을 구급일지에 작성해 보시오.

제한점

- 출동 거리가 멀고, 벌에 쏘인 시간이 지난 상태로 환자의 증상이 심해지고 있다.
- 빠른 접근을 위해 구급차가 접근할 장소로 환자를 이동시키도록 할 필요가 있는지에 대한 의문이 있다.

실전 문제

01 에피네프린 자동 주사를 넓적다리에 투여하는 이유로 가장 적절한 것은?

① 부작용(혈관, 신경, 감염 등)에 가장 안전하기 때문이다.

② 통증이 가장 작은 부위이기 때문이다.

③ 사용하기 쉬운 부위이기 때문이다.

④ 혈관이 많이 분포하기 때문이다.

02 벌에 쏘인 환자에게 하지 말아야 하는 응급처치가 아닌 것은?

① 쏘인 부위에 냉찜질하지 말도록 했다.

② 쏘인 부위에 온찜질하지 말도록 했다.

③ 쏘인 부위가 심하게 가려워 긁어주었다.

④ 말벌 독이 퍼지지 않게 묶어 주었다.

03 에피네프린 자동 주사기 사용 시 주의 사항 중 알맞은 것은?

① 주사 부위를 가볍게 문지른다.

② 주사 약제가 들어갈 때 10초 이내에 바늘을 빼 과용량 주입을 방지한다.

③ 효과가 없을 때 감염 방지를 위해 주사 부위 소독 후 5~10분 간격으로 재사용할 수 있다.

④ 효과가 없을 때 새것으로 교환하고, 5~10분 후에 오남용을 방지를 위해 1회만 투여할 수 있다.

04 벌 쏘임 환자 이송 중 의료지도를 받아야 할 필요가 없는 경우는?

① 수축기 혈압 80mmHg 이하, 산소포화도가 94% 이하인 경우

② 아나필락시스에 대한 에피네프린 자동 주사기 사용이 필요한 경우

③ 환자가 과민 반응 상태이고 산소포화도가 94% 이하일 때 산소 농도 설정

④ 안면과 입술 부종 후에 목소리가 나오지 않아 전문기도술이 필요한 경우

05 말벌에 쏘인 환자 중에 가장 위험도가 낮은 환자는 누구인가?

① 20대 군인으로 작년에 말벌에 쏘인 후 아나필락시스를 경험함

② 30대 여성으로 팔에 쏘인 후 국소적 통증만 호소함

③ 50대 남성으로 고혈압이 있는 경우

④ 40대 여성으로 천식이 있는 경우

⑤ 20대 남성으로 머리, 얼굴, 목 주변에 쏘였지만, 국소적 통증 외 별다른 문제가 없는 경우

정답 1 ④, 2 ①, 3 ④, 4 ③, 5 ②

1-④ 넓적다리는 근육이 풍부하여 많은 혈관이 분포하고 있어 약물 흡수가 빠르며, 저혈압에서도 사용이 가능하다.

2-① 벌 쏘인 부위를 냉찜질하는 것은 통증과 부기를 조절하는 데 도움이 되나 뱀 물림에서는 금기 사항이다.

3-④ 주사 부위를 문지르는 것은 약제가 빨리 흡수되는 데 도움이 되며, 주사 후 10초간 약제가 충분히 주입되도록 해야 한다.
효과가 없을 때는 5~10분 간격으로 새 주사기로 투여할 수 있다.

4-③ 벌 쏘임 이후 수축기 혈압 90mmHg 이하로 떨어질 때 혈압 유지를 위해 정맥로 확보와 수액 주입이 필요하며, 호흡 보조 중에도 저산소증이 해결되지 않는 경우와 기도 부종에 따른 기도폐쇄를 방지하기 위해 전문 기도기 삽입술을 위한 의료지도를 요청한다.
산소 농도 설정은 산소포화도 수치를 보면서 농도를 설정한다.
(수치가 정상 범위가 되지 않는다면 산소 공급 장치를 변경하거나 의료지도를 받을 수 있다.)

5-② 벌 쏘인 환자의 대부분은 가벼운 통증과 부종을 경험하며, 25% 정도가 심한 국소 통증을 경험, 1~3% 정도가 심한 과민 반응(아나필락시스)을 경험하는 것으로 알려져 있다.
국소 반응을 보이는 환자의 병원 내 치료는 관찰과 항히스타민제, 스테로이드제 주사에 의해 간단히 치료된다.
하지만, 호흡기 주변에 쏘인 경우는 국소적 통증 외 별다른 문제가 없더라고 지연성 반응이 나타나면 위험하므로 반드시 병원 진료가 필요한 위험군 환자에 속한다.

사례 풀이

01 벌 쏘임 사고 출동 중 신고자와 통화에서 파악되어야 하는 정보들은 무엇인가?

신고 내용은 벌에 쏘인 후 심한 호흡곤란증이 있다는 내용으로, 심각한 알레르기 반응이 나타나고 있는 것으로 보이며 이것은 매우 응급한 상황이다.

말벌은 심각한 아나필락시스를 일으킬 수 있으므로 쏘인 벌의 종류가 무엇인지 파악하는 것은 무엇보다 중요하다.(신고자가 벌의 종류를 알아낼 수 있다면 좋지만, 모른다면 벌의 특징을 물어보는 것은 파악에 도움이 된다.) 벌에 쏘인 시간과 현재 환자가 보이는 증상을 물어보고, 최대한 이른 시간에 접근할 수 있도록 위치를 더욱 정확히 파악해야 한다. 만약 상태가 중증 상태라고 파악된다면 심정지 상황이 발생할 수 있으므로 상태가 악화될 때 연락을 줄 것을 당부한다.

02 출동 단계에서 말벌에 쏘인 것으로 확인될 때 어떤 장비를 준비해야 하는가?

신고 내용이 호흡곤란이므로 기본적인 ABC에 대한 장비를 준비해야 한다.

1) 저산소증 대비: 산소 공급을 위한 산소 공급 장비(기도유지기, 산소마스크, 산소통)
2) 저혈압 대비: 수액 공급 세트(수액 세트, 생리식염수 또는 락데이트 링거액)
3) 아나필락시스 대비: 에피네프린 자동 주사기
4) 환자 운반 준비: 간이형 들것, 분리형 들것 등

03 1차 평가 결과를 바탕으로 추정되는 문제는 무엇인가?

의식 상태가 아직 명료하고, 얼굴 부기(입술 부종), 호흡기계 증상(약한 호흡, 그르렁거림), 순환기계 증상(차갑고 축축한 피부, 약한 맥박)을 보인다.

1차 평가에서 나타난 호흡곤란증, 입술 부종, 쇼크 증상(차갑고 축축한 피부)은 중증의 아나필락시스를 보여 호흡기계와 순환기계 응급 상황으로 악화하고 있음을 짐작할 수 있다.

04 이 환자는 아나필락시스의 어떤 진단 기준에 속해서 의료지도를 요청하는가?

① 두 개 이상 장기에서 임상 증상(피부, 점막, 호흡기계, 소화기계, 심혈관계, 신경계)이 있는 경우
② 저혈압, 빠른맥, 가슴 통증과 같은 갑작스러운 심혈관계의 반응이 단독으로 나타나는 경우
③ 저혈압이 없어도 두 곳 이상 장기 증상이 있다면 특별구급대 의료지도 대상에 해당한다.

이러한 반응은 말벌의 아세틸콜린(acetylcholine)이라는 신경독에 의한 심한 통증과, phospholipase A1(단백질 성분), hyaluronidase(면역 알러젠) 성분에 의한 면역 반응이다.

■ 특별구급대 표준지침(소방청)

	임상적 증상
기준1	수분에서 수시간 사이에 발생한 피부 증상(전신 두드러기, 홍조, 입술/구강 혈관 부종)이 있으면서 호흡기계 증상(천명음, 분당 호흡수 29회 이상, 산소포화도 95% 이하)이나 심혈관계 허탈 증상(수축기 혈압 90mmHg 이하, 의식 수준 V 이하)이 있는 경우
기준2	벌 쏘임 후 갑작스러운 혈압 저하가 발생한 경우. 1) 소아: 1개월~1세(70mmHg), 1~10세[70mmHg + (2×나이)], **예) 7세 기준: 70+(2×7)=84mmHg** 2) 성인: 수축기 혈압이 90mmHg 이하인 경우
기준3	벌 쏘임 후 다음 중 **둘 이상**의 장기 증상이 있는 경우 1) 피부 점막 증상(두드러기, 가려움, 발적, 입술-혀-목젖의 부종) 2) 호흡기계 증상(호흡곤란, 천명음, 협착음, 기침, 저산소증) 3) 심혈관계 허탈 증상(혈압 강하, 실신, 쓰러짐, 소변 지림) 4) 위장관계 증상(경련성 복통, 구토, 설사)

05 아나필락시스 처치를 위한 에피네프린 자동 주사 외에 현장에서 처치할 수 있는 응급처치는 무엇인가?

이미 확인된 벌 쏘임에 의한 증상 외에 과거 병력과 연관되어 다음과 같은 증상이 있는지 확인해야 한다. 급성 천식, 실신, 불안이나 공황 장애, 전신 두드러기, 이물 흡인에 의한 호흡곤란, 심혈관 질환(심근경색, 폐색전증), 신경계 질환(경련, 뇌혈관 질환)이 동반되고 있는지 확인해야 한다. 만약, 아나필락시스와 함께 증상이 나타났다면 의료지도를 받아야 한다.

- **추천하는 응급처치:** 냉찜질(과한 냉찜질은 혈액순환을 방해하거나 동상을 발생시키므로 주의한다.), 저혈압이 있을 때 하지를 45도 올리는 것은 5~10분 정도 효과만 있다. 침을 카드 등으로 제거하고 씻는다.
- **하면 안 되는 응급처치:** 긁거나 과도한 행동(심박수 증가)은 하지 않는다. 핀셋 등으로 침을 제거하지 않는다(잘 집히지도 않으며 침 끝 주머니를 짤 수 있어서 증상을 악화시킨다).

06 위 심전도에 대한 해석은?

1) 리듬이 규칙적인가? ☑ 규칙적 ☐ 불규칙적
2) 맥박수가 정상인가? (정상: 60~100회) ☑ 정상 ☐ 빠름 ☐ 느림
3) P파 너비가 정상인가? (정상 ≤ 3칸) ☑ 정상 ☐ 넓음
4) PR 간격이 정상인가? (정상 ≤ 5칸) ☑ 정상 ☐ 늘어남 ☐ P파 뒤에 R파가 없다
5) QRS 너비가 정상인가? (정상 ≤ 3칸) ☑ 정상 ☐ 좁음 ☐ 넓음
6) ST 분절은 정상인가? ☑ 정상 ☐ 상승 ☐ 하강

07 2차 평가 내용을 바탕으로 기록해 보자.

신체 검진						
시진(눈으로 보이는 이상)	입술 부종, 오른쪽 팔뚝에 2×2cm 붉은 부종					
청진(비정상적인 호흡음, 소리)	약한 호흡과 그르렁거리는 소리가 들린다.					
촉진(손으로 느껴지는 이상 반응 확인)	차갑고 축축한 피부					
타진(소리나 반응으로 이상 반응 확인)	–					
동공 반응(빛반사/크기)	Rt 3mm(+)/Lt 3mm(+)					
활력징후						
시각	혈압	맥박	호흡	체온	SpO_2	혈당
10:46	70/40mmHg	98회/min	31회/min	36℃	89%	–mg/dL
Allergy(알레르기 유무)	없음					
Medication(복용 중인 약물)	3년 전 천식 진단(흡입형 기관지 확장제 사용)					
Past illness(과거 병력, 수술력)	없음					
Last meal(마지막 음식물 섭취 시간)	07:30경 아침 식사					
Event[사고 당시 상황(기전)]	벌초 작업 중에 벌집을 건드린 후 벌에 쏘임					
Onset(발생 시점)	10:20경					
Provocation(유발/악화/완화 요인)	없음					
Quality(통증/증상의 유형)	따끔거림과 화끈거리는 통증					
Region(연관된 통증/증상의 부위)	오른쪽 팔					
Severity(통증/증상의 정도)	NRS 7점					
Time(통증/증상 지속 시간)	사고 후 지속된 통증					

08 에피네프린 자동 주사기의 적절한 사용 방법은 무엇인가?

저산소증이 있다면 적절한 산소 공급을 우선 시행하도록 한다.

혈압이 낮은 경우 정맥로 확보 후 300mL(소아는 5mL/kg)의 생리식염수를 투여하며 활력징후의 회복을 확인한다(회복되지 않으면 이송 중에 최대 1L까지 수액을 투여한다).

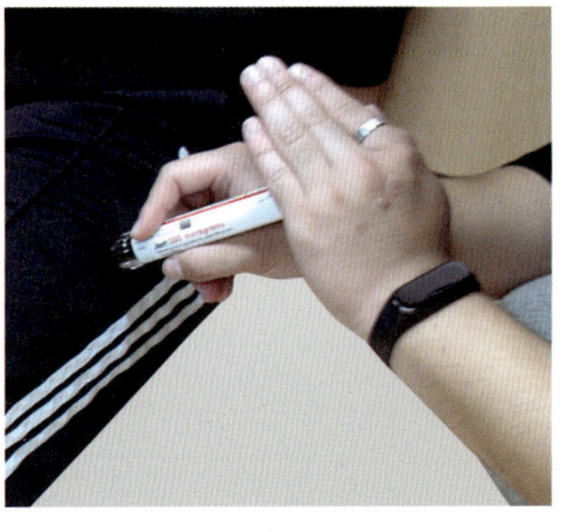

- 주사 부위: 될 수 있으면 주사 부위를 노출시키고 상처가 없어야 하며 넓적다리 중간 바깥쪽에 주사한다.(최고 농도 도달 시간이 빠르다. 저혈압 상태에서도 혈류량이 유지된다. 사지 말단부는 근육층이 얇아 적절하지 않다.)
- 주사 방법: 체중 30kg 이상 소아 또는 성인은 성인용 0.3mg 주사를 투여하고, 30kg 미만 소아는 소아용 0.15mg용으로 준비한다.
  ① 자동 주사기의 노란색 뚜껑 제거 후 90도 각도로 검은색 주사 끝을 대고 누른다.
  ② '클릭' 또는 '딸깍' 소리가 들릴 때까지 주사기를 누르고, 약 10초간 충분히 약재가 투여되도록 누르고 있다가 뗀다.

③ 약제가 충분히 투여되었는지는 표시창으로 확인되며, 주사 후 약 10초간 마사지하여 액이 충분히 퍼질 수 있도록 한다. 만약, 양쪽 넓적다리 모두가 주사할 수 없는 상태라면 삼각근에 주사하는 것도 가능하다.

④ 주사 전후 5분 후에 증상을 재평가한다.

⑤ 증상이 나아지지 않으면 필요에 따라 에피네프린은 5~15분 간격으로 최대 3회까지 가능하다.

- 부작용: 창백, 떨림, 불안, 두근거림, 어지러움, 두통, 일시적인 증상
  근육주사의 부작용: 주사 부위에 혈종이 나타나면 붕대로 감아 압박하며 이송한다.
- 주의 사항: 유효기간(10개월)과 약물 보관(25℃ 이하) 상태 불량으로 변질했는지 확인해야 한다.
  부작용(창백, 떨림, 불안, 두근거림, 어지러움, 두통)에 주의하며 심혈관계 질환이 있는 경우 의료지도를 받는다.

09 이 환자는 이송 중 전반적으로 건강이 회복되었다. 만약 변화 없이 증상이 지속되고 있다면 어떤 조치가 필요한가?

에피네프린 자가 주사에 반응하지 않는다면 5~15분 주기로 최대 3회까지 투여할 수 있다. 투여 후에도 상태가 나아지지 않으면 수액의 추가 투여(생리식염수 또는 락데이트 링거액 1L)와 전문 기도유지술을 위해 의료지도를 받도록 한다.

10 특별구급대가 병원 도착 후 의료진에게 인계해 주어야 하는 사항은 무엇인가?

환자 병력과 벌 쏘인 시간, 초기 증상 상태와 변화된 상태를 설명해주어야 한다.

구급대에서 특별구급대 활동과 관련하여 의료지도하에 에피네프린 자동 주사를 투여했음을 알리며, 투여 전후의 변화에 대해 알려주도록 한다. 이송 중에 발생한 변화(회복과 활력징후의 변화 상태)를 알려주어야 하며, 보호자와 연락 상태도 알린다.

11 상기 사항을 구급일지에 작성해 보시오.

챕터9 구급활동일지

Cf: QR 코드 를 찍어 구급활동일지 예시를 확인할 수 있다.

특별구급대 표준지침

과민 반응이란 일반적으로 인체에 해가 없는 항원에 대해 부적절한 면역 반응을 유발하는 것을 말한다. 그중에서도 아나필락시스는 가장 중하며 갑작스런 반응으로 저혈압, 기도폐색 등의 다기관을 포함하는 중증 과민 반응을 말한다.

1. 임상적 특징

- 아나필락시스를 유발하는 원인 중 가장 많은 것은 페니실린, 세팔로스포린, 설파제 등 주사 약물이다. 아나필락시스는 항원에 노출된 후 수초에서 수시간까지 발생할 수 있지만 대부분은 30분 이내에 발생한다.
- 경증 알레르기 반응: 가려움증, 두드러기, 오심 등(호흡곤란, 저혈압 등은 없음)
- 중증 알레르기 반응(맥관 부종, 아나필락시스): 협착음, 천명, 심한 복통, 호흡곤란, 빠른맥(빈맥), 쇼크, 입술·혀·얼굴의 부종

2. 환자 평가 필수 항목

- 병력 청취
  - 원인 약물이나 항원 유발원 노출력
  - 이전에 아나필락시스 발병력 또는 아토피/천식 과거력
  - 침 넘김이나 호흡에 어려움이 있는지 확인
  - 보호자가 없는 무의식 환자인 경우는 가능한 알레르기와 관련된 표식(팔찌, 목걸이, 각종 신분증 등)을 확인한다.

- 이학적 검진: 질환의 중증도를 결정해야 한다.
  - 환자의 활력징후와 심전도, 산소포화도 감시를 시행하여 빠른맥(빈맥), 저혈압, 쇼크 유무 확인
  - 두드러기, 피부 부종의 위치 및 범위
  - 경부 및 양측 폐야 청진을 하여 협착음, 천명음 유무 확인

- 아나필락시스 여부: 아나필락시스의 진단 기준에 맞는지 확인해야 한다.
  - 아나필락시스는 피부, 점막, 호흡기계, 소화기계, 심혈관계, 신경계 등 최소 두 개 이상의 장기에서 임상 증상이 발생하는 경우가 전형적인 형태이나 일부 벌독 알레르기 환자에서는 저혈압, 빠른 맥박, 가슴 통증과 같은 갑작스러운 심혈관계의 반응이 단독으로 나타나기도 한다.
  - 아나필락시스의 진단에서 주의할 점은 저혈압이 없더라도 두 곳 이상의 장기 증상이 있는 경우 아나필락시스로 진단할 수 있다는 점이다. 혈압 저하가 발생하기 전에 다른 장기에서 알레르기 반응이 시작되어 진행할 수 있으므로 혈압 저하 외에 다른 장기에서 보이는 임상 증상에도 관심을 기울여 평가하고 판단해야 한다.
  - 이와 같은 아나필락시스의 진단 기준을 숙지하여 환자가 중증 알레르기로 아나필락시스 상태인지 판단한다.

* 아나필락시스의 진단 기준

	양상
기준1	수분에서 수시간 사이에 피부 증상(예: 전신 두드러기, 홍조, 입술·구강 혈관 부종)이 있으면서 호흡기계 증상(예: 천명음, 분당 호흡수 > 29회, 산소포화도 < 94%) 또는 심혈관계 허탈 증상(수축기 혈압 90mmHg 미만, 의식 수준 V 이하)이 있는 경우
기준2	이미 알고 있는 유발 인자에 노출된 후 갑자기 혈압 저하가 발생하여 수축기 혈압이 90mHg 미만인 경우(성인 기준)
기준3	이미 알고 있는 유발 인자에 노출된 후 급작스럽게 피부·점막의 증상, 호흡기계 증상, 심혈관계 허탈 증상, 위장관계 증상(복통, 구토) 중 둘 이상의 장기 증상이 있는 경우

3. 응급처치 절차 및 방법(환자의 중증도에 따른 치료 지침)

- '환자 초기 평가·처치 표준지침'에 따라 전반적인 평가 및 처치를 시행한다.

○ 경증 알레르기 질환
- 환자가 알고 있는 알레르기 원인이 있을 경우 제거한다.
- 가려움증으로 과도하게 피부를 긁는 것을 방지한다.

○ 아나필락시스
- 환자가 알고 있는 알레르기 원인이 있을 경우 제거한다.
- 기도를 유지하고 산소를 투여한다.
  - ▸ 저장백이 있는 안면 마스크를 이용하여 100% 산소를 공급한다.
  - ▸ 산소포화도를 유지할 수 없는 경우, 백밸브 마스크를 통한 양압 환기 보조를 시행한다.
  - ▸ 환자의 혈압이 낮을(수축기 혈압 < 90mmHg) 경우, 다리를 올려주고 정맥로를 확보하여 300mL(소아는 5mL/kg)의 생리식염수나 젖산 링거액을 투여하고, 혈압, 맥박수, 의식 등이 정상 범위로 회복되는지 확인한다. 쇼크가 지속될 경우 1L(소아는 10mL/kg)까지 수액을 지속적으로 투여한다.

○ 에피네프린 자동 주사(자가 투여용 에피네프린)
- 아나필락시스로 판단되는 경우 에피네프린 자동 주사를 근육주사한다.
- 성인과 체중이 30kg 이상인 소아에게 성인용 에피네프린 자동 주사(0.3mg)를 근육주사하고, 체중이 30kg 미만인 소아에게 소아용 에피네프린 자동 주사(0.15mg)를 근육주사한다.
- 에피네프린 자동 주사의 노란색 캡을 제거한다.
- 대퇴부 허벅지 중간의 전외측에 90도 각도로 검은색 주사 끝을 대고 누른다. 클릭 소리가 들리면 약제 투여가 시작된 것으로 약 10초간 누르고 있다가 뺀다.
- 약제가 투약되었는지 여부 확인을 위해 자동 주사의 표시창을 확인하고, 주사 부위를 약 10초 동안 마사지한다.
- 허벅지에 상처와 감염이 있는 경우 해당 부위는 피해서 주사한다.

○ 환자 인계
- 특별구급대가 에피네프린 자동 주사기를 사용한 경우 이송 병원 도착 후 이송 병원 의료진에게 투여한 약물 종류, 양, 투여 시각 및 투약 이후 부작용 발생 여부를 인계한다. 부작용 발생의 상세 항목은 특별구급대 전문처치기록지의 병원 인계 시 평가 항목을 따른다.

○ 기록
- 특별구급대가 에피네프린 자동 주사를 투여했거나 투여하기 위해 시도한 경우, 귀소 전 특별구급대 전문처치기록지를 완성하여 이송 병원 의료진에게 제출한다.

4. 응급처치 시 주의 사항
○ 환자가 알고 있는 알레르기 원인이 있다면 더 이상 노출되지 않도록 한다.
○ 흡기 시 그렁거리는 호흡음이 있고 입술이 심하게 부어 있는 경우, 상기도 부종으로 기도폐쇄가 임박했음을 의미하므로 직접 의료지도를 받아 이후 처치를 상의한다.

5. 직접 의료지도 요청 기준
○ 환자 활력징후가 불안정하여 정맥로 확보 및 수액 투여가 필요한 경우
○ 적절한 호흡 보조에도 저산소증이 지속되는 경우
○ 아나필락시스가 의심되어 에피네프린 자동 주사를 사용한 근육주사가 필요한 경우

6. 직접 의료지도 방법
1) 음성 직접 지도 상황(일반 통화 연결)
- 특별구급대가 아나필락시스 상황에 출동한 경우 영상 직접 지도를 받는 것을 원칙으로 한다. 영상 직접 지도가 불가능한 상황에서는 음성 직접 지도를 받아 기존의 업무 범위 내에서 처치를 수행한다. 음성 직접 지도 상황에서 에피네프린 자동 주사를 사용한 근육주사는 불가능하다.

2) 영상 직접 지도 상황(영상 통화 연결)

- 영상 통화 시에는 팀의 리더가 직접 카메라를 잡거나 또는 경험이 있는 대원이 카메라를 잡고 상황을 보여주도록 한다.
- 구급대원은 자신의 소속과 자격, 특별구급대 교육 이수 여부를 밝히고, 지도 의사에게 환자의 나이, 성별, 알레르기 병력, 알레르기 유발(의심) 인자, 환자 증상, 활력징후를 보고한다. 피부(점막) 증상이 있는 경우 카메라를 든 대원은 지도 의사에게 증상이 발생한 피부(점막)를 비추어 병변을 확인할 수 있도록 한다.
- 구급대원은 환자의 자가 투여용 에피네프린 보유 여부 및 사용 여부를 보고한다.
- 환자의 활력징후를 측정하고 현장에서 지도 의사의 지도에 따라 대퇴부 허벅지 중간 전외측에 에피네프린 자동 주사를 사용한 근육주사를 시행한다.
- 에피네프린 투여 5분 후 주사 부위의 이상 여부를 확인하고 환자의 활력징후를 재평가한다. 카메라를 든 대원은 근육주사 투여 부위를 비추어 지도 의사가 투여 부위 이상을 확인할 수 있도록 한다.
- 증상 호전 여부를 관찰하여 필요시 지도 의사의 추가 지시에 따른다.

3) 응급처치 시 주의 사항

- 근육주사 위치로 대퇴부는 저혈압 상태에서도 혈류량이 유지되는 부위이므로, 다른 부위의 근육보다도 추천된다.
- 첫 번째 투약에 대한 치료 반응과 아나필락시스의 중증도에 따라 에피네프린을 추가적으로 투여할 수 있다. 에피네프린 반복 투약은 필요에 따라 5~15분 간격으로 시행할 수 있다.
- 에피네프린 권고 용량 투약 후 창백, 떨림, 불안, 심계항진, 어지러움, 두통 등의 부작용이 발생할 수 있으나 대부분 일시적인 증상이다.
- 심혈관계 질환이 있는 환자에게 에피네프린을 사용할 경우 급성 관상동맥증후군이 발생할 위험이 있어 주의가 필요하나 사용 금기는 아니다.
- 근육주사의 부작용으로 주사 부위에 혈종이 발생할 수 있다. 이런 경우 붕대를 사용하여 압박하며 이송하도록 한다.

7. 이송 병원 선정 지침

- ○ 아나필락시스는 중증 과민 반응이므로 가까운 지역 응급의료센터 이상의 의료기관으로 이송함을 원칙으로 한다. 지역별 여건에 따라 의료지도를 받아 치료 가능한 가까운 지역 응급의료기관으로 이송할 수 있다.
- ○ 경증 알레르기 환자는 가장 가까운 지역 응급의료기관으로의 이송을 원칙으로 한다.
- ○ 응급의료 취약 지역일 경우 가장 가까운 지역 응급의료기관으로 이송한다.

Reference

1. 소방청. 《119 구급대원 현장응급처치 표준지침》, 2023.
2. F. Estelle R. Simons, MD 외 and for the World Allergy Organization, World Allergy Organization Guidelines for the Assessment and Management of Anaphylaxis. 2011.
3. 소방청. 《119 구급대원 특별구급대 지침》
4. 박윤택, 윤형완. 《구급장비 운영론》, 도서출판 한미의학, 2021.
5. 대구광역시 반야월 OK목장(naju7)님 사진

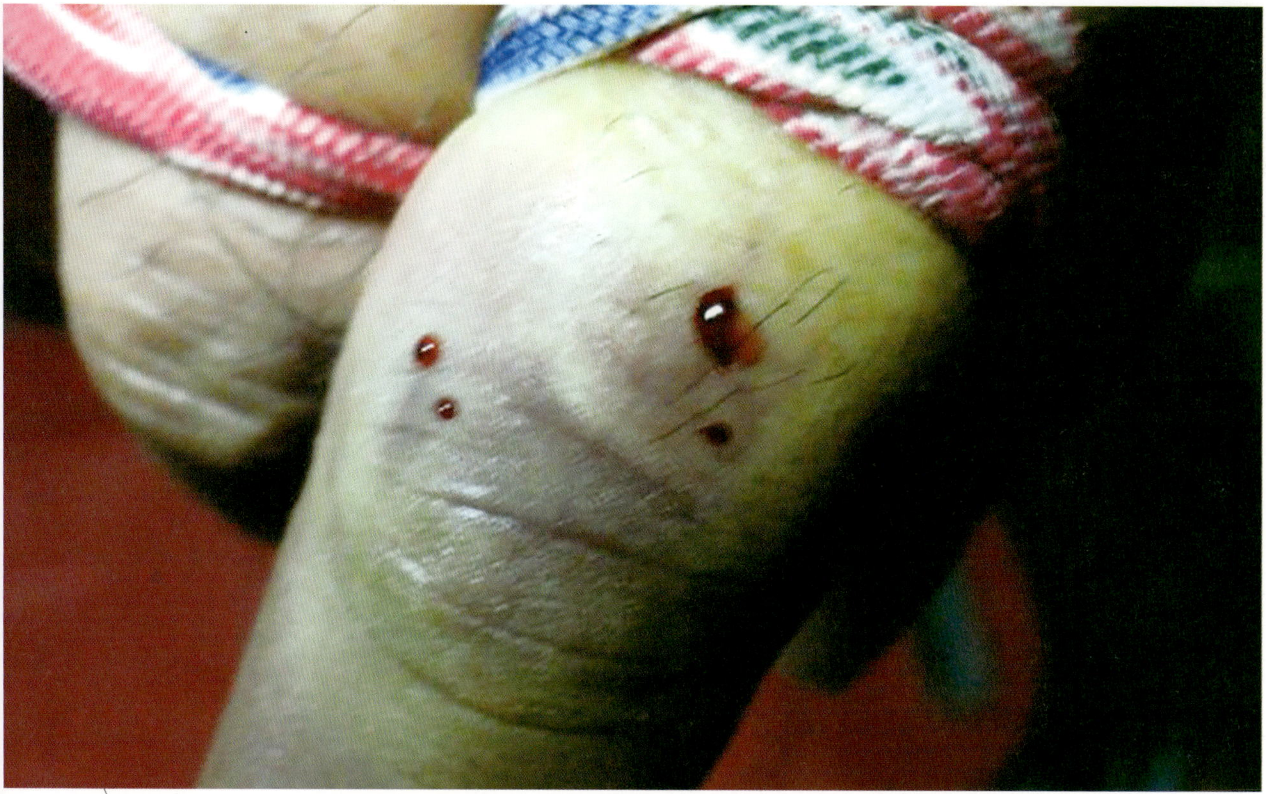

사례 10 뱀에 물렸어요

목적

- '동물에게 물렸다'며 신고되는 것 중에서 발생 빈도가 높은 뱀과 개 물림에 대해 알아본다.
- 뱀의 경우 독뱀과 비독성 뱀을 구별하고, 현장응급처치와 이송 병원 선정의 요령을 학습한다.
- 개 물림의 경우 개 주인에게 파악해야 하는 정보와 상처 치료에 대해 학습한다.

출동 개요

출동 메시지 '구급 출동!' 장소는 ○○면 ○○리 버스 정류장 부근 논에서 뱀에 물린 환자 발생

출동 정보
- **신고 시각** 6월 30일 09:58
- **출동 시각** 6월 30일 09:59
- **현장 도착** 6월 30일 10:15
- **현장과의 거리** 9km (16분 소요)
- **현장–병원과의 거리** 30km (32분 소요)

출동 인원
- **구급대원1** 리더(처치)
- **구급대원2** 대원(운전)

환자 정보 및 기타 정보 50대 남성, 담당 지역 구급차 출동 중으로 지원 출동 사항임

출동 단계

구급차 지휘센터! ○○ 구급차 출동 지령 세부 상황 알려주세요.

지휘센터 논에서 일하다 뱀에게 물렸다고 하며, 정확한 위치를 모른다고 하니 신고자와 통화하여 위치 확인하기 바람.

구급차 접수 완료!

대원1 (전화한다) 출동 중인 119 구급대원입니다. 현장까지 거리가 9km 정도입니다. 이동하는 동안에 몇 가지 물어보겠습니다.

신고자 네, 빨리 와주세요.

대원1 최대한 빨리 가겠습니다. 위치가 ○○리 버스 정류장 부근 논이라고 했는데 조금 더 설명해주시겠습니까?

신고자 저도 여기가 처음이라 잘 모르겠는데, 신고하면 위치 나오지 않아요?

대원1 기지국 위치라서 정확한 지점을 확인하기 어렵습니다. 주변에 건물이나 특이한 지형, 간판, 이정표 등이 없나요?

신고자 다시 한 번 찾아봐 주세요. 모두 산이고 버스 정류장에서 농로로 들어가서 도랑이 있는 것, 그것밖에 몰라요.

대원1 네, 알겠습니다. 저희가 찾아보겠습니다. 지금 상태가 어떠세요?

신고자 그냥 좀 빨리와 주시면 안 되나요? 끈으로 묶어 놓고 있는데, 너무 아프다고 난리에요.

대원1 네, 지금 근처까지 4km 정도 남았습니다. 그러니까 위치가…….

01 신고자가 사고 장소를 설명하기 어려운 상황일 때 위치 정보를 얻는 방법에 대해 생각해 보자.

02 뱀 물림 환자에게 접근하기 위해 필수적으로 준비할 장비는 어떤 것들이 있을까?

현장 상황

현장 도착 시 신고자와 환자는 뱀에게 물린 현장에서 떠나 도로가로 나와서 구급차를 기다리고 있다. 길에는 차량 통행이 적어 별다른 위험 요인이 파악되지 않았다. 환자는 신발 끈으로 물린 부위 윗부분을 묶고, 두 손을 머리 위로 받쳐 들고 불안해하고 있다. 뱀의 종류를 물어보았으나 확인할 수 없었다.

03 환자가 뱀을 봤지만, 독이 있는 뱀인지 아닌지 알지 못한다면 어떻게 확인하겠는가?

1차 평가

기본 활력징후 및 병력 청취	
의식 상태	A(명료함)
기도 및 호흡 상태	기도가 개방되어 있으며 적절한 호흡량
순환 상태	노동맥에서 규칙적이며 강한 맥박이 확인된다.

04 1차 평가 중 가장 중요하게 봐야 할 임상적 특징은 무엇인가?

2차 평가

머리 위에 올린 팔을 아래로 내리도록 조치한 뒤에 환자가 안정을 취할 수 있도록 한다. 대원1은 대원2에게 활력징후 평가를 요청하고, 환자 평가 후에 응급처치 계획을 세운다.

Tip

뱀 물림 환자의 병력 청취
- 물림/찔림/긁힘 등의 유형 구별
- 관련된 동물/곤충 등에 관한 정보
- 발생 시각, 위치, 환부의 크기 확인
- 애완동물인지 야생 동물인지 확인
- 파상풍 및 광견병의 위험

■ 문진과 활력징후

대원1 신고하기 얼마 전에 뱀에 물리셨나요?

환자 논에서 일하다가 물리고 한 5분 정도 후에 신고한 것 같아요.

대원1 혹시 뱀 머리가 어떻게 생겼는지 보셨나요?

환자 자세히는 못 보았지만 넓적하고 색이 까무잡잡했어요.

대원1 혹시 어지럽거나 숨쉬기 어려운 증상이 있으신가요?

환자 아니요. 물린 손가락만 아프네요.

대원1 평소 진단 받거나 약 드시는 것이 있나요?

환자 2년 전부터 혈압이 높다고 해서 고혈압약을 먹는 것 외 특별한 것은 없습니다.

대원1 마지막으로 식사는 언제 했나요?

환자 아침 7시에 식사했어요.

대원1 통증이 0~10점 정도 있다면 어느 정도로 아픈지 숫자로 말씀해 주세요.

환자 처음에는 8점인데, 지금은 6점 정도 되는 거 같네요

대원1 혹시 파상풍이나 예방접종 이력, 알레르기는 없나요?

환자 접종은 독감 접종 말고는 모르겠고, 알레르기는 없었어요.

대원1 아픈 느낌은 어떤가요?

환자 바늘로 찌르는 듯이 따끔한 느낌입니다.

Tip

뱀 물림 환자의 검진
- 국소 반응(통증, 부종, 발적, 두드러기, 가려움증, 열상, 출혈 등)을 확인
- 전신 반응(호흡곤란, 청색증, 의식의 변화, 쇼크, 저혈압, 아나필락시스 등)이 있는지 확인
- 환자의 의식 상태, 피부, 손상 부위 등 신경학적인 검사 시행
- 감염의 징후 유무 확인

■ 신체 검진

대원1 오른손 넷째손가락 중간 마디에 뱀에게 물린 이빨 자국이 선명했다. 그러나 자국 중 하나는 잘 보이고 나머지는 잘 보이지 않았으나 환자의 설명을 근거로 물린 이빨 자국은 2개로 추정되었다.
좌우측 폐음을 청진했을 때 특이한 소견은 없다.

대원2 활력징후와 동공 반응을 측정한다. [Rt 3mm(+)/Lt 3mm(+)]

시각	혈압	맥박	호흡	체온	SpO_2	혈당
10:18	110/95 mmHg	103회/min	14회/min	36.6℃	99%	105 mg/dL

05 뱀에 물린 환자 평가 시 필수 사항은 어떤 것들이 있을까?

06 뱀 물림 후 나타나는 증상과 중증도 분류 등급에 대해서 알고 있는가?

현장 심전도

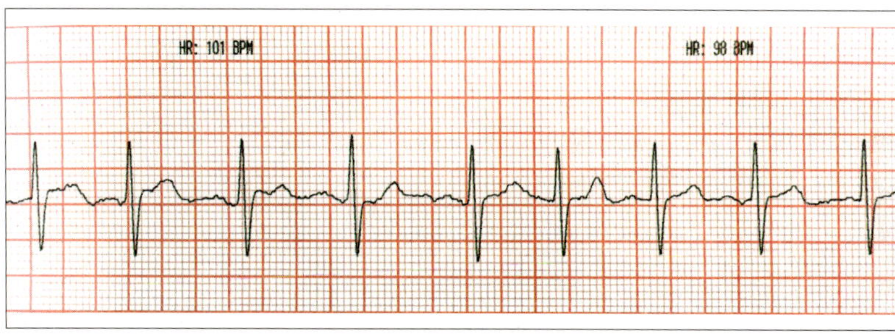

07 위 심전도에 대한 해석은?

1)	리듬이 규칙적인가?	□ 규칙적	□ 불규칙적	
2)	맥박수가 정상인가? (정상: 60~100회)	□ 정상	□ 빠름	□ 느림
3)	P파 너비가 정상인가? (정상 ≤ 3칸)	□ 정상	□ 넓음	
4)	PR 간격이 정상인가? (정상 ≤ 5칸)	□ 정상	□ 늘어남	□ P파 뒤에 R파가 없다
5)	QRS 너비가 정상인가? (정상 ≤ 3칸)	□ 정상	□ 좁음	□ 넓음
6)	ST 분절은 정상인가?	□ 정상	□ 상승	□ 하강

08 2차 평가 내용을 바탕으로 기록해 보자.

신체 검진	
시진(눈으로 보이는 이상)	
청진(비정상적인 호흡음, 소리)	
촉진(손으로 느껴지는 이상 반응 확인)	
타진(소리나 반응으로 이상 반응 확인)	
동공 반응(빛반사/크기)	

활력징후						
시각	혈압	맥박	호흡	체온	SpO_2	혈당
:	/ mmHg	회/min	회/min	℃	%	mg/dL

Allergy(알레르기 유무)	
Medication(복용 중인 약물)	
Past illness(과거 병력, 수술력)	
Last meal(마지막 음식물 섭취 시간)	
Event[사고 당시 상황(기전)]	
Onset(발생 시점)	
Provocation(유발/악화/완화 요인)	
Quality(통증/증상의 유형)	
Region(연관된 통증/증상의 부위)	
Severity(통증/증상의 정도)	
Time(통증/증상 지속 시간)	

현장 처치

대원1과 2는 상처 부위를 확인한 후 즉시 드레싱을 시행한다.

상처 주위로 묶은 끈은 혈류 흐름을 막을 정도로 강한 압력이 아니어서 말초혈관 재충혈 시간이 1초 이내로 정상이다. 상처 소독만 하고 끈은 그대로 유지한 채 이송하기로 한다.

대원1 환자분 지금 끈을 묶고 있는데, 손가락 끝이 마비되는 느낌이나 차가운 느낌이 있지는 않나요?

환자 네, 뭐 그렇게 강하게 묶은 것은 아닙니다. 독이 퍼져나갈 수 없도록 끈을 묶는 거는 평소에 알고 있었거든요.

대원1 네, 끈을 묶은 위치도 5cm 넘는 위치로 잘 묶으셨습니다.
지금 혈류 흐름에 지장을 주는 상태는 아닌 것 같아서 저희도 소독만 하고 그대로 유지하면서 병원으로 가겠습니다.
우선 항뱀독소를 보유하고 있는 병원으로 가야 합니다. 이송 중에 항뱀독소가 있는 병원을 찾으면서 가도록 하겠습니다.

09 뱀 물림 환자에게 제공할 응급처치와 하지 말아야 하는 것은 무엇인가?

10 뱀 물림 외에도 개 물림 사고도 자주 발생하고 있는데, 개 물림 환자의 응급처치에 특히 신경 써야 하는 부분은 무엇인가?

이송 단계

환자는 거즈와 붕대로 상처가 드레싱된 상태로 구급차에 올랐다. 구급대원은 다른 증상 유무를 확인했고 환자에게 병력 등을 확인했다. 이송 중 가장 근거리에 있는 병원에 항뱀독소 보유 여부를 확인했으나 없어서 현장으로부터 약 30km 거리의 병원에서 보유하고 있다는 정보를 입수하고 그쪽으로 이송을 시작했다.

활력징후는 다음과 같다.

시각	혈압	맥박	호흡	체온	SpO_2
10:50	130/70mmHg	93회/min	18회/min	36.9℃	99%

이송 중에 특별한 증상 변화 없이 응급실에 도착한다.

11 뱀 물림 후에 심뇌혈관과 관련된 증상의 발현은 증상의 악화를 의미한다. 어떤 증상이 포함되는가?

병원 단계

10:57

병원 도착 시 구급대원은 환자와 함께 응급실로 이동하며, 의료진에게 사고 경위, 활력징후, 현장 처치 내용 및 현장 상태를 인계한다.

의료진 어떤 환자인가요?

대원1 네, 뱀 물림 환자로 항뱀독소 때문에 전화드렸습니다.

의료진 네, 다시 설명 부탁드립니다.

대원1 평소 고혈압 외 특별한 질환이 없던 55세 남자로, 금일 09시 53분경 논에서 작업 중에 오른쪽 넷째손가락 중간 마디를 뱀에 물렸습니다. 뱀에 물린 후 환자가 스스로 손가락을 끈으로 묶고 있는 상태로 있었습니다. 특별한 알레르기는 없었다고 합니다. 이송 중에 특별한 문제 없었습니다.

의료진은 정맥로 확보 후 항뱀독소(항사독소, antivenin)를 주입했고 6시간 관찰 후 증상이 호전되어 귀가시켰다.

Tip

항뱀독소?

구급대원은 뱀 물림 환자 이송 병원 선정에 있어 관내 항뱀독소 보유 현황을 알고 있어야 하며 정보가 없으면 지휘센터 또는 이송 병원에 사전 문의해야 한다.

뱀의 독소(toxin)와 유독소(toxoid)를 주입한 후 면역화한 말의 혈청을 정제한 뱀독 중화 글로블린 단가 항뱀항소(monovalent antivenin)를 국내에서는 2002년부터 사용 중이다.

과거에는 Pit Viper의 뱀 물림 등급분류표 치료 지침에 따라 사용량을 달리 처방했으나 최근 임상에서는 약품 제조사 권장 지침에 따라 사용 중이다.

항뱀독소는 물린 후 4시간 이내에 투여되어야 한다. 8시간 이후 투여 시에는 효과가 떨어지는 것으로 나타난다.

※ 참고: 항뱀독소 투여 방법

약제는 Kovax Freeze-Dried Agkistrodon Halys 6000IU(코박스 건조 살모사 말 항뱀독소 주 R Han All Pharmaceutical, Seoul, Korea)이다.

[투여 방법]

환자의 나이, 체중 등과 상관없이 나타나는 증상에 따라 투여량이 정해진다. 그러므로 소아나 성인의 투여량은 동일하다. 기본은 6,000unit이다.

1) 첨부 용제에 희석: 2mL/min 피하주사 또는 정맥주사
2) N/S 500mL에 희석: 30~60분 또는 5시간 IV 투여 후 2시간까지는 급성 과민 반응이 나타날 수 있으므로 에피네프린 투여를 준비해야 한다.
   출혈에 대한 치료 효과는 항사독소 투여 1시간 이내에 나타난다(첨부 용제는 20mL다).

증상이 경감되지 않을 때는 2~3시간 후에 3,000~6,000unit(10~20mL)를 추가 주입한다. 다량 투여 시 serum sickness(반점, 가려움증, 관절통, 발열, 림프절 종대)의 증상이 나타날 수 있다.

12 어떤 환자는 독이 있는 뱀에 물려도 증상이 없어 병원 이송을 거부하기도 한다. 만약 환자가 이송을 거부하고 있을 때 어떻게 설득해야 하는가?

13 상기 사항을 구급일지에 작성해 보시오.

제한점

- 물린 뱀에 대한 정보가 충분하지 않아 이송 병원에 빠른 처치에 필요한 필수 정보 제공이 어려웠다.
- 지역 응급의료기관에 따라 뱀 물림에 대비한 항뱀독소를 갖추지 않아 치료가 가능한 의료기관을 선정하기가 어려웠다. (현실적으로 도심 지역에는 응급의료센터급 이하 응급실에 없는 경우가 많고, 시골 지역에는 갖추는 경우가 많으나 반드시 확인하는 것이 중요하다.)
- 만약 현장에 여전히 개가 묶이지 않은 상태로 있다면 접근하는 대원은 자신들의 안전을 확보한 후에 접근해야 한다. 필요시 관계 기관의 요청도 생각해 보아야 한다.

실전 문제

01 뱀 물림 환자의 신체 검진으로 옳지 않은 것은?

① 상처 확인 후 국소 반응(통증, 부종, 발적, 두드러기, 가려움증, 열상, 출혈 등)을 확인한다.

② 전신 반응(호흡곤란, 청색증, 의식의 변화, 쇼크, 저혈압, 아나필락시스 등)이 있는지 확인한다.

③ 환자가 전신 반응을 보이면 뱀 물림 부위를 높게 들어준다.

④ 감염의 징후가 있는지 확인한다.

02 동물/곤충/뱀에 물린 환자의 응급처치 시 주의 사항으로 옳은 것은?

① 벌침이 남아 있을 때 핀셋을 이용하여 제거한다.

② 독사에 물렸을 때는 상처를 심장보다 높게 위치시키고 주변 환경을 조용하게 유지한다.

③ 물린 부위에서 심장 쪽으로 10cm 정도 떨어진 곳에 손수건 등을 이용하여 묶도록 한다.

④ 독사에 물린 경우 부축을 해서라도 신속하게 병원으로 이송한다.

03 뱀 물림 환자의 임상적 특징이 아닌 것은?

① 국소적인 통증, 부종, 반상 출혈, 출혈성 물집, 출혈 등이 있다.

② 독사에 물린 경우 세 개 이상의 독니 자국을 관찰할 수 있다.

③ 불안정한 활력징후를 보이기도 한다.

④ 전신적인 반응으로 의식의 변화, 파종성 혈관내응고증 등을 보인다.

04 광견병에 걸린 개의 특징 중 다른 하나는?

① 눈을 불완전하게 움직이며 쉽게 흥분한다

② 사람을 경계하며 구석에 가만히 있다.

③ 짖는 소리가 쉬고 되풀이하여 길게 짖는다.

④ 전신을 가볍게 떨고 아래턱의 마비가 일어나며 침을 흘린다.

정답 1 ③, 2 ③, 3 ②, 4 ②

1-③ 전신 반응이 있다면 환자의 의식 상태, 피부, 손상당한 부위, 목, 폐, 복부, 등, 신경학적 검사를 한다.

2-③ 벌침이 남아 있을 시 신용카드 등을 이용하여 부드럽게 제거한다(핀셋 사용 금지).

3-② 독사에 물린 경우 두 개의 독니 자국을 관찰할 수 있다.

4-② 사람을 경계하며 구석에 가만히 있다.

사례 풀이

01 신고자가 사고 장소를 설명하기 어려운 상황일 때 위치 정보를 얻는 방법에 대해 생각해 보자.

119에 신고되면 크게 두 가지 방법으로 위치가 확인된다.

이동 전화로 신고하면 기본적으로 이동 통신 기지국 범위(기지국 중심 200m~2km) 또는 스마트폰 GPS가 켜져 있을 때(20~50m) 범위로 표시된다. 일반 전화는 가입자 등록 주소가 정확히 표시된다. 최근 스마트폰의 보급이 높아지면서 GPS와 Wi-Fi(최대 1m)를 수신하고 있는 휴대 전화는 비교적 정확하게 위치가 파악되고 있다.

앱 스토어에서 '119 다매체 신고' 어플을 설치하거나 카카오톡, 지도에서 자신의 위치를 상황실이나 출동 중인 구급차 번호로 전송하는 방법이 가장 정확할 수 있다. 환자는 시골 지역 논에서 신고한 경우로, GPS를 끄고 있다면 위치 파악에 상당한 오차 범위가 발생하게 되는 상황이다. 더욱 정확한 위치 파악을 위해서는 가까운 건물 등의 정보를 얻기 위한 노력이 필요하다. 야외에서 주변에 건물 등이 없다면 전봇대에 적힌 일련번호, 국가지점번호(산악 위치)를 이용하여 위치를 파악할 수 있다.

신고 내용을 충분히 확인하여 지형지물이나 현장 주변을 신고자의 입장에 서서 생각해 볼 수 있어야 한다. 신고자가 최초 어떤 도로에서 진입했는지, 산이나 강의 위치를 몇 시 방향에서 보고 진입했는지 등은 좋은 정보가 될 수 있다.

모든 것에 실패한다면 위치 추적을 고려해 볼 수 있다.

119 신고 앱

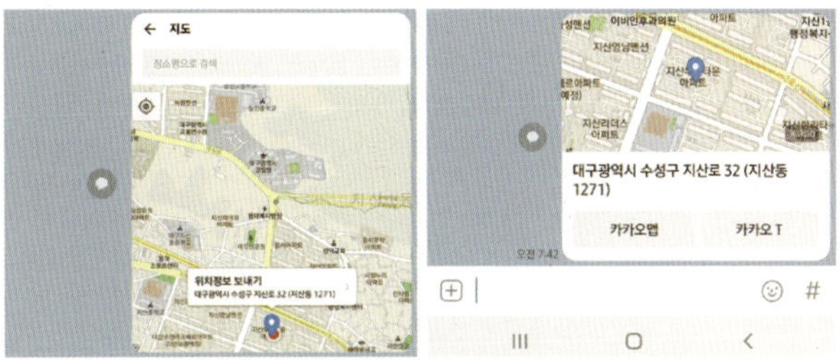

카카오톡 위치 정보 보내기

새 주소/도로명

고속도로 이정표

국가지점번호(산악 위치)

승강기 고유 번호

전신주

02 뱀 물림 환자에게 접근하기 위해 필수적으로 준비할 장비는 어떤 것들이 있을까?

우선 주변에 뱀이 없는지 안전을 확인하고 접근해야 한다. 뱀에 물린 환자라 하여 특별한 장비가 있는 것은 아니다. 일반적인 외상 환자 기준에 따라 활력징후 측정과 출혈을 조절할 수 있는 외상 세트, 움직임 제한을 위한 부목 등을 필요로 한다.

만약 현장에 뱀이 남아 있을 것으로 의심되면 뱀을 포획하기 위한 장비를 생각할 수 있지만, 펌프 차량이나 구조대가 출동한 경우가 아니라면 구급차에서는 불필요하다.

03 환자가 뱀을 봤지만, 독이 있는 뱀인지 아닌지 알지 못한다면 어떻게 확인하겠는가?

환자나 보호자로부터 뱀의 형태(독사는 대부분 삼각형 머리)와 색상에 대한 진술을 통하여 뱀의 종류를 추정해 볼 수 있다. 물린 부위의 이빨 자국을 확인해 뱀의 독성 여부를 가늠할 수 있다. 독사는 구개의 큰 독아(독니, fang)가 있으므로 하나 혹은 두 개의 독아 상처(fang wound)를 물린 부위에서 찾을 수 있다. 또, 환자의 국소 반응 속도가 빠르고 호흡곤란 등 전신적인 반응이 나타난다면 독사일 가능성이 매우 크다.

	독이 있는 뱀	독이 없는 뱀
특징	• 삼각형 머리(살모사류), 타원형 머리(유혈목이) • 위아래로 길게 찢어진 형태의 동공 • 몸통에 얼룩덜룩한 무늬(살모사류) • 집어넣을 수 있는 송곳니	• 둥근 머리 • 둥근 형태의 동공 • 움푹 팬 구멍 없음 • 송곳니 없음 • 꼬리 아래쪽을 가로지르는 이중 비늘줄
형태	 	
이빨 자국		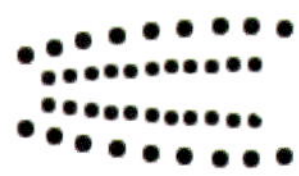

04 1차 평가 중 가장 중요하게 봐야 할 임상적 특징은 무엇인가?

일반적으로 환자는 두려움과 놀람 등으로 매우 불안해한다. 독이 있는 뱀에 물렸어도 병원 이송 후 항뱀독소를 사용하면 예후가 좋으므로 걱정하지 않아도 된다고 환자를 심리적으로 안정시킨 후 활력징후를 측정한다. 과한 움직임과 흥분은 심박수를 증가시켜 독이 빨리 퍼질 수 있음을 주지시키며 처치에 협조해 달라고 한다. 독소나 과민반응 등으로 불안정한 활력징후가 나타나는지, 이로 인한 의식 변화 등 전신적인 변화가 있는지 확인한다.

05 뱀에 물린 환자 평가 시 필수 사항은 어떤 것들이 있을까?

독성이 있는 교상의 경우는 물린 시각을 파악하고, 물린 부위의 부종을 확인하여 독성의 진행 정도를 확인해 볼 수 있다. 또한, 환자가 음주 상태인지, 물린 후 환자나 보호자가 독소 제거를 위해 입으로 상처를 빨아내는 행위를 했는지도 확인해야 한다.

뱀 독소가 퍼지는 것을 지연시키기 위해 묶어 놓은 부위가 너무 조이지는 않는지, 노끈(날카로워서 너무 조일 수 있다) 등으로 묶지는 않았는지 등을 확인하고, 비교적 넓은 천 등으로 정맥 순환과 림프 순환을 지연시키는 정도로(손가락이 겨우 들어갈 정도) 묶도록 한다.

06 뱀 물림 후 나타나는 증상과 중증도 분류 등급에 대해서 알고 있는가?

뱀에 물리면 가시나 바늘에 찔린 것 같은 느낌, 또는 화상 입은 듯한 통증을 느끼지만, 그것은 차츰 사라진다.

어떤 사람들은 수풀에서 뱀에 물린 경우 뱀을 확인하지 못했을 때 아예 물린 사실을 모르는 때도 있다.(벌레에 물렸거나 뾰족한 것에 찔렸다고 생각했다가 물린 부위가 부어오르거나 통증이 심해서야 응급실을 찾게 된다.)

환자가 느끼는 통증은 물렸을 때 NRS(numeral rating scale) 8점에서 이송 중 6점 정도로 줄었다고 표현하기도 한다. 증상은 뱀의 종류에 따른 독의 성질(혈액 독, 신경독)과 주입된 양에 따라 결정된다. 뱀의 종류를 유추할 수는 있지만, 물린 후 주입된 양의 정도가 확인이 안 되며, 환자의 기왕력과 연령대에 따라 증상의 정도가 다르게 나타난다.

물린 후 15~20분 정도에 화상 입은 느낌, 부종(히스타민 반응), 압통, 출혈 등의 증상은 8~32시간까지 계속되므로 물린 시간을 확인한다. 뱀에 물린 후 8~12시간 이후에 신고된 환자에서 별다른 증상이 없다면 독 주입의 가능성이 매우 낮은 것으로 보면 된다.

뱀독은 종류에 따라 신경독소(neurotoxin), 세포용해소(cytolusin), 단백분해요소(proteolytic factor)를 가진 독으로 구분된다. 우리나라 독뱀(살무사류)은 혈액 독을 갖고 있어 혈관 투과도를 빠르게 증가시켜 주위 조직으로 혈장과 혈액을 유출해 저혈량증을 발생시켜 조직 손상을 일으킨다.

독이 주입되지 않았거나 약한 경우(국소적 반응)에는 통증, 부종, 가려움증, 열감, 발적, 두드러기, 열상, 출혈, 근육 괴사 증상만 나타난다. 많은 양의 독이 주입된 경우에는 물린 부위의 출혈(혈액 응고 기능 장애)부터 전신 쇠약, 심혈관계 증상(현기증, 호흡곤란, 쇼크 증상, 오심, 구토, 현기증, 의식 변화), 신경독성(neurotoxicity), 장기 손상까지 나타날 수 있다.

■ 표-1 독이 있는 뱀 물림 환자의 중증도 분류 등급표(미국 살무사 중증도)

	독사 교상의 중증도 분류	미국 살무사 중증도 분류 기준
등급	증상 및 징후	antivenin 투여
0등급	뱀에 물렸으나 증상은 없음	필요 없음
1등급	• 국소 증상: 중증도의 통증, 홍반과 부종 • 전신 증상: 없음	필요 없음 (또는 0~5 vial)
2등급	• 국소 증상: 심한 통증, 부종(물린 부위의 15~30cm)과 점상 출혈 • 전신 증상: 열, 전신 쇠약감 및 구토	5~10 vial
3등급	• 국소 증상: 광범위한 통증, 부종(30cm 이상)과 반상 출혈, 조직 손상 • 전신 증상: 증상의 빠른 진행, 회전성 어지럼증	10~15 vial
4등급	• 국소 증상: 부종의 빠른 진행(몸통을 포함할 수 있다), 근막 긴장은 동맥/정맥 흐름을 방해할 정도의 근막 긴장, 반상 출혈, 괴사, 출혈, 물집 • 전신 증상: 중추신경 증상, 시각 이상, 쇼크, DIC(Disseminated intravascular coagulation)	20 vial 이상

우리나라에서 뱀 물림 환자에 대한 중증도 분류는 미국 살무사 중증도 분류법을 인용하여 사용하고 있으며, 국내에는 1990~2010년까지 다수의 연구자에 의한 중증도 분류를 기록한 자료가 있다.

우리나라 연구에서도 중증도 Grade II(표-1에서 3등급을 의미) 이하가 대부분을 차지하는 것으로 나타났다.

■ 표-2 우리나라 뱀 물림 환자의 중증도 등급표

기간	환자 수	등급					해독제 합병증		사망	참조
		I	II	III	IV	V	피부[a]	혈청병		
'08~'10	62	6(9.7)	47(75.8)	9(14.5)	0(0.0)	0(0.0)	2(4.3)	1(1.6)	0	You et al. (2013) [20]
'06~'08	32	0(0)	13(40.6)	15(46.9)	2(6.3)	2(6.3)	–	–	0	Kim et al. (2009) [21]
'99~'08	170	2(1.2)	39(22.9)	75(44.1)	53(31.2)	1(0.6)	–	–	0	Park et al. (2009) [22]
'00~'06	169	4(2.4)	78(46.2)	66(39.1)	19(10.5)	2(0.6)	–	–	0	Jin et al. (2008) [23]
'00~'04	108	4(3.7)	58(53.7)	34(31.5)	10(9.3)	2(1.8)	0	0	0	Jun et al. (2004) [24][b]
'95~'99	97	2(2.1)	36(37.1)	39(40.2)	20(20.6)	0(0)	–	–	0	Kim et al. (2000) [25]
'91~'96	71	15(21.1)	25(35.2)	26(36.6)	5(7.1)	0(0)	3(11.5)	–	0	Cho et al. (1996) [26]
'95~'96	100	3(3)	47(47)	37(37)	13(13)	0(0)	–	–	0	Jang et al. (1996) [27][c]
'90~'93	105	44(41.9)	31(29.5)	15(14.3)	15(14.3)	0(0)	17(18.5)[b]	0	0	Kim et al. (1995) [28]
계	914	80(8.7)	374(40.9)	316(34.6)	137(15.0)	7(0.8)	1(0.5)	1(0.5)	0	

값은 숫자 또는 숫자(%)로 표시한다.
[a] 피부: 발진, 두드러기 등
[b] 열성 두드러기가 있는 항뱀독소 사용자 16명과 두드러기가 있는 Viken 사용자 1명
[c] 2등급부터 해독제를 투여한다.
출처: 임훈, 강형구, 김경환. 한국 뱀 교상에 대한 항뱀독소. *J Korean Med Assoc* 2013 December; 56(12):1095.

07 위 심전도에 대한 해석은?

1) 리듬이 규칙적인가? ☑ 규칙적 ☐ 불규칙적
2) 맥박수가 정상인가? (정상: 60~100회) ☑ 정상 ☐ 빠름 ☐ 느림
3) P파 너비가 정상인가? (정상 ≤ 3칸) ☑ 정상 ☐ 넓음
4) PR 간격이 정상인가? (정상 ≤ 5칸) ☑ 정상 ☐ 늘어남 ☐ P파 뒤에 R파가 없다
5) QRS 너비가 정상인가? (정상 ≤ 3칸) ☑ 정상 ☐ 좁음 ☐ 넓음
6) ST 분절은 정상인가? ☑ 정상 ☐ 상승 ☐ 하강

08 2차 평가 내용을 바탕으로 기록해 보자.

신체 검진	
시진(눈으로 보이는 이상)	오른쪽 넷째손가락 중간 마디에 두 개의 이빨 자국
청진(비정상적인 호흡음, 소리)	양쪽 대칭음 특이 사항 없음
촉진(손으로 느껴지는 이상 반응 확인)	–
타진(소리나 반응으로 이상 반응 확인)	–
동공 반응(빛반사/크기)	Rt 3mm(+)/Lt 3mm(+)

활력징후						
시각	혈압	맥박	호흡	체온	SpO_2	혈당
10:18	110/95mmHg	103회/min	14회/min	36.6℃	99%	105mg/dL

Allergy(알레르기 유무)	없음
Medication(복용 중인 약물)	고혈압
Past illness(과거 병력, 수술력)	없음
Last meal(마지막 음식물 섭취 시간)	07시 아침 식사
Event[사고 당시 상황(기전)]	논에서 일하는데 갑자기 손이 따끔함
Onset(발생 시점)	신고 시각 5분 전(09시 53분)
Provocation(유발/악화/완화 요인)	시간이 지남에 따라 통증이 약해짐
Quality(통증/증상의 유형)	바늘로 찌르는 듯한 통증
Region(연관된 통증/증상의 부위)	오른쪽 넷째손가락 중간 마디
Severity(통증/증상의 정도)	NRS 8점 → 6점
Time(통증/증상 지속 시간)	물림 후 계속

09 뱀 물림 환자에게 제공할 응급처치와 하지 말아야 하는 것은 무엇인가?

뱀에 물렸다고 느낀 사람은 통증보다는 공포감에 의해 매우 흥분하게 되어 뛰어다니거나 과한 움직임을 하게 되는데, 이러한 행위는 심박수를 높여 독이 빨리 퍼지게 할 수 있으므로 최대한 안정시켜야 한다. 그리고 독이 있는 뱀은 대상을 물고 나서 현장을 잘 떠나지 않고 관찰하는 사냥 습성이 있으므로 그 자리를 떠나야 한다.

■ 필요한 응급처치

1) 생리식염수나 멸균 증류수, 비눗물을 이용하여 상처 부위를 충분히 씻는다.
2) 부목을 적용하여 움직임을 제한(근수축 최소화)하면 독이 퍼지는 속도와 통증을 줄일 수 있다.
3) 물린 부위에서 5~10cm 위쪽에 혈액순환에 지장 받지 않을 정도로 묶는다. (림프 순환 최소화 목적)
4) 물린 부위가 환자의 심장보다 높지 않게(낮게) 자세를 유지하여 독이 퍼지는 것을 최대한 지연시킨다. (출혈 손상과 반대)
5) 대부분 부종이 생기므로 반지류는 미리 제거하고, 팔다리의 의류는 느슨하게 한다. (찢어야 하는 경우는 동의를 받는다.)
6) 물린 부위는 볼펜이나 싸인펜으로 둥글게 표시하고 30분마다 표시한다. (사진을 찍어 병원 의료진에게 인계할 때 사용하는 것도 좋은 방법이다.)
7) 이송 중에는 활력징후와 의식 상태를 계속 관찰한다.

※ 수축기 혈압이 90mmHg 미만이면 다리를 위로 들고 정맥로를 확보하여 혈압, 맥박수, 의식 등이 정상 범위로 회복될 때까지 5~10분마다 500mL(소아는 20mL/kg)의 생리식염수나 젖산 링거액을 투여(의료지도 후)한다.

※ 뱀에 물렸을 경우 팔에서 40~70mmHg, 다리에서 55~70mmHg의 압력으로 물린 부위 전체에 혈압계를 이용하여 압박한다. 이는 뱀독이 퍼지는 것을 막아주며 림프액의 흐름 속도를 줄이는 데 효과적이고 안전하다.

■ 추천하지 않는 처치들

1) 입으로 독을 빠는 행위: 물린 후 15분 이내에 독을 일부 빼내게 할 수는 있다고 하지만 실제 효과는 미비하며, 입안의 세균으로 인해 감염을 일으킬 수 있다.
2) 얼음찜질: 벌레 물림, 외상에서 통증과 부종 조절 목적으로 사용하지만 뱀 물림 상처에서는 혈액순환을 떨어뜨려 독에 의한 국소적 괴사를 일으킬 수 있으므로 하지 않는다.
3) 상처 부위를 심장보다 높임: 부종을 조절하기 위해 보편화된 방법이지만, 독뱀에 물렸을 때는 독이 심장으로 더 빠르게 이동하는 방법이 될 수 있어 하지 않는다.
4) 상처 부위 절개: 독 제거 효과는 없으면서 주변 조직까지 감염시킬 수 있어 하지 않는다.
5) 상처에서 심장에 이르는 가까운 혈관을 직접 묶기: 상처 부위를 묶는 이유는 림프 순환과 정맥 귀환을 지연시키는 목적이다. 동맥 혈관까지 눌러 혈류 흐름에 지장을 주는 것은 도움이 되지 않는다.

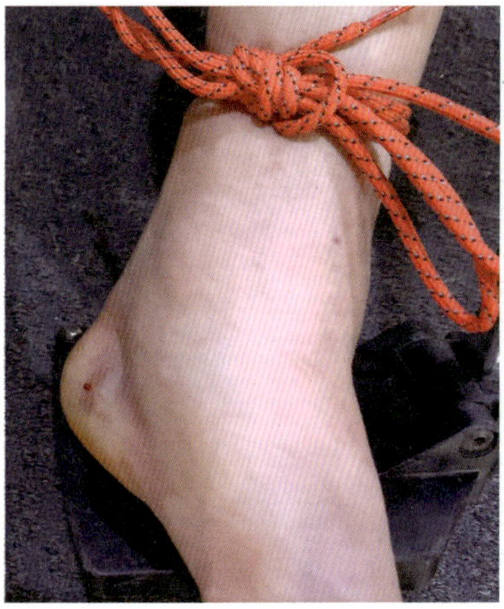

물린 뒤 5~10cm 위에 묶은 모습

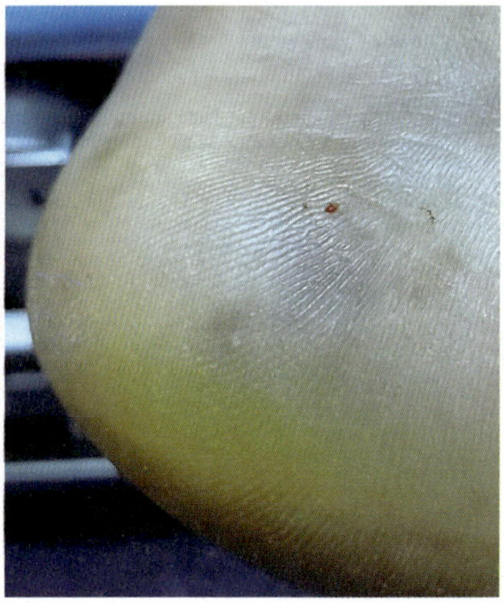

물린 뒤 30분 경과 모습

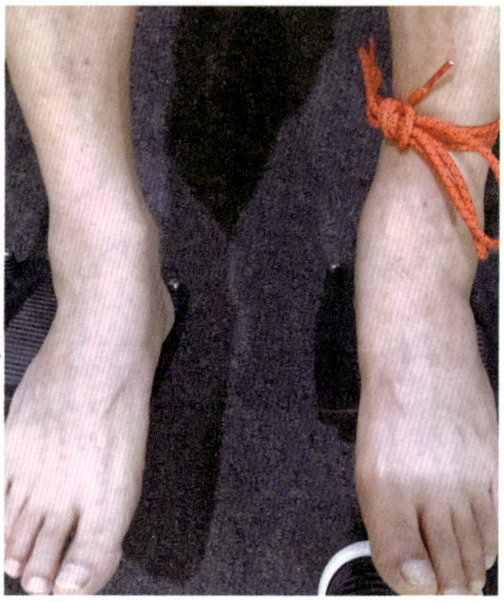

물리지 않은 다리와 비교

10 뱀 물림 외에도 개 물림 사고도 자주 발생하고 있는데, 개 물림 환자의 응급처치에 특히 신경 써야 하는 부분은 무엇인가?

1) 개는 먹이를 먹고 있거나 잠자거나 새끼를 돌보고 있을 때는 민감하므로 될 수 있으면 방해하지 않도록 한다.
2) 개 주인을 확인하여 최근 개의 상태 및 행동 양상의 변화가 있었는지, 야생 동물들과 접촉력이 있었는지 확인한다.
3) 예방접종(광견병) 여부를 확인한다.
4) 가해 동물을 7~10일간 격리 관찰하여 광견병의 증상(흥분, 불안, 우울, 경련, 공수, 마비, 혼수 등)을 확인해야 함을 알린다.
5) 환자의 상처를 즉시 비눗물과 흐르는 물로 깨끗이 씻어주도록 하고, 파상풍 예방접종 및 광견병 백신을 접종해야 한다.
6) 상처가 깊으면 손상 부위 깊숙이 세척하고 소독하여 세균 감염을 예방해야 한다. 개는 10일 정도 추적하고 관찰 기간 동안 주의 깊게 살펴보아야 한다. 때에 따라 미친개는 평소와 현저하게 다른 행동을 보이고 아무거나 물려고 하는 경향도 보인다. 민간요법으로 지혈 가루를 뿌리거나 된장 등을 바르면 오히려 2차 감염의 위험이 크다. 상처가 깊거나 주요 부위일 때 목숨이 위험할 수도 있으므로 될 수 있으면 신속하게 이송하도록 한다.

11 뱀 물림 후에 심뇌혈관과 관련된 증상의 발현은 증상의 악화를 의미한다. 어떤 증상이 포함되는가?

뱀 독소에 따라 심장이나 뇌 기능에 영향을 미치는 신경계 증상이 나타나는 경우는 응급 상황이므로 가까운 응급 의료기관으로 빠르게 이송되어야 한다.

1) 갑작스러운 전신 쇠약을 보이는 현상
2) 의식이 떨어지는 현상
3) 물체가 두 개로 보이는 복시(diplopia) 현상
4) 빠른맥과 현기증
5) 아나필락틱쇽 증상을 보일 때(해당 증상에 따른 응급처치가 필요할 때는 의료지도를 요청한다.)

12 어떤 환자는 독이 있는 뱀에 물려도 증상이 없어 병원 이송을 거부하기도 한다. 만약 환자가 이송을 거부하고 있을 때 어떻게 설득해야 하는가?

뱀 물림 사고로 신고된 후 일부는 증상이 없으므로 병원 이송을 거부할 수 있다. 실제로 뱀 물림 환자의 약 20%에서 무독성(dry bite's)인 것으로 보고되고 있으나 몇 시간 이후 중독 소견이 나타날 수 있어 우선 응급실 진료를 받는 것이 바람직하다. 이 같은 설명에도 불구하고 이송을 거부하는 경우 의료지도를 통해 환자와 통화하고, 이후 증상 발현 시에는 신고하도록 안내하고 이송거부확인서를 받도록 한다.

13 상기 사항을 구급일지에 작성해 보시오.

Cf: QR 코드 (챕터10 구급활동일지) 를 찍어 구급활동일지 예시를 확인할 수 있다.

119 구급대원 현장응급처치 표준지침(동물/곤충/뱀 교상/해양동물)
The Standard Protocols for 119 Emergency Medical Services Providers

절지동물(곤충류, 거미류, 갑각류 등)에 의한 물림과 찔림, 뱀에 물림, 동물에 의한 물림, 해양동물에 의한 물림 등으로 정의한다.

1. 임상적 특징

○ 절지동물에는 곤충류(벌, 말벌, 파리, 모기, 빈대, 불개미, 애벌레, 벼룩 등)와 거미류(거미, 전갈, 털진드기, 진드기 등), 갑각류(새우, 가재, 게 등) 이 있다.
- **국소적인 반응:** 찔린 곳의 통증, 발적, 부종, 가려움증이 특징적이다.
  - ▸ 초기에 국소적인 반응만 있었다 하더라도 중증 전진 반응으로 갈 수 있음을 인식한다.
- **독성 반응:** 아나필락시스와 유사하지만 오심, 구토, 설사, 어찔함, 실신 등이 더 흔한 증상이다.
- **아나필락시스:** 전신적인 알레르기 반응으로 경한 양상에서부터 치명적인 양상까지 나타날 수 있으므로 주의한다. 주로 절지동물에 찔린 이후 15분 이내에 발생하며, 대부분이 6시간 이내에 발생한다. 증상이 빨리 발생 할수록 더 심한 반응을 유발하며, 보통 찔린 후 한 시간 이내에 저혈압이나 기도폐쇄에 의한 치명적인 결과가 발생할 수 있다.
  - ▸ 초기 증상 : 가려운 눈, 얼굴의 홍조, 전신적인 두드러기, 마른기침
  - ▸ 증상은 갑자기 심해지며 목과 가슴의 조임, 쌕쌕거림, 호흡곤란, 청색증, 복통, 오심, 구토, 설사, 발열, 오한, 쇼크, 실신 등을 나타낸다.
  - ▸ 초기 증상이 발생한 8~12시간 후에 다시 증상이 재발할 수 있다.

○ 뱀에 물림: 독사에 의해 물린 경우, 독시의 독니 자국을 관찰 할 수 있으며, 국소적인 통증, 부종, 반상 출혈, 출혈성 물집, 출혈 등을 보인다. 전신적인 반응으로 불안정한 활력징후, 의식의 변화, 파종성 혈관내응고증 등을 보인다.

○ 동물에 긁힘, 물림: 국소적인 긁힘, 통증, 부종, 반상 출혈, 출혈 등을 보이며, 전신적인 감염증을 유발할 시에는 발열, 오한 등을 유발한다. 파상풍이나 광견병 등이 생길 수 있음을 고려한다.

○ 해양동물에 찔림, 쏘임: 해양동물에는 해파리, 말미잘, 독물고기 등이 있다.
- 해파리: 국소적인 극심한 동통과 부종을 보이며 전신적인 반응으로 쇠약감, 오심, 구토, 호흡곤란, 빈맥, 저혈압, 쇼크 등을 보인다.
- 말미잘: 촉수에는 독물질이 있는 자세포가 많아 접촉 시 만성 궤양을 동반한 광범위한 피부염, 발진, 호흡곤란 등을 보인다.
- 독물고기: 국소적인 반응과 전신적인 반응을 보인다.
  - ▸ 메기에 찔렸을 경우 국소 괴사가 일어난다.
  - ▸ 미역치에 찔렸을 경우 국소부위 통증, 실신 등을 보인다.
  - ▸ 독가시치에 찔렸을 경우 불에 타는 듯한 통증, 부종 등을 보인다.
  - ▸ 노랑가오리에 찔렸을 경우 상처부위 열감과 통증, 출혈, 실신, 허약, 오심, 불안 등을 보인다.
  - ▸ 쏠배감펭에 찔렸을 경우 국소부위 통증, 어지럼증, 호흡곤란, 두통, 흉통, 설사, 구토, 경련, 발열, 아나필락시스, 사망을 일으킬 수 있다.

2. 환자 평가 필수 항목

○ 병력 청취
- 물림/찔림/긁힘 등의 타입을 구별한다.
- 관련된 동물/곤충 등에 관한 기술 또는 사진
- 발생시각, 위치, 환부의 크기를 확인한다.
- 이전에 물림/찔림/긁힘 등이 있다면 반응이 어떠했는지 확인한다.

- 애완동물인지 야생동물인지 확인한다.
- 파상풍 및 광견병의 위험이 있는 지 확인한다.(동물의 백신 접종력 등)

○ 이학적 검진
- 상처 확인 후 국소반응(통증, 부종, 발적, 두드러기, 가려움증, 열상, 출혈 등)을 확인한다.
- 전신반응(호흡곤란, 청색증, 의식의 변화, 쇼크, 저혈압, 아나필락시스 등)이 있는지 확인한다.
- 전신반응이 있다면, 환자의 의식상태, 피부, 손상 받은 부위, 목, 폐, 복부, 등, 신경학적인 검사를 시행한다.
- 감염의 증후가 있는지 확인한다.

3. 응급처치 절차 및 방법

○ '환자 초기 평가·처치 표준지침'에 따라 전반적인 평가 및 처치를 시행한다.

○ 조이는 의류나 보석류는 제거한다. ☞ Ⓕ ② ①

○ 멸균증류수 또는 식염수를 이용하여 상처를 세척한다. 출혈이 있을 경우 깨끗한 거즈를 이용하여 10분정도 직접 압박을 시행한다. ☞ ② ①

○ 수축기 혈압이 90mmHg 미만이면 하지를 거상(☞ Ⓕ ② ①)하고 정맥로를 확보(☞ ①)하여 300mL(소아는 20mL/kg)의 생리식염수나 젖산 링거액을 투여(☞ ①) 하고, 혈압, 맥박수, 의식 등이 정상 범위로 회복되는지 확인한다. 쇼크가 지속될 경우 1L(소아는 10mL/kg)까지 수액을 지속적으로 투여한다.(☞ ①)

○ 뱀에 물렸을 경우 물린 부위를 건조드레싱 후 부목을 이용해서 움직임을 최소화 한다. 또한 물린 부위 위(심장에 가까운 근위부)로 탄력붕대를 감은 후(단, 동맥차단 금지, 말단부위 맥박 및 모세혈관 재충혈 확인) 심장보다 낮게 위치시키고 산소를 공급하며 이송(☞ Ⓕ ② ①)한다.

○ 해파리에 쏘이거나, 말미잘에 접촉한 경우 미지근한 생리식염수로 상처를 잘 씻어내고 문지르지 않도록 한다.

○ 독물고기에 찔린 경우 미지근한 생리식염수로 상처를 씻고 환부를 따뜻하게(40~50℃) 유지한다.

4. 응급처치 시 주의 사항

○ 벌침이 남아있을 시 신용카드 등을 이용하여 부드럽게 제거한다.

○ 곤충에 물렸을 경우 얼음 팩을 적용하며, 독사에 물렸을 경우에는 얼음 팩을 적용하지 않는다.(독소를 비활성화 시키지 못할 뿐만 아니라 동상의 위험성에 의한 조직괴사의 위험성이 높아지기 때문이다.)

○ 독사에 물렸을 때에는 상처를 심장보다 낮게 위치하며, 주변 환경을 조용하게 유지하고, 환자가 움직임을 최소화 하도록 한다.

○ 해파리, 독가시치, 노랑가오리의 독은 동물이 죽더라도 여전히 활동하므로 죽은 후에도 만지지 않도록 한다.

○ 독물고기에 쏘이거나 찔린 경우 상처부위를 문지르면 독소를 더 방출할 수 있으므로 상처부위를 문지르지 않는다.

5. 직접 의료지도 요청 기준

○ 정맥로 확보 및 수액 투여

○ 전문 기도유지술이 필요한 경우

○ 뱀 항독소가 필요한 환자의 이송 병원 선정 시

6. 이송 병원 선정 지침

○ 전신적인 반응, 아나필락시스, 뱀에 물린 경우에는 중증이므로 가까운 지역 응급의료센터 이상의 의료기관으로 이송함을 원칙으로 하되, 지역별 여건에 따라 의료지도 등을 받아 치료가 가능한 가까운 지역 응급의료기관으로 이송할 수 있다.

○ 특히 뱀에 물렸을 경우에는 의료지도를 요청한 후 **항독소**가 있는 지역 응급의료센터 이상으로 이송하며 관련 정보를 관할 구급상황관리센터에 요청할 수 있다.

○ 응급의료 취약 지역의 경우 가장 가까운 지역 응급의료기관 이상의 의료기관으로 이송함을 원칙으로 한다.

○ 국소적인 반응만 있는 경증 환자일 경우 경우에는 가장 가까운 지역 응급의료기관으로 이송한다.

※ 한국에 서식하는 뱀 종류(14종, 독뱀 4종, 비독뱀 10종)

구분				
독성				
	쇠살무사 (불독사)	살무사	까치살무사 (칠점사)	유혈목이
무독성				
	실뱀	무자치 (물뱀)	누룩뱀 (밀뱀)	

	비바리뱀 (제주도 서식)	흑질황장	대륙유혈목이	황/석/능/먹구렁이

* 신경독: 입과 목 그리고 호흡근을 마비시킨다.
* 출혈독(혈액독): 용혈 현상을 일으켜 혈관벽의 내벽 파괴, 적혈구 용혈, 조직 세포 파괴로 내출혈이 일어난다.

출처: 한국생태연구소, 국립공원

교상

교상에서의 응급처치

교상에서의 공통된 응급처치는 세척과 소독이다. 세척과 소독을 통해 물린 부위를 깨끗하게 만들어 감염을 최소화시켜야 한다. 만약 출혈이 되고 있다면 멸균된 거즈나 깨끗한 수건, 천 등을 이용하여 출혈 부위를 지혈시킨다.

응급처치가 되었다면 병원으로 이송하여 치료를 받도록 한다.

광견병이란?

광견병은 교상에 의해서 감염되며 공수병(hydrophobia)이라고도 불린다. 개, 고양이, 여우, 너구리 등의 동물에게 물린 후 동물의 침에 있는 바이러스가 상처 부위를 통해 침입하여 감염된다. 일반 상처보다 2차 감염률이 8~9배 높으며 감염될 경우 광폭한 행위, 마비, 정신 장애 등의 증상이 나타난다. 또한 물을 두려워하는 증상(공수증)이 나타나고 바람과 소리 등에도 민감한 반응을 보이게 된다.

광견병의 증상

광견병의 증상을 크게 5단계로 나눠보면 다음과 같다.

1. 잠복기: 약 20~90일 정도이며 이 기간에는 환자의 일반적인 증상과 징후가 없을 수도 있다.

2. 전구기: 첫 번째 증상이 나타나는 시기이며 약 2~10일 정도이다. 물린 부위의 통증이나 감각 이상이 나타날 수 있고 두통, 발열, 구토, 불안, 초조, 우울증 등의 증상이 나타난다.
3. 급성 신경학적 양상: 신경학적 징후가 나타나는 시기(2~7일)로 물을 무서워하는 공수증이 나타나고 과호흡, 저산소증 등의 증상도 나타난다. 소리나 바람에도 예민해지고 심하면 혼돈, 환각 등의 증상도 나타난다.
4. 혼수: 이 단계에서는 혼수 상태에 빠지게 되고 저혈압, 뇌하수체 기능 장애 등의 증상이 나타난다. 증상이 심하면 부정맥, 무호흡, 심장 정지 등의 증상이 나타난다.
5. 회복(또는 사망): 수개월이 소요되고 이 기간에 공기가슴증, 혈전증, 이차 감염 등의 증상이 있을 수 있다.

광견병의 응급처치

우선 개의 주인이 있다면 개가 광견병 예방접종을 맞았는지 여부를 확인한다. 그리고 상처 부위를 비누와 흐르는 물로 깨끗이 씻어낸 후 베타딘 같은 소독제를 희석하여 소독해 주는 것이 좋다. 상처를 문지르는 것은 상처를 악화시킬 수 있으므로 피해야 한다. 상처는 소독된 거즈 등을 이용하여 출혈 부위를 직접 압박하여 출혈을 억제한다. 환자를 병원으로 이송할 때 환자의 파상풍 예방접종 여부와 시기를 알려주면 병원 의료진에게 도움이 된다.

광견병의 노출 후 예방법

일단 사람을 문 개를 10일간 관찰한 후 광견병의 임상적 증상이 없다면 상처만 치료한다. 하지만 관찰하는 동안 광견병에 걸렸거나 의심되는 경우에는 즉시 치료를 시작하고 개의 뇌 조직 검사를 통해 광견병 여부를 확인한다.

광견병은 혈액과 뇌척수액에서의 광견병 바이러스 특이항체 검사, 머리털 부분의 피부 조직 검사, 침에서의 광견병 바이러스 핵산 검출 검사 등을 통해 진단할 수 있다.

Reference

1. 소방청. 《119 구급대원 현장응급처치 표준지침》, 2023.
2. 국가건강정보포털(보건복지부/대한의학회/대한응급의학회) https://ko.wikipedia.org/: 동물 및 곤충에 의한 응급상황, 2013. 11. 12.
3. Dart RC, Hurl but km, Garcia R, Boren J. Validation of a severity score for the assessment of crotalid snakebite. Ann Emerg Med 1996;27:321–326.
4. 임훈, 강형구, 김경환. 《한국 뱀 교상에 대한 항뱀독소》, *J Korean Med Assoc* 2013 December; 56(12): 1091–1103.
5. Kim DH, Choe SM, OhYM, Oh JS, KyongYY, Choi KH. Clinical significance of delayed re-eva;uatopn in initial symptoms following snakebite injury. J Korean Soc Clin Toxitocal 2009;7:98–104.

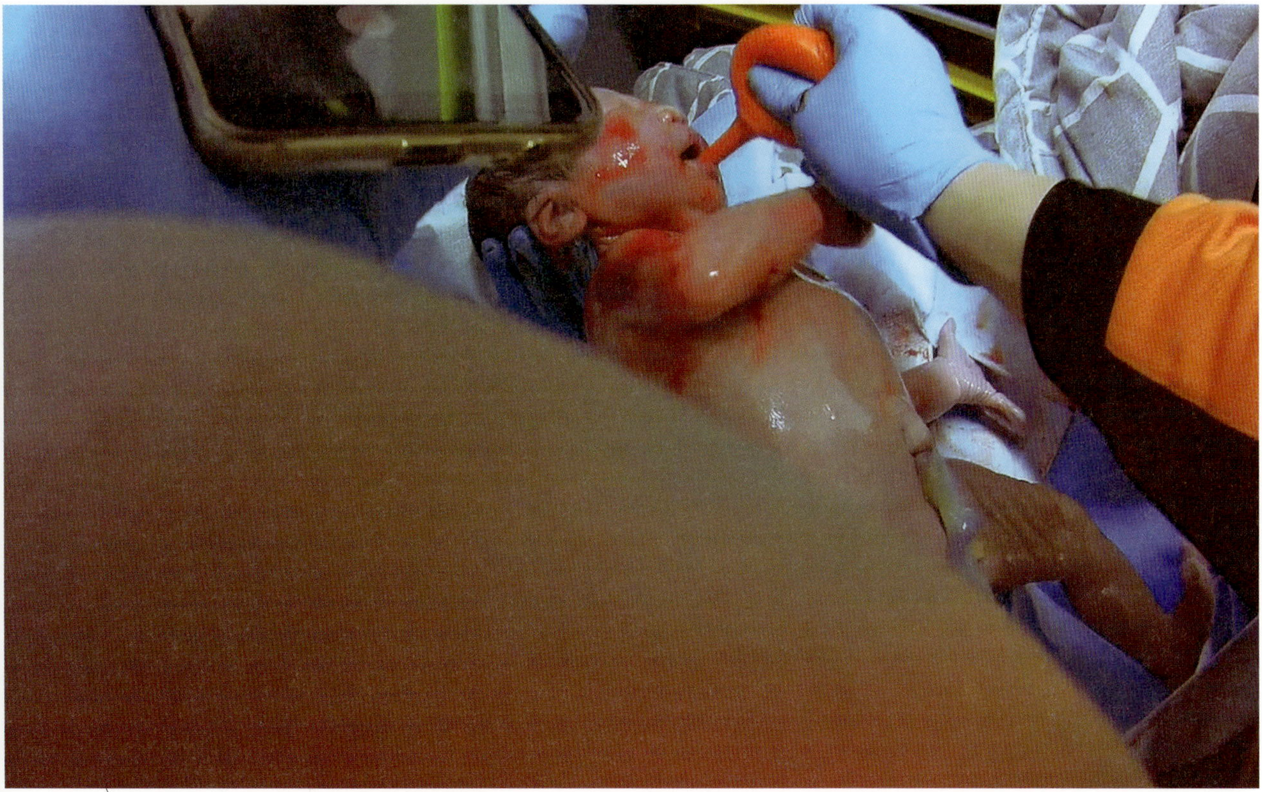

사례 11 아기가 나오는 것 같아요

목적

- 신종 감염병 확진자가 분만통으로 신고되었을 때 병원 선정하는 방법을 이해한다.
- 오랜 시간 대기 중에 분만이 시작될 때 현장 분만의 적응증과 응급 분만, 신생아 처치법을 학습한다.
- 현장 분만 중에 대원의 감염 방지 방법을 학습한다.

출동 개요

출동 메시지 "구급 출동!" ○○동 ○○○빌라 ○○○호, COVID-19에 확진된 24세 임신부, 양수가 터지고 아랫배 통증이 있다는 신고

출동 정보
- **신고 시각** 12월 25일 23:55
- **출동 시각** 12월 25일 23:57
- **현장 도착** 12월 26일 00:09
- **현장과의 거리** 2km (12분 소요)
- **현장–병원과의 거리** 25km (1시간 5분 소요)

출동 인원
- **구급대원1** 리더(처치)
- **구급대원2** 대원(처치)
- **구급대원3** 대원(운전)

산모 정보 및 기타 정보 24세 초산부

출동 단계

Tip

신종 감염병의 경우 해당 지침은 '119 구급대원 현장응급처치 표준 지침'보다 우선되어 적용된다.

(구급대원은 차량 탑승 전에 감염 보호복을 착용하고 출동한다.)

구급차 지휘센터! 여기 ○○ 구급대 신고 내용 재송신 바람.

지휘센터 산모는 초산부로 아랫배의 심한 통증을 호소하고 양수가 터져 흘러내렸다고 함.
COVID-19 확진자이므로 감염 방지 후 진입하기 바람.

구급차 접수 완료!

(대원1은 신고 내용에 따라 신고자와 통화하고, 대원2는 출동 중에 감염 방지 보호복을 착용한다.)

대원1 출동 중인 구급대원입니다. 도착까지 2km 정도 걸리고 10분 정도면 ○○○ 빌라에 도착할 수 있을 것 같습니다. 지금 상태가 어떤지 설명 좀 해주시겠습니까?

신고자 아까 신고할 때 얘기했는데……. 빨리 와 주면 안 돼요?

대원1 네, 다급하겠지만 신속한 처치를 위해서 몇 가지만 물어볼 텐데 협조해주세요.

신고자 네.

대원1 출산 예정일이 언제이며, 코로나 확진은 언제 받으셨나요?

신고자 출산 예정일은 모르겠고, 내일이 격리 해제일입니다.

대원1 몇 번째 아기인가요?

신고자 임신은 처음입니다.

대원1 다니는 병원은 어디인가요?

신고자 병원은 가보지 않았어요.

대원1 네, 지금 상태가 어떤가요?

신고자 갑자기 "펑"하는 소리와 함께 피와 물이 흘러나왔어요. 너무 무서워요.

대원1 그럼 진통이 있나요?

신고자 계속하고 있어요.

대원1 보호자는 옆에 있으세요?

신고자 있어요. 빨리와 주세요. 무서워요.

01 당신이 출동 중 보호자와 통화를 시도했다면 질문하고 싶은 내용은 무엇이며 그것을 토대로 준비해야 할 장비는 어떤 것들이 있는가?

현장 상황

빌라 승강기를 타고 해당 층에 도착하자 신고자 집 문은 개방되어 있다. 문을 열고 들어갔을 때 남편으로 보이는 남자가 문을 열어 주었고, 방안에는 이불을 덮고 누워 있는 여성이 보인다. 그녀는 통증과 심리적 불안감이 상당해 보이며, 이불 옆으로 핏기가 섞여 있는 물이 흘러내린 흔적이 있다. 보호자는 이 상황을 어떻게 할지 몰라서 신고했다고 하면서 다른 가족에게 연락하지 않기를 원하는 상황이다.

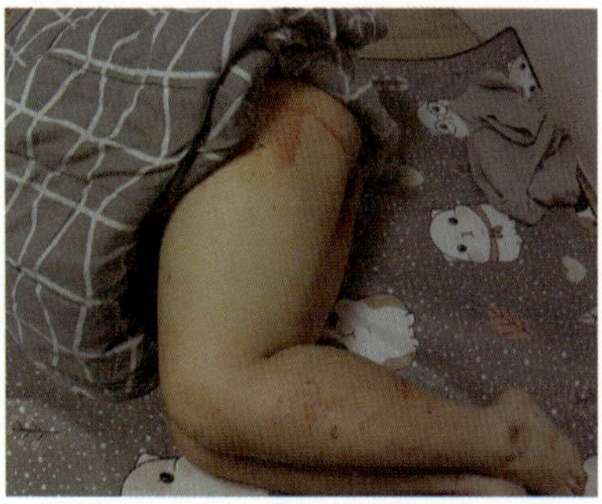

02 현장 상황 평가에서 임신부가 분만이 임박했다는 것을 유추할 수 있다. 분만 임박 징후는 무엇인가?

1차 평가

기본 활력징후 및 병력 청취	
의식 상태	A(명료함)
기도 및 호흡 상태	기도는 적절하게 개방되어 있고, 빠른 호흡수를 보인다.
순환 상태	강하고 규칙적인 맥박이 손목동맥에서 확인된다.

2차 평가

대원1은 임신부에게 산과력을 물어보고 현재 상태를 평가하기 위해 동의를 구한다.

■ 문진과 활력징후

대원1 병원은 한 번도 안 가보셨나요?

산모 네, 한 번도 안 갔어요.

대원1 남편분이 임신이 처음이라고 했는데 맞나요?

산모 네, 처음이에요.

대원1 임신 중에 특별한 문제는 없었나요?

산모 네, 특별히…….

대원1 마지막 생리일이 언제인지 아세요?

산모 자세히는 모르겠는데, 5월부터 생리하지 않은 건 맞아요. 자가검사해서 알았어요.

대원1 산모분 오늘 있었던 분만 진통은 어땠나요?

산모 오후 1시부터 30분 주기로 통증이 생겼어요. 21시경 갑자기 "펑" 하는 소리가 나면서 양수가 흘러나왔어요. 무서워요. 어떡하죠?

대원1 양수가 터지면 분만이 진행되는 경우가 많습니다. 초산인 경우가 경산부보다 느리게 진행되는 경우가 많지만 다 그런 것은 아닙니다. 분만이 진행 중인지 제가 확인해 봐도 되겠습니까?

산모/보호자 네, 그럼 그러세요.

대원1 마지막 식사와 알레르기, 임신 전이라도 진단 받아서 먹고 있던 약은 없습니까?

산모 저녁은 안 먹었고, 특별히 아프거나 알레르기는 없어요.

대원1 코로나-19 감염 동안에 건강에 특별한 문제는 없었나요?

산모 둘째 날까지 목이 아프고 미열이 있었던 것 외에는 괜찮았어요.

■ 신체 검진

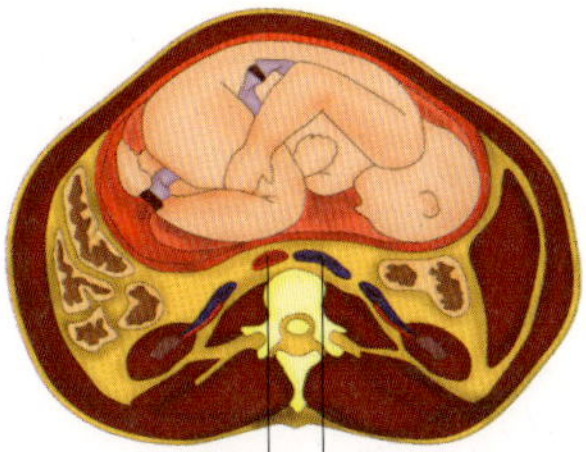

태아의 자세와 주요 혈관 위치

대원1 질 외부를 눈으로 관찰했을 때 분만의 징후가 보이지 않는다 (crowning이 없음).

대원2 활력징후와 동공 반응을 측정한다. [Rt 3mm / Lt 3mm(+)]

시각	혈압	맥박	호흡	체온	SpO_2	혈당
00:13	110/80 mmHg	100회/min	12회/min	37.2℃	98%	120 mg/dL

대원1 아직 분만이 진행되지는 않은 것 같으니 신속히 병원으로 이송하도록 하겠습니다.
(대원2, 대원3에게 이송 준비를 요청하고, 보호자에게 옷과 소지품을 챙겨 구급차로 이동하라고 한다.)

---

03 주들것에 산모를 눕혀서 이송할 때 적절한 체위 유지를 어떻게 할 것인가?

04 2차 평가 내용을 바탕으로 기록해 보자.

신체 검진	
시진(눈으로 보이는 이상)	
청진(비정상적인 호흡음, 소리)	
촉진(손으로 느껴지는 이상 반응 확인)	
타진(소리나 반응으로 이상 반응 확인)	
동공 반응(빛반사/크기)	

활력징후						
시각	혈압	맥박	호흡	체온	SpO_2	혈당
:	/ mmHg	회/min	회/min	℃	%	mg/dL

Allergy(알레르기 유무)	
Medication(복용 중인 약물)	
Past illness(과거 병력, 수술력)	
Last meal(마지막 음식물 섭취 시간)	
Event[사고 당시 상황(기전)]	
Onset(발생 시점)	
Provocation(유발/악화/완화 요인)	
Quality(통증/증상의 유형)	
Region(연관된 통증/증상의 부위)	
Severity(통증/증상의 정도)	
Time(통증/증상 지속 시간)	

이송 단계 및 이송 중 분만

00:25 산모와 보호자, 구급대원 2명은 환자실에 탑승하고 출발 준비를 한다.

대원1은 상황관리센터에 확진자 산모를 수용할 수 있는 병원을 확인해 달라고 요청하고, 대원2는 활력징후를 다시 평가하고 비강캐뉼러로 3L/min의 산소를 투여한다.

지역 내 병원 수용이 불가능하여 대원3에게 다른 권역 응급의료센터가 있는 곳으로 출발해 달라고 요청한다.

00:35 격리실 병동이 부족해 병원 선정에 어려움이 있어 갈림길에서 정차하여 대기하라는 지시를 받아 대기한다.

00:40 분만통을 호소했고 머리 출현(crowning) 현상이 확인된다.

산모 (신고 35분 이후) 배가 조금 더 아파요.

대원1 진통이 자주 온다는 얘기예요?

산모 그런 것 같아요.

대원1 얼마 간격으로 생기나요?

산모 한 5분 정도로 규칙적이에요. 아기가 나오나 봐요.

분만 전 활력징후는 다음과 같다.

시각	혈압	맥박	호흡	체온	SpO_2
00:42	120/80 mmHg	96회/min	12회/min	37.1℃	99%

05 임신부가 갑자기 분만통을 심하게 느끼면서 아기가 나올 것 같다고 한다. 구급대원은 어떻게 준비해야 하나?

대원1 산모분, 아기가 나오는지 확인하겠습니다.
[머리 출현(crowning) 상태가 진행되고 있는 것을 확인한다.]

대원1 산모분, 아기 머리가 보이기 시작했습니다. 지금 아기가 나오는 상황이라 지도 의사와 영상 통화를 하면서 분만해야 할 것 같습니다. 동의하시나요?

산모 네, 그렇게 해주세요.

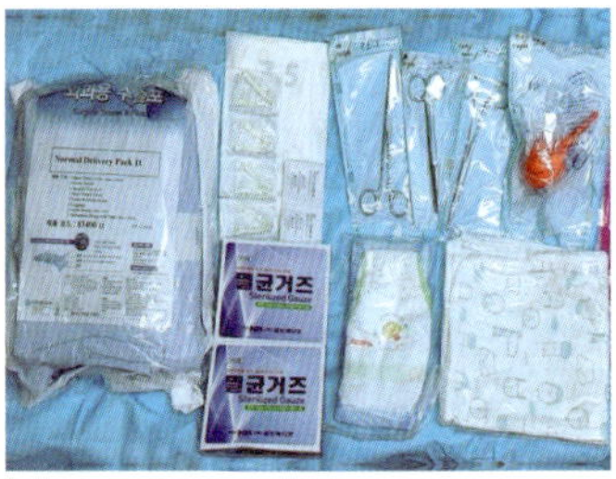

① 분만 세트 준비

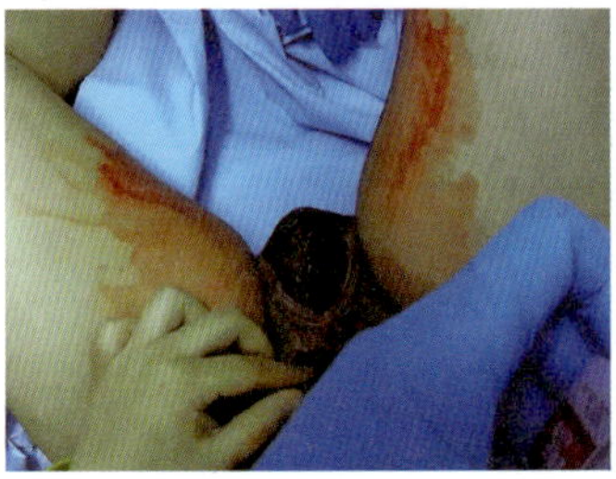
② 머리출현 확인

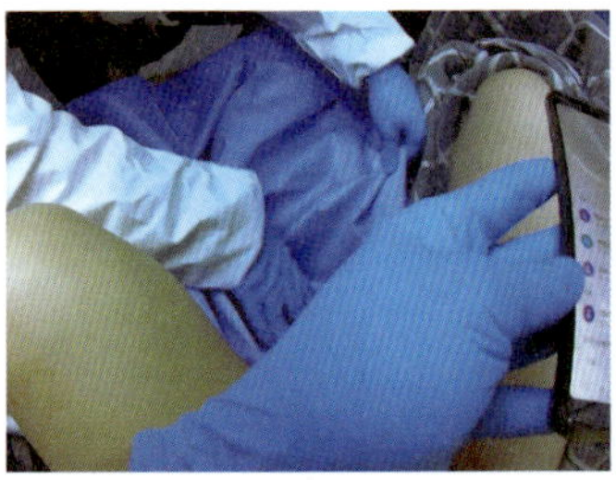
③ 의료지도

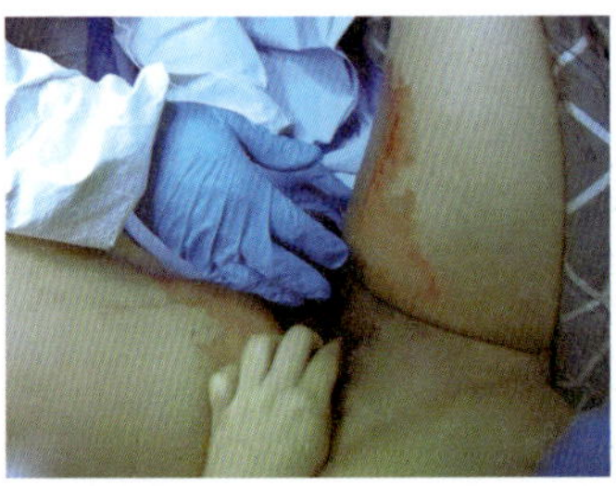
④ 머리 빠짐

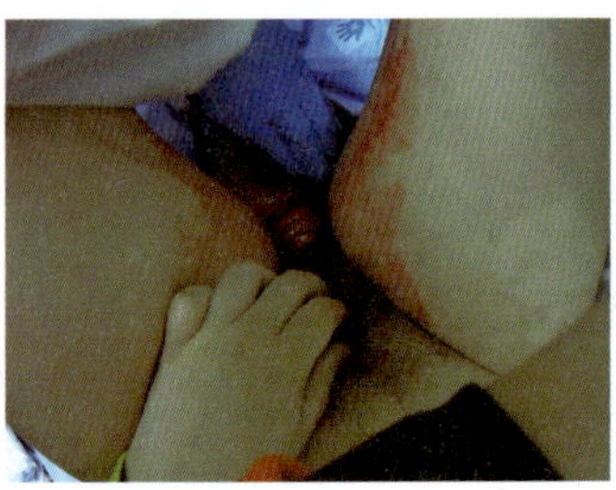
⑤ 어깨의 만출

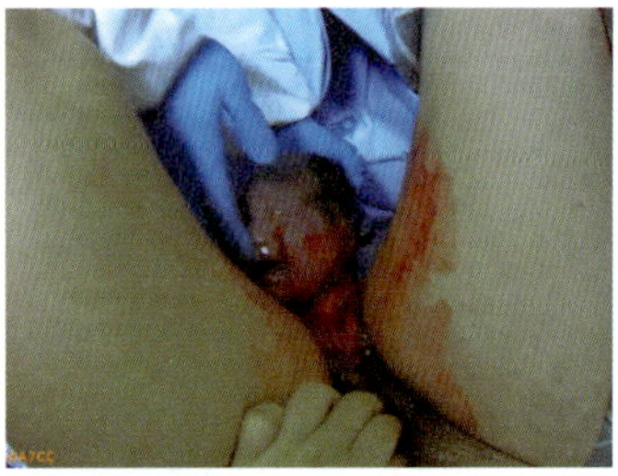
⑥ 어깨가 나온 모습

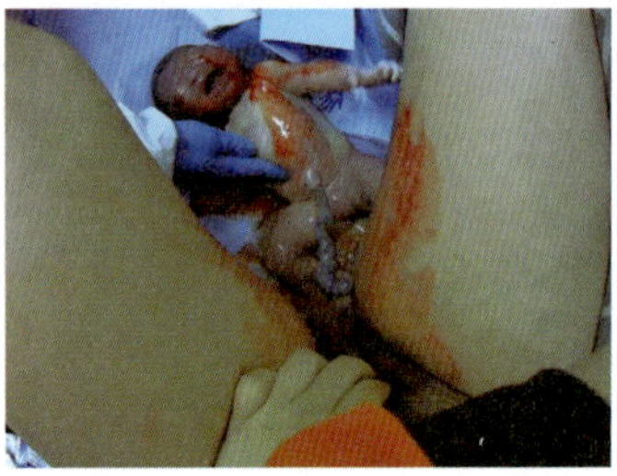
⑦ 출산한 모습

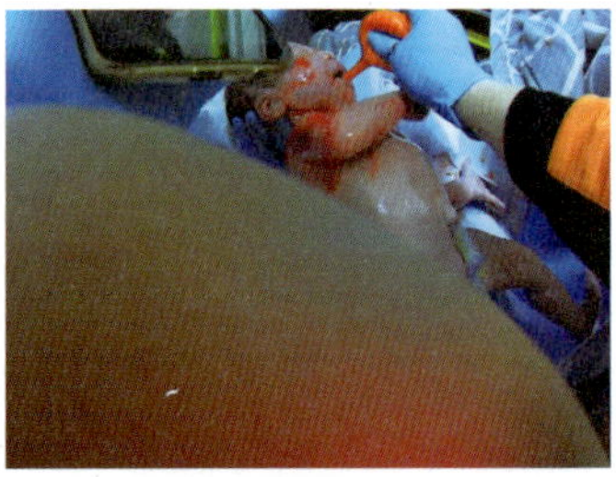
⑧ 출산 중 영상 통화

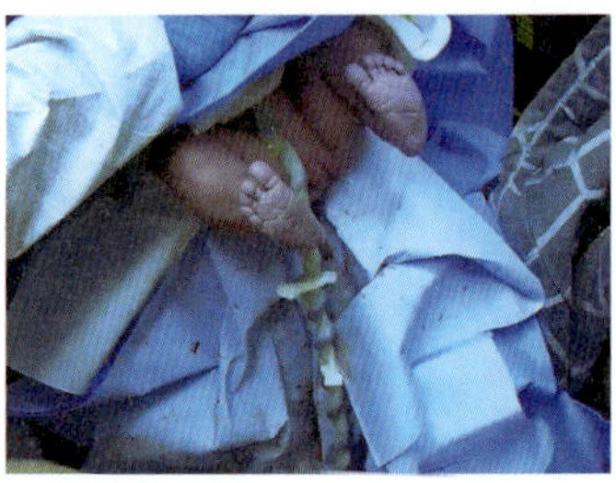
⑨ 제대 결찰

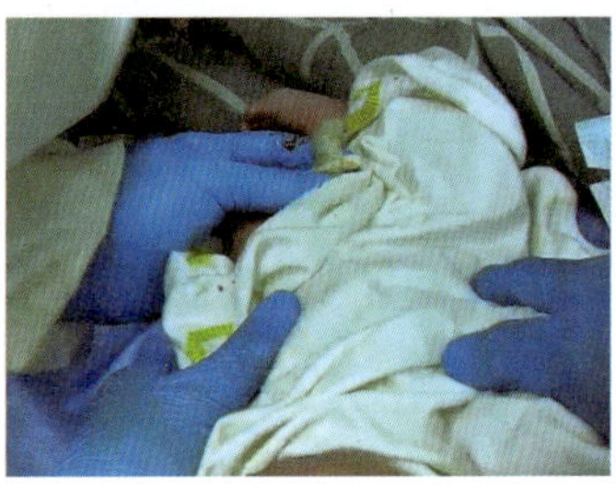
⑩ 제대 절단

① 대원3에게 차량을 멈추게 하고, 대원2에게 분만 세트를 준비해 달라고 요청한다.

② 아기 머리가 나오기 시작하여 산모에게 분만 자세를 취하게 하고 외음부 주위를 베타딘으로 소독한다.

③ 지도 의사와 영상으로 통화한다.
지도 의사에게 상황을 설명하고 분만이 진행 중임을 알린다. 도움이 필요한 경우 조언해 달라고 요청한다.

지도 의사 머리가 나오기 시작할 때 탯줄이 목을 감고 있는지 반드시 확인해 주세요.
만약 감고 있다면 머리 위로 벗겨내야 하지만, 움직이지 않을 때 연락하세요. 어렵긴 하지만 탯줄 자르기를 해야 하기 때문입니다.

④ 대원2는 머리가 나올 때 한 손은 아래에서 아기 목을 잡으면서 머리를 받치고, 한 손은 회음부를 눌러 질이 찢어지지 않도록 한다.

⑤~⑧ 아기의 어깨가 만출되고 아이가 나올 때 흡인을 시행한다.

⑨, ⑩ 지도 의사는 배꼽에서 10cm 지점과 아래 5cm 지점에 제대를 결찰하고, 가위로 절단하고 베타딘으로 소독하도록 지도한다.

지도 의사 이제 분만 후 1분과 5분 시점에 아프가 점수를 기록해 주세요. 만약, 점수가 7점 이하가 되면 다시 연락해주세요.

Tip

머리가 나오고 어깨가 빠지는 데 시간이 걸리는 경우 흡인을 먼저 시행하지만, 빠르게 나오는 경우는 이후에 시행하도록 한다.

■ 분만 후 아프가 점수(Apgar score) 기록

징후	0	1	2	점수	
				1분	5분
외관(피부색)	푸른색 창백함	분홍빛 몸색 파란색 사지	완전한 분홍빛	2	2
맥박수(심박동)	전혀 없음	100보다 낮음	100보다 높음	2	2
찡그림(자극 반응성)	반응 없음	찡그림	운다	2	2
활동성(근육 상태)	생기가 없음	사지를 조금 구부림	활동적으로 움직임	1	2
호흡(호흡 이상 유무)	없음	느리고 불규칙함, 약한 울음	크게 운다	1	1
총점				8	9

아기는 매우 건강한 모습이었다. 보온을 위해 히터를 작동하고 수건으로 젖은 몸을 닦은 후 이불로 덮어준다.

아기의 활력징후는 다음과 같다.

시각	혈압	맥박	호흡	체온	SpO_2
00:45	6666/6666 mmHg	140회/min	33회/min	37.3℃	98%

신생아의 혈압을 측정하기 어려운 상황이나 적절한 장비가 없는 경우가 많다.

Tip

태반의 반출

보통은 수분 내에 자연 분리되므로 무리하게 힘주어 제거하지 않도록 한다.

힘을 주어 당기면 자궁내반증이 나타나 지혈이 어렵거나 태반이 끊어져 대량 출혈이 나타날 수 있다.

30분이 지나도 태반이 만출되지 않을 때는 무리하게 손으로 제거하지 않는다(태반 유착, 과다 출혈 가능성).

태반 만출 후 500cc 이상 출혈 또는 수축기 혈압 90mmHg 이하면 의료지도를 통해 정맥로 확보 후 300mL의 수액을 공급한 후에 활력징후가 정상 범위로 회복되는지 확인한다.

이송 중에 쇼크가 지속되면 최대 1L까지 수액을 공급한다.

이송 중에는 머리를 낮게 유지하며 이송 병원에 미리 연락하여 자궁 마사지를 시행한다.

00:50 분만이 끝나고, 태반이 나오기를 기다린다.
태반은 따뜻하고 매우 미끄러우며 잡아당기면 끊어질 것 같은 느낌이다. 밀려 나오는 힘에 조금 도움을 주는 정도로 잡아당긴다.

00:55 태반은 5분 정도에 걸쳐 대부분 빠져나왔고, 100cc 미만의 출혈만 발생했다.

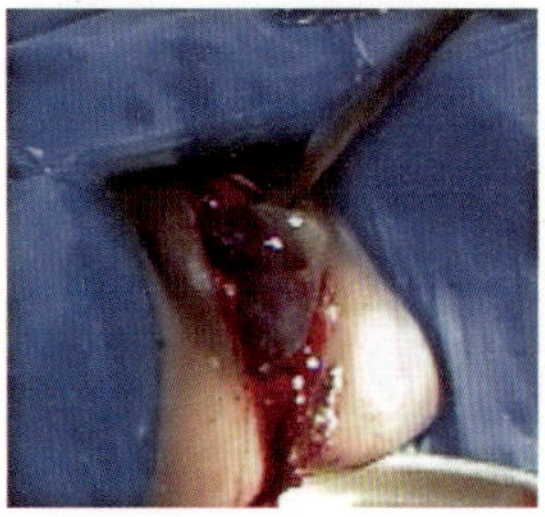

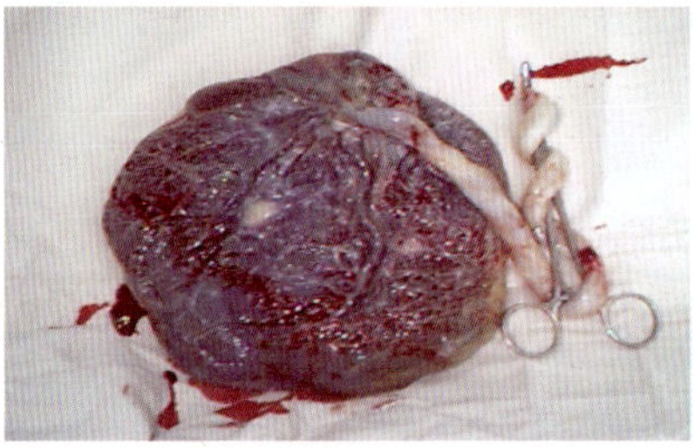

태반 제거 후 활력징후는 다음과 같다.

시각	혈압	맥박	호흡	체온	SpO_2
00:56	110/70mmHg	93회/min	14회/min	37.1℃	98%

대원1은 산모와 태아의 상태에 특별한 문제가 없는 것을 확인하고, 이송 병원 선정을 위해 구급상황관리센터에 전화 연락한다.

■ 이송 병원 선정

구급상황관리센터 현재 산모 상태 알려주기를 바랍니다.

대원1 39주 추정되는 산모 이송 중에 분만 징후가 있어 영상 의료지도로 분만했습니다.(산모와 아기의 활력징후를 불러준다.)
현재 특별한 문제가 없는 상태이며, 코로나-19 격리 해제는 내일로 관련 증상은 현재 없습니다.

구급상황관리센터 네, 인근 권역 응급의료센터에 현재 상황을 다시 한번 알리도록 하겠습니다.

(잠시 후 01시 35분 병원이 선정되었다.)

구급대원님 인근 10km 위치에 있는 권역 응급의료센터에서 수용하기로 했습니다.

대원1 네, 이송하도록 하겠습니다.

이송 중에 산모와 아기는 특별한 문제가 없으며 태반은 비닐봉지에 담아 준비한다.

---

06 산모의 분만 유도 및 산후 처치에 관해서 설명해 보자.

07 제대 결찰 및 신생아 처치는 어떻게 할 것인가?

08 아프가 점수(Apgar score)를 1, 5, 10분 간격으로 확인하는 이유와 그 점수가 갖는 의미는 무엇인가?

병원 단계

분만 1시간 후에 병원에 도착한다.

02:40 병원 도착

의료진 무슨 환자인가요?

대원1 구급상황관리센터를 통해서 이송 연락드렸던 산모입니다.
분만 예정일을 모르고 있던 20대 산모로, 마지막 생리가 5월이었다고 합니다. 오후 1시부터 30분 주기로 진통이 있었고, 21시경 양수가 터져 신고되었습니다.
코로나-19에 확진되어 내일 격리 해제되는 상태로 병원 선정이 어려워 도로에서 분만이 진행되었습니다. 분만할 때 특별한 문제는 없었고, 아기 1분 아프가 점수는 8점이며 5분 후에 9점 상태로 현재까지 유지 중입니다.

의료진 태반은 어디 있나요?

대원1 (비닐에 담은 태반을 보여주며) 태반은 거의 다 나온 것으로 보입니다.

의료진 태반 나오고 출혈은 없었나요?

대원1 네, 100cc 미만으로 조금만 나왔습니다.

의료진 초산인가요?

대원1 네, 초산입니다.

의료진 가족은 어디 있나요?

대원1 같이 온 남자가 남편입이다.

의료진 수고하셨습니다. 신생아는 간이 인큐베이터에 넣어서 병원 내로 옮기도록 하겠습니다.

---

09 구급차에서 응급실까지 신생아를 어떻게 이동할 것인가?

10 상기 사항을 구급일지에 작성해 보시오.

제한점

- 신종 감염병이 발생하면 대응 방법과 처치법, 병상 확보가 미흡한 경우 의심 산모나 확진자에 대한 병원 진료가 어렵기 때문에 도움을 받기 위해 출동 단계에서부터 준비해야 한다.
- 신종 감염병 산모 대응과 관련한 지침은 질병관리본부의 지침을 따른다.
- 신종 감염병 사태에서 간이 검사 키트는 119 구급대에서 사용할 수 없다. 사용 가능하다면 도움이 될 것이다.
- 간혹 원하지 않은 임신과 관련된 산모에 대해서는 경찰의 직접적인 신고 또는 해바라기센터가 있는 병원으로 이송하는 것도 준비되어야 한다.
- 구급차 내 출산은 제한된 공간과 장비, 구급대원 1인이 신생아와 산모의 처치에 온 힘을 다해야 하기 때문에 상황이 매우 어렵다.
- 남자 구급대원은 보호자나 임신부의 산모 평가 및 처치를 위한 행위를 기피힘으로써 소극적으로 대처하기 쉽다.
- 출산이 임박한 모든 산모는 언제 분만이 진행될지 모르기 때문에 이송 예정 병원에 응급 분만이 가능한지 반드시 확인해야 한다. 만약, 응급 분만이 안 되는 경우 상황관리센터의 도움을 받는다.
- 외국인 산모일 때 119 외국어 통역 서비스(통역 자원봉사자)를 받도록 한다.

실전 문제

01 38주만에 분만한 상황에서, 분만 1분 후 아기의 몸은 분홍색, 다리는 푸른색, 심박수 97회/min, 자극에 울며 팔다리를 약간 구부리고, 약한 울음을 보일 때 아프가 점수(Apgar score)는 얼마인가?

① 4점
② 5점
③ 6점
④ 7점

02 분만 관련 출동 상황에서 가장 적절한 것은?

① 출동 중 환자실 히터를 최대한 가동한다.
② 인근 산부인과에 전화하여 의사가 직접 오도록 한다.
③ 아파트나 빌라의 경우 빠른 이송을 위해 1층에 내려오게 한다.
④ 경찰을 불러 현장에 출동해 달라고 요청한다.

03 다음 중 신생아에 대한 적절한 응급처치가 <u>아닌</u> 것은?

① 보온
② 구강 및 비강 흡인
③ 전신 청결 및 건조
④ 강한 자극으로 울리기

04 위 사례의 구급활동일지 작성 및 산모 인계에 대해서 적절한 것은?

① 출산 후부터는 구급활동일지를 2장으로 작성한다.
② 산모의 구급활동일지에 신생아의 출생 시간만 기록한다.
③ 신생아의 정상적인 활력징후는 의료진에게 전달할 필요가 없다.
④ 활력징후는 반복 측정하되 비정상인 것만 기록한다.

05 임신부가 분만이 가까워졌음을 암시하는 내용으로 보기 <u>어려운</u> 것은?

① 진통이 규칙적이며 배변이 보인다.
② 태아의 머리가 보인다.
③ 수축 강도가 점점 증가하고 통증이 심하다.
④ 양막이 파열되지 않았고 통증의 위치가 주로 하복부 쪽이다.

06 임신부의 분만 준비를 위한 적절한 체위는?

① 엎드려 누운 자세(prone position)
② 트렌델렌버그 자세
③ 쇄석위(dorsal lithotomy position)
④ 옆으로 누운 자세(lateral position)

정답 1 ②, 2 ①, 3 ④, 4 ③, 5 ④, 6 ③

1–② 분만 후 아프가 점수(Apgar score) 기록

징후	0	1	2	점수	
				1분	5분
외관(피부색)	푸른색, 창백함	분홍빛 몸색, 파란색 사지	완전한 분홍빛	2	2
맥박수(심박동)	전혀 없음	100보다 낮음	100보다 높음	2	2
찡그림(자극 반응성)	반응 없음	찡그림	운다	2	2
활동성(근육 상태)	생기가 없음	사지를 조금 구부림	활동적으로 움직임	1	2
호흡(호흡 이상 유무)	없음	느리고 불규칙함, 약한 울음	크게 운다	1	1
총점				8	9

2-① 임신부와 신생아의 보온을 위한 대비가 무엇보다 중요하다.

3-④ 아기의 기도 유지와 보온에 유의하며 전신을 닦아주고, 부드럽게 자극한다.

4-③ 구급차 내에서 출산 시 산모와 신생아, 2명의 구급일지를 각각 작성하고 활력징후를 기록한다.

5-④ 진성 진통은 등과 복부에 통증이 있으며, 가성 진통은 주로 하복부 쪽에 통증을 느낀다. 또한 진통이 불규칙하며 수축 강도와 간격은 변화가 없고 자궁 경부도 열리지 않은 상태이다.

6-③ 누워서 쇄석위(dorsal lithotomy position): 등으로 누워서 양다리를 구부리고 벌린 자세를 하게 되면 전체 분만 과정을 가장 잘 볼 수 있다.

사례 풀이

01 당신이 출동 중 보호자와 통화를 시도했다면 질문하고 싶은 내용은 무엇이며 그것을 토대로 준비해야 할 장비는 어떤 것들이 있는가?

신고 내용에 양수가 터졌다는 내용으로 보아 분만이 임박했음을 알 수 있다. 현장 분만을 감안하여 따뜻한 물을 준비시킬 수도 있다. 휴대용 산소소생기, 분만 세트, 보온용 담요 및 깨끗한 수건이나 시트, 장갑, 마스크, 멸균가운 등 현장에서 분만 가능성에 대비하여 장비를 휴대할 수 있다. 또한 평소 진료하던 병원을 확인하여 현재 진료가 가능한지를 지휘센터를 통하여 확인해 볼 수도 있다.

02 현장 상황 평가에서 임신부가 분만이 임박했다는 것을 유추할 수 있다. 분만 임박 징후는 무엇인가?

임신부의 분만 임박 징후를 평가하고, 현장에서 분만해야 할 것인지, 신속하게 이송해야 할 것인지 판단해야 한다.

분만 임박 징후는 연분홍색이나 피가 섞여 있는 분비물(이슬)이 보이기 시작하고, 양수가 터지고 양이 많다. 진통이 2~3분 간격으로 온다. 배변을 보일 때도 있고 태두가 보인다. 현장에서 시진, 촉진 등으로 분만 임박 징후를 판단하기에는 임신부의 거부감이 있을 수 있어 우선 문진을 통하여 임신부의 상태를 파악한다. 구급대원은 전문적인 자세로 분만이 임박했을 때는 보호자와 임신부의 동의를 얻어 적극적으로 대처해야 한다.

03 주들것에 산모를 눕혀서 이송할 때 적절한 체위 유지를 어떻게 할 것인가?

주들것을 의자형으로 만들어 임신부를 앉혀서 이송할 경우, 무게가 아래쪽으로 쏠리면서 태아가 압박 받아 임신부가 더 힘들어할 수 있다. 임신부가 바로 누울 때는 대동맥이나 아래대정맥이 압박받을 수 있으므로 산모의 체위를 왼쪽으로 돌아눕게 할 수 있다. 엘리베이터 내에서는 주들것을 대각선으로 위치시키고 최대한 눕혀서 왼쪽으로 기댄 채 이송할 수 있다.

04 2차 평가 내용을 바탕으로 기록해 보자.

신체 검진	
시진(눈으로 보이는 이상)	하혈과 양수 터짐
청진(비정상적인 호흡음, 소리)	–
촉진(손으로 느껴지는 이상 반응 확인)	–
타진(소리나 반응으로 이상 반응 확인)	–
동공 반응(빛반사/크기)	Rt 3mm(+)/Lt 3mm(+)

활력징후						
시각	혈압	맥박	호흡	체온	SpO_2	혈당
00:13	110/80 mmHg	100회/min	12회/min	37.2℃	98%	120 mg/dL

Allergy(알레르기 유무)	없음
Medication(복용 중인 약물)	없음
Past illness(과거 병력, 수술력)	병력 없음
Last meal(마지막 음식물 섭취 시간)	저녁 식사하지 않음
Event[사고 당시 상황(기전)]	임신부 분만 진통 발생

Onset(발생 시점)	오후 1시 30분부터 진통 시작
Provocation(유발/악화/완화 요인)	분만통
Quality(통증/증상의 유형)	분만통
Region(연관된 통증/증상의 부위)	없음
Severity(통증/증상의 정도)	VAS 6점
Time(통증/증상 지속 시간)	오후 1시 30분부터 계속

05 임신부가 갑자기 분만통을 심하게 느끼면서 아기가 나올 것 같다고 한다. 구급대원은 어떻게 준비해야 하나?

이송 시간이 지연되고 구급차 내에서 분만을 유도해야 한다면 상황이 매우 급박하게 돌아갈 것이다. 산모실 히터를 최대한 가동하고, 개인 안전 장비를 착용한 다음 분만 세트를 개봉, 소독용 생리식염수, 신생아용 담요, 신생아에게 투여할 휴대용 산소소생기 등 산소투여 장비를 준비한다. 필요시 보호자에게 준비된 장비를 개봉해 달라고 협조를 구할 수 있다. 구급차 내에 갑자기 배변 냄새가 난다면 임신부가 분만 중임을 알아야 한다. 임신부에게 분만 자세를 유지하도록 하고 휴지를 이용해 변을 깨끗하게 처리한 다음 다시 식염수로 소독한다.

한편에는 구급활동일지를 준비해 두고 처치 내용과 시간을 수시로 기록한다. 기록지는 산모와 신생아 각각 1부를 작성한다.

■ 최소 분만 장비의 구성을 나열해보자.

1) 소독된 장갑
2) 1회용 앞치마
3) 분만 패드
4) 시트, 담요
5) 일회용 멸균 수건
6) 멸균 소독용 솜
7) 거즈 스펀지
8) 탯줄 절단 가위
9) 산모용 패드
10) 구형(bulb) 흡입기
11) 알코올 솜
12) 탯줄 클램프 2개
13) 투명/반투명 플라스틱 백
14) 끈 2개

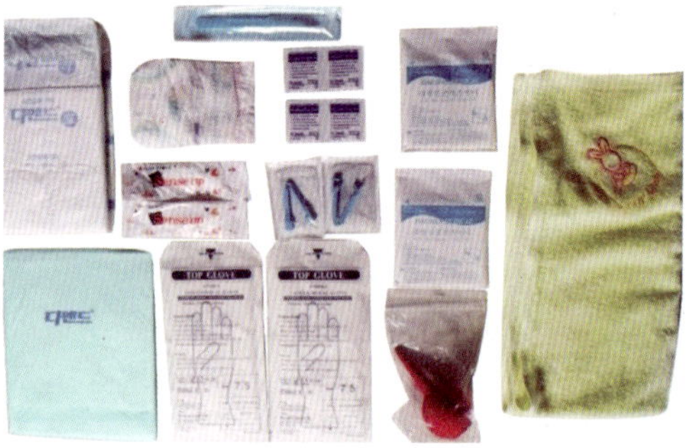

06 임신부의 분만 유도 및 출산 후 처치에 관해서 설명해 보자.

임신부는 거친 숨을 몰아쉰다. 되도록 깊게 호흡할 것을 유도하고, 아랫배를 원형으로 천천히 마사지해 주는 것도 분만에 도움이 된다. 정상적인 산도를 통해 아기가 나오면 태아의 머리와 어깨 등을 자연스럽게 지지해 주면서 탯줄이 목을 감고 있는지 확인해야 한다. 출신 후 태반이 나올 때까지 출혈량이 많다면 젖은 거즈는 빼내고 깨끗한 거즈를 계속 덧대어 준다. 비닐봉지를 미리 준비했다가 만출된 태반을 담도록 하고 태반이 나올 때 억지로 당겨서 밖으로 내지 않도록 주의해야 한다. 처치 도중 글러브 세척, 장비 개봉, 전화 연결 등의 일은 보호자의 협조를 구한다.

07 제대 결찰 및 신생아 처치는 어떻게 할 것인가?

제대 결찰 및 절단 등은 감염에 특히 유의해야 한다. 현장에서는 소독된 가위가 없을 수 있으므로 반드시 절단할 필요가 없을 때는 탯줄 클립으로 태아로부터 약 15cm 정도로 조금 넉넉하게 한 번 결찰하고 노출된 제대는 식염수에 적셔 깨끗한 거즈로 감싸준다.

아기가 나오면 보호자에게 시간을 물어 아기의 출생 시간임을 알려주고, 가장 먼저 입과 코의 분비물을 흡인하여 기도를 확보해준다. 구형 흡인기를 사용할 때는 반드시 압착 후에 삽입해야 한다. 삽입 후 압착하면 이물질이 기도로 넘어갈 수 있으므로 주의한다.

탯줄은 적당한 거리를 두고 클립으로 제대 결찰을 한다. 아기의 등과 발바닥을 자극하여 울음을 유도하고 거즈를 이용하여 얼굴, 두부, 몸통 등을 신속하게 닦아 보온에 특히 유의해야 한다. 신생아는 기도 관리와 보온이 가장 중요하다.

■ 신생아 기도 확보를 위한 구형 흡인기 사용법을 알아보자.

1) 신생아가 잘 울고 움직임이 좋다면 반드시 입과 코의 흡인이 필요한 것은 아니다.
2) 과도한 양수가 기도의 유지를 방해할 때나 태변이 피부에 착색되어 있는 경우
   - 기도 흡인을 방지하기 위해 반드시 입을 먼저, 코를 나중에 흡인한다.
   - 구형 흡인기는 외부에서 압축시킨 후 신생아의 입이나 코로 넣어 흡인한다.

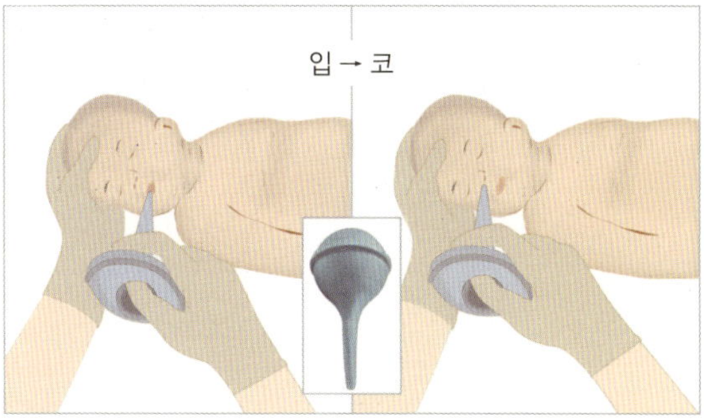

08 아프가 점수(Apgar score)를 1, 5, 10분 간격으로 확인하는 이유와 그 점수가 갖는 의미는 무엇인가?

⇒ 아프가 점수(Apgar score): 미국의 마취과 의사 Virginia Apgar는 1952년 분만 후 5가지 항목[A(appearance, color)는 외모(핑크빛 정도), P(pulse)는 맥박 수, G(grimace)는 반사 흥분도, A(activity)는 활동성, R(respiration)은 호흡]을 평가하는 방법을 발표했다. 이것은 1분과 5분에 걸쳐 항목별 2점을 만점으로 평가하게 된다.

생후 1분은 분만 과정에서 신생아의 상태 변화를 보는 것이고, 5분 평가는 자궁 밖 환경에서 자발호흡에 의해 잘 적응하는지 평가하는 것이다.

대개 생후 1분 평가에서 7~8점이 나타나며, 5분 평가에서 8점 이상이 나타난다(5분 정도면 회복된다). 만약, 5분 이후 평가에서 3점 이하라면 심각한 뇌손상이 있을 가능성이 있으므로 주의해야 한다. 이송 중이라면 10분 후에 다시 한 번 평가한다.

징후	0	1	2	점수	
				1분	5분
외관(피부색)	푸른색, 창백함	분홍빛 몸색, 파란색 사지	완전한 분홍빛	2	2
맥박수(심박동)	전혀 없음	100보다 낮음	100보다 높음	2	2
찡그림(자극 반응성)	반응 없음	찡그림	운다	2	2
활동성(근육 상태)	생기가 없음	사지를 조금 구부림	활동적으로 움직임	1	2
호흡(호흡 이상 유무)	없음	느리고 불규칙함, 약한 울음	크게 운다	1	1
총점				8	9

- 7~10점: 태아는 활발하고 원기 왕성하다.
- 4~6점: 다소 질식된 상태. 산소 공급이나 자극이 필요하다.(이유: 코나 입의 태변을 성인보다 빠르게 흡인하지 않으면 기도 안의 공기까지 흡인해서 미주신경을 자극해 무호흡이나 느린맥을 일으킬 수 있으므로 주의한다.)
- 4점 이하: 아주 질식된 상태. 즉시 심폐소생술이 필요하다.(만약 맥박이 60회/min 이하일 때)
  - 단, 아프가 점수를 결정하기 위해 소생술을 지연시키지 않는다.

09 구급차에서 응급실까지 산모를 어떻게 이동할 것인가?

산모는 두꺼운 담요를 추가하여 얼굴까지 완전히 덮은 후 응급실 안으로 이동하도록 하고, 신생아는 될 수 있으면 인큐베이터에 넣어 옮기는 것이 체온 유지에 도움이 된다. 담요에 싸서 이동한다면 외기를 완전히 차단할 수 있도록 한 후 의료기관 내로 신속하게 이동해야 한다. 의료진에게 산모와 신생아의 상태와 처치 내용, 신생아의 APGAR 점수 등을 전달한다.

10 상기 사항을 구급일지에 작성해 보시오.

Cf: QR 코드를 찍어 구급활동일지 예시를 확인할 수 있다.

산모: 챕터11 구급활동일지

아기: 챕터11-1 구급일지

특별구급대 표준지침(응급 분만)

산부인과적인 어떤 준비도 없이 병원 밖에서 예기치 않게 아이가 출생하게 되는 과정을 말한다.

1. 임상적 특징

ㅇ 분만의 과정

- **포인트:** 분만은 여성에게서 정상적인 생리 과정으로 대부분은 합병증 없이 일어나지만, 합병증 발생 때는 빠르고 예측 불가능함
- **휴지기:** 자궁 근육의 고유 기능인 수축성은 없고 평활근이 자연적인 자극에 반응하지 않는 시기
- **준비기:** 진통을 위한 준비 시기
- **활성 진통기:** 자궁 수축이 일어나면서 자궁 경관 개대와 태아의 분만이 이루어지는 시기
  - 1기: 자궁 경부가 완전 개대(10cm)될 때까지의 기간
  - 2기: 자궁 경관이 완전 개대된 이후부터 태아 분만까지의 시기
  - 3기: 태아 분만 직후부터 태반과 태아막의 분만까지의 시기
  - 산욕기: 분만 후 회복 및 유아의 생존을 위한 역할과 분만 후 수태력의 회복기

ㅇ 분만 과정의 평균 시간

	1기	2기	3기
초산부	8시간	50분	5분
경산부	5시간	20분	5분

ㅇ 후부위의 정상 분만 과정의 순서는 다음과 같다.

진입 – 하강 – 굴곡 – 내회전 – 신전 – 원상회전과 외회전 – 만출

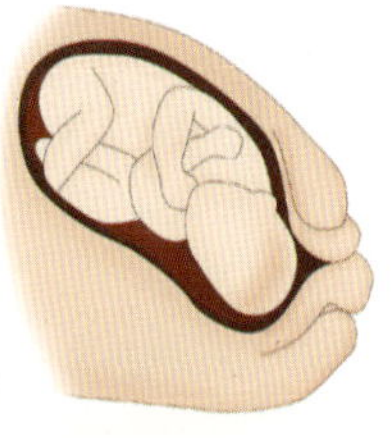
①

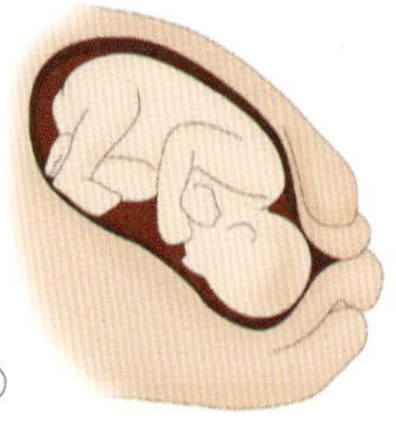
②

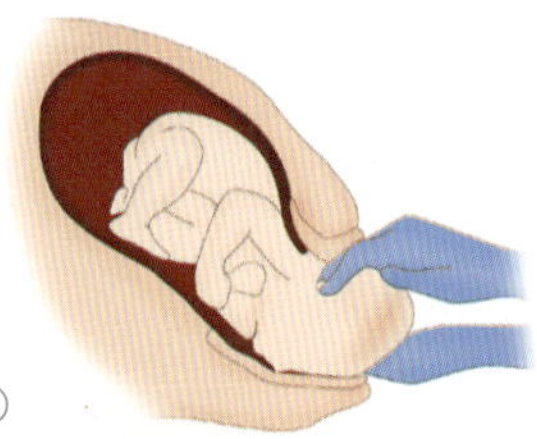
③

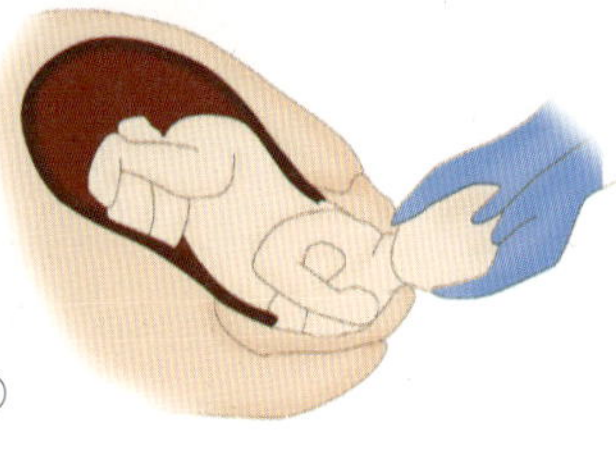
④

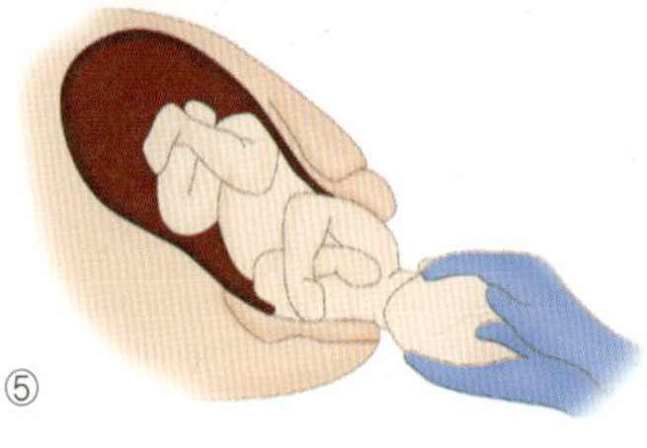
⑤

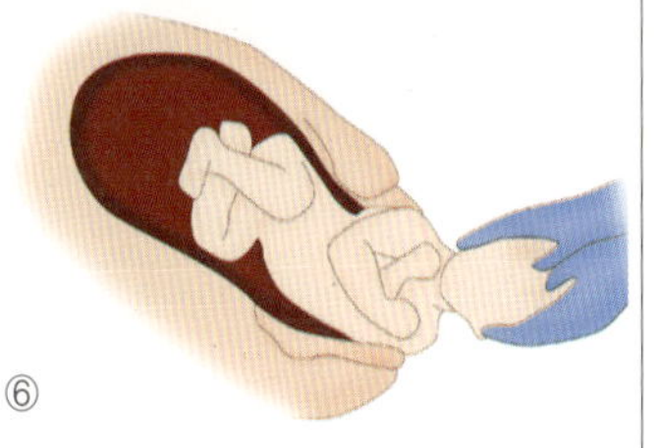
⑥

2. 산모 평가 필수 항목

ㅇ 병력 청취

- 분만 예정일: 모르면 마지막 생리 날짜로 예측하고 마지막 생리 날짜를 기억하지 못하는 산모는 자궁저 길이를 측정해서 추정한다. 20~31주 사이의 산모는 자궁저의 길이가 임신주수와 거의 일치하므로 치골 결합에서 자궁저까지 거리를 cm로 측정해 임신주수를 추정할 수 있다.
- 자궁 수축 시작 및 진통 간격을 체크한다.

○ 가성 진통과의 구분 필요

	진 진통	가성 진통
리듬	규칙적	불규칙적
간격	점점 짧아짐	변화 없음
강도	점점 증가	변화 없음
위치	등과 복부	아랫배

- 양막 파열 여부를 확인한다.
- 질 출혈 여부와 양을 체크한다.
- 태아의 움직임이 느껴지는지 확인한다.
- 초산모인지 경산모인지 알아보는 것이 진행 정도를 가늠하는 데 도움이 된다.
- 이전 제왕절개 수술 유무를 확인한다.
- 고위험 임신 여부: 임신중독증이 있는지 확인한다.
- 가장 최근에 측정한 태아의 몸무게 및 체위(두위/둔위/횡위 등)를 파악한다.
- 과거력을 확인한다: 고혈압, 당뇨, 결핵
- 약물 병력을 확인한다.

○ 이학적 검진

1) 분만이 임박한 경우
- 태아의 태위(골반에 진입하는 태아의 부분)와 위치를 파악한다 – Leopold Maneuver
  - 양쪽 손가락으로 자궁저를 촉진하고 자궁저가 어디까지 와 있는지 관찰함. 만약 머리가 자궁저에 있으면 단단하고 둥글고 잘 움직임.
  - 양 손바닥을 양쪽 배에 얹고 조심스럽게 촉지하면 한쪽에는 단단하고 저항 있는 태아의 등이 느껴지고 다른 쪽에는 여러 개의 불규칙하고 움직이는 태아의 사지가 나타남.
  - 태아의 머리 진입 여부 및 상태를 파악할 수 있는데 두덩뼈 위를 만져봐서 머리가 움직이는 게 느껴지면 머리가 골반강 안으로 들어가지 않은 상태로 평가할 수 있음.
  - 발쪽을 보고 서서 골반을 누르면 머리의 정수리가 두부태위면 사지가 있는 쪽에서 만져지고 얼굴 태위면 등쪽에서 만져짐.

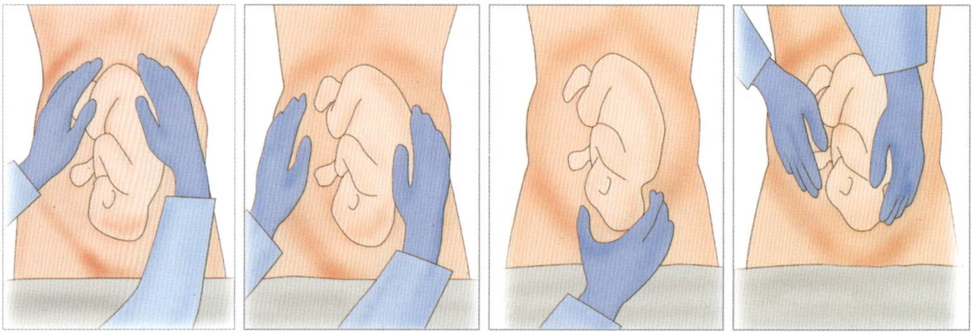

1차 술기법 2차 술기법 3차 술기법 4차 술기법

- 혈압을 측정한다.
  - **임신성 고혈압**: 수축기 혈압 > 140mmHg, 이완기 혈압 > 90mmHg 또는 임산부가 평소 알고 있던 혈압에 비해 수축기 혈압이 30mmHg 이상 증가하거나 이완기 혈압이 20mmHg 이상 증가할 때 의심한다.
- 심박수: 굴빠른맥(동성빈맥)을 많이 보인다.
- 산소포화도를 측정한다.
- 손을 산모 배 위에 대고 자궁이 딱딱해지는 시간 간격을 체크한다.
- 질 출혈 및 질 분비물을 확인한다.

2) 분만이 이미 이루어진 경우
- 분만 시각을 확인한다.
- 탯줄이 아이 목을 감고 있는지 여부와 양수에 태변이 섞여 있는지 여부를 확인한다.
- 태반이 반출되었는지 여부와 산모의 질 출혈 지속 여부를 확인한다.
- 아이의 아프가 점수를 측정한다. 자세한 측정 방법은 응급처치 절차 및 방법을 따른다.

3. 응급처치 절차 및 방법

○ '산모 초기 평가·처치 표준지침'에 따라 전반적인 평가 및 처치를 시행한다.
○ 산모 평가를 위해 내진은 시행하지 않는다.
○ 산모가 최대한 편안한 자세를 취하게 한다.
○ 기도를 유지하고 비강(코안)캐뉼러로 1~5L/min의 산소를 투여한다.
○ 머리가 보이지 않는 정상/난산 분만의 경우는 최대한 빨리 응급 분만이 가능한 병원으로 이송한다.
○ 머리가 보이기 시작한 정상 응급 분만은 구급차 내에서 응급 분만을 시행하고, 병원으로 이송하며 '응급 분만' 술기 지침을 따른다.
- 구급 침상 위에 산모를 눕히고 최대한 무릎을 벌리면서 구부리게 만든다.
- 멸균 가운을 입고 멸균 신발 커버를 신고 얼굴 마스크를 한 다음 멸균 장갑을 끼고 외음부 주위를 베타딘 용액으로 소독한다.
- 아기 머리가 나오기 시작하면 아기 머리를 잡고 다른 손으로 질이 찢어지는 것을 최소화하기 위해 아기 볼쪽(아래쪽)으로 압력을 가하면서 위로 눌러준다.
- 머리가 나오면 입에서 코 순서로 닦아주고 bulb syringe로 부드럽게 흡인을 시행한다. 아기 어깨가 나오면 한 손은 머리를 받치고 한 손은 아래쪽 어깨를 받쳐준다.
- 아기가 완전히 나오면 무균술을 사용하여 켈리로 아기 배쪽에서 10cm 떨어져서 코드를 잡고 두 번째 켈리로 첫 번째 잡은 곳에서 5cm 아래를 잡은 후 멸균 가위로 자른다. 이때 자르기 전 탯줄보다 아래쪽으로 아기를 위치하게 한다. 전체 과정에서 무균술을 사용하고, 탯줄을 자른 후에는 클로르헥시딘을 사용하여 소독한다.
- 탯줄이 아기 목을 감았으면 아기의 머리 위로 조심스럽게 벗겨낸다. 탯줄이 너무 단단히 아기의 머리를 조이면 탯줄 양쪽을 결찰하고 절단한다. 전체 과정에서 무균술을 사용하고, 탯줄을 자른 후에는 클로르헥시딘을 사용하여 소독한다.

○ 발, 손, 얼굴 부분이 보이기 시작한 난산의 경우는 현장에서 분만이 힘들기 때문에 최대한 빨리 이송함을 원칙으로 하며 의료지도를 받는다.

○ 현장에서 시행한 정상/난산 응급 분만이 36주 미만인 미숙아일 경우
- 태아가 나왔다면 호흡 유무를 확인한다. 호흡을 제대로 하지 못하면 백밸브 마스크로 산소투여 및 호흡 보조를 하면서 병원으로 즉시 이동한다.
- 심정지 상태라면 신생아 심폐소생술을 시행한다. 구체적인 응급처치 절차 및 방법은 '신생아 심정지' 지침을 따른다.
- 산모의 저혈량 쇼크: 분만 후 출혈량이 많거나 혈압이 낮을 경우(수축기 혈압 < 90mmHg) 정맥로를 확보하여 300mL의 생리식염수나 젖산 링거액을 투여하고, 혈압, 맥박수, 의식 등이 정상 범위로 회복되는지 확인한다. 쇼크가 지속될 경우 1L까지 수액을 지속적으로 투여한다.

○ 아프가 점수(Apgar score)
- 태아 출산 후 1분과 5분이 지나서 실시하며, 태아가 호흡하지 않는다면 아프가 점수가 결정될 때까지 소생술을 중단하지 않는다.
- 병원 도착 전까지 1, 5, 10분 간격으로 반복하여 측정한다.

○ 아프가 점수표

징후	0	1	2	점수	
				1분	5분
외관(피부색)	푸른색, 창백함	분홍빛 몸색, 파란색 사지	완전한 분홍빛		
맥박수(심박동)	전혀 없음	100보다 낮음	100보다 높음		
찡그림(자극 반응성)	반응 없음	찡그림	운다		
활동성(근육 상태)	생기가 없음	사지를 조금 구부림	활동적으로 움직임		
호흡(호흡 이상 유무)	없음	느리고 불규칙함, 약한 울음	크게 운다		
총점					

• 7~10점: 태아는 활발하고 원기 왕성하다.
• 4~6점: 다소 질식된 상태, 산소 공급이나 자극이 필요하다.
• 4점 이하: 아주 질식된 상태, 즉시 심폐소생술이 필요하다.

- 단, 아프가 점수를 결정하기 위해 소생술을 지연시키지 않는다.

○ 산모 인계
- 이송 병원 도착 후 이송 병원 의료진에게 분만 시간, 태반 반출 여부, 탯줄이 아기 목을 감고 있었는지 여부, 양수에 태변이 섞여 있었는지 여부, 아이의 아프가 점수를 인계한다.
- 탯줄 결찰 및 절단을 시행한 경우 시행 이유와 시행 시각을 인계하고, 이외 시행한 처치가 있으면 이송 병원 의료진에게 인계한다.

○ 기록
- 특별구급대가 탯줄 결찰 및 절단을 시행한 경우 귀소 전 특별구급대 전문처치기록지를 완성하여 이송 병원 의료진에게 제출한다.
- 특별구급대가 탯줄 결찰 및 절단을 시행한 경우 이송 병원 병원명과 병록번호를 전문처치기록지에 기재하여 가져온다.

4. 응급처치 시 주의 사항

○ 산모의 신체 노출을 최소화할 수 있도록 주의한다.
○ 산모 평가를 위해 내진은 시행하지 않는다.
○ 탯줄을 자를 때
- 병원 이송 시간이 짧고 소독 가위가 없다면 켈리로 양쪽 탯줄을 잡고 혈액이 통하지 않게 한다.
- 태반이 나왔다면 감염 예방을 위해 무균술을 사용하여 탯줄을 자르고 클로르헥시딘을 사용하여 절단 부위를 소독한다.
- 태반은 산모와 함께 병원으로 이송해야 한다. 태반을 깨끗한 대야 또는 플라스틱 용기(백)에 넣어서 보관한다.

○ 신생아 코와 입 흡인을 시도할 때 너무 깊이 넣으면 구토 및 무호흡을 유발할 수 있으며 체온 유지를 위해 보온에 주의해야 한다.
○ 분만 후 자궁 출혈이 많아도 질 쪽으로 거즈 packing은 금기이다.
- 분만 후 출혈: 보통 1,000cc 를 초과하는 출혈이 있거나 또는 500cc를 초과하면서 산모에게 증상 및 징후가 있는 경우를 말한다.

○ 현장에 도착했을 때 이미 태아의 머리가 나온 상태라면 현장에서 분만을 시도한 후 이송하며, 판단하기 힘든 경우엔 이송을 원칙으로 한다.
○ 현장 응급 분만이 시행된 모든 경우에 이송이 예상되는 의료기관에 사전 연락한다.

5. 직접 의료지도 요청 기준

- ㅇ 모든 응급 분만 상황
- ㅇ 탯줄 결찰 및 절단이 필요한 경우 영상 직접 지도를 우선으로 요청하고, 영상 직접 지도가 불가능한 경우 음성 직접 지도를 요청한다.

6. 직접 의료지도 방법

1) 음성 직접 지도 상황(일반 통화 연결)

- 구급대원은 지도 의사에게 자신의 소속과 자격, 특별구급대 교육 이수 여부를 밝히고, 지도 의사에게 산모의 산과 관련 병력 청취 내용을 보고한다.
- 분만이 임박한 경우 지도 의사의 지도에 따라 구급차 내에서 응급 분만을 시행한다.
- 구급대원 도착 전 분만이 이미 이루어진 경우, 분만 시간, 태반 반출 여부, 탯줄이 아기 목을 감고 있는지 여부, 양수에 태변이 섞여 있는지 여부를 확인하여 보고한다.
- 태반이 반출되어 있는 경우 또는 탯줄이 아기 목을 감은 경우 아프가 점수 측정 전에 무균술을 사용하여 탯줄을 결찰하고 탯줄을 절단한다. 자세한 시행 방법은 응급처치 절차 및 방법에 따르고 지도 의사의 직접 지도에 따른다.
- 태반이 반출되지 않은 상태이거나 탯줄이 아기 목을 감고 있지 않은 경우, 아이의 아프가 점수를 측정하고 예상 이송 시간 등을 고려하여 지도 의사에게 보고하고 탯줄 결찰 및 절단 여부 지시에 따른다.
- 이송 병원에 사전 연락을 시행한다.

2) 영상 직접 지도 상황(영상 통화 연결)

- 영상 통화 시행 전 팀의 리더가 산모와 보호자에게 영상 통화를 통해 산모 및 현장을 비추고 의사에게 지도 받을 예정임을 설명하고 동의를 구한다. 산모와 보호자가 영상 통화 연결을 거부하는 경우 일반 통화로 직접 지도를 받는다.
- 영상 통화 시에는 직접 카메라를 잡거나 또는 경험이 있는 대원이 카메라를 잡고 상황을 보여주도록 한다.
- 구급대원은 지도 의사에게 자신의 소속과 자격, 특별구급대 교육 이수 여부를 밝히고, 지도 의사에게 산모의 산과 관련 병력 청취 내용을 보고한다.
- 분만이 임박한 경우 카메라를 든 대원은 태아의 머리가 보이는지 여부를 비추어 지도 의사가 확인할 수 있도록 하고, 분만 진행 상황을 비추어 지도 의사가 분만 진행 상황을 확인하며 지도할 수 있도록 한다.
- 구급대원 도착 시 분만이 이미 이루어진 경우, 분만 시간, 태반 반출 여부와 탯줄이 아기 목을 감고 있는지 여부를 확인하여 보고한다. 카메라를 든 대원은 아이를 비추어 지도 의사가 아이 상태 및 태반, 탯줄 상태를 확인할 수 있도록 한다.
- 태반이 반출되어 있는 경우 또는 탯줄이 아기 목을 감은 경우 아프가 점수 측정 전에 무균술을 사용하여 탯줄을 결찰하고 탯줄을 절단한다. 자세한 시행 방법은 응급처치 절차 및 방법에 따르고 지도 의사의 직접 지도에 따른다. 카메라를 든 대원은 탯줄 결찰 및 절단 장면을 비추어 지도 의사가 아이와 탯줄을 보면서 지도할 수 있도록 한다.
- 태반이 반출되지 않은 상태이거나 탯줄이 아기 목을 감고 있지 않은 경우, 아이의 아프가 점수를 측정하고 예상 이송 시간 등을 고려하여 지도 의사에게 보고한다. 탯줄 결찰 및 절단 여부는 지시에 따른다.
- 카메라를 든 대원은 분만된 아이를 비추며 아프가 점수를 측정하여 지도 의사가 아이 상태를 확인할 수 있도록 한다.
- 이송 병원에 사전 연락을 시행한다.

3) 응급처치 시 주의 사항

- 병원 이송 시간이 짧고 소독 가위가 없다면 켈리로 양쪽 탯줄을 잡아 결찰하여 혈액이 통하지 않게 하고 이송한다.
- 태반이 반출된 상태라면 신생아 실혈 및 감염 예방을 위해 탯줄을 자른 후 이송한다.
- 탯줄 결찰 및 절단 과정은 전체 무균술을 사용하고 탯줄 결찰 후 클로르헥시딘을 사용하여 결찰 부위를 소독한다.
- 탯줄 결찰 및 절단을 시행한 경우 치료 결과 전수 조사를 위해 이송 병원의 병원 병과 병록번호를 특별구급대 전문처치 기록지에 필수 기재하여 돌아오도록 한다.

7. 이송 병원 선정 지침

- 현장에서 응급 분만이 이루어지지 않은 만삭 산모일 경우, 응급 분만이 가능한 가장 가까운 의료기관으로 이송함을 원칙으로 한다.
- 고위험군 태아 및 미숙아의 응급 분만일 경우 신생아집중치료실이 있는 가장 가까운 의료기관으로 이송함을 원칙으로 하며 이와 관련한 병원 정보를 관할 지역 구급상황관리센터에 요청한다.
- 만삭 태아에 대한 정상 응급 분만 후 신생아의 반응이 적절하고 산모가 안정적인 경우 신생아와 산모에 대한 일반적 처치가 가능한 가장 가까운 의료기관으로 이송함을 원칙으로 한다.
- 응급의료 취약 지역일 경우 산부인과 진료가 가능한 가장 가까운 의료기관으로 이송한다.

Reference

1. 소방청. 《119 구급대원 현장응급처치 표준지침》. 2023.
2. 자료제공: 경북소방본부 1급 응급구조사 황국현
3. Ravichandran Jeganathan 외 3인. Factors associated with recovery from 1 minute Apgar score 〈4 in live, singleton, term births: an analysis of Malaysian National Obstetrics Registry data 2010-2012. BMC Pregnancy and Childbirth.

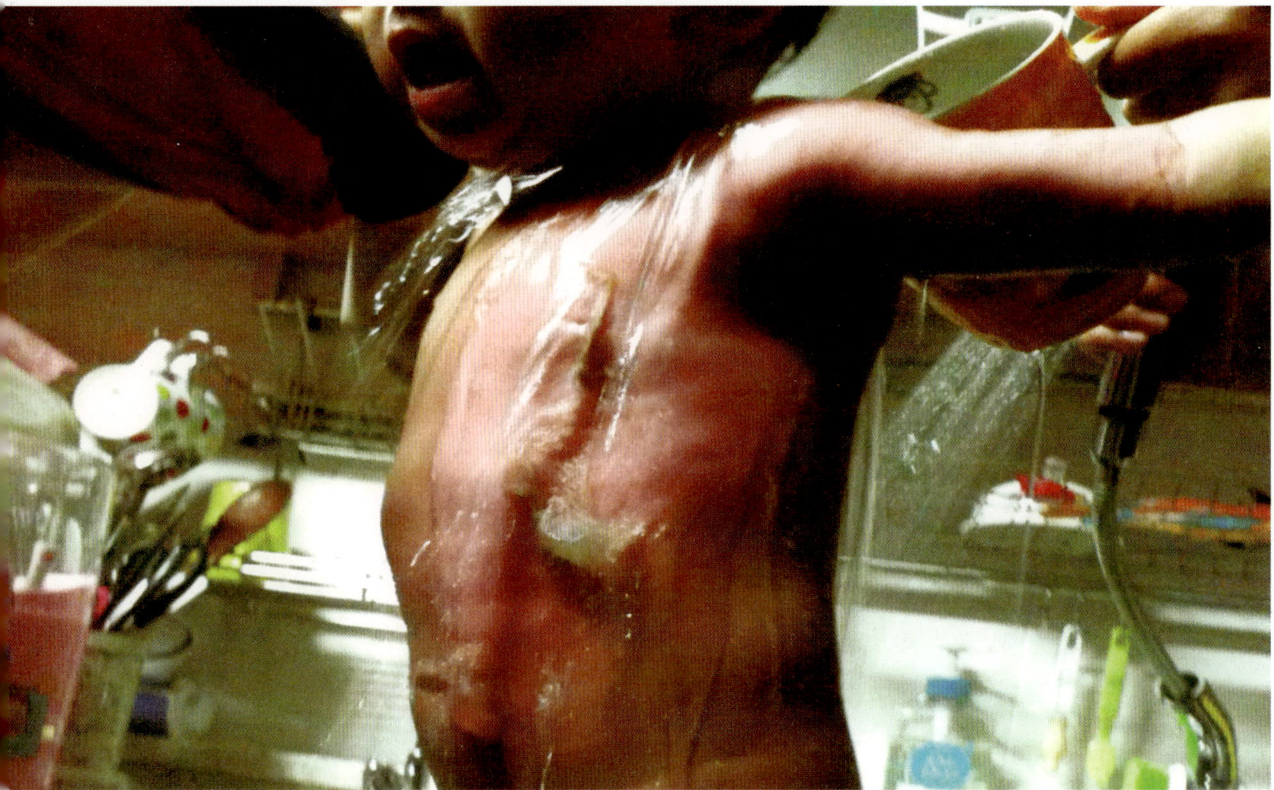

사례 12

커피포트의 끓는 물을 쏟았어요

목적

- 화상 환자의 초기 평가에 따른 응급처치와 병원 선정에 대해 알아본다.

출동 개요

출동 메시지 "구급 출동!" 장소는 ○○아파트 ○○○동 ○○○호,
커피포트의 끓는 물에 소아가 화상을 입었다는 신고

출동 정보
신고 시각 2월 8일 12:51
출동 시각 2월 8일 12:52
현장 도착 2월 8일 13:15
현장과의 거리 20km (13분 소요)

출동 인원
구급대원1 리더 (처치)
구급대원2 대원 (운전)

환자 정보 및 기타 정보 1세 여자아이
보호자는 당황한 상태로 구급대원이 도착하기 전
응급처치를 시행하지 못함. (협조 어려움)

출동 단계

구급차 지휘센터! 여기 ○○ 구급대 신고 내용 재송신 바람.

지휘센터 끓고 있는 커피포트가 넘어지면서 1세 여자아이가 화상을 입었다는 신고 내용.
구급상황관리사가 응급처치를 지도하고 있으나 아이 부모는 매우 흥분하여 응급처치 안내를 전달받지 못하며 응답이 없는 상태임.

구급차 출동 구급차에서 연락하도록 하겠음.

구급대원은 신고자와 전화 연결은 되었으나 매우 흥분된 상태로 어찌할 줄 모르겠다며 울부짖는다. 부모의 태도로 환아의 심각성을 짐작하고 구급대원은 침착함을 당부하며 신속하게 출동한다.

01 소아의 갑작스러운 사고로 인해 부모 대부분은 당황하게 되고 응급처치 안내에 따르지 못하게 된다. 어떤 방법으로 응급처치 안내를 할 수 있겠는가?

현장 상황

Tip

구급대원은 현장 상황을 파악하기 위해 흥분한 신고자나 보호자에게 침착하도록 안내할 수 있어야 한다.

아파트 현관문을 여는 순간 엄마와 아이의 울음소리가 뒤섞여 들렸고, 보호자는 담요에 아이를 감싸 안은 채 바닥에 앉아 울고 있다.

주방 바닥은 물이 흥건하며, 전기 콘센트에 연결된 커피포트는 넘어진 채 뜨거운 김이 아직 새어 나오고 있다.

구급대원은 조심스럽게 전기 콘센트를 제거하고 주변인에게 수건으로 바닥의 물을 닦아 달라고 요청한다.

---

02 현장의 위험 요소는 무엇이며, 소아 화상 환자에게 적용될 장비와 응급처치는 무엇인가?

1차 평가

기본 활력징후 및 병력 청취	
의식 상태	A(명료함)
기도 및 호흡 상태	호흡 상태는 양호하지만, 심한 울음으로 과호흡 위험이 있다.
순환 상태	매우 빠르고 강한 맥박이 위팔동맥에서 확인된다.

2차 평가

환자와 보호자에게 안정을 취할 수 있도록 하고 대원2는 활력징후를 평가한다. 대원1은 환자와 보호자에게 증상을 바탕으로 환자 평가 후 응급처치 계획을 세운다. 구급대원은 환자 상태를 평가하기 시작한다.

Tip

구급대원은 아동학대와 관련해서도 주의 깊게 관찰해야 한다.

같은 부위의 반복된 상처, 신체 여러 부위에 가해성 상처 등을 확인해야 하고, 심지어 아이를 뜨거운 물에 담가 학대하는 경우는 피부의 발적 부위가 수평으로 나타나기도 한다.

응급의료 종사자는 아동학대가 의심이 될 때 반드시 관련 기관에 신고해야 할 의무가 있다.

■ 문진과 활력징후

대원1 어머님! 아이의 상처 범위가 심해서 일단 저희가 응급처치를 해야 하는데 아이가 울더라도 침착하셔야 합니다.

보호자 네. 빨리 좀 부탁합니다.

대원1 사고가 어떻게 일어났나요?

보호자 컵라면 먹으려고 싱크대 위에서 커피포트로 물을 끓이고 있었어요. 동네 사람들과 얘기하고 있었는데, 아이가 전기 코드를 잡아당기면서 쏟아진 것 같아요.

대원1 평소 먹는 약이나 앓고 있는 질병이 있을까요?

보호자 건강해서 약 먹는 것도 없어요.

대원1 손상 부위가 가슴 부위를 포함하고 있어 스팀으로 인한 흡입 화상이 걱정되지만 아이 울음소리를 봐서는 가능성이 적어 보입니다.

보호자 그럼 어떻게 되는 건가요?

대원1 손상 부위를 최대한 식혀 주면서 치료 가능한 병원을 확인하고 이송하도록 하겠습니다.

■ 신체 검진

대원1 왼쪽 가슴과 배 전체의 2도 화상, 왼쪽 넓적다리 2도 화상, 왼쪽 위팔 부위 2도 화상을 확인한다.(모두 물집이 관찰된다.)

대원2 활력징후와 동공 반응을 측정한다. [Rt 3mm(+) / Lt 3mm(+)]

시각	혈압	맥박	호흡	체온	SpO_2
13:19	95/60 mmHg	117회/min	34회/min	37.6℃	98%

상처를 식히기 위해 미지근한 물로 상처 전체에 흘러내리게 한다.

03 위 내용을 바탕으로 '9의 법칙'을 이용하여 화상의 면적을 측정하여 보자.

04 2차 평가 결과에서 전문적인 응급처치를 위해 더 머무를 것인가, 아니면 빠른 이송을 선택할 것인가?

05 2차 평가 내용을 바탕으로 기록해 보자.

신체 검진	
시진(눈으로 보이는 이상)	
청진(비정상적인 호흡음, 소리)	
촉진(손으로 느껴지는 이상 반응 확인)	
타진(소리나 반응으로 이상 반응 확인)	
동공 반응(빛반사/크기)	

활력징후						
시각	혈압	맥박	호흡	체온	SpO_2	혈당
:	/ mmHg	회/min	회/min	℃	%	mg/dL

Allergy(알레르기 유무)	
Medication(복용 중인 약물)	
Past illness(과거 병력, 수술력)	
Last meal(마지막 음식물 섭취 시간)	
Event[사고 당시 상황(기전)]	
Onset(발생 시점)	
Provocation(유발/악화/완화 요인)	
Quality(통증/증상의 유형)	
Region(연관된 통증/증상의 부위)	
Severity(통증/증상의 정도)	
Time(통증/증상 지속 시간)	

현장 처치

Tip

수액 요법(Parkland법)

수액 요법은 주로 병원 단계에서 체표 면적 15% 이상일 때 활력징후와 함께 판단하여 Parkland[1]법에 따라 사용하고 있다.

병원 전 단계에서는 활력징후가 정상 범위로 회복될 때까지 5~10분마다 500mL(소아는 20mL/kg)의 생리식염수나 젖산 링거액(lactated Ringer's)을 투여한다.

Tip

화상의 초기 응급처치 냉각법에 대한 시간은 미국 화상학회는 5분 이상, 영국 적십자사와 세인트존 응급의학회는 10분 이상, 호주, 영국, 유럽 화상학회는 20분 이상을 권고하고 있다.

아이는 활력징후에 특별한 문제가 없고, 화상 범위가 중증으로 평가되지 않아 수액 요법이 필요하지 않은 상태이다. 다만, 상처에 대해 냉각 처치가 필요한 상태로 구급대원은 싱크대 수돗물 온도를 12~25℃ 정도로 조정한 후 화상 부위를 식힌다(차갑지 않은 정도의 온도). 화상 부위를 냉각하는 것은 환자가 느끼는 상처에 대한 통증에 따라 최대 10분 가량 냉각하기로 한다. 냉각 처치 후 적절한 드레싱을 하고 이송을 결정한다.

06 아이는 심한 통증으로 계속해서 울고 있다. 손상 부위에 대한 올바른 응급처치와 주의해야 할 것은 무엇인가?

이송 단계

환아를 화상 시트에 감싸고 구급차에 탑승시킨다. 화상 부분을 멸균 거즈로 감싸고 멸균 생리식염수를 적신 후 이송을 시작한다.

환자의 체온 변화에 주의한다. 또한, 아이는 얼굴에 산소마스크를 적용하기가 어려워 얼굴에서 적당한 거리를 띄워 성인 안면 마스크를 적용해 **10L/min의 산소를 제공**한다.

환아의 발가락에 산소포화도 장비 테이프를 감아 혈중 산소포화도 상태를 평가한다. 주기적인 체온 측정 및 순환 상태를 관찰하며 아이를 진정시키도록 노력한다. 환자의 보호자는 진정된 상태로 구급대원의 지시에 잘 따른다.

활력징후는 다음과 같다.

시각	혈압	맥박	호흡	체온	SpO_2
13:30	95/67mmHg	115회/min	32회/min	37.4℃	99%

Tip

전국 화상 전문 병원

- 서울: 베스티안병원, 한림대 부속 한강성심병원
- 부산: 하나병원, 베스티안부산병원
- 대구: 푸른병원
- 오송: 베스티안병원

출처: 대한전문병원협의회

07 이송 중 추가적인 응급처치와 병원 선정에 있어 주의해야 할 사항이 있다면 무엇인가?

1) 첫 24시간에 주입해야 할 용적(mL) = 4 × 체중(kg) × 화상 면적(%)으로 계산
첫 8시간에 그 용적의 50%를 주입하고, 이은 8시간에 25%를, 그리고 나머지 8시간 동안에 나머지 25%를 주입한다.

병원 단계

이송 중 상태는 어느 정도 진정되어 환아가 울음을 멈추었다.

화상 부위의 물집은 터지지 않은 상태로 유지되었고, 권역 응급의료센터로 옮긴 후 의료진에 의하여 소아 외상 치료실로 들어간다.

의료진 어떤 환자에요?

대원1 1세 여자아이로 약 45분 전 커피포트의 끓는 물이 쏟아지면서 화상을 입었습니다.
활력징후는

혈압	맥박	호흡	체온	SpO_2
95/60mmHg	117회/min	34회/min	37.6℃	98%

입니다.

의료진 현장에서 처치한 내용은 무엇입니까?

대원1 미지근한 물로 7분 정도 손상 부위의 열을 식혔습니다.

구급대원은 기타 상세한 내용을 전달하고, 의료진은 상황 설명을 들은 후 소아외과 처치실로 환자를 데리고 들어가 화상 치료를 시작했다.

---

08 위의 인계 사항 외 알려주어야 하는 것은 무엇인가?

09 상기 사항을 구급일지에 작성해 보시오.

제한점

- 소아는 의사 표시를 원활하게 할 수 없는 상태라 환자 평가를 위한 정확한 정보를 얻지 못할 수 있다. 또한, 구급대원의 처치에 거부감을 표시할 수 있어 처치도 쉽지 않다.
- 활력징후를 측정하면서 소아는 혈압 측정, 정맥로 확보 등의 처치 적용이 어려운 상황이 많다.

실전 문제

01 다음은 2도 화상의 특징들이다. 비교적 거리가 먼 것은?

① 얼룩덜룩한 붉은 피부색
② 통증이 심하다.
③ 물집은 발견되지 않는다.
④ 2~4주간의 치료 기간이 필요하다.

02 만약 이 사례의 환아가 왼쪽 다리의 앞면과 회음부에 화상을 입었다면 '9의 법칙'을 이용하여 화상의 범위를 산정하시오.

① 5%
② 7.5%
③ 18%
④ 36%

03 화상 환자의 응급처치 절차 및 방법 중 잘못 기술된 것은?

① 환자의 의식이 P 이하면 입인두 기도기를 삽입하여 기도를 유지한다.
② 화재 현장에서 구조된 모든 화상 환자는 고농도 산소를 투여한다.
③ 연기 흡입 손상 환자의 경우 산소포화도가 95% 이상이면 산소를 주지 않아도 된다.
④ 손가락 또는 발가락 화상 환자의 경우에는 손발가락 사이에 거즈를 넣어서 분리한다.

04 출동 중 아기 어머니에게 당부하고 싶은 내용으로 비교적 거리가 먼 것은?

① 아기가 숨을 잘 쉴 수 있도록 기도 유지를 지도한다.
② 손상 부위가 더 악화하지 않도록 환아를 찬물에 담그도록 한다.
③ 민간요법으로 간장 등을 바르지 못하도록 지도한다.
④ 손상 부위에 접촉하거나 물집을 터뜨리지 않도록 지도한다.

05 4세 남아가 대중목욕탕에서 열탕에 빠져 양쪽 다리에 2도 화상을 입었다면 '9의 법칙'에 따라 화상의 범위는 약 몇 %로 산정하는가?

① 10%
② 13.5%
③ 17%
④ 27%

06 51세 남성이 화재 진압 시 오른쪽 팔과 등에 2도 27%의 화상을 입어 현장에서 수액 처치를 할 때 가장 적절한 수액은?

① 5% 주사용 포도당
② 0.9% 주사용 생리식염수
③ 하트만(Hartman) 수액
④ ①,②,③ 모두 사용 가능

정답 1 ③, 2 ②, 3 ③, 4 ②, 5 ④, 6 ②

1-③ 1. 2도 화상의 경우 대부분 물집이 관찰되므로 냉 처치 및 감염에 대해 처치를 해야 한다.

2-② 1세 미만의 환아는 왼쪽 다리 13% 중 앞면은 6.5%, 회음부는 1%로 산정할 수 있다.

3-③ 연기 흡입 손상일 경우 급격한 후두부 부종으로 갑자기 상태가 악화될 수 있다. 그 이후에는 기도삽관이 불가능한 상태로 진행될 수 있으므로 흡입 손상이 의심된다면 바로 고농도의 산소를 투여하고 상황에 따라 기관내삽관을 시도해야 할 수 있다.

4-② 환아의 몸 전체를 찬물에 담그면 저체온증이나 감염 등의 우려가 크다.

5-④ 소아 다리 13.5%×2=27%

6-② 중증 화상의 경우 수액 요법은 세포외액을 보충하는 목적으로 공급한다.

사례 풀이

01 소아의 갑작스러운 사고로 인해 부모 대부분은 당황하게 되고 응급처치 안내에 따르지 못하게 된다. 어떤 방법으로 응급처치 안내를 할 수 있겠는가?

대부분 흥분한 신고자나 보호자는 자기 말만 되풀이하는 경향이 있다. 빨리 신고 내용을 파악한 다음 “아기 어머님! 제 말 잘 들어주세요. 어머님께서 흥분하시면 아기에게 아무런 도움을 줄 수가 없어요.” 또는 “아기가 우는 것은 생명이 위독해서라기보다 아파서 우는 것이니 너무 흥분하지 마시고, 제가 드리는 말씀대로 처치를 먼저 해주세요.” 등으로 흥분을 가라앉힌다. 화상 환자의 초기 응급처치는 무엇보다 신속하게 냉각시키는 것이 중요하므로 신고 접수 및 출동 단계에서 보호자의 협조를 구하는 것이 무엇보다 필요하다.

02 현장의 위험 요소는 무엇이며, 소아 화상 환자에게 적용될 장비와 응급처치는 무엇인가?.

커피포트가 넘어지면서 끓는 물이 쏟아지고 전원은 자동으로 차단된 것으로 보이지만 아직 콘센트에 연결되어 있어 우선 전기 코드를 분리하는 것이 안전하다. 또한, 바닥이 미끄러우므로 넓은 수건이나 걸레를 이용하여 바닥의 물기를 제거하는 것이 좋다. 화상 환자에 주로 사용되는 장비와 기자재는 멸균 거즈 및 생리식염수, 화상 시트 또는 체온을 유지할 수 있는 깨끗한 시트나 담요, 필요시 산소 공급을 위한 장비 등이다.

03 위 내용을 바탕으로 ‘9의 법칙’을 이용하여 화상의 면적을 측정하여 보자.

9의 법칙을 이용하여 영아, 소아, 성인의 화상 면적을 판단할 수 있으며 상기 환자는 1세 이상의 소아로 판단할 수 있다.

가슴과 배 부분은 약 18%, 왼쪽 위팔 앞부분은 약 2.5%, 왼쪽 넓적다리 부분과 샅굴부위(서혜부)는 약 3.5%로 추정 가능하여 총 24%로 파악할 수 있다.

소아

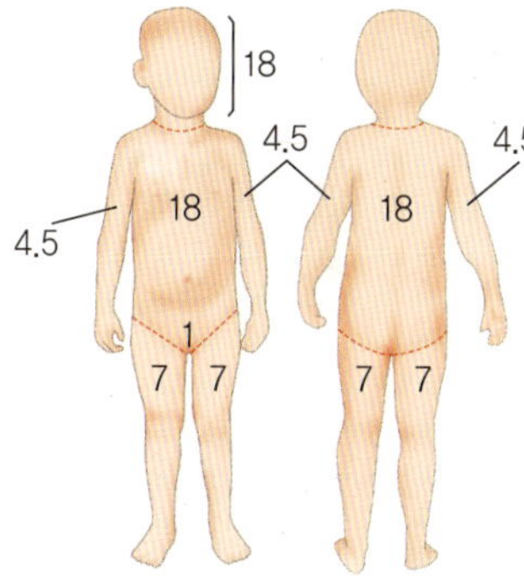

04 2차 평가 결과에서 전문적인 응급처치를 위해 더 머무를 것인가, 아니면 빠른 이송을 선택할 것인가?

건강한 일반 성인과는 달리 어린아이, 노인 또는 기저 질환이 있는 사람이라면 중증도를 높여 분류할 수 있다. 화상으로 인하여 전해질과 열 손실, 감염 등으로 2차적 문제가 발생할 수 있으므로 현장에서는 손상 부위를 미지근한 물로 냉각시키는 등 최소한의 처치를 한 후 멸균 거즈 드레싱을 유지하며 화상 치료가 가능한 병원으로 이송한다.

05 2차 평가 내용을 바탕으로 기록해 보자.

신체 검진						
시진(눈으로 보이는 이상)	왼쪽 가슴, 배 전체, 넓적다리 위팔 2도 화상(물집 발생)					
청진(비정상적인 호흡음, 소리)	–					
촉진(손으로 느껴지는 이상 반응 확인)	–					
타진(소리나 반응으로 이상 반응 확인)	–					
동공 반응(빛반사/크기)	Rt 3mm(+)/Lt 3mm(+)					
활력징후						
시각	혈압	맥박	호흡	체온	SpO_2	혈당
13:19	95/60mmHg	117회/min	34회/min	37.6℃	98%	–mg/dL
Allergy(알레르기 유무)	없음					
Medication(복용 중인 약물)	없음					
Past illness(과거 병력, 수술력)	없음					
Last meal(마지막 음식물 섭취 시간)	점심 식사(12:00)					
Event[사고 당시 상황(기전)]	전기 포트 줄을 잡아당기면서 뜨거운 물을 쏟음					
Onset(발생 시점)	12:50					
Provocation(유발/악화/완화 요인)	–					
Quality(통증/증상의 유형)	화상 통증					
Region(연관된 통증/증상의 부위)	–					
Severity(통증/증상의 정도)	VAS 9점					
Time(통증/증상 지속 시간)	사고 발생 후 계속					

06 아이는 심한 통증으로 계속해서 울고 있다. 손상 부위에 대한 올바른 응급처치와 주의해야 할 것은 무엇인가?

화상을 입은 상처는 냉각 처치로 통증을 줄이고 피부 깊은 곳까지 열의 전도를 최소화할 수 있지만, 주의할 점도 있다. 물의 온도가 낮고 화상 범위가 넓을수록 냉각에 의한 2차 손상인 '저체온증'을 일으키기 쉽다. 화상 입은 상처 냉각을 위한 물의 온도가 1~8℃ 정도만 되어도 피부 혈류량의 급격한 감소와 조직 괴사가 더 진행되므로 주의해야 한다. 특히 소아나 영아는 의사소통이 어려우므로 20~30분 이상 처치를 시도하지 않는 것이 좋다.

현장 도착 당시 냉각 처치를 하지 않았거나 상처에 열기가 남아 있다면 12~25℃의 생리식염수를 사용하여 화상 창상을 식혀야 한다. 화상을 입은 후 30분까지는 화상 창상 식히기가 효과가 있다고 알려져 있다. 냉각 처치 후에는 1도와 2도 화상은 젖은 거즈로 드레싱하고, 3도 화상이 있는 경우는 젖은 거즈 대신 마른 거즈를 사용하여 감아주어야 한다.

07 이송 중 추가적인 응급처치와 병원 선정에 있어 주의해야 할 사항이 있다면 무엇인가?

화상의 직접적인 원인을 제거하더라도 피부 상층(표피, 진피)에 남아 있는 열은 피부 하층[진피, 피하(혈관, 신경)]으로 전달되고 있는 단계이므로 화상 초기의 냉각 요법은 피부 손상의 진정과 통증을 덜게 할 수 있는 유일한 방법이다. 따라서 현장 대원은 냉각 요법을 보호자에게 설명한 후 아이가 견딘다면 10분 가량(정도) 시행하는 것이 좋다.

특히 주의해야 할 것은 소아 특성상 저체온증에 빠지지 않도록 주의 깊게 관찰하는 것이다. 과도한 탈수로 저혈량증이 의심되지만, 환아의 혈압 측정이 어렵고, 정맥로 확보가 요구되지만, 이송 중 구급차의 흔들림과 환아의 혈관 상태로 인해 매우 힘들어질 수 있다. 고농도의 산소를 투여하면서 산소포화도를 측정하고 보온에 유의하면서 이송하되 의식의 변화가 있는 경우 가까운 응급의료센터로 우선 이송해야 한다.

08 위의 인계 사항 외 알려주어야 하는 것은 무엇인가?

1세 여자아이로 약 45분 전에 커피포트의 끓는 물이 쏟아지면서 환자의 가슴, 배, 왼쪽 팔에 화상을 입어 신고한 내용입니다. 신고 당시에 아이의 부모가 너무 당황하여 초기 화상 응급처치를 시행하지 못했으며, 현장 도착 후 미지근한 물(통상 20℃)로 10분간 냉각 요법을 시행했습니다.

활력징후는 맥박 140회/min, 호흡수 34회/min, 체온 37.6℃였으며, 이송 중 멸균 거즈와 상온의 생리식염수를 이용하여 응급처치하면서 이송했습니다. 이송 중 체온 유지에 주의했으며 산소는 성인 안면 마스크로 얼굴에서 거리를 띄워 10L/min를 투여하면서 이송했습니다.

09 상기 사항을 구급일지에 작성해 보시오.

119 구급대원 현장응급처치 표준지침(화상)

The Standard Protocols for 119 Emergency Medical Services Providers

화상 환자의 구조와 응급처치는 매우 위험할 수 있기 때문에, 현장의 안전을 확보하는 것이 가장 중요하다. 화상이 발생한 원인에 따라 열화상, 전기화상, 화학화상, 및 방사선화상 등으로 분류할 수 있다. 조직 손상과 피부 반응의 깊이를 기준으로 **1도(표재성) 화상, 2도(부분층) 화상, 3도(전층) 화상**으로 구분한다.

1. 임상적 특징

○ 피부의 기능 소실

- 외부 세계에 대한 기계적 방어 및 미생물 침투 차단
- 체내 수분 소실 방지와 감각기관 및 체온조절의 역할

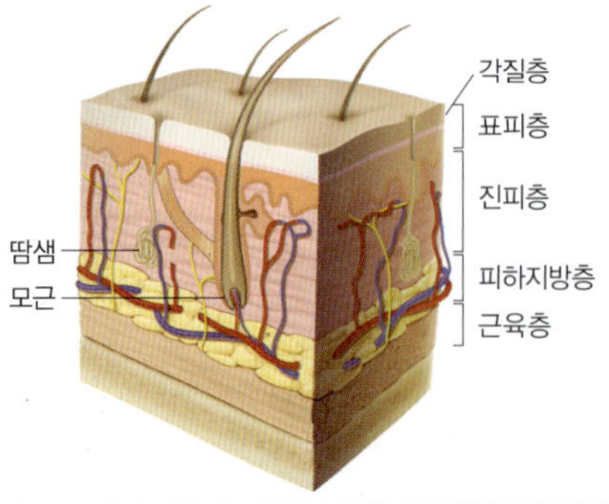

○ 화상의 깊이(분류)

	1도 화상	2도 화상	3도 화상
손상 정도	표피	표피전층+ 진피일부	진피전층+ 피하조직 대부분
피부색	붉은색	붉은색	갈색 또는 흰색 (마른가죽느낌)
증상	통증○/수포×	통증○/수포○	통증×/수포×
치유 기간	1주내 회복	2주내 회복	피부이식 필요

○ 즉사하는 경우

- 화상 자체만으로 즉사하는 경우는 거의 없음
- 동반된 외상, 기도 폐쇄 또는 유독가스 흡입 등의 결과로 발생

○ 중증 화상으로 **전문 화상센터**에서의 치료가 유익한 경우(critical burns)

- **체표면적 5% 이상의 3도 화상**
- **체표면적 20% 이상의 2도 화상**
- **얼굴, 목, 손, 발, 회음부, 관절의 2도 이상 화상**
- **전기화상, 화학화상, 흡입손상**
- **동반된 중증 외상이 존재**

2. 환자 평가 필수 항목

○ 병력 청취

- 손상기전 및 사고발생 당시 상황을 확인한다.
- 환자의 과거력, 수술력, 약물복용력, 임신여부 등을 확인한다.

○ 이학적 검진

- 기도 평가: **흡입손상** 확인
  - ▸ 얼굴과 두피 화상, 불에 탄 코털과 눈썹, 목 주위를 둘러 싼 화상
  - ▸ 쉰 목소리, 청진시 천명음, 구강내 점막의 검댕/부종/발적, 검댕섞인 가래

- 화상 면적
  - ▸ rule of nines
  - ▸ palmar method

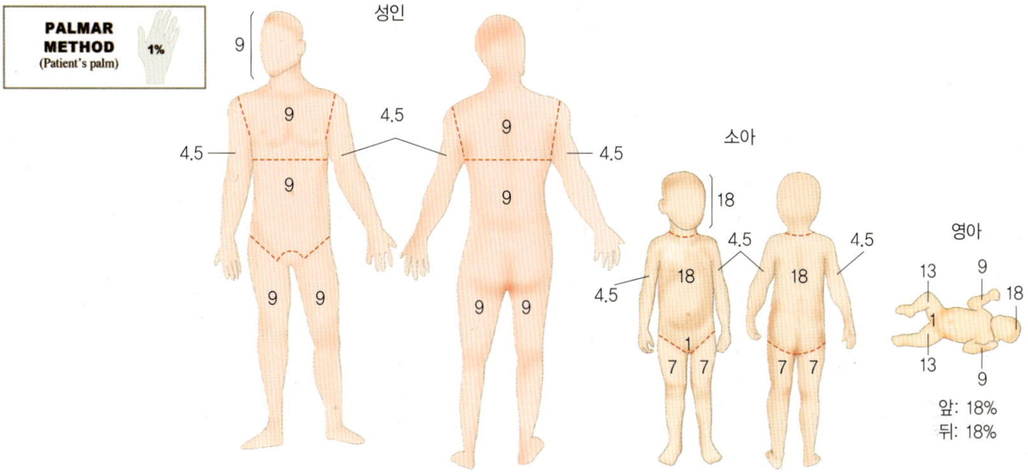

- 중요 신체부위 포함 여부: 얼굴, 목, 손, 발, 회음부, 관절
- 동반 손상의 확인

3. 응급처치 절차 및 방법

○ '환자 초기 평가·처치 표준지침'에 따라 전반적인 평가 및 처치를 시행한다.

○ 기도를 개방하고, 환자의 의식이 P 이하인 경우 **입인두 기도기(oral airway)를 삽입**하여 기도를 유지한다. 만약 환자가 구역반사를 보일 경우에는 이를 제거하고 **코인두 기도기를 삽입**하여 기도를 유지한다. ☞ ② ①

○ 화재현장에서 구조된 모든 화상 환자의 경우, **비재호흡 마스크**로 **100% 산소**를 투여한다.

○ 연기 흡입손상 환자의 경우 산소포화도가 95%이상이라도 반드시 고농도의 산소를 투여한다.

○ 산소투여에도 불구하고 아래와 같은 상황이 발생할 경우 **기관내삽관술**을 시행한다. 전문 기도유지술 시행 자격 및 방법은 '기도삽관술기 지침'을 따른다. ☞ 1급 응급구조사 등

- 지속적인 의식상태 악화
- 심각한 호흡곤란의 발생: 호흡수 분당 30회 이상 또는 SpO_2 90% 미만
- 기도 부종의 빠른 악화: stridor 또는 wheezing 증가, 말하지 못함

○ 정맥로 확보가 필요한 경우 18G 이상으로 정맥로를 1개 이상 확보하고 혈압, 맥박수, 의식 등이 정상 범위로 회복될 때까지 5분~10분마다 500mL(소아는 20mL/kg)의 젖산 링거액을 투여한다. ☞ ①

- 쇼크를 일으킬 수 있는 심각한 동반 손상의 존재
- 수축기 혈압 90mmHg 미만

○ 의복 및 장신구 제거 ☞ Ⓕ ② ①

○ 생리식염수 또는 깨끗한 수돗물로 **세척 및 냉각** 후 마른 시트나 담요로 보온한다. 드레싱 시 손가락과 발가락은 붙지 않도록 사이에 거즈를 넣어서 분리한다. ☞ Ⓕ ② ①

4. 응급처치 시 주의 사항

○ 중증 손상 환자 기준에 해당하는 경우, 현장 처치 시간은 **최대 10분 미만**으로 최소화하는 것을 원칙으로 하고, 환자 평가 과정이나 정맥로 확보로 인해 이송이 지연되어서는 안 된다.

- 화상 자체로 인한 쇼크는 드물고, 주로 동반 손상으로 인해 발생함.
- 화상환자에서 정맥로 확보는 종종 어려워 이송을 지연시킬 수 있음.

○ 얼음찜질(괴사우려) 등 과도한 냉각으로 인한 저체온 발생에 주의한다.

5. 직접 의료지도 요청 기준

○ 기도삽관이 필요한 경우
○ 정맥로 확보 및 수액 투여
○ 위험물질 노출이 의심되는 경우
○ 중증도 판단이 애매한 경우

6. 이송 병원 선정 지침

○ 전문 화상센터에서의 치료가 필요한 다른 동반손상이 없는 단독 중증 화상 환자의 경우라도 우선 가장 가까운 지역 응급의료센터 이상의 의료기관 또는 치료가 가능한 화상전문병원으로 이송함을 원칙으로 한다.
○ 다른 동반손상이 있는 중증화상환자의 경우 이송 병원 선정은 직접 의료지도를 요청하고 지도에 따른다.
○ 응급의료 취약 지역의 경우 화상 진료가 가능한 가장 가까운 지역 응급의료기관 또는 화상전문병원 등으로 이송한다.
○ 현장거리, 교통체증 등으로 구급차를 이용한 이송이 헬기 이륙 소요시간(약 15분) 및 현장까지 소요예상 비행시간 등 보다 더 많은 시간이 소요될 것으로 판단될 경우에는 헬기이송을 요청하고 지시에 따른다.
○ 중증 화상 기준에 해당하지 않은 경증 단독 화상 환자의 경우 화상 진료가 가능한 가장 가까운 지역 응급의료기관으로 이송한다.

Reference

1. 소방청. 《119 구급대원 현장응급처치 표준지침》, 2023.
2. 대한응급의학회, 전국응급구조학과교수협의회. 《전문손상응급처치학》(제2판). 2007, 서울: 도서출판 대학서림, pp 211-249.
3. 안효섭. 《홍창의 소아과학》, 제10판. 서울:대한교과서 주식회사, 2012, pp 1104-27, pp 1208-1209.

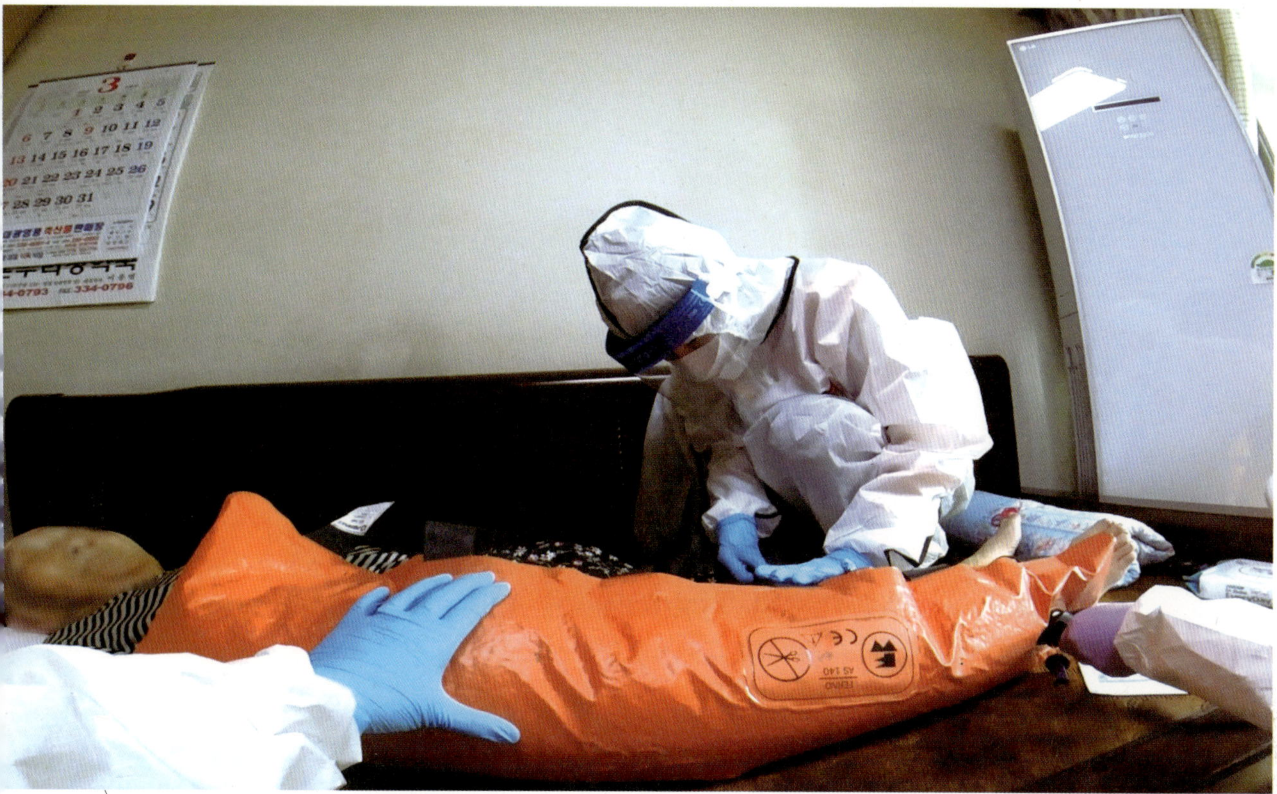

사례 13 어르신이 화장실에서 넘어졌어요

목적

- 미끄러짐에 의한 낙상 후 엉덩관절 통증을 호소하는 노인 환자의 손상을 평가하고, 적절한 장비를 활용한 고정법을 학습한다.

출동 개요

출동 메시지 "구급 출동!" 장소는 ○○로 32-7 ○○○○ 요양원 2층 어르신 낙상 환자 발생

출동 정보
- **신고 시각** 8월 12일 14:33
- **출동 시각** 8월 12일 14:35
- **현장 도착** 8월 12일 14:48
- **현장과의 거리** 4km(13분 소요)

출동 인원
- **구급대원1** 리더(처치)
- **구급대원2** 대원(처치)
- **구급대원3** 대원(운전)

환자 정보 및 기타 정보 70대 중반 여자
화장실에서 넘어진 후 엉덩관절 통증 호소

출동 단계

구급차 지휘센터! 여기 ○○ 구급대 신고 내용 재송신 바람.

지휘센터 ○○동 32-7 ○○○○ 요양원 2층에서 요양보호사가 신고한 상황으로, 할머니가 화장실에서 넘어져 엉덩이 통증이 있다는 신고 내용.

구급차 접수 완료!

(대원1은 신고자에게 전화를 시도한다.)

대원1 출동 중인 구급대원입니다. 환자분 지금 상태가 어떤지 말해줄 수 있나요?

신고자 넘어졌는데 엉덩이가 아프다고 해서 신고했어요.

(대원1은 출동 중에 신고자와의 통화로 정보를 알아내며 함께 현장에 도착한다.)

---

01 출동 중 신고자와의 통화로 알아낸 정보로 의심할 수 있는 손상 유형은 무엇이며, 출동 단계에서 신고자에게 요청할 수 있는 것은 무엇인가?

02 출동 단계까지의 정보를 바탕으로 처치와 이송을 위해 준비해야 할 장비는 무엇인가?

현장 상황

Tip

평소 침상 생활(bed ridden)을 하는 상태인지 우선 확인해야 한다.

혼자 화장실 이동이 가능했는지, 보행 보조 도구를 사용했는지를 확인하는 과정은 평소 건강 상태와 손상 기전을 추정하는 데 도움이 된다.

환자는 거실 소파에 누워 있고, 첫인상은 마른 체형에 특별한 문제는 없어 보인다. 검진하기 전에는 손상 부위의 움직임이 없다면 별다른 증상을 보이지 않을 수 있기 때문이다.

요양보호사에 의하면 아침에 화장실에서 나오다가 넘어진 후 스스로 소파에 올라가 있었다고 한다. 점심을 준비하고 있는데 많이 아파 병원에 가고 싶다며 119에 신고하게 됐다고 한다.

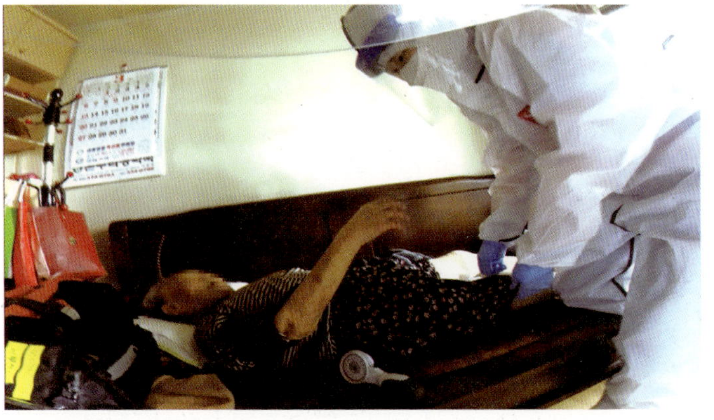

03 노인 환자의 특성과 첫인상에서 유추할 수 있는 손상의 형태와 추가로 확인해야 하는 사항은 무엇인가?

1차 평가

기본 활력징후 및 병력 청취	
의식 상태	A(명료함)
기도 및 호흡 상태	호흡음에 특별한 문제가 보이지 않는다.
순환 상태	노동맥에서 강하고 규칙적인 맥박이 확인된다.

2차 평가

대원1은 평소 환자를 관리하는 직원을 불러 달라고 요청한다.

환자와 보호자에게 안정을 취할 수 있도록 한 뒤 대원2는 활력징후를 평가하고, 대원1은 환자와 보호자에게 증상을 바탕으로 환자 평가 후 응급처치 계획을 세운다.

■ 문진과 활력징후

대원1 평소 앓고 있는 질병과 방문하게 된 이유는 무엇인가요?

관계자 고혈압 약 먹고 있고, 치매가 있어 작년부터 서비스 받고 계십니다.

대원1 평소 인지력은 어느 정도이며 행동에 어려움은 없었나요?

요양보호사 치매가 심하지는 않아서 대부분은 대화가 잘 됩니다. 어르신이 힘이 없으셔서 걷다가 옆에 잘 부딪히기도 합니다.

대원1 치매 이외에 수술 받거나 진단 받아 약 드시는 것이 있나요?

요양보호사/보호자 고혈압은 한 20년 전부터 약을 먹었고 치매 외에는 없어요.

대원1 할머니 어디가 가장 아프세요? 아픈 곳을 짚어 보세요.

환자 여기가 아파.(왼쪽 엉덩이 옆을 가리킨다.)

대원1 어쩌다가 넘어지셨어요? 미끄러졌어요? 어지러웠어요?

환자 힘이 없어 넘어졌지!

대원1 어지럽거나 눈앞이 캄캄하지는 않으셨나요?

환자 아니야. 그냥 힘이 없어 넘어졌어.

대원1 알레르기가 있나요?

요양보호사 없는 것으로 알고 있어요.

대원1 마지막 식사는 언제 했나요?

요양보호사 12시에 점심 드시고 드린 건 없어요.

■ 신체 검진

대원1 탈골이나 넓적다리 골절 등과 감별하기 위해 감별 평가를 한다. 눈으로 보이는 다리의 변형이나 출혈은 보이지 않는다.
왼쪽 다리를 움직일 때 엉덩관절에서 삐걱거림이 느껴지고 강한 통증을 호소한다. P/M/S(+/+/+)이며, 통증 점수는 치매로 인지력이 떨어져 VAS 8점으로 확인된다. 그 외 특별한 증상과 징후는 관찰되지 않는다.

대원2 활력징후와 동공 반응을 측정한다. [Rt 4mm(+) / Lt 4mm(+)]

시각	혈압	맥박	호흡	체온	SpO_2	혈당
14:50	140/95 mmHg	68회/min	16회/min	36.8℃	96%	135 mg/dL

04 이 환자의 가장 큰 문제는 무엇이며, 제공할 응급처치는 무엇인가?

05 2차 평가 내용을 바탕으로 기록해 보자.

신체 검진	
시진(눈으로 보이는 이상)	
청진(비정상적인 호흡음, 소리)	
촉진(손으로 느껴지는 이상 반응 확인)	
타진(소리나 반응으로 이상 반응 확인)	
동공 반응(빛반사/크기)	

활력징후						
시각	혈압	맥박	호흡	체온	SpO_2	혈당
:	/ mmHg	회/min	회/min	℃	%	mg/dL

Allergy(알레르기 유무)	
Medication(복용 중인 약물)	
Past illness(과거 병력, 수술력)	
Last meal(마지막 음식물 섭취 시간)	
Event[사고 당시 상황(기전)]	
Onset(발생 시점)	
Provocation(유발/악화/완화 요인)	
Quality(통증/증상의 유형)	
Region(연관된 통증/증상의 부위)	
Severity(통증/증상의 정도)	
Time(통증/증상 지속 시간)	

현장 처치

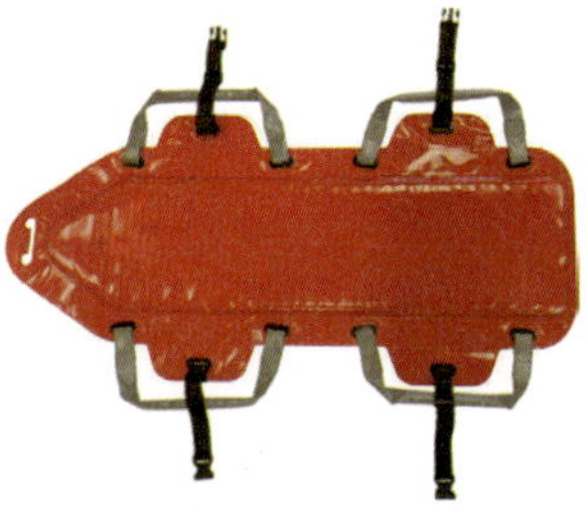
응급 소형 들것

대원3 구급차 정차 후에 진공 부목과 응급 소형 들것을 가져온다.

대원1 대원2, 3에게 진공 부목으로 어떻게 할 것인지 의논한다.

환자에게 다친 부위를 고정한다는 것과 약간의 통증이 있을 수 있다는 점을 알린다.

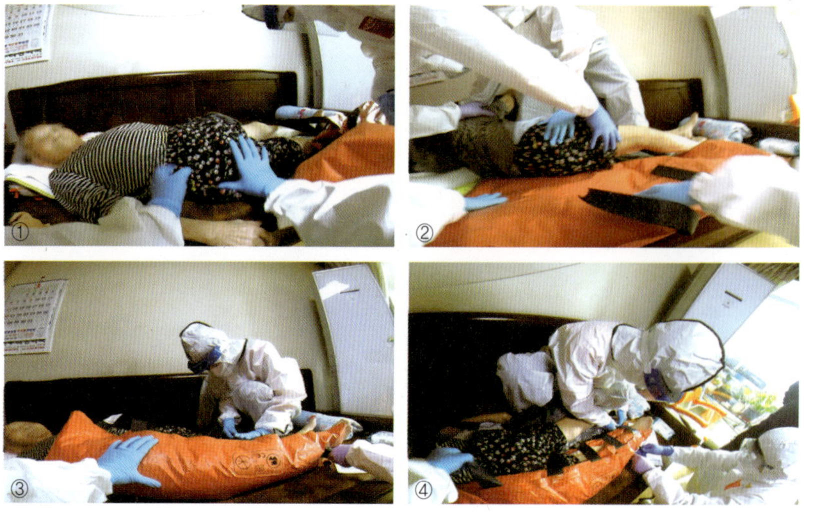

진공 부목 세트에서 가장 큰 부목을 꺼내 다친 쪽 흉요추관절 위치에 넓은 부위를 대고 좁은 쪽은 발목 쪽으로 위치하게 한다. 진공 부목의 넓은 부분을 골반 외측에 C자 형태로 감싸고, 좁은 부분을 무릎 아래까지 감싸며 고정한다. 환자는 부목 고정 후에 덜 아프다고 하며, 발에서 측정한 PMS(+/+/+) 검사 결과에서도 특별한 문제는 확인되지 않는다.

대원1과 대원2는 고정 중에 도착한 보호자에게 병력을 다시 확인했으나 새로운 정보는 없다. 대원들은 이송을 위해 보호자에게 병원 선정에 대해 알린다.

06 부목 고정의 이점과 원칙은 무엇이며, 이 사례에서 사용한 고정법 외 사용 가능한 방법은 무엇인가?

이송 단계

대원1은 가까운 지역 응급의료센터로 이송할 것을 알리고, 대원3은 이송을 위해 들것을 준비한다. 환자는 이송 중에 부목 고정으로 인한 불편함을 호소하지 않았고, 흔들리는 차량 속에서 통증을 느끼지 않았다. 병원 이송 중에 특별한 변화 없이 병원에 도착한다.

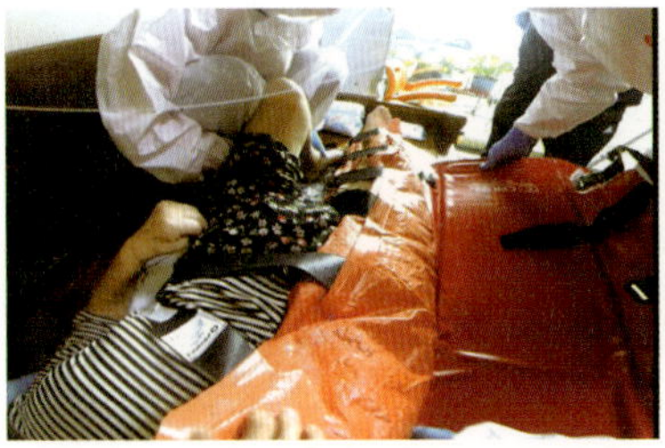
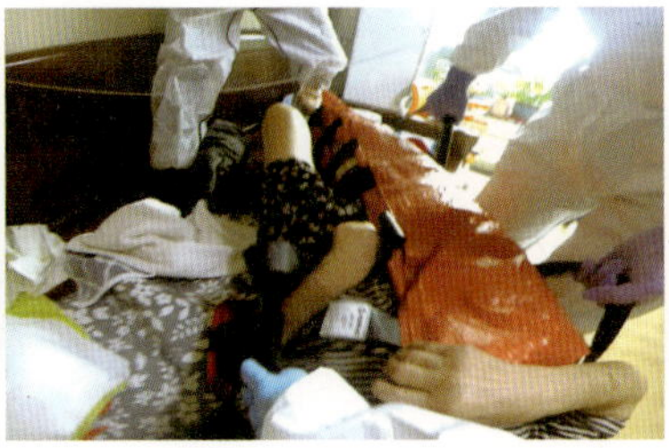
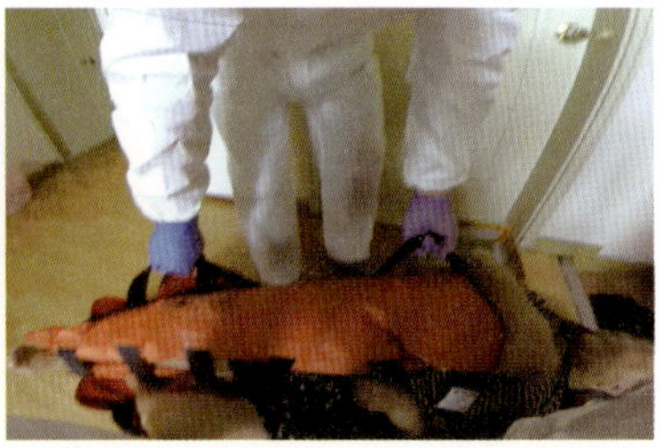

07 진공 부목을 사용하면 이송 단계에서 특별히 주의해야 할 점은 무엇인가?

병원 단계

현장에서 출발해 15분 이내에 지역 응급의료센터에 도착했다.

의료진 무슨 환자예요?

대원1 고혈압과 가벼운 치매가 있는 70대 여자분으로, 화장실에서 나오시다가 힘이 없어 주저앉았다고 합니다. 이후에 엉덩이 통증이 있어 119에 신고했는데, 확인해 보니 오른쪽 넓적다리 골절이 의심되어 이송했습니다.

의료진 우리 병원에서 진료 보시던 분인가요?, 보호자분 연락하셨나요?

대원1 그렇지는 않습니다. 보호자는 함께 도착했습니다.

의료진 수술이나 시술 받으신 것은 없나요?

대원1 네, 없다고 합니다.

의료진 (활력징후 확인) 안으로 들어가도록 하겠습니다.

환자는 이송한 병원에서 엉덩관절 골절을 진단 받은 후 수술을 시행했다.

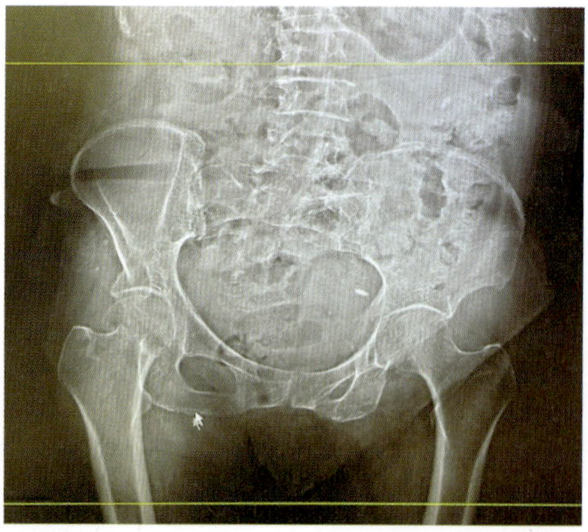

08 상기 사항을 구급일지에 작성해 보시오.

제한점

- 엉덩관절 손상의 경우 현장에서 전문 장비 없이 정확한 손상 부위를 확인하는 것에 제한점이 많다. (추정되는 손상에 맞춰 해당 부위를 정렬시켜 움직이지 않도록 고정하고 이송해야 한다.)
- 노인 환자의 경우 찾아내지 못한 병력이나 시술, 통증의 표현이 실제와 다른 부분이 있을 수 있다.
- 노인 환자는 통증에 대해 둔감하며, 기억력이 떨어져 복용 중인 약을 빠뜨리거나 중복 복용하기도 한다.
- 손상이 약한 경우 보행이 가능하여 손상을 더 악화시키기도 한다.
- 엉덩관절 손상은 다른 부위와 달리 연합되는 뼈 움직임이 많아 고정하는 데 어려움이 많다. 보유하고 있는 장비를 적절히 선택할 수 있어야 한다. 고정할 때 움직임이 최소화되어야 하고, 고정력이 우수해야 한다는 것을 잊지 말아야 한다.

실전 문제

01 추락/낙상 현장 출동 중 신고자와의 통화에서 당부할 사항 중 2차 손상 예방과 관련된 것은?

① 사고 위치를 주변인들에게 알려줄 수 있도록 당부
② 사고 목격자 또는 관계자가 떠나지 않도록 당부
③ 환자가 이송하게 될 병원을 미리 선정하여 빠른 진료가 될 수 있도록 당부
④ 환자가 움직이지 않도록 당부

02 외상 환자 평가 시 신체 부위별 평가 방법 중 틀린 것은?

D: Deformity(변형)	C: Contusion(좌상)
A: Abrasion(찰과상)	P: Puncture(관통상)
B: Burn(화상)	T: Tenderness(압통)
L: Laceration(열상)	S: Swelling(부종)

① 머리의 DCAP-BLS ② 가슴의 DCAP-BLS
③ 복부의 DCAP-BTLS ④ 다리의 DCAP-BLS

03 병원 이송 전 외상 환자에 대한 처치 순서 중 가장 올바른 것은?

① 전신 관찰 → 초기 평가 → 중점 관찰 → 전신 관찰 → 상황 평가
② 초기 평가 → 상황 평가 → 중점 관찰 → 전신 관찰 → 상세 관찰
③ 초기 평가 → 중점 관찰 → 상황 평가 → 전신 관찰 → 상세 관찰
④ 상황 평가 → 초기 평가 → 전신 관찰 → 중점 관찰 → 상세 관찰

04 팔다리의 변형이 있는 환자 처치 중 가장 적절한 것은?

① 움직이면 혈관과 신경 손상이 있을 수 있으므로 그냥 둔다.
② 해부학적 자세로 부드럽게 움직여 고정한다.
③ 저항이 있을 때는 견인하여 해부학적 자세로 고정하는 것이 이송 중 이차 손상을 예방할 수 있다.
④ 손상된 그대로 부목으로 고정한다.

05 다음 중 견인 부목을 사용할 수 있는 손상은 무엇인가?

① 무릎 탈구
② 엉덩이 탈구
③ 골반 골절
④ 넓적다리 골절

06 진공 부목의 일반적인 단점 중 가장 다른 하나는 무엇인가?

① 상처 부위를 압박해서 이차 손상이 발생할 수 있다.
② 다른 부목에 비해 단일 적용 시 더 많은 시간이 소요된다.
③ 일반적으로 두 명 이상의 대원과 압력 펌프가 필요하다.
④ 보관할 때 부피가 크고 무겁다.

정답 1 ④, 2 ②, 3 ④, 4 ②, 5 ④, 6 ①

1-④ 옮기지 않으면 더 위험한 상황이 생기지 않는 한 움직이지 않도록 하는 것이다. 외상 후 자발적으로 움직이지 못하는 환자를 임의로 움직이게 될 때 2차 손상이 발생할 수 있다는 것도 알려주어야 한다.

2-② 가슴은 DCAPP-BLS의 'P'가 포함된다. 'P'는 기이성 운동(paradoxical movement)을 뜻한다.

3-④ 대원 안전과 처치 중 2차 위험성 평가 후에 환자를 평가해야 한다. 중증 외상으로 판단되는 경우 넓은 범위의 전신 관찰 후 중점 관찰, 상세 관찰로 이루어져야 하는데, 이것은 세부적인 부위의 관찰이 우선시될 때 심한 손상에 대한 부분을 놓치지 않기 때문이다.

4-② 골절된 뼈를 부드럽게 정렬하는 것은 부목으로 고정하는 데 유리하기 때문이다. 정렬하는 데 저항이 있는 경우는 근육이나 인대 또는 혈관 손상이 함께 동반되는 경우이며, 골절된 끝단과 겹쳐 저항이 느껴지는 이유이다.
무리하게 견인해서 정렬한다면 그 자체가 손상을 악화시킬 수 있으므로 손상된 모습 그대로 고정해야 한다.

5-④ 견인 부목은 견인을 위한 고정점이 튼튼해야 하며, 중간 부위에 관절이 있는 경우 무리한 견인은 손상을 더욱 악화시킬 수 있다.

6-① 진공 부목은 진공 백 안에 폴리에스테르 재질의 수많은 알갱이가 들어 있어, 진공 상태가 될 때 맞닿은 해당 부위의 형태 그대로 고정되어 상처 부위를 압박하지는 않는다.

사례 풀이

01 출동 중 신고자와의 통화로 알아낸 정보로 의심할 수 있는 손상 유형은 무엇이며, 출동 단계에서 신고자에게 요청할 수 있는 것은 무엇인가?

노인 환자들이 화장실에서 나오다가 주저앉았다는 신고는 119 신고에서 종종 있는 일이다. 주저앉은 데에는 사고 당시에 여러 가지 이유가 있을 수 있다. 화장실에서 대소변을 보고 난 이후에 미주신경 실신이 있을 수 있고, 어지럽거나 뇌출혈, 뇌경색 등의 신경학적 사고가 원인이 될 수도 있다. 대부분은 미끄러지거나 힘이 없어 균형을 유지하지 못해 넘어지는 경우가 많으므로 출동 단계에서부터 주저앉은 원인이 무엇인지 확인하는 것이 우선되어야 한다. 즉, 원인이 단순한 사고인지, 평소 지병과 연관이 있는지, 새롭게 나타난 심뇌혈관 사고와 연관이 있는지를 출동 단계부터 확인하는 노력은 환자의 골든타임과 연관이 깊다.

신고자에게 사고 상황, 빠르게 만날 수 있는 출동로, 정확한 위치 파악, 현재 환자가 보이는 이상한 증상이나 모습에 대한 정보를 파악하기 위해 노력해야 한다.

02 출동 단계까지의 정보를 바탕으로 처치와 이송을 위해 준비해야 할 장비는 무엇인가?

아파트나 단독 주택 1층이 아닌 경우에는 될 수 있으면 주들것을 휴대하지 않는 것이 좋을 수 있다. 이송을 위한 도구는 긴 척추 고정판, 분리형 들것, 응급 소형 들것, 계단형 들것이 주로 사용된다. 단독 주택이나 승강기가 좁은 아파트는 응급 소형 들것이나 분리형 들것이 추천된다. 분리형 들것의 경우 길이를 조절할 수 있고, 바닥이 단단한 장점이 있지만 좁은 곳에서 이동할 때는 역시 불편하다. 응급 소형 들것은 좁은 공간에서 유용하게 쓰일 수 있지만, 바닥이 부드러워 척추 손상이 의심될 때는 부적합하다. 그리고 의식이 없는 경우 팔다리를 효과적으로 고정하기 어려워 추가적인 조치가 필요할 수밖에 없다.

엉덩관절 손상이 의심될 때는 고정을 위한 도구로 진공 부목(꾸러미 속에서 가장 큰 것), 철사 부목 세트 등이 일반적이며, 간혹 구출고정대가 쓰이기도 한다. 구출고정대는 고정 후 환자를 직접 잡지 않아도 기구에 장착된 운반용 끈을 이용해서 이동이 가능해 매우 좁은 장소에서 필요할 수도 있다.

03 노인 환자의 특성 및 첫인상에서 유추할 수 있는 손상의 형태와 추가로 확인해야 하는 사항은 무엇인가?

노인 환자는 노화로 인해 나타나는 일반적인 신체적 변화 외에도 통증에 둔감한 경우가 많다. 간혹 어떤 환자는 엉덩관절뼈 골절이 있음에도 견디거나 심지어 화장실에 다니기도 한다.

자녀에게 걱정을 끼칠까 봐 우려하는 심리적 부담감, 경제적인 어려움, 진료 후 관리를 걱정하는 상황 등을 이유로 질병이나 손상을 숨기는 경우가 있으므로 잘 관찰해야 한다. 통증의 질/양상, 정도를 평가할 때도 인지력이 떨어지게 되면 손상의 정도를 파악하는 데 어려움이 있을 수 있다.

04 이 환자의 가장 큰 문제는 무엇이며, 제공할 응급처치는 무엇인가?

신체를 바른 자세로 정렬한다. 정렬이 어려운 경우 무리하게 시도하지 말고, 손상된 팔다리를 발견된 자세 그대로 둔다. 엉덩관절의 움직임을 제한하기 위해 다리 사이에 현장에서 구할 수 있는 큰 쿠션, 베개, 담요, 큰 인형, 여름철엔 튜브, 캠핑용 자충 매트 등을 이용할 수 있다.

05 2차 평가 내용을 바탕으로 기록해 보자.

신체 검진						
시진(눈으로 보이는 이상)	마른 체형 외 외관상 특별한 이상은 없다.					
청진(비정상적인 호흡음, 소리)	특별한 문제가 없다.					
촉진(손으로 느껴지는 이상 반응 확인)	왼쪽 엉덩관절에서 삐걱거림이 있다.					
타진(소리나 반응으로 이상 반응 확인)	–					
동공 반응(빛반사/크기)	Rt 4mm(+)/Lt 4mm(+)					
활력징후						
시각	혈압	맥박	호흡	체온	SpO_2	혈당
14:50	140/95 mmHg	68회/min	16회/min	36.8℃	96%	135 mg/dL
Allergy(알레르기 유무)	없음					
Medication(복용 중인 약물)	고혈압, 치매 예방약					
Past illness(과거 병력, 수술력)	고혈압					
Last meal(마지막 음식물 섭취 시간)	점심 식사 12시					
Event[사고 당시 상황(기전)]	화장실에서 나오던 중 힘이 없어 넘어짐					
Onset(발생 시점)	13:30분(신고 1시간 전)					
Provocation(유발/악화/완화 요인)	왼쪽 다리를 움직일 때 통증이 발생					
Quality(통증/증상의 유형)	골절에 의한 통증					
Region(연관된 통증/증상의 부위)	없음					
Severity(통증/증상의 정도)	VAS 8점					
Time(통증/증상 지속 시간)	13:30부터 현재까지					

06 부목 고정의 이점과 원칙은 무엇이며, 이 사례에서 사용한 고정법 외 사용 가능한 방법은 무엇인가?

손상된 사지는 다른 도움 없이는 해부학적 자세를 유지할 수 없다. 손상된 뼛조각은 주변 근육, 혈관, 신경을 손상시키거나 출혈을 더 일으키는 원인이 되어 작은 움직임에도 심한 통증을 느끼게 할 수 있으므로 움직임을 제한하는 것이 도움이 된다.

부목은 사지 손상 형태와 부위, 사용 목적에 따라 다양하게 개발되어 있다. 현장 대원의 상황 판단에 따라 부목 적용의 원칙을 지켜 다양한 형태로 적용할 수 있다.

1) 인대(ligament)나 건(tendon) 손상에는 부드러운 부목 형태(sam splint, air splint)가 적합하다.
2) 넓고 긴 부위를 고정할 때는 단단한 부목 형태(wire splint, wooden pad splint)나 진공 부목을 사용한다.
3) 때로는 상황에 따라 하나 이상의 부목을 함께 적용하기도 한다.
4) 상처 평가와 부합하는 고정력을 지녀야 한다.
5) 신속하고, 정확하게 고정이 가능해야 한다.
6) 무게가 가볍고, 이동하는 데 어려움이 없어야 한다.
7) 다른 고정 장치와 연결하여 사용할 때 장애가 되지 않아야 한다.

이러한 원칙만 지켜진다면 어떤 형태의 부목이라도 적용 가능하다.

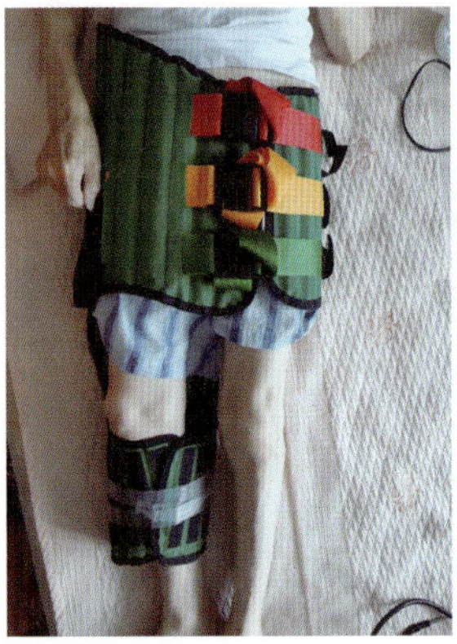
KED를 응용한 모습

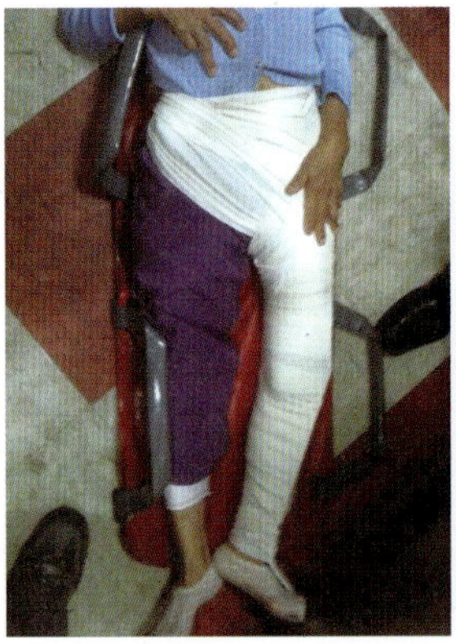
철사 부목을 덧댄 형태

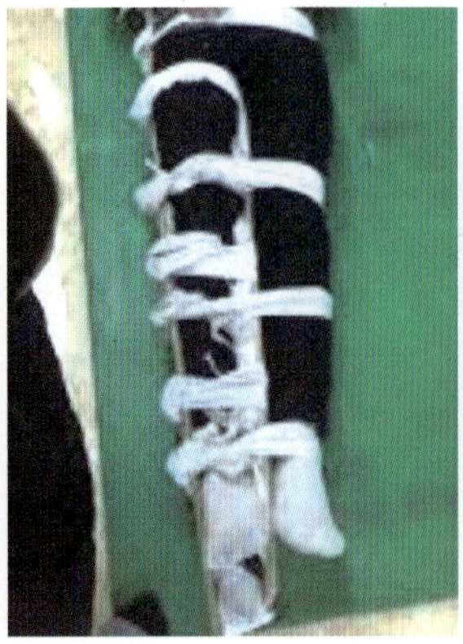
나무판을 이용한 방법

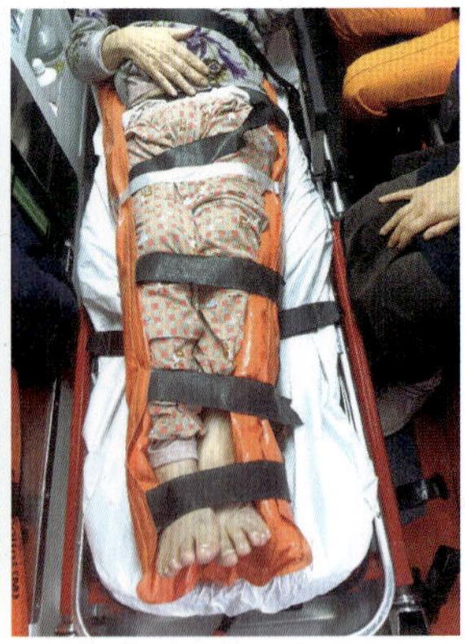
진공 부목을 바닥에 놓고 고정

07 진공 부목을 사용하면 이송 단계에서 특별히 주의해야 할 점은 무엇인가?

진공 부목은 공기 부목과 함께 구멍 뚫림에 주의해야 하는 단점이 있다. 공기 부목은 외부로 공기가 새어 나가게 되어 고정력이 떨어지지만, 진공 부목은 백 내부의 진공 상태가 유지되지 못하면 알갱이의 응집력이 저하되어 고정력이 상실된다.

공기 부목과 비교하면 내구성이 강하지만 철근이나 날카로운 물체, 유리 등이 있는 현장에서 구조 작업과 함께 사용될 때는 찢어짐에 주의해야 한다. 대개는 이런 찢어짐보다는 압력 제거 마개 뚜껑이 열리거나 돌려 잠그는 부위가 열릴 때 공기가 유입되어 진공력이 떨어지는 경우가 많다. 따라서 이송 중에는 진공력이 잘 유지되는지 확인해야 한다.

08 상기 사항을 구급일지에 작성해 보시오.

Reference

1. G. ELLIOT SMITH, Br Med J. The Most Ancient Splint 1908 Mar 28;1(2465):732-736.2.
2. https://www.ems1.com/ems-products/patient-handling/articles/1680079-Vacuum-spine-boards-Transport-devices-of-the-future/
3. 전국응급구조학과교수협의회. 《전문외상처치학》, 도서출판 한미의학. p188.

사례 14 3층에서 추락했어요

목적

- 구급대원에게 추락 사고는 흔한 출동 요인 중의 하나이다. 초기의 정확한 평가와 처치, 적절한 병원 이송은 환자 예후에 매우 큰 영향을 미치므로 다음과 같은 항목을 알아본다.
  1) Load & Go 적응증 판단 능력
  2) 손상 부위에 대한 세밀한 평가
  3) 손상 부위와 형태에 따른 고정법
  4) 이송 중 처치
- 중증 외상 환자에 대해 지역에 따라서는 다중 출동 체계(구급차 2대)가 운영되거나 3인 탑승 체계에서 활동하는 경우가 대부분이다. 출동대 여건에 따라 2인이 출동하는 상황의 사례를 통해 현장 대응 능력을 키우도록 한다.

출동 개요

출동 메시지 "구급 출동!" 장소는 ○○동 ○○빌라 3층에서 추락한 환자 발생

출동 정보 **신고 시각** 5월 4일 12:53
출동 시각 5월 4일 12:54
현장 도착 5월 4일 12:56
현장과의 거리 2km(3분 소요)

출동 인원 **구급대원1** 리더(처치)
구급대원2 대원(운전)

환자 정보 및 기타 정보 30대 여자, 창틀에서 떨어짐

출동 단계

Tip

구급대원은 평소 관할 구역 내 주택 및 원룸 단지 등의 현황을 파악하고 있어야 하며, 평소 지리를 익혀 두어야 신속하게 현장에 도착할 수 있다.

구급차 지휘센터! 여기 ○○ 구급대 신고 내용 재송신 바람.

지휘센터 현장은 ○○동 원룸 3층에서 추락한 사고로 신고자가 1층으로 내려가고 있는 상황. 출동 중 신고자와 연락해서 자세한 상황 파악 바람.

구급차 접수 완료!

대원1은 대원2에게 현장 도착 후 긴 척추 고정판, 골반 고정대, 부목 세트를 준비해서 현장으로 올 것을 주문한다.

01 출동 중 신고자와의 통화에서 먼저 파악하면 도움이 되는 정보는 무엇인가?

02 다발성 손상 환자에게 접근하기 위해 필수적으로 준비해야 할 장비는 어떤 것들이 있을까?

현장 상황

사이렌을 울리며 사고 현장 근처에 도착했을 때 골목길에서 신고자로 보이는 사람이 뛰어나와 손짓하고 있다. 차량을 세우고 대원1은 활력징후 가방과 목 고정대, 수액 세트를 준비해 신고자와 현장으로 향한다. 대원1이 도착했을 때 바닥에 누워 있는 환자를 보호자가 옆에서 걱정스러운 모습으로 지켜보고 있다.

Tip

초기 평가

현장 진입 단계에서 현장 안전 확인과 손상 기전, XABC가 동시에 이루어져야 한다.

손상 기전이 중증 손상으로 의심되면 빠른 외상 평가 결과에 따라 'Load & Go'의 필요성을 결정해야 한다.

주변에 특별한 위험 요소는 확인되지 않는다. 다만, 머리에 출혈이 있는 것으로 보이며, 환자는 특별한 움직임이 없었다. 대원1은 환자에게 목 보호대를 먼저 착용시켰다.

03 출동 중에 대원들에게 장비 준비에 대한 임무를 부여하는 것과 대원1이 홀로 현장에 진입하는 것은 적절한 행동인가?

04 현장 진입 단계에서 손상 기전을 파악하는 방법과 주의점은 무엇인가?

1차 평가

기본 활력징후 및 병력 청취	
의식 상태	V(부르면 눈을 뜨고 앓는 소리를 내고 있다.)
기도 및 호흡 상태	약한 숨소리가 들린다.
순환 상태	손목동맥에서 빠르게 보통의 강도로 맥박이 확인된다.

05 1차 평가 결과를 바탕으로 추정되는 문제는 무엇인가?

2차 평가와 현장 처치

대원1은 보호자에게 구급대원임을 밝히고, 환자에 대한 1차 처치와 함께 현장을 조사한다. 대원1과 2는 목 고정 장치를 착용시키면서 사고 기전에 대해 보호자에게 질문한다. 대원2는 활력징후를 평가한다. 환자의 의식 상태는 언어 반응에 불명확한 소리를 내는 정도이다.

■ 문진과 활력징후

대원1 어디서 어떻게 하다 떨어지게 됐나요?

보호자 3층 창가에 걸터앉아 있다가 바닥에 떨어졌어요. (3층은 약 7m 정도 되어 보인다.)

대원1 떨어지고 나서 바로 신고하셨나요? (얼마나 시간이 걸렸나요?) 그리고 환자를 움직였나요? 머리부터 떨어졌나요, 다리부터 떨어졌나요?

보호자 떨어지고 나서 제가 1층으로 내려와서 바로 신고했어요. 무서워서 그대로 두고 있었어요.

대원1 환자 나이와 평소 건강 상태를 아시나요?

보호자 한 30살 가까이 됐을 거고, 평소 특별한 병이 있지는 않았어요.

대원1 혹시 사고 전에 음주나 약물 복용을 하지는 않았나요?

보호자 술을 조금 마셨지만 취할 정도는 아니었어요. 맥주 1캔 마셨어요.

대원1 네, 그 외에 저희에게 알려주실 만한 내용은 없을까요?

보호자 모르겠어요.

■ 신체 검진

대원1 머리부터 발끝까지 2차 평가를 진행한다.

대원2 활력징후와 동공 반응을 측정한다. [Rt 5mm(–) / Lt 5mm(–)]

시각	혈압	맥박	호흡	체온	SpO_2	혈당
10:10	70/50 mmHg	130회/min	32회/min	30.0℃	85%	124 mg/dL

대원1 GCS 9점(E3, M4, V2)으로 뇌손상이 확인된다.

입인두 기도기를 삽입하려고 했으나 구역반사가 있어 보류하고, 코인두 기도기는 두부 손상이 크게 의심되어 보류한다.

산소는 비재호흡 마스크로 15L/min를 제공한다.

대원1 2차 평가를 시행한다.(빠른 전신 외상 평가)

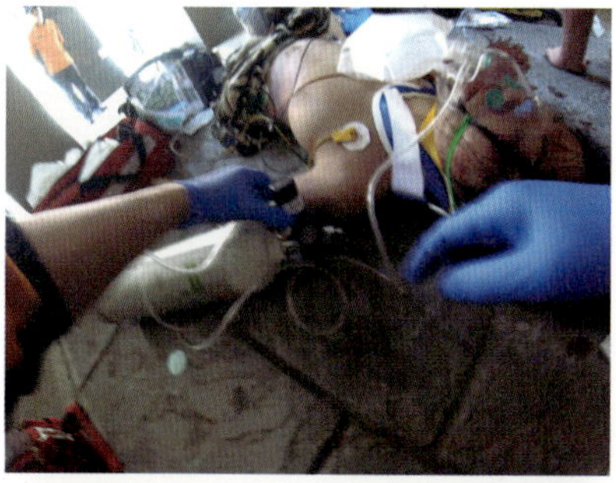

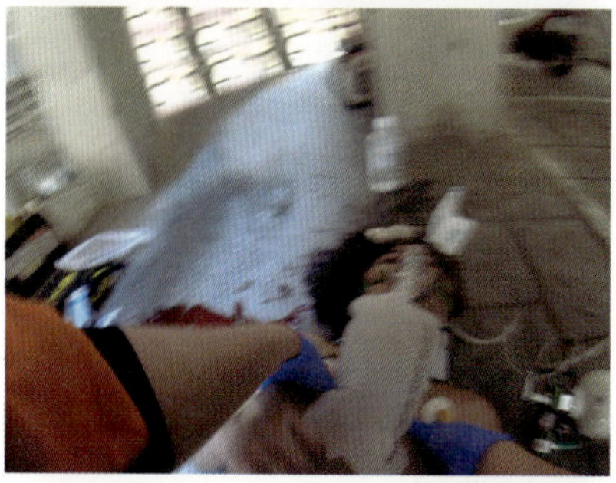

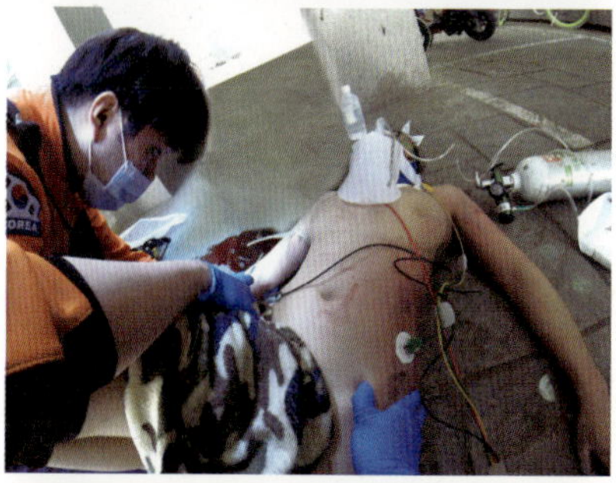

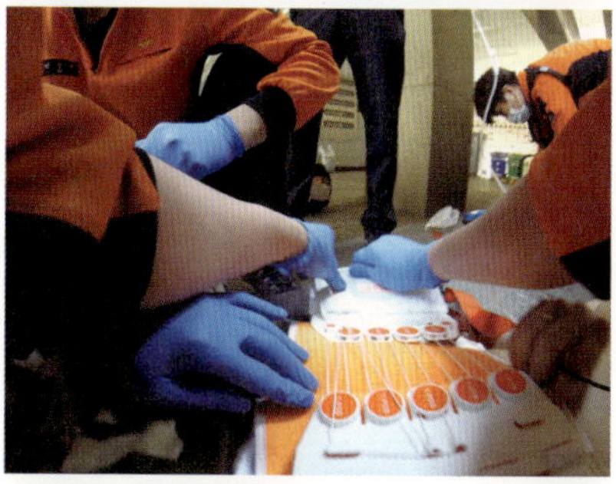

머리: 후두부 출혈과 3×3cm 부종을 동반한 출혈이 있다. 오른쪽 귀에 출혈이 있어 보였지만, 귀를 잘 닦고 확인하니 두피에서 흘러나온 것으로 확인된다.

목: 움직임에 대해 특별한 통증 반응을 보이지는 않지만, 불완전 손상이 이송 단계에서 2차 손상을 일으킬 수 있어 목 고정대는 유지하기로 한다.

가슴: 왼쪽 5~7번의 타박상과 함께 가슴뼈 골절이 의심되지만, 청진에서 특별한 호흡음 이상은 없다.

복부: 왼쪽 옆구리에 타박상이 보여 손상이 있는 것으로 보이나 복부 검진에서 특별한 문제가 확인되지 않는다. (병원 도착까지 계속된 확인이 필요해 보인다.)

골반: 왼쪽 측면 골반 능선에서 파열음이 느껴져 골절이 의심된다.

상하지: 왼쪽 위팔 골절이 확인된다.

대원2가 평가한 수축기 혈압이 70mmHg로 저혈압 징후가 보인다.

의료지도를 통해 외상센터 병원을 선정함과 동시에 생리식염수를 병원에 도착할 때까지 300mL 정맥 투여한다. 만약 혈압이 오르지 않거나 떨어지게 되면 최대 1L까지 공급하기로 한다.

골반뼈 골절로 인한 출혈이 심한 것으로 판단된다.

펌뷸런스 대원과 골반 고정대를 착용시키고 긴 척추 고정판과 머리 고정대로 환자를 고정한다.

구급차 이동을 위해 주들것에 옮긴 후 안전띠를 착용시킨다.

현장 심전도

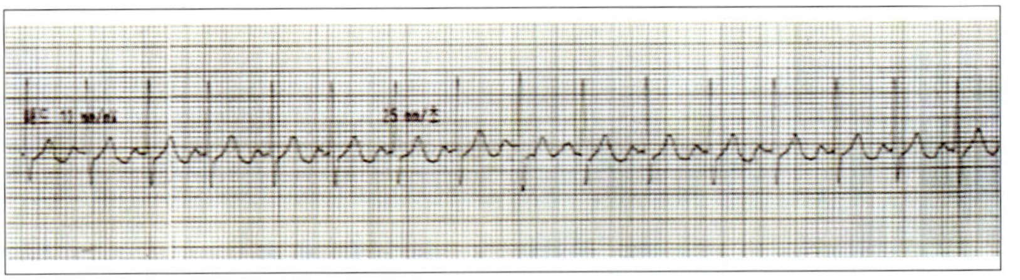

06 골반 고정대의 적응증과 올바른 사용법은 무엇인가?

07 단단한 고정판으로 이송할 때 발생하는 문제점과 대안은 없는가?

08 중증 외상 환자에 대한 활력징후의 재평가는 언제 해야 하는가?

09 2차 평가 내용을 바탕으로 기록해 보자.

신체 검진	
시진(눈으로 보이는 이상)	
청진(비정상적인 호흡음, 소리)	
촉진(손으로 느껴지는 이상 반응 확인)	
타진(소리나 반응으로 이상 반응 확인)	
동공 반응(빛반사/크기)	

활력징후						
시각	혈압	맥박	호흡	체온	SpO_2	혈당
:	/ mmHg	회/min	회/min	℃	%	mg/dL

Allergy(알레르기 유무)	
Medication(복용 중인 약물)	
Past illness(과거 병력, 수술력)	
Last meal(마지막 음식물 섭취 시간)	
Event[사고 당시 상황(기전)]	
Onset(발생 시점)	
Provocation(유발/악화/완화 요인)	
Quality(통증/증상의 유형)	
Region(연관된 통증/증상의 부위)	
Severity(통증/증상의 정도)	
Time(통증/증상 지속 시간)	

이송 단계

이송 전 재평가 동안에 동공 반응을 함께 확인하고, 안전띠 착용 상태를 확인한다. 운전 대원은 출발 단계에서 병원까지의 거리와 예상 시간을 대원에게 알린다. 이송 중에 특별한 문제가 발생하면 알려 달라고 요청한다.

이동 중인 차량 내부에서 구급대원은 빠른 속도와 회전, 방지턱 등으로 인해 처치하는 데 상당한 어려움이 있다.

활력징후는 다음과 같다.

시각	혈압	맥박	호흡	체온	SpO_2
10:25	80/60 mmHg	130회/min	35회/min	36℃	97%

GCS 7점(E2, M3, V2)으로 평가된다.

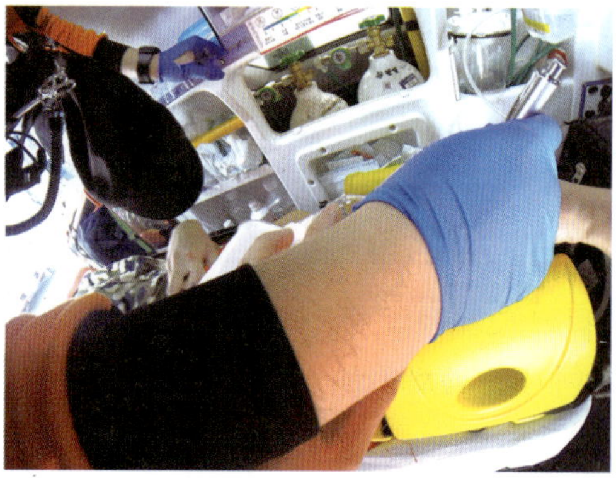

10 이송 중 GCS 점수 변화의 의미는 무엇이고, 이송 지연 시 특별한 조치 사항은 무엇인가?

11 운전 대원이 병원까지의 거리와 시간, 병원 인근에서 도착 예정 시간을 알려주는 이유는 무엇인가?

병원 단계

사고 현장에서 출발한 지 14분 후에 외상센터에 도착한다.

외상센터 의료진은 구급차 정차 구역에서 미리 대기하고 있었고, 소생술방에는 필요 의료진이 준비하고 있었다.

의료진 현장 상황 좀 알려주세요.

대원1 빌라 3층 창틀에 앉아 있다가 갑자기 1층으로 추락했다고 합니다. 도착했을 때 머리에서 출혈이 많았고, GCS 9점(E3, M4, V2)으로 확인됐습니다.

골반뼈 골절이 의심되어 골반 고정대를 착용했습니다.

활력징후는

혈압	맥박	호흡	체온	SpO_2	혈당
70/50mmHg	130회/min	32회/min	30.0℃	85%	124mg/dL

입니다.

의료지도로 정맥로 확보 후 300mL의 생리식염수를 주입했고, 이송 중에 혈압이 80/60mmHg로 유지되었습니다. 이송 도중 GCS 점수는 7점(E2, M3, V2)으로 낮아졌습니다.

의료진 그 외 파악된 정보는 없나요? 약물이나 과거 병력, 마약 복용 등.

대원1 네, 저희도 신원 파악도 제대로 못했습니다. 곁에 있던 사람이 보호자 역할을 할 것 같은데 경찰에서 조사 중입니다. 곧 도착할 것 같습니다.

의료진 네, 잘 알겠습니다.

의료진 사고 현장 정보 기록 부탁드립니다.

구급대원은 사고 상황 정보를 기록하고 일지를 작성한다.

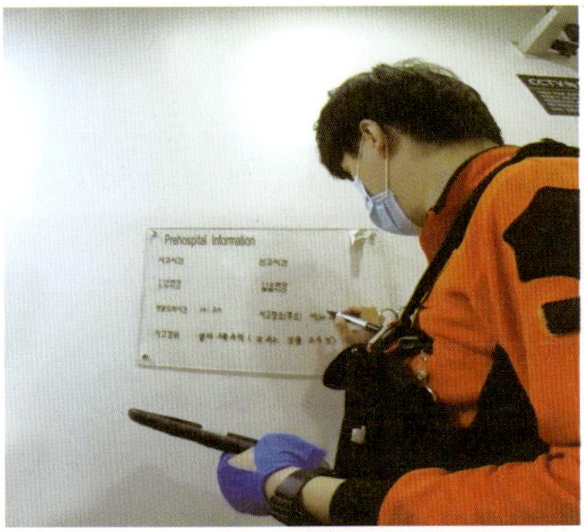

12 상기 사항을 구급일지에 작성해 보시오.

제한점

- 골반 고정대 사용이 적절한가에 대한 의문이 제기된다.
  손상 기전과 손상 형태가 적절한 적응증이 아니지만, 활력징후의 불안정 상태에서 적용하는 것은 논란의 여지가 있다.
- 5월의 날씨 속에서 상처 확인을 위한 신체 노출은 다량의 출혈이 있는 경우 저체온증을 일으킬 수 있다.
- 외상성 저체온증은 지혈의 과정에 나쁜 영향을 줄 수 있는데, 이송 단계에서 체온 유지를 위한 노력이 아쉽다.

실전 문제

01 추락 신고를 받고 출동할 때 신고자와의 통화에서 당부할 사항들이다. 그중에서 2차 손상과 관련된 사항은?

① 사고 위치를 주변인들에게 알려줄 수 있도록 당부
② 사고 발생 유발자나 관계자가 떠나지 않도록 당부
③ 환자를 이송할 병원을 미리 선정하여 빠른 진료가 될 수 있도록 당부
④ 환자가 움직이지 않도록 당부

02 병원 전 외상 환자에 대한 처치 순서 중 가장 올바른 것은?

① 전신 관찰 → 초기 평가 → 중점 관찰 → 전신 관찰 → 상황 평가
② 초기 평가 → 상황 평가 → 중점 관찰 → 전신 관찰 → 상세 관찰
③ 초기 평가 → 중점 관찰 → 상황 평가 → 전신 관찰 → 상세 관찰
④ 상황 평가 → 초기 평가 → 전신 관찰 → 중점 관찰 → 상세 관찰

03 저혈량 쇼크에 따른 각 조직의 반응, 증상, 징후로 적절하지 못한 것은?

① 뇌–심장과 호흡 기능 유지를 위한 뇌 부분의 혈류량 감소–의식 변화(혼돈, 흥분)
② 피부–혈류량 감소–차갑고 창백하며 축축한 피부, 청색증
③ 심혈관계–심장박동 감소, 혈관 이완–느리고 약한 맥박
④ 위장관계–소화기계 혈류량 감소–오심/구토

04 손상 처치에서 붕대 감는 원칙으로 적절하지 못한 것은?

① 붕대를 감을 때 동맥의 흐름을 방해해서는 안 된다.
② 붕대 폭이 50% 정도 겹치게 한다.
③ 혈액순환과 신경 검사에 필요한 손가락과 발가락은 노출한다.
④ 몸쪽에서 신체의 먼 쪽으로 감아올려 가면서 감싸야 한다.

05 외상성 뇌손상(TBI)이 의심되는 환자의 목표 혈압은 얼마인가?

① 수축기 혈압 70mmHg 유지
② 수축기 혈압 80mmHg 유지
③ 수축기 혈압 100~110mmHg 유지
④ 수축기 혈압 110mmHg 유지

정답 1 ④, 2 ④, 3 ③, 4 ④, 5 ③

1–④ 의료 지식이 충분하지 않은 일반인이 올바른 평가와 방법에 따르지 않고 환자를 이동시키거나 체위를 변경시킬 때 2차 손상(척추 손상)을 일으킬 수 있으므로 현재 위치나 자세가 생명을 위협하는 상태가 아니라면 구급대 도착까지 그대로 두도록 한다.

2–④ 대원 안전과 처치 중 2차 위험성 평가 후에 환자를 평가해야 한다. 중증 외상으로 판단되는 경우 넓은 범위의 전신 관찰 후 중점 관찰, 상세 관찰로 이루어져야 하는데, 이것은 세부적인 부위의 관찰이 우선시될 때 심한 손상에 대한 부분을 놓치지 않기 때문이다.

3–③ 심혈관계–심장박동 증가–빠르고 약한 맥박

4–④ 붕대 감는 원칙은 신체의 먼 쪽에서부터 몸쪽으로 감아올려 가면서 감싸야 한다.

5–③ 외상성 뇌손상(TBI) 환자의 혈압 목표는 뇌 순환을 위해 연령대별로 수축기 혈압 100mmHg(50~69세), 110mmHg(15~49세 또는 70세 이상)를 유지하도록 권고하고 있다.

사례 풀이

01 출동 중 신고자와의 통화에서 먼저 파악하면 도움이 되는 정보는 무엇인가?

가족이나 지인의 사고를 직접 목격한 모든 신고자는 흥분된 상태이므로 신고 단계에서 부족한 정보를 전달한다. 이미 출동 중인 상태임을 밝히고 거리와 도착 시간을 알리며 최대한 빠르게 이동 중이라고 안심시킨다. 어느 정도 안정이 되었다고 생각되면 손상 기전을 파악하도록 노력해야 한다. 사고 목격자가 추가로 있는지, 범죄와 연관이 있는지, 보호자 연락처 등의 정보를 파악한다.

단일 출동대로 해결이 가능한 것인지(다수 사상자, 구조, 화재 발생 여부)도 파악해야 한다. 현장 도착 후에 추가 출동대를 지원 요청하면 소생을 위한 중요한 시간을 놓치게 된다. 추가 출동대(구조대, 펌프 차량, 경찰)의 필요 여부가 확인되면 환자의 현재 상태를 물어보아 중증도를 파악하고 손상을 예측하여 필요 장비와 대원 간 임무를 부여한다. 이것은 이미지 트레이닝으로 초기 활동 시간을 줄이는 데 도움이 된다.

02 다발성 손상 환자에게 접근하기 위해 필수적으로 준비해야 할 장비는 어떤 것들이 있을까?

출동 중에 파악한 현장 정보에서 중증 외상이 의심되고, 그에 따른 증상(출혈, 손상의 형태, 의식 등)이 있는 것으로 파악되면 다음과 같은 것들이 필요하다.

XABCD에 대한 즉각적인 조치를 위한 장비가 필요하다.

- X(exsanguinating hemorrhage): 외상으로 인해 눈에 보이는 출혈의 조절을 위한 터니켓, 거즈, 붕대
- Airway: 기도 유지가 어려운 상황에 대한 기도유지기, 전문 기도유지기, 흡인기
- Breathing: 호흡 보조를 위한 휴대용 산소소생기(수동식 산소소생기, 자동식 산소소생기), 산소마스크
- Circulation: 순환 유지를 위한 심장충격기, 수액 세트
- Disability: 의식 상태 변화 평가(GCS)와 함께 동공 반응을 확인하기 위한 펜 라이트 또는 휴대 전화, 손전등
- Expose/Environment: 상처 노출/출혈에 따른 저체온 방지를 위한 가위, 우주 담요(은박 비닐), 담요
- Transport Device: 상황에 따른 상처 고정용 장비(연성 부목, 경성 부목, 견인 부목, 목 고정대, 척추 고정대, 견인 부목), 이송용 들것

이러한 장비는 현장 상황에 대한 대원의 경험으로 적절히 선택할 수 있어야 한다.

03 출동 중에 대원들에게 장비 준비에 대한 임무를 부여하는 것과 대원1이 홀로 현장에 진입하는 것은 적절한 행동인가?

신속한 현장 활동을 위해서 출동 중에 수집한 정보는 사고 유형과 손상 부위를 짐작할 수 있게 한다.

준비 없이 현장 도착 단계에서 필요 장비를 준비하려면 대원끼리 동선이 중복되거나 필요 장비를 빠트리는 경우가 많다.

출동 단계에서 개인별 임무와 관련 있는 장비를 미리 정하는 것은 이러한 오류를 줄이는 데 효과적이다.

기본적으로 모든 현장은 2인 이상이 접근하는 것을 원칙으로 한다. 현장 환경에 따라 2차 사고의 위험이 있을 수 있고, 범죄 등에 노출되거나 2인 이상이 함께 해야 하는 환자 구출이나 처치 등이 필요한 경우 효과적인 대응이 어려울 수 있기 때문이다. 무엇보다 걱정되는 것은 현장에 진입한 대원을 서로 놓치는 일이 종종 발생한다는 점이다(특히, 심정지 상황에서 대원을 놓치거나 위험한 상황에서 빠른 대피가 필요할 때).

04 현장 진입 단계에서 손상 기전을 파악하는 방법과 주의점은 무엇인가?

현장 진입 전에 최대한 많은 정보를 파악하도록 노력해야 한다. 사고 목격자 여부, 위치, 진입 도로 방향과 도로의 형태(좁은 골목길은 아닌가? 차량 진입에 어려움은 없는가?), 주변의 위험 요소(붕괴지, 기름 유출, 화재 등), 물, 도로 상황, 대상물의 형태, 사고 현장의 현재 상태, 도움 인력 등의 정보가 파악되어야 한다.

차량이 현장에 도착하는 순간부터 일차적으로 주변 위험 요소를 파악한다. 별다른 위험 요소가 확인되지 않으면 필요 장비와 함께 현장으로 진입한다. 환자에게 접근하면서 2차 주변 위험 요소를 파악하고 사고 기전을 확인하도록 한다. 이 과정에서는 사고 목격자 또는 사고 현장을 잘 알고 있는 사람에게 물어보도록 한다.

현장에 보이는 모습과 환자의 위치를 우선 확인하여 발생할 수 있는 손상 형태를 유추할 수 있다.

- 환자에게 얼마만큼의 에너지가 영향을 끼쳤는가?
- 전달되는 힘과 에너지의 방향이 어떠했는가?
- 교통수단의 타이어가 밀린 자국의 길이와 방향은 어떠했는가?
- 안전띠 착용과 에어백의 작동 상태?
- 차량의 찌그러짐의 정도와 방향은 어떠했는가?
- 움직이는 상태에서 갑작스러운 가속 또는 감속이 있었는가, 정지된 상태에서 갑작스러운 충격이 발생했는가?
- 1차 사고 이후에 2차 사고가 있었는가? (폭발로 인한 1차 손상 후의 추락 또는 화염에 의한 2차 손상, 차량에 부딪혀 발생한 1차 손상 후의 추락 또는 끌림 손상이 있었는가?)
- 좌상, 둔상의 경우 가해자 또는 목격자의 진술과 환자의 상흔이 일치하는가? (폭행, 학대 등)
- 의식이 없는 상태로 발견된 환자 주변 지형의 형태와 소지품 위치가 손상을 의심하게 하는가?

이러한 요소들이 사고 현장에서 손상 기전을 파악하는 데 도움이 된다. 사고 현장은 늘 예측하지 못할 위험 요소가 있는 만큼, 위험의 징후를 확인해야 한다. 연기, 기름, 냄새, 불안정한 구조물의 붕괴, 자연재해로 인한 급격한 환경 변화, 감전 위험, 추락, 구조 작업 도중에 튄 파편에 의한 손상 등이 있는 경우 동료와 함께 안전 대책을 마련해야 한다.

05 1차 평가 결과를 바탕으로 추정되는 문제는 무엇인가?

신고 내용과 사고 현장의 모습으로 보아 추락에 의한 뇌손상을 의심할 만한 증거는 충분하다.

의식 상태의 변화가 발생하여 부르면 눈을 뜨고 앓는 소리를 내고 있다는 것은 GCS E3, V2의 상태를 보이는 것이다. 외상성 뇌손상(TBI)을 의심할만한 상태라는 것을 알아야 한다.

약한 숨소리는 뇌손상에서 흔히 있을 수 있는 호흡 상태이나 추락 당시 가슴 손상에 의한 증상일 수 있다. 손목동맥에서 빠르게 보통의 강도로 맥박이 확인되는 것은 손상 당시 발생한 출혈성 쇼크와 연관되는 손상을 의심하게 하는 증상과 징후이다.

06 골반 고정대의 적응증과 올바른 사용법은 무엇인가?

신체 검진에서 골반뼈 골절의 소견[삐거덕거림(비빔 소리)]이 확인되고 출혈성 쇼크의 증상과 징후가 있다면 골반뼈 골절의 충분한 소견이 될 수 있다. 쇼크 징후가 있다면 의료지도를 통해 수액을 공급하고 외상센터로 빠르게 이송해야 한다. 불안정성 골반 손상 자체만으로도 40%의 치명률을 나타낼 수 있으며, 골반강 내 주요 장기 손상이 동반되는 경우에는 약 10%의 사망률을 보인다.

골반뼈가 손상될 때 내장, 뼈, 동맥(안쪽)과 정맥총(후부)에 의한 출혈이 지혈되지 못한 채 후복막강 내에 약 2L 이상의 혈액이 고일 수 있다. 골반뼈 골절이 의심된다고 해서 모두가 골반 고정대를 적용하는 것은 무리가 있다.

골반뼈 골절은 손상 기전에 따라 **세 가지 형태**를 나타낸다.

1) LC(lateral compression) 손상은 주로 보행자 교통사고나 측면에서 강한 에너지가 가해진 경우, 옆으로 떨어지면서 두부 손상과 함께 나타나는 경우가 많다. 또는 추락 사고에서 바닥에 발이 닿으며 엉덩이로 주저앉는 경우에 많이 발생한다. 신체 검진에서 궁둥뼈 능선에서 비빔 소리가 느껴진다.
2) APC(anterior-posterior compression) 손상은 앞뒤에서 강한 에너지가 가해지는 교통사고(주로 화물차)나 골반 한쪽이 껴 있고 반대쪽에 에너지가 가해질 때 발생할 수 있다. 두덩뼈(치골) 중간 부위가 벌어지는 것에서 확인된다.
3) VS(vertical compression) 손상은 추락할 때 짝다리로 떨어질 때 발생하며, 왼쪽·오른쪽 궁둥뼈 능선의 높이나 다리 길이의 차이로 확인할 수 있다. 때로는 사타구니의 외상(찢어진 상처)에서 확인된다.

골반의 압박 검사는 현장에서 단 1회만 수행해야 한다. 혈전의 박리 현상이 재출혈을 유발할 수 있기 때문이다.

골반 고정대는 APC 손상에서 적용되어야 한다. LC 손상과 VS 손상에서 적용하는 것은 골반 고정대 착용이 손상을 더 악화할 수 있어 적응증이 되지 못한다.

하지만 활력징후의 변화가 큰 손상에 적용하는 것에 대해서는 논란이 많아 지도 의사와 함께 신중하게 결정하거나 하지 않는 것이 권장된다.

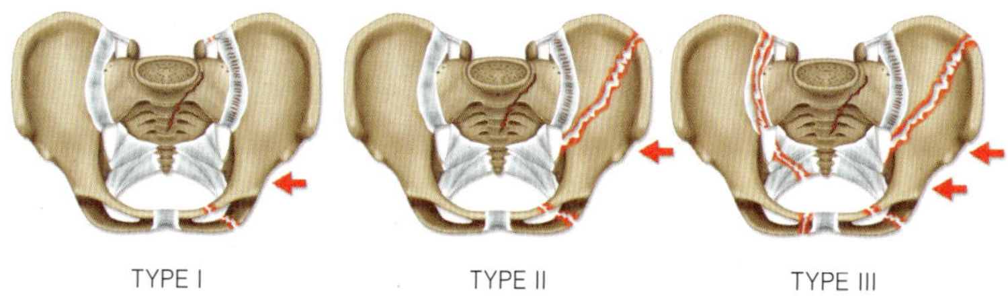

LC(Lateral Compression)
옆으로 추락하거나 골반 측면에 강한 충격이 가해질 때 한쪽 골반이 내회전되며, 심한 경우 반대쪽 골반을 감싸게 되는 경우는 골반강 내가 압박되기도 한다.

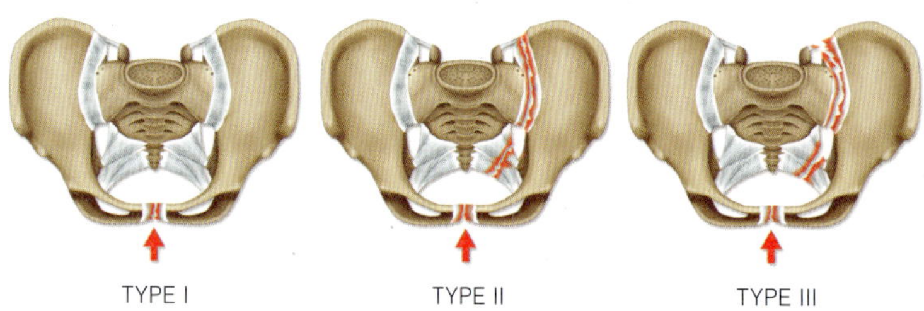

APC(AP Compression)
흔히 'Open book'이라 부르는 형태로 두덩결합이 벌어지며, 심하면 전방 SI관절까지 벌어져 골반강 내 많은 출혈이 발생할 수 있다.

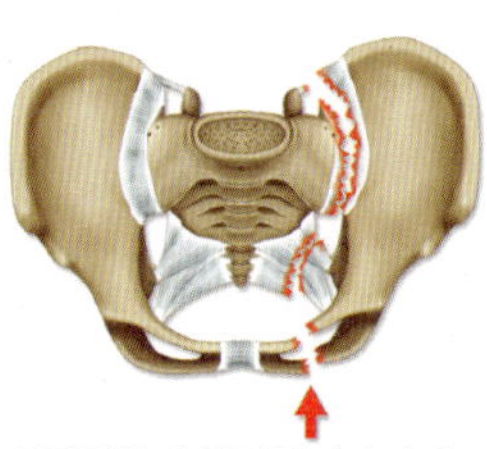

VS(Vertical shear)
높은 곳에서 추락한 경우 골반에 수직으로 힘이 가해지게 되어 두덩결합과 엉치엉덩관절이 찢어져 골반이 불안정한 상태가 된다.

■ 골반 손상의 검진 방법

1) 골반에 상처가 관찰되는가?
2) 골반의 좌우 높이가 다른지 비교한다.(수직 전단 손상)
3) Iliac crest가 벌어지는지 확인한다. 한쪽만 벌어지면 측면 손상을 의심할 수 있으며 양쪽으로 벌어지면 open book 손상을 의심한다.
4) 엉덩관절을 살짝 들어올려 본다.

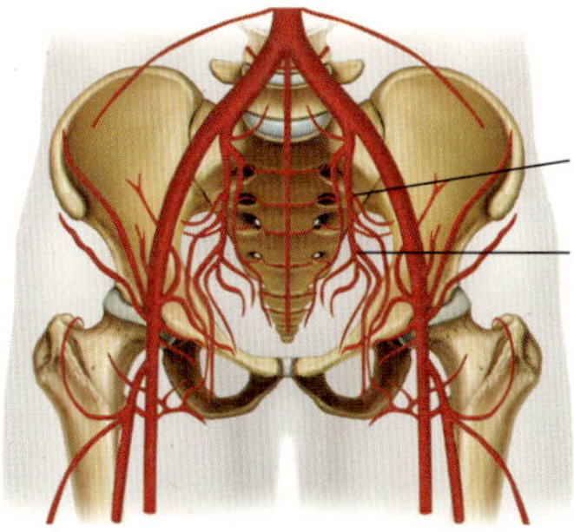

출혈은 속엉덩동맥(internal iliac artery)의 분지인 위볼기동맥(superior gluteal artery), 속음부동맥(internal pudendal artery) 등에서 자주 발생한다. 실제 골반 고정대로 혈관을 압박하는 것은 거의 어렵지만 골반강 내 정맥의 압박, 모세혈관의 압박, 골절 자체의 출혈을 압박하여 효과를 나타낸다.

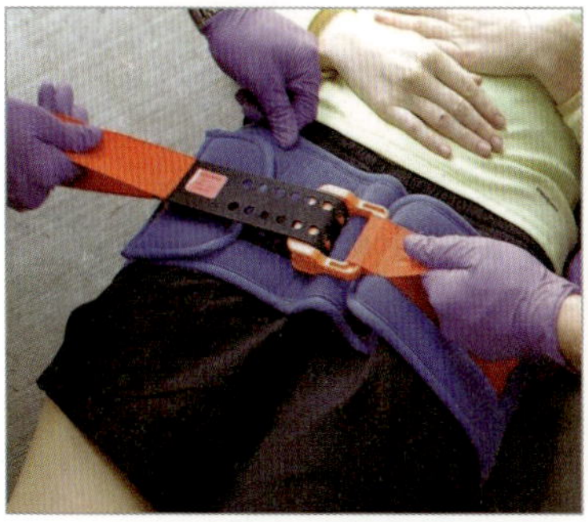
고정대 양쪽을 당겨 고정

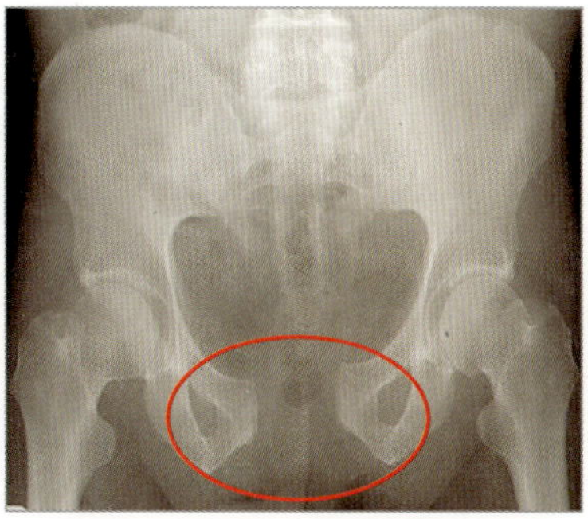
골반 고정 밴드 적용 전

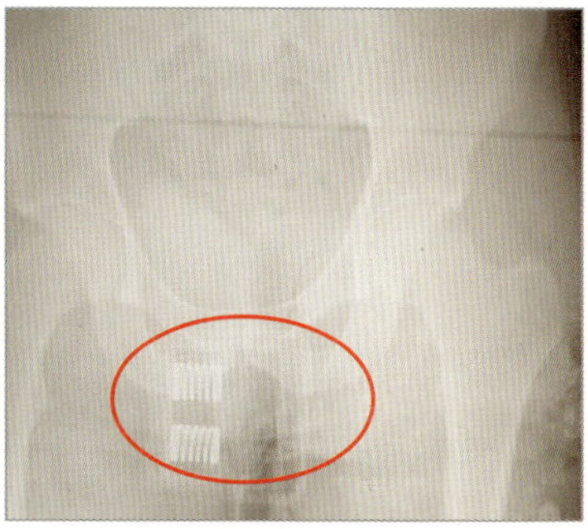
골반 고정 밴드 적용 후

골반 고정대는 충분한 평가 후에 AP 손상(open book)에서만 적용하고, 한 번 고정한 후에는 병원 인계 전에는 임의로 제거하거나 압력을 줄이는 것은 재출혈을 일으킬 수 있으므로 주의해야 한다. 간혹, KED를 응용해서 사용하기도 하는데, 골반의 안정화는 일부 가능하겠지만, 압박 지혈에 대한 효과는 기대하기 어렵다. 압박 지혈을 하기 위해서는 높은 조임력이 필요한데 KED는 가슴과 복부를 감싸도록 제작된 장비로서 흉곽의 너비보다 좁은 골반을 고정하는 데 제한이 많다.

■ 적용(사용) 방법

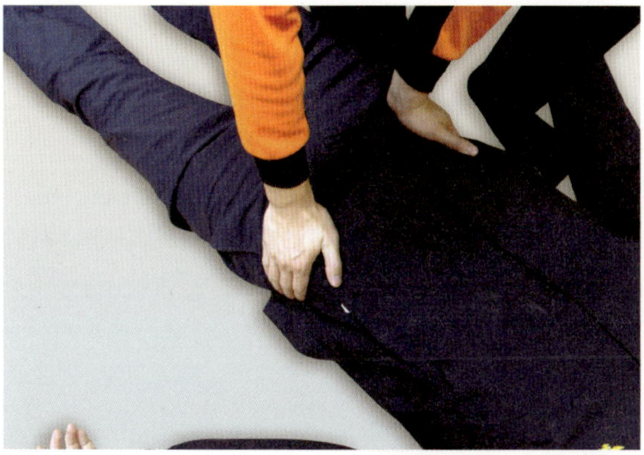
① 환자 평가(아래 눌러주고 위로 모아준다.)
특히 아래쪽으로 누를 때 너무 힘을 주면 손상된 상태가 악화될 수 있어 주의해서 평가한다.

② 골반 고정대 위치 잡기
양쪽 큰 돌기 위가 가운데로 오도록 조심해서 위치시킨다.

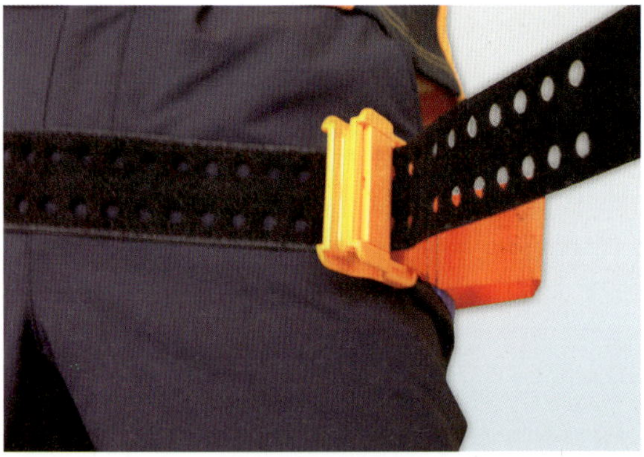

③ 버클에 넣어 양쪽으로 당길 준비를 한다.

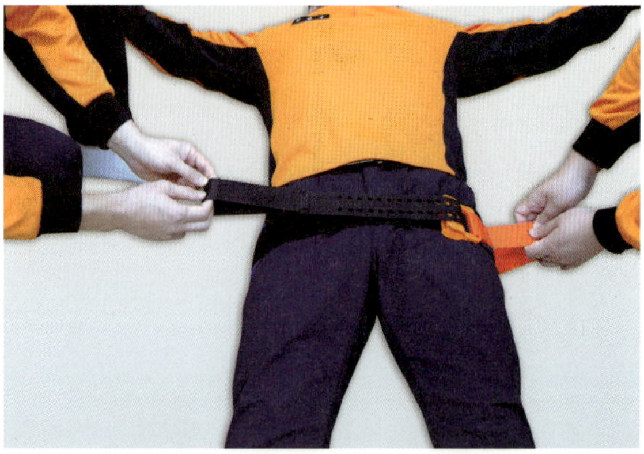

④ 양쪽 손잡이를 잡고 '딸깍' 소리가 날 때까지 같은 힘으로 잡아당겨 계속 유지한다.

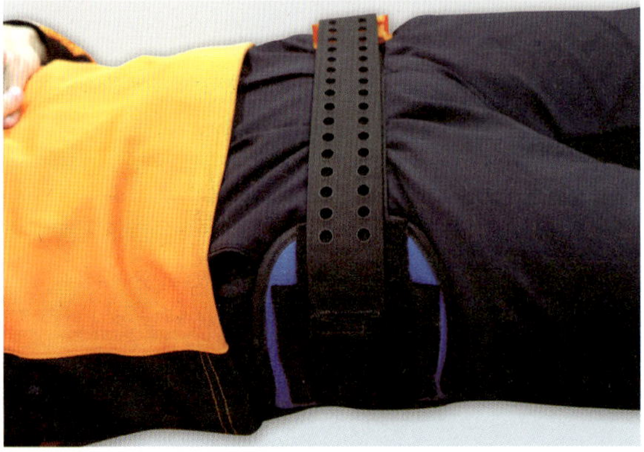

⑤ 검은색 찍찍이를 당겨 완전히 고정한다.

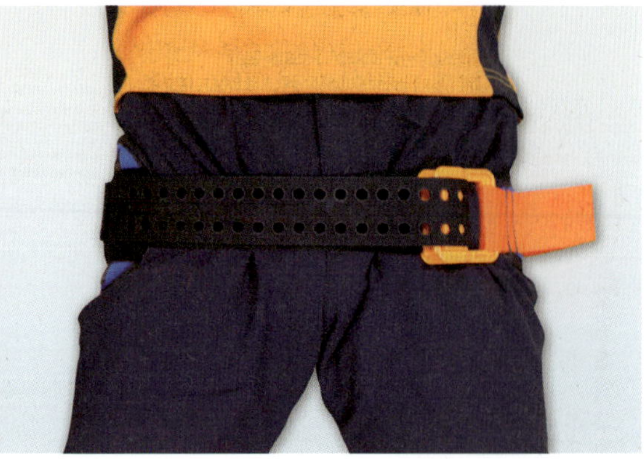

⑥ 적용된 모습(한 번 고정하면 응급실 도착 전까지는 절대 풀지 않는다.)

07 단단한 고정판으로 이송할 때 발생하는 문제점과 대안은 없는가?

단단한 척추 고정판은 이미 1940년대부터 불안정한 척추의 움직임을 그대로 고정하여 구조와 이송 중에 2차 손상을 예방하기 위해 널리 쓰이고 있다. 하지만, 무조건적인 척추의 전체 고정은 최근 들어(2012년) 과학적인 근거가 부족하고 오히려 여러 가지 부작용을 일으킬 수 있다는 의문이 제기되었다.

두부 손상이 있는 환자에게서 단단한 목 보호대는 기도 관리를 어렵게 하며, 호흡곤란, 구역반사, ICP(뇌내압력: 뇌척수액 압력)와 CPP(뇌관류압: 뇌로 가는 혈류 압력)를 상승시켜 뇌손상을 더 악화시킬 수 있다. 그 외에도 단단한 판 위에 연약한 피부를 고정하는 것은 궤양(욕창)을 일으킬 수 있고, 가슴 끈의 고정은 호흡곤란을 일으킬 수 있다. 온몸을 움직이지 못하게 하여 불안감을 일으키기도 하는데, 이송 병원에서는 중대한 손상들이 있는 것으로 보고 많은 검사를 수행하게 된다.

최근에는 단단한 고정보다는 SMR(spinal motion restriction), 즉 척추 움직임을 제한하는 개념으로 변화하고 있다. 상대적으로 부드러운 진공 부목을 사용하거나 척추 고정판 아래 담요를 깔고 고정 끈을 쿠션이 있는 재질로 고정하는 방법, 고정 끈이 위치하는 곳에 쿠션을 충분히 덧대는 형태로 적용이 가능하다. 머리 고정대가 착용된 상태에서 환자에게 구역반사가 있거나 목을 감싸는 것에 대해 불안감과 통증이 있다면 벨크로를 느슨하게 고정하는 것도 방법이 될 수 있다.

척추 고정의 필요성에 대해서는 NEXUS Rule과 Canadian Rule에 의해 안내되고 있으며, 우리나라 119 구급대원 현장응급처치 표준지침에서도 다음과 같이 권고하고 있다.

119 구급대원 현장응급처치 표준지침(척추 고정 ☞ ② ①)

The Standard Protocols for 119 Emergency Medical Services Providers

척추 손상을 야기할 수 있는 손상기전으로 다친 환자의 경우 반드시 고려해야 한다.

1. 적응증

○ 다음의 기준에서 하나라도 '예'라면 척추 고정이 필요하다.
- **의식 소실을 포함한 의식변화**
- **고 위험 손상 기전으로 발생한 경우**
  - ▸ **고속 충돌 사고**
  - ▸ **환자 위를 지나가는 사고에 의한 손상**
  - ▸ **1m 이상 또는 5계단 이상 높이에서의 낙상**
  - ▸ **다이빙 등의 척추나 척수에 작용하는 힘을 동반한 손상**
  - ▸ **자전거 또는 오토바이 사고에 의한 손상**
- **중독 가능성이 있는 경우**
- **척추의 가운데 통증을 호소하거나 압통이 있는 경우**
- **신경학적 결손 증상 동반: 운동 또는 감각이상**

2. 비적응증: 적응증 참고

3. 발생 가능한 부작용/합병증

○ 고정대와 닿는 피부의 압박 손상

○ 고정 상태에서 구토시 흡인의 가능성이 증가할 수 있다.

4. 술기 절차 및 방법

○ 환자의 크기에 맞는 척추 고정판, 끈(straps), C-collar를 준비한다.

○ 환자에게 척추 고정에 대해 설명한다.

○ **경추(목뼈) 보호대(C-collar)**

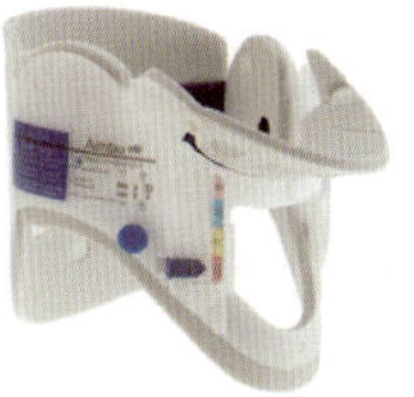

- 앞쪽은 턱 아래로 삽입되어 머리 앞쪽을 단단히 고정하고 뒤쪽은 후두부 뒤쪽 융기 아래에 삽입되어 머리의 뒤쪽과 경추(목뼈)를 보호하다.
- 적절한 크기의 경추(목뼈) 보호대를 선택
- 환자의 턱 끝에서 흉골(복장뼈) 절흔까지
- 한 구급대원은 환자의 머리를 움직이지 않도록 고정하고 다른 구급대원은 적절한 크기의 C-collar를 환자 머리 뒤편으로 삽입한 후 앞쪽은 턱 아래에 고정하여 착용시킨다.

○ **긴 척추 고정판(long back board)**

- 두부를 손으로 고정(두부고정 전까지는 다른 사람이 손으로 고정)하고 척추를 최대한 일직선으로 유지하면서 환자를 backboard 위로 옮긴다.(통나무굴리기 방법을 사용하거나 여러 명이 함께 드는 방법을 사용)
- 끈으로 척추 고정판에 사지와 몸통을 고정시킨다. 환자 아래와 주변의 빈 공간에 패드를 채운다.
- 말초의 운동신경, 감각신경 및 맥박을 확인한다.

○ **구출형 고정대 KED**

- 손으로 환자의 머리를 고정하고, 환자의 A,B,C 상태를 확인한다(이때, 환자의 A,B,C에 심각한 문제가 있는 경우 목 보호대 및 긴 척추 고정판을 이용하여 빠른 환자구출법을 시행한다.)
- 적절한 크기의 목 보호대를 착용하고 빠른 외상평가 후 구출형 고정대(KED)를 환자의 등 뒤에 조심스럽게 위치시킨다.
- 구출형 고정대(KED)를 몸통의 중앙으로 정렬하고 날개부분을 겨드랑이에 밀착시킨다.
- 구출형 고정대(KED)의 몸통 고정끈을 중간, 하단, 상단의 순으로 연결하고 조인다.
- 양쪽 넙다리 부분에 패드를 적용하고 다리 고정끈을 연결한다.
- 구출형 고정대(KED)의 뒤통수에 빈 공간을 채울 정도만 패드를 넣고 고정한다.
- 환자를 90°로 회전시키고 긴 척추 고정판에 눕힌 후 긴 척추 고정판을 들어 바닥에 내려 놓는다.
- 환자가 긴 척추 고정판의 중립위치에 있는지 확인하고 다리, 가슴 끈을 다시조정 해준다.
- 긴 척추 고정판에 환자를 고정하고, 팔다리의 순환, 운동, 감각 기능을 확인한다.

5. 주의 사항

○ 환자의 자세를 만들기 위해 환자에게 힘을 가하지 않도록 한다.
○ 경추(목뼈) 고정 또는 머리 고정 시 구토가 발생할 경우 흡인되지 않도록 주의한다.
○ 운동용 헬멧을 착용한 환자의 경우 헬멧은 그대로 두고, 안면 부분의 마스크만을 기도 확보를 위해 제거한다.
○ 오토바이 헬멧을 착용한 경우에는 기도 확보를 위해 풀 페이스 형태의 헬멧은 척추 고정판에 옮기기 전에 제거한다.

6. 노인 및 소아에서의 주의 사항

○ 노인의 경우 관절경직, 얇은 피부로 인해 척추 고정판에 불편함을 많이 느끼고 공간이 많이 생길 수 있다. 수건, 담요 등을 이용하여 움직임을 최소화 한다.
○ 영아는 상대적으로 머리가 크기 때문에 어깨를 들면서 패드를 댄다.
○ 소아의 경우에는 단단하고 편평한 바닥에 머리와 어깨를 중립적으로 유지한다.

08 중증 외상 환자에 대한 활력징후의 재평가는 언제 해야 하는가?

모든 환자에 대한 활력징후 평가에서 병원 도착 직전 실시하는 마지막 1회 평가는 반드시 기록해야 한다(처음과 이송 도중 변화를 확인하는 과정). 중증 환자는 필요시 지속적으로 평가해야 한다. 기본적으로 수액이나 약물을 투여할 때는 투여 전후의 평가는 필수적이며, 외상성 뇌손상 환자에 대해서는 5분마다 재평가하도록 한다.

09 2차 평가 내용을 바탕으로 기록해 보자.

신체 검진	
시진(눈으로 보이는 이상)	다발성 손상(머리 출혈, 복부, 골반 타박상 등)
청진(비정상적인 호흡음, 소리)	특별한 이상 없음
촉진(손으로 느껴지는 이상 반응 확인)	왼쪽 5~7번 가슴뼈 골절 의심, 왼쪽 골반 파열음 팔목 골절
타진(소리나 반응으로 이상 반응 확인)	가슴과 복부에서 특이 사항 없음
동공 반응(빛반사/크기)	Rt 5mm(–)/Lt 5mm(–)

활력징후						
시각	혈압	맥박	호흡	체온	SpO_2	혈당
10:10	70/50 mmHg	130회/min	32회/min	30.0℃	85%	124 mg/dL

Allergy(알레르기 유무)	파악 불가
Medication(복용 중인 약물)	없음
Past illness(과거 병력, 수술력)	파악 불가
Last meal(마지막 음식물 섭취 시간)	사고 전 맥주 1캔
Event[사고 당시 상황(기전)]	빌라 창틀에서 추락
Onset(발생 시점)	신고 몇 분 전
Provocation(유발/악화/완화 요인)	추락 사고에 의한 손상
Quality(통증/증상의 유형)	–
Region(연관된 통증/증상의 부위)	–
Severity(통증/증상의 정도)	–
Time(통증/증상 지속 시간)	–

10 이송 중 GCS 점수 변화의 의미는 무엇이고, 이송 지연 시 특별한 조치 사항은 무엇인가?

이송 중에 GCS의 변화는 뇌손상에 의한 출혈이 지속되는 것으로 ICP(뇌내 압력) 상승을 의미한다. 머리를 30° 정도 올리고, 머리 고정대가 착용된 상태라면 목 고정 장치를 느슨하게 하는 것이 도움이 될 수 있다. 고농도의 산소를 유지하며, 심정지 상황에 대비하여 심장충격기 패치를 부착하고 외상센터로 신속히 이송하도록 한다.

11 운전 대원이 병원까지의 거리와 시간, 병원 인근에서 도착 예정 시간을 알려주는 이유는 무엇인가?

환자실에 있는 구급대원은 이동 중인 상황에 대한 정보를 파악하기 어렵다. 이송 중에 어느 정도까지 처치를 제공할 것인가와 병원 도착 전에 환자에게 적용한 모니터, 수액선 등을 미리 정리하고 의료진에게 인계할 내용을 정리할 시간을 결정하는 데 도움이 된다. 이러한 절차가 없는 경우 병원 도착 후 환자를 신속히 내려 인계하지 못하며, 의료진에게 인계할 때 당황하기 쉽다.

12 상기 사항을 구급일지에 작성해 보시오.

119 구급대원 현장응급처치 표준지침(두부 손상)

The Standard Protocols for 119 Emergency Medical Services Providers

두부 손상이란 외력에 의해 일어나는 머리 부분의 손상을 말함. 손상 구조물에 따라 **두피손상, 두개골골절, 뇌손상**으로 구분하거나 손상의 정도에 따라 **중증 두부외상**과 **경증 두부외상**으로 나눈다.

1. 임상적 특징

- 육안적으로 확인 가능한 두피 출혈이 없어도 두개골 골절이나 뇌출혈이 생길 수 있다.
- 두피 손상의 경우 대부분 쉽게 회복되나 외부로의 심한 출혈이 있을 수 있으므로 주의를 요한다.
- 환자의 의식저하가 없는 경증 두부 외상은 일반적으로 가벼운 외상을 말하지만 지연성 출혈 등으로 인해 뒤늦게 증상이 나타나는 경우가 있어 지속적인 모니터링이 필요하다.

2. 환자 평가 필수 항목

- 병력 청취
  - 환자에게 직접 병력을 청취하기 어려운 중증 두부 손상일 경우 주변의 목격한 사람에게 많은 정보를 얻는다.
  - 두부 손상 관련 증상: 의식장애, 두통, 시야장애 및 시력, 경추(목뼈)부위 통증, 감각/운동이상
  - 과거력: 기저 질환, 최근 투약력, 손상 전의 환자의 상태
  - 손상기전: 환자를 발견하였을 때 환자의 상태와 주위 상황, 손상 시간
- 신속한 외상 초기 평가
  - 생명을 위협할 수 있는 손상유무의 확인과 처치를 위해서 신속한 외상 초기 평가를 시행한다.
    - ▸ 기도의 열린 상태를 확인하고 유지한다.
    - ▸ 의식 상태를 AVPU의 기준으로 5분마다 평가한다. 중증 외상 세부상황표 대상자는 GCS로 평가한다.
    - ▸ 동공반사, 사지운동을 평가하여 심각한 신경학적 이상 유무를 확인한다.
    - ▸ 환자의 혈압, 맥박, 호흡수, 산소포화도를 포함한 활력징후를 5분마다 측정한다.
    - ▸ 전신의 손상부위 및 두부 손상의 동반 여부를 확인한다.
      - 현장 도착 시 두부를 촉진하여 함몰 골절 여부를 확인한다.
      - 후경부를 촉진하여 압통이 있는지 확인한다.

3. 응급처치 절차 및 방법

- '환자 초기 평가·처치 표준지침'에 따라 전반적인 평가 및 처치를 시행한다.
- 기도를 개방하고, 환자의 의식이 P 이하인 경우 **입인두 기도기(oral airway)를 삽입**하여 기도를 유지한다. 만약 환자가 구역반사를 보일 경우에는 이를 제거하고 **코인두 기도기를 삽입**하여 기도를 유지한다. 단, 두개골 골절이 의심되는 경우 코인두 기도기를 삽입하지 않고 도수조작(두부후굴 제외)만 시행한다. ☞ ② ①
- 산소포화도가 94% 미만일 경우 저산소증 교정을 위해 **비강(코안)캐뉼러로 1~5 L/min** 또는 **안면 마스크로 6~10 L/min**의 산소를 투여한다. ☞ ② ①
- 뇌탈출의 징후(호흡이상, 동공반사 이상, 제뇌경직 등)가 보일 경우 머리를 30도 이상 높이는 **두부거상체위**를 적용(☞ Ⓕ ② ①)하고 산소포화도가 96~98%를 유지하도록 산소를 공급(☞ ② ①)한다.
- 두개골골절의 징후(너구리눈, 귀 뒷부분의 반상출혈)로 코나 귀에서 혈액이나 뇌척수액이 흐를 경우 막지 말고 닦아준다.
- 모든 중증 두부 손상환자는 **경추(목뼈)보호대(C-collar)**를 착용하고, 척추 손상이 의심되는 경우 **긴 척추 고정판**을 적용한다. ☞ ② ①
  - 의식이 명료하고, 후경부 압통이 없으며, 신경학적 이상소견이 없는 65세 이하의 경증 두부 손상환자의 경우 경추(목뼈) 보호대를 적용하지 않을 수 있다.
- 환자의 수축기혈압이 90 mmHg 미만인 경우 18G 이상으로 정맥로를 1개 이상 확보하여 300 mL(소아는 5 mL/kg)의 생리식염수나 젖산 링거액을 투여(☞ ①) 하고, 혈압, 맥박수, 의식 등이 정상 범위로 회복되는지 확인한다. 쇼크가 지속될 경우 1 L(소아는 10mL/kg)까지 수액을 지속적으로 투여한다.(☞ ①)

- 생명을 위협하는 외부출혈이 확인되면 멸균된 소독거즈로 압박하여 지혈한다. ('지혈 및 상처 드레싱' 술기 지침 참조) ☞ Ⓕ ② ①
- 혈압, 맥박, 호흡, 산소포화도를 지속적으로 감시(☞ ② ①)하며 이송(☞ Ⓕ ② ①)한다.

4. 응급처치 시 주의 사항

- 중증 손상 환자 기준에 해당하는 경우, 현장 처치 시간은 **최대 10분 미만**으로 최소화하는 것을 원칙으로 하고, 환자 평가 과정으로 인해 이송이 지연되어서는 안 된다.
- 초기 평가 시 의식장애가 없는 경증 두부 손상의 경우에도 지연성 증상이 나타날 수 있으므로 주의를 요한다.
- 동반된 안면부 손상이나 구토물 등으로 기도가 폐쇄되지 않도록 유의한다.

5. 직접 의료지도 요청 기준

- 심폐소생술 유보 및 중단의 경우('소생술 유보 및 소생술 중단 지침' 참조)
- 정맥로 확보 및 수액 투여
- 중증도 판단이 애매한 경우
- 현장처치 혹은 이송 중 처치에 대한 판단이 어려운 경우

6. 이송 병원 선정 지침

- 중증 두부 손상의 기준에 해당하는 경우 중증 외상 진료가 가능한 가까운 권역 외상센터 또는 지역 응급의료센터 이상의 의료기관으로 이송함을 원칙으로 하되, 지역별 여건에 따라 의료지도 등을 받아 치료가 가능한 가까운 지역 응급의료기관으로 이송할 수 있다.
- 응급의료 취약 지역의 경우 가장 가까운 지역 응급의료기관 이상의 의료기관으로 이송함을 원칙으로 한다.
- 현장거리, 교통체증 등으로 구급차를 이용한 이송이 헬기 이륙 소요시간(약 15분) 및 현장까지 소요예상 비행시간 등 보다 더 많은 시간이 소요될 것으로 판단될 경우에는 헬기이송을 요청하고 지시에 따른다.
- 중증 두부 손상의 기준에 해당하지 않은 경증 두부 손상 환자의 경우 가장 가까운 지역 응급의료기관으로 이송한다.
- 위 기준에도 불구하고 이송 병원 선정이 어려운 경우 직접 의료지도를 요청하고 지도에 따른다.

119 구급대원 현장응급처치 표준지침(복부 및 골반 손상)

The Standard Protocols for 119 Emergency Medical Services Providers

복부 및 골반 손상은 외력이 직접 복부와 골반에 전달된 둔상과 날카로운 물체 혹은 속도가 있는 물체 등에 의한 관통상으로 나눈다. 복부손상의 증상은 매우 다양해서 외상 초기 평가에서 복부손상을 정확히 판단하기는 매우 어렵다. 복부둔상환자에서는 **복강(배안) 내 출혈** 가능성을 반드시 염두에 두어야 하며 복부관통상에서는 **복부내부장기의 손상**을 고려해야 한다. 골반 손상 시에는 **골반강내 장기 손상**과 골반골골절에 의한 **후복막강 출혈** 가능성을 의심해야 한다.

1. 임상적 특징

- **복부 둔상**은 교통사고, 추락, 가격 등으로 복부에 직접 압력이 전해져서 내부 고형장기나 유강장기가 손상되어 출혈과 복막염이 유발 되거나 감속에 의해 장간막, 대혈관 등에 손상이 발생한다.
- **복부 관통상**의 경우 주로 상복부에 발생하며 흔히 간, 소장(작은창자), 횡격막, 대장(큰창자) 등이 손상될 수 있으며 복부 장기가 체외로 노출 될 수 있다.
- 복부 유강장기의 파열이나 장기손상에 의한 복강(배안) 내 출혈은 겉으로 봐서는 쉽게 알 수가 없으며 음주, 약물복용, 뇌손상이나 척추 손상, 복부주변 구조물 손상 등이 동반되는 경우에는 정확한 평가가 어렵다.
- 복강(배안) 내 많은 양의 피가 고여 있어도 외형적인 변화가 없을 수 있으며 복막자극 증상이 나타나지 않을 수 있다.
- 골반 뼈의 골절은 수직력과 전후 압박력에 의해 발생할 수 있으며 골반 뼈 골절에 의해 골반강 내 장기의 손상과 쇼크를 일으킬 정도의 출혈이 동반될 수 있다.

2. 환자 평가 필수 항목

○ 병력 청취
- 복부 및 골반 손상 관련 증상: 복통의 유무 및 위치, 통증의 양상
- 손상기전 및 사고발생 당시 상황을 확인한다.
- 환자의 과거력, 수술력, 투약이력, 임신여부 등을 확인한다.

○ 신속한 외상 초기 평가
- 기도의 열린 상태를 확인하고 유지한다. 호흡곤란이 있는지 확인한다.
- 혈압, 맥박, 산소포화도를 포함한 활력징후를 측정한다.
- 복부전체를 주의깊게 살펴서 둔상이나 창상 혹은 열상의 흔적이 있는지 출혈이 있는지, 이물질이 박혀 있는지 등을 확인하고 압통, 비의도적인 근긴장, 반발통 여부를 확인한다.
- 골반 뼈의 불안정성을 확인하기 위해 양쪽 장골마루(장골능, iliac crest)를 눌러보되 크게 흔들지 않도록 한다.

3. 응급처치 절차 및 방법

○ '환자 초기 평가·처치 표준지침'에 따라 전반적인 평가 및 처치를 시행한다.

○ 통증을 완화하고 복부근육의 긴장을 풀기 위해 다리가 구부린 자세를 유지하게 하되 무릎 밑에 담요 등을 넣어 받쳐준다. ☞ Ⓕ ② ①

○ 기도를 개방하고, 환자의 의식이 P 이하인 경우 **입인두 기도기(oral airway)를 삽입**하여 기도를 유지한다. 만약 환자가 구역반사를 보일 경우에는 이를 제거하고 **코인두 기도기를 삽입**하여 기도를 유지한다. 단, 두개골 기저부 골절이 의심되는 상황인 경우 코인두 기도기를 삽입하지 않고 도수조작(두부후굴 제외)만 시행한다. ☞ ② ①

○ 산소포화도가 94% 미만일 경우 저산소증으로 인해 복부 손상이 더 진행되는 것을 막기 위해 **비강(코안)캐뉼러로 1~5 L/min** 또는 **안면 마스크로 6~10 L/min**의 산소를 투여한다. ☞ ② ①

○ 환자의 수축기혈압이 90 mmHg 미만인 경우 18G 이상으로 정맥로를 1개 이상 확보하여 300 mL(소아는 5 mL/kg)의 생리식염수나 젖산 링거액을 투여(☞ ①) 하고, 혈압, 맥박수, 의식 등이 정상 범위로 회복되는지 확인한다. 쇼크가 지속될 경우 1 L(소아는 10 mL/kg)까지 수액을 지속적으로 투여한다.(☞ ①)

○ 복부 상처에서 외부출혈이 확인되면 멸균된 소독거즈로 **압박하여 지혈**한다.('지혈 및 상처드레싱' 술기 지침 참조) ☞ Ⓕ ② ①

○ 내부 장기가 복부 밖으로 노출된 경우 정복을 시도하지 말고 **생리식염수로 적신 거즈**로 노출된 장기를 덮어서 건조를 막고 **두터운 드레싱을 하되 압력을 가하지 않는다.** ☞ ② ①

○ 이물질이 박혀있는 것이 확인되면 **현장에서 제거하지 말고** 이물질의 움직임에 의해 추가적인 손상이 발생하지 않도록 이물질을 두터운 패드나 타월 뭉치를 이용하여 신체에 **고정**하여 이송한다. ☞ Ⓕ ② ①

○ 골반 뼈 골절이 의심되는 경우 **골반뼈 고정장치(골반뼈 압박밴드- pelvic binder)**를 이용해 고정한다. ☞ ①

○ 혈압, 맥박, 호흡, 산소포화도를 지속적으로 감시(☞ ② ①)하며 이송(☞ Ⓕ ② ①)한다.

4. 응급처치 시 주의 사항

○ 중증 손상 환자 기준에 해당하는 경우, 현장 처치 시간은 **최대 10분 미만**으로 최소화하는 것을 원칙으로 하고, 환자 평가 과정으로 인해 이송이 지연되어서는 안 된다.

○ 상복부 위치에 손상이 있을 경우, 하부 늑골(갈비뼈) 등의 흉부 손상이 동반되었을 가능성이 있으므로 주의하고 모든 복부 및 골반 손상 환자에서 비뇨생식기 동반손상 가능성을 고려한다.

5. 직접 의료지도 요청 기준

○ 심폐소생술 유보 및 중단의 경우('소생술 유보 및 소생술 중단' 지침 참조)

○ 정맥로 확보 및 수액 투여

○ 골반 뼈 골절에서 골반뼈 고정 장치를 이용할 경우

○ 중증도 판단이 애매한 경우

○ 현장처치 혹은 이송 중 처치에 대한 판단이 어려운 경우

6. 이송 병원 선정 지침

- ㅇ 중증 복부 및 골반 손상의 기준에 해당하는 경우 중증 외상 진료가 가능한 가까운 권역 외상센터 또는 지역 응급의료센터 이상의 의료기관으로 이송함을 원칙으로 하되, 지역별 여건에 따라 의료지도 등을 받아 치료가 가능한 가까운 지역 응급의료기관으로 이송할 수 있다.
- ㅇ 응급의료 취약 지역의 경우 가장 가까운 지역 응급의료기관 이상의 의료기관으로 이송함을 원칙으로 한다.
- ㅇ 현장거리, 교통체증 등으로 구급차를 이용한 이송이 헬기 이륙 소요시간(약 15분) 및 현장까지 소요예상 비행시간 등 보다 더 많은 시간이 소요될 것으로 판단될 경우에는 헬기이송을 요청하고 지시에 따른다.
- ㅇ 중증 복부 및 골반 손상의 기준에 해당하지 않은 경증 복부 및 골반 손상 환자의 경우 가장 가까운 지역 응급의료기관으로 이송한다.
- ㅇ 위 기준에도 불구하고 이송 병원 선정이 어려운 경우 직접 의료지도를 요청하고 지도에 따른다.

■ 사고 손상 이미지

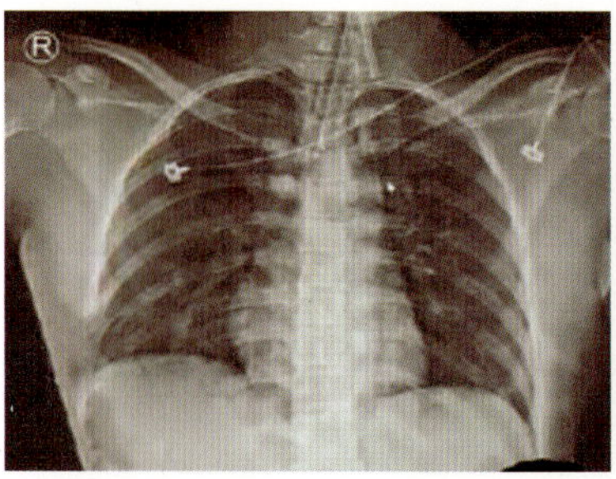

가슴 X-ray

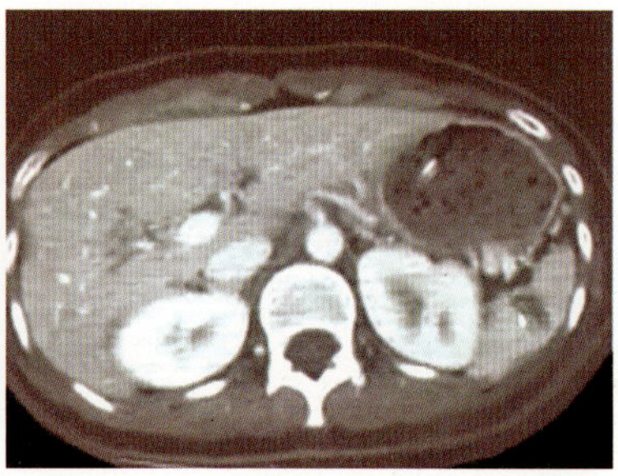

복부 CT

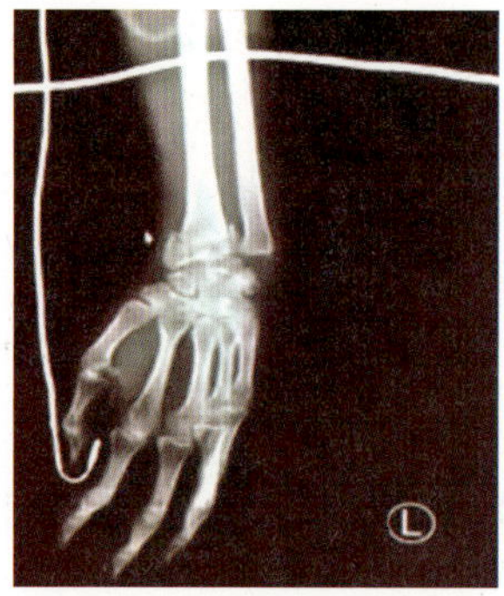

손목 X-ray

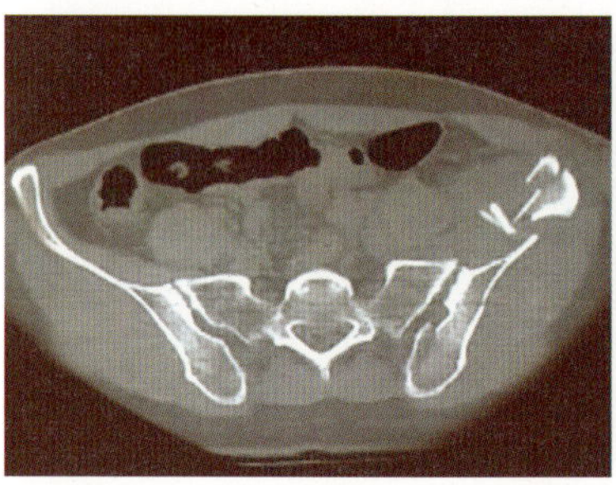

골반강 CT

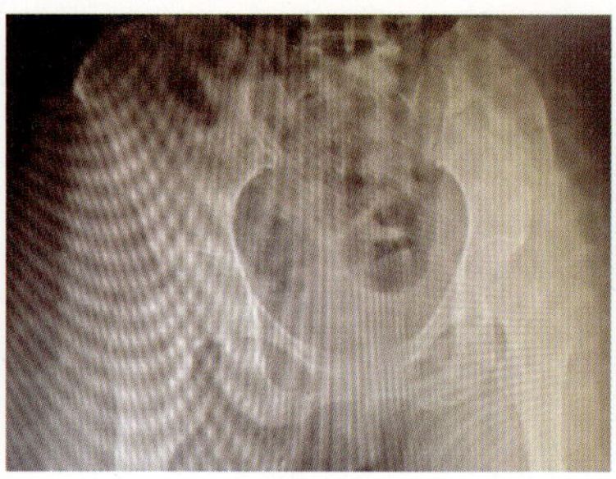

골반 X-ray

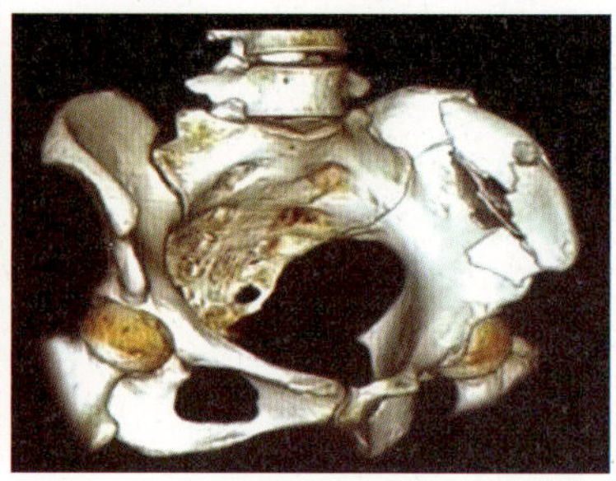

골반 CT

Reference

1. 소방청, 《119 구급대원 현장응급처치 표준지침》, 2023.
2. EMS Spinal Precautions and the Use of the Long Backboard National Association of EMS Physicians and American College of Surgeons Committee on Trauma Pages 392-393 | Published online: 04 Mar 2013.

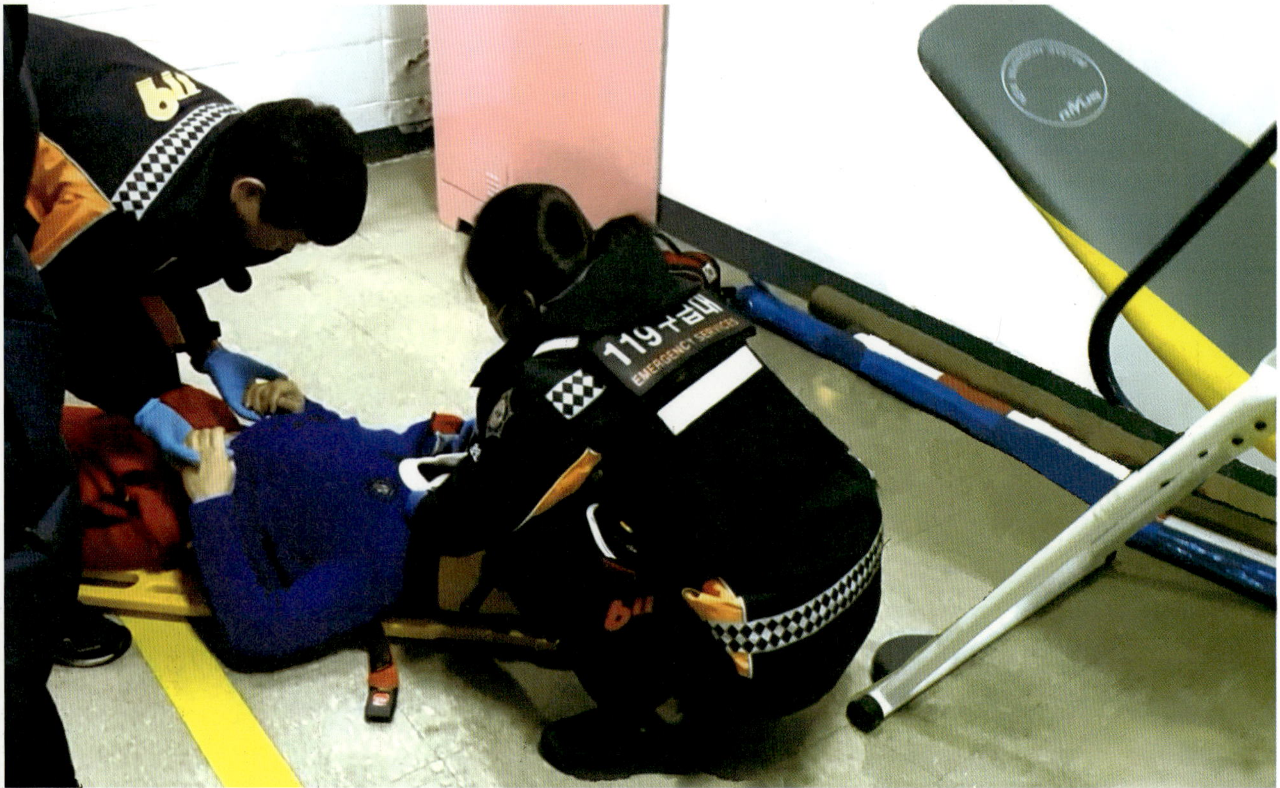

사례 15 운동하다 거꾸로 떨어졌어요

목적

- 척추 손상이 의심되는 현장에서 신경학적 손상 평가 및 적절한 고정법과 주의 사항을 알아본다.
- 이송 중에 상태 변화와 관련해서 주의해야 할 사항에 대해 학습한다.

출동 개요

출동 메시지 "구급 출동!" 장소는 ○○동 ○○아파트 관리사무소 낙상 환자 발생

출동 정보
신고 시각 1월 17일 07:31
출동 시각 1월 17일 07:34
현장 도착 1월 17일 07:38
현장과의 거리 2km (4분 소요)

출동 인원
구급대원1 리더(처치)
구급대원2 대원(운전)

환자 정보 및 기타 정보 50대 남자 운동 중에 추락
관리사무소 지하 1층 보일러실에 환자 혼자 있는 상태

출동 단계

구급차 지휘센터! 여기 ○○ 구급대 신고 내용 재송신 바람.

지휘센터 환자는 관리사무소 지하 1층 보일러실에서 운동 기구 '거꾸리'에서 떨어졌다는 내용으로, 관리사무소 직원이 신고한 사항. 신고자 연락처로 통화하기 바람.

구급차 접수 완료!

---

01 출동 중 신고자와의 통화에서 얻어야 하는 정보는 무엇인가?

현장 상황

신고자와의 통화에서 얻은 정보를 바탕으로 관련 장비를 준비하여 지하 1층으로 진입했다. 동료들은 어떻게 다쳤는지 어디에 있는지 정확히 모르고 있다.

환자는 그림과 같은 모습으로 발견되었다(실제 모습).

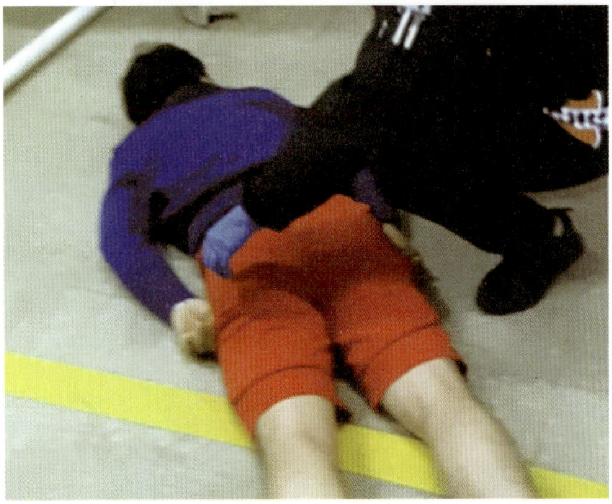

환자는 운동 기구 거꾸리에 매달려 있다가 발이 고정대에서 빠지면서 머리부터 떨어졌다. 환자는 전혀 움직이지 않고 두려워하고 있으며 운동 기구와 보일러실 기계에 의한 현장 위험 요소는 없다.

02 현장 모습에서 가장 우려되는 손상에 대한 신경학적 평가법과 주의할 점은 무엇인가?

1차 평가

기본 활력징후 및 병력 청취	
의식 상태	A(명료함)
기도 및 호흡 상태	기도는 열려 있으며 특별한 문제가 없다.
순환 상태	규칙적이며 강한 맥박이 노동맥에서 확인되며, 피부는 따뜻하다.

03 1차 평가 결과를 바탕으로 추정되는 문제가 있는가?

2차 평가

환자에게 안정을 취할 수 있도록 하고 대원2는 활력징후를 평가하고, 대원1은 환자와 보호자에게 증상을 바탕으로 환자 평가 후 응급처치 계획을 세운다.

■ 문진과 활력징후

대원1 사고가 언제 어떻게 났나요?

환자 신고하기 한 3분 전에 거꾸리에서 매달려 있다가 발을 고정하는 끈이 뜯어지면서 순식간에 머리부터 떨어졌어요.

대원1 지금 어디가 가장 불편합니까?

환자 움직이면 목이 아프고, 팔 힘이 좀 떨어지는 것이 목을 다친 것 같아 무서워서 못 움직이겠더라고요. 그래서 소리 질러서 신고해 달라고 했어요.

대원1 네, 저희가 검사를 좀 해보도록 하겠습니다. 떨어진 이후에 기억을 잃지는 않았나요?

환자 기억을 잃지는 않았어요.

대원1 평소 드시는 약이나, 관리하는 질병 또는 알레르기가 있나요?

환자 3년 전부터 고혈압약 먹고 있는 것 외에 없습니다.

대원1 마지막 식사는 언제 하셨나요?

환자 아침 6시에 컵라면 하나 먹었어요.

Tip

2차 평가

D: deformity(변형)
C: contusion(타박상)
A: abrasion(찰과상)
P: puncture(천자상) / paradoxical movement (기이성 운동)
B: burn(화상)
L: laceration(열상)
S: swelling(부종)
T: tenderness(압통)
I: instability(불안정)
C: crepitus(염발음)
JVD: Jugular vein distension (목정맥팽대)
TD: trachea deformity (기관 편위)
PMS: pulse, motor, sensery (맥박, 운동, 감각)

■ 신체 검진

대원1 외견상 특별한 외상은 관찰되지 않는다.

대원2 활력징후와 동공 반응을 측정한다. [Rt 3mm(+) / Lt 3mm(+)]

시각	혈압	맥박	호흡	체온	SpO_2	혈당
07:50	100/60mmHg	88회/min	14회/min	36.6℃	99%	114mg/dL

대원1 양쪽 폐음은 깨끗하게 들린다.

대원1 외상 평가를 시행한다.

– 압통: 목 뒷부분의 NRS 6점의 압통
– 운동신경: 양쪽 손 grip(쥐기)만 가능한 정도(grade 2), 양쪽 다리는 이상이 없다.
– 감각신경: 양쪽 손의 팔 저림이 있으나 감각신경은 이상이 없다.

몸통과 골반, 하지에는 특별한 이상 징후가 관찰되지 않는다.

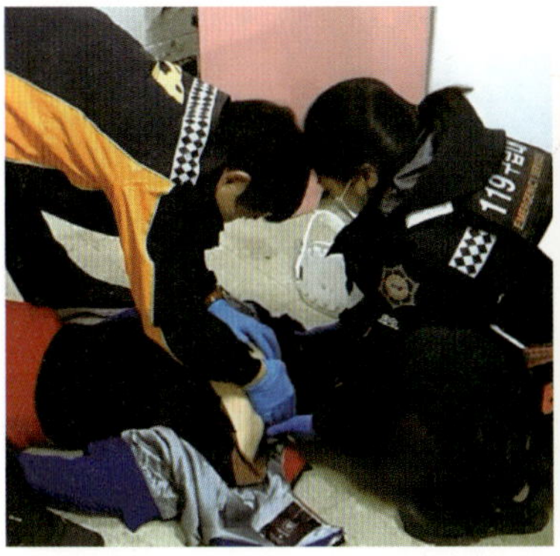
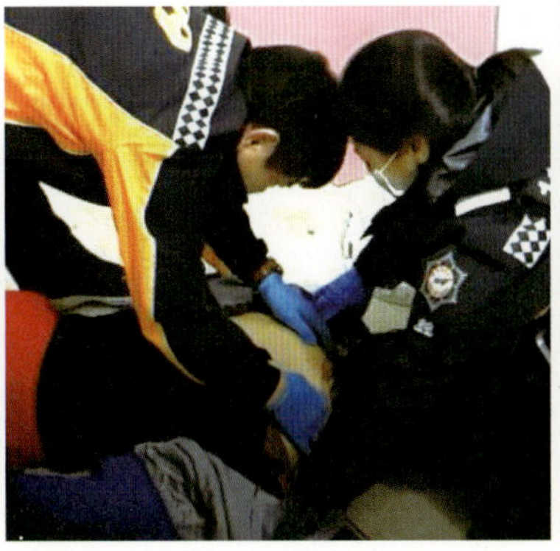
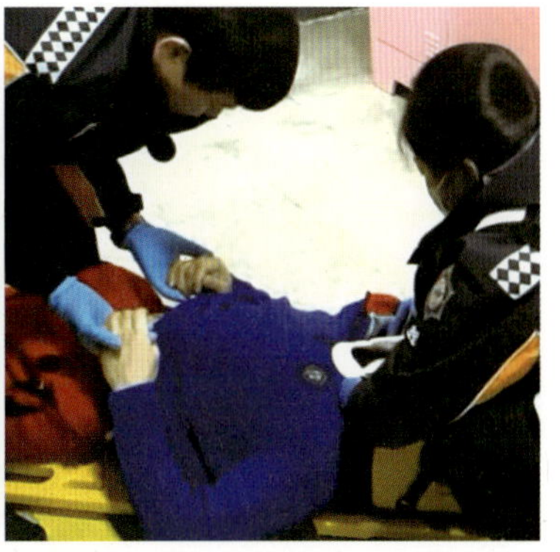

대원1과 대원2는 2차 평가 결과 목신경 손상이 의심되는 것을 확인한다.

04 척추 손상에서 나타나는 척수성 쇼크(spinal shock)와 신경성 쇼크(neurogenic shock)는 무엇이며, 이 환자와 일치하는 것은 어떤 것인가?

현장 심전도

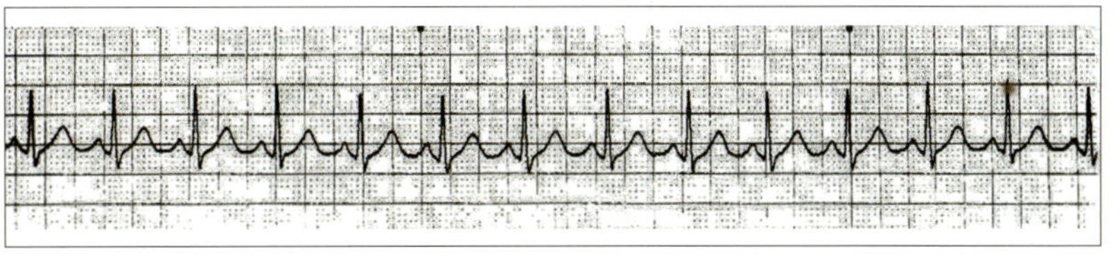

05 위 심전도에 대한 해석은?

1) 리듬이 규칙적인가? □ 규칙적 □ 불규칙적
2) 맥박수가 정상인가? (정상: 60~100회) □ 정상 □ 빠름 □ 느림
3) P파 너비가 정상인가? (정상 ≤ 3칸) □ 정상 □ 넓음
4) PR 간격이 정상인가? (정상 ≤ 5칸) □ 정상 □ 늘어남 □ P파 뒤에 R파가 없다
5) QRS 너비가 정상인가? (정상 ≤ 3칸) □ 정상 □ 좁음 □ 넓음
6) ST 분절은 정상인가? □ 정상 □ 상승 □ 하강

06 2차 평가 내용을 바탕으로 기록해 보자.

신체 검진						
시진(눈으로 보이는 이상)						
청진(비정상적인 호흡음, 소리)						
촉진(손으로 느껴지는 이상 반응 확인)						
타진(소리나 반응으로 이상 반응 확인)						
동공 반응(빛반사/크기)						
활력징후						
시각	혈압	맥박	호흡	체온	SpO_2	혈당
:	/ mmHg	회/min	회/min	℃	%	mg/dL
Allergy(알레르기 유무)						
Medication(복용 중인 약물)						
Past illness(과거 병력, 수술력)						
Last meal(마지막 음식물 섭취 시간)						
Event[사고 당시 상황(기전)]						
Onset(발생 시점)						
Provocation(유발/악화/완화 요인)						
Quality(통증/증상의 유형)						
Region(연관된 통증/증상의 부위)						
Severity(통증/증상의 정도)						
Time(통증/증상 지속 시간)						

현장 처치

환자는 활력징후와 호흡곤란증을 보이지 않는다. 필요한 것은 척추 손상이 있는 환자를 단단히 고정하고, 지하 보일러실에서 지상으로 이동하는 문제를 해결하는 것이다.

대원1 머리 고정대 착용 후에 머리 고정끈으로 단단히 고정하세요.

대원2 네, 머리 고정을 단단히 하도록 하겠습니다.

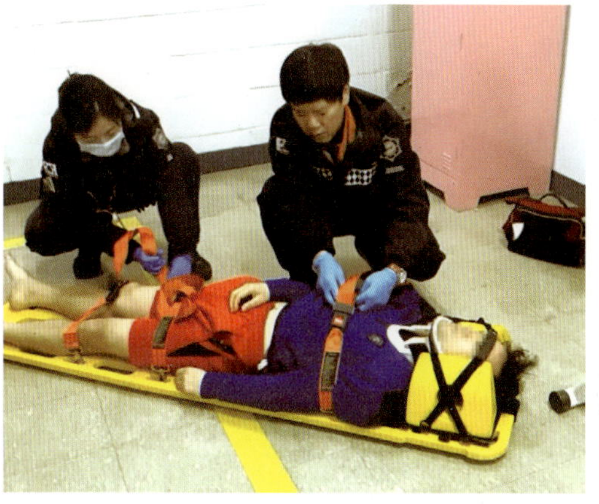

대원2는 머리 고정 후 다리를 고정하고, 대원1은 가슴과 몸통의 고정을 마무리한다. 대원2에게 활력징후를 다시 한번 확인할 것을 주문하고, 대원1은 이동을 위해 동료 직원들을 데려온다. 동료 직원들과 함께 구급차로 이동한다.

---

07 대원1이 목 고정대를 착용시켰지만, 머리 고정대로 단단히 고정하라고 하는 이유는 무엇인가?

이송 단계

긴 척추 고정판에 환자를 고정한 상태로 구급차 안으로 옮긴다. 근처에 있는 지역 응급의료센터까지는 6km 정도 떨어져 있다.

이송 중 활력징후는 특별한 변화가 없었지만, 척추 손상으로 인한 양쪽 팔의 운동신경 마비는 약간 회복되고 있다. 환자에게 팔을 움직여 보라고 했을 때 팔꿈치를 굴곡시키며 팔을 들어올리려고 하는 힘이 느껴지며, 감각도 느껴지고 있다고 말한다.

이송 중 활력징후는 다음과 같다.

시각	혈압	맥박	호흡	체온	SpO_2
08:04	105/60mmHg	85회/min	17회/min	36.8℃	98%

08 이송 중 수축기 혈압이 90mmHg 이하 또는 호흡 기능 상실이 발생할 때 필요한 조치는 무엇인가?

09 척추 손상 환자를 긴 척추 고정판에 고정한 채 장시간 이송할 경우 예상되는 문제는 무엇인가?

병원 단계

08:13

1차로 이송한 지역 응급의료센터에서는 의료진 부재로 수술이 어렵다며 인근의 다른 지역 응급의료센터로 이송할 것을 요구했다. 똑같은 상황이 생기는 것이 걱정되어 해당 병원에 전화해서 수용 여부를 확인한다. 병원에 도착했을 때 환자는 이송 중에 일부 회복된 것 외에 특별한 변화는 없다.

의료진 무슨 환자인가요?

대원1 51세 남자분이며, 직장에서 운동 기구 거꾸리에 매달려 있다가 발목 고정끈이 뜯어지면서 바닥에 머리부터 떨어졌다고 합니다. 활력징후에서는 특별한 이상이 없었고, 목 통증, 양쪽 팔 힘 빠짐과 저림 현상을 호소합니다. 이송 중에 해당 증상이 약간 호전되는 것을 관찰할 수 있었습니다.

의료진 네, 그 외 병력은 없나요?

대원1 고혈압이 있어 약을 먹는 것 외 알레르기나 수술 받은 것도 없다고 합니다.

의료진 네, 들어가서 살펴보도록 하겠습니다.

10 상기 사항을 구급일지에 작성해 보시오.

제한점

- 환자 상태로 보아 적정 병원에 이송한 것은 맞으나 병원 사정 때문에 타 병원으로 재이송하게 되었다. 응급 상황이면 심뇌혈관 응급 환자가 아니더라도 수용 여부를 확인할 필요가 있다.
- 현장에 상부 목신경 손상에 의한 호흡 부전을 대비해 산소 공급을 위한 장비를 준비하지 않았다.

실전 문제

01 현장 도착 시 낙상한 환자를 발견했을 때 가장 먼저 확인해야 할 사항은?

① 현장에 또 다른 사고의 위험이 있는지 확인한다.
② 환자 이송을 도와줄 경찰이나 사고 관계자를 찾는다.
③ 사고 기전을 파악한다.
④ 이송할 병원을 고려하여 수용 여부를 확인한다.

02 다음 중 고위험군 중증 외상 환자에 속하지 않는 예는?

① 동승자 사망 사고
② 사고 후 차에서 튕겨 나감
③ 빙판길 외상 환자
④ 자동차가 보행자 또는 자전거와 충돌

03 추락 사고 후에 사고 순간을 잘 기억하지 못한다면 어떤 상태를 의심할 수 있는가?

① 정신병 환자
② 심한 스트레스 증후군
③ 약물 과다 복용
④ 뇌의 충돌로 인한 일시적인 기억 소실

04 낙상 환자가 목 부위의 통증을 호소하며 누워 있는 상태로 발견되었다. 환자의 활력징후를 평가했더니 혈압과 맥박이 낮게 측정되었을 때 의심할 수 있는 쇼크는?

① 미주신경성 쇼크
② 신경성 쇼크
③ 저체액성 쇼크
④ 폐쇄성 쇼크

정답 1 ①, 2 ③, 3 ④, 4 ②

1-① 현장 안전이 가장 우선되어야 한다.

2-③ 빙판길 외상 환자라고 해서 반드시 중증 외상 환자로 구분할 수 없다.

3-④ 외상으로 인한 신경계의 일시적인 기능 소실 가능성이 매우 크다.

4-② 주로 척추 손상에서 나타나며 손상 이후 교감신경의 긴장(tone)이 저하되면서 세동맥과 세정맥의 확장(혈관 이완)으로 인해 저혈압, 심박출량 감소를 나타낸다.

사례 풀이

01 출동 중 신고자와의 통화에서 얻어야 하는 정보는 무엇인가?

많은 종류의 운동 기구가 있지만 '거꾸리'라는 운동 기구를 모르는 사람들이 많다. 설령 이 기구를 몰라도 이 운동 기구가 어떤 구조로 움직이며, 떨어지면 어느 정도의 높이에서 추락하는지, 지금은 어떤 상태인지, 환자는 어디를 가장 문제가 있다고 여기는지 등에 대한 정보가 필요하다. 만약 출동 거리가 짧고 금방 도착할 수 있다면 접근할 수 있는 장소를 파악하는 것이 더 도움이 될 때도 있다. 그렇다면, 신고자가 보기에 상태가 심각해 보이는지, 접근하는 통로는 어떻게 되는지에 대한 정보는 고정과 이송을 위한 최소한의 준비를 하는 데 분명 도움이 된다.

사고 기전이 파악된 출동 단계부터 주변 사람들에게 환자를 움직이지 않도록 요구한다. 그리고 외형상(얼굴, 목, 가슴 부위에) 손상(열상, 타박상, 변형)이 보이면 손상에 대한 증상이 당장 나타나지 않더라도 이송 중에 증상을 보이는 '불완전 손상'이 있을 수 있다는 것을 명심해야 한다.

02 현장 모습에서 가장 우려되는 손상에 대한 신경학적 평가법과 주의할 점은 무엇인가?

척추 손상의 원인은 교통사고(47.0%)와 추락/낙상(34.3%)에서 가장 많이 발생하며, 교통사고(54.9%)와 추락/미끄러짐(37.5%)은 중증 외상과 연결되는 경우가 많다.

다음과 같은 손상 기전이 있는 경우 척추 손상을 의심하고 세심하게 관찰해야 한다.

1) 머리, 목, 몸통, 골반에 강한 충격(직접적인 충격)
2) 이동 또는 정지 상태에서 받는 외부 충격에 의한 가속, 감속, 옆쪽 충격(척추의 앞, 뒤, 옆쪽 굽힘)
3) 동승자가 사망한 사고
4) 시속 60km 이상 속도에서 안전띠 착용 없이 앞 유리나 옆면에 부딪힌 사고
5) 차량에서 튕겨 나간 환자(복합적인 손상)
6) 오토바이가 시속 30km 이상에서 튕겨 나간 사고(오토바이로부터 떨어져 나감)
7) 환자 키 3배 높이(성인 6m, 소아 3m)에서 추락(땅에 닿을 때 발꿈치에서 척추, 골반으로 전달됨)
8) 다이빙 사고(얕은 물에서는 머리가 직접 바닥에 닿으며 척추에 입수하던 힘이 전달됨)
9) 폭행, 스포츠 손상

신경학적 평가를 위해서 척추의 움직임을 임의 조작하는 것은 때로는 손상을 증가시킬 수 있으므로 과한 움직임이 일어나지 않도록 조심스럽게 수행해야 한다.

척수신경의 level에 맞는 팔다리 움직임에 대한 운동과 감각신경을 평가하여 손상 부위를 예측하고 기록하여 의료진에게 전달할 수 있도록 한다.

손상 부위에 대한 평가가 완료되고 고정하는 과정에서 척추의 배열이 어긋나지 않도록 단단히 고정해야 하며, 한 번 고정된 것을 수정하지 않도록 하는 것이 좋다.

현장 단계에서 단단히 고정되지 못한 목 손상 환자는 처치와 이송 도중 3~25%가 2차 신경 손상을 입는다는 연구가 있을 만큼 고정은 매우 중요하다.

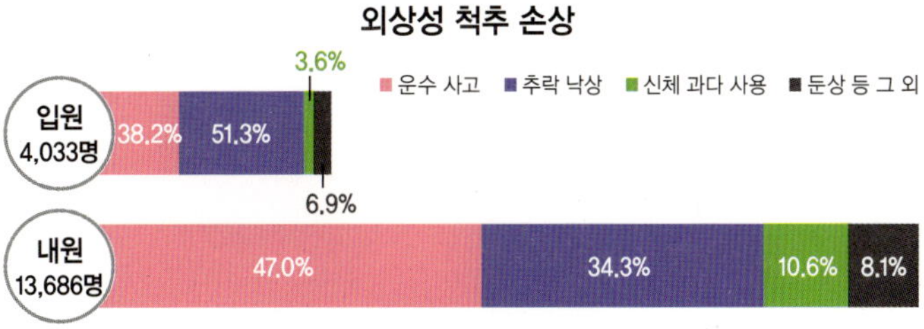

2020년 손상 유형 및 원인 통계
출처: 질병관리청 자료

03 1차 평가 결과를 바탕으로 추정되는 문제가 있는가?

이 환자의 ABC 평가 내용만으로는 척추 손상에 의한 어떠한 문제도 확인되지 않는다.

상부 경수 손상이 있다면 호흡과 관련된 문제가 발생할 수 있지만 기도는 잘 개방되어 있고 호흡 능력에도 문제가 없어 보인다.

척추 손상 후 현장 도착까지는 약 10분 정도였고, 시간이 지나 신경성 쇼크가 발생할 수 있지만, 신경성 쇼크 증상은 보이지 않았다. 하지만, 신고 단계에서 1차 평가까지의 상황으로 미루어 보아 척추 손상 이후 신경 손상이 있어 스스로 움직이지 못하는 문제가 있는 것으로 추정할 수 있다.

04 척추 손상에서 나타나는 척수성 쇼크(spinal shock)와 신경성 쇼크(neurogenic shock)는 무엇이며, 이 환자와 일치하는 것은 어떤 것인가?

구급대원들은 척수성 쇼크와 신경성 쇼크를 현장에서 따로 구분하지 않는 경향이 많다. 병원 전 단계에서 두 가지 쇼크를 구분하는 것이 임상적으로 큰 의미가 없고 처치 방법이 달라질 것이 없기 때문으로 보인다. 따라서 119 구급대원 현장응급처치 표준지침에서는 다음과 같이 안내하고 있다.

"**척수 쇼크**의 초기 증상으로 손상 부위 이하의 이완성 마비와 저혈압, 느린맥 등이 나타나고, 후기 증상으로 반사의 과흥분성, 경련성 마비 이후의 이완성 마비, 호흡곤란 등이 발생할 수 있으며 심한 고혈압, 피부 충혈, 두통, 발한, 비울혈 등의 자율신경반사부전이 나타날 수 있다."

그런데도 두 가지 쇼크를 이해해야 하는 것은 임상적 소견을 나타내는 원인을 알고 이송 중에 대처하기 위함이다.

척수 손상을 잘 이해하기 위해서는 많은 학습이 필요하다.

〈척추 손상에서 말하는 쇼크는 일반적으로 쓰이는 출혈성 쇼크의 개념과 다르다. 충격을 받았다는 개념의 쇼크로 이해해야 한다.〉

척추와 신경해부학을 잘 알고 있으면 손상 기전에 따른 손상을 파악하고 증상과 징후를 예측하여 대비할 수 있다.

■ 척수성 쇼크와 신경성 쇼크의 비교

	척수성 쇼크(spinal shock)	신경성 쇼크(neurogenic shock)
발생 기전	척수의 가로 손상(절단 또는 늘어남) 뒤 얼마 후에 발생하는 일시적인 손상	손상으로 교감신경 조절 기능의 차단이 문제가 되어 부교감신경계만 활동하게 된다.
손상 부위와 증상	손상당한 척수 하방의 일시적 기능 마비(감각, 운동 기능 소실, 근 이완, 감각 마비), 반사 기능 소실	경수, 상부 흉수(T6 위)의 기능적 마비(심박동 저하, 말초혈관 확장, 느린맥과 저혈압) 증상을 보임. 목 5~10%, 흉추에서 10~15% 정도 발생한다.
특징	일시적인 척수의 기능 소실이며, 혈역학적 변화는 없고 하루나 이틀에 걸쳐 대부분 회복된다.	교감신경 차단으로 보상 작용이 안 되기 때문에 손상 부위 아래 혈관벽의 근육 수축을 유지 못함.
평가	대표적인 두 가지 반사가 소실되는지를 보고 확인할 수 있다. anal wink[1](항문 수축) 검사(S4, S5) bulbocavernous reflex(구해면체반사) (S2–S4)	출혈성 쇼크와 달리 혈관 수축이 안 되므로 따뜻하고 건조한 피부를 보인다. 피부 열 손실이 크면 저체온증이 나타나기도 한다. 빠른 맥박이 아니라 정상 또는 약간 느린 맥박이다.

1) 항문 주위를 긁었을 때 항문이 수축하지 못하면 양성 반응이다.
여자) 항문에 손가락을 넣고 음핵(clitoris)을 만질 때 항문이 수축하지 못하면 양성 반응(dorsal clitoral n. – pudendal n.)
남자) 항문에 손가락을 넣고 귀두(배면) 부위를 쥐어짤 때 항문이 수축하지 못하면 양성 반응(dorsal penile n. – pudendal n.)

병원 전 단계에서 가장 큰 차이는 활력징후의 변화가 나타나는가이다. 만약 활력징후 변화가 있다면 다른 외상과 연관이 있는 것인지 확인해야 하고, 없다면 저혈압과 느린맥에 대한 처치를 수행하면 된다. 아직 우리나라 환경에서는 느린맥에 대해 치료할 수 없으므로 저혈압에 대한 수액 처치를 수행하고 느린맥 처치는 병원에서 수행할 수 있도록 이송한다.

이 환자는 교감신경 조절 차단에 의한 신경성 쇼크 증상이 없는 척추 손상 환자이다.

05 위 심전도에 대한 해석은?

1) 리듬이 규칙적인가? ☑ 규칙적 □ 불규칙적
2) 맥박수가 정상인가? (정상: 60~100회) ☑ 정상 □ 빠름 □ 느림
3) P파 너비가 정상인가? (정상 ≤ 3칸) ☑ 정상 □ 넓음
4) PR 간격이 정상인가? (정상 ≤ 5칸) ☑ 정상 □ 늘어남 □ P파 뒤에 R파가 없다
5) QRS 너비가 정상인가? (정상 ≤ 3칸) ☑ 정상 □ 좁음 □ 넓음
6) ST 분절은 정상인가? ☑ 정상 □ 상승 □ 하강

06 2차 평가 내용을 바탕으로 기록해 보자.

신체 검진	
시진(눈으로 보이는 이상)	운동 기구 옆에 엎어진 자세로 누워 있음
청진(비정상적인 호흡음, 소리)	양쪽 폐음이 깨끗함
촉진(손으로 느껴지는 이상 반응 확인)	–
타진(소리나 반응으로 이상 반응 확인)	–
동공 반응(빛반사/크기)	Rt 3mm(+)/Lt 3mm(+)

활력징후						
시각	혈압	맥박	호흡	체온	SpO_2	혈당
07:50	100/60mmHg	88회/min	14회/min	36.6℃	99%	114mg/dL

Allergy(알레르기 유무)	없음
Medication(복용 중인 약물)	3년 전부터 고혈압 복용
Past illness(과거 병력, 수술력)	고혈압
Last meal(마지막 음식물 섭취 시간)	아침 6시 컵라면 1개
Event[사고 당시 상황(기전)]	운동 기구 꺼꾸리의 발 고정끈이 뜯어짐
Onset(발생 시점)	07:28분(신고 3분 전)
Provocation(유발/악화/완화 요인)	–
Quality(통증/증상의 유형)	움직이면 아프고, 양쪽 팔 힘이 빠짐
Region(연관된 통증/증상의 부위)	목 손상 이후 팔에 힘 빠짐, 저림 현상
Severity(통증/증상의 정도)	NRS 6점
Time(통증/증상 지속 시간)	07:28분부터 현재까지

07 대원1이 목 고정대를 착용시켰지만, 머리 고정대로 단단히 고정하라고 하는 이유는 무엇인가?

목 고정대만 착용 머리 고정대를 함께 착용

병원 전 단계에서 사용되는 목 보호대는 hard type의 고정 장치를 사용하고 있다(일부 구급대에서 soft collor를 사용하고 있지만, hard type과 비교하면 약한 고정력을 갖는다).

1970년대부터 2017년까지 여러 연구 결과에 따르면 hard type의 고정 장치는 soft type보다 높은 고정력을 갖는다.

일부 외상 교과서에서는 목 보호대가 90%의 굴곡과 50%의 신전 움직임 제한이 가능하다고 소개하고 있다. 그러나 이것은 목 고정대와 머리 고정대가 함께 적용될 때의 효과라는 것을 알아야 한다.

목 고정대 단독으로 고정된 상태에서는 굴곡과 신전, 좌우 굴곡이 얼마든지 일어날 수 있다. (박윤택, 윤형완. 《구급장비 운영론》, 도서출판 한미의학(2021)을 참조하기 바란다.)

08 이송 중 수축기 혈압이 90mmHg 이하 또는 호흡 기능 상실이 발생할 때 필요한 조치는 무엇인가?

척추 신경 손상에 따른 신경학적 쇼크가 진행되는 것으로 볼 수 있다.

수축기 혈압 90mmHg 이하면 18G 이상으로 정맥로 1개 이상을 확보하여 생리식염수 또는 젖산 링거액을 300mL 주입(소아는 5mL/kg)하고, 정상 범위로 회복되지 않으면 최대 1L(소아는 10mL/kg)까지 지속해서 투여한다. (목표 혈압은 수축기 100~110mmHg로 설정하며, 수액 과다 주입은 호흡곤란, crackles, 부종, 높은 중심 정맥압을 높이는 부작용을 발생시킬 수 있다.)

산소포화도가 94% 이하일 때 저산소증이 척추 손상을 더 진행시킬 수 있으므로 증상이 약하면 비강캐뉼러로 2~3L/min, 증상이 심하면 안면 마스크로 6~15L/min의 산소를 공급하도록 한다. 만약 산소 공급에도 교정되지 않는다면 입인두 기도기 또는 코인두 기도기(얼굴 손상이 있는 경우는 하지 않는다)를 삽입하고, 자발호흡이 사라지게 된다면 의료지도 후에 전문 기도기를 삽입하고 양압환기를 제공하도록 한다.

수액 공급과 호흡 보조에 실패하는 경우 의료지도를 받도록 하며, 심폐 정지 상황이 발생하면 심폐소생술을 시행한다.

09 척추 손상 환자를 긴 척추 고정판에 고정한 채 장시간 이송할 경우 예상되는 문제는 무엇인가?

척추 고정 장치는 손상 후 약해진 척추 구조물(뼈, 인대, 근육)의 지지력을 보조해 주거나 손상으로 인한 신경, 혈관, 뼈 조직의 추가 손상을 예방해준다. 단단한 척추 고정판은 척추 고정을 단단히 할 수 있지만, 장시간 이송은 다음과 같은 여러 가지 부작용을 일으킬 수 있으므로 이송 중에 확인할 필요가 있다.

1) 기존 통증에 의한 조건은 더욱 악화될 수 있다.
2) 척추 고정판과 피부가 직접 닿는 부위에 통증이나 피부 궤양이 발생할 수 있다.
3) 기도를 유지하기 어렵다.(의식 저하 환자가 증상을 호소할 수 없어 혀와 가래 등에 의한 기도폐쇄의 위험이 있음)
4) 가슴 고정에 따른 호흡 능력이 저하된다.

5) 목 조임에 따른 오심, 구토가 발생한다.
6) 목 고정대가 목정맥을 압박하여 생기는 뇌압 상승과 뇌관류압 상승은 허혈성 뇌손상의 잠재적 위험 요소이다.
7) 심리적 압박에 따른 불안감이 생긴다.

이러한 이유로 최근에는 척추 고정이라는 표현 대신 척추 움직임 제한(spinal motion restriction)이라는 개념으로 바뀌고 있다. 이것은 딱딱한 판이 맞닿는 부위에 패드 적용, spider strap의 사용, 단단한 끈이 몸에 닿는 부위에 패드 적용, 전신 진공 부목, rog roll 인원의 확대, rog slide(척추 고정판에 옮긴 후 이동은 위/아래로 이동할 것) 등으로 시행하고 있다.

10 상기 사항을 구급일지에 작성해 보시오.

Cf: QR 코드 (챕터15 구급활동일지) 를 찍어 구급활동일지 예시를 확인할 수 있다.

119 구급대원 현장응급처치 표준지침(척추 및 척수 손상)

The Standard Protocols for 119 Emergency Medical Services Providers

척수 손상은 직접적인 둔상 또는 관통상, 압력 손상, 과도한 움직임 등에 의해 일어날 수 있다. 이로 인해 뇌와 신체 사이에 신경전달이 제대로 되지 못하여 손상부위 이하에서 운동신경의 마비와 감각 소실이 발생하고, 자율신경계에 의해 조절되는 방광과 장의 조절에 이상을 초래하게 된다.

1. 임상적 특징

- 대부분의 척수 손상은 교통사고, 추락, 운동 중에 일어난다.
- 척수 손상은 염좌(삠), 골절, 탈골 등의 척추 손상과 동반되기도 하고 단독 척수 손상으로도 일어날 수 있다.
- 척수 쇼크의 초기증상으로 손상부위 이하의 이완성 마비와 저혈압, 느린맥(서맥) 등이 나타나고 후기증상으로 반사의 과흥분성, 경련성마비 이후의 이완성마비, 호흡곤란 등이 발생할 수 있으며 심한 고혈압, 피부충혈, 두통, 발한, 비울혈등의 자율신경반사부전이 나타날 수 있다.

2. 환자 평가 필수 항목

- 병력 청취
  - 척추 손상 관련 증상: 특정 손상 부위 이하의 감각/운동이상
  - 과거력: 기저 질환, 최근 투약력, 손상 전의 환자의 상태
  - 손상기전: 척수손상의 가능성이 있는 고위험손상 여부를 확인
    - 고속 충돌 사고(high-speed crash)
    - 환자 위를 자나가는 사고에 의한 손상
    - 1 m 이상 또는 5계단 이상 높이에서의 낙상
    - 다이빙 등의 척추나 척수에 작용하는 힘을 동반한 손상
    - 자전거 또는 오토바이 사고에 의한 손상
- 신속한 외상 초기 평가
  - 기도의 열린 상태를 확인하고 유지한다.
  - 의식 상태를 AVPU의 기준으로 평가한다.
  - 환자의 혈압, 맥박, 호흡수, 산소포화도를 포함한 활력징후를 측정한다.
  - 척수 손상을 의심할 수 있는 결손부위 특징이 있는지 확인
    - 운동 능력 저하
    - 감각 기능 저하
    - 반사반응(DTR, Babinsky sign) 이상소견
    - 저혈압, 느린맥(서맥)
    - 요실금, 변실금 등의 방광기능, 장기능 조절 장애
    - 척추의 가운데 통증 혹은 압통
  - 전신의 손상부위 및 두부 손상의 동반 여부를 확인한다.

3. 응급처치 절차 및 방법

- '환자 초기 평가·처치 표준지침'에 따라 전반적인 평가 및 처치를 시행한다.
- 기도를 개방하고, 환자의 의식이 P 이하인 경우 **입인두 기도기(oral airway)를 삽입**하여 기도를 유지한다. 만약 환자가 구역반사를 보일 경우에는 이를 제거하고 **코인두 기도기를 삽입**하여 기도를 유지한다. 단, 두개골 기저부 골절이 의심되는 상황인 경우 코인두 기도기를 삽입하지 않고 도수조작(두부후굴 제외)만 시행한다. ☞ ② ①
- 산소포화도가 94% 미만일 경우 저산소증으로 인해 척수 손상이 더 진행되는 것을 막기 위해 **비강(코안)캐뉼러로 1~5 L/min** 또는 **안면 마스크로 6~10 L/min**의 산소를 투여한다. ☞ ② ①

- 상부 경추(목뼈) 손상으로 인한 호흡부전이 있을 경우 **백밸브 마스크**를 이용하여 100% 산소를 공급하면서 양압 환기를 시행한다. ☞ ② ①
- 뇌탈출의 징후(호흡이상, 동공반사 이상, 제뇌경직 등)가 보일 경우 머리를 30도 이상 높이는 **두부거상체위**를 적용(☞ Ⓕ ② ①)하고 산소포화도가 96~98%를 유지하도록 산소를 공급(☞ ② ①)한다.
- 척추 손상이 의심되는 모든 환자에게 **척추 고정**을 시행한다. ☞ ② ①
  - 환자의 척추를 최대한 부드럽게 배열을 확인하고 고정한다.
  - 환자의 경부를 검사하고 경추(목뼈)고정 기구를 적용한다.
  - 환자의 몸통부위를 검사하고 움직이지 않도록 고정 기구를 적용한다.
  - 척추를 최대한 일직선으로 유지하기 위해 환자의 머리나 목, 또는 등 부위에 적절한 양의패드를 적용한다.
  - 환자의 머리를 고정한다.
  - 환자의 팔과 다리를 고정한다.
  - 이송 중에 환자의 의식과 혈역학적 지표를 지속적으로 재평가한다.
- 환자의 수축기혈압이 90 mmHg 미만인 경우 18G 이상으로 정맥로를 1개 이상 확보하여 300 mL(소아는 5 mL/kg)의 생리식염수나 젖산 링거액을 투여(☞ ①) 하고, 혈압, 맥박수, 의식 등이 정상 범위로 회복되는지 확인한다. 쇼크가 지속될 경우 1L(소아는 10 mL/kg)까지 수액을 지속적으로 투여한다.(☞ ①)
- 생명을 위협하는 외부출혈이 확인되면 멸균된 소독거즈로 압박하여 지혈한다. ('지혈 및 상처 드레싱' 술기 지침 참조) ☞ Ⓕ ② ①
- 혈압, 맥박, 호흡, 산소포화도를 지속적으로 감시(☞ ② ①)하며 이송(☞ Ⓕ ② ①)한다.

4. 응급처치 시 주의 사항

- 중증 손상 환자 기준에 해당하는 경우, 현장 처치 시간은 **최대 10분 미만**으로 최소화하는 것을 원칙으로 하고, 환자 평가 과정으로 인해 이송이 지연되어서는 안 된다.
- 호흡 조절 척수신경이 존재하는 상부 경추(목뼈) 손상에 의해 호흡부전이 발생하면 기도유지 및 환기를 위해 전문 기도유지술이 필요할 수 있으므로 주의한다.
- 장시간의 척추 고정을 시행한 경우 접촉부위의 압박으로 인한 괴사 및 궤양이 발생할 수 있으므로 주의한다.
- 척추 및 척수손상을 완전히 배제하기 위해서는 영상검사가 필수이므로 적용된 척추 고정을 현장에서 제거하지 않도록 한다.

5. 직접 의료지도 요청 기준

- 심폐소생술 유보 및 중단의 경우('소생술 유보 및 소생술 중단 지침' 참조)
- 정맥로 확보 및 수액 투여
- 호흡부전으로 인해 전문 기도유지술이 필요할 경우
- 신경성 쇼크로 수액 투여에도 호전이 없는 경우
- 중증도 판단이 애매한 경우
- 현장처치 혹은 이송 중 처치에 대한 판단이 어려운 경우

6. 이송 병원 선정 지침

- 중증 척추 및 척수 손상의 기준에 해당하는 경우 중증 외상 진료가 가능한 가까운 권역 외상센터 또는 지역 응급의료센터 이상의 의료기관으로 이송함을 원칙으로 하되, 지역별 여건에 따라 의료지도 등을 받아 치료가 가능한 가까운 지역 응급의료기관으로 이송할 수 있다.
- 응급의료 취약 지역의 경우 가장 가까운 지역 응급의료기관 이상의 의료기관으로 이송함을 원칙으로 한다.
- 현장거리, 교통체증 등으로 구급차를 이용한 이송이 헬기 이륙 소요시간(약 15분) 및 현장까지 소요예상 비행시간 등 보다 더 많은 시간이 소요될 것으로 판단될 경우에는 헬기이송을 요청하고 지시에 따른다.
- 중증 척추 및 척수 손상의 기준에 해당하지 않은 경증 척추 및 척수 손상 환자의 경우 가장 가까운 지역 응급의료기관으로 이송한다.
- 위 기준에도 불구하고 이송 병원 선정이 어려운 경우 직접 의료지도를 요청하고 지도에 따른다.

Reference

1. 소방청. 《119 구급대원 현장응급처치 표준지침》, 2023.
2. 대한외과학회. 《외과학》(제2판), 2017, pp235-236.
3. 김진우 외. 《병원 전 외상소생술》, 군자출판사, 2020.
4. Podolsky 외. Efficay of cervical spine immobilization methods, J Trauma. 1983 Jun;23(6):461-5.
5. K. Hunt, S. Hallworth, M. Smith. The effects of rigid collar placement on intracranial and cerebral perfusion pressures. Anaesthesia, 2001.

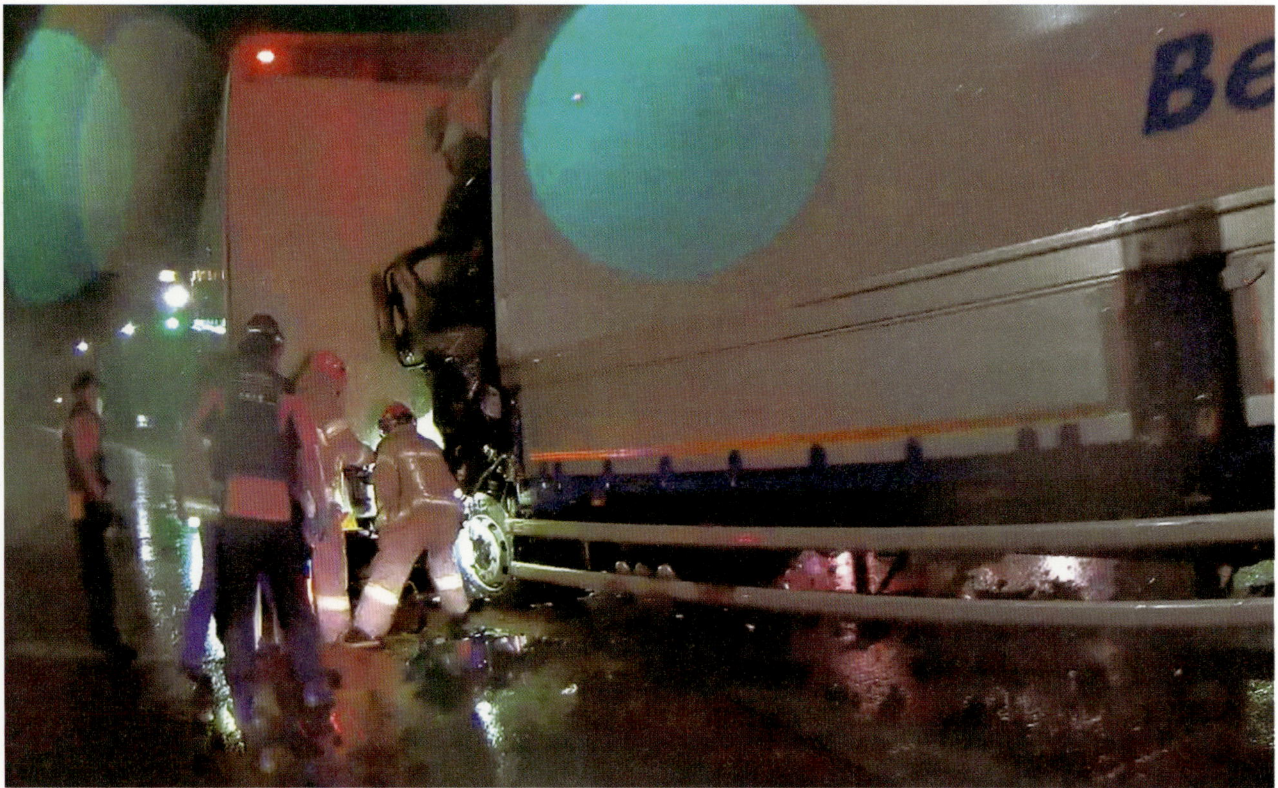

사례 16 화물차끼리 세게 부딪혔어요

목적

- 차량 사고 현장에서 안전을 확보하는 방법과 구조가 필요한 상황에서의 대응 방법에 대해 알아본다.
- 구조 중 응급처치와 구조 후 진통제 사용법에 대해 알아본다.
- 출혈성 쇼크 환자에 대한 응급처치법에 대해 알아본다.

출동 개요

출동 메시지 "구급 출동!" 장소는 ○○시 ○○동 ○○ 사거리, 정차 중인 화물차를 추돌했다는 사고 신고

출동 정보
신고 시각 7월 5일 22:22
출동 시각 7월 5일 22:26
현장 도착 7월 5일 22:30
현장과의 거리 4.3km (6분 소요)

출동 인원
구급대원1 리더(처치)
구급대원2 대원(처치)
구급대원3 대원(운전)

추가 출동 인원 **구조대원** 5명, **펌뷸런스 대원** 3명

환자 정보 및 기타 정보 8톤 화물 차량 2대 추돌, 폭우

출동 단계

구급차 지휘센터! 여기 ○○ 구급대 신고 내용 재송신 바람.

지휘센터 신호 정차 중인 8톤 화물차를 8톤 화물차가 뒤에서 추돌했다는 신고.
현재 요구조자 1명이 탈출이 불가한 상태라는 내용임.
추가로 관할 펌뷸런스와 구조대, 경찰 출동 중.

구급차 접수 완료!

(폭우 때문에 감속 운행 중이며, 대원들은 구조대 도착 예상 시간을 알고 있다.)

대원1 (신고자와 통화한다.)
출동 중인 구급대원입니다. 몇 가지 물어보겠습니다.
사고가 어떻게 발생했으며, 환자는 모두 몇 명입니까?

신고자 제가 신호 대기 중인데, 뒤에서 급하게 정차하면서 제 차 뒤를 추돌했어요. 제가 뒤에 가 보니까 뒤 차의 찌그러진 운전석에 운전자 1명만 갇혀 있어요.

대원1 네, 비가 많이 와서 저희가 도착하기까지 시간이 조금 걸립니다.
6분 정도면 도착할 것 같아요. 조금만 더 기다려 주세요.

신고자는 추돌당한 차량의 운전자였다. 자신은 다친 곳이 없으나 추돌한 차량의 운전자는 차량 운전석이 찌그러질 때 다리가 껴 차에서 내리지 못하는 상태라고 한다.

대원1 펌뷸런스와 구조대에게 해당 내용을 전달한다.

01 출동 중 신고자와의 통화에서 추가로 정보를 구하거나 당부할 사항이 있는가?

현장 상황

22:30 현장에 도착하니 신호등 아래에 사고 차량 두 대가 보인다.

사고 현장은 신고 내용과 같이 8톤 화물차 뒤를 추돌한 화물차의 운전석이 심하게 찌그러져 운전자가 고립된 상태이다. 펌뷸런스 대원들은 주변 교통을 통제하고 사고 차량 고임목을 설치하며 현장 안전을 확보한다.

더는 추가적인 위험 요소가 확인되지 않는다.

22:32

대원1 환자 평가를 위해 조수석으로 진입한다.

에어백은 작동한 상태이고, 차량 전면이 80cm 정도 안으로 찌그러지면서 운전자는 가슴이 운전대에 끼어 어깨 밑으로 움직이지 못하고 있다. 왼쪽 발과 오른쪽 다리가 짓눌려 아프다고 한다. 구조대가 도착하고 있음을 알리고 목 보호대를 착용시킨다.

대원2 현장에 도착한 구조대에게 사고 상황을 설명하고, 구조 작업의 필요성에 대해 알린다.

02 위 상황에서 환자에게 접근할 때 잠재적 위험 요소와 평가 시 고려해야 하는 사항은 무엇인가?

03 (절차와 설명 문제) 사고 현장에 구급차가 가장 먼저 도착했지만, 환자가 고립되어 있다면 어떻게 할 것인가?

1차 평가

기본 활력징후 및 병력 청취	
의식 상태	A(명료함)
눈에 보이는 대량 출혈	대량 출혈은 확인되지 않는다.
기도 및 호흡 상태	통증을 호소하며 신속한 구조를 요청한다. (흥분한 상태는 아님)
순환 상태	노동맥에서 강하고 규칙적인 맥박이 확인된다.

04 1차 평가 결과를 바탕으로 추정되는 문제는 무엇인가?

2차 평가

구조대원이 유압 장비로 환자 가슴을 누르고 있던 핸들은 제거했지만, 8톤 대형 트럭의 파손된 구조물이 구조대 장비로도 쉽게 제거되지 않아 구조 작업이 지연된다.

대원1은 조수석에서 활력징후와 외상 평가 결과에 따른 응급처치 계획을 세운다.

■ 문진과 활력징후

대원1 환자분 어디가 가장 불편하세요?

환자 다리가 너무 아파요(VAS 7점).

대원1 사고가 어떻게 났는지 기억나세요?

환자 비가 너무 많이 오니 제동거리가 길어지면서 추돌했어요.

대원1 평소 알레르기나 약물, 수술한 곳이 있나요?

환자 없어요. 빨리 구조해 주세요.

대원1 네, 구조대원들이 계속 노력하고 있으니 조금만 더 기다려 주세요. 다리 외에 아픈 곳은 없나요?

환자 다리가 너무 아파서 다른 데는 잘 모르겠어요. 가슴도 좀 아프긴 해요.

대원1 제가 한번 확인해보겠습니다. 숨쉴 때 아프기도 하나요?

환자 그렇게 아프지는 않아요.

■ 신체 검진 (1차 조사)

대원1 운전석 공간이 좁아 대원1만 들어가 신속한 외상 평가를 시행한다.

활력징후와 동공 반응을 측정한다. [Rt 3mm(+) / Lt 3mm(+)]

시각	혈압	맥박	호흡	체온	SpO_2	혈당
22:33	90/60 mmHg	100회/min	25회/min	36.4℃	99%	102 mg/dL

대원1 가슴에 멍 자국과 눌린 자국이 있지만, 소음 때문에 청진이 불가능하다.

오른쪽 넓적다리와 무릎 골절이 추정되고, 왼쪽 발목은 차량 구조물에 끼어 있는 상태이다. 좁은 공간과 조명이 충분하지 않아 그 외 특별한 손상은 확인하기 어렵다.

---

05 자동차 사고에 주로 사용되는 구조 장비의 종류에는 어떤 것이 있고 특징은 무엇인가?

06 자동차 사고에서 충돌 방향과 속도에 따라 손상의 정도를 어떻게 예상할 수 있는가?

07 2차 평가 내용을 바탕으로 기록해 보자.

신체 검진	
시진(눈으로 보이는 이상)	
청진(비정상적인 호흡음, 소리)	
촉진(손으로 느껴지는 이상 반응 확인)	
타진(소리나 반응으로 이상 반응 확인)	
동공 반응(빛반사/크기)	

활력징후						
시각	혈압	맥박	호흡	체온	SpO_2	혈당
:	/ mmHg	회/min	회/min	℃	%	mg/dL

Allergy(알레르기 유무)	
Medication(복용 중인 약물)	
Past illness(과거 병력, 수술력)	
Last meal(마지막 음식물 섭취 시간)	
Event[사고 당시 상황(기전)]	
Onset(발생 시점)	
Provocation(유발/악화/완화 요인)	
Quality(통증/증상의 유형)	
Region(연관된 통증/증상의 부위)	
Severity(통증/증상의 정도)	
Time(통증/증상 지속 시간)	

구조와 현장 처치

구조대원은 약 30분 가량 구조 작업을 진행한다.

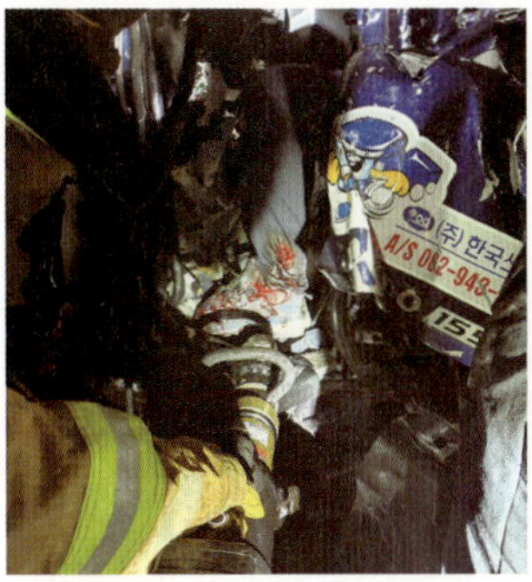

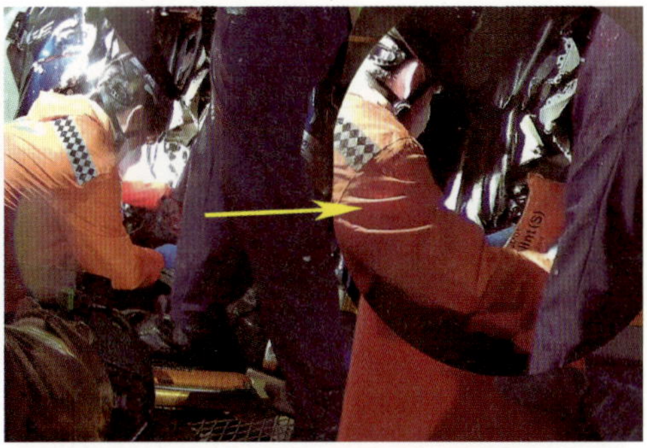

대원1, 2 구조 작업 중에 왼쪽 다리가 노출되어 2차 손상을 예방하기 위해 부목 고정을 준비한다.

대원1 부목 고정 전에 PMS(+/+/+) 검사를 시행한다.

대원1 대원2의 도움을 받아 조심스럽게 발목 부위를 골절 부목으로 고정한다.

이후 10분 정도 구조 작업이 더 진행되는 동안 구급대원은 환자 상태를 계속 평가한다.(그때까지 의식과 맥박, 호흡에 특별한 문제가 없다.)

대원2는 구급상황관리센터에 환자 상태를 설명하고 외상센터 이송 가능 여부를 확인한다. 외상센터 병상 부족으로 인근 응급의료센터로 이송 가능하다는 연락을 받는다.

23:11 구조 작업을 완료한다.

대원1은 대원2에게 구급차에서 2차 외상 평가와 처치를 위한 준비를 하라고 주문한다.

---

08 기상이 허락할 때 헬기 이송을 위한 절차와 주의 사항은 무엇인가?

이송 단계

23:14 현장 도착 후 46분이 지났다.

현재 중증 외상 환자를 수용할 수 있는 가장 가까운 병원은 50km 거리의 지역 응급의료센터이다. 대원1은 차량을 먼저 출발시키고 이동 중에 전신 외상 평가와 응급처치를 시행하기로 한다.

이송 중 활력징후는 다음과 같다.

시각	혈압	맥박	호흡	체온	SpO_2
23:13	70/40 mmHg	120회/min	18회/min	36℃	99%

구조 후에 환자는 혈압 저하와 심박수 상승, 심한 불안감을 보이는 쇼크 3단계로 전환되는 과정임을 짐작할 수 있다.

■ **상처 노출 후 전신 평가**

머리와 목의 손상은 없다. 가슴에 눌린 자국(멍)이 관찰되나 촉진과 청음에서 특이 사항은 없다. 복부에 외관상 타박상이 있으나 촉진 검사에서 특이 사항이 없다. 골반 특이 사항은 찾기 어려웠다. 오른쪽 넓적다리 체간부 골절로 길이가 짧으며 부기가 보인다. 오른쪽 무릎 골절, 왼쪽 발목 골절 및 발가락 4개 분쇄 골절이 있고, 안전화에 끼어 있다. 좌우 팔의 손상은 없다.

대원1 대원3에게 운행 중 환자의 통증을 최소화하고 처치 중인 대원을 보호하기 위해 무리한 운행을 하지 않도록 주문한다. 대원2에게는 수액 공급과 진통제 투여를 위해 의료지도를 받도록 한다.

대원1 심전도 부착 후 리듬을 평가한다.

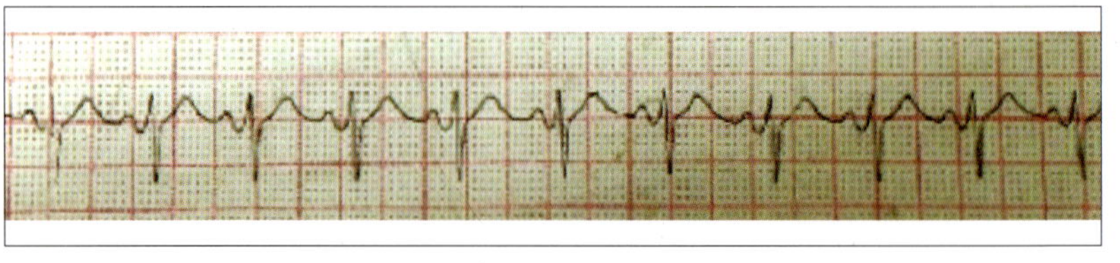

대원2 의료지도 통화가 4차례 끊어지는 현상 발생

특별 구급대원입니다. 8톤 트럭 후미를 추돌한 8톤 트럭 운전자입니다. 가슴과 양쪽 다리가 차량에 끼어 있어 구조 작업이 30분 정도 진행되었습니다.

오른쪽 넓적다리 체간부 및 무릎 골절, 왼쪽 발목 개방 골절이 있는 상태로 복부 및 가슴 손상이 있지만, 현재 손상 후 징후는 관찰되지 않습니다.(통화가 끊어져 다시 연결)

초기 활력징후는

혈압	맥박	호흡	체온	SpO_2
96/60 mmHg	100회/min	25회/min	36.4℃	99%

였으나,

구조 후 이송 중에

혈압	맥박	호흡	체온	SpO_2
70/40 mmHg	120회/min	30회/min	36℃	99%

상태를 보이며

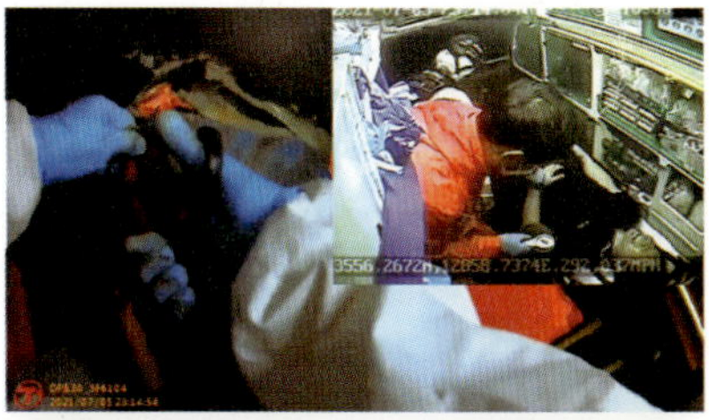

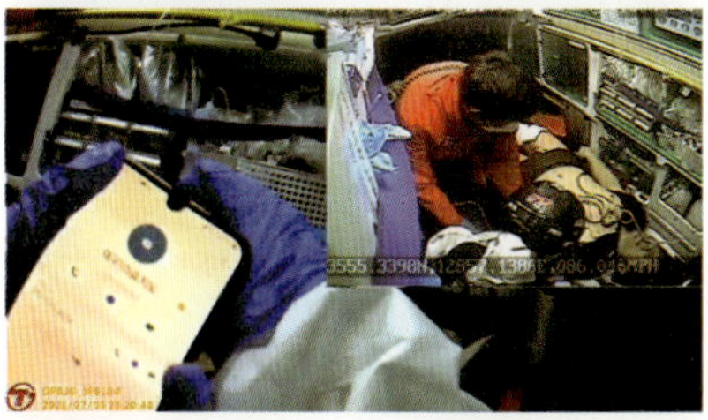

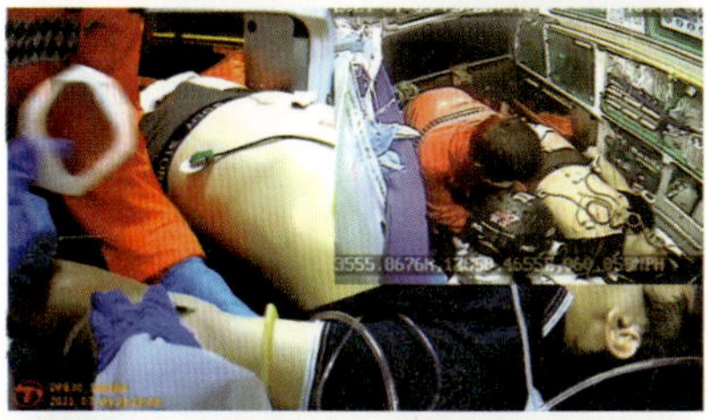

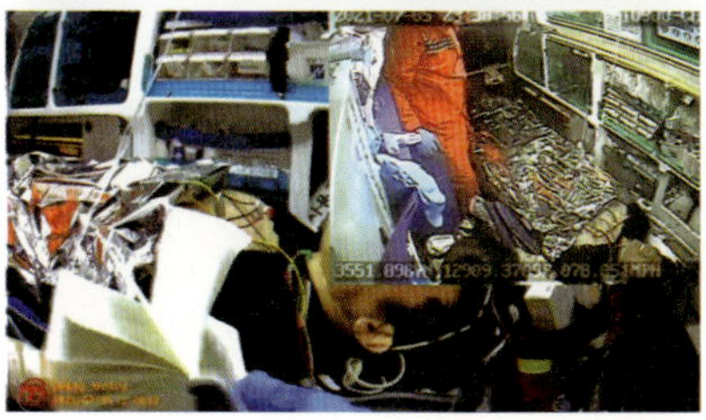

의식도 흐릿해지고 있습니다.(drowsy 상태)
저혈압과 통증이 심해 수액과 진통제 투여를 위해 연락드렸습니다.(통화가 끊어져 다시 연결)

지도 의사 네, 머리나 척추 손상은 없나요?

대원2 확인한 결과 특별한 외상은 없고 의식 소실도 없었습니다.

지도 의사 병원까지 얼마나 걸립니까?(통화가 끊어져 다시 연결)

대원2 거리가 50km이고, 폭우가 있어 이송 시간은 대략 50분 정도 소요될 것으로 보입니다.(통화가 끊어져 다시 연결)

지도 의사 그럼 18G 이상으로 정맥로 확보하고 생리식염수 300mL 먼저 주입해주세요. 혈압이 오르지 않으면 최대 1,000mL까지 천천히 주입해주세요.
아세트아미노펜(비마약성 진통제) 1pack(100mL)을 15분 동안 투여해주세요. 이송 중에 혈압이 오르지 않고 복부가 부풀어 오르면 연락주세요.

대원2 네, 알겠습니다.

의료지도에 따라 처치하면서 저체온증 예방을 위해 히터와 방풍 비닐로 체온 유지를 돕는다. 환자는 아세트아미노펜을 투여하기 전 NRS 10점에서 투여 후 5점으로 변화된다. 수액 투여 10분 후에 혈압이 상승했고, 가슴을 청진했을 때 특이 사항은 확인되지 않았다.

병원 도착 전 활력징후는 다음과 같다.

시각	혈압	맥박	호흡	체온	SpO_2
00:00	100/50mmHg	72회/min	18회/min	35.2℃	98%

대원1, 2 이송 중 계속된 활력징후를 평가하고 환자에 대한 심리적 지지를 돕는다.

병원 도착 10km 지점에서 해당 병원에 연락해 현재 상태와 도착 예정 시간을 통보한다.

09 의료지도 통화가 원만하지 않아 계속 끊김 현상이 발생할 때 당신은 어떻게 하겠는가?

10 아세트아미노펜의 특징과 투여할 때 주의 사항은 무엇인가?

11 이송 중 수액 주입의 허용량과 저체온증 예방의 의미는 무엇인가?

병원 단계

이송 중 특별한 변화 없이 병원에 도착했고, 대원1은 환자 분류소로 찾아가 이미 통보한 중증 외상 환자가 도착했음을 알린다.

의료진 조금 전에 전화했던 환자 맞나요?

대원1 네, 맞습니다.

의료진 사고 상황과 환자 상태 좀 알려주세요.

대원1 22시 22분경 신호 정차한 8톤 화물차를 8톤 화물차가 뒤에서 추돌한 사고의 운전자입니다. 사고로 인해 양쪽 다리가 끼어 있어 구조 작업이 40분 가량 진행되었습니다.

의식 소실은 없었고, 구조 후에 자세히 보니 오른쪽 넓적다리와 무릎 골절, 왼쪽 발목 개방 골절이 있었고, 가슴 부위에 핸들에 눌린 자국과 멍이 있었습니다. 그 외 특별한 외상은 관찰되지 않았습니다.

초기 활력징후는

혈압	맥박	호흡	체온	SpO_2
96/60 mmHg	100회/min	25회/min	36.4℃	99%

였습니다.

이송 중 활력징후는

혈압	맥박	호흡	체온	SpO_2
70/40 mmHg	120회/min	30회/min	36℃	99%

를 보여

의료지도로 N/S 300mL와 아세트아미노펜을 투여했습니다.

수액과 진통제도 투여했고, NRS가 10점에서 5점으로 감소했습니다.
병원 도착 전 활력징후는

시각	혈압	맥박	호흡	체온	SpO_2
00:00	100/50 mmHg	72회/min	18회/min	35.2℃	98%

입니다.

의료진 네, 소생실로 바로 옮기도록 하겠습니다.
(나머지 세부 사항은 계속 인계한다.)

12 상기 사항을 구급일지에 작성해 보시오.

13 중증 외상 세부상황표를 작성해 보시오.

제한점

- 구조 작업을 하는 동안 담요를 덮어 주는 것은 요구조자에게 심리적 안정을 주고 저체온증 예방과 구조 작업 중 파편 튐 현상에 의한 손상을 방지할 수 있지만 시행하지 못했다.
- 야간 악천후와 구조 작업에 많은 시간이 필요했으며, 적절한 병원 선정에 어려움이 있었다.(외상센터 수용 불가, 40분 이상의 장거리 이송, 의료지도 전화 연결이 원활하지 않아 4번의 통화 시도)
- 빠른 이송을 위해 헬기를 요청했어야 하나 악천후와 야간 시간 운행에 제한이 있어 육상 이송을 해야만 했다.
- 의료지도를 받기 전에 수액이나 진통제 투여가 불가하여 시간을 지체했다.
  환자실에 2명이 있었지만, 의료지도를 받는 등의 업무로 인해 사지 골절 고정에 시간이 소요되었다.(차량 이동 시 통증 호소)

실전 문제

01 다음 중 중증 손상 환자로 판단하는 기준에 적합하지 <u>않은</u> 것은?
① 생리학적 기준
② 신체 검사 소견에 따른 기준
③ 손상 기전에 따른 기준
④ 대형 재난에서의 다수 사상자 발생에 따른 기준

02 중증 외상 환자의 이송 병원 선정 기준에 가장 적합한 것은?
① 응급의료 취약 지역은 가장 가까운 응급의료기관 이상으로 이송
② 권역 외상센터가 멀고 환자 증상이 악화하여 지역 응급의료기관으로 이송
③ 응급의료 취약 지역은 헬기를 요청하여 권역 외상센터로 이송
④ 현장에서 가장 가깝고 응급의료가 가능한 곳으로 이송

03 이 사례의 환자를 이송하는 중에 환자가 갑자기 호흡곤란을 동반하며 식은땀과 불안한 모습을 보인다면 의심해 볼 수 있는 상태로 보기 <u>어려운</u> 것은?
① 중증의 쇼크 상태로 진행
② 골절로 인한 심리적 불안 상태
③ 가슴 손상으로 인한 공기가슴증이나 혈액가슴증
④ 천식 증세

04 배 손상과 팔다리의 개방성 골절을 입은 환자가 잦은 호흡과 빠른 맥박수를 보이며 의식의 변화를 보일 때 '출혈성 쇼크 중증도 분류' 중 어디에 해당하는가?
① Class I: 15%까지의 출혈
② Class II: 15~30%까지의 출혈
③ Class III: 30~40%까지의 출혈
④ Class Ⅳ: 40% 이상의 출혈

05 통증 자극에 눈을 뜨고 말을 하지만, 괴성과 비명으로 전혀 이해할 수 없는 말을 되풀이하고, 팔다리가 절단된 상태로 지시나 어떤 통증에도 반응이 없다. 이 환자의 혼수척도(GCS)는?
① 3점 (U 또는 coma)
② 4점 (P 또는 Semi-coma)
③ 5점 (P 또는 Semi-coma)
④ 8점 (V 또는 Stupor)

06 헬기 이송 기준에 해당하는 것은?
① 심정지 환자
② 주요 외상(성인) 수축기 혈압 90mmHg 이상인 경우
③ 체표 면적 15% 이상의 1도 화상 또는 20% 이상의 1도 화상
④ 공장 화재 현장에서 기도 화상으로 호흡곤란이 있는 경우

정답 1 ④, 2 ③, 3 ④, 4 ③, 5 ③, 6 ④

1-④ 중증 손상 환자의 분류는 임상적 상태에 따라 구분되어야 한다.

2-③ 중증 외상 환자는 권역 외상센터 이송을 원칙으로 하며, 응급의료 취약 지역의 경우 헬기 등을 이용하여 권역 외상센터로 이송하도록 한다.
현장과의 거리, 교통 체증, 구급차 이송 시간이 헬기 이륙 소요 시간(15분)보다 더 오래 걸릴 때 헬기 요청을 할 수 있다.

3-④ 천식에 의한 호흡곤란을 완벽히 배제할 수는 없지만, 손상의 정도와 진행되는 활력징후의 변화로 보아 출혈성 쇼크 증상 또는 가슴 손상에 의한 호흡곤란을 가장 많이 의심할 수 있다.

4-③ Class I: ~15%, Class II: 15~30%, Class III: 30~40%, Class IV: 40% 이상의 출혈

■ 환자의 초기 징후에 따른 예상 실혈량 (70kg 기준)

	Class I	Class II	Class III	Class IV
실혈량(mL)	~750	750~1,500	1,500~2,000	>2000
실혈량 비율(%)	~15%	15~30%	30~40%	>40%
맥박(회/분)	<100	100~120	120~140	>140
혈압	정상	정상	감소	감소
맥압(mmHg)	정상 또는 증가	감소	감소	감소
호흡수(회/분)	14~20	20~30	30~40	>35
소변량(mL/hr)	>30	20~30	5~15	거의 없음
의식	명료, 약간 불안	불안	불안, 혼돈(confused)	혼돈, 기면(lethargic)
수액, 수혈	정질액	정질액	정질액, 혈액	정질액, 혈액

5-③ E: 2, V:2, M:1

개안 반응	1. 자발적으로 눈을 뜬다.	4
	2. 이름을 부르면 눈을 뜬다.	3
	3. 통증 자극을 주어야 눈을 뜬다.	2
	4. 전혀 눈을 뜨지 않는다.	1
언어 반응	1. 질문에 정확한 답변을 한다.	5
	2. 질문에 부정확한 답변을 한다.	4
	3. 질문에 관계없는 단어를 말한다(예: 어머니, 살려줘 등).	3
	4. 이해할 수 없는 소리를 낸다(예: 괴성, 비명, 신음 등).	2
	5. 전혀 소리를 내지 않는다.	1
운동 반응	1. 지시에 정확한 행동을 한다.	6
	2. 통증 자극을 주면 행동을 한다.	5
	3. 통증 자극을 뿌리치려는 단순 행동을 한다(도피성 반응).	4
	4. 자극을 주면 비정상적으로 팔다리를 굽힌다(제피경직).	3
	5. 자극을 주면 비정상적으로 팔다리를 편한다(제뇌경직).	2
	6. 전혀 움직이지 않는다.	1

GCS	의식 수준		설명
15	Alert(명료)	A	정상, 정상적 대화 가능. Alert confusion: 명료하나 지남력 이상
13~14	Drowsy(기면, 졸림)	V	자려고 하는 상태, 쉽게 깨고 time/place/person에 대한 지남력이 있다. 자극에 대한 반응이 느리다. Drowsy confusion: 졸려 하고 지남력 이상
8~12	Stupor(혼미)		큰소리, 통증에 회피적 반응 및 앓는 소리, 자극을 피하려는 행동 또는 자발적 이상 행동
4~7	Semi-coma(반혼수)	P	통증성 자극에 움찔하는 수준. 회피성 반응이 아님
3	Coma(혼수)	U	모든 자극에 무반응

6-④ 중증 환자에 대한 헬기 이송 요청 기준 중에 화상 환자에 관한 내용은 다음과 같다.

중증 화상에 해당하는 상태

- 체표 면적 5% 이상의 3도 화상 / 체표 면적 20% 이상의 2도 화상 / 기도·안면부 화상 증거 / 사지의 환형 화상(Circumferencial burn: 팔을 앞뒤, 좌우로 휘둔 형태로 가피 절개가 필요한 손상) / 전기 화상(고압 전기, 낙뢰)

사례 풀이

01 출동 중 신고자와의 통화에서 추가로 정보를 구하거나, 당부할 사항이 있는가?

1) 신속한 접근: 출동 중인 대원은 사고 현장에 빠른 접근 및 빠른 구조와 처치를 위해 출동 단계부터 노력해야 한다. 빠른 접근을 위해 사고 지점을 재확인하고, 위치 파악이 어려운 경우 주변 지형을 물어보거나 표지판을 확인한다.
최근에는 스마트폰 보급 활성화에 따라 영상 통화나 자신의 위치를 전송하는 기능을 활용하기도 한다.
2) 구조가 필요한 상황 파악: 구조가 필요한 차량 탑승자가 있다면 어떤 상태로 나오지 못하는지, 구조가 필요한 인원수, 환자의 상태는 어떤지, 주변의 다른 위험 요소, 타 기관 신고(경찰) 여부를 물어보아야 한다.
3) 차량의 종류와 탑승자의 위치: 사고자가 어떤 차량의 어디에 있었는가를 물어본다. 가령 소형 화물차와 작은 승용차에 탑승한 사고자는 대형 트럭이나 큰 승용차에 탑승한 경우보다 피해가 작을 수 있기 때문이다. 모든 차량의 탑승자는 안전띠 착용 여부, 에어백 전개, 차량 내 탑승한 자리를 파악하도록 한다.
4) 사고 기전과 연령대 파악: 전/후, 측면, 전복, 추락 등 사고 형태에 따라 손상의 정도가 다를 수 있고, 연령대에 따라 손상 후 상태 변화에 차이가 있을 수 있으므로 장비 선택과 추가 출동대 지원을 위해 파악해야 한다.
5) 2차 사고 예방: 도로에서 발생한 차량 사고 대부분은 2차 사고의 위험이 있다. 비상등 점등 후 사고 현장에서 갓길로 대피해야 하며, 운전자는 안전이 보장되는 범위 내에서 차량 후방에 비상 표지판을 설치(통상 사고 현장에서 100m 후방)해야 한다. 특히, 야간이나 시야가 확보되기 어려운 기상 조건에서는 더욱 차량에서 대피하는 것이 필요하다.

02 위 상황에서 환자에게 접근할 때 잠재적 위험 요소와 평가 시 고려해야 하는 사항은 무엇인가?

현장 구조의 제1 원칙은 대원의 안전 확보이다. 차량은 안전한 장소에 정차해야 하며, 안전 보호 장비를 착용하고 차량에서 내려야 한다. 주간과 야간 모두 항상 머리 보호 헬멧을 착용하고, 야간의 경우 대원을 식별할 수 있도록 헬멧의 조명과 몸에 장착하는 깜빡이 등을 켜도록 한다.

3인 탑승일 경우 1명은 현장의 안전을 확보하고(차량 유도), 2명은 장비를 들고 현장에 접근하도록 한다.

2인 탑승일 경우 1명만 현장에 접근하도록 하고, 다른 한 명은 추가 출동대가 도착한다면 현장 안전 확보(차량 유도)를 넘기고 장비를 들고 현장에 접근하도록 한다.

03 (절차와 설명 문제) 사고 현장에 구급차가 가장 먼저 도착했지만, 환자가 고립되어 있다면 어떻게 할 것인가?

환자가 고립되어 있다면 현재 상황을 숨기지 않고 환자에게 설명하고, 구조대가 도착하면 구조될 것이라고 안심시킨다. 구급대원은 손상 입은 상처의 상태를 확인하고 1차 평가에서 나타난 문제를 안전이 확보되는 범위 내에서 해결할 수 있도록 노력한다.

보호 장구의 준비 부족과 섣부른 구조 작업은 사고자와 구급대원의 안전을 위협하는 요소가 될 수 있다. 경험이 많은 대원이 사고자를 확인하되 생명을 위협하는 요소가 있는지 우선 확인하도록 한다. 사고 기전을 파악하여 추정 가능한 손상 부위를 확인한다. 특히, 척추 손상의 증거나 손상을 강하게 의심할 만한 경우 목 보호대를 착용시키도록 한다.

구조대원이 도착해서 작업하는 도중이라도 활력징후에 문제가 발생한 경우, 구조 작업을 잠시 중단하거나 안전을 확보한 후에 의료지도를 통해 정맥로를 확보하고 수액 주입을 하도록 한다.

압궤 손상으로 구조가 오래 진행되면 구조 완료 후에 크러시 증후군(crush syndrome)이 발생할 수 있으므로 주의해야 한다. 크러시 증후군은(외상성 횡문근융해증) 1923년 세계 1차 대전 중에 일본 의사 Seigo Minami에 의해 밝혀진 증후군이다. 이것은 골격근이 짓눌린 후 쇼크 및 신부전이 발생하는 무서운 상태이다. 근육이 파괴될 때 발생한 마이오글로빈, 인산염 트롬보플라스틴, 크레아틴 등의 축적이 종종 쇼크나 급성 신부전을 일으킬 수 있으므로 활력징후 평가와 심전도 확인이 필요하다.

04 1차 평가 결과를 바탕으로 추정되는 문제는 무엇인가?

1차 평가에 의한 단서는 사고로 인해 끼임 현상이 발생했다는 것이다. 사고 차량의 찌그러짐 정도로 보아 상당한 충격이 전해졌으며, 운전석 대시보드는 30cm 이상이 밀려들어 와 있는 상태이다. 이 때문에 운전자는 움직이지 못하고 양쪽 다리의 통증을 호소한다. 손상 부위를 누르고 있는 곳에 압력이 가해질 때 통증은 더 심해지고, 구조물이 제거될 때 출혈이 더 많이 발생하는 현상이 있을 수 있다.

1차 평가에서 판단되는 현장 조사 내용에 대해 환자가 현재 보이는 심각한 ABC 문제는 보이지 않는다.

05 자동차 사고에 주로 사용되는 구조 장비의 종류에는 어떤 것이 있고 특징은 무엇인가?

■ 유압 콤비 절단기(유압 스프레더와 절단기를 혼합한 형태)

○ 유압 엔진 펌프에서 발생시킨 유압을 활용하여 물체의 틈을 벌리거나 압착, 절단할 수 있는 장비로, 특히 차 사고 현장에서 활용도가 높다. 최근에는 무선으로 작동하는 장비들이 보급되고 있다.

○ 사용상 주의 사항

- 모든 유압 장비는 작용과 반작용의 원리에 주의해야 한다.
- 차량의 문짝을 개방할 때는 차량 내 환자에게 안내하고, 문짝 손잡이 부분의 걸림쇠 부분에 지렛대를 이용하여 공간을 확보한 후 유압 장비를 사용하여 개방하는 것이 좋다.
- 걸림쇠 부분이 떨어져 탈착될 때는 문짝이 반동으로 튕기는 현상에 주의해야 한다.

유압 램은 좁은 부위를 넓혀 공간을 확보할 목적으로 개발되었고, 유압으로 작동한다.

차량 유리 절단 톱은 수동 및 유압, 전동 형태로 개발되어 차량 유리를 절단하는 데 이용된다.

에어백은 유압 램과 함께 좁은 공간을 확보하는 용도로 쓰이며, 특히 차량을 들어올리거나 넓은 부분을 보다 안정된 작업 공간으로 확보하기 위해 사용된다.

유압 콤비 절단기

유압 램

차량 유리 절단 톱

에어백

06 자동차 사고에서 충돌 방향과 속도에 따라 손상의 정도를 어떻게 예상할 수 있는가?

차량 사고는 충돌(추돌) 방향과 속도, 안전벨트 착용, 에어백 작동에 따라 탑승자에게 전달되는 에너지의 양이 결정된다. 구급대원은 충돌 방향에 따른 주요 손상 부위를 알고 있다면 환자 평가에 도움이 된다.

1) 정면 충돌: 머리/목 63%, 가슴 67%, 배 65%
2) 측면 충돌: 머리/목 76%, 가슴 76%, 배 52%, 다리 52%
3) 후방 추돌: 머리/목 86%

	정면 충돌	측면 충돌	후발 충돌
충돌 위치			
주요 손상 부위	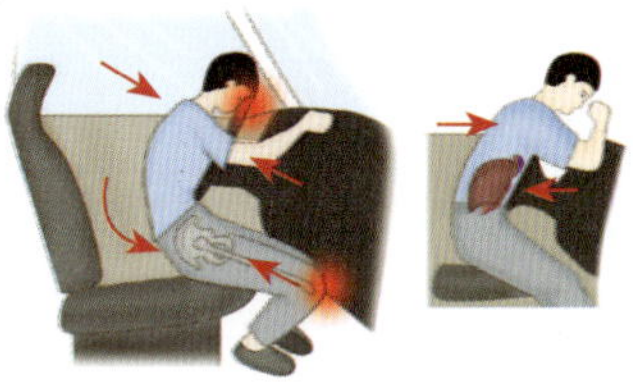	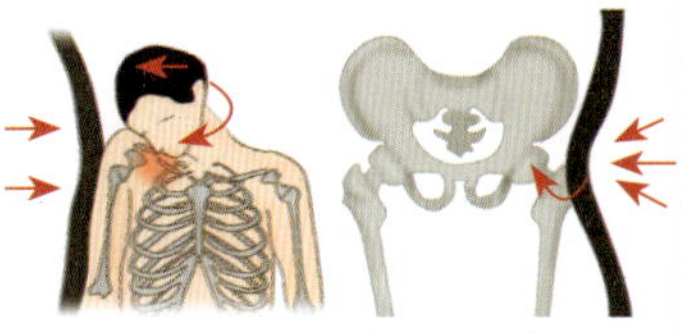	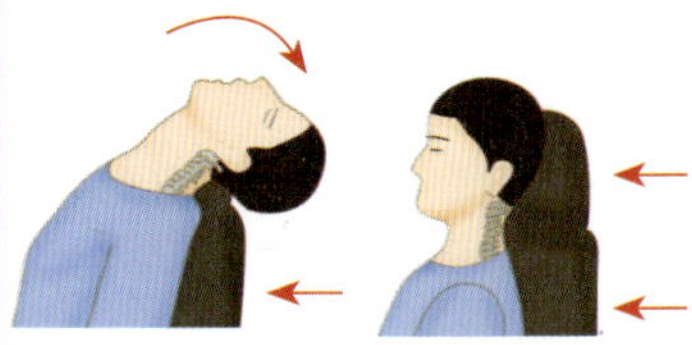

■ 충돌 방향별 교통사고 차량 운전자 사망, 중상 분포

단위: 대, 건, %

충격 방향	사고 차량	사망	중상 이상	
			ISS 15+	MAIS 3+
전방	2,256	57	163	249
		2.5	7.2	11.0
좌측	353	19	63	85
		5.4	17.8	24.1
우측	315	9	28	42
		2.9	8.9	13.3
후방	293	3	17	23
		1.0	5.8	7.8
계	3,217	88	271	399
		2.7	8.4	12.4

■ 모형의 운전자 부위별 상해 중증도 추정 가능성

상해 부위	충격 방향							
	전방		좌측방		우측방		후방	
	남	여	남	여	남	여	남	여
머리	○	○	○	○	○	○	×	×
얼굴	×	×	×	–	–	–	–	–
목	○	○	×	×	×	–	×	×
가슴	○	○	○	○	○	○	×	○
배	○	○	×	○	×	×	×	–
등	○	○	–	–	×	×	×	×
팔	×	×	–	–	×	–	×	–
다리	×	×	–	–	–	–	–	–
ISS 15+	○	○	○	○	○	○	×	○
MAIS 3+	○	○	○	○	○	○	×	○

주) ○: 유의한 모형, ×: 유의하지 않은 모형, –: 증상 표본이 없어 모형 추정 못함

■ 손상 정도 계수(injury severity score, ISS)

한국교통연구원에서는 교통사고로 인한 중증 환자를 줄이기 위한 노력을 하고 있다.

박상조 외 3인의 연구자들은 '교통사고 운전자 상해 중증도 추정'이라는 연구를 통해 교통사고 시 운전자의 손상 정도와 부위를 분석했다. 연구 결과 좌측방 사고에서 중증도가 가장 높고, 머리와 가슴 손상이 가장 많은 것으로 나타났다. 척추 손상은 전방 충돌 사고에서 가장 많은 것으로 나타났다.

07 2차 평가 내용을 바탕으로 기록해 보자.

신체 검진						
시진(눈으로 보이는 이상)	가슴이 핸들에 눌린 흔적과 멍자국, 오른쪽 넓적다리 무릎 골절 추정, 왼쪽 발목이 차량 구조물에 끼어 있음					
청진(비정상적인 호흡음, 소리)	구조 작업 중으로 들리지 않음					
촉진(손으로 느껴지는 이상 반응 확인)	–					
타진(소리나 반응으로 이상 반응 확인)	–					
동공 반응(빛반사/크기)	Rt 3mm(+)/Lt 3mm(+)					
활력징후						
시각	혈압	맥박	호흡	체온	SpO_2	혈당
22:33	96/60 mmHg	100회/min	25회/min	36.4℃	99%	102 mg/dL
Allergy(알레르기 유무)	없음					
Medication(복용 중인 약물)	없음					
Past illness(과거 병력, 수술력)	없음					
Last meal(마지막 음식물 섭취 시간)	–					
Event[사고 당시 상황(기전)]	많은 비로 인해 제동 거리가 길어지며 차량 후미 추돌					
Onset(발생 시점)	신고 수분 전					
Provocation(유발/악화/완화 요인)	사고로 인한 끼임					
Quality(통증/증상의 유형)	골절 통증 외 특이한 증상 호소 없음					
Region(연관된 통증/증상의 부위)	가슴, 오른쪽 넓적다리, 왼쪽 발목					
Severity(통증/증상의 정도)	VAS 7점					
Time(통증/증상 지속 시간)	22시 22분 신고 후 계속					

08 기상이 허락할 때 헬기 이송을 위한 절차와 주의 사항은 무엇인가?

우리나라 병원 전 응급의료헬기는 크게 응급 환자를 이송하는 '응급의료헬기(소방 EMS 헬기)와 의료진 탑승 및 장비가 장착되어 있는 '닥터 응급의료헬기(병원)'로 구분되며, 현장 대원들은 119 응급의료헬기 구급활동지침과 119 구급대원 현장응급처치 표준지침에 따른다.

지침에는 환자의 중증도에 따라 현장 거리, 교통 체증 등으로 구급차를 이용한 이송이 헬기 이송(이륙 소요 시간 및 예상 비행 시간 포함)보다 더 많은 시간이 소요될 것으로 판단될 경우 헬기 이송을 규정하고 있다.

팀 리더는 아래와 같이 손상 정도에 따라 상황실(구급상황관리센터)에 응급의료헬기를 요청한다.

119 응급의료헬기 구급활동지침

제4조(응급의료헬기 요청 기준)

① 환자가 발생한 현장에 구조대 또는 구급대 도착 전, 상황실 요원이나 출동 중인 구급대원이 다음 각 호의 어느 하나에 해당하는 신고 접수를 받거나 인지하였을 때

환자의 상태가 「범부처 응급의료헬기 공동 운영에 관한 매뉴얼」의 헬기 이송 기준에 해당되고, 현장이 제14조 제2항에 따른 지역으로 판단될 경우 응급의료헬기를 요청할 수 있다.

1. 환자의 생명 유지 및 악화, 추가 손상 방지 등을 위해 응급의료헬기를 이용하여 신속한 이송이 필요하다고 판단한 경우
2. 응급의료헬기 이외의 수단으로 환자를 구조 또는 이송할 수 없거나 이송 지연이 발생할 것으로 판단한 경우
3. 다수 사상자가 발생한 경우
4. 그 밖에 응급의료헬기 이송이 필요하다고 판단되는 경우

제14조(119 응급의료헬기 출동 권역)

② **현장 거리, 교통 체증 등으로 구급차를 이용한 이송이 헬기 이륙 소요 시간(약 15분) 및 현장까지의 소요 예상 비행 시간보다 더 많이 소요될 것으로 판단될 때는** 시·도 경계 등과 관계없이 헬기를 적극 출동 조치한다.

범부처 응급의료헬기 공동 운영에 관한 매뉴얼

III. 응급의료헬기 현장 대응 프로토콜

2. 출동 요청 및 출동(구급대원)

가. 현장에 도착한 구급대원 또는 그 외의 소방 공무원은 환자의 상태가 **헬기 이송 기준** ①에 해당되고, 현장이 응급의료헬기 **출동 지역** ②로 판단되면 상황실에 응급의료헬기를 요청할 수 있음

나. 아래의 헬기 이송 기준은 항공 이송이 필요한 모든 세부적인 환자 상태를 설명하지 않았으므로 구급대원이 의학적 판단을 해야 한다.

다. 구급대원의 의학적 판단이 어려울 때는 지도 의사에게 판단을 요청할 수 있다.

① 헬기 이송 기준

- 주요 외상(성인)
  - GCS 13 이하
  - 호흡수가 분당 10회 미만 또는 30회 이상
  - 맥박수가 분당 80 미만 또는 121 이상
  - 수축기 혈압이 90mmHg 미만
  - 관통상(머리, 목, 몸통, 몸통에 가까운 사지)
  - 2개 이상의 긴뼈 골절 의증
  - 연가양 흉부 의증
  - 척추 손상 또는 사지 마비 의증
  - 절단상(손발가락 제외)
  - 골반 골절 의증
  - 두개골의 개방성 골절 또는 압좌상
- 주요 외상(소아)
  - 연령대별 정상 범위에서 크게 벗어난 맥박

- 수축기 혈압이 정상 범위 미만
- 부적절한 호흡 상태(중심 부위 청색증, 호흡수가 정상 범위 미만, 모세혈관째 충혈이 2초 이상)
- GCS 13 이하
- 관통상(몸통, 머리, 목, 가슴, 복부 또는 서혜부)
- 2개 이상의 긴뼈 골절 의증
- 연가양 흉부 의증
- 2개 이상의 신체 시스템, 가슴 및 복부의 손상, 주요 둔상을 포함한 복합 외상
- 척추 손상 또는 사지 마비 의증
- 절단상(손발가락 제외)

■ 중증 화상
- 체표 면적 5% 이상의 3도 화상
- 체표 면적 20% 이상의 2도 화상
- 기도 또는 안면부 화상 증거
- 사지의 환형 화상
- 전기 화상(고압 전기, 낙뢰)

※ 화상과 외상이 동시에 있는 환자라면 외상을 우선 고려해야 하며 초기 안정을 위해 가까운 적정 외상센터로 이송해야 한다.

■ 중증 질환
- 급성 뇌졸중 의증

신시내티 병원 전 뇌졸중 척도(CPSS)	
얼굴 마비	안면의 편측 하수(facial droop)
팔위약	팔의 편측 근력 저하(arm drift)
구음 장애	발음 이상(speech)

한 가지라도 해당되면 72%의 확률로 뇌졸중이 있으며, 세 가지 모두 해당되면 85% 확률로 뇌졸중을 발견하는 선별검사

- 신시네티 병원 전 뇌졸중 척도상 양성
- 총 병원 전 시간이 2시간 미만인 경우
  (첫 증상이나 징후가 시작된 시점~뇌졸중센터 도착 예상 시간)

- 급성 심근경색 의증

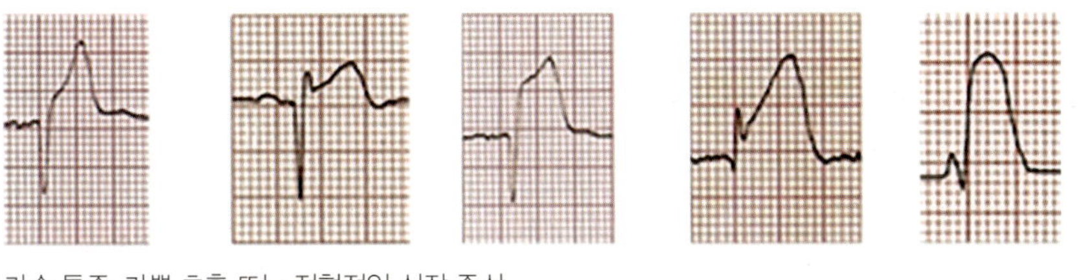

- 가슴 통증, 가쁜 호흡 또는 전형적인 심장 증상
  (심정지 환자는 배제해야 한다. 단, ROSC 후 안정화된 환자는 제외)
- EKG상 2개 이상 인접 리드에서 ST 분절이 1mm 이상 상승하거나 LBBB
  (V1 또는 V2에서 Q파가 보이고 QRS가 12 이상일 때)

09 의료지도 통화가 원만하지 않아 계속 끊김 현상이 발생할 때 당신은 어떻게 하겠는가?

구급대원이 의료지도를 받을 수 있는 대상에는 소방청 지도 의사, 시도별 지도 의사, 현장에서 함께 있는 의사, 이송 중인 병원 의사가 있다. 대부분 시도별 지도 의사에게 연락하지만, 통화 중이거나 연결이 잘 안 되는 경우에는 소방청 지도 의사 또는 이송 중인 병원 의사에게 연락할 수 있다.

응급 상황에서 계속해서 통화가 안 되면(통화하기 위해 응급처치가 상당히 지연되는 경우) 구급일지에 상황을 기록하고 해당 법령에 따르도록 한다.

응급의료에 관한 법률 시행규칙 제33조(응급구조사의 업무)

1급 응급구조사가 의사의 지시를 받지 아니하고 행할 수 있는 응급처치의 범위는 법률의 규정에 의한 2급 응급구조사의 업무 범위와 같다.

다만, 보건복지부령으로 정하는 응급처치를 하는 경우와 급박한 상황에서 통신의 불능(不能) 등으로 의사의 지시를 받을 수 없는 경우에는 그러하지 아니한다.

10 아세트아미노펜의 특징과 투여할 때 주의 사항은 무엇인가?

아세트아미노펜은 두통과 해열 및 기타 통증 완화에 효과적인 해열 진통제이다. 아세트아미노펜은 아스피린과 같은 비스테로이드성 항염증제와는 다르게 위장 장애에 대한 부담이 적어 공복 시에도 사용할 수 있으나 과용량 사용 시 간 독성의 위험이 있어 음주 후에는 복용을 권장하지 않는다.

가. 적응증

- 해열 및 급성 통증 완화를 위해 사용한다.

나. 금기 및 주의 사항

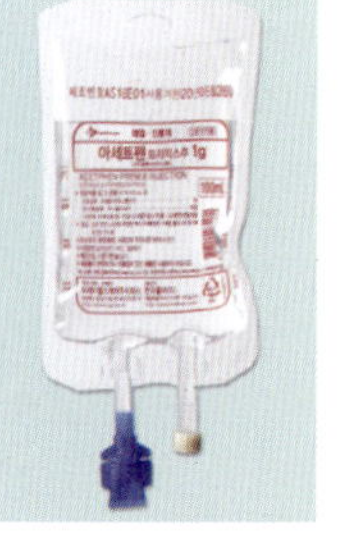

- 아세트아미노펜은 과용량 투여되면 시토크롬 P450이라는 체내 효소의 작용으로 간 기능을 저하시킨다. 과량 복용으로 인한 간 기능 저하 시 구토, 현기증, 알레르기 등이 유발될 수 있으며, 24~48시간 이내에 간부전이 나타날 수 있다. 매일 세 잔 이상 정기적으로 음주하는 사람이나 간 장애 또는 그 병력이 있는 환자는 아세트아미노펜 복용에 주의해야 한다.
- 아세트아미노펜 투여 환자에게 매우 드물게 급성 전신성 발진성 농포증(acute generalized exanthematous pustulosis, AGEP), 스티븐스-존슨 증후군(stevens-johnson syndrome, SJS), 독성 표피 괴사 용해(toxic epidermal necrolysis, TEN)와 같은 중대한 피부 반응이 보고된 적이 있다. 아세트아미노펜 투여 후 피부 발진이나 다른 과민 반응의 징후가 나타나면 즉시 복용을 중단해야 한다.
- 아세트아미노펜이나 프로파세타몰염산염 또는 이 약에 과민증이 있는 환자, 소화성 궤양 환자, 중증의 혈액 이상 환자, 중증의 간 장애 환자, 중증의 신장 장애 환자, 중증의 심장 기능 저하 환자, 아스피린 천식 또는 그 병력이 있는 환자, 다음의 약물을 복용한 환자(바르비탈계 약물, 삼환계 항우울제), 과량의 알코올을 복용한 환자에게는 투여하지 말아야 한다.
- 간 장애 또는 그 병력이 있는 환자, 신장 장애 또는 그 병력이 있는 환자, 소화성 궤양의 병력이 있는 환자, 혈액 이상 또는 그 병력이 있는 환자, 출혈 경향이 있는 환자(혈소판 기능 이상이 나타날 수 있다.), 심장 기능 이상이 있는 환자, 과민증의 병력이 있는 환자, 기관지 천식 환자, 고령자(노인), 소아, 임부 또는 수유부, 와파린을 장기 복용하는 환자, 다음의 약물을 복용한 환자(리튬, 치아짓계 이뇨제), 만성 알코올 중독 환자, 만성 영양실조(간 글루타치온의 낮은 보유량) 환자, 탈수, 저혈량증 환자는 아세트아미노펜 복용에 주의해야 한다.

다. 부작용

- 쇼크: 쇼크, 아나필락시스 증상(과민성 유사 증상: 호흡곤란, 온몸이 붉어짐, 혈관 부기, 두드러기 등), 천식 발작
- 혈액: 혈소판 감소, 과립구 감소, 용혈성(적혈구 파괴성) 빈혈, 메트헤모글로빈혈증, 혈소판 기능 저하(출혈 시간 연장), 청색증
- 과민증: 과민 증상(얼굴 부기, 호흡곤란, 땀이 남, 저혈압, 쇼크)
- 소화기: 구역, 구토, 식욕부진, 장기 복용 시 위장 출혈, 소화성 궤양, 천공(뚫림) 등의 위장관계 이상 반응
- 피부: 발진, 알레르기 반응, 피부점막안 증후군(스티븐스-존슨 증후군), 중독성 표피괴사증(리엘 증후군)
- 기타: 장기 투여 시 만성 간 괴사, 급성 췌장(이자)염, 만성 간염, 신장(콩팥) 독성
- 과량 투여: 간장, 신장(콩팥), 심근의 괴사

라. 아세트아미노펜(프리믹스)의 특성

- 제형: 100mL/백, 아세트아미노펜 1,000mg
- 성상: 맑은 연한 노란색의 투명한 액이 무색 투명한 수액용 플라스틱 용기에 충전된 주사제
- 용법: 정맥으로 투여하며, 성인이나 체중 33kg(약 11세) 이상인 소아에 한함.
- 투여 방법: 15분 정맥 투여한다.
- 약력학적 특성: 이 약은 투여 개시 후 5~10분 내에 진통 작용이 시작된다. 최대 진통 효과는 1시간 내에 이루어지며 이 기간은 4~6시간 정도이다. 이 약은 투여 개시 후 30분 이내에 열을 내리며, 최소 6시간의 해열 효과를 나타낸다.
- 약동학적 특성: 아세트아미노펜은 주로 간에서 대사되며, 대사체는 주로 소변으로 배설된다. 투여량의 90%가 글루쿠론 결합체 및 황산 결합체로 24시간이 지나 배설되고, 5% 미만은 그대로 배설된다. 혈장 반감기는 2.7시간이며 총 body clearance는 18L/hr이다.

마. 아세트아미노펜(프리믹스)의 보관 및 취급상의 주의점

- 30도 이상에 보관하지 말아야 한다.
- 냉장 또는 냉동시키지 말아야 한다.
- 외부 포장을 하여 보관해야 한다.
- 투여 전에 육안으로 이물 및 변색 검사를 실시해야 한다. 1회용으로만 사용하고, 개봉 후 사용하지 않은 용액은 폐기해야 한다.

11 이송 중 수액 주입의 허용량과 저체온증 예방의 의미는 무엇인가?

과거 외상 처치를 위해 현장에서는 수액을 2L 주입하도록 했다. 이것은 세포외액으로 30분 정도면 빠져나가기 때문에 실혈에 3배를 주입하라는 교육을 받았기 때문이다.(세포외액으로 빠져나가는 정도는 수액의 종류에 따라 조금씩 다르다). 하지만, 과다한 수액은 지혈을 지연시키고 재출혈을 일으키는 등 소생에 도움이 되지 않는다는 연구가 많았다. ATLS 9판(2020년)에서는 현장 단계에서 최대 1L 수액을 10분에 걸쳐 공급할 수 있다고 했다.

최근 119 구급대원 현장응급처치 표준지침에서는 300mL/h(2초에 1방울)를 주입하는 것으로 변경되었다. 이것은 허용적 저혈압(permissive hypotension)에 대한 개념이 적용된 것으로, 수축기 혈압 90mmHg 이상과 이하에서 수액을 공급받은 환자군에서 높은 혈압을 목표로 설정한 경우 소생률이 낮은 것으로 확인되었기 때문으로 보인다.

근래 외상학에서는 출혈성 쇼크 환자에게 수액을 최소화하고 전혈을 공급하는 것이 소생률이 높다고 보고 있다. 병원 전 단계에서 많은 수액(생리식염수)의 공급은 혈전 생성을 방해하고 혈액 응고 인자와 산소 전달 적혈구를 희석해 ARDS의 위험을 일으키기 때문이다.

뇌로 전달되는 최소한의 관류인 수축기 혈압 60~70mmHg를 유지하는 개념으로 적용할 것을 권고하고 있다. 하지만, 출혈성 쇼크 환자에게 수액 공급과 다리를 높게 드는 등의 제한적인 처치만이 가능한 병원 전 단계에서는 아직은 두렵기만 하다.

TBI(외상성 뇌손상) 환자에게는 금기증이며 이들에게는 수축기 혈압을 90mmHg 이상으로 유지해야 한다.

출혈성 쇼크에 의한 저체온증은 'Trauma's Lethal Triad(외상 환자 죽음의 3징후)' 중 하나로, 35℃ 이하의 저체온은 혈액 응고 시스템을 훼손해(혈액 응고 장애 발생) 출혈을 조절하기 어렵다. 출혈성 쇼크 증상을 보이는 경우, 이송 중에 저체온증 예방을 위해 노력해야 한다. 처치 방법은 저체온증 환자를 이송하는 것과 동일하게 젖(피)은 옷을 제거하여 닦고, 히터와 담요, 방풍 비닐 등을 적용하여 이송한다. 장비가 허락한다면 수액 가온기를 통한 따뜻한 수액을 공급하거나 가온된 산소를 공급하는 것도 도움이 된다.

12 상기 사항을 구급일지에 작성해 보시오.

Cf: QR 코드 [챕터16 구급활동일지] 를 찍어 구급활동일지 예시를 확인할 수 있다.

13 중증 외상 세부상황표를 작성해 보시오.

Cf: QR 코드 [챕터16 중증외상세부] 를 찍어 중증 외상 세부상황표 예시를 확인할 수 있다.

특별구급대 표준지침

외상은 젊은 연령층의 가장 흔한 사망 원인이며 또한 전 연령층에서 장애를 유발하는 가장 흔한 원인이다. 구급대원은 병원전 단계인 현장에서 외상 환자의 중증도를 정확하게 평가하고 분류한 후에 근거리의 의료기관을 거치지 않고 외상의 중증도에 근거하여 적정 수준의 의료기관을 선정하여 이송해야 한다. 물리적 손상을 입은 모든 환자 중 다음의 기준에 해당하는 경우를 **다발성** 또는 **중증 외상 환자**로 분류한다.

1. 중증 외상의 기준

○ 생리학적 기준
- AVPU 의식 수준 **V 이하**
- 수축기 혈압 **< 90 mmHg**
- 분당 호흡수 **< 10 혹은 > 29**

○ 신체 검사 소견에 따른 기준
- **관통 또는 자상(머리, 목, 가슴, 배, 위팔, 넓적다리 부위)**
- **동요가슴(flail chest)**
- **두 개 이상의 근위부 긴뼈 골절**
- **압궤(crushed), 벗겨진(degloved), 썰린(mangled) 사지**
- **손목, 발목 상부의 절단**
- **골반뼈 골절**
- **열린 또는 함몰 머리뼈 골절**
- **외상성 마비**

○ 손상 기전에 따른 기준
- **추락**
  - 성인: **6m** 이상(건물 **3층** 높이 이상)
  - 소아: **3m** 이상(건물 **2층** 높이 이상)
- **고위험 교통사고**
  - 차체 눌림(찌그러짐): 차체 내부 30cm 이상 안으로 밀림 또는 45cm 이상 차체 찌그러짐
  - 자동차에서 이탈(튕겨져 나감)
  - 동승자의 사망
  - 차량 전복
- 자동차-보행자/자전거 충돌로 **나가떨어짐**, **치임** 또는 **시속 30km/h 이상의 속도**로 충돌함
- **오토바이 시속 30km 이상의 속도**

○ 중증 외상센터로의 이송을 심각하게 고려해 볼 수 있는 환자의 의학적 질병 상태 및 특수 상황 – 이 분류에 해당될 경우 **이송 병원 선정은 직접 의료지도를 요청하여 지도에 따른다.**
- 위험한 나이: 성인 55세 이상, 소아 10세 이하
- 항응고 질환, 출혈성 질환
- 화상과 외상이 동반된 경우
- 임신 20주 이상
- 기타 구급대원의 판단

2. 환자 평가 필수 항목

○ 병력 청취
- 환자의 나이, 의학적 질병 상태 등의 정보를 수집한다.
- 손상 기전에 대한 정보를 수집한다.

○ 신속한 외상 초기 평가
- 생명을 위협할 수 있는 손상 유무의 확인과 처치를 위해서 신속한 외상 초기 평가를 시행한다.
  - ▸ 환자의 혈역학적 상태와 증상을 평가한다.
  - ▸ 환자의 의식 상태와 동공 반사, 사지 운동을 평가한다.
  - ▸ 전신의 손상 부위를 확인한다.
- 처치와 함께 이송 중 활력징후, 산소포화도, 의식 등의 평가를 5분마다 반복한다.

3. 응급처치 절차 및 방법

○ '환자 초기 평가·처치 표준지침'에 따라 전반적인 평가 및 처치를 시행한다.

○ 기도를 개방하고, 환자의 의식이 P 이하인 경우 **입인두 기도기(oral airway)를 삽입**하여 기도를 유지한다. 만약 환자가 구역반사를 보일 경우에는 이를 제거하고 **코인두 기도기를 삽입**하여 기도를 유지한다. 단, 두개골 기저부 골절이 의심되는 상황인 경우 코인두 기도기를 삽입하지 않고 도수조작(두부후굴 제외)만 시행한다.

○ 외상으로 인한 저산소증 교정을 위해 **안면 마스크**로 6~10L/min의 산소를 투여한다.

○ **경추(목뼈) 고정**을 시행한다('척추 고정' 술기 지침 참조).

○ 생명을 위협하는 외부 출혈이 확인되면 멸균된 소독 거즈로 **압박**하여 지혈한다('지혈 및 상처 드레싱' 술기 지침 참조).

○ 환자의 수축기 혈압이 90mmHg(소아의 저혈압 기준은 출생후~1개월: <60mmHg, 1~12개월: <70mmHg, 1~10세: <70+(나이×2)mmHg, 10세 이상: <90mmHg) 미만인 경우 18G 이상으로 정맥로를 1개 이상 확보하고 300mL(소아는 5mL/kg)의 생리식염수나 젖산 링거액을 투여하고, 혈압, 맥박수, 의식 등이 정상 범위로 회복되는지 확인한다. 쇼크가 지속될 경우 1L(소아는 10mL/kg)까지 수액을 지속적으로 투여한다.

○ 산소포화도, 심전도를 포함한 지속적인 활력징후를 감시한다.

○ 평가 및 처치, 이송 중 저체온에 빠지지 않도록 유의한다.

○ 술기 지침의 척추 고정 적응증에 해당되는 경우 해당 부위의 척추를 고정하여 이송을 준비한다.

○ 성인 환자에서 통증 점수가 10점 만점에 8점 이상으로 구급대원이 통증 조절이 필요하다고 판단한 경우, 지도 의사의 지시에 따라 정맥로를 확보한 후 아세트아미노펜(프리믹스) 진통제를 투약한다.
- 환자의 아세트아미노펜 알레르기 과거력을 확인한다.
- 정맥 주사로를 확보한 후 환자의 활력징후와 통증 점수를 측정한다.
- 아세트아미노펜(프리믹스) 비닐백을 연결하여 성인 기준 1bag을 15분에 걸쳐 천천히 투약한다.
- 투여 완료 5분 후 통증 점수와 환자의 활력징후를 반드시 다시 평가한다.
- 투여 완료 전 이송 병원에 도착한 경우, 이송 병원 도착 시점에 사후 평가를 실시하고, 해당 시점까지 주입된 약물의 양을 mL 단위로 기록한다.

○ 환자 상태가 불안정할 경우 아세트아미노펜(프리믹스) 진통제 투약을 시행하지 않고 우선 환자 처치를 위해 의료지도를 요청한다. 아세트아미노펜(프리믹스) 진통제 투약을 위해 환자의 활력징후와 관련된 응급처치가 지연되지 않도록 한다.
- 불안정한 환자 상태
  - ▸ 환자 의식이 저하된 경우
  - ▸ 수축기 혈압이 90mmHg 이하인 경우
  - ▸ 환자가 호흡곤란을 같이 호소하거나 산소포화도가 94% 미만인 경우

○ 이송 중 처치에 대한 의료지도를 받고 이송할 의료기관에 환자 상태를 알린다.

ㅇ 환자 인계
- 특별구급대가 아세트아미노펜(프리믹스) 진통제를 투여했다면 이송 병원 도착 후 이송 병원 의료진에게 투여한 약물 종류, 양, 투여 시각, 투여 후 부작용 발생 여부를 인계한다.
- 병원 도착 및 인계 시점에 투약이 완료되지 않은 경우(아세트아미노펜 프리믹스 1bag이 전부 투여되지 않은 경우), 인계 시점에 사후 평가를 시행하고, 해당 시점까지 주입된 약물의 양을 mL 단위로 기록하여 이송 병원 의료진에게 인계한다.
- 부작용 발생의 상세 항목은 특별구급대 전문처치기록지의 병원 인계 시 평가 항목을 따른다.

ㅇ 기록
- 특별구급대가 아세트아미노펜(프리믹스) 진통제를 투여하기 위해 직접 의료지도를 받은 경우 귀소 전 특별구급대 전문처치기록지를 완성하여 이송 병원 의료진에게 제출한다. 정맥로 확보에 실패하여 진통제를 투여하지 못한 경우에도 특별구급대 전문처치기록지를 작성하여 제출한다.
- 특별구급대가 진통제를 투여한 경우 다발성/중증 손상 환자의 이송 병원명과 해당 병원 병록번호를 전문처치기록지에 기재하여 가져온다.

4. 응급처치 시 주의 사항
ㅇ <u>중증 외상 환자 기준에 해당하는 경우</u>, 현장 처치 시간은 **최대 10분 미만**으로 최소화하는 것을 원칙으로 하고, 환자 평가 과정으로 인해 이송이 지연되어서는 안 된다.
ㅇ 아세트아미노펜(프리믹스) 투약을 위해 환자의 활력징후와 관련된 응급처치나 환자 이송이 지연되어서는 안 된다.
ㅇ 아세트아미노펜(프리믹스)은 1bag 투약에 15분이 소요되는 약으로서, 이송 시간이 길지 않을 것으로 예상되면 진통제 투약을 위해 이송을 지연시키지 말고 병원에 이송한 후 통증 조절을 시행하도록 한다.
ㅇ 아세트아미노펜(프리믹스)을 투약한 경우에는 반드시 사후 평가를 시행한다. 약물 투여가 완료되기 전 이송 병원에 도착한 경우에도 해당 시점에서 사후평가를 시행하여 기록한다.
ㅇ 환자의 모든 자세 변환은 통나무 굴리기법으로 한다.
ㅇ 손상 부위별 또는 생리학적 이상의 처치는 각각의 지침을 따른다.

5. 직접 의료지도 요청 기준
ㅇ 심폐소생술 유보 및 중단의 경우('소생술 유보 및 소생술 중단' 지침 참조)
ㅇ 정맥로 확보 및 수액 투여
ㅇ 중증 외상 환자의 경우 **권역 외상센터로의 이송이 원칙으로, 이외 병원으로 이송 시 이송 병원 선정에 대해서 직접 의료지도를 요청하고 지도에 따른다.**
ㅇ 중증도 판단이 애매한 경우
ㅇ 현장 처치 혹은 이송 중 처치에 대한 판단이 어려운 경우
ㅇ 성인 환자에서 통증 점수가 10점 만점에 8점 이상으로 구급대원이 아세트아미노펜(프리믹스) 진통제 투약이 필요하다고 판단한 경우
- 아세트아미노펜(프리믹스) 진통제 투약이 필요하다고 판단되는 경우에는 영상 직접 지도를 우선으로 요청하고, 영상 직접 지도가 불가능한 경우 음성 직접 지도를 요청한다.

6. 직접 의료지도 방법
1) 음성 직접 지도 상황(일반 통화 연결)
- 구급대원은 지도 의사에게 자신의 소속과 자격, 특별구급대 교육 이수 여부를 밝힌다.
- 환자의 나이, 성별, 병력 청취, 외상 초기 평가 결과를 보고한다.
- 경추 고정, 지혈대 적용 등 지도 의사에게 직접 의료지도 연결 시까지 수행한 처치를 보고한다.
- 이송 병원까지의 예상 소요 시간을 보고하고, 환자가 아세트아미노펜 알레르기 과거력을 가지고 있는지 확인하여 보고한다.

- 현장에서 정맥 주사 확보 및 진통제 정맥 주사 투여에 대해 지도 의사의 지시를 받아 환자의 팔에 정맥 주사로를 확보하고 아세트아미노펜(프리믹스) 진통제를 투약한다. 상세 방법은 술기 지침에 따른다.
- 주사 부위의 이상 여부를 확인하고, 추가 투약 필요시 지도 의사와 상의하여 지시에 따른다.

2) 영상 직접 지도 상황(영상 통화 연결)
- 영상 통화 시에는 팀의 리더가 직접 카메라를 집거나 또는 경험이 있는 대원이 카메라를 잡고 상황을 보여주도록 한다.
- 구급대원은 지도 의사에게 자신의 소속과 자격, 특별구급대 교육 이수 여부를 밝힌다.
- 환자의 나이, 성별, 병력 청취, 외상 초기 평가 결과를 보고한다. 카메라를 든 대원은 지도 의사에게 환자의 전체 모습과 외상 부분을 비추어 외상 부위 및 중증도를 확인할 수 있도록 한다.
- 경추 고정, 지혈대 적용 등 지도 의사에게 직접 의료지도 연결 시까지 수행한 처치를 보고한다. 카메라를 든 대원은 지도 의사에게 환자에게 수행한 처치 부위를 비추어 지도 의사가 처치 부위를 확인할 수 있도록 한다.
- 구급대원은 이송 병원까지의 예상 소요 시간을 보고하고, 환자가 아세트아미노펜 알레르기 과거력을 가지고 있는지 확인하여 보고한다.
- 현장에서 정맥 주사 확보 및 진통제 정맥 주사 투여에 대해 지도 의사의 지시를 받아 환자의 팔에 정맥 주사로를 확보하고 아세트아미노펜(프리믹스) 진통제를 투약한다. 상세 방법은 술기 지침에 따른다.
- 주사 부위의 이상 여부를 확인하고, 추가 투약 필요시 지도 의사와 상의하여 지시에 따른다.

3) 응급처치 시 주의 사항
- 정맥로 확보: 사지 손상 환자의 경우 정맥로는 손상되지 않은 사지에 확보한다. 정맥로 유지 필요시 카테터의 열린 상태를 유지하기 위해 생리식염수를 연결하여 수액을 지속 주입하도록 한다.
- <u>다발성 또는 중증 외상 환자의 현장 처치 시간은 최대 10분 미만으로 최소화하는 것이 원칙으로, 정맥로 확보 및 진통제 투약을 위해 이송이 지연되어서는 안 된다.</u>
- 정맥로 확보의 국소적 합병증으로 혈종, 연조직염, 혈전증, 정맥염 등이 생길 수 있으며, 전신 합병증으로 패혈증, 폐색전증, 공기색전증 등이 발생할 수 있다.
- 손상 부위별 또는 생리학적 이상의 처치는 각각의 지침을 따른다.

7. 이송 병원 선정 지침

- 중증 외상의 기준에 해당하는 경우 중증 외상 진료가 가능한 가까운 권역 외상센터 및 외상전문의 수련센터 선정 병원으로 이송함을 원칙으로 한다.
- 행정구역상의 권역 외상센터 및 외상전문의 수련기관보다 다른 광역시도 권역 외상센터 및 외상전문의 수련기관으로 이송하는 것이 더 가까운 경우 가장 가까운 권역 외상센터 및 외상전문의 수련기관으로 이송할 수 있다.
- 만약 이송 예상 거리가 30km 이상이거나 이송 예상 소요 시간이 1시간 이상이고 헬기 이송이 가능한 경우에는 장거리 이송에 의한 구급차 공백을 막고 반응 시간을 줄이기 위해 헬기 이송을 요청하고 지시에 따른다.
- 권역 외상센터 및 외상전문의 수련센터까지의 이송 예상 거리가 30km 이상이거나 이송 예상 소요 시간이 1시간 이상이고, 헬기 이송이 불가능한 경우 의료지도 후 지역 응급의료센터로 이송할 수 있다. 이송 기관 선정 시 이송 예상 거리가 30km 이하이고, 이송 예상 소요 시간이 1시간 이하인 지역 응급의료센터 중 권역 외상센터 및 외상전문의 수련센터로의 전원 거리가 더 짧은 기관을 우선적으로 선정한다.
- 권역 외상센터, 외상전문의 수련센터 및 지역 응급의료센터까지의 이송 예상 거리가 모두 30km 이상이거나 이송 예상 소요 시간이 1시간 이상이고 헬기 이송이 불가능한 경우, 의료지도 후 지역 응급의료기관으로 이송할 수 있다. 이송 기관 선정 시 권역 외상센터 및 외상전문의 수련센터로의 전원 거리가 더 짧은 기관을 우선적으로 선정한다.
- 위 기준에 따라 각 소방서별로 관할 구역 내에서 발생한 중증 외상 환자의 발생 위치에 따라 권역 외상센터 및 외상전문의 수련센터까지의 이송 예상 거리가 30km 이상이거나 이송 예상 소요 시간이 1시간 이상인 중증 외상 환자에 대한 이송 기관 선정 지침이 읍면동 단위로 수립된 뒤에는 해당 지침에 따라 이송 기관을 선정한다.
- 위 기준에도 불구하고 이송 병원 선정이 어려운 경우 직접 의료지도를 요청하고 지도에 따른다.
- 중증 외상의 기준에 해당하지 않는 외상 환자의 경우 가장 가까운 지역 응급의료기관으로 이송한다.

Reference

1. 소방청. 《119 구급대원 현장응급처치 표준지침》, 2023.
2. 박상조 외. 〈교통사고 운전자 상해 중증도 추정〉《교통연구》 제24권 제1호, p1–15, 2017.
3. Veena Chatrath, Ranjana Khetarpal, and Jogesh Ahuja. Fluid management in patients with trauma: Restrictive versus liberal approach. *J Anaesthesiol Clin Pharmacol*. 2015 Jul–Sep; 31(3): 308–316.
4. Bryan A. Cotton, MD, +12 authors M. Matar. *Guidelines for Prehospital Fluid Resuscitation in the Injured Patient*. The Journal of TRAUMA® Injury, Infection, and Critical Care · Volume 67, Number 2, August 2009.
5. Alexandre Tran, J. Yates, +2 authors M. Matar. Permissive Hypotension vs. Conventional Resuscitation Strategies in Adult Trauma Patients with Hemorrhagic Shock: A Systematic Review and Meta-Analysis of Randomized Controlled Trials Published 1 May 2018. Medicine Journal of Trauma and Acute Care Surgery
6. 소방청. 《119 응급의료헬기 구급활동지침》, 2019.

사례 17 빌딩 지하에 불이 났어요

목적

- 다수 사상자가 발생한 현장에서 응급의료소가 설치될 때까지 구급대 초기 활동을 알아본다.
- 응급의료소의 구성(보건소 신속대응반, DMAT)과 운영에 대해 알아보도록 한다.

출동 개요

출동 메시지 "화재 출동!" ○○동 ○○ 상가 지하에서 검은 연기가 올라온다는 신고

출동 정보
신고 시각 11월 30일 16:14
출동 시각 11월 30일 16:20
현장 도착 11월 30일 16:22
현장과의 거리 2km (2~3분 소요)

선착 출동 인원
구급대원1 리더
구급대원2 대원(운전)

후착 출동 인원 (16:24 출동 / 16:45 도착)
구급대원1 대원(처치)
구급대원2 대원(운전)

추가 출동 인원 **구조대원** 5명, **펌뷸런스 대원** 3명

환자 정보 및 기타 정보 빌딩 지하 PC방에서 환풍구 검은 연기 발생
출동 중 연소가 확대되는 상황

출동 단계

Tip

약식 통제단: 긴급구조통제단의 모든 기능을 가동하지 않고, 필요한 일부 기능만 가동하는 것을 말한다.

지휘차, 상황판, 소방 공무원으로 구성되며 해당 지역 소방서장이 현장을 직접 지휘한다.

지휘대장 지휘센터! 여기 ○○지휘, 추가로 들어온 내용이 있는지 알려주기 바람.

지휘센터 건물 뒤 지하에서 검은 연기가 다량 발생하고 있다는 다수의 신고가 접수됨.

지휘대장 출동 중 차량 정체가 심한 상태이며 추가 사항이 있으면 신속히 알려주기 바람.

지휘센터와 지휘차에서는 기본 출동 외 추가 소방력으로 굴절 차량 2대, 펌프차 4대를 투입한다. 다량의 검은 연기가 많이 발생하고 있다는 신고가 계속 들어오는 상황에서 인근 펌프차, 탱크차, 고가차, 사다리차, 배연 차량[1], 구조대를 추가 요청한다.

지휘대장 약식 통제단 편성 요청
대상물 처종, 인원, 대피 상황, 등의 파악

지휘센터 현재 인명 대피와 가스 차단을 안내 중

16:20 연기가 많이 난다는 시민들의 중복 신고가 수차례 있는 상황이나 불꽃이 보인다는 신고는 아직 없는 상태이다.

1) 화재 현장에서 연기를 빼내기 위해 송풍 장치를 적용한 차량이며, 대부분 조명 기기와 함께 있다. 상황에 따라 foam(거품으로 화재를 진압)과 함께 사용할 수 있다.

01 출동 중 미리 파악해야 하는 정보들은 무엇인가?

현장 상황

16:22 선착대(펌프, 구급차) 현장 도착

현장에 도착하니 검은색의 많은 연기가 나고 함께 대피하고 있는 사람들이 보이며, 지하 PC방에서 다수 인명 피해가 우려된다.

16:23 **대응 1단계 발령**

16:24 **선착대 선임**은, 지하에서 검은색 연기가 점점 더 많아지고 있고 다수의 인명 피해가 우려된다는 내용을 무전으로 지휘 대장에게 보고한다.

> **Tip**
> 선착대 선임: 선착 구급대의 1급 또는 간호사 대원은 '임시 구급대장' 역할을 수행하며, 응급의료소가 설치되면 '구급대장'은 보건소장에게 현장을 인계한다.

몇 명은 구급대원에게 다가와 연기를 마셔 힘들다고 호소한다.

선착 구급대원은 출동 단계의 무전 내용과 현장 상황을 함께 판단하여 임시 의료소의 위치를 선정하고 추가 구급대를 요청한다. 임시 의료소 위치를 무전으로 알린다. 다른 출동 차량은 계속 현장으로 이동 중이다.

02 다수 사상자 현장에 먼저 도착한 구급대원이 수행해야 하는 임무는 무엇인가?

03 구급대(선착대)가 임시 의료소 설치를 위해 고려해야 하는 사항은 무엇인가?

16:25 **임시 의료소 설치**

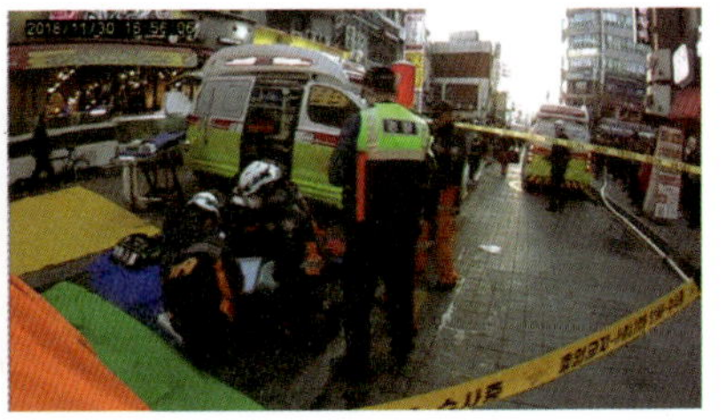

선착대 선임은 중증도 분류를 시행하고, 운전 대원은 중증도 분류 시트를 설치하여 분류된 환자를 이동하도록 조치하고 있다.

16:24 후착대 도착

선착대 선임은 진행 상황을 전달하고 **후착대 선임**과 함께 중증도 분류와 응급처치를 시행하고 있다.

선착대 운전원(이송반)과 후착대 운전원은 환자 인적 사항 파악과 인근 병원 현황을 파악한다.

화재 현장에서 연기 흡입 환자들이 화재 진압대원의 부축을 받으며 임시 응급의료소에 도착한다.

16:30 **대응 2단계 발령**

화재 현장의 연소 확대가 진행되고 있고 다수의 요구조자가 있는 것으로 확인되어 구조 작업이 진행되고 있다.

선착대 선임은 추가 환자 발생에 대비하여 인근 지역 병원에 현황을 전파하고 보건소 신속대응반과 DMAT을 요청하며 다수 사상자 관리 시스템을 이용할 것을 이송반에 주문한다.

> **Tip**
>
> **소방 비상 대응 단계**
>
> 소방 비상 대응 단계는 단순 화재 이상의 비상 사태가 발생했을 때 소방 조직에서 시행하는 대응 단계로, 1~3단계로 나뉜다.
>
> 대응 1단계(광역 1호)
>
> 관할 소방서의 인력 및 장비가 전부 출동하는 단계
>
> 대응 2단계(광역 2호)
>
> 관할 소방서와 인접 소방서를 포함한 5~6곳의 소방서 인력과 장비를 동원하는 단계
>
> 대응 3단계(광역 3호)
>
> 소방 비상 최고 단계로, 인접 지역의 가용 가능한 소방 인력과 장비를 모두 동원하는 단계

04 다수 사상자의 기준이 되는 사상자의 수는 몇 명인가?

05 선착대와 후착대의 역할이 어떻게 정해지고 있는가?

06 우리나라 재난 현장에서 주로 쓰이는 중증 환자 분류법은 무엇이며, 분류의 기준은 무엇인가?

07 보건소 신속대응반과 DMAT을 요청하는 요건과 방법은 무엇인가?

응급의료소 설치 (보건소 신속대응반[2], DMAT[3] 합류)

16:51 보건소 신속대응반 도착

구급대장은 보건소장에게 재난 상황, 현장 인력, 장비, 환자 발생 및 이송 현황을 인계한다.

보건소장은 응급의료소 지휘권을 선언하고 각 반원별 임무를 지정한다.

■ DMAT에 의한 현장 진료

관할 권역 응급의료센터 DMAT 팀이 도착한 후 보건소장의 지휘를 받으며 현장 진료를 준비한다.

08 보건소 신속대응반과 DMAT 팀의 역할과 인력/장비 구성은 어떠한가?

2) 재난 발생 시 현장에 재난 의료지원 팀 파견이 가능하고 다수의 환자 수용이 가능하도록 예비 병상·전문 인력·재난 의료지원 물품 등이 준비된 의료기관으로서 보건복지부 장관이 정하는 기관을 말함

3) Disaster Medical Assistance Team 재난 발생 시 의료지원을 위해 사전 또는 사후에 조직된 의료 팀을 말함

응급의료소 운영 (분류반, 처치반, 이송반)

■ 응급의료소 운영

응급의료소장은 화재 현장에서 구출된 환자들이 응급의료소에 모이게 되면 분류반, 응급처치반, 이송반으로 구분된 임무를 수행할 수 있도록 한다. 그 외 구급대장과 신속대응반원은 지휘센터와의 무전을 담당하고 중앙응급의료센터에 사상자를 보고하도록 한다.

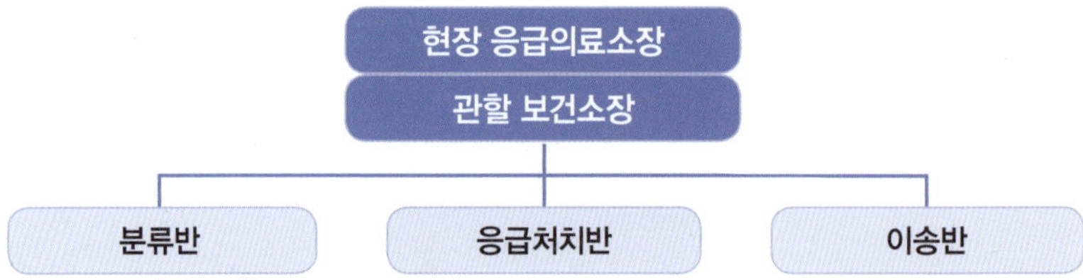

대응 2단계 발령에 따라 인근 소방관서 구급차와 지역 사설 이송단 차량이 현장에 도착하고, 구급대장은 차량 대기 장소를 지정한다.

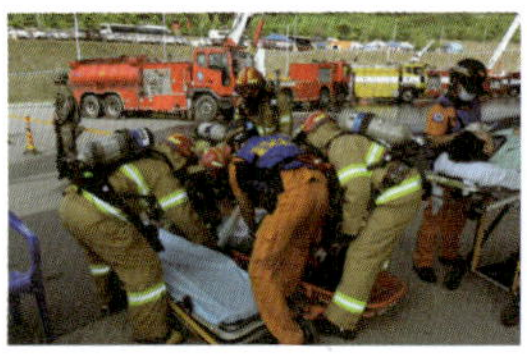

분류반

처치반

이송반

구급대장은 다수 사상자 관리 시스템에서 사상자 발생과 이송 현황이 잘 관리되는지 확인한다. 분류반과 처치반은 환자 발생 현황을 등록하고, 이송반은 이송 환자 내역을 등록하게 된다. 이송반은 손상 정도가 심한 환자부터 수용 가능한 병원으로 이송되도록 조치한다.

지휘센터(구급상황관리) 고압 산소 치료 가능 병원을 파악하여 구급대에 전파한다.(서울아산, 구로성심, 서울한양대, 순천향대부천, 인하대병원 진료 가능 확인)

18:32 대응 2단계 종료(대응 1단계 하향 조정)

22:15 화재 완진과 최종 인명 검색에서 특이 사항이 없음

00:58 모든 구급차 귀소

화재 발생에 따른 인명 피해는 60명[중상 1명, 경상 7명, 비응급(단순 연기 흡입) 52명]으로 종료된다.

Tip

응급의료소 기본 구성

분류반

중증도 분류를 담당. 최소 1인 이상 배치하며 의사, 간호사 또는 1급 응급구조사를 배치함(긴급구조현장 지휘규칙 제22조 제2항)

응급처치반

응급처치를 담당. 최소 1인 이상 배치, 현장에 초기 인원이 부족할 경우, 분류반과 응급처치반을 통합한 2인으로 구성해서 운영하기도 한다.

이송반

중증도 분류에 따라 이송할 병원을 지정하고, PS-LTE[5] 및 모바일 상황실의 연락을 담당하며 최소 1인 이상 배치함. 지역 응급의료지원센터의 인력이 현장에 도착한 경우 우선 배치함

Tip

구급 차량의 적절한 대기 장소

효율적인 운영을 위해 몇 가지를 고려해야 한다.

첫째, 차량 동선이 겹치지 않아야 한다(진출입에 방해되지 않아야 한다).

둘째, 긴급 및 응급 환자 구역에서 가까운 곳에 위치한다.

셋째, 정차 중에 매연이 응급의료소로 향하지 않아야 한다.

09 중증도 분류에 따른 분류표 작성 방법은 무엇인가?

10 환자 발생 현황[사상자 화재조사 보고규정 제36조(사상자[4]) 발생 인원, 이송 현황)]을 관리하는 시스템은 어떻게 되는가?

제한점

- 자주 발생하지 않은 상황과 갑작스러운 상황 전개가 대원들을 당황하게 할 수 있어 평소 꾸준한 훈련이 필요하다.
- 화재로 인한 다수 사상자 발생은 고압 산소 치료가 가능한 병원으로 이송해야 하는 경우가 대부분이므로 병원 선정에 어려움이 있다.
- 어느 한쪽으로 업무가 치우치게 될 때 구급대장 역할을 하는 선임자가 업무를 조정할 수 있는 능력이 필요하다.
- 임시 의료소 물품이 구급대마다 차이가 있어 평소 상황 발생에 대비한 준비가 필요하다.
- 다수 사상자 관리 시스템은 일원화된 사상자 관리를 위한 시스템으로, 정확하고 신속하게 입력되지 않으면 사상자 관리 혼란이 있을 수 있다.

---

4) **화재조사 보고규정**
제36조(사상자) 사상자는 화재 현장에서 사망 또는 부상당한 사람을 말한다. 단, 화재 현장에서 부상을 당한 후 72시간 이내에 사망한 경우에는 당해 화재로 인한 사망으로 본다.
제37조(부상 정도) 부상의 정도는 의사의 진단을 기초로 하여 다음 각 호와 같이 분류한다.
1. 중상: 3주 이상의 입원 치료를 필요로 하는 부상을 말한다.
2. 경상: 중상 이외의(입원 치료를 필요로 하지 않는 것도 포함한다) 부상을 말한다.

5) 경찰, 소방, 해경 등 재난 관련 기관들이 재난 대응 업무에 활용하기 위해 전용으로 사용하는 전국 단일의 무선 통신망

실전 문제

01 다수 사상자 대응 시스템의 제한점에 속하지 않는 것은?

① 사고 현장 환자에 대한 실시간 통계(이송 현황)의 어려움

② 신속하고 정확한 중증도 분류 훈련 미흡

③ 병원 이송 단계에서 실시간 병상 정보 확인의 어려움

④ 환자 발생 내역과 이송 인원 현황 수집은 경찰이 파악함

02 다수 사상자에 합당한 기준이 아닌 것은?

① 사망과 중환자 9명 이상

② 사망과 중환자 10명 이상

③ 6명 이상의 사상자가 발생

④ 5명 이상의 사상자가 발생

03 선착 구급대와 후착 구급대의 임무 중 다른 것을 고르시오.

① 선착 구급대(운전): 중증도 분류 후 응급처치를 했다.

② 후착 구급대: 병원 관계자와 연락망 구축, 변동 사항 점검

③ 선착 구급대(선임): 응급의료반 위치 선정

④ 선착 구급대(운전): 사상자 인적 사항과 후착대 이송 병원을 기록

04 중상자의 분류에 속하는 기준은 어떤 환자인가?

① 긴급 환자

② 응급 환자

③ 긴급 환자+응급 환자

④ 긴급 환자+응급 환자+지연 환자

정답 1 ④, 2 ④, 3 ①, 4 ③

1-④ 재난 현장에서 일차적인 대응은 현장 구급대원이 조사하게 된다. 조사하는 과정에서 인적 사항의 관리와 파악은 구급대의 역할이다. 사망자나 긴급 환자에서 인적 사항을 파악할 단서가 없는 경우 경찰의 협조를 받을 수 있다.

2-④ 소방청에서는 단일 사건에 의해 6~14명의 환자가 발생한 경우 다수 사상자 발생 사고(incident)로 정의하며, 15명 이상의 환자 발생 시 재난(disaster)으로 분류하고 있다.

질병관리본부에서는 6명 이상의 사상자가 발생하는 사고를 다중 손상 사고로, 10명 이상의 사망자 또는 50명 이상의 부상자가 발생하는 사고를 재난으로 정의하고 있다(3).

과거에는 6명 이상으로 규정했다.

3-① 중증도 분류 후 응급처치는 선착대 선임 대원의 역할이다.

이것은 의학적인 소견에 따라 중증도를 분류하고, 응급처치를 수행하게 된다.

4-③ **소방청 화재조사 보고규정**

제36조(사상자) 사상자는 화재 현장에서 사망 또는 부상당한 사람을 말한다. 단, 화재 현장에서 부상을 당한 후 72시간 이내에 사망한 경우에는 당해 화재로 인한 사망으로 본다.

제37조 (부상 정도) 부상의 정도는 의사의 진단을 기초로 하여 다음 각 호와 같이 분류한다.

1. 중상: 3주 이상의 입원 치료를 필요로 하는 부상을 말한다.
2. 경상: 중상 이외의(입원 치료를 필요로 하지 않는 것도 포함한다) 부상을 말한다.

사례 풀이

01 출동 중 미리 파악해야 하는 정보들은 무엇인가?

출동 단계에서 다수의 인명 피해가 있을 것으로 예상되는 정보가 있는 경우에 구급대원은 소규모의 자원으로 운영 가능한지를 우선 판단해야 한다. 출동 중에 무전과 차량 단말기 메시지를 통해 현장 도착 단계까지 발생 환자 수, 요구조자 여부, 화재나 사고의 규모를 지속해서 확인하여 현재 인력과 장비로 운영 가능한지를 판단한다. 운영이 어려운 경우 출동 단계부터 추가 인력과 장비를 요청해야만 한다. 만약, 현장 도착 단계에서 요청한다면 그만큼 반응 시간만 늦어져 효율적인 운영이 어렵다.

이러한 상황은 경험이 많은 대원이 판단해야 한다. 그리고 될 수 있으면 출동 중에 대원들에게 개별 임무를 지정하는 것이 혼란을 줄이는 데 도움이 된다.

02 다수 사상자 현장에 먼저 도착한 구급대원이 수행해야 하는 임무는 무엇인가?

다수 사상자 사고 발생 시 가장 먼저 현장에 도착한 구급대는 사고 상황 파악 및 전체 환자 상태를 평가한 후 무선 전신을 통해 상황실에 정보를 제공하여 구급 차량 추가 필요 여부를 통보한다. 구급대장 또는 주 처치 구급대원(1급 응급구조사 또는 간호사)은 신속하게 중증도를 분류하고 보조 처치 구급대원은 응급 환자부터 응급처치를 제공하며, 그 외의 구급대원은 처치 보조 및 신원 파악 등 보조 역할을 수행한다. 이때 환자의 상태가 의료지도를 받아야 하는 경우, 지도 의사와 통화하여 현장 처치에 대해 의료지도를 받고 수행한다.

최초 재난(사고) 현장에 도착한 대원에 의한 현장 평가는 현장 위험도 평가, 재난의 종류(일반적 재난, 특수 재난)와 규모에 따라 지원 받을 사항이 평가되어야 한다.

03 구급대(선착대)가 임시 의료소 설치를 위해 고려해야 하는 사항은 무엇인가?

항목	주의점	대처 방안
근접성	너무 가까우면 해당 재난에 영향을 받을 수 있다.	위험선 바깥에 설치하되 구조대 동선을 고려하여 설치한다.
바람의 영향	화재나 화학 재난에서 유해 화학 물질이 바람을 타고 응급의료소 내 환자에게 영향을 끼칠 수 있다.	바람의 방향을 고려하여 설치한다.
기후 조건	냉/난방, 비/눈에 보호받을 수 있도록 한다.	천막 설치, 인근 건물, 이동형 냉/난방기 설치, 구급차와 연결한 쉘터나 12V 또는 USB 전원 방식의 전기 매트와 담요 사용
응급의료소 통제	응급의료소 전체 활동 모습을 보지 못하면 활동 사항 중 어려움을 파악하기 어렵다.	지휘소에서 관찰 가능한 위치에 선정한다.
차량 진입로	차량 진입 후 이송반 주변에서 방향 전환이 쉬워야 하며, 먼저 도착한 구급차들과의 안전사고와 매연을 주의한다.	응급의료소를 선정할 때 차량의 진입과 방향 전환이 쉬운 장소를 고려해야 하며, 긴급 환자와 이송반이 너무 가깝지 않도록 한다(매연이나 소음이 진료에 방해가 된다).
환자 분류법	긴급 환자와 비응급 환자를 함께 두면 혼란스럽다.	사망 환자는 별도 장소에 두고, 긴급 환자와 응급 환자는 구급차 진입이 쉬운 곳에 위치를 선정한다.
배기가스	환자 이송을 위해 대기 중인 구급차 매연은 환자와 지원 인력에 상당한 불편감을 준다.	바람의 방향과 거리 등을 고려하여 구급차 배치 장소를 고려하고, 어려우면 간이 가림막 등을 설치한다.

항목	주의점	대처 방안
조명	어두운 조명은 환자의 분류와 처치 행위에 어려움을 주어 적절한 운영을 할 수 없게 한다.	이동식 발전기와 USB 충전 방식의 LED 램프 등을 활용할 수 있어야 한다. 최근에는 캠핑용 랜턴과 랜턴 걸이를 손쉽게 활용할 수 있다.
통신	지휘본부와 현장, 상황실, 관계 기관과의 TRS, UHF, 유선 전화가 필수 조건이다.	통신을 위한 전원 공급과 통신을 담당할 수 있는 인력을 상하도록 한다(응급의료소 내 행정 인원이 담당).
수도	환자의 세척과 장비 소독이 가능해야 한다.	인근 지역의 수도를 활용할 수 있어야 하며 어려우면 시청 상수도과에 지원을 요청한다. 소방 차량 수원을 활용하는 것은 바람직하지 않다.

04 다수 사상자의 기준이 되는 사상자의 수는 몇 명인가?

명확한 인원에 대한 기준을 정해 놓은 것은 없으나 응급의료에 관한 법률(제18조 '환자가 여러 명 발생한 경우 조치'와 같은 법 시행령 제9조 '다수의 환자발생에 대한 인명구조 및 응급처치')과 이를 바탕으로 소방에서는 현장 응급처치 표준지침과 재난 현장 표준작전절차(SOP 402)에서 다수 사상자의 개념을 정의하고 있다.

보건복지부 대규모 사상자 발생 시 응급의료 전원지침(2015. 5.)에 따르면 사망과 중환자가 10명 이상 또는 사망자와 중환자가 10명 이하이지만 추가로 발생 가능한 상황을 MCI로 정하고 있다. 실제 현장에서는 출동 자원(지역사회)보다 더 큰 의료적 요구가 필요한 사고로 이해하는 것이 필요하다.

재난에서 중증도 분류의 개념은 한정된 의료 인력의 효율적 운영을 위한 것이다. 의료 인력이 감당할 수 있는 범위를 벗어났을 때, 가장 먼저 치료를 받아야 하는 우선순위와 치료할 수 있는 병원을 결정함으로써 환자들이 적절한 치료를 받을 수 있도록 하는 데 목적이 있다.

소방청에서는 단일 사건에 의해 6~14명의 환자가 발생한 경우 다수 사상자 발생 사고(incident)로 정의하며, 15명 이상의 환자 발생 시 재난(disaster)으로 분류하고 있다(1,2). 질병관리청에서는 6명 이상의 사상자가 발생하는 사고를 다중 손상 사고로, 10명 이상의 사망자 또는 50명 이상의 부상자가 발생하는 사고를 재난으로 정의하고 있다(3). 과거에는 6명 이상으로 규정했다.

05 선착대와 후착대의 역할이 어떻게 정해지고 있는가?

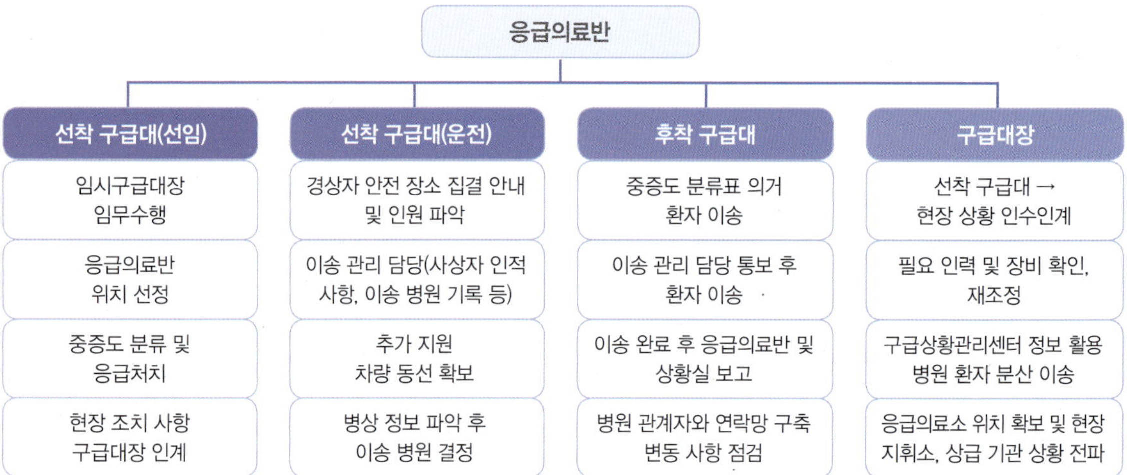

MCI 구성에 따른 개별 임무

06 우리나라 재난 현장에서 주로 쓰이는 중증 환자 분류법은 무엇이며, 분류의 기준은 무엇인가?

재난 현장에서 환자 분류는 긴급, 응급, 비응급, 지연 환자로 구분하고 있다.

- 긴급 환자: 수분 또는 단시간 내에 즉각적인 응급처치와 이송이 필요한 환자
- 응급 환자: 수시간 이내 응급처치가 필요한 환자
- 비응급 환자: 즉각적 처치가 필요하지 않고, 가벼운 손상으로 거동이 가능한 환자
- 지연 환자: 사망했거나 생존 가능성이 없는 환자

이것은 최소의 자원으로 빠른 시간안에 생존 가능성이 높은 환자를 응급의료시스템 안에서 치료하기 위함이다.

환자를 처음 만나는 구조자는 1차 분류법 MASS법을 사용하며, 임시의료소에서는 최초 MASS분류법에 따라 임시의료소의 분류소에 따른 환자구역으로 이동하게 된다.

이후, 임시의료소의 환자구역에서 분류반과 처치반에서 START분류법을 다시 시행하게 된다.

이후, 임시응급의료소 설치가 되면 더욱 정확한 SALT분류법을 시행하게 된다.

참고: START법의 정확도는 62~70%, SALT의 정확도는 79~82%로 알려져 있으나 임시의료소 상황에서는 빠른 분류(1분 이내)가 적합하며, SALT분류법은 분류 중간단계의 Life Saveing에 의한 분류 시간지연과 업무범위와 관련된 제한점이 있어 DMAT가 설치되는 시점에 주로 사용하고 있다.

■ 1차 환자 발생 지역에서 MASS 분류법

Move	• 걸을 수 있는 사람은 분류 집합소로 모이게 했을 때 스스로 움직임이 가능한 그룹 2단계로 구분(1단계: ID-ME의 1차 그룹, 2단계: 움직일 수 없으나 의식이 있고 팔다리를 지시에 잘 따르는 그룹)
Assess	• 움직일 수 없는 환자로 즉각적인 응급처치가 필요한 그룹 (ABC 평가 후 치명적인 손상을 처치)
Sort	ID-ME로 환자를 분류한다. • Immediate(긴급): ABC에 지속적 이상이 있고, 치명적인 손상을 입은 그룹 • Delayed(응급): 전문적 치료가 필요하지만 지연되어도 악화되지 않는 상태 • Minimal(경증): 현장 처치 후 스스로 귀가가 가능한 그룹, 자원봉사자로 활용 가능한 그룹 • Expectant(지연): 생존 가능성이 낮아 긴급 환자 이송 후에도 생존한 경우 재평가 후 이송을 고려한다. • Dead(사망)
Send	• 긴급→응급→경증→지연순으로 이송 (경증 환자나 지연 환자는 버스나 장례 차량이 현장에 도착한 경우 바로 이송하기도 한다.)

■ START 분류법

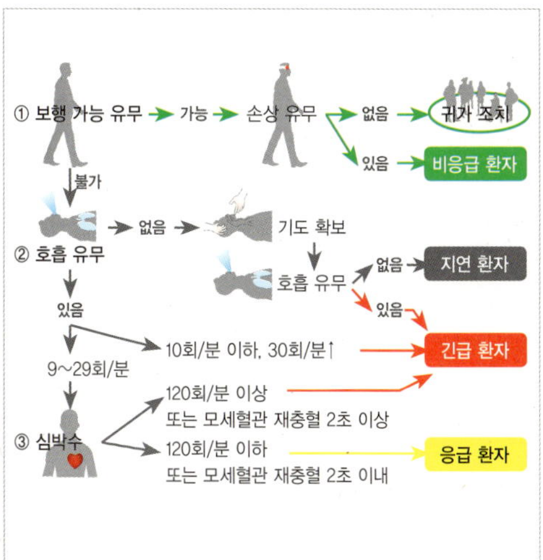

■ SALT 분류법

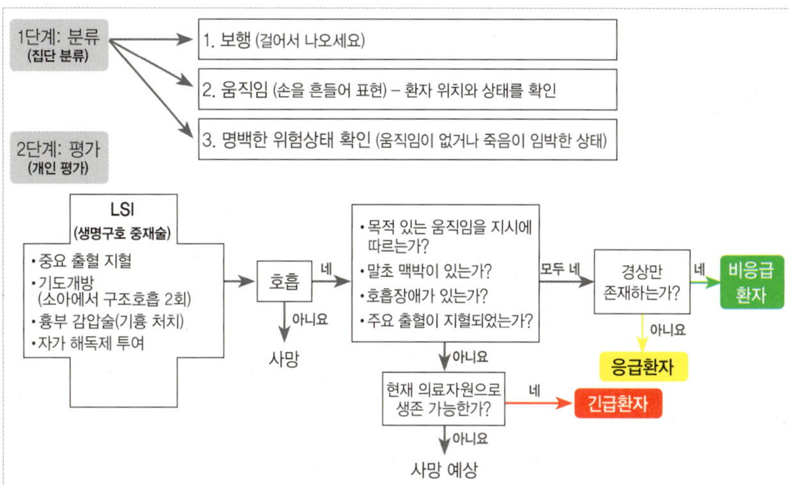

07 보건소 신속대응반과 DMAT을 요청하는 요건과 방법은 무엇인가?

우리나라의 MCI 체계는 정부와 민간이 함께 대응하는 체제로 운영되고 있다. 정부의 대응 체계는 크게 복지부와 소방으로 구분하는데, 소방 체계는 긴급 구조 대응 활동 및 현장 지휘에 관한 규칙의 '긴급구조통제단' 체계이고, 복지부(중앙응급의료센터)는 'DMAT(diaster medical assistance team)' 체계를 운영하고 있다.

■ 신속대응반 및 DMAT 출동 기준

※ 재난응급의료 비상대응매뉴얼 기준(2021)

구분	판단 기준	비고
관심 (Blue)	1. 다수 사상자 발생 위험이 큰 사건 또는 행사/현상 • 태풍, 홍수, 지진, 해일 등 자연재해의 진행 • 군중 운집(mass gathering) 행사 등의 개최	징후 활동 감시
주의 (Yellow)	1. 다수 사상자 발생으로의 전개가 예측되는 사고/현상 • 해당 시간의 예측 수용 인구수가 20명 이상인 다중 이용 시설의 화재, 붕괴, 침수 등 • 다중 교통사고, 군중 운집 행사에서 사상자 발생 • 태풍, 홍수, 해일, 지진 등 자연재해에서 사상자 발생 • 화학 물질의 누출, 방사선 시설에서의 사고 2. 국지전/테러 발생의 위협	능동 감시 경고 전파
경계 (Orange)	1. 다수 사상자가 발생하고 추가 사상자 발생 위험이 현저하게 높아 의료 대응 개시가 필요한 상황 • 10명 이상의 사상자가 이미 발생하고 추가 사상자 발생이 현저히 의심되는 주의(yellow) 단계 해당 상황/사건 • 운항/운행 중인 여객 선박, 여객 항공기, 여객 열차 및 대형 승합차의 추락, 침몰, 탈선 및 전복 등의 확인 • 10대 이상 차량의 다중 교통사고 확인 • 화학, 방사선 물질에 의한 인구 집단의 노출 확인 2. 다수 사상자 사고에서 재난관리주관기관 및 재난관리책임기관의 의료 대응 요청	의료 대응 개시
심각 (Red)	1. 일상적인 응급의료 서비스로는 대응할 수 없는 명백한 재난 등	의료 대응 확대

08 보건소 신속대응반과 DMAT 팀의 역할과 인력/장비 구성은 어떠한가?

■ 현장응급의료소 운영 물품

• 분류반

구분	물품
천막 물품	캐노피 천막 또는 에어텐트 1, 간이 침대 2, 책상 2, 의자 4, 릴선 1, 발전기 1*, 조명 4
기타	중증도 분류표 100매, 노트북 1, 출력 모니터(TV 등) 1, 스트레처 카트 2, 분리형 들것 2

* 현장응급의료소 운영에 필요 전력을 공급할 수 있는 발전기가 있을 경우 발전기 1대 설치 → 발전기 설치 장소: 현장응급의료소와 최소 15m 이상 거리 유지(소음 문제 해결)

• 처치반(응급 환자)

구분	물품
천막 물품	캐노피 천막 또는 에어텐트 1, 간이 침대 6, 책상 2, 의자 4, 릴선 1, 발전기 1, 조명 6
환자 이동	스트레처 카트 2, 분리형 들것 2, 제세동기(모니터 기능 포함) 2
환자 감시	제세동기(모니터 기능 포함) 2, 펜라이트 2, 청진기 2, 혈당 측정기 1, 혈압계 2, (휴대용) 산소포화도 측정기 6
호흡 보조	휴대용 흡인지 2, 휴대용 산소소생기 6, 예비 용기(10L) 6, 소모품(비강캐뉼러 등) 일체
순환 보조	수액(NS, DW, HS 등) 각 20, 소모품 일체 등(정맥로 및 수액 세트 및 상처 소독 세트)
환자 고정	경추 고정 세트 5, KED 5, 철사 부목 세트 2
기타	담요 6, 간이 링거대 6, 감염 폐기물통 3, 구급 소모품 등

※ 처치반 물품의 약품이나 외상 처치 물품, 기타 처치 물품 등은 환자 규모에 따라 조정

• 처치반(비응급 환자)

구분	물품
천막 물품	캐노피 천막 또는 에어텐트 1, 책상 2, 의자 10, 릴선 1, 발전기 1, 조명 4
환자 감시	펜라이트 2, 청진기 1, 혈당 측정기 1, 혈압계 2, (휴대용)산소포화 도측정기 2

• 이송반

구분	물품
천막 물품	캐노피 천막 또는 에어텐트 1, 책상 4, 의자 8, 릴선 1, 발전기 1, 조명 4
기타	노트북 2, 출력 모니터 2(사상자 이송 현황 1, 병원별 수용능력표 1)

구분	보건소 신속대응반	권역 DMAT	중앙 DMAT
출동 기준	즉시	1차 팀 10분 이내 출동 2차 팀 2시간 이내 3차 팀 12시간 이내	3시간 이내
출동 요청	재난 응급의료상황실, 소방, 지자체, 보건소장, 보건복지부	재난 응급의료상황실, 소방, 지자체, 보건소, 재난 의료 책임자	보건복지부, 중앙응급의료센터
인원 구성	의료인 2~3인, 행정 요원 2인 이상	팀당 의사 1인, 간호사/응급구조사 2인, 행정 요원 1인	의사, 간호사, 행정 요원 사고 유형 및 규모에 따라 구성
운영	현장 상황이 12시간 이상 길어질 때 추가 1개 팀 구성/파견(인근 보건소 인력 구성 가능)	현장 상황이 12시간 이상 길어지면 인력 교체를 위한 팀 파견	중앙응급의료센터장 판단, 후발대 파견 가능
역할	응급의료 및 사상자 현황 수집 등	임시 의료소 내 의료 활동 등	현장 의료 활동 등
물품	신속대응반 물품	1차 팀 DMAT bag 2차 팀 임시 의료소 물품	DMAT bag 임시 의료소 물품
이동	긴급 자동차	1차 팀 긴급 자동차 2차 팀 이동 응급의료세트	긴급 자동차

09 중증도 분류에 따른 분류표 작성 방법은 무엇인가?

재난 현장에 가장 먼저 도착한 구급대원이 '임시 의료소'를 선언하게 되면 선임 구급대원의 지시에 따라 임무가 구분된다. 환자 분류 역할을 하는 구급대원은 중증도 분류표를 작성한다. 중증도 분류표는 모두 2장[6]으로 구성되어 있으며 첫 장의 내용은 먹지를 이용하여 두 번째 용지에 같게 기록된다.

첫 번째 장은 재난 현장에서 환자 정보를 파악하고(통계 관리) 이송할 때 이송 반원에게 제출하고, 두 번째 장은 이송 병원에 환자와 함께 전달된다.

중증도 분류는 **1단계 MASS 분류법**에 따라 거동(보행) 가능 여부, 호흡 상태, 맥박 상태, 의식 상태로 구분하고 분류자와 인적 사항 기록 부분에 중증도를 표시한다. 거동이 가능한 그룹은 '비응급'으로 분류하고, 거동은 불가능하나 반응(손 흔들기, 소리 지르기 등)이 있는 환자는 '응급 환자'로 분류할 수 있다. 거동할 수 없는 환자는 '긴급 환자'로 그룹화하며, 호흡이 없는 환자는 '지연 환자'로 그룹화한다.

이후, 임시 의료소가 설치되면(인력이 보충되면) **2단계 START 분류법**으로 재분류하고 분류 내용에 따라 밑의 색상표를 제거한다.

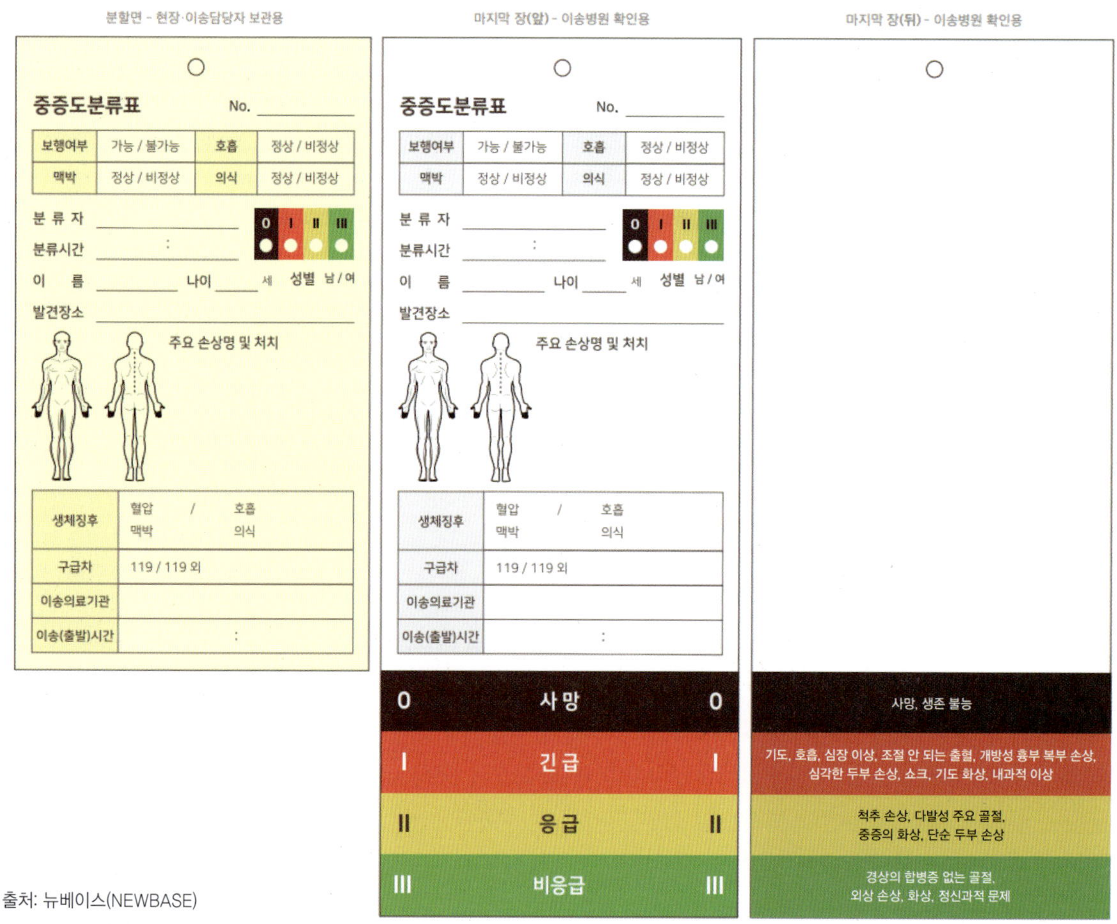

출처: 뉴베이스(NEWBASE)

6) 긴급 구조 대응 활동 및 현장 지휘에 관한 규칙 제22조 제3항 관련 2020. 11. 25. 개정

환자 분류표는 이 외에도 1차와 2차 분류에서 환자 상태가 변할 때 별도로 기록할 수 있도록 표시되어 있다. 기록되는 모든 환자의 분류표는 될 수 있으면 비닐 코팅된 덮개가 있는 케이스에 넣고 환자의 목에 걸거나 옷 등에 고정하여 달아나지 않도록 해야 한다. 특히, 긴급 환자나 사망자에 대해서는 더욱 세심한 주의가 필요하다. 만일 구급차에 중증도 분류표가 없다면 환자의 팔이나 다리 등에 사인펜, 네임펜 등으로 기록하는 것도 좋은 방법이다.

처치반 작성

응급처치를 위해 혈압, 맥박, 호흡수, 산소포화도 등 활력징후를 측정

- 의사의 지휘하에 업무 범위에 맞는 응급처치를 시행함
- 환자의 의학적 상태를 파악, 환자에게 시행한 응급처치 내역을 기재하고 가능하면 이송 병원 선정에 관련된 의학적 의견을 중증도 분류표에 기재(예: 중환자실 인공호흡기, 헬기 등)
- 필요한 경우 중증도를 재분류하고 중증도 분류표와 환자를 이송반에 인계함

분류반 작성

Triage tape 또는 중증도 분류표 등을 사용하여 표기함(분류표: 연번, 중증도 분류 결과, 성별, 나이, 발견된 장소 등)

*연번 작성법은 각 시도별 지침에 따른다.

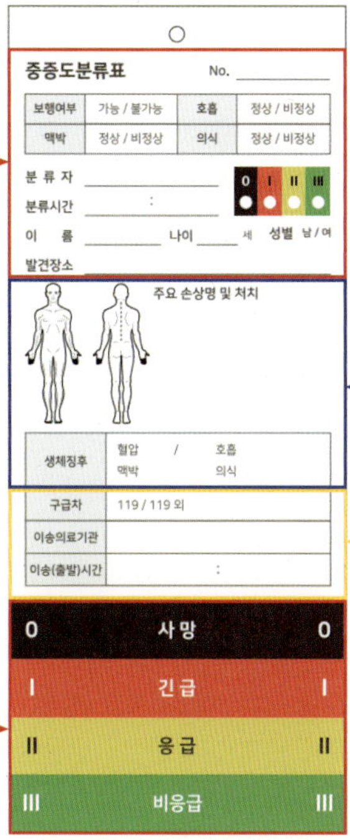

이송반 작성

- 이송반은 지역 응급의료지원센터 재난 관리 담당자, 소방서 구급 담당, 보건소 행정 요원 등으로 우선 구성
- 실시간 병상 정보, 수용 능력 확인 및 의료기관별 환자 이송은 중앙응급의료상황실이나 구급상황관리센터로부터 정보를 수집하여 이송 병원 선정에 참고하고, 파악이 원활하지 않을 경우 일반적인 원칙에 따라 병원을 선정하고 최대한 분산 이송함
- 사상자 이송 순위는 긴급 환자 > 응급 환자 > 비응급 환자 > 사망자순임(단, 구조 시간 지연, 이송 자원 다수 확보 등 현장 상황에 따라 유동적으로 이송 순위를 변경할 수 있음)
- 경증 환자는 원거리 지역 응급의료기관 이하로, 중증 환자는 근거리 지역 응급의료센터 이상으로 이송
- 원활한 이송을 위해 현장에 가용한 구급차 등 이송 자원을 상시 파악해야 함
- 긴급·응급 환자는 특수 구급차로, 비응급·사망자는 일반 구급차 등으로 이송하는 것이 원칙
- 원거리 이송이나 응급 수술 등을 위해 권역 외상센터로 이송이 필요한 경우 헬기 이용을 고려함
- 사상자 발생·이송 현황은 현장지휘소(통제단), 다수 사상자 관리 시스템(119 구급상황관리센터), 모바일 상황실(중앙응급의료상황실)에 보고(전송)함
- 중증도 분류표 2장 중 1장은 이송반에 보관, 나머지 1장은 의료기관에 제출함
- 병원별 수용 능력표와 사상자 이송 현황을 서식에 맞게 작성함

환자가 여러 명 발생한 경우의 조치(응급의료법 및 같은 법 시행령)

○ 응급의료에 관한 법률 제18조(환자가 여러 명 발생한 경우의 조치)

① 보건복지부장관, 시·도지사 또는 시장·군수·구청장(자치구의 구청장을 말한다. 이하 같다)은 재해 등으로 환자가 여러 명 발생한 경우에는 응급의료 종사자에게 응급의료 업무에 종사할 것을 명하거나 의료기관의 장 또는 구급차 등을 운용하는 자에게 의료 시설을 제공하거나 응급 환자 이송 등의 업무에 종사할 것을 명할 수 있으며, 중앙행정기관의 장 또는 관계 기관의 장에게 협조를 요청할 수 있다.

② 응급의료 종사자, 의료기관의 장 및 구급차 등을 운용하는 자는 정당한 사유가 없으면 제1항에 따른 명령을 거부할 수 없다.

③ 환자가 여러 명 발생했을 때 인명구조 및 응급처치 등에 필요한 사항은 대통령령으로 정한다.

○ 응급의료에 관한 법률 시행령 제9조(다수의 환자발생에 대한 인명구조 및 응급처치)

① 보건복지부장관 또는 시·도지사는 재해 등으로 환자가 여러 명 발생한 경우에는 법 제18조에 따라 응급의료기관 및 관계 기관에 대한 지휘 체계를 확립하고 그 사상자의 규모, 피해 지역의 범위, 사고의 종류 및 추가적인 사고발생의 위험도 등을 고려하여 신속하고 적절한 인명구조 및 응급처치가 될 수 있도록 해야 한다.

② 시·도지사 또는 시장·군수·구청장(자치구 구청장을 말한다. 이하 같다)은 다수의 환자가 발생한 사실을 알게 되거나 보고를 받은 때에는 지체없이 보건복지부장관에게 이를 보고해야 한다.

③ 시·도지사 또는 시장·군수·구청장은 다수의 환자가 발생한 때에는 사고 발생일부터 사고 수습 종료일까지 매일 1일 활동상황을 보건복지부장관에게 보고해야 하며, 사고 수습이 종료된 경우에는 지체 없이 종합 보고를 해야 한다.

○ 응급의료에 관한 법률 시행령 제10조(다수의 환자발생에 대한 조치계획의 수립)

① 법 제18조제3항의 규정에 따라 보건복지부장관 또는 시·도지사는 다수의 환자발생에 대비하여 환자발생의 원인 및 규모에 따른 적정한 조치계획을 미리 수립해야 한다.

② 제1항의 조치계획에는 다음 각 호의 사항이 포함되어야 한다.

1. 응급의료 인력·장비 및 시설의 편성과 활용
2. 관계 기관의 협조 체계 구축
3. 응급의료 활동 훈련

10 환자 발생 현황[사상자 화재조사 보고규정 제36조(사상자 발생 인원, 이송 현황)]을 관리하는 시스템은 어떻게 되는가?

□ 119 구급대용

다수 사상자 구급대 매뉴얼

스마트폰에서 [인터넷 접속]

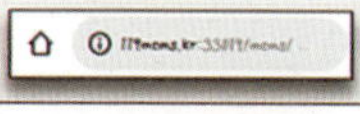

인터넷 주소 입력: 「119mcms.kr:33019」 또는 「m.119mcms.kr:33019」

1. 관할 지역 선택
2. 직통 연락처: 구급대 전용 휴대 전화 연락처 (숫자만 입력)
3. 출동 구급대 선택
4. 재난 제목 클릭

□ 일반 등록
- [필수] 환자 분류, 이송 여부, 이송 병원
- [선택] 환자성명, 나이, 성명, 주증상

□ 사진 촬용
- [필수] 환자 분류, 이송 여부, 이송 병원
- 메모지, 환자분류표 등 환자 정보 내용 촬영 후 전송

□ 의료지도
- 지도 의사 직통 번호 연결

□ 이송 현황
- 현재 재난의 사상자 현황

□ 사상자 이송현황
- 구급대가 이송한 환자만 표출, 정부 수정 및 삭제

□ 병원별 수용 능력 실시간 표출

** 중앙응급의료센터에서 제공하는 병원 정보인 경우 중환(긴급), 경환(비응급)으로 표출되며 '응급'을 선택하는 경우 긴급에서 자동으로 가용병상수 차감

□ 현장 관리자용

다수 사상자 현장 관리자 매뉴얼

스마트폰에서 [인터넷 접속]

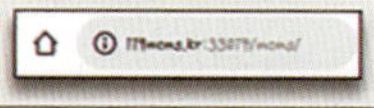

인터넷 주소 입력: 「119mcms.kr:33019」 또는 「m.119mcms.kr:33019」

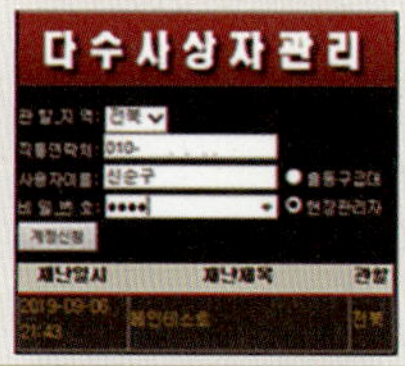

1. 관할 지역 선택
2. 직통 연락처: 휴대 전화 연락처(숫자만 입력)
3. 현장 관리자 체크
4. 사용자 이름: 계정 신청 시 등록한 이름
5. 비밀번호: 계정 신청 시 등록한 비밀번호
6. 재난 제목 클릭

** 계정이 없는 경우 [계정 신청] 후 사용 가능

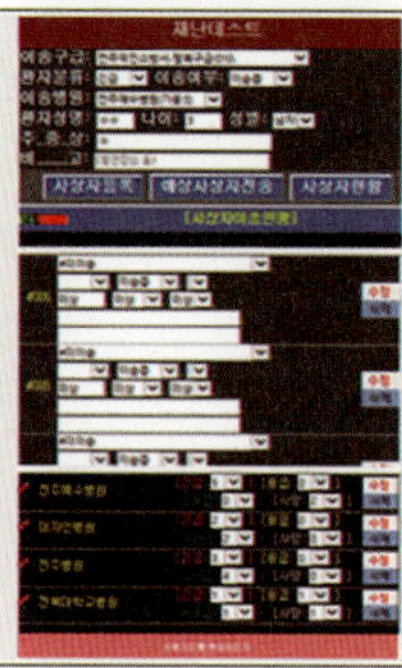

□ 사상자 등록
- [필수] 이송 구급, 환자 분류, 이송 여부, 이송 병원
- [선택] 환자 성명, 나이, 성명, 주 증상, 비고

□ 예상 사상자 전송
- 예상 중증도별 사상자 수 전송

□ 사상자 현황
- 중증도별 사상자 집계
- 이송 병원별 집계

□ 사상자 이송 현황
- 구급 차량으로 이송된 사상자 정보 관리

□ 병원 수용 능력
- 병원별 수용 능력 관리(수정, 삭제)

Reference

1. 소방청. 《119 구급대원 현장응급처치 표준지침》, 2023.
2. 박윤택. 《구급장비 운영론》, 2021, 도서출판 한미의학.
3. 소방청. 《다수사상자 발생 재난 119 구급대응 표준매뉴얼》. 2022.
4. 보건복지부·중앙응급의료센터. 《재난응급의료 비상대응매뉴얼》. 2022.
5. Lerner EB, Schwartz RB, Coule PL, Pirrallo RG. Use of SALT triage in a simulated mass-casualty incident. Prehosp Emerg Care 2010;14:21-5.
6. Schenker JD, Goldstein S, Braun J, Werner A, Buccellato F, Asaeda G, et al. Triage accuracy at a multiple casualty incident disaster drill: the emergency medical service, fire department of New York City experience. J Burn Care Res 2006;27:570-5.

【부록】

다수 사상자 사고 발생 시 119 구급대응 기본 체계도

(다수 사상자 발생 재난 119 구급대응 표준 매뉴얼)

단계	주요 내용	활동 주체	관련 사진
사고 발생	ㅇ 다수 사상자 재난 등 발생		사고 발생
재난 접수	ㅇ 재난 접수 및 구급대 출동 ㅇ 재난 규모에 따라 의료지원팀 요청 (신송대응반, DMAT 등) ㅇ 재난 상황 지속적 모니터링	119 종합상황실 및 119 구급상황관리센터	
현장 도착	ㅇ 예상 사상자 수 파악 ㅇ 1단계 중증도 분류(MASS) *현장 상황에 따라 MASS 또는 START 분류 ㅇ 임시 의료소 설치·운영 – 분류반: 2단계 중증도 분류(START) – 처치반: 환자 응급처치 – 이송반: 환자 이송	– 선착 구급대원 – 임시 의료소	 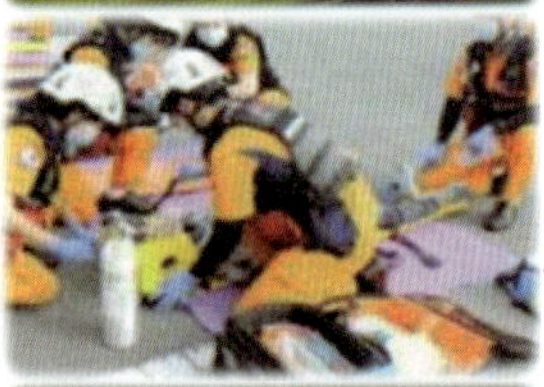
병원 이송	ㅇ 이송 병원 선정 → 사상자 등록 → 병원 이송 ㅇ 환자 기록 내용 확인	– 현장응급의료소 *긴급구조통제단 설치	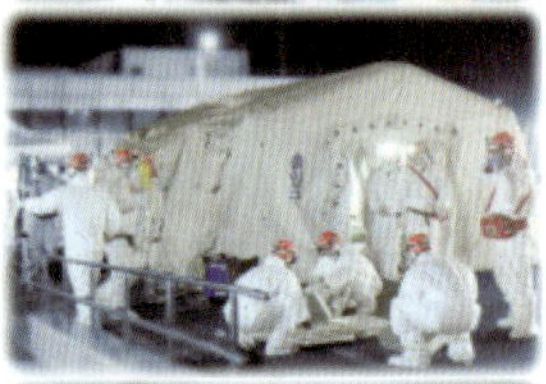 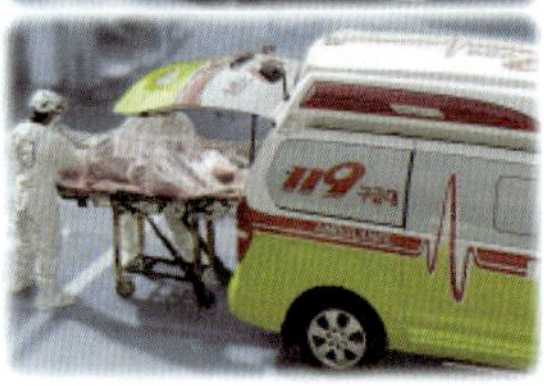
재난 종료	ㅇ 사상자 현황 최종 확인 ㅇ 재난 종료	긴급구조통제단장 또는 현장응급의료소장	

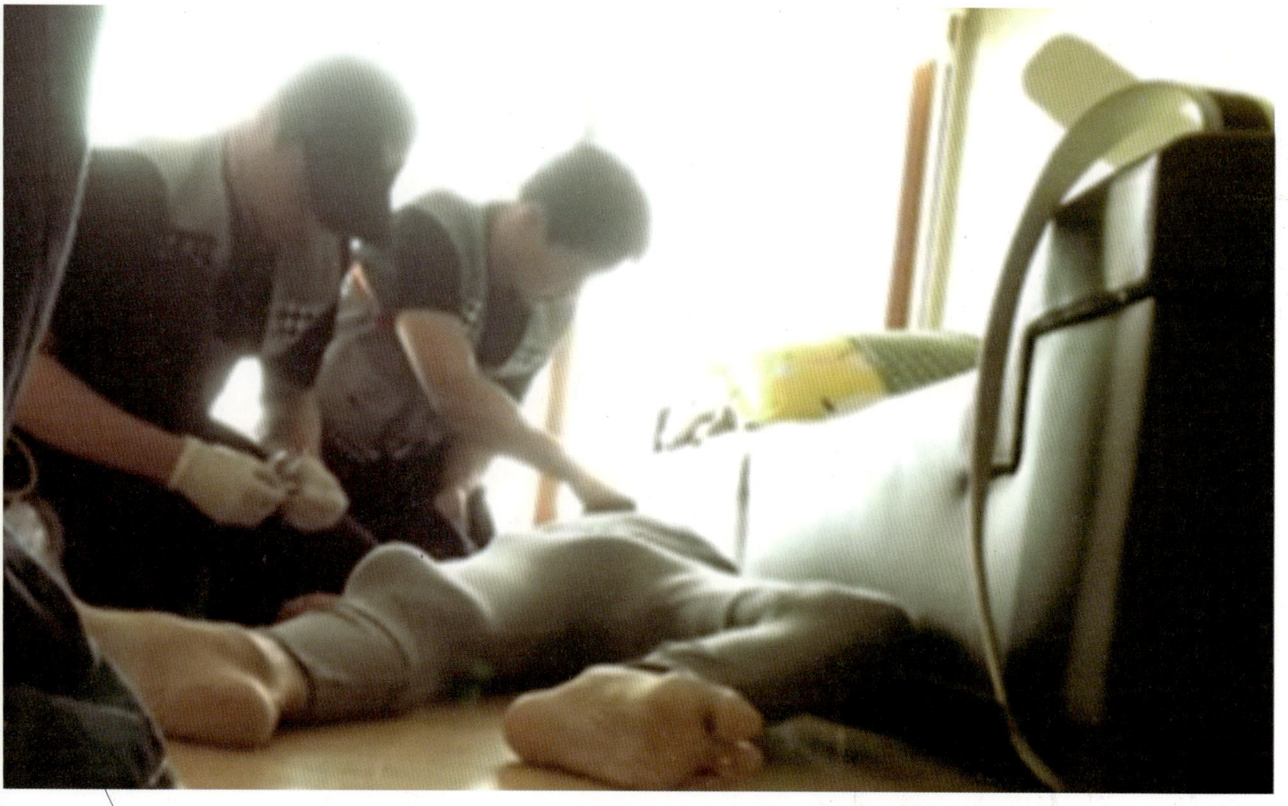

사례 18 아침 약 먹은 후 갑자기 의식이 약해져요

목적

- 감별 진단을 통해 의식 변화 원인을 파악하는 감별 진단법을 학습한다.
- 신경학적 평가법을 현장에 적절히 적용하는 법을 학습한다.

출동 개요

출동 메시지 "구급 출동!" 장소는 ○○동 ○○아파트 15층, 의식 저하 환자이며, 환자는 아침 식사 및 약물 복용 후 의식 저하가 있다고 함

출동 정보
신고 시각 5월 12일 10:19
출동 시각 5월 12일 10:21
현장 도착 5월 12일 10:24
현장과의 거리 1.5km(3분 소요)
신고 장소 자택
현장-병원과의 거리 2.5km(5분 소요)

출동 인원
구급대원1 리더(처치)
구급대원2 대원(운전)

환자 정보 및 기타 정보 40대 여성, 아파트 15층

출동 단계

구급차 지휘센터! 여기 ○○ 구급대 신고 내용 재송신 바람.

구급차 지휘센터! ○○ 구급 출동 중, 환자 추가 사항 알려주기 바람.

지휘센터 남편이 신고했으며, 장소는 ○○동 ○○아파트 15층, 여성 환자가 아침부터 의식이 저하되고 있다고 신고된 사항. 최근 병원에서 고관절 수술하고 퇴원한 환자로 금일 아침에 약을 먹은 후부터 의식이 저하되었다고 함. 자세한 것은 신고자와 통화 후 응급처치 지도 바람.

구급차 접수 완료!

약 복용 후 의식 저하를 보이는 것으로 보아 약물 중독의 가능성이 있으나 병원 처방 약 복용 후 의식이 저하된 것으로 보아 다른 원인이 있을 수 있다고 생각하며 통화하는 도중 현장에 도착한다.

구급차 지휘센터! ○○ 구급 현장 도착.

지휘센터 현장 안전에 유의하기 바람.

---

01 현장 진입 시 고려해야 할 장비에는 어떤 것들이 있는가?

02 출동 중 신고자와 통화 시 어떤 정보들을 문진할 것인가?

현장 상황

현관문을 열고 진입했을 때 작은 방에 환자의 것으로 보이는 병상용 침대가 놓여 있는 것으로 보아 만성 질환이 있는 것으로 보인다.(남편이 거실 소파 옆에 반듯이 누워 있는 환자에게로 안내한다.)

환자 옆에는 환자의 것으로 보이는 약봉지가 많다. 대부분 병원에서 퇴원할 때 처방받은 약들이고 종합 감기약 외 다른 약들도 보인다.

환자는 아파트 거실 소파에 반듯이 누워 있는 상태로 현장에 위험성은 없어 보인다. 경련이 나타날 때 환자 옆에 놓인 테이블과 화분, 수납장들에 의한 2차 손상을 예방하고 대원의 응급처치 동선을 위해 주변 물건을 이동시켜야 할 것으로 판단된다.

03 환자에게 우선 제공되어야 하는 처치와 고려해야 할 사항은?

1차 평가

Tip

1차 평가
환자는 의식 저하를 보이고 있으나 호흡과 맥박은 있는 상태로 현장에서 생명을 위협하는 큰 요소는 없어 보인다. 하지만, 구급대원은 비정상적인 호흡과 의식 변화의 원인을 찾는 노력을 해야 한다.

기본 활력징후 및 병력 청취	
의식 상태	P(강한 통증에 약한 반응)
기도 및 호흡 상태	기도는 열려 있으며 코 고는 듯한 호흡
순환 상태	노동맥의 강한 맥박, 피부는 따뜻함

04 1차 평가 결과를 바탕으로 추정되는 문제는 무엇인가?

2차 평가

환자는 언어 지시와 가볍게 어깨를 두드리는 것에도 반응이 없으며 코 고는 듯한 깊은 호흡을 하고 있다. 환자 옆 테이블에는 환자의 것으로 보이는 약봉지가 놓여 있다. 보호자(남편)에게 환자가 어떻게 의식이 저하되었는지 물어본다.

■ 문진과 활력징후

대원1 보호자분, 아내가 의식이 저하될 때 옆에 있었나요?

보호자 네. 아침 식사를 하고 약을 먹더니 갑자기 의식이 떨어져서 신고했어요.

대원1 테이블에 많은 약이 있는데 어떤 약을 드셨는지 아세요?

보호자 글쎄요……. 여기서 무슨 약을 먹었는지 잘 모르겠어요.

대원1 뜯어놓은 약들이 많은데 어떤 약을 먹었는지 알아야 도움을 줄 수 있어요.

보호자 글쎄요. 약 먹는 거 보고 저는 방에 있다가 거실에 나오니 의식이 없어 신고했어요.

대원1 그럼 두통이나 구토, 발작 등이 있었는지도 전혀 모르세요?

보호자 글쎄요. 조용했었어요.

대원1 평소 앓고 있는 질병이나 치료 받는 것이 있나요?

보호자 고혈압과 신부전증으로 복막 투석하고 있고 최근에는 고관절 수술 후 항생제 먹고 있어요.

대원1 마지막 식사는 언제 했나요?

환자 아침에 미음으로 식사했어요.

보호자의 의견을 들어보고 약물 복용으로 인해 의식 변화가 발생했는지 아니면 다른 대사적인 문제로 인한 의식 장애가 나타났는지 확인하기 위해 현장에 놓여 있는 약봉지를 살펴보고 있으나 병원 처방 약 외에는 특별한 문제점을 발견할 수 없다.

약물 중독이 의심되는 상황이지만 통증에 반응하는 정도의 의식을 보여 더 자세한 평가를 위해 신체 검진을 수행해보기로 한다.

Tip

GCS(혼수척도)에 따른 환자 상태

경증	13~14점
중등도	9~12점
중증	3~8점

■ 신체 검진

대원1 GCS 9점(E2, V2, M5)이 관찰된다.
오른쪽 팔(Grade 3), 다리(Grade 3) 근력 저하, 코 고는 듯한 호흡, 따뜻한 피부

대원2 활력징후와 동공 반응을 측정한다. [Rt 2mm(+)/Lt 2mm(+)]

시각	혈압	맥박	호흡	체온	SpO_2	혈당
10:26	220/140 mmHg	74회/min	18회/min	36.4℃	98%	193 mg/dL

05 의식 변화의 원인을 찾기 위한 감별 진단법에는 무엇이 있는가?

현장 심전도

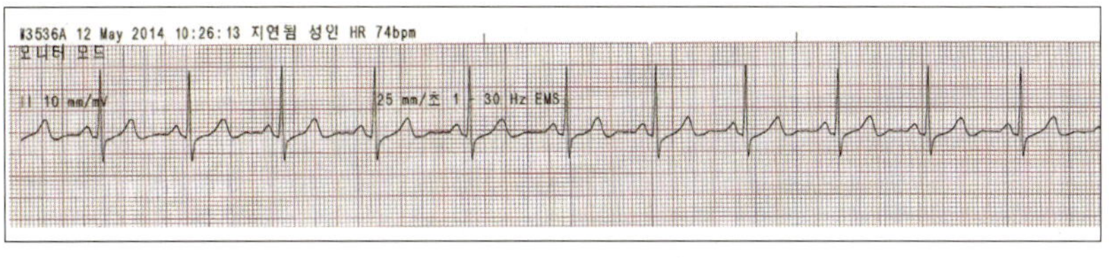

06 위 심전도에 대한 해석은?

1) 리듬이 규칙적인가? □ 규칙적 □ 불규칙적
2) 맥박수가 정상인가? (정상: 60~100회) □ 정상 □ 빠름 □ 느림
3) P파 너비가 정상인가? (정상 ≤ 3칸) □ 정상 □ 넓음
4) PR 간격이 정상인가? (정상 ≤ 5칸) □ 정상 □ 늘어남 □ P파 뒤에 R파가 없다
5) QRS 너비가 정상인가? (정상 ≤ 3칸) □ 정상 □ 좁음 □ 넓음
6) ST 분절은 정상인가? □ 정상 □ 상승 □ 하강

07 2차 평가 내용을 바탕으로 기록해 보자.

신체 검진	
시진(눈으로 보이는 이상)	
청진(비정상적인 호흡음, 소리)	
촉진(손으로 느껴지는 이상 반응 확인)	
타진(소리나 반응으로 이상 반응 확인)	
동공 반응(빛반사/크기)	

활력징후						
시각	혈압	맥박	호흡	체온	SpO_2	혈당
:	/ mmHg	회/min	회/min	℃	%	mg/dL

Allergy(알레르기 유무)	
Medication(복용 중인 약물)	
Past illness(과거 병력, 수술력)	
Last meal(마지막 음식물 섭취 시간)	
Event[사고 당시 상황(기전)]	
Onset(발생 시점)	
Provocation(유발/악화/완화 요인)	
Quality(통증/증상의 유형)	
Region(연관된 통증/증상의 부위)	
Severity(통증/증상의 정도)	
Time(통증/증상 지속 시간)	

현장 처치

Tip

편마비 환자를 이송할 때 손상받은 쪽 상/하지는 환자 본인이 조절할 수 없기 때문에 적절한 고정으로 2차 손상을 예방해야 한다.

이송 중 환자가 구토하는 경우에는 측면 자세를 취하게 한다면 손상 받은 쪽이 아래 방향으로 위치해 손상을 예방할 수 있다.

뇌출혈 가능성을 염두에 두고 신속한 이송 준비를 한다.

먼저 이송 전 환자 상태를 재확인한 다음 산소 공급이 원활히 유지될 수 있도록 점검한다. 하지만 고농도의 산소는 환자 상태에 따라 신중히 고려해야 한다.

이송 중 환자의 팔다리가 처지고 의식이 없는 경우는 2차 손상을 받을 수도 있으니 특히 주의해야 한다. 또한, 환자를 주들것으로 옮긴 후에는 심전도 모니터링 케이블과 패치 접촉 상태를 다시 한번 확인한다.

환자는 여전히 통증에 반응하지 않은 채 호흡이 불규칙하고 의식 저하를 보여 신속한 이송이 요구된다.

■ 의료지도

환자의 신경학적 증상이 뇌출혈이나 뇌경색으로 판단되지만 약물 복용 후 증상 발현이 되었기 때문에 의료지도를 통해서 환자 평가의 도움을 받기로 한다.

의료지도 의사는 오전에 발생한 급성 의식 저하와 고혈압이 확인되는 것으로 보아 뇌출혈을 의심했고, 가까운 응급의료기관 이상의 병원으로 신속하게 이송할 것을 조언했다.

구급대원은 환자를 가까운 지역 응급의료센터로 이송하기로 한다.

---

08 2차 평가에서 고혈압, 약 복용 후 근력 저하를 동반한 의식 변화의 원인과 그것에 대한 평가 방법은 무엇인가?

이송 단계

아파트 구조상 의식이 없는 환자를 이송할 때는 반드시 주들것 앞뒤에 구급대원이 위치하여 문턱 등에 바퀴가 걸려 주들것이 전도되는 일이 없도록 특히 주의해야 한다. 주들것을 접이식으로 변경한 후 환자를 앉히고 나서 안전벨트를 착용하고 이동 중 추가 손상이 없도록 한다. 비강캐뉼러로 2L/min의 산소를 투여하면서 지속적인 심전도를 관찰하며 이송한다.

이송 예정 병원 응급실 의료진에게 환자 상태, 도착 예정 시간 등을 미리 통보하여 CT 검사가 신속히 이루어질 수 있도록 한다. 환자는 이송하는 동안 의식은 U(반응 없음) 상태로 적절한 기도 개방을 유지하며, **GCS 9점**(E2, V2, M5), 활력징후는 다음과 같다.

시각	혈압	맥박	호흡	체온	SpO_2
10:39	220/140mmHg	70회/min	20회/min	36.5℃	99%

09 이송 중 고려할 사항과 추가적인 응급처치는 무엇인가?

병원 단계

10:45

의료진 무슨 환자입니까?

대원1 5분 전에 전화드렸던 의식 변화 환자입니다.
환자는 약물 복용 후 의식 변화로 10시 19분에 119에 신고되었으며 현장 도착 시 통증에 반응하는 정도의 의식을 보였습니다.

의료진 초기 활력징후는 어땠나요?

대원1 혈압 220/140mmHg, 맥박 74회/min, 호흡 18회/min, 체온 36.4℃, SpO_2 98%이며 BST는 193mg/dL로 평가되었습니다.
동공 반응 양쪽 수축(2mm), GCS는 9점이었습니다.
환자는 왼쪽만 운동성에 움직임을 보였으며, 의료지도에서 뇌출혈이 의심된다고 하여 응급실을 방문하게 되었습니다.
이송 중 비강캐뉼러로 2L/min의 산소를 공급하며 심전도 감시를 함께 했으나 심전도상 특별한 부정맥은 확인하지 못했습니다.

의료진 네, 알겠습니다.
(간호사에게 활력징후와 심전도, 혈당 검사를 하도록 한다.)
(보호자에게) 뇌출혈이 의심되니 우선 CT 검사 후 결과를 보고 다시 말씀드리겠습니다.

10 상기 사항을 구급일지에 작성해 보시오.

제한점

- 의식 저하 환자를 평가할 때 신속히 ABC가 평가되어야 하며 원인을 찾기 위해 처치를 소홀히 하면 골든타임을 놓칠 수 있다.
- 질환 유발 정황과 문진으로 추정되는 진단에 확신이 없을 때는 많은 고민에 빠지게 된다.
- 의식이 없는 뇌출혈 의심 환자에 대한 의료지도에 있어 GCS 평가가 선행되어야 하는데 점수 산정 및 명확한 산정 근거를 제시하기가 어렵다.

실전 문제

01 환자의 병력을 문진하고 있다. 비교적 의식 소실과 원인 관계가 적은 투약은?

① 고혈압 치료 약을 먹고 있다.
② 당뇨병 치료 약을 먹고 있다.
③ 관절염 치료 약을 먹고 있다.
④ 뇌졸중 치료 약을 먹고 있다.

02 GCS 척도로 환자의 의식을 평가하고자 한다. 말(verbal)로 지시하는 내용과 반응이 아닌 것은?

① 큰 소리로 부르면 눈을 뜬다.
② 질문과 관계없는 혼돈된 대화를 한다.
③ 비정상 신전 운동 반응을 나타낸다.
④ 대답하지만 언어 구사가 부정확하다.

03 병원 전 단계 뇌졸중 척도를 나타낸 것이다. 환자에 대한 설명으로 잘못된 것은?

① F: facial droop 입 모양을 "이-" 해보세요.
② A: arm 눈을 감고 양쪽 팔을 들고 유지하세요.
③ S: speed 증상이 얼마나 빨리 진행되었나요?
④ T: time 이 증상이 언제 생겼나요?

04 편측 마비 환자를 이송하는 과정에서 구토 증세가 있어 옆으로 누운 자세(lateral position)를 취할 때 적당한 것은?

① 관찰이 쉬운 구급대원 방향으로 기울인다.
② 방향은 크게 상관없으며 환자가 원하는 방향으로 눕힌다.
③ 반좌위(semi fowler's position)로 흡인을 예방하고 구급대원이 처치하기 쉬운 자세를 취하도록 한다.
④ 마비된 쪽을 아래로 한다.

정답 1 ③, 2 ③, 3 ③, 4 ④

1-③ 고혈압은 뇌출혈, 당뇨병은 저혈당, 뇌졸중은 뇌경색과 뇌출혈 등으로 의식 저하를 추정해 볼 수 있다.
2-③ 통증에 대한 운동 반응을 나타낸다.
3-③ S: speech "따라 해보세요. 오늘은 날씨가 좋다."
4-④ 손상된 쪽은 움직이는 구급차 안에서 통제하기 어려우므로 아래쪽으로 두어 2차 손상을 예방할 수 있다.

사례 풀이

01 현장 진입 시 고려해야 할 장비에는 어떠한 것들이 있는가?

모든 출동에서 ABC에 대비하는 것은 무엇보다 중요하다. 응급처치 가방에는 항상 기도 관리에 대한 장비들이 필수적으로 갖춰져 있어야 하고, 출동 단계에서 의식 저하라고 인지된 경우 환자 기도 관리 장비, 즉 기도유지기와 휴대용 산소 장비, 활력징후 측정 장비, 제세동기가 일차적으로 필요하다.

현장 단계에서는 생명 유지에 필요한 장비와 더불어 환자 이송을 위한 장비 또한 빠질 수 없는 부분이다. 의식 저하 환자의 이송 시 신체는 적절히 고정되어야 하므로 현장 상황에 따른 적절한 고정 장비를 선정하는 것 또한 중요하다.

02 출동 중 신고자와 통화 시 어떤 정보들을 문진할 것인가?

의식 저하 환자 출동에 있어 현장 신고자에게서 환자의 임상적 상태에 대한 정보를 적절히 제공 받지 못했다면 많은 가능성을 열어두어야 한다. 정확한 위치(건물명, 층수, E/V 설치 여부, 진입 시 차량 통행의 문제가 있는지 등)를 우선 재확인하고, 환자의 의식 여부를 비롯한 ABC에 대한 정보를 파악해야 한다. 만약 의식이 없다면 심정지와 관련해서 호흡 양상을 물어보아야 한다. 특정한 호흡의 유형을 미리 알려주어 그 평가가 편향되지 않도록 주의해야 한다.

신고자 대부분은 의료인이 아니므로 그 느낌을 그대로 전달 받는 것이 중요하다. 또한, 어떠한 행동을 하다가 증상이 나타났는지와 증상 발현 시간을 미리 확인하는 것도 잊지 말아야 한다.

03 환자에게 우선 제공되어야 하는 처치와 고려해야 할 사항은?

무슨 약을 얼마나 먹었는지 모른다. 약물을 먹고 갑자기 의식을 잃는 사례도 흔하지 않아 가능성 있는 원인에 대한 문진이 필요하지만, 유도 질문은 하지 않는 것이 좋다. 코를 고는 듯한 호흡은 기도의 일부 폐쇄를 암시할 수 있어 적절한 기도 개방과 흡인을 예방할 수 있는 자세를 취하도록 한다.

ABC 평가에서 환자의 기도 개방 상태가 양호해도 호흡 상태가 불규칙하거나 분당 호흡수가 저하되어 있다면 비재호흡 마스크를 통한 산소 공급이 즉시 제공되어야 한다. 의식 변화가 있는 경우 기도 유지를 우선 제공한다. 산소투여에 특이한 일부 질환에 대해서는 고농도 산소 공급은 신중히 고려되어야 한다. 분당 호흡수의 감소와 불규칙한 호흡은 저산소증을 초래하므로 산소 공급을 결정하는 데 있어 호흡수, 호흡의 규칙성, 의식 상태 등을 고려하도록 한다.

04 1차 평가 결과를 바탕으로 추정되는 문제는 무엇인가?

이른 오전에 발생했고, 젊은 여성이 약물 복용 후 급작스러운 의식 변화가 발생했다는 내용만으로 보았을 때 약물 중독을 강하게 의심할 수 있다.

강한 통증에만 반응하는 의식 상태는 GCS 8점 상태와 비슷하여 응급 상황이다. 기도는 개방되어 있지만 코 고는 듯한 호흡은 상기도폐쇄 또는 뇌손상에서 나타나는 증상일 수 있다.

순환 상태로 볼 때 노동맥에서 강한 맥박이 느껴지고 피부가 따뜻하다는 것은 적절한 혈역학적 상태를 의미한다. 1차 평가만으로는 즉각적인 생명을 위협하는 징후가 보이지는 않지만, 뇌손상 또는 급성 약물 중독으로 추정할 수 있다.

05 의식 변화의 원인을 찾기 위한 감별 진단법에는 무엇이 있는가?

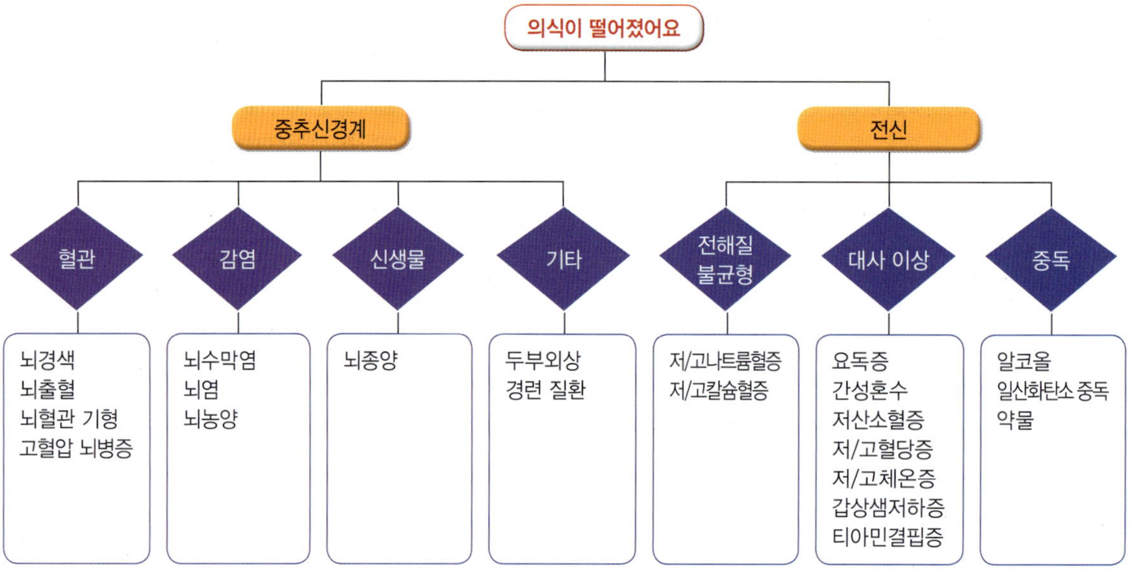

의식 변화를 보이는 환자는 응급 상황인 경우가 대부분으로 빠른 조치가 필요하다.

과거 병력과 사고 당시 상황을 확인하는 것이 중요하다. 하지만 현장에서는 보호자 없이 쓰러진 상태로 신고되어 병력 확인이 어려워 원인을 찾는 데 어려움이 많다.

1차 평가와 2차 평가에서 나타나는 증상과 징후를 통해 사고 상황을 유추하고, 원인 질환을 빠르게 감별해 낼 수 있어야 한다.

■ 문진에 의한 감별

전에도 이러한 증상이 있었나요?	반복적 증상을 가지는 질환 유무 확인
평소 병원 진료를 받고 있나요?	고혈압, 당뇨, 갑상선기능저하증, 간 질환, 신장 질환, 정신 질환
알코올 섭취 여부(섭취 주기, 섭취량 문진)	알코올 중독
최근에 심한 두통이나 의식 저하 등이 있었나요?	지주막하 출혈(SAH) 의심
최근에 두통과 열 또는 감기 증상이 있었나요?	CNS 손상(뇌척수막염 등)
최근에 머리에 충격 등이 있었나요?	지연성 뇌출혈(chronic SDH)
발작 증상을 나타낸 적이 있나요?	경련중첩증(status epilepticus), 발작 후 이완 상태 여부
실수로 대소변을 보거나 팔다리를 떨지 않았나요?	경련 질환
평소 잦은 두통이나 기억 상실, 구토, 물체가 두 개로 보이는 증상이 있었나요?	뇌종양
한쪽 마비 증상이 있었다가 다시 회복되는 일이 있었나요?	일과성 뇌 허혈성 발작 후 뇌졸중
최근에 어지럼증, 구토, 어눌한 말투가 있었나요?	뇌졸중 발생

■ 신체 검진에 의한 감별

호흡 양상에 따른 확인	중추 신경성 호흡, 임종 호흡, 과호흡 등
호기(expiration)의 냄새 확인	당뇨성 케토산증, 알코올 중독, 간성 혼수 확인
피부 상태 확인(축축한지, 건조한지)	저혈당증, 쇼크, 중독, 황달의 여부
흉부(심전도, 청진)	심근경색, 부정맥, 흡인성 폐렴
동공 확인	크기 변화, 동공 모양, 대광반사 확인
사지의 근긴장도와 운동성 평가	뇌출혈, 뇌척수막염, 뇌염 등

06 위 심전도에 대한 해석은?

1) 리듬이 규칙적인가? ☑ 규칙적 □ 불규칙적
2) 맥박수가 정상인가? (정상: 60~100회) ☑ 정상(75회/분) □ 빠름 □ 느림
3) P파 너비가 정상인가? (정상 ≤ 3칸) ☑ 정상(확인되지 않기도 함) □ 넓음
4) PR 간격이 정상인가? (정상 ≤ 5칸) ☑ 정상(확인되지 않기도 함) □ 늘어남 □ P파 뒤에 R파가 없다
5) QRS 너비가 정상인가? (정상 ≤ 3칸) ☑ 정상 □ 좁음 □ 넓음
6) ST 분절은 정상인가? ☑ 정상(T파 높이는 사지 유도 5칸 이하) □ 상승 □ 하강

* NSR(정상 동성 리듬)을 보이고 있다.

07 2차 평가 내용을 바탕으로 기록해 보자.

신체 검진	
시진(눈으로 보이는 이상)	오른쪽 상하지 근력 저하
청진(비정상적인 호흡음, 소리)	코고는 듯한 호흡
촉진(손으로 느껴지는 이상 반응 확인)	피부는 따뜻함
타진(소리나 반응으로 이상 반응 확인)	–
동공 반응(빛반사/크기)	Rt 2mm(+)/Lt 2mm(+)

활력징후						
시각	혈압	맥박	호흡	체온	SpO_2	혈당
10:26	220/140 mmHg	74회/min	18회/min	36.4℃	98%	193 mg/dL

Allergy(알레르기 유무)	특이 사항 없음
Medication(복용 중인 약물)	혈압약, 신부전증약, 넙다리관절 수술 후 항생제 복용
Past illness(과거 병력, 수술력)	고혈압, 신부전증, 넙다리관절 수술
Last meal(마지막 음식물 섭취 시간)	아침 식사(미음)
Event[사고 당시 상황(기전)]	아침 식사 후 약 복용
Onset(발생 시점)	
Provocation(유발/악화/완화 요인)	
Quality(통증/증상의 유형)	
Region(연관된 통증/증상의 부위)	
Severity(통증/증상의 정도)	
Time(통증/증상 지속 시간)	

08 2차 평가에서 고혈압, 약 복용 후 근력 저하를 동반한 의식 변화의 원인과 그것에 대한 평가 방법은 무엇인가?

신고 전 환자는 평소 고혈압약을 복용 중이었고, 최근 고관절 수술 후 처방받은 약을 복용한 후에 갑작스러운 의식 저하와 오른쪽 상하지의 근력 약화가 발생했다.

해당 약물 복용 후 갑작스러운 의식 변화는 연관성이 적고, 수축기 혈압이 220mmHg가 확인되는 것은 고혈압성 뇌출혈을 의심하게 한다.

발바닥에 바빈스키 검사를 시행한다.(엄지발가락을 뒤로 당기거나 다른 발가락을 발등 쪽으로 펼치는 것은 신경 손상이 있다는 것을 의미한다.)

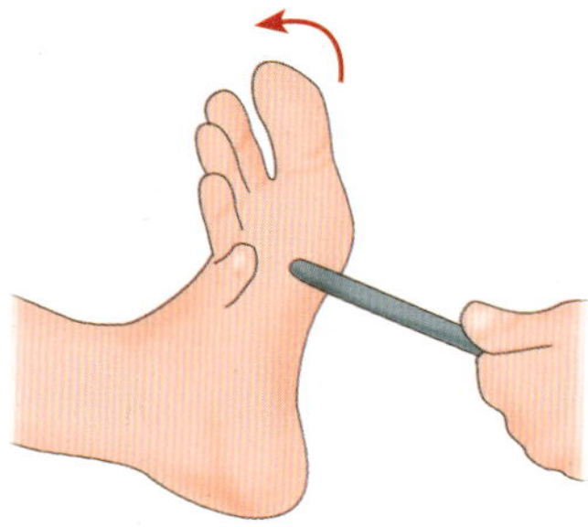

의식이 있는 경우 뇌졸중 감별 진단법을 현장에서 시행하도록 한다.

뇌졸중 감별 진단법으로 널리 알려진 CPSS(cincinnati prehospital stroke scale)와 LAPSS(los angeles prehospital stroke screen)가 있지만, 최근 들어 국내 연구진들에 의해 개발된 FASTGLaSS(통합적 신경검사)법들이 많이 쓰이고 있다. 이것은 LAPSS와 CPSS의 장점을 조합한 것으로 더욱 신뢰도가 높다.

가. CPSS

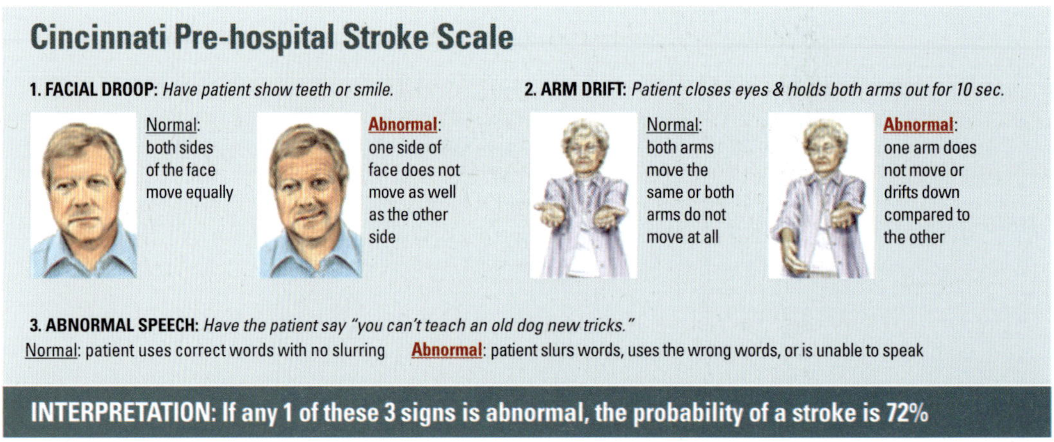

신시네티 지역에서 개발된 검사법으로 얼굴 처짐의 유무, 비대칭적 상지 근력 약화 유무, 비정상적인 말하기(불분명한 발음, 부적당한 단어 사용, 실어증)의 존재 여부로 민감도 66%, 특이도 87%를 가진다.

1) 얼굴 처짐: 활짝 웃게(치아가 보일 정도로)하여 반대쪽과 비교해서 축 늘어진다면 비정상이다(입꼬리가 올라가야 정상이다).
2) 팔 들어 유지하기: 눈을 감고 손바닥이 위로 향하게 하여 팔을 앞으로 쭉 뻗게 하고 약 10초 동안 유지하도록 한다. 한쪽 팔을 올리지 못하거나 유지하지 못하고 떨어뜨리는 것은 양성(비정상)이다.
3) 말하기: "오늘은 날씨가 좋다."처럼 특정 단어를 정확히 발음할 수 있는지 확인한다(기존 장애가 있는 경우는 별도 참조).

이 세 가지 소견 중 한 가지만 비정상이어도 허혈성 뇌졸중의 72% 확률을 가지며, 세 가지 모두 비정상이면 급성 뇌졸중 확률은 85% 이상이다.

나. LAPSS

Los Angeles Prehospital Stroke Screen (LAPSS)

1. Patient Name: ______________ (Last) ______________ (First)
2. Information/History from:
   [ ] Patient
   [ ] Family Member
   [ ] Other
   ______________ (Name) Phone: ______________
3. Last known time patient was at baseline or deficit free and awake: *Military Time:* ________ *Date:* ________

SCREENING CRITERIA:

	Yes	Unknown	No
4. Age > 45	[ ]	[ ]	[ ]
5. History of seizures or epilepsy **absent**	[ ]	[ ]	[ ]
6. Symptom duration **less than** 24 hours	[ ]	[ ]	[ ]
7. At baseline, patient is **not** wheelchair bound or bedridden	[ ]	[ ]	[ ]

	Yes	No
8. Blood glucose between 60 and 400:	[ ]	[ ]

9. Exam: **LOOK FOR OBVIOUS ASYMMETRY**

	Normal	**Right**	**Left**
Facial Smile/Grimace:	□	□ Droop	□ Droop
Grip:	□	□ Weak Grip □ No Grip	□ Weak Grip □ No Grip
Arm Strength:	□	□ Drifts Down □ Falls Rapidly	□ Drifts Down □ Falls Rapidly

	Yes	No
Based on exam, patient has **only unilateral** (and not bilateral) weakness:	[ ]	[ ]
10. ***Items 4,5,6,7,8,9 all YES's (or unknown) → LAPSS screening criteria met:***	[ ]	[ ]

11. If LAPSS criteria for stroke met, call receiving hospital with a "code stroke", if not then return to the appropriate treatment protocol. (Note: the patient may still be experiencing a stroke even if LAPSS criteria are not met.)

로스앤젤레스 병원 전 뇌졸중 선별검사: 주로 혈당값, 얼굴 마비, 팔의 근력을 평가하는 방식으로 민감도 91%, 특이도 97%의 정확도를 나타낸다.

1) 평가에서 확인하는 사항
   - 발작이나 간질의 병력이 없음
   - 45세 이상
   - 환자는 휠체어를 타거나 침상 생활을 하지 않는다.(CPC2 이상)
   - 혈당 60~400mg/dL
   - 증상이 24시간 이내에 발생

2) 마비를 확인하는 검사(검사 항목 중 어느 하나에 대한 일방적인 힘 빠짐)
- 활짝 웃도록 하여 얼굴 처짐이 있는지 확인한다.
- 검사자의 손을 꽉 붙잡도록 하여 힘이 약한지 확인한다.
- 팔 근력을 평가한다(손바닥이 하늘을 보도록 하여 앞으로나란히를 시켜 처지는지 확인).

평가 항목에서 비정상(힘 약함) 또는 평가가 불가한 항목들이 모두 충족될 때 양성으로 판정할 수 있다.

다. FASTGLaSS

기존에 널리 쓰이던 FAST[1]와 CPSS, LAPSS의 일부가 혼합된 형태로 90%의 정확도를 나타낸다.
- F(face): 안면부의 처짐 현상 파악
- A(arm): 양팔을 뻗은 상태(손바닥 하늘 방향)로 팔을 들어올려 10초간 유지하는 능력(누워 있을 때는 45도 각도 유지, 앉아 있을 때는 90도 유지)으로 양쪽 팔의 운동력 파악
- S(speech): 정확한 언어 구사 능력 파악
- T(time): 증상이 처음 발생한 시간(증상 발생 후 4~5시간까지 의미 있다.)
- G(grip): 양쪽 팔의 근력 파악
- L(leg elevation): 누운 상태에서 양쪽 다리를 45도 들어올린 상태로 10초간 유지하는 능력
- S(sensory): 얼굴, 손등, 발등의 감각 파악 등

항목		검사 결과: 오른쪽		검사 결과: 왼쪽	
Face		정상 ( )	비정상 ( )	정상 ( )	비정상 ( )
Arm		정상 ( )	비정상 ( )	정상 ( )	비정상 ( )
		운동력: 최소 Motor grade ( )		운동력: 최소 Motor grade ( )	
Speech		정상 ( ) 비정상 ( )			
Time		증상 발생 시간: ( )시간			
Grip		정상 ( )	비정상 ( )	정상 ( )	비정상 ( )
Leg elevation		정상 ( )	비정상 ( )	정상 ( )	비정상 ( )
		운동력: 최소 Motor grade ( )		운동력: 최소 Motor grade ( )	
Sensory	얼굴	정상 ( )	비정상 ( )	정상 ( )	비정상 ( )
	손등	정상 ( )	비정상 ( )	정상 ( )	비정상 ( )
	발등	정상 ( )	비정상 ( )	정상 ( )	비정상 ( )
뇌졸중 가능성		가능성 없음 1 — 2 — 3 — 4 — 5 — 6 — 7 — 8 — 9 — 10 매우 가능성 높음			
이송 병원		10분 내의 근처 응급실 ( )		원거리 재관류 시간 내 전문 응급센터 ( )	

1) 1998년 영국에서 개발된 검사법으로 3시간 이내에 신속하게 혈전 용해제를 투여하기 위해 만들어졌다. FAST검사 자체만으로 64~77%의 정확도를 나타낸다고 한다.

■ 참고: 근력등급 평가표(정도에 따라 4+/4−로 평가하기도 한다.)

등급		검사 방법			
		팔 검사 방법		다리 검사 방법	
Grade 5 (Normal)	검사자의 저항을 완전히 이기고, 완전한 움직임이 가능	누워서 팔을 90도 뻗은 상태로 검사자 저항을 강하게 이기며 밀어냄	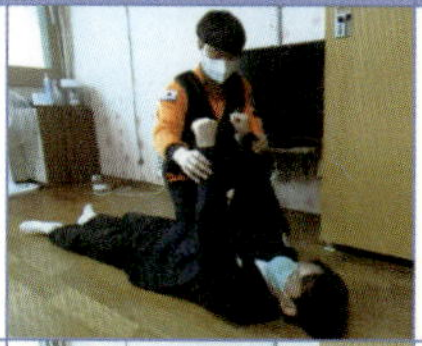	누워서 다리를 90도 구부린 상태로 검사자 저항을 강하게 이기며 밀어냄	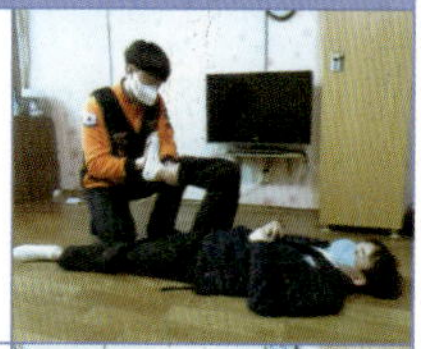
Grade 4 (Good)	검사자의 저항에 약간 이기고, 움직임이 가능	누워서 팔을 90도 뻗은 상태로 검사자 저항을 천천히 이기며 밀어냄	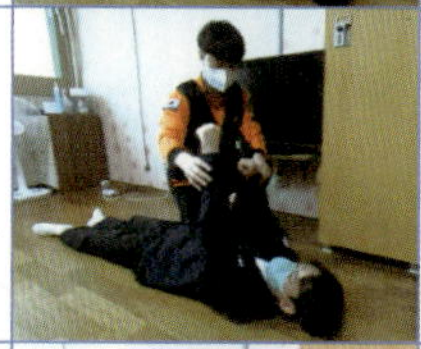	누워서 다리를 90도 구부린 상태로 검사자 저항을 천천히 이기며 밀어냄	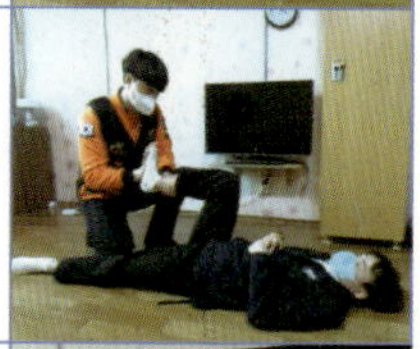
Grade 3 (Fair)	중력을 이기며 움직임이 가능하지만, 저항은 이기지 못함	누워서 팔꿈치 관절을 90도 구부린 상태를 유지	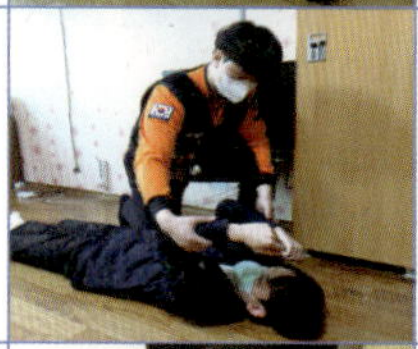	누워서 무릎을 90도 구부린 상태를 유지	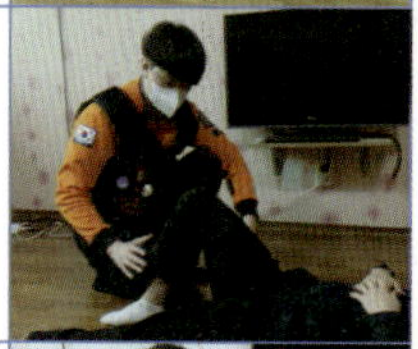
Grade 2 (Poor)	중력을 제거한 상태에서 움직임 가능	옆으로 누운 상태로 팔을 뻗어 팔꿈치 관절의 움직임이 있음		옆으로 누운 상태로 다리를 뻗어 무릎 관절의 움직임이 있음	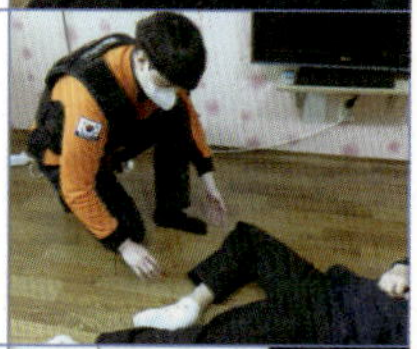
Grade 1 (Trace)	근수축은 느껴지나 움직일 수 없음	옆으로 누운 상태로 팔을 뻗어 움직임은 없으나 근수축은 확인됨	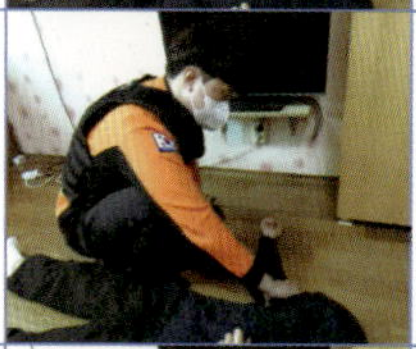	옆으로 누운 상태로 다리를 뻗어 움직임은 없으나 근수축은 확인됨	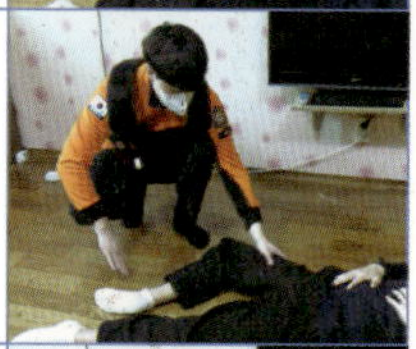
Grade 0 (Zero)	근수축이 느껴지지 않음	어떠한 근수축도 발생하지 않은 상태	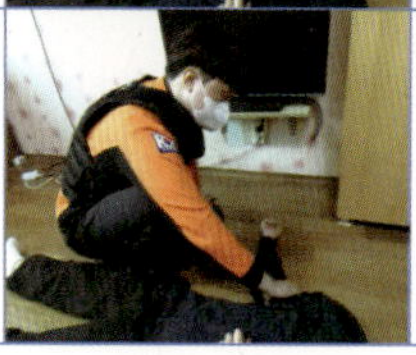	어떠한 근수축도 발생하지 않은 상태	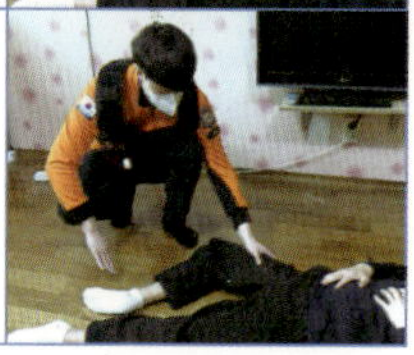

09 이송 중 고려할 사항과 추가적인 응급처치는 무엇인가?

환자는 1, 2차 평가에서 뇌압 상승 징후(저혈압, 빈맥, 심정지, 분출성 구토, 동공 변화)가 보이지는 않지만, 이송 단계에서는 뇌압 상승 증상이 나타날 수 있어 대비해야 한다.

1) 병원 도착까지는 의식 변화가 있는지 계속적인 관찰이 필요하다.
2) 활력징후를 최초 5분 단위, 이후 10분 단위로 측정한다.
3) 필요 이상의 산소 공급은 혈관 수축을 일으킬 수 있으므로 94% 이하에서만 제공한다.
4) 수액 요법은 수축기 혈압 80~100mmHg 사이를 목표로 설정하여 두개내압의 불안정에 대비한다.
5) 이송 중 자세는 마비된 쪽을 아래로 위치시키고(마비된 팔다리를 조절할 수 없으므로 바닥으로 가게 한다) 구토에 미리 대비한다.

6) 수축기 혈압 90mmHg 이상이면 뇌압 상승 방지를 위해 상체를 15~30도 올려서 이송한다.
만약, 90mmHg 이하일 때 변형 트렌델렌버그(머리를 내리지 않고 다리만 올리는 자세) 자세를 취해준다.
- 이전의 구급차용 주들것에서는 다리를 올릴 수 있도록 제작되었으나 최근에는 그 기능이 없으므로 이불이나 가방 등을 이용해서 다리를 올릴 수 있도록 한다.

7) 심전도 감시

10 상기 사항을 구급일지에 작성해 보시오.

Cf: QR 코드 를 찍어 구급활동일지 예시를 확인할 수 있다.

119 구급대원 현장응급처치 표준지침(급성 뇌졸중 의증)

The Standard Protocols for 119 Emergency Medical Services Providers

뇌졸중은 흔히 중풍으로 더 잘 알려져 있으며, 크게 **허혈성 뇌졸중**과 **출혈성 뇌졸중**의 두 가지로 분류할 수 있다. 허혈성 뇌졸중은 뇌혈전증, 뇌색전증, 열공성 뇌졸중, 일과성 뇌허혈발작 등으로 나뉘고, 출혈성 뇌졸중은 뇌실질내출혈, 지주막하출혈, 경막하출혈 등으로 나뉜다.

1. 임상적 특징

○ 뇌졸중의 위험 인자
- 고혈압, 당뇨병, 심장병, 뇌혈관 질환의 과거력, 고지혈증, 흡연, 운동부족, 혈액점도 증가 등
- 피임약 복용, 편두통, 단백질 C, S 결핍, 고섬유원소증, 고뇨산혈증, 빈혈, 심내막감염 등

○ 뇌졸중의 일반적인 증상
- 주된 증상은 두통, 어지러움, 편마비, 언어장애, 보행장애, 의식장애 등이며, 심한 경우에는 혼수, 호흡정지 또는 심장정지에 이르기도 한다.
- 일과성 허혈발작은 일시적인 국소 허혈에 의해 발생하며, 가역적이고 일시적이나 반복되는 양상을 보이는 경우에 뇌경색의 선행 증상이 될 수 있다.
- 뇌경색은 이전에 일과성 허혈증상을 경험한 경우에서 50% 이상이며 갑자기 발생하기도 하고 수 시간 또는 수일에 걸쳐 진행되기도 한다.
- 뇌출혈은 활동 시간이나 격렬한 운동, 심리적 격앙 또는 식사 도중에도 발생할 수 있으며, 부위와 출혈량에 따라 의식장애의 정도가 다양하고 심한 경우 뇌간 탈출에 의해 사망에 이를 수 있다.

○ 증상 발현의 특성
- 손상 받은 부위와 허혈, 경색이나 출혈의 정도에 따라 의식장애 및 마비 등의 증상에서부터 혼수까지 다양한 증상을 보일 수 있다.
- 일반적으로 편측 대뇌의 병변으로는 의식저하와 혼수를 일으키지는 않으나, 부종 등으로 반대 측 뇌의 기능저하가 동반되면 증상을 나타낼 수 있다.

2. 환자 평가 필수 항목

○ 병력 청취
- 의식이 있는 경우는 환자 본인에게서 정보를 얻고, 의식이 혼수인 경우는 직접 병력을 청취하기 어려우므로 주변의 목격한 사람으로부터 정보를 확인한다.
- 증상이 발생한 시간과 증상을 발견한 시간은 다르기 때문에 발병 시간의 결정은 환자의 **증상이 전혀 없었던, 마지막으로 정상이었던 시간(last normal time, LNT)과 최초로 이상 소견을 발견한 시간(first abnormal time, FAT)**을 확인하여 기록한다.
- 뇌졸중의 첫 증상과 증상의 변동을 확인하고 기록한다.
- 동반되는 두통, 구토 및 최근의 두부 외상의 기왕력이 있는지 확인하고 기록한다.
- 기존의 일과성 허혈발작이나 경련과 같은 신경학적 상태 또는 뇌종양과 심근경색, 협심증, 부정맥, 심계항진 및 울혈성 심부전과 같은 심장질환, 그리고 당뇨병, 고지혈증 등의 병력을 확인하고 기록한다.

○ 이학적 검진
- 의식이 없는 환자
  - ▸ 혈압, 호흡수, 맥박수 측정
  - ▸ 말초 산소포화도 측정
  - ▸ 체온 측정
  - ▸ **혈당 측정**
  - ▸ 의식 수준: **AVPU법**을 이용하여 분류

▸ 동공 반응
  • 중앙에 위치하고 고정된 경우는 중뇌 이상
  • 일측 동공이 산대되고 고정된 경우는 동안신경(눈돌림신경) 이상
  • 양측 동공이 축동(동공수축)되어 있으나 대광반사가 있는 경우는 간뇌나 교뇌 병소

▸ 통증 자극을 이용한 운동 반응
  • 안면부의 일측에 통증을 줄 때 비대칭적으로 얼굴을 찡그리거나 환자의 하지가 외전되면 같은 쪽의 운동력이 약화되었음을 의미
  • 목적이 있는 움직임인가? 일측만 주로 사용하는가? 를 알기 위해서 자발적 운동이 있는 지 관찰
  • 심부건반사와 바빈스키반사 등의 병적 반사를 조사

▸ 심전도 감시

– 의식이 있는 환자
  ▸ 혈압과 호흡수 측정
  ▸ 말초 산소포화도 측정
  ▸ **혈당 측정**
  ▸ 의식 수준: **AVPU법**을 이용하여 분류
  ▸ 선별검사: 다음 중에서 하나의 항목이라도 해당되는 경우를 양성으로 판정한다.
    • 얼굴을 찡그리게 하여 양쪽이 동일한지 확인한다.
    • 양팔을 손바닥이 하늘을 향하게 어깨 높이로 들고 양쪽 팔의 높이가 동일한지 확인한다.
    • 이름과 나이를 물어보는 질문에 답변이 어눌하거나 적절하지 않은 말을 하는지 확인한다.
  ▸ 심전도 측정 및 감시

3. 응급처치 절차 및 방법

○ '환자 초기 평가·처치 표준지침'에 따라 전반적인 평가 및 처치를 시행한다.

○ 의식이 없는 환자
– 환자를 편평한 곳에 반듯하게 눕혀 안정을 취하게 하고 수축기혈압이 90 mmHg 이상인 경우에는 흡인을 방지하기 위해(뇌압상승방지를 위해) 상체를 15~30도 정도 올려준다(수축기혈압이 90 mmHg 미만인 경우에는 변형 트렌델렌버그* 자세를 취해준다). ☞ Ⓕ ② ①
  *변형 트렌델렌버그 자세 : 머리를 내리지 않은 하지거상 자세
– 구역반사가 소실된 경우, 입인두 기도기를 이용하여 기도를 확보 ☞ ② ①
– 말초 산소포화도가 94% 미만인 경우, **백밸브 마스크 또는 비재호흡 마스크**를 통하여 11~15 L/min의 산소를 투여하고 필요할 경우 양압 환기를 시행한다. ☞ ② ①
– 즉시 혈당을 측정(☞ ② ①)하여 70 미만이면 **정맥로를 확보**(☞ ①)하여 **50% 포도당액 50mL(10세 미만: 10% 포도당 용액을 5mL/kg)**을 투여(☞ ①)한다.
– 심전도를 지속적으로 감시한다. ☞ ② ①

○ 의식이 있는 환자
– 의식이 A, V이고 말초 산소포화도가 94% 미만인 경우, 비강캐뉼러로 1~5 L/min의 산소를 투여하거나 또는 안면 마스크로 6~10 L/min의 산소를 투여한다. 교정되지 않으면 비재호흡 마스크를 통하여 10~15 L/min의 산소를 투여한다. ☞ ② ①
– 즉시 혈당을 측정(☞ ② ①)하여 70 미만이면 **정맥로를 확보**(☞ ①)하여 **50% 포도당액 50 mL(10세 미만: 10% 포도당 용액을 5 mL/kg)**을 투여(☞ ①)한다.
– **병원 전 뇌졸중 선별검사**를 실시하여 양성인 경우에는 이송 병원에 즉시 사전연락 ☞ ② ①
– 심전도를 지속적으로 감시한다. ☞ ② ①

4. 응급처치 시 주의 사항

○ 의식이 없는 환자

- 환자의 경구로는 어떠한 것도 공급하지 않는다.
- 환자의 신경학적 평가 과정으로 인해 이송을 지연시키지 않는다.
- **지주막하 출혈**에서 **치명적인 부정맥**이 발생할 수 있으므로 심전도 감시를 한다.

○ 의식이 있는 환자

- **병원전 뇌졸중 선별검사**를 정확히 실시하고 기록한다.
- 최초로 이상소견을 발견한 시간이 6시간 이내이면 즉시 뇌졸중 치료를 받을 수 있는 응급의료기관 이상으로 이송하여야 하고 현장에서 10분 이상을 지체하지 않는다.
- 병원전 단계에서 뇌졸중 의심 환자에게 혈압 조절을 위한 특별한 처치는 하지 않는다.
- 저혈당이 발견되어 포도당액을 주입할 필요가 있는 환자를 제외하고 특별히 정맥로 확보를 시도하지 않는다.
- 구토, 흡인과 같이 기도 유지에 관련된 문제가 발생한 경우에는 환자를 좌측 측와위(옆누움 자세)로 취할 수 있다.

5. 직접 의료지도 요청 기준

○ 환자 생체 징후가 불안정하여 정맥로 확보 및 수액 투여가 필요한 경우
○ 저혈당으로 인한 의식저하에서 포도당 투여가 필요한 경우
○ 의식이 없고 환기가 부적절한 환자에서 1시간 이상의 이송시간이 예상되는 경우
○ 부정맥이나 저혈압과 같은 심혈관계 증상에 의한 의식 저하가 의심되는 경우

6. 이송 병원 선정 기준

○ 급성 뇌졸중이 의심되는 경우 가까운 지역 응급의료센터 이상의 의료기관으로 이송함을 원칙으로 하되, 지역별 여건에 따라 의료지도 등을 받아 치료가능한 가까운 지역 응급의료기관으로 이송할 수 있다.
○ 병원 전 뇌졸중 선별검사가 양성인 경우에는 즉각적인 혈전용해치료가 가능한 지역 응급의료기관 이상의 의료기관으로 이송함을 원칙으로 하며 119 구급상황관리센터에 관련된 병원 정보를 요청할 수 있다.
○ 응급의료 취약 지역일 경우 가장 가까운 지역 응급의료기관으로 이송한다.

Reference

1. 소방청. 《119 구급대원 현장응급처치 표준지침》, 2023.
2. Kidwell, CS; Starkman, S; Eckstein, M; Weems, K; Saver, JL (31 Jan 2000). "Identifying stroke in the field. Prospective validation of the Los Angeles prehospital stroke screen (LAPSS)". Stroke. 31 (1): 71-6.
3. Harbison Joseph; Hossain Omar; Jenkinson Damian; Davis John; Louw Stephen J.; Ford Gary A. (2003-01-01). "Diagnostic Accuracy of Stroke Referrals From Primary Care, Emergency Room Physicians, and Ambulance Staff Using the Face Arm Speech Test". Stroke. 34 (1): 71-76.
4. Kothari, R.; Hall, K.; Brott, T.; Broderick, J. (1997-10-01). "Early stroke recognition: developing an out-of-hospital NIH Stroke Scale". Academic Emergency Medicine. 4 (10): 986-990.
5. American Heart Association (2011). Advanced Cardiovascular Life Support Provider Manual. USA: First American Heart Association Printing. p. 137. ISBN 978-1-61669-010-6.
6. AHA Stroke Guideline 2020.
7. KSMC(한국의과대학·의학전문대학원협회). 《기본진료수행 지침》 전면 개정판(제2판), 2016.

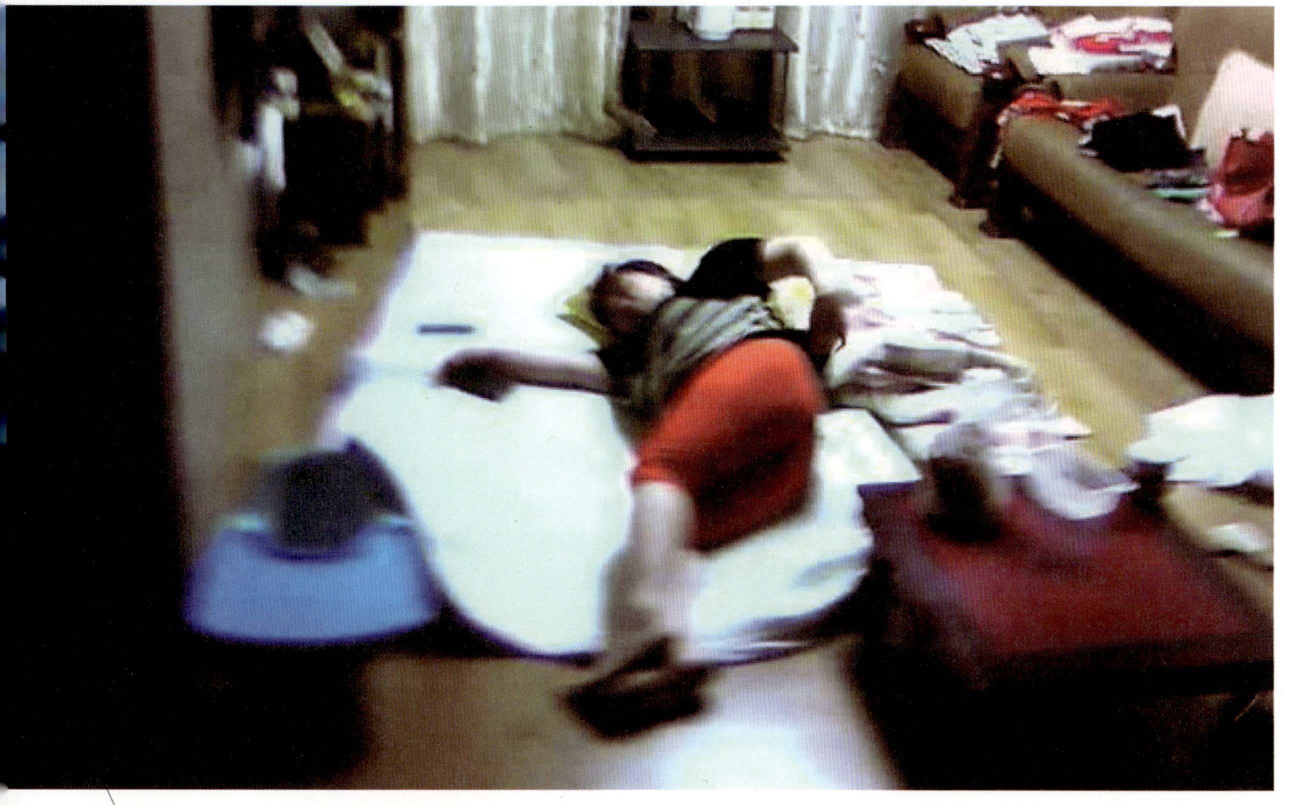

사례 19 경련하고 있어요

목적

- 실신(syncope)과 경련(seizure)을 병력과 증상을 보고 감별할 수 있는 능력을 기른다.
- 출동 단계부터 병원 도착까지의 처치와 이송 단계에서 구급대원의 역할을 학습한다.

출동 개요

출동 메시지 "구급 출동!" 장소는 ○○동 ○○아파트 ○○○동 ○○○호
70대 여성이 경련하고 있다는 신고

출동 정보
신고 시각 2월 9일 19:23
출동 시각 2월 9일 19:24
현장 도착 2월 9일 19:26
현장과의 거리 2km(4분 소요)

출동 인원
구급대원1 리더(처치)
구급대원2 대원(운전)

환자 정보 및 기타 정보 70대 여성 환자, 발작 후 회복된 상태

출동 단계

Tip

발작 도중 주변 사물에 의해 2차 손상을 입을 수 있으므로 출동 단계에서 파악되는 발작의 양상에 따라 외상 처치 장비를 준비하며, 환자 관찰을 위한 심전도 감시 장치, 혈당 측정기, 혈압계 등의 필수 장비를 휴대한다.

구급차 지휘센터! 여기 ○○ 구급대 신고 내용 재송신 바람.

지휘센터 환자 남편이 신고한 사항으로, 70대 부인이 발작 중이라고 신고한 내용.
현재 의식은 약간 어둔하지만, 대화가 가능한 상태라 함. 출동 중 신고자에게 응급처치 지도 바람!

구급차 접수 완료!

출동 중 접근하는 데 어려움이 없으며 신고 장소가 가까워 일찍 도착할 수 있었다.

---

01 출동 중 신고자와의 통화에서 파악할 정보와 당부해야 하는 사항은 무엇인가?

현장 상황

현장 도착 시 환자는 소파에 앉아 있으며 의식이 회복된 상태로, 남편이 우황청심환을 먹이고 있다.

대원1 보호자님 우황청심환은 목에 막힐 수 있으니 먹이지 않는 것이 좋을 것 같습니다.

대원1 환자분, 119 구급대원입니다. 저희가 도와드리겠습니다. 현재 어디가 어떻게 불편하신가요?

환자 저는 괜찮아요. 119는 돌아가셔도 됩니다.

대원1 보호자께서 환자분이 발작했다고 하는데 기억나세요?

환자 네. 기억은 다 납니다. 119대원은 돌아가셔도 됩니다.

(환자는 병원에 가지 않으려고 다 기억이 난다고 말한 것으로 보인다.)

대원1 환자분께서 발작했는데 이럴 때는 병원에 가서 정확한 원인을 찾고 치료를 받는 것이 좋습니다. 저희하고 병원에 가보시는 것이 어떠세요?

환자는 진료를 거부하고 있지만, 협조적인 말투를 보인다. 보호자에게 물어보니 약 4분 정도 발작했으며 의식 소실이 있었다고 한다.

02 현장 상황에서 구급대원이 고려할 수 있는 사항은?

1차 평가

> **Tip**
> 발작 환자의 1차 평가에서 환자의 상태가 호전되고 있는지, 지속되고 있는지 판단하기가 어렵다.

기본 활력징후 및 병력 청취	
의식 상태	A(졸리는 상태)
기도 및 호흡 상태	기도는 열려 있으며 적절한 호흡 상태를 보인다.
순환 상태	손목동맥에서 강한 맥박이 느껴지나 피부는 축축한 상태이다.

03 1차 평가 결과를 바탕으로 추정되는 문제와 해결 방안은 무엇인가?

2차 평가

환자와 보호자에게 안정을 취할 수 있도록 하고 대원2는 활력징후를 평가한다. 대원1은 환자와 보호자에게 증상을 바탕으로 환자 평가 후 응급처치 계획을 세운다.

■ 문진과 활력징후

대원1 평소 병원에서 진단 받고 약 드시는 게 있어요?

보호자 ○○대학교 병원 신경과에서 발작 약 먹고 있어요. (약봉지를 보여준다.)

대원1 언제 진단 받았나요? 진단명을 알고 계세요?

보호자 5년 전쯤 뇌경색이 와서 왼쪽으로 편마비가 있어요.

대원1 혹시 항경련제[1]를 거르지는 않았나요?

보호자 저녁 먹고 먹으려고 하다가 놓쳤어요.

대원1 발작은 마지막으로 언제 했나요?

보호자 5년 전에 발작하고 지금이 처음입니다.

대원1 발작하는 모습을 직접 목격했나요? 그랬다면 어떤 식으로 경련했나요?

보호자 방에 들어오니 발작하고 있었어요. 좌우로 움직이며 떨고 있었어요.

대원1 혹시 눈동자가 좌/우로 돌아가거나 입에 거품을 물기도 했나요?

보호자 오른쪽 위 방향으로 돌아갔고, 입에 거품이 있었어요.

대원1 발작은 몇 분 정도 했나요?

보호자 한 4분 정도 했어요.

대원1 마지막 식사 시간과 알레르기가 있나요?

보호자 18:00경 저녁을 먹었고, 알레르기는 없어요

대원1 뭐 하다가 발작했나요?

보호자 거실에서 TV 보던 중 갑자기 그랬어요.

대원1 환자분 발작 전에 이상한 느낌이 있지는 않았나요?

환자 몸이 자꾸 떨리는 느낌이 있기는 했어요.

■ 신체 검진

대원1 왼쪽 사지 편마비를 보임. 피부는 약간 축축한 상태.

대원2 활력징후와 동공 반응을 측정한다. [Rt 3mm(+) / Lt 3mm(+)]

시각	혈압	맥박	호흡	체온	SpO_2	혈당
19:28	130/75 mmHg	89회/min	16회/min	36.9℃	99%	139 mg/dL

---

1) 경련을 예방하는 약들로 다음과 같은 대표적인 약물이 있다.
- ▸ 고전적 항경련제: 카바마제핀, 발프로산, 페니토인, 클로바잠, 클로나제팜, 다이아제팜, 페노바르비탈, 에토석시미드 등
- ▸ 새로 개발된 항경련제: 가바펜틴, 라모트리진, 레베티라세탐, 옥스카바제핀, 프레가발린, 토피라메이트, 비가바트린, 조니사마이드 등

출처: [네이버 지식백과] 항경련제[anticonvulsant] (의약품안전나라 의약품 안전사용정보)

대원1 혀를 물거나 소변, 발작 중에 2차 외상은 관찰되지 않는다.
환자는 약 4분간의 의식 소실을 동반한 발작으로 대발작[2]한 것으로 추정된다.

---

04 출동 단계부터 2차 평가까지 나타난 정보를 참고하여 실신과 발작을 감별해 보시오.

05 현재 질환과 과거력이 상관관계가 있는 상황이다. 이송을 거부한다면 어떤 조치를 하겠는가?

현장 심전도

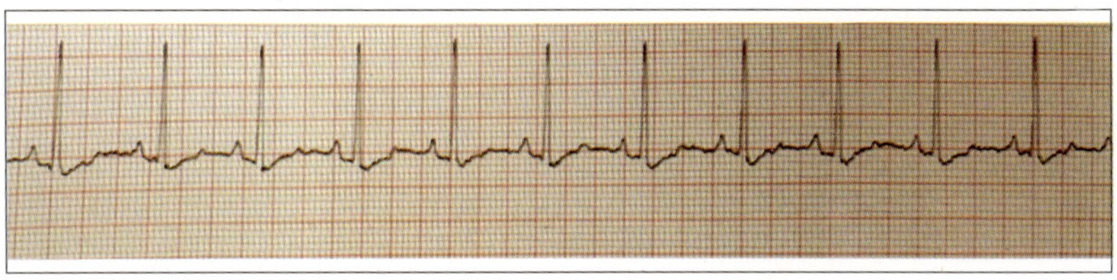

06 위 심전도에 대한 해석은?

1) 리듬이 규칙적인가? ☐ 규칙적 ☐ 불규칙적
2) 맥박수가 정상인가? (정상: 60~100회) ☐ 정상 ☐ 빠름 ☐ 느림
3) P파 너비가 정상인가? (정상 ≤ 3칸) ☐ 정상 ☐ 넓음
4) PR 간격이 정상인가? (정상 ≤ 5칸) ☐ 정상 ☐ 늘어남 ☐ P파 뒤에 R파가 없다
5) QRS 너비가 정상인가? (정상 ≤ 3칸) ☐ 정상 ☐ 좁음 ☐ 넓음
6) ST 분절은 정상인가? ☐ 정상 ☐ 상승 ☐ 하강

---

2) 뇌 운동계 이상으로 발생하는 갑작스러운 의식 소실과 경련 증상은 전신 근육의 강직 경련, 소변, 혀 깨물기, 청색증, 일시적 호흡 정지, 타액 분비(거품)를 보인다.
대개 환자는 전조 증상을 경험하기도 하며, 수분의 경련 후에는 몽롱한 상태나 수면으로 이어지기도 한다.

07 2차 평가 내용을 바탕으로 기록해 보자

신체 검진						
시진(눈으로 보이는 이상)						
청진(비정상적인 호흡음, 소리)						
촉진(손으로 느껴지는 이상 반응 확인)						
타진(소리나 반응으로 이상 반응 확인)						
동공 반응(빛반사/크기)						
활력징후						
시각	혈압	맥박	호흡	체온	SpO_2	혈당
:	/ mmHg	회/min	회/min	℃	%	mg/dL
Allergy(알레르기 유무)						
Medication(복용 중인 약물)						
Past illness(과거 병력, 수술력)						
Last meal(마지막 음식물 섭취 시간)						
Event[사고 당시 상황(기전)]						
Onset(발생 시점)						
Provocation(유발/악화/완화 요인)						
Quality(통증/증상의 유형)						
Region(연관된 통증/증상의 부위)						
Severity(통증/증상의 정도)						
Time(통증/증상 지속 시간)						

현장 처치

환자는 발작 후 특별한 이상 증상은 현재 보이지 않는 것으로 평가된다. 다만, 항경련제를 복용하지 않은 상태이며 기존 질환과 상관관계 확인을 위한 병원 진료가 필요한 것으로 판단된다.

병원 이송을 위해 걸어서 이동하는 것은 넘어짐이나 부딪힘에 의한 2차 손상 가능성이 있다. 안전을 위해 주들것에 앉히고 재발작할 경우를 대비해 안전띠를 착용하고 이동한다.

대원1 환자분 저희가 부축해 드릴 테니 여기 의자에 앉도록 하겠습니다. (대원2에게 의자형 들것 바퀴를 고정해 달라고 한다.)

대원2 고정되었습니다. 함께 이동하도록 하겠습니다.

대원1 보호자님 승강기 좀 준비해 주시고, 약봉지와 신분증 준비해 주세요.

08 만약 이동 중에 발작 증상을 보이게 될 때 어떻게 조치할 것인가?

이송 단계

환자는 이송 도중 약간의 어지럼증과 함께 몸이 왼쪽으로 쏠리는 느낌이 들며 숨쉬기가 힘들다고 호소한다.

활력징후는 다음과 같다.

시각	혈압	맥박	호흡	체온	SpO_2
19:35	110/70 mmHg	89회/min	16회/min	36.7℃	93%

구급대원은 환자에게 비강캐뉼러로 2L/min의 산소를 공급하고, 반좌위 자세를 만들어 주면서 지속적으로 심전도를 감시하며 이송한다.

09 이송 중 환자가 호소하는 어지럼증에 대한 처치와 주의 사항은 무엇인가?

10 발작이 끝난 환자를 이송할 때 병원 선정 단계에서 고려할 사항은 무엇인가?

병원 단계

19:42

병원 도착 시 응급실에는 의료진이 대기하고 있으며, 구급대원은 환자를 구급차에서 내려 응급실 안으로 이동한다. 구급대원은 환자의 발작 시작 시각과 지속 시간, 과거력 등을 의료진에게 인계한다.

의료진 무슨 환자예요?

대원1 72세 여성으로 19시 15분쯤 시작된 발작으로 신고되었고 현장 도착 당시 발작은 멈춘 상태로 의식은 명료했습니다.
보호자 말에 의하면 환자가 TV를 보던 중 갑자기 발작이 일어났다고 하며 약 4분 정도 지속되었다고 합니다. 약 5년 전 뇌경색을 진단 받아 그때부터 왼쪽 편마비가 있었고, 항경련제를 복용 중이며, 오늘 저녁은 복용하지 못했다고 합니다. 경련은 5년만에 처음이라고 합니다.

의료진 이송 중에는 특별한 변화 없었나요?

대원1 어지럼증을 호소하고 몸이 왼쪽으로 자꾸 쏠리는 느낌이 든다고 합니다. 현재 활력징후는 BP 110/70mmHg, PR 85회/분, RR 16회/분, SpO_2 96%이고 심전도 관찰 및 비강캐뉼러로 산소 2L/min를 투여하며 이송했습니다.

의료진 네, 들어가서 살펴보도록 하겠습니다.

---

11 상기 사항을 구급일지에 작성해 보시오.

제한점

- 경련 직후 환자 상태 문진 시 의식이 온전한 상태인지 판단하기 어려웠다.
- 구급대원이 현장에 도착하기 전 환자의 발작이 종료되어 의식이 돌아왔다 하더라도 환자가 지남력에 장애가 있을 수 있으므로 가능하면 목격자에게 상황을 물어보도록 해야 한다.
- 환자가 기존에 질환이 있는 상태에서 같은 질환에 의한 재발인지 다른 원인이 있는지 구분하기 어려웠다.

실전 문제

01 현장 도착 시 환자가 발작(seizure)을 지속하고 있다면 수행해야 할 처치 중 적절하지 못한 것은 무엇인가?

① 즉시 주변의 위험한 물건 등을 치운다.

② 발작 시작 시각과 지속 시간 등을 체크한다.

③ 발작이 끝나고 안정될 때까지 환자에게서 떨어져 기다린다.

④ 발작 지속 시간이 길어질 때 발생할 수 있는 저산소증에 대비하여 기도를 유지하고 산소를 공급한다.

02 다음 중 발작(seizure) 환자에게 쓰이는 약물이 아닌 것은?

① lorazepam (Ativan)

② amiodarone (Cordarone)

③ diazepam (Valium)

④ phenytoin (Dilantin)

03 발작(seizure) 환자에게서 필요한 병력을 청취하는 과정에서 잘못된 것은 무엇인가?

① 가능한 한 자세히 옆에서 관찰한 사람의 진술이 필요하며 발작 당시의 상황을 있는 그대로 기록하는 것이 중요하다.

② 발작 전의 전조 증상, 서서히 혹은 빨리 시작되었는지 여부, 운동 증상의 진행 양상, 대소변 실금, 부분성 혹은 전신성 여부, 대칭성 등에 관한 기록이 중요하다.

③ 과거력이 없는 환자에게서는 가능하면 최소한의 정보만을 청취하고 바로 병원으로 이송하도록 한다.

④ 최근이나 과거의 머리 외상, 대사 이상, 전해질 이상, 저산소증, 암을 포함한 전신 질환, 혈액 응고 장애, 약물 복용 변화, 음주 등에 대한 병력이 있었는지 확인한다.

04 발작(seizure) 환자의 신체 검진 내용 중 틀린 것은?

① 환자의 의식이 돌아왔다면 의식 수준을 계속 관찰할 필요는 없다.

② 발작을 일으킬 수 있는 머리나 척추의 손상을 확인한다.

③ 발작으로 인해 2차적으로 발생할 수 있는 골절, 염좌, 타박상 등의 손상이 있는지 확인한다.

④ 직접적인 신경학적 검사와 시간 경과에 따른 연속적 신경학적 검사를 시행한다.

정답 1 ③, 2 ②, 3 ③, 4 ①

1-③ 구급대원은 환자가 발작 도중 다른 물체 등에 부딪혀 추가 손상이 있을 수도 있으므로 환자 곁에서 가능한 한 처치를 하며 관찰하는 것이 좋다.

2-② amiodarone(Cordarone)은 항부정맥제 약물로 일반적인 발작 환자에게 쓰이지는 않는다.

3-③ 과거력이 없는 환자라 할지라도 최소한의 정보가 아니라 조금이라도 더 많은 정보를 청취하여 병원에 인계하여 준다면 많은 도움이 될 수 있다.

4-① 환자의 의식이 돌아왔다고 하더라도 이송 준비 중 또는 이송 중 다시 발작을 일으킬 수 있으므로 지속적인 관찰이 필요하다.

사례 풀이

01 출동 중 신고자와의 통화에서 파악할 정보와 당부해야 하는 사항은 무엇인가?

환자가 무엇을 하다가 발작했는지, 다른 손상은 없는지, 의식은 어떤지, 발작을 중첩성으로 여러 번 했는지 등을 질문해 볼 수 있으며 특별하게 필요한 장비가 있는지도 물어볼 수 있다. 만약 발작하는 상태라면 환자를 평평한 곳에 눕게 하고 주변의 위험한 물건들을 치우도록 지도한다. 필요하다면 옷을 느슨하게 해주고 환자 곁을 지키며 발작의 양상을 관찰하도록 안내한다.

02 현장 상황에서 구급대원이 고려할 수 있는 사항은?

소파에 앉아 있다가 발작했다면 발작 도중 바닥으로 떨어지면서 손상은 없었는지 거실 테이블의 위치 등으로 추가 손상을 짐작해 볼 수 있다. 발작의 형상, 시작 시각, 종료 시각 등도 물어보아야 한다. 우황청심환은 환자의 나이를 고려하여 일상적으로 복용할 수 있는 약물이지만, 환자의 상태가 기면 상태이고 흡인 가능성이 있다면 절대로 구강투여해서는 안 된다.

구급대원은 환자의 임상적 상태를 고려하여 병원 이송의 필요성을 알린다. 필요하다면 지도 의사와 연결 시도해야 하며, 만약, 이송을 거부한다면 거부확인서 등을 작성하여 혹시라도 휘말릴 수 있는 소송 등에 대비해야 한다.

03 1차 평가 결과를 바탕으로 추정되는 문제와 해결 방안은 무엇인가?

1차 평가 당시 환자는 약간 졸리는 듯한 상태로 대화가 가능한 의식 수준과 활력징후를 보이는 등 특별한 문제가 없어 보이나 발작으로 인해 일시적으로 호흡이 부적절했을 것으로 추측해 볼 수 있다. 우선 환자가 편안한 자세를 취하도록 도와주고 환자의 호흡 상태와 산소포화도(SpO_2 94% 이하)에 따라 산소 공급을 고려할 수 있으며, 발작 당시 혀를 깨물었을 가능성도 있으므로 구강 내 검사까지 시행해야 한다.

04 출동 단계부터 2차 평가까지 나타난 정보를 참고하여 실신과 발작을 감별해 보시오.

최초 신고 내용은 경련하고 있다는 내용이었다. 환자는 과거 뇌경색 발생 이후로 항경련제를 꾸준히 복용하고 있는 환자이다. 환자는 저녁에 항경련제를 복용하지 않았고, 발작이 생기기 전에 이상한 느낌을 느꼈다고 했다.

특별한 원인을 확인하기 어려운 발작 환자는 문진을 통해 여러 가지 정황을 고려하여 원인을 추정해 볼 수 있다. 감별하기 이전에 관련된 용어의 정의를 알고 있는 것이 중요하다.

1) **실신(syncope)**은 어떠한 문제로 인한 뇌 혈류의 일시적 감소 때문에 보통 60초 미만의 의식 소실이 있는 상태로 외형적으로 경련을 보이지 않는다. 환자는 자신이 쓰러질 것 같다는 느낌(어지럼증, 불안감, 두통, 두근거림, 가슴 통증, 발한, 흐릿한 시야)을 가지며, 의식을 금방 회복하는 것이 특징이다. 현장에서 발생 전 증상과 활력징후, 심전도 검사를 통해 심장성 실신과 저혈량 쇼크가 있는지 확인하고 필요한 응급처치를 하는 것이 중요하다.
2) **경련(seizure)**은 뇌신경 세포의 갑작스럽고 비정상적인 전기 활동이며, 해당 중추신경계를 자극하는 요소에 의해 생기는 것으로 알려져 있다. 흔히 경련 발작이라고 부르기도 한다. 경련은 병리적인 상황 전체를 표현하며, 발작은 의식 변화, 자율 신경, 운동, 감각 기능 이상을 말하는 증상적 표현으로 정의할 수 있다.
3) **뇌전증(간질, epilepsy)**은 기저 질환과 연관되어 반복적인 경련을 보이는 상태에 대한 표현이다.
4) **뇌전증 지속 상태(status epilepticus)**는 보통 5~10분 이상 지속(간혹 30분 이상도 있다)되는 경련 또는 의식 회복 없이 발작이 반복되는 상태에 대한 표현으로 응급 상황인 경우가 많다. 그러므로 ABC에 대한 응급처치가 중요하다.

소아 열성 경련은 주로 6세 이하의 어린이가 38℃ 이상일 때 나타나며, 체온의 급작스러운 상승의 결과로 경련을 일으킨다. 간혹, 의식 회복 없이 30분 이상 지속되는 경우는 뇌전증 지속 상태를 보일 수 있어 항경련제 투여를 위해 소아 응급 진료가 가능한 병원으로 신속하게 이송해야 한다. 대부분 5분 이내에 멈추며 15분 이상 지속하거나 24시간 동안 2번 이상의 경련이 있다면 CT 검사를 필요로 하므로 보호자에게 경련 시간을 확인하는 것은 매우 중요하다.

그 외 소아는 약물 복용이나 저혈당, 머리 손상 등이 **경련**(convulsion: 불수의적이고 반복적인 근육 수축 현상에 대한 표현)의 원인이 되므로 현장 조사를 철저히 하도록 한다.

■ 실신과 발작의 구별

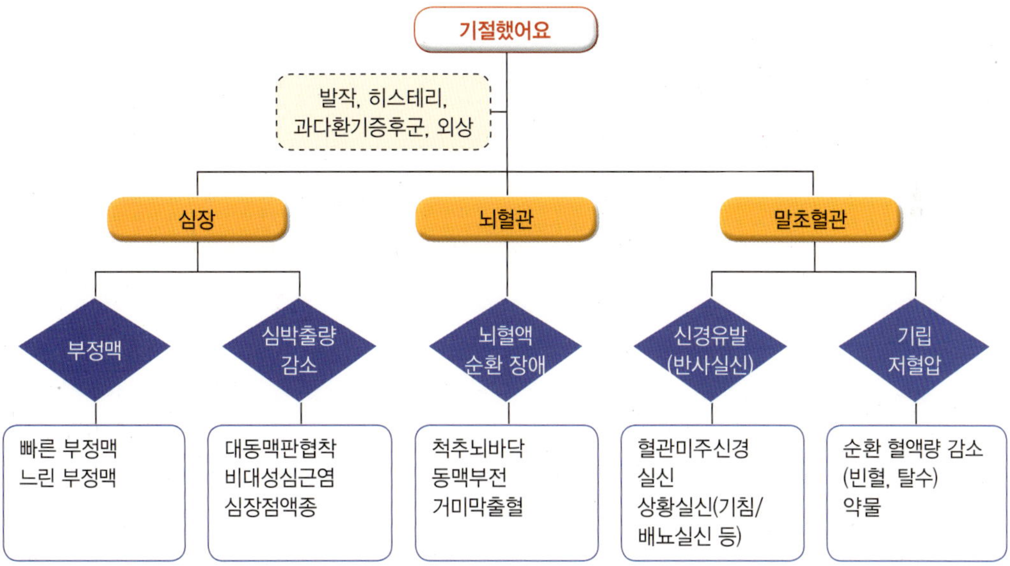

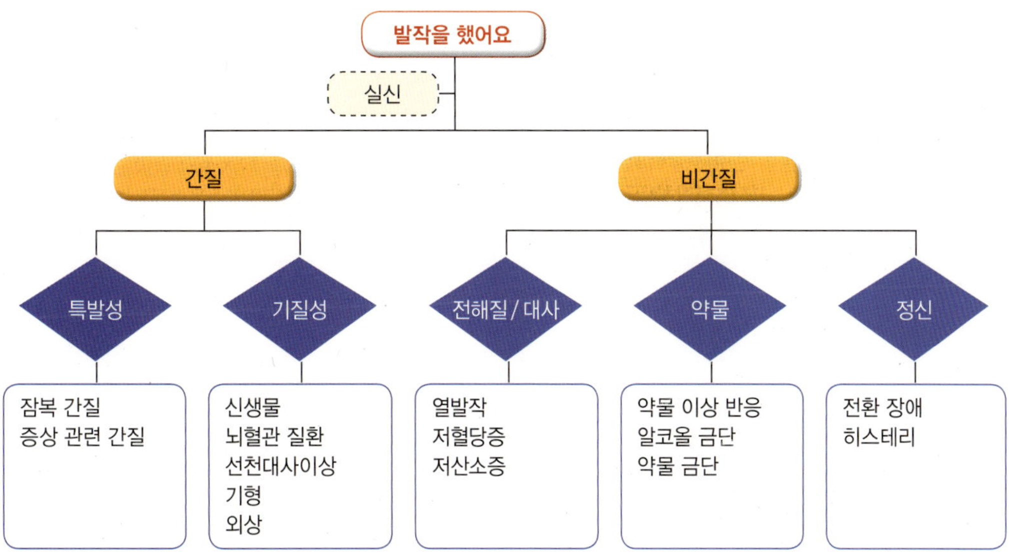

05 현재 질환과 과거력이 상관관계가 있는 상황이다. 이송을 거부한다면 어떤 조치를 하겠는가?

환자의 왼쪽 편마비 증세는 오른쪽 뇌의 손상을 의심해 볼 수 있으며, 만약 오른쪽 편마비가 있다면 기존의 손상 부위가 아닌 다른 부위의 손상을 의심할 수 있다. 과거 뇌혈관 질환을 진단 받은 과거력이 있는 환자로서 발작의 원인으로 과거의 뇌손상을 짐작해 볼 수도 있다. 마지막 발작은 약 5년 전이며, 저녁 약을 한 번 먹지 않은 상태에서 나타난 발작이다. 따라서 이런 경우 구급대원은 뇌혈관 질환이 새로 발생한 것은 아닌지, 혹은 발작을 일으킬 수 있는 다른 원인이 있는 것인지 생각해 보아야 한다.

환자가 이송을 거부한다면 현재 상태를 설명하고 병원 치료의 필요성을 지속해서 설명해야 한다. 단순 발작일 수도 있으나 새롭게 뇌경색이나 출혈이 발생한 것일 수도 있다고 알려주고, 응급 진료를 받지 않으면 예상되는 결과와 예후에 대해서도 설명하고 병원 진료를 설득해야 한다. 그래도 계속 거부한다면 의료지도 의사와 연결하여 지침을 받아야 하며, 환자나 보호자에게 설명했던 내용들을 토대로 이송거부확인서에 서명을 받아 민원이나 분쟁에 대비해야 한다.

06 위 심전도에 대한 해석은?

1) 리듬이 규칙적인가?	☑ 규칙적	☐ 불규칙적	
2) 맥박수가 정상인가? (정상: 60~100회)	☑ 정상	☐ 빠름	☐ 느림
3) P파 너비가 정상인가? (정상 ≤ 3칸)	☑ 정상	☐ 넓음	
4) PR 간격이 정상인가? (정상 ≤ 5칸)	☑ 정상	☐ 늘어남	☐ P파 뒤에 R파가 없다
5) QRS 너비가 정상인가? (정상 ≤ 3칸)	☑ 정상	☐ 좁음	☐ 넓음
6) ST 분절은 정상인가?	☑ 정상	☐ 상승	☐ 하강

07 2차 평가 내용을 바탕으로 기록해 보자.

신체 검진	
시진(눈으로 보이는 이상)	왼쪽 사지 편마비를 보임
청진(비정상적인 호흡음, 소리)	특이 사항 없음
촉진(손으로 느껴지는 이상 반응 확인)	피부는 약간 축축한 상태
타진(소리나 반응으로 이상 반응 확인)	–
동공 반응(빛반사/크기)	Rt 3mm(+)/Lt 3mm(+)

활력징후						
시각	혈압	맥박	호흡	체온	SpO_2	혈당
19:28	130/75mmHg	89회/min	16회/min	36.9℃	99%	139mg/dL

Allergy(알레르기 유무)	없음
Medication(복용 중인 약물)	뇌전증 예방약(항경련제), 구급대원 도착 시 우황청심환 복용
Past illness(과거 병력, 수술력)	뇌경색
Last meal(마지막 음식물 섭취 시간)	18:00 저녁 식사
Event[사고 당시 상황(기전)]	집 거실에서 TV 보던 중

Onset(발생 시점)	19:20(신고 3분 전)
Provocation(유발/악화/완화 요인)	해당 없음
Quality(통증/증상의 유형)	–
Region(연관된 통증/증상의 부위)	우상방 안구 편위, 거품, 몸이 활처럼 뒤로 젖혀짐
Severity(통증/증상의 정도)	–
Time(통증/증상 지속 시간)	4분간 진행

08 만약 이동 중에 발작 증상을 보이게 될 때 어떻게 조치할 것인가?

환자는 항경련제를 복용하지 않는 상태로 이송 준비를 한다. 현장에서 항경련제를 복용하고 이동하는 것에 대해서는 올바른 판단이 어렵다. 이런 경우 의료지도를 통해 약물을 복용하고 이송하는 것이 좋은가에 대해서는 의문이 있다. 발작 증상을 보인 환자에 대한 기본 원칙은 입으로 아무것도 먹이지 않아야 하기 때문이다.

만약, 이동 중에(특히 승강기 안) 발작 증상이 있다면 대원은 상당한 혼란을 경험하게 될 것이다. 이럴 때는 승강기를 우선 멈추고 주들것에서 환자를 바닥으로 내려놓은 뒤 주들것을 정지한 층에 남겨두고 환자만 1층으로 이동하는 것이 좋다. 이동 중에 대원은 ABC 관찰을 하도록 하고 증상에 따른 응급처치를 시행하도록 한다.

09 이송 중 환자가 호소하는 어지럼증에 대한 처치와 주의 사항은 무엇인가?

이송 중인 구급차 환경은 환자에게 어지럼증을 더욱더 유발할 수 있다. 의식이 있는 경우, 환자 머리의 움직임을 최소화하고 편안한 자세로 눕도록 하는 것은 머리의 위치 이동에 따른 어지럼증을 경감시킬 수 있고, 서늘한 바람을 쐬게 하는 등의 부교감 항진 요법은 증상을 완화하는 데 도움이 된다. 만약 구토 증상을 느낀다면 회복 자세(recovery position)를 만들어 주고 구토로 인한 흡인이 발생할 수 있다는 것을 알고 대비하도록 한다.

이송 중 환자의 호흡 상태를 지속해서 관찰해야 하며 경증 호흡곤란을 호소하면 자극이 덜한 비강캐뉼러를 통해 산소를 공급하는 것이 좋다. 산소를 투여해도 교정이 되지 않는다면 급성 뇌졸중(뇌출혈)의 징후일 수 있으므로 안면 마스크를 통한 고농도의 산소 공급을 적용해야 한다.

10 발작이 끝난 환자를 이송할 때 병원 선정 단계에서 고려할 사항은 무엇인가?

일단 환자의 발작이 진행 중이라면 구급대원은 환자를 가장 가까운 지역 응급의료기관 이상의 병원으로 이송해야 한다. 이송 중에도 발작이 멈추지 않고 중첩성으로 나타난다면 구급대원은 환자의 증상에 따른 치료 및 세부적인 검사가 가능한 지역 응급의료센터 이상의 병원으로 이송을 고려한다. 과거 동일 질환으로 치료받았던 병원이 인근에 있다면 진료의 연계성을 고려하여 같은 병원으로 이송하는 것도 고려해 볼 수 있다.

11 상기 사항을 구급일지에 작성해 보시오.

Cf: QR 코드 (챕터19 구급활동일지) 를 찍어 구급활동일지 예시를 확인할 수 있다.

119 구급대원 현장응급처치 표준지침(경련)

The Standard Protocols for 119 Emergency Medical Services Providers

경련은 중추신경계의 뇌신경 세포가 갑작스럽고 과도하게 비정상적이고 무질서한 방전이 일어나면서 발현되는 것으로 중추신경계를 자극하는 모든 요소에 의해 유발될 수 있다. 일반적 으로 수초에서 수분 간 지속되다가 자연히 소실되어 멈추게 된다.

1. 임상적 특징

○ 경련성 질환의 정의

- **경련(Seizure)**은 중추신경계의 자극으로 과도하고, 동시에 일어나는 비정상적인 발작사건
- **뇌전증(간질, Epilepsy)**은 만성적인 기저 병변으로 인해 반복적인 경련을 보이는 상태
- **뇌전증 지속상태(Status epilepticus)**는 경련이 5~10분 이상 지속되거나 또는 의식의 회복됨이 없이 발작이 반복되는 상태

○ 연령에 따른 원인

- 신생아기: 선천성 발달부전, 출산손상, 무산소증, 대사장애, 비타민 결핍
- 영아기(1~6개월): 신생아기의 원인, 영아 연축
- 초기 아동기(6개월~3세): 영아 연축, 열성 경련, 출산손상과 저산소증, 감염, 외상, 대사장애, 피질 이형성증
- 아동기(3~10세): 주산기 저산소증, 출산시 또는 출산 후 손상, 감염, 뇌혈관 혈전, 대사장애, 원발성 뇌전증
- 사춘기(10~18세): 원발성 뇌전증, 외상, 약물
- 성인기(18~60세): 원발성 뇌전증, 외상, 종양, 혈관질환, 알코올 또는 약물의 금단
- 노년기(60세 이상): 혈관질환, 종양, 퇴행성 질환, 외상

○ 증상 발현의 특성

- 초기: 호흡곤란, 타액 분비, 청색증, 혀 깨물기, 심박증가, 혈압 증가, 동공 산대 등
- 후기: 무반응, 근육이완, 과도한 침 흘림, 요실금, 배변, 두통, 피로, 근육통 등
- 경련을 보이는 모든 시기에서 의식저하 및 의식 소실이 동반되기도 한다.

2. 환자 평가 필수 항목

○ 병력 청취

- 현재 경련을 하고 있거나 경련이 끝난 직후에는 환자에게서 직접 병력을 청취하기 어려우므로 주변의 목격한 사람으로부터 많은 정보를 얻는다.
- 경련 전의 증상 유무, 경련의 횟수나 지속시간, 경련의 양상 등을 확인한다.
- <u>뇌전증 병력이 있는 경우,</u> 해당 약물 복용의 여부나 약제의 종류 및 용량의 변화를 확인한다.
- <u>뇌전증 병력이 없는 경우,</u> 외상의 유무, 음독의 유무, 알코올 섭취 및 중단의 유무, 암과 같은 기존의 전신 질환, 저산소증, 수면 부족 등의 병력을 확인한다.
- <u>임신이나 최근의 출산</u>은 **자간증**과 관련된 경련을 고려한다. ('자간증' 지침 참조)
- 과호흡증후군과 같이 외부의 심리적인 인자에 의한 경련의 발생을 고려한다.

○ 이학적 검진

- 혈압, 호흡수, 맥박수 측정
- 말초 산소포화도 측정
- 체온 측정
- 혈당 측정
- 의식 수준: **AVPU법**을 이용하여 분류
- 동공 반응
  - ▸ 양측 동공이 축동(동공수축)되어 있으나 대광반사가 있는 경우는 대사성 뇌증, 또는 과량의 마약을 투여한 경우

- 양측 동공이 산대되고 고정된 경우는 심한 산소 결핍성 뇌증, 스코폴라민(scopolamine)이나 글루테치마이드(glu-tethimide) 중독의 경우

- 통증 자극을 이용한 운동 반응
  - ▸ 안면부의 일측에 통증을 줄 때 비대칭적으로 얼굴을 찡그리거나 환자의 하지가 외전되면 같은 쪽의 운동력이 약화되었음을 의미
  - ▸ 목적이 있는 움직임인가? 일측만 주로 사용하는가? 를 알기 위해서 자발적인 운동이 있는지 관찰
  - ▸ 심부 건반사와 바빈스키 반사 등의 병적 반사를 조사
- 머리나 척추의 손상을 확인
- 심전도 측정 및 감시

3. 응급처치 절차 및 방법

○ '환자 초기 평가·처치 표준지침'에 따라 전반적인 평가 및 처치를 시행한다.

○ 경련이 지속되는 환자
- 경련을 하는 자세를 유지하며, 억지로 환자의 자세를 바꾸려고 하지 않는다. ☞ Ⓕ ② ①
- 말초 산소포화도가 94% 미만인 경우에는 **안면 마스크**를 통하여 6~10 L/min의 산소를 투여한다. ☞ ② ①
- 즉시 혈당을 측정(☞ ② ①)하여 70 미만이면 **정맥로를 확보**(☞ ①)하여 **50% 포도당액 50 mL(10세 미만: 10% 포도당 용액을 5 mL/kg)**을 투여(☞ ①)한다.
  (급성 저혈당의증이 의심되는 경우 그에 따른 응급처치를 적용한다.)
- 경련이 지속되는 환자는 심정지 상황에 대비하여, 환자를 모니터링하고 심정지 발생시 심정지환자에 준해서 응급처치한다.

○ 경련이 종료된 환자
- 환자를 편평한 곳에 반듯이 눕혀 안정을 취하게 한다. ☞ Ⓕ ② ①
- 구역반사가 소실된 경우, 입인두 기도기를 이용하여 기도를 확보 ☞ ② ①
- 말초 산소포화도가 94% 미만인 경우에는 **안면 마스크로 6~10 L/min**의 산소를 투여한다. ☞ ② ①
- 즉시 혈당을 측정(☞ ② ①)하여 70 미만이면 **정맥로를 확보**(☞ ①)하여 **50% 포도당액 50 mL(10세 미만: 10% 포도당 용액을 5 mL/kg)**을 투여(☞ ①)한다.

4. 응급처치 시 주의 사항

○ 경련이 진행 중인 환자의 경구로는 어떠한 것도 공급하지 않는다.
○ 경련이 진행 중인 환자는 환자가 다치지 않게 하기 위해 주변의 위험 물질을 제거하고 높은 곳에서 떨어지지 않도록 한다.
○ 경련이 지속되더라도 완력으로 경련을 강제로 멈추려고 하지 않는다.
○ 경직된 상태에서는 혀를 깨물지 않게 하는 보호대를 적용하기 어려우므로 경련이 종료된 후 흡입과 기도유지기를 이용하여 기도를 유지한다.
○ 구토, 흡인과 같이 기도 유지에 관련된 문제가 발생한 경우에는 환자를 좌측 측와위(옆누움 자세)로 취할 수 있다.

5. 직접 의료지도 요청 기준

○ 환자 생체 징후가 불안정하여 정맥로 확보 및 수액 투여가 필요한 경우
○ 임산부가 경련을 한 경우

6. 이송 병원 선정 지침

○ 경련이 진행 중인 환자는 가장 가까운 거리에 있는 지역 응급의료기관 이상의 의료기관으로 이송함을 원칙으로 한다.
○ 경련이 종료된 환자는 지역 응급의료센터 이상의 의료기관으로 이송함을 원칙으로 하되, 지역별 여건에 따라 의료지도 등을 받아 치료 가능한 가까운 지역 응급의료기관으로 이송 가능하며, 응급의료 취약 지역의 경우에도 가장 가까운 곳에 위치한 지역 응급의료기관으로 이송할 수 있다.
○ 임산부가 경련을 하는 경우, 산부인과 진료가 가능한 가장 가까운 지역 응급의료기관 이상으로 후송한다.

Reference

1. 소방청. 《119 구급대원 현장응급처치 표준지침》, 2023.
2. KSMC(한국의과대학·의학전문대학원협회). 《기본진료수행 지침》 전면 개정판(제2판), 2016.

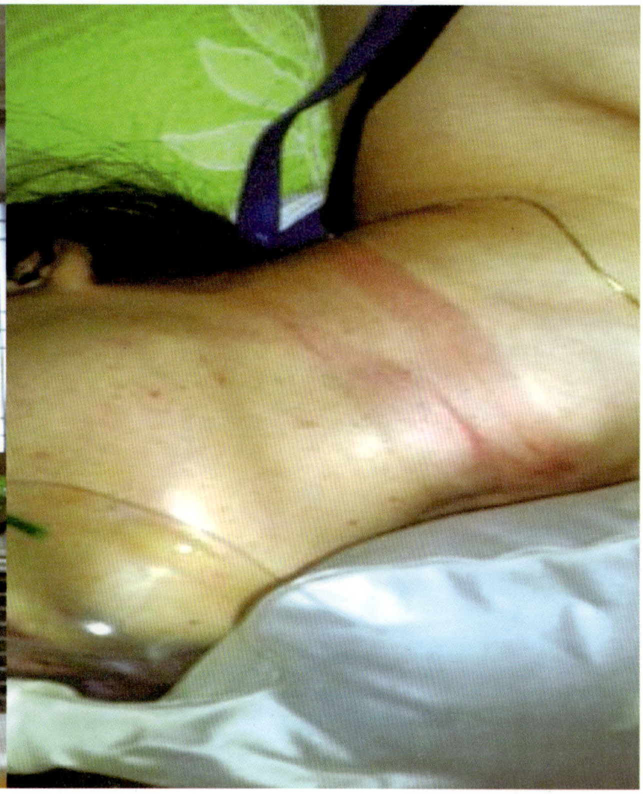

사례 20 목을 매달았어요

목적

- 목맴(hanging) 사고에 있어 사고의 유형과 손상 형태를 구별하여 사고 처리 방향을 설정할 수 있다.
- 구조 대상자의 임상적 상태에 따른 처치와 이송 병원 선정에 대해 알아본다.

출동 개요

출동 메시지 "○○ 구급차, ○○ 구조대 구조·구급 출동!"
장소는 ○○동 ○○아파트 ○○동 ○○호, 목을 매달았다고 신고되었고 경찰 공동 대응 출동 중

출동 정보
신고 시각 10월 2일 16:34
출동 시각 10월 2일 16:35
현장 도착 10월 2일 16:41 (**환자 접촉** 16:44)
현장과의 거리 3km (6분 소요)
신고 장소–실제 현장과의 거리 3km (6분 소요)

출동 인원
구급대원1 리더(처치)
구급대원2 대원(운전)
경찰 2명

환자 정보 및 기타 정보 30대 여자, 신고자: 남편

출동 단계

Tip

목맴(hanging) 사고 현장 출동의 경우 범죄와 연관되는 때도 있어 경찰과 공동 출동하는 것이 일반적이다.

매듭의 모양과 위치는 최대한 보존되도록 노력해야 한다.

공동 대응 출동은 119나 112 신고 단계에서 협조가 필요한 경우 동시 출동하는 체계로, 세월호 이후 긴급 전화 통합, 오원춘 사건 이후로 더욱 강화되어 운영 중이다.

구급차 지휘센터! 여기 ○○ 구급대 신고 내용 재송신 바람.

지휘센터 현장은 ○○동 아파트 내에서 목을 맨 환자가 발생한 사항으로, 신고자 남편이 외출 후 귀가하니 부인이 화장실에 목을 매고 있어 119에 신고한 상황임.
경찰과 공동 대응으로 출동하고 있으니 참고하기 바람.

구급차 접수 완료!

현장까지 거리는 약 3km 정도이며 환자 상태를 확인하기 위해 구급대원은 신고자에게 통화를 시도한다.

대원1 현장에 출동 중인 구급대원입니다. 현재 환자분의 의식이 있는 상태인가요?

신고자 (흥분된 목소리로) 잘 모르겠어요. 빨리 와 주세요.

대원1 네, 현장 도착까지 몇 분 남지 않았습니다. 환자분은 아무런 움직임이 없는 상태인가요?

신고자 모르겠어요.

신고자에게 현장 위치를 재확인하고 환자의 상태를 묻는 도중에 현장에 도착한다.

01 출동 중 현장 상황 파악 단계에서 신고자, 보호자가 흥분되어 아무런 정보를 얻을 수 없는 상태에서 고려할 사항은?

현장 상황

Tip

현장 확인 단계

자살과 관련된 사고는 종종 범죄와 연관되는 경우가 많다. 범죄 유무를 확인해야 하는 경찰에 있어 현장 보존은 매우 중요하므로 구급대원은 현장을 함부로 훼손해서는 안 된다. 만약, 환자 상태가 위급하다면 응급처치가 우선되어야 한다.

구급대원은 현장 보존과 더불어 사고 발생 기전을 파악하기 위해 노력해야 하는데 이는 환자 예후를 결정하는 데 매우 중요하기 때문이다.

더불어, 음주, 약물 중독, 일산화탄소, 이산화탄소 사용의 흔적을 확인하는 것도 병원 치료와 관련하여 중요한 정보이다.

구급대원이 현장에 도착했을 때 보호자는 안방에 있는 환자에게 안내해주었고, 현장에 다른 위험 요소는 보이지 않는다. 안방의 욕실에는 환자가 목을 감았을 것으로 추정되는 샤워기 줄이 놓여 있으며 흐트러진 욕실 내부로 보아 환자의 몸부림이 있었을 것으로 짐작된다.

구급대원이 현장을 확인하는 사이 경찰 2명이 도착했고, 그 뒤로 3세와 5세로 보이는 자녀들이 알 수 없는 표정을 지으며 현장으로 들어오고 있다. 안방에는 여러 가지 약 봉지가 흩어져 있고, 여러 가지 약을 먹은 흔적이 보인다.

02 현장에 도착한 구급대원이 주의해야 할 사항과 우선하여 처리해야 할 것은 무엇인가?

1차 평가

Tip

목맴 환자의 초기 평가에 있어 ABC 평가와 처치가 동시에 진행될 수 있도록 해야 하며, 목 손상에 준해 다뤄져야 한다.

기본 활력징후 및 병력 청취	
의식 상태	P(통증에 약하게 반응)
기도 및 호흡 상태	기도는 개방되어 있으나 불충분한 환기량을 보임
순환 상태	노동맥의 약한 맥박이 느껴지며 피부는 따뜻함

03 초기 활력징후를 바탕으로 미루어 짐작할 수 있는 환자의 임상적 상태는 어떠한가?

04 1차 평가를 통해 구급대원이 의료지도를 통하여 제공할 응급처치는 무엇인가?

2차 평가

Tip

의식이 없거나 저하된 환자는 묶인 줄과 체중에 의한 목 손상 가능성이 있으므로 조심스럽게 다루어야 한다.

■ 신체 검진

대원1 ABC 평가 후 이름을 불렀을 때 소리만 내며 통증 반응에 움츠리는 듯한 약한 반응을 보인다. GCS: E2, V2, M4 = 8점

자발적인 호흡은 하고 있었지만, 가슴의 움직임이 작은 약한 호흡 상태를 보인다. 노동맥에서 약한 맥박이 느껴지고 피부는 따뜻하다.

환자의 목 부분에는 샤워기 줄에 의한 것으로 보이는 붉은색 자국이 선명하게 남아 있으며, 두 줄의 선명한 자국으로 보아 목에 줄을 두 번을 감은 것으로 추정된다.

질식에 의한 약한 호흡, 창백한 얼굴이 '저산소증' 상태로 판단된다. 산소요법과 의료지도를 통해 응급처치를 하고 치료 가능한 병원 선정의 의견을 받아야 할 것으로 판단한다.

대원2 활력징후와 동공 반응을 측정한다. [Rt 5mm(+) / Lt 5mm(+)]

시각	혈압	맥박	호흡	체온	SpO_2	혈당
16:45	140/80 mmHg	128회/min	22회/min	36.8℃	84%	120 mg/dL

Tip

목 압박 질식사의 종류

교사(끈 조름, ligature strangulation)
끈으로 체중 이외의 힘으로 졸라 목을 압박하여 사망에 이르는 것

액사(손 조름, manual strangulation)
끈 이외의 것(주로 손)을 이용하여 목을 졸라 사망에 이르는 것

의사(목맴, hanging)
목에 두른 끈으로 체중 또는 그 일부의 힘으로 졸라 목을 압박, 사망에 이르는 것

■ 문진과 활력징후

대원1 환자분 119 구급대원입니다. 정신 차려 보세요!
보호자분, 환자가 어떻게 발견됐습니까?

보호자 (울먹이며) 혼자 잠깐 외출했다 들어왔는데 인기척이 없어 찾아보니 욕실 샤워기 호스에 목을 감고 있었어요. 그래서 내가 풀어 놓고 신고했어요.

대원1 평소에 앓고 있는 질병이 있나요? 여러 가지 약을 먹은 흔적이 보입니다만.

보호자 우울증으로 ○○ 병원 약을 먹고 있어요.

대원1 언제부터 드시고 있으며 오늘은 얼마나 먹었는지 아세요?

보호자 둘째 아이 출산하고였으니 3년 전부터 약을 먹고 있고, 오늘은 모르겠어요. 최근에 좀 싸우기는 했지만…… 이런 일은 처음이에요.

대원1 혹시 식사는 언제 마지막으로 했나요?

보호자 아침 7시가 마지막입니다.

구급대원은 환자의 자녀로 보이는 아이들을 현장에 접근하지 못하도록 경찰에 요청한다.

05 우울증 등으로 자살을 시도하는 사람들의 평소 행동들을 생각해보자.

현장 심전도

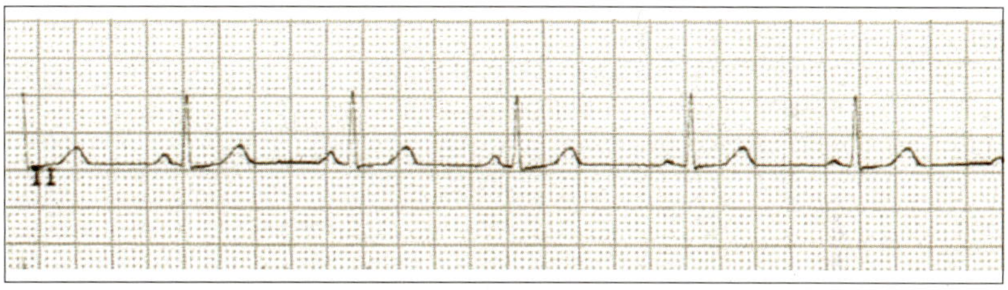

06 위 심전도에 대한 해석은?

1) 리듬이 규칙적인가?	□ 규칙적	□ 불규칙적	
2) 맥박수가 정상인가? (정상: 60~100회)	□ 정상	□ 빠름	□ 느림
3) P파 너비가 정상인가? (정상 ≤ 3칸)	□ 정상	□ 넓음	
4) PR 간격이 정상인가? (정상 ≤ 5칸)	□ 정상	□ 늘어남	□ P파 뒤에 R파가 없다
5) QRS 너비가 정상인가? (정상 ≤ 3칸)	□ 정상	□ 좁음	□ 넓음
6) ST 분절은 정상인가?	□ 정상	□ 상승	□ 하강

07 2차 평가 내용을 바탕으로 기록해 보자.

신체 검진	
시진(눈으로 보이는 이상)	
청진(비정상적인 호흡음, 소리)	
촉진(손으로 느껴지는 이상 반응 확인)	
타진(소리나 반응으로 이상 반응 확인)	
동공 반응(빛반사/크기)	

활력징후						
시각	혈압	맥박	호흡	체온	SpO_2	혈당
:	/ mmHg	회/min	회/min	℃	%	mg/dL

Allergy(알레르기 유무)	
Medication(복용 중인 약물)	
Past illness(과거 병력, 수술력)	
Last meal(마지막 음식물 섭취 시간)	
Event[사고 당시 상황(기전)]	
Onset(발생 시점)	
Provocation(유발/악화/완화 요인)	
Quality(통증/증상의 유형)	
Region(연관된 통증/증상의 부위)	
Severity(통증/증상의 정도)	
Time(통증/증상 지속 시간)	

08 2차 평가 후 환자의 상태와 필요한 처치는 무엇인가?

현장 처치

환자의 의식 상태는 통증에 반응하기도 하고 언어에 반응하기도 하는 정도를 보인다. 목맴으로 인해 저산소증 상태가 있는 것으로 보여 목 손상에 대한 처치와 산소 농도를 교정하기로 한다.

대원1 제가 목 보호대를 착용시킬 테니 대원2는 비재호흡 마스크로 15L/min의 산소를 공급해 주세요.

대원2 네, 산소 공급 준비하겠습니다.

■ 의료지도

대원1은 의료지도 의사에게 환자 상태를 설명하고, 저산소증 뇌손상 환자를 이송할 병원에 대해 문의한다.

의료지도 의사는 가능한 권역 응급의료센터로 이송할 것을 주문하고, 산소를 공급하면서 이송 중에 뇌손상으로 인한 '발작'이 나타날 수 있으니 혀 물림이나 발작에 의한 2차 손상을 주의하라고 한다.

구급대원은 주변 경찰과 함께 구급차로 환자를 이송한다.

---

09 뇌혈관 질환이 의심되는 환자에 대한 산소포화도의 목표값은 얼마이며 그 이유는 무엇인가?

이송 단계

구급대원은 의료지도를 통해 환자가 저산소증에 의한 뇌손상의 가능성이 있음을 인지하고 인근 권역 응급의료센터로 이송한다. 환자를 주들것에 고정하고 출발하기 전에 활력징후를 재확인한 뒤 보호자와 함께 병원으로 출발한다. GCS: E2, V2, M4 = 8점

이송을 시작한 지 10분 후 갑작스러운 발작 증세를 보여 의료지도를 재요청한다. 지도 의사는 저산소증에 의한 뇌손상의 증상이므로 기도 유지와 고농도 산소 공급을 주문하며 권역 응급의료센터로 신속히 이송할 것을 요구한다. 구급대원은 비재호흡 마스크를 이용하여 15L/min의 산소 공급을 유지하며 이송한다.

산소 공급 후 활력징후는 다음과 같다.

혈압	맥박	호흡	체온	SpO_2
130/70mmHg	98회/min	18회/min	36.9℃	94%

10 이송 중 환자에게 추가로 필요한 처치가 있다면 무엇인가?

병원 단계

의료진 무슨 환자예요?

대원1 목맴 환자로 전화드렸습니다.
30대 여자 환자로 16시 34분 신고되었고, 보호자가 잠깐 외출하고 들어왔더니 안방 화장실에서 샤워기 줄로 목을 감아 자살을 시도하고 있었다고 합니다. 남편이 줄을 풀고 119에 신고했습니다.

의료진 평소 병력은 없었나요?

대원1 3년 전부터 둘째 출산 후 우울증을 진단 받아 약을 복용 중입니다.

의료진 환자 상태는 어땠고, 얼마나 먹었는지 아세요?

대원1 현장에서 심전도 리듬은 정상으로 보였습니다. 구급대 도착 시 환자의 의식 수준은 통증에 반응하는 정도로 GCS 점수는 8점 정도였습니다. 약은 얼마나 먹었는지 알 수 없었고, 이송 중 발작이 있었고 구강 내에 혈액이 보여 흡인하면서 이송했습니다.

환자는 권역 응급의료센터에 도착한 후 기관내삽관과 L-tube를 통한 기관내 분비물(secretion) 흡인을 시작한다. 곧, 영상의학과로 이동하여 목뼈 골절과 뇌손상의 증거를 확인하기 위해 검사했으나 목뼈 골절은 발견되지 않았다. 그러나 저산소증에 의한 뇌손상의 증거가 약하게 발견되어 응급 중환자실을 거쳐 1주일 만에 퇴원, 일상에 복귀했다.

11 상기 사항을 구급일지에 작성해 보시오.

병원 임상 기록지

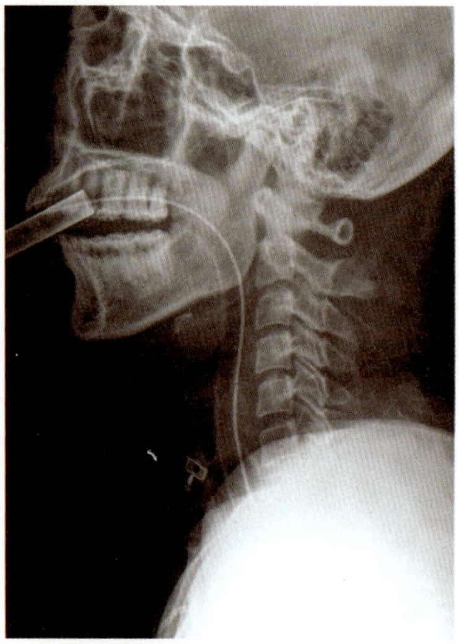

Progress note

S sedation status

O Pupil 3mm/3mm normal
no eyeball deviation
intermittent tonic posture

brain CT: mild brain swelling
Troponin I 0.048
S100: 0.505
metabolic acdiosis(+)

ph	:		7.376
pCO_2	:	L	28.0 mmHg
pO_2	:	H	189.8 mmHg
BE	:	L	−7.5 mmol/L
HCO_3	:	L	16.0 mmol/L
O_2SAT	:	H	99.3%
FI O_2	:		40.3%

A intentional self-harm by haning, strangulation and suffocation, home

P O ◎ Y
hydration
sedation & ICU care

제한점

- 현장 도착 시 목맨 상태로 있을 때 범죄 관련 수사를 위해 현장을 보존해야 하는지, 줄을 풀고 응급처치해야 하는지 빠르게 판단해야 한다. 신고 단계와 발견자의 진술에서 목맨 시간이 얼마나 지났는지, 사망의 명백한 징후가 있는지에 따라 판단되어야 한다.
- 초보 구급대원은 이 판단이 상당히 어려우므로 경험 있는 동료와 함께 판단해야 할 것으로 보인다. 그래도 판단이 어렵다면 의료지도를 통해 도움을 받는 것도 좋은 방법이다.
- 목을 맨 줄로 인해 기도가 심하게 협착되어 있고 목뼈 손상이 의심되는 상황에서 전문 기도유지술을 적용하기가 어려웠다.
- 목맨 환자에게 무조건적인 목 보호대를 적용하라는 현재의 지침은 오히려 뇌정맥을 압박하여 혈류 흐름을 방해하는 요소가 된다는 보고가 많다. 만약, 환자가 목 손상의 증거가 없고 구역질과 관련하여 불편해한다면 강한 압박이 없는 범위 안에서 느슨하게 해주는 연구가 필요하다.

실전 문제

01 목맴 사고 현장에 도착했을 때 환자가 움직임이 없는 상태로 발견되었다면 우선시되는 사항은?

① 호흡과 맥박이 없으면 심폐소생술을 유보한다.
② 사망 원인을 파악하기 위해 목격자 진술에 주력한다.
③ 범죄와 연관될 수 있으므로 경찰 도착 시까지 현장을 보존한다.
④ 명백한 사망의 징후가 보이지 않는 한 구조 후 심폐소생술을 시작한다.

02 목맴 사고 현장에 도착했을 때 적절한 행동으로 보기 <u>어려운</u> 것은?

① 환자의 체중으로 인한 질식 상태를 경감시키는 노력을 한다.
② 범죄 현장은 훼손하면 안 되므로 경찰이 올 때까지 그대로 보존한다.
③ 사후강직이 관찰되면 의료지도 후 소생술을 유보할 수 있다.
④ 가스 등 현장의 위험 요소를 파악할 필요가 있다.

03 질식 사고 후 환자의 증상과 징후로 볼 수 <u>없는</u> 것은?

① 얼굴이 시커멓게 변하고 청색증이 관찰된다.
② 중력에 의한 혈액의 침강이 관찰된다.
③ 무호흡, 무감각, 혼수 등의 증상이 나타난다.
④ 신체 전반에 붉은색을 띠며 온기를 느낀다.

04 이송 중인 환자를 관찰 중인데 산소포화도와 심전도 모니터에 알람이 발생했다면 우선 확인 사항으로 거리가 <u>먼</u> 것은?

① 환자의 의식이 저하되어 있으므로 산소 농도를 올려준다.
② 손가락 접촉 부위의 접촉 불량을 확인한다.
③ 반지, 팔찌 등을 착용하고 있는지 확인한다.
④ 산소포화도 및 심박수가 위험 수준 설정 범위에 맞는지 확인한다.

05 자살을 시도하는 사람들의 자살 전 징후로 보기 <u>어려운</u> 것은?

① '먼저 간다' 등의 죽음과 관련된 말을 한다.
② 식욕이 떨어지고 무기력해 보인다.
③ 갑자기 평소 하지 않던 취미 생활을 한다.
④ 평소와 달리 고마움과 미안함을 전달한다.

06 목맴 질식 사고의 손상 기전으로 보기 <u>어려운</u> 것은?

① 공기 흐름 장애
② 척추신경 절단
③ 목정맥의 폐쇄
④ 목동맥의 폐쇄

정답 1 ④, 2 ②, 3 ④, 4 ①, 5 ③, 6 ②

1-④ 명백한 사망 징후(머리 절단, 뇌 조직의 탈출, 사후강직과 시반(livor mortis)을 동반한 신체의 부패 등)
2-② 범죄 현장이 의심되더라도 현장을 훼손하지 않는 범위에서 신속하게 구조를 시행해야 한다.
3-④ 일산화탄소 중독 시에 나타나는 증상이다.
4-① 환자의 임상적 상태가 변하면 알람이 작동하기 때문에 설정 범위 내 변화를 확인한다.
5-③ 혼자 있기를 원하고 대인 관계를 피하며 외출을 자제한다.
6-② 체중에 의한 경추의 분리 증상이 나타날 수 있다.

사례 풀이

01 출동 중 현장 상황 파악 단계에서 신고자, 보호자가 흥분되어 아무런 정보를 얻을 수 없는 상태에서 고려할 사항은?

신고자에게 구급상황관리센터의 의료지도가 없었다면 구급대원은 출동 중 전화로 우선 신고자의 안정을 유도할 수 있어야 한다. 환자가 묶고 있는 것이 무엇인지 확인하고, 환자의 신체 전체가 매달려 있는 상태라면 신고자 혼자서 해체하기가 쉽지 않다는 점을 파악한다. 환자의 상태를 확인하고 환자를 안은 자세로 줄이나 끈을 해체하도록 유도하되 목 보호에 특히 유의하도록 한다. 전화를 끊지 못하게 하고 지속적으로 현장 상황을 확인하면서 필요시 심폐소생술을 지도할 수도 있다. 극단적인 행동을 할 만한 이유가 있었는지도 확인하여 자살과 타살 여부도 조심스럽게 추정해 본다.

02 현장에 도착한 구급대원이 주의해야 할 사항과 우선하여 처리해야 할 것은 무엇인가?

자살 현장에는 주로 가스 누출이나 방문이나 창문을 밀폐하고 연탄불을 피우는 등의 행위가 있을 수 있으므로 현장 접근 시 냄새나 가스 배관 상태 등을 확인할 필요가 있다.

경찰이 현장에 있다면 사고 정황과 진술을 하도록 유도하고 구급대원은 적극적으로 환자를 처치해야 한다. 과거력과 현장에 있을 수 있는 유서 등은 환자의 자살 의도를 명확하게 알 수 있는 단서가 된다. 자살을 시도한 자세나 묶은 끈의 종류는 환자의 생명 지연에 많은 영향을 준다. 신체 일부가 바닥에 닿아 있거나 묶은 끈이 굵은 베 종류라면 목의 후부나 옆쪽으로 순환이 일부 가능해 환자의 사망을 지연시킬 수도 있다. 신속하게 줄을 해체하여 감긴 줄을 풀어주고 필요시 경추 고정도 고려할 수 있으나 기도 관리가 우선이다. 환자의 상태에 따라 심폐소생술과 전문 기도유지기 삽입을 시도해야 한다.

03 초기 활력징후를 바탕으로 미루어 짐작할 수 있는 환자의 임상적 상태는 어떠한가?

보호자가 환자를 마지막으로 본 시각과 환자를 발견한 시각 등을 확인하여 환자가 목을 맨 시간과 경과 시간을 대략 추정해 볼 수 있다. 환자가 사용한 샤워기 줄의 탄력성과 굵기가 환자의 사망 시간을 지연시킨 것으로 판단되는 상황에서 부분적으로 기도가 개방되어 있다면 환자의 소생 가능성은 매우 크다. 하지만 목을 맨 후 지나간 시간에 따라 뇌손상의 진행 정도가 다르다. 초기 활력징후에서 충분하지 못한 환기와 의식 저하를 보여 저산소증에 의한 뇌손상의 징후가 있는 것으로 의심되므로 응급의료센터급 이상의 기관으로 이송한다.

04 1차 평가를 통해 구급대원이 의료지도를 통하여 제공할 응급처치는 무엇인가?

보호자는 신속한 이송을 강력하게 요구하겠지만, 심전도 감시와 산소포화도를 측정하고, 호흡 상태와 호흡의 양상을 관찰하여 부적절한 호흡이 있다면 의료지도를 통해 전문적인 기도 유지를 하는 것이 필요하다. 또한, 심전도 리듬이 PEA 상태라면 저산소증이 원인일 수 있으므로 고농도 산소 공급과 더불어 심폐소생술이 시행되어야 한다.

질식에 따른 의식 변화는 뇌손상 가능성이 있어 의료지도를 요청하고 이송 병원 선정에 조언을 구한다. 기본적인 활력징후의 측정이 반복되어야 한다.

05 우울증 등으로 자살을 시도하는 사람들의 평소 행동들을 생각해보자.

- 무기력해 보이며 사람을 꺼린다.
- 가족들에게 "미안하다"라는 말을 자주 한다.
- 특별한 이유 없이 눈물을 자주 보이거나 감정 변화가 심하다.

- 평소보다 잠자는 시간이 많이 늘어나고 외출을 자제하기도 한다.
- 친구나 보호자에게 같이 있어 달라고 요청하기도 한다.
- SNS 등에 자신을 비하하거나 죽음을 언급하거나 죽음과 관련된 표현을 하기도 한다.

06 위 심전도에 대한 해석은?

1) 리듬이 규칙적인가?	☑ 규칙적	☐ 불규칙적	
2) 맥박수가 정상인가? (정상: 60~100회)	☑ 정상	☐ 빠름	☐ 느림
3) P파 너비가 정상인가? (정상 ≤ 3칸)	☑ 정상	☐ 넓음	
4) PR 간격이 정상인가? (정상 ≤ 5칸)	☑ 정상	☐ 늘어남	☐ P파 뒤에 R파가 없다
5) QRS 너비가 정상인가? (정상 ≤ 3칸)	☑ 정상	☐ 좁음	☐ 넓음
6) ST 분절은 정상인가?	☑ 정상	☐ 상승	☐ 하강

07 2차 평가 내용을 바탕으로 기록해 보자.

신체 검진	
시진(눈으로 보이는 이상)	목을 휘감은 듯한 굵은 압박 자국
청진(비정상적인 호흡음, 소리)	약한 호흡 상태
촉진(손으로 느껴지는 이상 반응 확인)	손목동맥에서 약한 맥박 확인, 따뜻한 피부
타진(소리나 반응으로 이상 반응 확인)	–
동공 반응(빛반사/크기)	Rt 5mm(+)/Lt 5mm(+)

활력징후						
시각	혈압	맥박	호흡	체온	SpO_2	혈당
16:45	140/80mmHg	128회/min	22회/min	36.8℃	84%	120mg/dL

Allergy(알레르기 유무)	없음
Medication(복용 중인 약물)	우울증 약 복용
Past illness(과거 병력, 수술력)	3년 전부터 우울증 진단
Last meal(마지막 음식물 섭취 시간)	아침 7시 식사
Event[사고 당시 상황(기전)]	신고자(남편)가 외출을 다녀오니 욕실 샤워기 호스에 목을 맴
Onset(발생 시점)	알 수 없음
Provocation(유발/악화/완화 요인)	–
Quality(통증/증상의 유형)	–
Region(연관된 통증/증상의 부위)	목
Severity(통증/증상의 정도)	이름을 부를 때 소리를 내는 정도와 통증에 약한 반응을 보임
Time(통증/증상 지속 시간)	알 수 없음

08 2차 평가 후 환자의 상태와 필요한 처치는 무엇인가?

의식 수준 평가에서 GCS Scale 점수가 8점으로 혼수 상태가 우려된다. 뇌 기능의 손상도 우려되며 환자가 경련할 수도 있으므로 구토에 대비한다. 혈압도 약간 낮게 측정된다면 의료지도를 통해 정맥로 확보와 수액 투여를 고려해 보고 뇌신경 평가를 위해 신속히 병원으로 이송한다. 의료기관에서 CT를 촬영하고 더불어 신경학적 이상 여부를 확인하기 위해 지속적인 관찰이 필요하다. 중력으로 인한 경추부의 외상 우려가 있어 경추 고정도 이루어져야 한다.

09 뇌혈관 질환이 의심되는 환자에 대한 산소포화도의 목표값은 얼마이며 그 이유는 무엇인가?

저산소증 예방을 위해 고농도의 산소를 공급하는 것(15L/min)은 뇌손상을 예방하는 데 도움이 되지만, 과도한 산소투여는 고산소증(hyperoxia)에 의한 뇌혈관 수축과 산소 독성을 일으킬 수 있다.

병원 전 단계에의 SpO_2의 목푯값은 94%이며 환자 호흡 능력에 따라 11~15L/min의 산소를 공급하도록 한다. 의식 상태가 V~P 구간에서 입천장반사가 남아 있다면 코인두 기도기 사용을 권장한다. 수축기 혈압이 90mmHg 이하일 때 의료지도를 통해 수액을 공급하도록 한다. 혈당값은 70mg/dL 이하일 때 의료지도를 통해 50% 포도당 50mL를 공급할 수 있도록 한다.

10 이송 중 환자에게 추가로 필요한 처치가 있다면 무엇인가?

발작에 대비해 주위 물건을 정리한다. 구급차 내 뾰족한 부분을 없애고 떨어질 수 있는 장비들은 다른 장소로 옮긴다. 산소 연결 호스에 의한 장해를 받지 않도록 주의하고 기도 내 혈액이나 구토물 등이 발견되면 신속하게 흡인한다. 병원을 선정할 때는 뇌 기능의 신경학적 검사와 처치를 할 수 있는 병원으로 선정한다. 만약 발작으로 인하여 입을 열 수 없다면 코를 통한 흡인이 유일한 방법이 될 수 있다.

11 상기 사항을 구급일지에 작성해 보시오.

목맴 사고와 저산소증 뇌손상

Hanging & Hypoxia Brain Damage

자살을 시도하거나 사망한 사례 중 약물 다음으로 많이 시도하는 방법이 목 매달기이며, 목맴(hanging) 사고를 의사(縊死), 교살(絞殺)이라는 용어로 사용하기도 한다.

목맴 환자는 크게 경추 손상 환자와 경추 손상은 없지만 질식으로 인한 저산소증에 의한 병변을 나타내는 환자로 구분할 수 있다.

대개 구급 현장에서 볼 수 있는 목맴에 의한 경추 손상 환자들은 얼마 전 사망한 상태이거나 시반과 사후강직이 뚜렷이 보이거나 부패가 진행된 경우가 많다. 우선 목맴 환자가 발견된 지 얼마 지나지 않았거나 발견자가 환자를 구조한 후 구급대가 도착했다면 구급대원은 환자의 경추 손상을 고려하고 접근해야 한다.

법의학에서 정의하는 목맴에 의한 질식 사고는 의사(hanging)와 교살(ligature strangulation)로 구분하는데, 직접적인 체중에 의한 손상을 의사, 외력에 의한 목졸림의 손상을 교살로 구분하고 있다.

가. 손상(사망) 기전

① 공기 흐름 장애(질식)

② 목정맥의 폐쇄

③ 목동맥 폐쇄

④ 목 압박에 따른 목동맥의 화학수용기(baroreceptor) 자극에 의한 부정맥(심정지), 신경학적 손상이 원인이다. 특히, 목정맥이 폐쇄되면 대뇌에 저산소증을 일으켜 의식 소실이 발생되고 근육의 힘이 소실되어 결국 동맥과 기도가 막힌다(혀에 의한).

그중 저산소증으로 인한 뇌손상은 광범위한 저산소허혈손상, 부분적 뇌경색, 뇌실내출혈, 거미막출혈, 가역적후 뇌병증 등 다양하게 있을 수 있다.

손상 부위와 정도를 결정하는 것들은 순환부전의 정도, 호흡부전을 동반한 순환부전의 기간, 사고 당시의 혈중 당 수치 등이 있다. 완전 목맴에 있어 목에 압박이 가해지고 10초 정도 지나면 의식을 잃고 수분 이내에 사망하는 것으로 알려져 있지만 압박에 가해지는 압력과 높이 등에 따라 차이가 있다.

나. 목맴의 분류

목맴의 분류는 몸의 위치에 따라서는 완전 목맴과 불완전 목맴, 매듭 위치에 따라서는 전형적 목맴과 비전형적 목맴, 매듭이나 결절의 방법에 따라서는 닫힌 올가미(폐쇄형 고리)와 열린 올가미(개방성 고리)로 구분한다.

목맴은 신체의 체중이 작용하는 형태에 따라 완전 목맴(complete)과 불완전 목맴(incomplete)으로 구분하는데, 몸 전체가 공중에 완전히 떠 있는 상태를 완전 목맴으로 구분하고, 체중의 일부가 바닥면이나 체중의 일부를 지지하고 있는 상태를 불완전 목맴으로 구분한다.

1) 완전 목맴: 대부분 구급 현장에서 사망한 상태로 발견되는 경우가 많으며 목맨 자는 교수형같이 목을 맨 상태로 뛰어내려 발생하는 수직 추락에 의한 순간적 급성 질식의 형태로 나타난다. 경추 상부(C1,C2) 손상이나 척수의 절단이 발생하며 예후는 매우 불량하다.

2) 불완전 목맴: 완전 목맴과 달리 발이 땅에 닿아 있는 상태에서 발생한 사고이며, 대부분 경추의 손상은 발견되지 않으나 물리적 질식에 의한 경정맥 압박에 따라 대뇌 혈류 흐름의 장애를 일으켜 뇌허혈에 의한 의식 소실이 나타난다.

동맥과 기도의 완전 폐쇄는 사망에 이르게 할 수 있으며 목동맥팽대(경동맥동)의 자극이나 미주신경 긴장의 증가가 발생할 경우 심장마비가 발생할 수 있다. 또한 목맴 사고에 의해 갑상연골, 목뿔뼈(설골), 후두의 골절이 질식과 동반되기도 하나 구급 현장에서 확인하기는 어렵다.

후두와 성문 상부 조직의 외상성 부종은 기도가 악화되는 것을 유도하고 있어 조기에 전문 기도기를 삽입하는 것을 고려해야 한다.

■ 목맴(hanging) 사고의 여러 유형들

교수형 같이 매듭을 맨 상태로 목을 맨 유형과 매듭을 만들지 않고 목을 맨 형태로 나뉜다.

전형적(typical) 의사	목매는 지점 또는 매듭의 위치가 목 뒤쪽이나 중앙에 위치하는 형태로 주로 양쪽 대뇌 혈류가 갑자기 중단되며 손상을 입는 유형	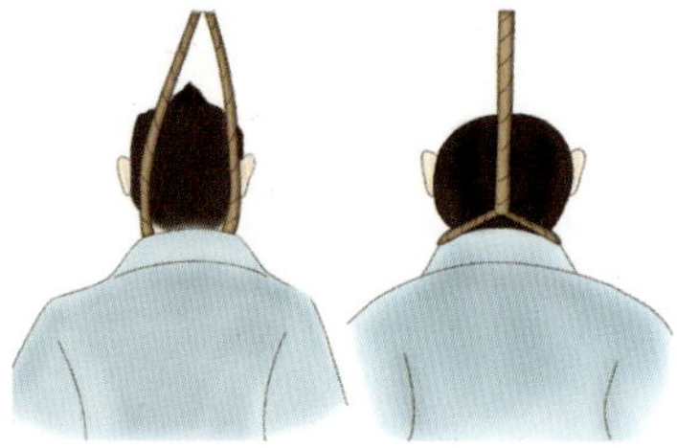
비전형적(atypical) 의사	전형적 의사 형태 외 모든 유형을 일컬으며 동맥 혈류 차단보다는 정맥 혈류의 차단에 의한 손상이 빈번하여 얼굴 등에 검붉은색의 울혈이 유발되는 특징이 있다.	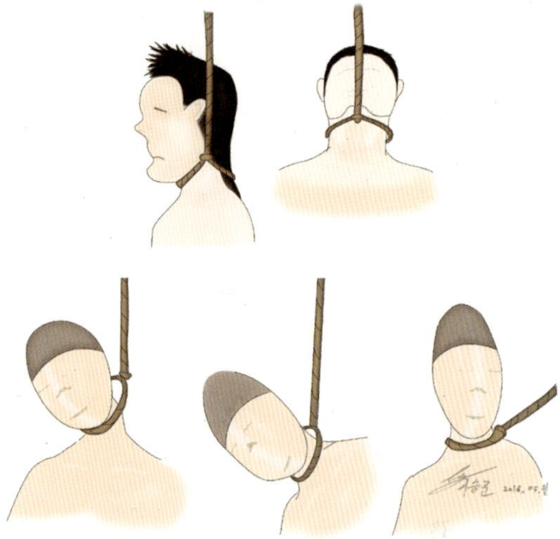

뇌부종

가. 뇌부종 정의

어떤 한 원인(뇌내적/뇌외적)으로 세포사이질(세포간질조직)에 비정상적으로 수분 함량이 증가하여 뇌 조직의 용적(volume)이 증가한 상태로 정의할 수 있다.

뇌부종은 혈관의 막힘, 외상성 뇌손상, 뇌종양 등 머리 안에서 발생하는 다양한 문제로 인해 나타나는데 손상이 경미하거나 다른 부위에 큰 영향을 미치지 않을 만큼 적게 발생하는 경우에는 임상적인 증상을 나타내지 않는 경우가 대부분이지만, 손상의 범위에 따라 두개내압 상승에 따라 다양한 증상을 나타낸다.

성인의 두개강 내 차지하는 비율(전체 1,700mL)은 1) 뇌실질 1,400mL 80%, 2) 뇌척수액 150mL 10%, 3) 혈액 150mL 10%인데, 이 세 가지 중 어느 하나의 용적(volume)이 커지면 상대적으로 다른 두 가지의 부피가 감소되며 인체는 압력의 증가를 보상하게 된다.

이 반응이 적절하지 못할 때 뇌압이 상승되며 이는 뇌관류압의 감소로 이어져 결국 뇌허혈에 의한 뇌손상이 발생한다.

나. 원인 및 분류

뇌좌상, 두개내혈종, 뇌종양, 뇌출혈, 산소결핍증, 각종 중독증, 뇌감염증 등과 같이 두개 내에 발생하는 대부분의 질병이 뇌부종의 원인이 될 수 있다.

부종 발생 부위	분류	원인
세포사이질	혈관성 뇌부종	뇌종양, 뇌좌상, 뇌출혈, 뇌허혈
	사이질성 뇌부종	수두증(hydrocephalus)
세포 내	세포 독성 뇌부종	뇌허혈(급성기), 저산소혈증, 중독, 간성혼수, 요독증
허혈성 뇌질환(일과성 뇌허혈 발작, 뇌경색 등)의 조기(24시간 이내)에는 세포 독성 부종으로, 그 이후는 혈관성 부종으로 이행된다. 혈관성 뇌부종의 빈도가 가장 높다. 그러나 실제로는 이것들이 복합적으로 작용하여 부종이 발생한다.		

다. 발생 기전에 따른 분류

뇌부종은 발생 기전에 따라 혈관인성 뇌부종, 세포 독성 뇌부종, 허혈성 뇌부종과 세포사이질 뇌부종으로 나눌 수 있다.

1) 혈관인성 뇌부종: 가장 흔한 형태로 모세혈관의 투과성 증가가 원인이며, 뇌혈관 장벽이 어떤 원인으로 느슨해지면서 혈청 단백질에 대한 투과성이 증가되어 혈장 여과액이 세포 사이 공간으로 빠져나가 뇌부종이 발생한다. 이때 뇌세포는 정상적인 상태이다. 뇌종양, 뇌농양, 머리 외상 및 뇌졸중에서 흔히 관찰되며 회백질(gray matter)보다는 백질(white matter)에서 주로 발생하여 파급된다.

2) 세포 독성 뇌부종: 뇌세포들의 세포막 손상이 원인이며, 세포막에 존재하는 ATP-의존성 나트륨 펌프가 고장(세포 내 에너지 부족으로 전해질 평형을 유지하던 세포막의 나트륨 펌프 활성 감소)나서 나트륨이 세포 내로 이동하게 되고, 이에 따라 수분이 나트륨을 따라 세포 내로 이동하여 발생한다. 따라서 혈관인성 뇌부종과 달리 세포 외 공간의 수분이 고갈되어 육안적으로는 뇌가 마르고 부어오른 상태로 보이며, 모든 세포들이 부기(종창, swelling) 상태가 되어 세포 사이 공간이 상당히 좁아지는 것이 특징이다. 임상적 주요 원인으로 뇌세포의 저산소증, 허혈증에서 흔히 발생한다.

3) 세포사이질 뇌부종: 수두증(hydrocephalus)에서 뇌실의 압력이 상승될 때 정수압 차이로 뇌실막을 통해 뇌척수액의 수분이 뇌실질 주변으로 이동하는 이른바 역행성 유입(transependymal flow)으로 발생하는 부종을 말한다.

※ 허혈성 뇌부종: 세포 독성 뇌부종과 혈관인성 뇌부종이 모두 관여한다. 초기에는 세포 독성 뇌부종이 주된 부종 발생 기전이지만, 48시간 이상 허혈 상태가 지속되면 혈관인성 부종의 기전도 함께 작용한다. 뇌허혈이 지속되면 결국 뇌세포가 죽어가면서 세포 성분이 세포 외 공간으로 빠져 나와 세포 외 공간의 삼투압이 높아지고 세포 외 수분량이 증가한다. 또한 세포 괴사의 결과로 생긴 세포 성분의 이화물질(catabolic products)과 뇌혈관 장벽을 구성하는 세포들이 파괴되어 혈장 단백질에 대한 혈관 투과성이 증가하는 혈관인성 부종의 발생으로 세포 외 공간의 삼투압이 더욱 높아져 뇌부종이 더욱 가속화된다.

라. 증상

⇒ 목맴 사고로 인한 저산소증은 뇌부종을 발생시키고, 뇌부종 그 자체가 두개 내(cranial)로 유입되는 혈류의 흐름을 방해하므로 뇌허혈 증상이 발생된다.

뇌부종의 원인에서 살펴보았듯이 비정상적인 신경 분비물로 인해 발작 증세가 나타나는데 목맴 사고의 경우는 일차성 경련(특발성)과 이차성 경련(원발성)의 뇌내적 요인과 뇌외적 병변 중에서 내외적 요인으로 볼 수 있다.

- 뇌내 원인 종양, 혈관 질환, 머리 외상, 감염 질환, 선청성 장애, 뇌에 영향을 줄 수 있는 생화학 또는 퇴행성 질환
- 뇌외 원인: 다행한 대사성, 전해질 및 생화학적 장애, 저산소증, 저혈당, 독성 과정(약물, 금단 증세)

Reference

1. FRANK H. NETTER, MD. 《CIBA 원색도해의학총서》(Volume 1 PART II), 서울: 도서출판 정담, 2000, pp 41, 87.
2. 대한신경외과학회. 《신경외과학》(개정 2쇄), 서울: 중앙문화사, 2002, pp 138-139.
3. 최욱진, 손승남, 김영수, 김수경, 강희영, 박기종, 권오영, 임병훈, 최낙천. 〈자살하기 위한 목맴 환자에게 발생한 뇌경색〉 《대한신경과학회지》, 제30권 제2호, 2012, p116.
4. 강대영, 강현욱, 곽정식 외 9인. 《법의학》, 서울: 도서출판 정문각, 2009, p222.
5. 전진헌. 〈뇌부종의 병태생리〉, 《Journal of Neurocritical Care》, 2016;9(2):59-62.
6. Bazaie, N.; Alghamdi, I.; Alqurashi, N.; Ahmed, Z.; The Impact of a Cervical Collar on Intracranial Pressure in Traumatic Brain Injury Patients: A Systematic Review and Meta-Analysis. Trauma Care 2022, 2, 1-10. https://doi.org/10.3390/ traumacare2010001
7. Hunt, K., Hallworth, S., & Smith, M. (2001). The effects of rigid collar placement on intracranial and cerebral perfusion pressures. Anaesthesia, 56(6), 511-513. doi:10.1046/j.1365-2044.2001.02053.x.
8. The Effect of Rigid Cervical Collars on internal Jugular Vein Dimensions ACADEMIC EMERGENCY MEDICINE 2010; 17:100-102: cross sectional 37% increase.
9. Davis, D.P, Meadem W, Sise M.J, Kennedy F, Simon F et al. Both hypoxemia and extreme hyperoxemia may be detrimental in patients with severe traumatic brain injury. J Neurotrauma 2009; 26:2217-23.

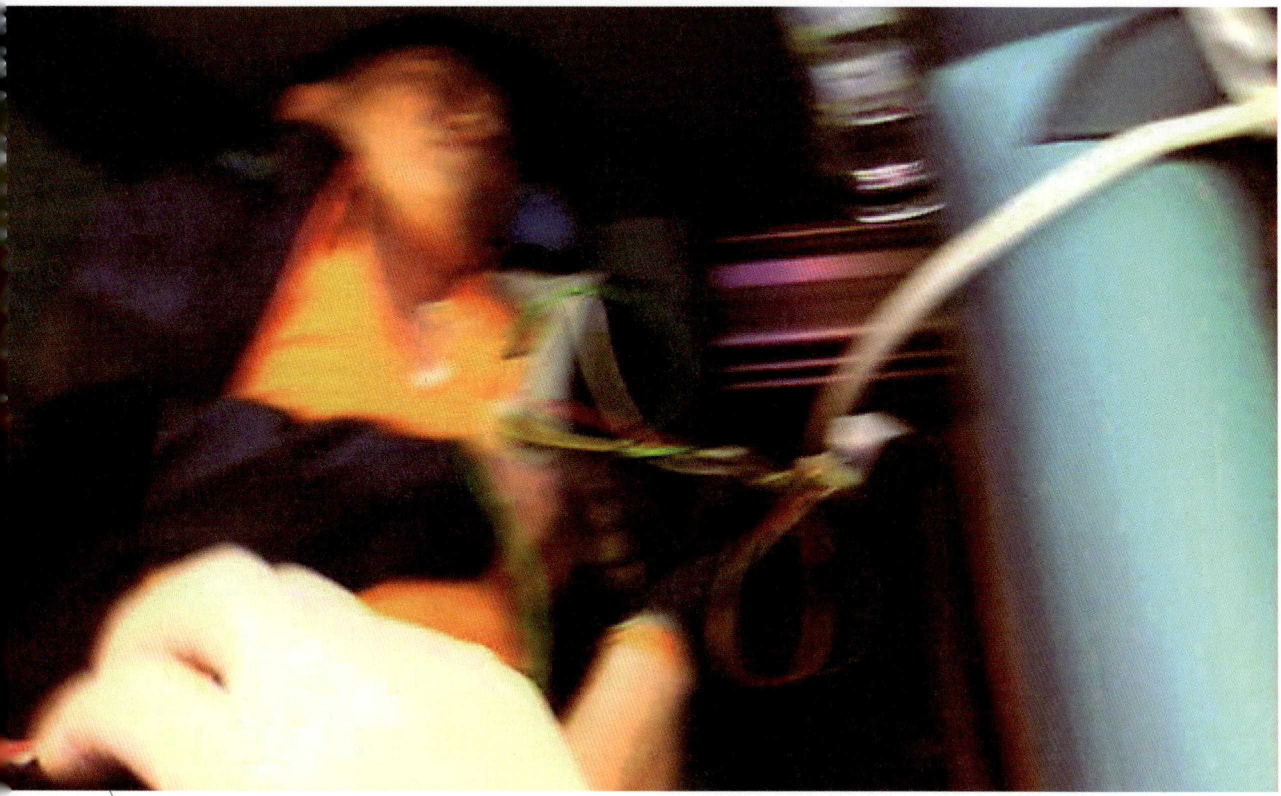

사례 21

어지럽고 토해요

목적

- 환자가 호소하는 증상이 응급 상황인지를 빠르게 판단할 수 있고, 전정신경계 이상과 비전정신경계 이상인지를 감별할 수 있도록 한다.
- 어지럼증의 원인을 알아내고, 현장과 이송 중의 응급처치 계획을 수립한 후 적정한 병원 이송을 학습한다.

출동 개요

출동 메시지 "구급 출동!" ○○ 고속도로 오산에서 천안 방향 관광버스 내 어지럼증 환자 발생

출동 정보
- **신고 시각** 1월 17일 14:05
- **출동 시각** 1월 17일 14:07
- **현장 도착** 1월 17일 14:20
- **현장과의 거리** 7km (13분 소요)

출동 인원
- **구급대원1** 리더(처치)
- **구급대원2** 대원(운전)

환자 정보 및 기타 정보 경부 고속도로 오산에서 천안 방향, 오산TG 통과 3km 지점 ○○○○호 관광버스

출동 단계

Tip

고속도로나 산업도로 같은 자동차 전용 도로에서는 잘못 진입하게 되면 많은 거리를 돌아 나와야 하는 문제가 있다.

반드시 출동 중에는 지휘센터 신고 내용만 믿지 말고, 다시 한번 신고자에게 확인하는 절차가 필요하다.

구급차 지휘센터! 여기 ○○ 구급대 신고 내용 재송신 바람.

지휘센터 ○○○○호 관광버스 운전자가 신고한 내용, 손님 한 명이 어지럼증을 동반한 구토가 있다는 내용.

구급차 접수 완료!

출동 중인 구급대원은 고속도로 요금소 통과 전에 신고 장소를 다시 한번 확인한다.

---

01 출동 메시지를 바탕으로 어떤 장비들을 준비해야 하는가?

02 출동 중 신고자와의 통화에서 어떤 정보들을 알아내야 하는가?

현장 상황

신고 지점에는 관광버스 한 대가 비상등을 켠 채 갓길에 주차되어 있다.

멀리서 구급차를 보며 손짓하는 사람들의 안내를 받아 버스에 오른다. 좁은 버스 통로를 지나니 뒷자리에서 환자가 눈을 감은 채 힘들어하는 모습으로 누워 있다. 환자 주위에는 동료들이 서 있고 병원에 빨리 데려가기를 원하고 있다.

Tip

계단 및 좁은 공간 등에서 과체중 환자를 이송할 때는 구급대원의 신체 손상에 특히 유의해야 한다. 신체 중심을 가운데에 두고 앉거나 일어설 때는 다리의 힘으로 일어서며, 회전 시에는 신체의 축이 같이 이동할 수 있도록 한다.

만약, 버스 안에서 들것으로 이동해야 한다면 상당한 어려움이 예상된다. 환자는 키 175cm, 몸무게 90~100kg의 체형이므로 더욱 어렵다.

03 현장 여건을 보아 이송할 때 문제점과 주의 사항은 무엇인가?

1차 평가

기본 활력징후 및 병력 청취	
의식 상태	A(명료함)
기도 및 호흡 상태	기도가 열려 있고 정상 호흡을 보임
순환 상태	노동맥의 강한 맥박, 식은땀과 차가운 피부가 확인된다.

2차 평가

Tip

환자는 차량 이동 중 갑작스러운 어지럼증, 오심, 구토, 이명, 안구 진탕(nystamus) 증상을 보인다. 추가로 높은 혈압과 식은땀이 확인된다.

어지럼증은 감별 진단이 중요하며 원인이 신경계(중심성) 문제인지 전정신경계(말초성) 문제인지 감별하는 것이 중요하다.

본인이나 주위 사물이 빙글빙글 돌아가는 듯한 느낌의 진성 현훈은 주로 전정 신경계의 질환에서 나타나는데 전정신경염 또는 양성 돌발성 체위성 현훈 등의 말초성 원인과 뇌간의 경색과 같은 중추성 원인에 의해 유발되기도 한다.

비전정신경계 질환으로 분류되며 졸도 전에 나타나는 어지럼증, 저혈압, 미주신경성 졸도, 과호흡, 심박출량 감소, 심인성 어지럼증 등으로 인한 어지럼증은 진성 현훈이라기보다는 "머리가 흔들린다"든지, "쓰러질 것 같다" 등과 같은 증상을 호소하는 경우가 대부분이다.

말초성 현훈은 짧고 곧 회복되는 특징이 있으며, 머리를 돌릴 때 증가 또는 감소하는 경향이 있다(체위성 현훈).

환자와 보호자에게 안정을 취할 수 있도록 하고 대원2는 활력징후를 평가하고, 대원1은 환자와 보호자에게 증상을 바탕으로 환자 평가 후 응급처치 계획을 세운다.

환자는 움직임이 있을 시 어지럼증과 구토[1] 증상을 더 느끼며 그로 인해 거동이 어려운 상태이다.

■ 문진과 활력징후

대원1 환자분, 지금 가장 불편한 증상이 무엇인지 말씀해주실 수 있나요?

환자 어지럽고 계속 토해요.

대원1 이런 증상이 처음이신가요? 혹시, 알레르기가 있거나 복용하시는 약물이 있으신가요?

환자 이런 적 처음이에요. 알레르기는 없고, 먹는 약도 없어요.

대원1 마지막 식사는 언제 했나요?

환자 12시 30분 정도에 차에서 김밥 한 줄 먹었어요.

대원1 증상이 언제, 어떻게 발생했나요?

환자 차를 타고 가는데 한 20분 전부터 갑자기 어지럼증이 생기더니 구토까지 나왔어요.

대원1 어떨 때 증상이 심하나요? (가만히 있어도, 머리를 움직일 때, 앉았다 일어설 때?)

1) 오심, 구토, 물체가 흔들리는 것처럼 보이는 것은 전정 신경 증상이다.

환자 네, 멀미를 하나 싶었어요. 그런데 계속해서 머리를 돌릴 때마다 심해지고 있어요.

대원1 어떨 때 증상이 좀 나아지나요?

환자 눈 감고 가만히 있으면 좀 나아져요.

대원1 그럼 어떤 식으로 어지럽나요?
(빙글빙글[2]도는 듯한가요, 술 취한 사람처럼 비틀비틀[3]한가요?)

환자 빙글빙글 도는 것 같아요.

대원1 의식(기억)을 잃었거나 두통이 있었나요?[4]

환자 아니오, 그러지는 않았어요.

대원1 점점 나빠지나요, 나아지고 있나요?[5]

환자 좋아졌다 나빠졌다가 그래요.

대원1 귀에서 이상한 소리가 나거나 소리가 잘 안 들리지는 않나요?[6]

환자 소리가 나지는 않아요.

대원1 혹시 증상이 나타나기 전에 답답하고 불안하여 숨이 막히지는 않았나요?[7]

환자 아니요, 그러지 않았어요.

대원1 환자분 눈 검사를 할 거예요. 제가 들고 있는 볼펜을 한번 바라보세요.

환자 눈을 못 뜨겠어요. 눈을 뜨면 토할 것 같아요. (힘들어하지만 눈을 떠서 검사한다.)

대원1 제 양손을 꼭 잡아보세요. 한쪽에 힘이 빠지는 느낌은 없으세요?

환자 그런 것은 없어요.

---

2) 자신이 돌거나 세상이 빙글빙글 돈다는 느낌은 같은 의미이다.

3) 중추 전정신경계 증상으로 소뇌경색을 의심할 수 있다. 반면 몸이 뻣뻣하니 앞으로 넘어질 것 같은 걸음은 비전정신경계 증상인 파킨슨병을 의심할 수 있다.

4) 실신의 여부와 두통이 있는지 확인한다.

5) 증상이 좋아졌거나 나빠짐을 반복하는 것은 말초 전정신경 증상이다.

6) 귀에서 나는 이상한 소리, 소리가 작아짐, 잘 안 들리는 것은 말초 전정신경 증상이다.

7) 심인성 원인에 의한 증상인지 확인한다.

■ 신체 검진

대원1 사지 근력 감각 검사에 이상이 없고 귀에서 소리가 나거나 머리를 돌렸을 때 증상이 더 심하게 관찰된다.

대원2 활력징후와 동공 반응을 측정한다. [Rt 3mm(+)/Lt 3mm(+), 눈 떨림 증상 관찰]

시각	혈압	맥박	호흡	체온	SpO_2	혈당
14:25	160/80 mmHg	75회/min	18회/min	36.3℃	98%	160 mg/dL

04 2차 평가에서 확인된 증상과 문제는 무엇이며, 타 질환과의 감별을 위한 추가적인 정보가 있는가?

현장 심전도

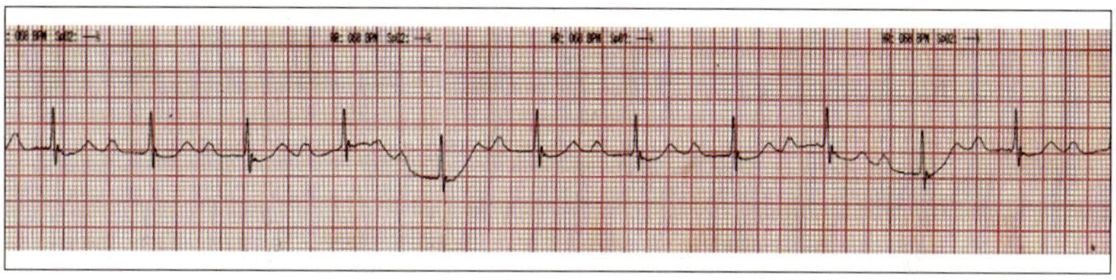

05 위 심전도에 대한 해석은?

1) 리듬이 규칙적인가? ☐ 규칙적 ☐ 불규칙적
2) 맥박수가 정상인가? (정상: 60~100회) ☐ 정상 ☐ 빠름 ☐ 느림
3) P파 너비가 정상인가? (정상 ≤ 3칸) ☐ 정상 ☐ 넓음
4) PR 간격이 정상인가? (정상 ≤ 5칸) ☐ 정상 ☐ 늘어남 ☐ P파 뒤에 R파가 없다
5) QRS 너비가 정상인가? (정상 ≤ 3칸) ☐ 정상 ☐ 좁음 ☐ 넓음
6) ST 분절은 정상인가? ☐ 정상 ☐ 상승 ☐ 하강

06 2차 평가 내용을 바탕으로 기록해 보자.

신체 검진	
시진(눈으로 보이는 이상)	
청진(비정상적인 호흡음, 소리)	
촉진(손으로 느껴지는 이상 반응 확인)	
타진(소리나 반응으로 이상 반응 확인)	
동공 반응(빛반사/크기)	

활력징후						
시각	혈압	맥박	호흡	체온	SpO_2	혈당
:	/ mmHg	회/min	회/min	℃	%	mg/dL

Allergy(알레르기 유무)	
Medication(복용 중인 약물)	
Past illness(과거 병력, 수술력)	
Last meal(마지막 음식물 섭취 시간)	
Event[사고 당시 상황(기전)]	
Onset(발생 시점)	
Provocation(유발/악화/완화 요인)	
Quality(통증/증상의 유형)	
Region(연관된 통증/증상의 부위)	
Severity(통증/증상의 정도)	
Time(통증/증상 지속 시간)	

현장 처치

Tip

판매되는 구토백

대원1 현재 상태에 대한 설명을 해주어 응급 상황인지 아닌지를 설명하여 안정을 취할 수 있도록 한다. 대원2에게 이동 들것을 준비해 달라고 요청한다.

대원1 이동 중에 구토할 수 있으므로 구토백을 준비하여 사용법을 알려준다.

들것 이동 중에 어지러움이 심하거나 구토가 나오려 할 때 알려주면 이동을 잠시 멈추고 기다리겠다고 설명하고 이송 준비를 한다.

07 구토백을 준비하는 이유와 활용 방법은 무엇인가?

이송 단계

Tip

어지럼증, 오심, 구토, 이명, 안구진탕, 혈압 상승이 확인되는 환자를 이송하는 중에는 귀(말초성), 뇌(중추성), 심장, 눈의 문제 등 여러 질환의 가능성을 염두에 두고 해당 진료가 가능한 지역 응급의료센터 이상으로 이송하도록 한다.

환자는 어지럼증으로 인해 거동이 어려워 들것을 이용하여 버스 밖으로 이동 후 구급차에 탑승한다.

대원1 환자분 지금도 어지럼증이 계속되나요?

환자 네, 어지럽고 계속 토할 것 같아요.

대원1 병원까지 10분 이상 걸릴 것 같아요. 의자를 올려드리면 편하세요? (반좌위)

환자 지금은 앉아 있는 것이 가장 편안해요.

대원1 차가 많이 흔들리니 안전띠를 착용하겠습니다. 춥지는 않나요?

환자 조금 추워요. (구급대원은 담요를 덮어 준다.)

환자는 이송 중에도 어지럼증과 오심, 구토 증상이 계속되어 인근 응급의료센터로 이송하기로 한다.

활력징후는 다음과 같다.

시각	혈압	맥박	호흡	체온	SpO_2
14:42	150/80 mmHg	72회/min	17회/min	36.6℃	98%

이송 중에 특별한 변화 없이 병원에 도착한다.

08 버스처럼 입구부터 높은 경사, 좁은 회전 반경, 좁은 폭이 있는 공간에서 환자를 이동시킬 때 어떤 방법(장비)을 사용할 것인가?

병원 단계

14:46

병원 도착 시 구급대원은 환자와 같이 응급실로 들어가 의료진에게 초기 증상, 활력징후, 현장 처치 내용 및 현장 상태를 인계한다.

의료진 무슨 환자입니까?

대원1 55세 남자로 14시 05분에 신고했고, 신고 20분 전부터 오심과 구토를 동반한 어지럼증이 있었다고 합니다.
버스를 타고 가다가 머리만 돌리면 계속 어지럽고 구토가 나올 것 같았다고 합니다. 검사하니 안구진탕이 있지만, 두통이나 신경학적 증상은 보이지 않았습니다.

의료진 어지럼증과 관련된 병력은 없었나요?

대원1 네, 특별한 병력이 없던 분이며 증상은 이번이 처음이라고 합니다.

의료진 네, 들어가서 관찰하도록 하겠습니다.

09 상기 사항을 구급일지에 작성해 보시오.

제한점

- 어지럼증 및 구토 환자를 바로 누운 상태로 이동시킬 수밖에 없었고, 안정을 취하지 못하는 과체중 환자를 들것을 이용하여 비좁은 버스 출입구를 통해 내려야 했다.
- 어지럼증을 호소하는 환자에게 제공할 수 있는 응급처치는 움직임 최소화, 구토 대비 등 기본적인 사항뿐이었다.
- 어지럼증 발생 원인은 다양하므로 현장에서 구급대원이 원인을 판단하기에는 어려웠고, 환자 문진 시 될 수 있으면 하나의 질문을 명확하게 전달해야 하는데 복수 질문을 했다.

실전 문제

01 다음 중 말초성 질환이 원인인 어지럼증의 병명이 아닌 것은 무엇인가?

① 양성 돌발성 위치성 현훈증
② 메니에르병
③ 전정신경염
④ 뇌졸중

02 어지럼증의 원인이 이석증(귓속에 결석이 있는 상태)으로 진단된 환자가 있다. 이 환자의 치료 방법은 무엇인가?

① 이석의 부스러기 부분들을 제자리로 돌려놓는 치료를 한다.
② 뇌혈관의 막힌 부분을 뚫어주는 시술을 시행한다.
③ 신경성이 원인이므로 신경정신과 진료를 볼 수 있도록 권유한다.
④ 베타차단제와 같은 종류의 약물 치료를 한다.

03 전정기관은 몸의 균형을 담당하는 평형기관인데 귀의 내이에 있다. 다음 중 전정기관의 구성으로 틀린 것은 무엇인가?

① 둥근주머니
② 타원주머니
③ 유스타키오관
④ 세반고리관

04 내이의 반고리관에 발생한 이동성 결석으로 인하여 유발되는 어지럼증을 '양성 자세 현훈'이라고 하는데 원인 및 증상, 검사 및 치료에 관해 서술한 보기 중 거리가 먼 것은 무엇인가?

① 안구가 가만히 있어도 떨려서 초점을 유지할 수 없는 안구진탕 증상이 나타난다.
② 딕스-홀파이크(Dix-Hallpike) 검사를 통해 확진한다.
③ 부유물을 원위치로 되돌리는 물리치료를 실시하며 변형 에플리(Epley) 방법이 가장 많이 사용된다.
④ 고막 안쪽에 스테로이드를 직접 주사하거나 수술적 요법 등으로 치료한다.

정답 1 ④, 2 ①, 3 ③, 4 ④

1-④ 뇌졸중은 중추신경계 질환과 관련되어 있다.

2-① 말초성 전정 기능 질환을 가진 환자의 치료법은 대부분 저절로 좋아지지만, 빠른 증상 개선을 위해서는 체위를 변화시켜 반고리관의 이석을 제거하는 이석정복(술)을 시행할 수 있다. 전정 기능 억제 약물은 갑자기 빠르게 나타나는 급성기 증상을 완화할 수 있으나 회복을 방해할 수 있으므로 짧게 사용하고, 가능하면 빨리 정상 활동을 시작하고, 재발 방지를 위해 전정 재활운동이 필요하다.

3-③ 유스타키오관은 중이의 환기와 분비물을 배출하는 역할을 한다.

4-④ 스테로이드를 주사하거나 수술적인 요법은 돌발성 난청의 원인에 따라 실시되는 치료법이다.

- 딕스-홀파이크(Dix-Hallpike) 검사: 피검자에게 현훈 및 안구진탕을 유발할 수 있음을 미리 설명하여 안심시킨 후에 눈을 계속 뜨고 있게 하며 눈은 깜박이지 않도록 주의를 시킨다. Frenzel 안경을 착용하여 안구진탕을 더 쉽게 관찰할 수 있고 피검자를 앉힌 상태에서 머리를 45° 검사자 쪽으로 돌린다. 이 상태에서 빠르게 피검자를 눕히며 머리를 뒤로 젖혀 검사대 끝보다 약 20~30° 아래로 떨어뜨린다. 이 위치에서 최소한 30초 이상 유지하면서 안구진탕을 관찰한다. 그런 후에 다시 원래의 앉은 상태로 일으켜 세운다.
  관찰 사항은 피검자의 주관적인 현훈, 안구진탕이 나타날 때까지의 잠복 시간, 안구진탕 방향과 지속 시간, 검사 반복 시행 시 안구진탕의 역전(reversal of nystagmus) 등이다. 검사상 위음성이 있을 수 있으므로 진단이 의심되나 안구진탕이 관찰되지 않는 경우는 검사를 반복하는 것이 진단에 도움이 된다.

사례 풀이

01 출동 메시지를 바탕으로 어떤 장비들을 준비해야 하는가?

환자 평가를 위한 기본적인 활력징후 측정 장비(혈압계, 산소포화도 측정기, 체온계, 혈당 측정기)와 구토에 대비한 구토백이 필요하다. 만약, 출동 중에도 의식 변화가 동반되는 상황이라면 구토로 인한 기도폐쇄에 대비하여 기도유지기, 휴대용 흡인기, 휴대용 산소소생기, 들것이 필요하다.

02 출동 중 신고자와의 통화에서 어떤 정보들을 알아내야 하는가?

현장 위치 파악과 출동 경로를 파악하는 것은 접근 시간을 단축하는 데 중요한 행동이다. 출동 거리가 먼 경우 출동 거리(시간)가 있음을 미리 알리는 것은 구급차를 기다리는 신고자를 이해시키는 데 도움이 된다.

신고가 버스에서 발생했으므로 어지럼증이 외상으로 인한 것인지, 혹은 기타 내과적 요인에 의한 것인지 확인한다.

증상에 대한 평가를 다음과 같이 시행하여 증상의 정도와 원인 질환을 유추할 수 있다.

1) 과거 병력의 유무
2) 어지럼증과 동반한 증상
3) 언제 무엇을 하다가 발생되었는가? (유발 요인의 평가)
4) 의식 변화가 동반되고 있는가? (뇌졸중과 관련한 응급 상황의 가능성을 확인)
5) 구토의 형태(분출형 구토), 색깔(붉은색, 노란색, 초록색), 양상(거품, 혈액 섞임 유무)의 확인

03 현장 여건을 보아 이송할 때 문제점과 주의 사항은 무엇인가?

들것들을 가지고 버스에 오를 때 일부 장비들은 길이가 길어 움직일 때 차량 내부 및 승객과 부딪힘 사고가 발생할 수 있다. 반드시 구조자가 보이지 않는 부위를 동료가 잡아줄 수 있도록 한다. (신고자나 동료의 도움을 받을 수는 있지만, 사고 발생 시 곤란한 상황을 겪을 수도 있으므로 될 수 있으면 출동 대원끼리 해결하도록 한다.) 이송 중에 창문을 깨뜨리거나 의자나 손잡이에 부딪히며 앉아 있는 승객에 대한 2차 손상을 일으킬 위험이 있기 때문이다.

환자가 과체중이라면 억지로 들어서 이동하는 것은 대원의 허리를 다치게 할 수 있으므로 바닥에 놓고 끌어서 이동하는 것이 좋다.

04 2차 평가에서 확인된 증상과 문제는 무엇이며, 타 질환과의 감별을 위한 추가적인 정보가 있는가?

전반적인 평가와 검사에서 어지럼증과 구토 증상은 머리 움직임이 있을 때 더 심하게 느끼는 것으로 평가된다.

1차, 2차 평가 결과에서 응급 상황은 아닌 것으로 확인되었으며, 어지럼증의 원인이 귀에서 발생한 말초성 어지럼증인지, 뇌의 이상으로 오는 중추성 어지럼증인지를 구분해야 한다. 중추성 질환은 시력과 관계되거나 균형 장애, 말하기, 사지 근력/감각 이상, 심한 두통을 특징으로 하기 때문에 빠르게 확인해야 한다.

이후에 발생 상황을 물어보아 심리적 요인(공황 장애 증상, 과호흡 증상)이 있는지를 확인하고, 만약 앉거나 오랫동안 서 있다가 움직인 후 실신 증상과 함께 느꼈다면 기립성 저혈압 증상으로 구분한다. 그 외 대부분은 귀와 연관된 것들이 대부분이니 감별 진단표와 질환에 따른 특징을 정리한 표를 참고하면 도움이 된다.

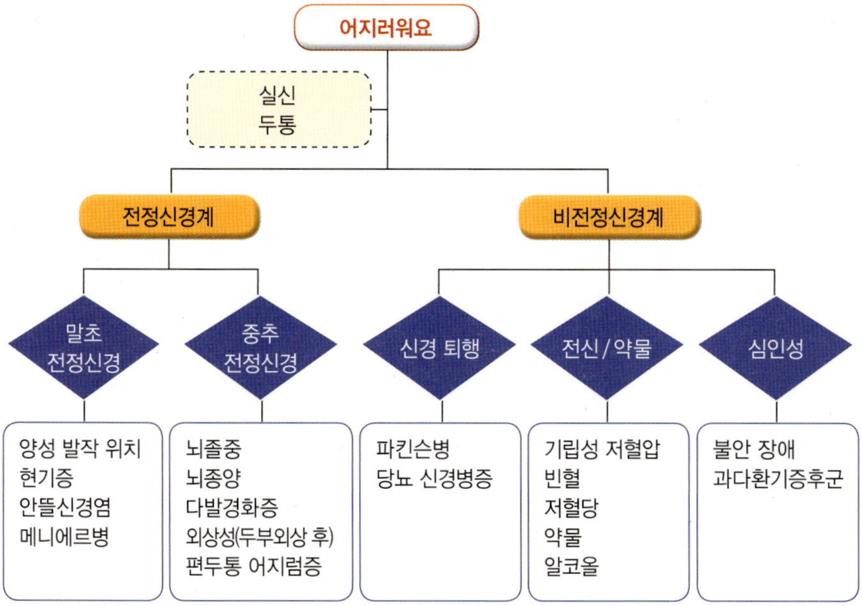

2차 평가에서 나타난 질문과 검사 결과는 모두 말초 전정신경 문제로 확인된다. 머리를 움직일 때마다 나타나는 증상이 유발 요인이 없고 구토와 안구진탕증이 있는 것은 모두 전정신경염의 특징과 증상이다.

주의해야 하는 것은 증상이 전정신경염의 증상과 같다고 하여 전정신경염으로 생각해서는 안 된다는 것이다. 특히, 뇌졸중과 관련된 검사가 올바르게 수행되지 않았을 때 적절한 치료 시기를 놓칠 수 있기 때문이다.

- 참고: 어지럼증의 원인

말초 전정기관(40%), 균형 장애 및 실신성 어지럼증(25%), 정신과적 문제(15%), 기타(10%), 중추신경계 질환(10%)

(대한의사협회)

- 흔한 어지럼증의 구분

종류	이석증	전정신경염	메니에르병	뇌경색	기립성 저혈압
분류	말초성 어지럼증			중추성 어지럼증	실신성 어지럼증
기전	내이의 반고리관에서 떨어져 나온 '이석'이 반고리관을 자극할 때	내이에 전정신경이 바이러스에 감염되어 나타난 염증 반응이 있을 때	달팽이관의 '내림프액'의 생성과 흡수 과정에 문제가 있거나 비정상적으로 귀 내부 압력이 높아질 때	뇌혈관 막힘에 따른 허혈성 뇌 조직 손상이 있을 때	쪼그리고 앉거나 장시간 서 있을 때처럼 하반신에 혈액이 정체되어 순환에 장애가 생길 때
특징	특정 자세 변화에 따라 반복적으로 나타나는 회전성 현훈	머리를 움직일 때마다 증상이 나타남 자연적으로 발생하며 수시간에서 하루 이상 지속	유발 요인 없이 저절로 발생하거나 발작적으로 나타남	갑자기 빙빙 돌기보다는 어질어질한 느낌으로 시작하는 비회전성 어지러움이 많음	일시적으로 나타나지만, 간혹 시간이 길어지면 실신이 되기도 함 노인층에서 흔함
증상	오심이나 구토, 두통, 가슴 두근거림, 식은 땀 등 자율신경계 자극 증상이 동반	구토, 안구진탕, 세상이 도는 듯한 느낌	한쪽 귀가 잘 안 들리는 '난청', 귀 안이 꽉 찬 느낌, 오심, 구토	뇌경색 부위에 따라 말이 어눌해지거나 두통, 사지 근력 저하, 균형 장애, 시야 결손, 복시 등의 증상	실신형 어지럼증, 시야 흐림 증상
완화 요인	머리를 움직이지 않고 가만히 있으면 완화	눈을 감거나 염증이 없는 쪽을 바닥에 두면 완화	병원 도착까지 계속 증상을 호소	뇌졸중 치료를 위한 혈관 내 시술이나 약물을 통한 치료	천천히 움직이거나 움직임을 최소화하면 금방 좋아짐

05 위 심전도에 대한 해석은?

1) 리듬이 규칙적인가?	☑ 규칙적	☐ 불규칙적	
2) 맥박수가 정상인가? (정상: 60~100회)	☑ 정상	☐ 빠름	☐ 느림
3) P파 너비가 정상인가? (정상 ≤ 3칸)	☐ 정상	☑ 넓음	
4) PR 간격이 정상인가? (정상 ≤ 5칸)	☐ 정상	☑ 늘어남	☐ P파 뒤에 R파가 없다
5) QRS 너비가 정상인가? (정상 ≤ 3칸)	☑ 정상	☐ 좁음	☐ 넓음
6) ST 분절은 정상인가?	☑ 정상	☐ 상승	☐ 하강

심전도 리듬은 P파가 0.16sec(4칸)이며, PR 간격이 0.4초(10칸)로 연장되어 있다. P파 연장은 0.02sec 문제로 특별한 의미가 없으나 PR 간격의 5칸 이상, 0.2sec 이상은 1도 방실차단이 관찰된다. 하지만, 2도 방실차단 이상의 리듬에서는 세밀한 관찰이 필요하다.

06 2차 평가 내용을 바탕으로 기록해 보자.

신체 검진	
시진(눈으로 보이는 이상)	안면부 창백, 식은땀
청진(비정상적인 호흡음, 소리)	–
촉진(손으로 느껴지는 이상 반응 확인)	피부가 약간 차다는 느낌
타진(소리나 반응으로 이상 반응 확인)	–
동공 반응(빛반사/크기)	Rt 3mm(+)/Lt 3mm(+), 안구진탕(눈떨림) 관찰

활력징후						
시각	혈압	맥박	호흡	체온	SpO_2	혈당
14:25	160/80mmHg	75회/min	18회/min	36.3℃	98%	160mg/dL

Allergy(알레르기 유무)	없음
Medication(복용 중인 약물)	없음
Past illness(과거 병력, 수술력)	없음
Last meal(마지막 음식물 섭취 시간)	12:30경 김밥 한 줄
Event[사고 당시 상황(기전)]	버스로 이동 도중 계속 나타나는 어지럼증
Onset(발생 시점)	신고 20분 전
Provocation(유발/악화/완화 요인)	눈을 감으면 증상이 나아진다.
Quality(통증/증상의 유형)	빙글빙글 도는 느낌
Region(연관된 통증/증상의 부위)	없음
Severity(통증/증상의 정도)	VAS 6~7점
Time(통증/증상 지속 시간)	신고 20분 전부터 현재까지

07 구토백을 준비하는 이유와 활용 방법은 무엇인가?

구토 증상이 있는 환자 평가에서 '구토물'을 확인하는 것은 중요한 과정 중의 하나이다. 증상을 호소하는 환자에 따라서는 토혈과 객혈을 잘 구분하지 못하는 경우가 있기 때문이다. 구토물에서 음식물의 존재, 혈흔(핏덩이)의 유무, 위/장액 등을 확인하는 것은 관련 질병을 유추할 수 있다.

토혈은 위장관 출혈을 의심할 수 있으며, 노란색의 위/장액만 나오는 경우는 위 내용물이 거의 다 비어 있는 상태이다. 이런 경우 구토의 시작 시각과 횟수, 1회당 양이 얼마였는지 반드시 물어보아 저체액성 쇼크의 가능성에 대비할 수 있다. 현장에서나 이송 중에도 구토가 난다면 구토백에 담아(용량을 확인할 수 있도록 눈금이 표시되어 있다.) 병원에 인계한다.

08 버스처럼 입구부터 높은 경사, 좁은 회전 반경, 좁은 폭이 있는 공간에서 환자를 이동시킬 때 어떤 방법(장비)을 사용할 것인가?

환자 이송을 위한 들것은 대부분 척추 고정을 위한 장비(긴 척추 고정판, 분리형 들것)로 구성되어 있어 좁은 통로를 이동할 때 매우 불편할 수밖에 없다. 특히, 좁은 빌라의 계단, 좁은 집안, 승강기가 있는 곳에서는 길이가 길어 이동이 어렵거나 이동하더라도 벽면에 부딪혀서 손상을 입기 쉬운 단점이 있다.

시내버스 같은 경우는 창문을 열거나 뒷문을 이용해서 이동할 수 있지만, 고속버스나 관광버스는 뒷문이 없고 창문을 열 수 없는 구조로 되어 있다. 간혹, 사고 규모가 커 유리창이 손상됐을 때는 유리문을 절개하여 들것 사용이 가능한 때도 있다.

척추 손상이 의심되지 않는 상황이라면 응급 소형 들것을 이용하여 이동할 수 있다. 척추 손상이 의심된다면 구출 고정대, 전신 진공 부목에 고정해서 이동해야 한다.

어떠한 들것을 이용하더라도 환자의 손은 들것 밖으로 빠져나오지 않도록 안전하게 고정해야 한다.

■ 환자 운반용 들것류

	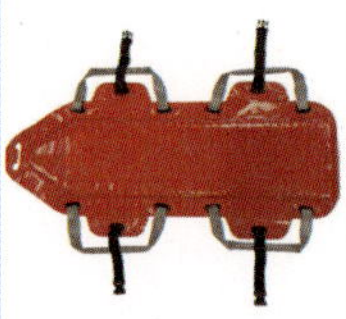	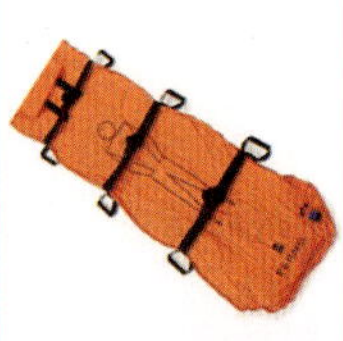			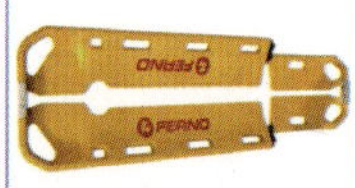	
품명	응급 소형 들것	전신 진공 부목	긴 척추 고정판		분리형 들것	
재질	졸라포틴	PVC	플라스틱	카본섬유	플라스틱	카본섬유
길이	135.5×60.5×3cm	213×76×7cm	183×41×4.8cm	186×44.1×5cm	166×43×7cm(일반) 201×43×7cm(확장)	166×119×45cm(일반) 166×202×45cm(확장)
무게	3kg	5.2kg	6kg	4.6kg	8kg	3.8kg

09 상기 사항을 구급일지에 작성해 보시오.

Cf: QR 코드 (챕터21 구급활동일지) 를 찍어 구급활동일지 예시를 확인할 수 있다.

국가건강정보포털(어지럼증)

가. 개요

어지럼증은 성인의 20%가 1년에 한 번 이상 경험할 정도로 흔한 증상이다. 여성이 남성보다 2배 이상 많고, 나이가 들수록 증가한다. 어지럼증을 호소하는 환자는 빙빙 도는 느낌, 기절할 것 같은 느낌, 핑 도는 느낌, 한쪽으로 쓰러질 것 같은 느낌, 머리가 어질어질한 느낌, 현기증 등 다양한 말로 어지럼증을 표현한다.

호소하는 증상이 다양하므로 정확한 진단이 어렵다. 어지럼증을 유발하는 대표적인 기관은 귀(말초성), 뇌(중추성), 심장, 눈 등이 있다. 심한 어지럼증을 호소해도 심각한 질환이 아닐 수도 있으며, 어지럼증의 강도가 약하더라도 중추성 신경계 이상과 같이 수술이나 집중 치료가 필요한 때도 있으므로 정확한 감별 진단이 필요하다.

진단을 위해 어지러웠던 당시의 상황과 느낌에 대한 환자의 병력 청취가 중요하다. 특히 회전성, 비회전성으로 구분이 필요하고, 환자의 어지럼증 지속 시간, 발생 상황, 유발 요인과 동반 증상, 과거력 등을 잘 파악해야 한다. 하지만 어지럼증 때문에 자신의 상황과 느낌을 설명하기 힘든 예도 있으며, 때에 따라서는 신체 진찰과 신경학적 검사가 어지럼증을 악화시킬 수 있어 오히려 검사 자체가 환자를 힘들게 할 수도 있다.

나. 원인

어지럼증을 구분하는 방법에는 여러 가지가 있다. 원인에 따라 크게 중추성 신경계 질환과 말초성 전정기관 장애로 구분할 수 있으며, 증상에 따라서는 현훈, 실신, 균형 장애, 현기증으로 구분할 수 있다. 다음은 증상에 따른 원인 분류이다.

1) 현훈

자신이나 주변이 회전하는 것 같은 증상을 호소한다. 원인은 말초성과 중추성 전정계 질환으로 구분할 수 있다. 말초성은 균형을 유지하는 속귀(달팽이관, 세반고리관)와 전정 신경에 이상이 생긴 경우이며, 중추성은 대뇌, 소뇌, 뇌간, 척수 등에 이상이 있는 경우이다.

가) 말초성 전정 기능 질환

원인 질환으로 양성 체위성 돌발성 현훈, 전정신경염, 메니에르병, 미로염(내이염), 진주종, 외림프 누공 등이 있다.

속귀에 문제가 있을 때 어지럼증 외에도 청력 손실, 귀 통증, 귀의 충만감, 압박감 등의 증상이 동반될 수 있다.

(1) 양성 체위성 돌발성 현훈: 고개를 돌리는 등 머리의 위치가 변할 때 짧고 반복적인 회전성 어지럼증을 호소한다. 어지럼증의 증상은 1분 미만으로 짧다.

(2) 전정신경염: 어지럼증이 갑자기 발생하며, 구역질과 구토를 하고 보행이 불안정해진다. 어지럼증은 안정 시에도 남아 있으며 위치 변화로 더 심해질 수 있다. 증상은 수일에서 수주 이상 지속하나 대부분 1주일 이내에 호전된다.

(3) 메니에르병: 이명(귀 울림), 귀의 충만감, 한쪽 청력의 저하가 있다가 갑작스럽게 회전성 현기증 발작이 발생해 수분에서 수시간 지속된다. 어지럼증과 함께 구역질과 구토를 하며 보행이 불안정해진다.

나) 중추성 전정 기능 질환

중추성 전정 기능 장애로 어지럼증이 동반되는 경우는 편두통과 연관된 현훈, 소뇌동맥이 막히거나 터지는 뇌졸중, 뇌 기저동맥 폐색, 척추동맥 박리, 후두개저의 종양, 다발성경화증 등이 있다. 특히 소뇌동맥 경색에서는 어지럼증과 심한 자세 불안, 난청(청력 저하)이 동반될 수 있다. 어지럼증 외에도 만성적으로 평형 감각 장애가 있거나 자세가 불안하고 청력 소실이 동반되면 소뇌동맥의 뇌졸중을 의심해야 한다. 특히 물체가 겹쳐서 보이거나 한쪽의 팔과 다리에 힘이 빠질 때는 소뇌 병변을 의심해 보아야 한다.

2) 실신성 어지럼증

환자는 정신을 잃을 것 같은 느낌, 아득해지는 느낌을 호소한다. 뇌 혈류가 감소하여 급격하게, 짧은 시간 동안의 의식 소실이 동반된 실신이 발생하지만, 대부분 저절로 회복된다. 원인으로는 부교감신경이 증가하여 맥박이 느려지고(느린맥) 교감신경이 억제되어 혈관이 확장되어 뇌 혈류가 감소하는 미주신경 실신, 자율신경반사 장애로 인해 갑자기 일어설 때 혈압이 낮아지는 기립성 저혈압이 있다. 심장에 의한 원인으로는 부정맥, 심장 구조 이상, 심장 박출량의 감소가 있다. 뇌 혈류와는 관계없는 저혈당에서도 드물게 실신이 발생할 수 있다. 이유를 알 수 없이 반복적으로 실신하는 경우 심인성 실신을 고려해야 한다. 의식 소실 전에 아득해지는 느낌, 의식을 잃을 것 같은 어지럼증, 현기증, 시각 이상, 청각 이상 등과 같은 전조 증상이 흔히 동반된다.

기립성 저혈압은 누운 상태나 쪼그려 앉은 상태에서 갑자기 일어났을 때, 하지(다리)와 내장으로부터 심장 내로 들어오는 혈액의 양이 줄어들고 심장에서 다시 나가는 혈액의 양 또한 감소하여 생기는 어지럼증이다. 우리 몸의 교감신경계가 자세 변화에 따라 적절하게 반응하지 못해 발생한다.

3) 균형 장애에 의한 어지럼증

소뇌, 대뇌 전두엽, 기저핵, 고유수용체 감각과 같이 운동 전달을 담당하는 곳에 이상이 있거나 약물, 파킨슨병, 알코올 남용 등으로 인해 발생할 수 있다. 드물게는 갑상선기능저하증, 저혈당증, 말초신경병증, 근육병증, 히스테리 등에 의해서도 발생할 수 있다. 누워 있거나 앉아 있을 때는 증상이 없으나 서 있거나 걸을 때 비틀거리거나 중심을 잡지 못하고 쓰러지는 증상이 생기는 어지럼증이다.

4) 현기증

과호흡증후군이 제일 흔하며, 불안, 우울, 신경성, 히스테리 등의 감정 질환이 원인인 경우가 많다. 그 외에도 식전 저혈당의 증상으로 현기증이 나타날 수 있고, 심한 빈혈이 있는 경우 운동 후 현기증이 발생할 수 있다. 머릿속이 도는 느낌, 흔들림, 아득한 느낌, 몸이 뜨는 느낌, 몸에서 분리되는 느낌, 떨어지지 않을까 하는 두려움 등 비현실적인 느낌을 호소한다.

다. 진단

1) 현훈

가) 말초성 전정 기능 질환

말초성 전정 기능 질환의 특징은 한쪽 귀 청력 소실, 귀 통증, 귀 충만감과 압박감 등의 증상이 나타나는 것이다.

안구진탕 유발 검사가 말초성 전정 기능 질환의 진단에 도움이 된다. 안구진탕은 눈의 위치가 서서히 한쪽으로 이동할 때 뇌가 원래의 위치로 되돌리기 위해 빠르게 눈을 옮기는 현상이 반복해서 일어나는 현상이다. 안구진탕의 유무, 방향, 속도, 정면 주시에서 나타나는 안구진탕 등은 어지럼증의 원인을 밝히는 데 중요한 정보를 제공한다. 양성 체위성 돌발성 현훈에서는 어지러움이 자세 변화와 관련되어 있으므로 머리의 위치가 변할 때 안구의 움직임을 관찰하는 머리 둘레 변환 안구진탕 검사로 평가한다. 전정신경염과 메니에르병은 머리 충동 검사로 병변이 발생한 위치를 확인할 수 있고, 양쪽 귀의 온도 안구진탕 검사로 반고리관 마비를 확인하여 진단할 수 있다.

나) 중추성 전정 기능 질환

중추성 전정 기능 질환의 특징적인 증상인 안구진탕, 사물이 두 개로 보이는 복시, 다리운동 실조(머리, 몸통, 다리의 운동 부조화를 일으키는 신경 이상)는 소뇌나 뇌줄기 병변을 시사한다. 중추성 어지럼증의 진단은 주로 자세한 병력과 뇌 컴퓨터단층촬영(CT), 뇌 자기공명촬영(MRI), 청력 검사를 이용할 수 있다.

2) 실신성 어지럼증

움직이지 않고 오래 서 있는 자세, 풍선 불기와 같이 반복적으로 빨리 숨쉬기(과호흡), 병원에서 혈액 검사할 때, 무거운 것 들기, 소변 또는 배변 중, 감정적 스트레스, 사람이 많이 모인 좁은 장소, 흥분, 음주, 통증, 목이 조이는 옷을 입었을 때의 실신은 상황에 대한 병력 청취와 주변 사람들의 이야기로 진단할 수 있다. 심장에 의한 실신은 부정맥과 심장 기능에 의한 문제로 발생할 수 있다. 이러면 심전도, 심장 초음파 등의 검사와 심장 전문의 상담이 필요하다. 저혈당에서도 드물게 실신이 발생할 수 있으므로 혈당 검사도 필요하다. 불안, 공황 장애, 우울증과 신체화 장애에서도 나타날 수 있으며, 이때에는 전조 증상 없이 쓰러지고, 여러 번 넘어져도 잘 다치지 않는 증상을 특징으로 한다. 이러면 정신과적 평가가 필요하다.

3) 균형 장애에 의한 어지럼증

운동 전달 및 균형을 담당하는 고유수용체 감각, 소뇌 등에 이상이 있을 때 발생하는 어지럼증이다. 우선 약물이나 병력에 대한 청취가 중요하고, 평형 장애 진단을 위한 신경학적 검사가 필요하며, 뇌 병변의 진단을 위해 뇌 CT, 뇌 MRI가 필요하다.

4) 현기증

비현실적인 모호한 증상이 진단에 도움이 되므로 병력 청취가 중요하다. 그리고 과호흡증후군이 동반될 수도 있으므로 과호흡증후군을 감별하기 위해 어지럼 자극 검사가 꼭 필요하다. 지속되는 모호한 증상이 내부 장기의 문제라고 걱정하고 있는 경우에는 여러 가지 검사를 하더라도 환자를 안심시켜야 한다.

라. 치료

어지럼증이 갑자기 발생한 경우 편안한 자세로 안정을 취하는 것이 가장 중요하다. 원인에 따른 치료와 증상에 따른 약물 치료를 할 수 있다.

1) 현훈

가) 말초성 전정 기능 질환

대부분 저절로 좋아지지만, 빠른 증상 개선을 위해서는 체위를 변화시켜 반고리관의 이석을 제거하는 이석정복술을 시행할 수 있다. 전정 기능 억제 약물은 갑자기 빠르게 나타나는 급성기 증상을 완화시킬 수 있으나 회복을 방해할 수 있어서 짧게 사용하고, 가능하면 빨리 정상 활동을 시작하고, 재발 방지를 위해 전정 재활운동이 필요하다.

나) 중추성 전정 기능 질환

말초성 전정 기능 질환과 치료가 비슷하지만, 입원 치료나 수술이 필요한 예도 있으므로 정확한 진단 후 원인 치료가 필요하다.

2) 실신성 어지럼증

실신이 발생하지 않도록 주의해야 한다. 뇌 혈류를 유지하기 위해 누운 상태에서 다리를 올리고, 몸이나 목을 조이는 옷은 느슨하게 풀어준다. 기립성 저혈압은 증상이 발생할 때 누우면 증상이 호전되므로 누웠다 일어날 때 단계적으로 일어난다. 특히 잠자리에서 급히 일어나지 않도록 교육한다. 부정맥이나 심장 기능에 의한 경우에는 원인에 따라 전문의와 상담하면서 치료한다.

3) 균형 장애에 의한 어지럼증

귀에 독성이 있는 약물을 피하는 것이 가장 중요하고, 원인에 따라 치료한다. 알코올 중독에 의한 소뇌 기능 장애와 감각신경의 손상은 금주, 비타민, 영양 치료로 어지럼증이 다소 호전될 수 있다. 말초신경병증, 파킨슨병과 같은 다른 원인에 대해서는 원인 질환에 대한 치료가 필요하다.

4) 현기증

과호흡증후군에 의한 현기증은 종이봉투를 이용하여 호흡 조절 운동으로 관리하고, 심인성 어지럼증은 인지 치료와 행동 치료가 도움이 될 수 있으며 약물 치료를 병행한다. 그러나 현기증의 경우 진단이 힘든 경우가 많다. 어지럼증의 증상이 모호한 경우 의사와 상담이 필요하다.

Reference

1. 소방청. 《119 구급대원 현장응급처치 표준지침》, 2023.
2. 전시자 외 153명. 《성인간호학》(제4판, 하권), 현문사. 2005, pp.914-944.
3. 국가건강정보포털(health.mw.go.kr), 어지럼증.
4. 메디컬투데이/뉴시스 기사명: 어지럼증 환자 MRI 33.7% 뇌경색 2007-08-06 기사.
5. KSMC(한국의과대학·의학전문대학원협회), 《기본진료수행 지침》 전면 개정판(제2판), 2016.

사례 22 아이가 아파요

목적

- 소아 환자의 일반적인 외상 환자 평가를 학습하고, 특수한 상황과 연관된 소아 환자의 특징과 대응 방법에 대해 학습한다.

출동 개요

출동 메시지 "구급 출동!" 장소는 ○○시 ○○동 ○○아파트 ○○동 ○○호 6세 남아 경련 구급 출동

출동 정보
- **신고 시각** 12월 23일 21:05
- **출동 시각** 12월 23일 21:06
- **현장 도착** 12월 23일 21:15
- **현장과의 거리** 4km(9분 소요)

출동 인원
- **구급대원1** 리더
- **구급대원2** 대원(처치)
- **구급대원3** 대원(운전)

환자 정보 및 기타 정보 남자 6세, 경련

출동 단계

구급차 지휘센터! 여기 ○○ 구급대 신고 내용 재송신 바람.

지휘센터 아이가 아프다고 신고되었고, 감기 증상이 있었다고 하며 현재는 기운이 없이 축 처져 있다고 함.

구급차 접수 완료!

대원1 (신고자에게) 현재 출동 중인 구급대원이고 거리는 4km이며 9분 정도 소요될 것 같습니다. 환자 나이가 어떻게 되나요?

보호자 여섯 살 남자아이예요.

대원1 감기 증상이 있다가 경련했다고 하는데 아이가 부르면 반응을 보이나요?

보호자 눈을 뜨고 있는데, 기운 없이 축 처져 있어요.

대원1 아이가 숨 쉬는 건 어떤가요? 입술이 파랗거나 창백하지는 않나요?

보호자 아까 잠깐 파랬던 거 같은데…… 잘 모르겠어요. 빨리 와주세요.

대원1 네, 지금 가는 도중에 필요한 장비가 어떤 것들이 있는지 확인하기 위해 여쭤보는 중입니다. 감기 증상이 있었다고 하셨는데 열이 나지는 않았나요?

보호자 그런 건 없고, 울다가 지쳐서 그런 건지 기운 없이 축 처져 있어요.

대원1 그럼 현재 아기는 눈은 뜨고 있고, 입술이 파랗거나 창백하지 않고 숨을 쉬면서 축 처져만 있다는 말씀이죠? 이름을 한번 불러 보시겠어요? 대답은 하나요?

보호자 네, 빨리 와주세요.

> **Tip**
>
> **신고자와 통화**
>
> 신고자 또는 보호자와 통화하다 보면 빨리 와주기만을 요청하며 필요한 정보를 파악하는 것에 거부감을 표시하는 경우들이 있다.
>
> 이때는 현재 출동 중이며 거리와 소요 예상 시간을 설명하고, 문진의 목적(장비 결정)을 설명하는 것이 신고자와의 대화에 도움이 된다.
>
> 실제로 30대 남자를 노모가 아기라고 표현하는 예도 있는 것처럼 아이라는 표현만을 믿지 말고 나이를 확인한다. 소아 환자의 경우 일반 성인과 달리 추가로 필요한 아기 수첩이나 주민등록번호를 확인할 수 있는 서류, 기저귀를 포함한 물품들을 사전에 준비하도록 안내하는 것이 좋다.

대원1 네, 최대한 빨리 가도록 노력하겠습니다. 아기 상태를 잘 관찰해 주시고 필요 물품도 같이 준비해주세요.

---

01 출동 중 신고자와의 통화에서 소통의 어려움(빠른 출동만을 독촉, 비협조적인 태도)이 있다면 설득 요령과 미리 파악해야 하는 정보들은 무엇인가?

02 소아 환자를 이송하기 위해 준비해야 할 장비들과 안내할 내용은 무엇인가?

현장 상황

Tip

모든 현장의 우선순위는 현장 안전의 확인이다. 소아라는 특성으로 환자에게만 집중하여 구조자의 안전 확보를 놓치면 안 된다.

현장 안전 확인 후에 소아 평가 삼각구도를 이용하여 환자의 외관(appearance), 호흡 노력(work of breathing), 피부 순환(circulation to the skin)을 활용한 후 1차 평가를 진행한다. 또한 갑자기 많은 사람의 접근은 소아 환자에게 공포감을 줄 수 있다.

대원1 대원2에게 활력징후 가방과 휴대용 산소를, 대원3에게 간이형 들것을 요청하며 제세동기를 챙겨 현장으로 진입한다.

현장에 도착하여 보니 집안은 차가운 환경으로 아이는 여름 내복을 입은 상태로 작은방에 누워 있고 기운이 없는 상태였다. 눈은 뜨고 있으며 울음을 보이지는 않았다. 신고자는 어머니이고, 아버지는 안방에 있는 것 같았다.

아이는 감기 증상이 있었고, 신고 30분 전부터 울음 없이 떠는 모습을 보여 신고했다고 한다.

1차 평가

기본 활력징후 및 병력 청취	
의식 상태	A(명료함)
기도 및 호흡 상태	기도가 개방된 상태로 똑바로 누우려고 하지 않는다.
순환 상태	위팔동맥에서 빠르고 약하게 확인된다. 피부는 차갑다.

Tip

1차 평가는 생명의 위협 상황과 신속한 이송 여부를 결정하는 중요 근거이다. ABCDEs와 활력징후, 맥박산소 측정을 통해 현장 치료 또는 이송을 결정한다.

구급차의 장비와 일상적인 출동이 성인 위주로 되어 있어 소아 환자의 활력징후 측정과 장비 활용 숙달이 필요하다.

호흡은 다른 검사보다 우선 시행하는 것이 좋다. 환자가 울기 시작하면 정확한 호흡수를 측정하기 어렵다.

03 현장 상황과 1차 평가를 바탕으로 추정되는 문제와 필요한 응급처치는 무엇인가?

04 소아 환자의 활력징후 측정은 어떻게 할 것인가?

2차 평가

대원1은 소아 환자에게 알맞은 문진 방법 및 활력징후 평가와 함께 필요한 응급처치 계획을 세운다. 대원2는 환자의 외관 상태를 살피고 대원3은 보호자에게 환자 상태를 확인한다.

Tip

1차 평가를 요약하여 생명의 위협이 없다면 병력 조사와 신체 검사, 감시 장치, 재평가를 통하여 2차 평가를 진행한다.

병력 조사는 주 증상과 징후, 손상 기전이나 발병 상황이 무엇인지를 확인하고 머리부터 발끝까지 차례대로 상세하게 신체 평가를 시행한다.

▪ 문진과 활력징후

대원1 아이가 여섯 살이죠? 지금처럼 숨 쉬는 게 언제부터 그랬나요?

보호자 네, 아까까지는 울고 보채고 그랬는데, 한 20분 전부터 울지 않고 기운이 없어 보여서 신고했어요.

대원1 경련했다고 신고하셨는데, 경련한 시간은 얼마나 됐나요? 혹시 손의 방향과 눈동자의 방향을 보셨나요?

보호자 한 5분 정도 한 거 같은데 잘 모르겠어요.

대원1 아기가 입술이 파랗거나 창백했던 적이 있었다고 하셨는데, 그게 언제쯤이며 창백한 시간이 얼마나 지속됐나요? 그리고 그때 아기가 울고 있었나요?

보호자 울음이 멈추고 나서 잠깐 그랬고, 그 후에 조용하기에 괜찮은 줄 알았는데 기운이 너무 없어 보였어요.

대원1 감기 증상이 있었다고 하셨는데, 열이 났던 적은 없었나요?

보호자 가벼운 콧물하고 기침만 있어서 내일 병원에 가려고 했고, 열은 안 났어요.

대원2 대원1에게 아이 오른쪽 옆구리와 복부 쪽에 색이 다른 멍 자국이 있음을 조용히 알린다.

대원1 아이가 평소에 앓고 있던 질환이 있을까요? 마지막으로 음식을 먹은 건 언제일까요?

보호자 평소에 특별히 먹고 있던 약은 없고, 한 시간 전에 과자를 먹었어요.

■ 신체 검진

대원1 혹시 아기가 넘어지거나 어디에 부딪힌 적이 있을까요?

보호자 혼자 걷다가 넘어진 적은 있는데…… 잘 모르겠어요.

대원1 대원2에게 활력징후 측정을 지시하고, 대원3에게 외상이 있을지 모르니 외상 환자 평가를 지시한다.

시각	혈압	맥박	호흡	체온	SpO_2
21:09	측정 불가	115회/min	40회/min	36.0℃	87%

대원2 양쪽 동공은 같이 반응하며 [Rt 4mm(+)/Lt 4mm(+)] 양쪽 폐음은 깨끗하게 잘 들립니다.

대원3 오른쪽 옆구리, 복부, 등에 타박상이 확인되며 그 외에 다른 증상은 확인되지 않습니다.

---

05 멍든 자국을 아동학대로 볼 수 있는가?

06 이 환자는 아동학대로 볼 수 있는가?

Tip

타박상의 색과 시기

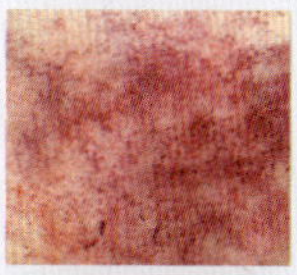
0~2일 붉은색 (부기와 통증)

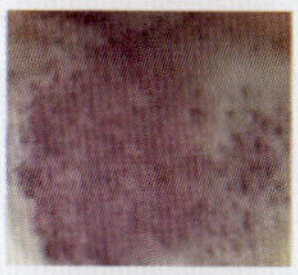
2~5일 파란색, 보라색

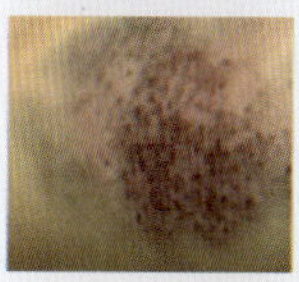
5~7일 녹색

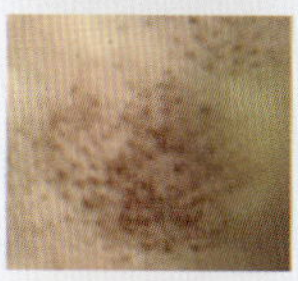
7~10일 노란색

10~14일 갈색

2~4주 흔적의 소실

07 2차 평가 내용을 바탕으로 기록해 보자.

신체 검진	
시진(눈으로 보이는 이상)	
청진(비정상적인 호흡음, 소리)	
촉진(손으로 느껴지는 이상 반응 확인)	
타진(소리나 반응으로 이상 반응 확인)	
동공 반응(빛반사/크기)	

활력징후						
시각	혈압	맥박	호흡	체온	SpO_2	혈당
:	/ mmHg	회/min	회/min	℃	%	mg/dL

Allergy(알레르기 유무)	
Medication(복용 중인 약물)	
Past illness(과거 병력, 수술력)	
Last meal(마지막 음식물 섭취 시간)	
Event[사고 당시 상황(기전)]	
Onset(발생 시점)	
Provocation(유발/악화/완화 요인)	
Quality(통증/증상의 유형)	
Region(연관된 통증/증상의 부위)	
Severity(통증/증상의 정도)	
Time(통증/증상 지속 시간)	

현장 처치

환자는 호흡이 빠르고 산소포화도가 낮은 상태이다. 대원1은 대원2에게 휴대용 산소기를 이용하여 소아용 비재호흡 마스크를 이용한 산소 공급을 지시하고, 환자의 맥박과 산소포화도의 지속적인 감시를 지시한다. 대원3은 제세동기의 3 유도를 이용하여 맥박을 측정한다.

간이형 들것을 이용하여 환자를 고정한다.

이송 단계

Tip

영유아를 포함한 소아에 있어 지속적인 감시와 재평가는 매우 중요하다.

환자 이송 병원 결정에 있어서 환자 또는 보호자와의 의견 충돌은 항상 존재한다. 현장에서 선정 병원을 설명할 때는 인근에 있는 곳보다는 진료할 수 있는 내용을 사전에 설명하는 것이 좋다.

대원1 근처 권역 응급의료센터로 이송하도록 하겠습니다.

보호자 ○○ 소아청소년과로 가면 안 될까요?

대원1 야간에 소아청소년과 외래 진료가 어렵고, 아기가 경련 이후에 호흡에 어려움이 있어 종합병원의 진료가 필요합니다.

보호자 네, 알겠습니다.

대원1 네, 알겠습니다. 일단 호흡을 힘들어하고 있어서 바로 이송 준비하도록 하겠습니다. 아기 물품들은 준비하셨나요? 아버지도 같이 가실 건가요? 구급차 내 공간적 제한으로 모두 탑승하기 어렵고 어머니까지만 탑승이 가능할 것 같습니다.

보호자 네, 가방에 있어요. 아니요. 애 아빠는 있다가 따로 올 거예요.

08 보호자가 동행하고 있는 상황에서 의료지도를 어떻게 받을 것인가?

09 아동학대가 의심될 때 어떻게 통보하고 조치할 것인가?

병원 단계

의료진 어떤 환자예요?

대원1 6세 남아로 현장 도착 시 콧물과 기침의 가벼운 감기 증상이 있었다고 하며, 울고 보채다가 20시 40분 전후로 기운이 없어 보여 신고하셨습니다. 맥박은 115회/min, 호흡은 40회/min으로 똑바로 눕지 않으려는 모습을 보이고 있습니다. 산소포화도는 87%였습니다.

의료진 네, 알겠습니다. 그밖에 다른 상황은 없었나요?

대원1 보호자는 접수를 위해 병원 원무과로 안내하여 환자와 보호자를 일시적으로 분리한다.

대원1 (보호자 유무를 확인하고) 환자는 오른쪽 옆구리와 복부에 색이 다른 멍 자국이 보였고, 추운 환경에서 여름 내복을 입고 있었습니다. 보호자는 아이가 혼자 걷다가 넘어진 적이 있다고 하는데 옆구리 쪽의 충돌 여부는 모르겠다고 합니다. 현재까지 파악된 환경과 보호자의 얘기, 환자의 증상을 살펴보면 아동학대가 의심되며, 추가적인 확인이 필요해 보입니다.

의료진 아동학대가 의심된다는 말씀인 거죠? 추가로 확인해보고 필요한 경우 신고하도록 하겠습니다.

---

10 상기 사항을 구급일지에 작성해 보시오.

11 수사 기관에서 위 사례와 관련된 목격자 진술서 작성을 요청받았다. 어떻게 할 것인가?

제한점

아동학대 신고

구급대원은 아동학대 신고 의무자다. 의심되는 사례에 관해 의미 있는 현장 기록을 제공하고 보고하는 경우가 발생할 수 있다. 의미 있는 현장 기록은 현장에서 의심할 만한 주변 상황 인식, 아동의 신체 평가, 보호자 또는 정보 제공자가 제공하는 병력의 평가 및 의사소통의 자세한 기록이다.

아동학대는 모든 종류의 학대와 방임을 총괄하는 일반적 용어이다.

- 신체적 학대는 의도적 손상을 가하거나 허용할 때 발생한다.
- 정서적 학대는 정상적인 정신적, 사회적 발달을 방해하는 어떤 행동 양상이 일관되게 계속될 때 발생하고, 나이에 걸맞지 않은 부당한 또는 과도한 행위를 요구하거나 성장과 발달에 필요한 양육, 지도, 정신적 지지를 제공하지 않는 행위 등을 포함한다.
- 성적 학대는 아직 의존적이고 미성숙한 아동이나 청소년과의 성행위에 개입할 때 발생한다.
- 아동 방임은 아동의 기본적 필요를 충족시키지 못하거나 부적절하고 위험한 육아 습관에 젖어 아동의 신체적, 정신적 혹은 정서적 상태를 손상하거나 위태롭게 할 때 발생한다.

명백한 증상과 증거가 확인되지 않는 상황에서 현장 구급대원의 선입견도 문제가 될 수 있지만, 누락 시에는 더 큰 위험이 존재함을 인식해야 한다.

실전 문제

01 소아 환자에게 출동할 때 현장 평가 이후 소아 평가 삼각 구도 중 외관의 특징이 아닌 것은?

① 근육 강도(tone)
② 상호 작용(interactiveness)
③ 보는 상태(look/gaze)
④ 쌕쌕거림(wheezing)

02 소아 환자 호흡음의 특징이 아닌 것은?

① 코골이(snoring or gurgling)는 입인두가 혀나 연부 조직에 의해 부분 폐쇄되어 나는 소리이다.
② 쌕쌕거림(wheezing)이나 그르렁 소리(grunting)는 상부 기도의 문제이다.
③ 날숨 시 그렁거림(expriatory grunting)은 부적절한 산소화 소리이다.
④ 들숨 시 거품 소리(inspriratory crackles)는 기도 내의 액체, 점액 또는 혈액에 의한 소리이다.

03 8세 소아 환자의 GCS를 평가하여 보자.

> 말을 걸면 눈을 뜨고 통증에 회피하며 물음에 혼란스러워 한다.

① 8점
② 10점
③ 11점
④ 12점

04 아동학대 신고 의무자가 아닌 사람은?

① 어린이집 종사자
② 의료인 및 의료기사
③ 구급대원
④ 경찰관

정답 1 ④, 2 ②, 3 ③, 4 ④

1-④ 쌕쌕거림(wheezing)
외관의 특징은 TICLS로 근육 강도(Tone), 상호 작용(Interactiveness), 보는 상태(Look/Gaze), 언어 상태/우는 상태(Speech/Cry)이다.

2-② 쌕쌕거림(wheezing)이나 그르렁 소리(grunting)는 하부 기도의 문제로 천식, 이물질, 기관지염이 대표적이다.

3-③ 11점: 눈 뜨기(3점-말을 걸면 눈을 뜬다), 운동(4점-자극을 회피한다), 언어(4점-혼란스러워 함)

점수	눈 뜨기		운동(motor)		언어(verbal)	
	소아	영아	소아	영아	소아	영아
6			지시에 따른다	자발적으로 움직일 수 있다		
5			국소 부위 인지	만지는 것 회피	적절함 (지남력 있음)	옹알이를 함
4	스스로 눈을 뜰 수 있다.	스스로 눈을 뜰 수 있다.	회피	통증 회피	혼란스러워 함	불안한 울음소리
3	말을 걸면 눈을 뜬다	말을 걸면 눈을 뜬다	굽힘(굴곡)	굽힘 (제피질 자세)	부적합한 어휘 사용	통증에 울음
2	고통을 느낄 때 눈을 뜬다	고통을 느낄 때 눈을 뜬다	폄(신전)	폄(제뇌 자세)	문맥에 맞지 않은 표현	통증에 신음
1	무반응	무반응	무반응	무반응	무반응	무반응

4-④ 경찰관은 수사자로 긴급히 지자체에 보호 조치 등을 취할 수 있다.

사례 풀이

01 출동 중 신고자와의 통화에서 소통의 어려움(빠른 출동만을 독촉, 비협조적인 태도)이 있다면 설득 요령과 미리 파악해야 하는 정보들은 무엇인가?

출동 중에 통화하고 있음을 알리며(출동하지 않고 전화만 하는 것으로 오해하기도 한다) 거리와 대략적인 시간을 알려 안심시킨다.

1) 출동지령서의 위치 재확인(주소, 아파트 등의 구조물 확인)
2) 환자의 과거력 파악
3) 현재 상태(의식, 호흡, 증상의 유형) 파악
   환자의 상태를 파악하기 위해서 의학적 용어로 접근하기보다는 보호자 또는 비의료인이 사용하는 용어를 통해 정보를 파악하는 것이 좋다. 예로 의식 상태를 확인할 때는 "의식이 있나요?"보다는 "눈을 뜨고 움직이나요?", "묻는 말에 대답하시나요?"와 같이 일상적으로 파악할 수 있는 질의를 통해 파악하고, 응급처치 지도가 필요한 경우에도 쉽게 이해하고 사용하는 용어로 안내하는 것이 좋다.
4) 증상이 발생하기 전에 어떤 상황(행동)이었는가?
5) 출동지령서 위치 재확인(집 주소, 건축물의 형태, 주변 건물, 몇 층인지, 문이 개방되어 있는지의 확인은 환자 운반을 위한 들것 사용과 장비 운반 계획에 도움이 된다.)
6) 관계 기관과 공동 대응이 필요한 경우 상황실을 통해 공동 대응을 요청하고, 관계 기관에서 공동 대응을 요청했을 때는 최초 신고자 연락처 및 현장 정보를 요청한다.
   반복적인 질문은 신고자가 오해할 수 있다. 이미 환자는 상황실과의 통화에서 환자 상태를 설명했을 수도 있다. 상황실에서 파악된 내용을 바탕으로 필요한 정보를 확인하는 것을 습관화할 필요가 있고, 문진의 목적을 사전에 설명하여 어떤 이유에서 정보를 파악하고 있는지 알려주는 것이 좋다. 또한 신생아나 소아 환자를 신속히 이송할 수 있도록 필요한 물품(아기 수첩, 주민등록번호를 확인할 수 있는 서류, 기저귀를 포함한 물품)들을 사전에 준비하도록 안내하는 것이 좋다.

02 소아 환자를 이송하기 위해 준비해야 할 장비들과 안내할 내용은 무엇인가?

주 증상과 관련되는 장비가 무엇인가에 중점을 둔다.

기본적으로, 구급대원 대부분은 활력징후 측정과 관련된 기본 장비들을 휴대용 가방에 준비하고 있고, 소아 환자의 나이와 연관하여 휴대용 들것 등을 휴대한다. 응급 상황에 대비하여 산소 가방(산소 탱크와 수동/자동식 산소소생기, 산소마스크, 기도유지기 등), 심장충격기(맥박 확인 및 심정지에 대비) 등을 생각할 수 있다.

영아와 소아 환자에게 필요한 물품에 대한 안내가 필요하다. 여분의 기저귀와 분유 등 사용하고 있는 물품과 아이가 의지하고 있는 물품이 있다고 하면 그것도 같이 이송하고, 아이의 주민등록번호 등 인적 사항을 파악할 수 있는 아기 수첩 또는 각종 증명서를 같이 준비하면 좋다.

03 현장 상황과 1차 평가를 바탕으로 추정되는 문제와 필요한 응급처치는 무엇인가?

소아의 가장 흔한 발작 형태는 열성 경련이지만 확정적으로 접근하는 것은 다양한 가능성을 제한할 수 있는 문제가 있다. 또한 연령별로 증상의 형태가 다르게 나타날 수 있다. 0~12개월의 영아에서 두 발로 자전거를 돌리는 듯한 행동을 보이는 bicycling 등과 같은 다양한 가능성을 생각해야 한다. 경련 중이거나 경련 이후에 중요한 것은 기도 개방과 적절한 호흡이다.

숨이 얇고 가슴 주위의 복장뼈 아래가 가라앉음은 퇴축을 통해 환자가 호흡 노력이 증가되고 있음을 나타낸다.

- 호흡 노력의 징후가 있는지 확인
  - 퇴축(가슴 주위의 복장뼈 아래, 빗장뼈 위의 피부 및 연조직이 눈에 띄게 가라앉음)
  - 코 벌렁거림(콧구멍이 벌어짐)
  - 머리 끄덕임(소아가 숨을 들이쉴 때 머리를 위로 들고 뒤로 기울인 후, 내쉴 때 머리를 앞으로 움직임)
  - 그렁거림(영아가 숨을 내쉬는 동안 폐포를 개방하려고 할 때 나는 소리)
  - 쌕쌕거림(점액질 분비 또는 기관지에서 기도 수축 시 공기가 지날 때, 숨을 내쉴 때 더 자주 들림, 낮거나 높은 음)
  - 협착음(비정상적인 고음, 숨을 들이 쉴 때 더 자주 들림)

  호흡을 확인하는 이유는 위태로운 호흡의 증거를 찾는 데 있다.
- 소아용 비재호흡 마스크를 이용한 100% 산소 공급 및 기도 관리
- 제세동기를 이용한 3 유도 측정

04 소아 환자의 활력징후 측정은 어떻게 할 것인가?

소아 환자의 호흡수 상한치를 평가하기 위해서는 '40 – 아동의 나이'를 활용할 수도 있다. 호흡 양상, 코 벌렁거림 또는 기이성 흉부 움직임을 확인하는 것이 중요하다. 비침습적 장비로 맥박 산소포화도 측정기, 호기말 이산화탄소분압 측정기를 활용할 수 있다.

소아 환자의 혈압 측정 커프는 위팔 너비의 2/3 크기가 적당하다. 맥박은 소아 환자의 체형에 따라 위팔동맥, 넙다리동맥을 확인하고, 제세동기의 3 유도를 확인하는 것이 정확하다. 2020 AHA 지침에서 소아의 맥박 확인은 3 유도 활용을 권고하고 있다. 연령별 활력징후를 포함한 소아 Glasgow Coma Scale(GCS)을 업무 수첩 또는 해당 장비에 부착하여 활용하는 것이 좋다.

05 멍든 자국을 아동학대로 볼 수 있는가?

좌상(타박상, 멍, 피하출혈)은 시간이 지나면서 색깔이 변한다. 그러나 단순히 색깔의 변화로 수상 후 경과 시간을 추정하는 것은 출혈의 깊이, 크기, 출혈량, 국소적인 혈액순환의 정도 등 많은 인자들에 의해 영향을 받기 때문에 실제로 정확하지 못하고 상당히 위험하다. 색깔을 비교했을 때 발생 시기가 차이가 나는 좌상이 있다면 며칠 이상 또는 이내에 발생되었다는 정도로 판단하는 것이 좋다. 하지만 시기가 다른 좌상이 가슴, 배, 팔, 다리에 흩어져 있으면 의심해 보아야 한다. 무릎이나 정강이 팔 등 노출 부위에 상처가 많은 경우 정상적인 활동 중에도 생길 수 있기 때문에 아동학대라는 표현을 사용할 때는 신중해야 한다.

■ 타박상의 색과 시기(미 법무부, 아동학대 조사 지침 참조)

피부색	멍든 기간
붉은색(붓고, 통증 있음)	0~2일
파란색, 보라색	2~5일
녹색	5~7일
노란색	7~10일
갈색	10~14일
멍의 흔적이 보이지 않음	2~4주

06 이 환자는 아동학대로 볼 수 있는가?

환자는 12월 추운 겨울임에도 여름 내의를 착용하고 있었다. 보호자의 환자 과거력과 환자의 증상을 연결하기 어렵고, 환자는 호흡 노력을 보이는 상태로 옆구리와 복부 쪽에 색이 다른 멍 자국이 있었다. 멍 자국과 연관할 수 있는 사건이 없는 상태로, 환자 아버지는 집 안에 있으면서 보이지 않았다. 계절적 환경과 맞지 않는 옷차림이나 이해할 수 없는 인과 관계의 좌상으로 보아 아이는 학대를 의심해 보아야 한다.

07 2차 평가 내용을 바탕으로 기록해 보자.

신체 검진						
시진(눈으로 보이는 이상)	오른쪽 옆구리, 복부, 등에 타박상 흔적 확인					
청진(비정상적인 호흡음, 소리)	–					
촉진(손으로 느껴지는 이상 반응 확인)	–					
타진(소리나 반응으로 이상 반응 확인)	–					
동공 반응(빛반사/크기)	Rt 4mm(+)/Lt 4mm(+)					
활력징후						
시각	혈압	맥박	호흡	체온	SpO_2	혈당
21:09	측정불가/mmHg	115회/min	40회/min	36.0℃	87%	– mg/dL
Allergy(알레르기 유무)	–					
Medication(복용 중인 약물)	–					
Past illness(과거 병력, 수술력)	없음					
Last meal(마지막 음식물 섭취 시간)	1시간 전 과자를 먹음					
Event[사고 당시 상황(기전)]	갑자기 울며 기운이 없다가 경련을 했다는 내용					
Onset(발생 시점)	신고 5분 전					
Provocation(유발/악화/완화 요인)	–					
Quality(통증/증상의 유형)	–					
Region(연관된 통증/증상의 부위)	–					
Severity(통증/증상의 정도)	–					
Time(통증/증상 지속 시간)	증상과 신고 내용의 불일치가 있음. (타박상 외상 시간 확인 필요)					

08 보호자가 동행하고 있는 상황에서 의료지도를 어떻게 받을 것인가?

환아 보호자가 같이 탑승한 상태에서 현재 상황을 직접 의료지도 받기에는 어려움이 있다. 환자 증상을 중심으로 보고하고 의료지도 실시 후 보호자가 없는 상황에서 재의료지도를 받는 것이 좋다. 또한 보호자 앞에서 경찰 기관에 신고하는 것도 피하는 것이 좋다.

09 아동학대가 의심될 때 어떻게 통보하고 조치할 것인가?

119 구급대 표준지침은 직접 112에 신고하거나 의료지도 요청, 지도 의사에게 아동학대 사실을 알리고 구급일지에 기록할 것을 지침으로 하고 있다. 하지만 현장에서 보이는 것만으로 아동학대라고 판단하는 것은 매우 어렵다. 의료지도와 환자 인계 의료진의 판단을 요청하고 아동 관련 기관의 의견을 청취할 것을 권한다.

아동학대 범죄의 처벌 등에 관한 특례법(약칭: 아동학대처벌법)

제10조(아동학대 범죄 신고 의무와 절차)

① 누구든지 아동학대 범죄를 알게 된 경우나 그 의심이 있는 경우에는 특별시·광역시·특별자치시·도·특별자치도(이하 "시·도"라 한다), 시·군·구(자치구를 말한다. 이하 같다) 또는 수사 기관에 신고할 수 있다.

② 다음 각 호의 어느 하나에 해당하는 사람이 직무를 수행하면서 아동학대 범죄를 알게 된 경우나 그 의심이 있는 경우에는 시·도, 시·군·구 또는 수사 기관에 즉시 신고해야 한다. 〈개정 2016. 5. 29., 2019. 1. 15., 2020. 3. 24.〉

10. 「119구조·구급에 관한 법률」 제2조 제4호에 따른 119 구급대의 대원

11. 「응급의료에 관한 법률」 제2조 제7호에 따른 응급의료기관 등에 종사하는 응급구조사

15. 「의료법」 제3조 제1항에 따른 의료기관의 장과 그 의료기관에 종사하는 의료인 및 의료기사

③ 누구든지 제1항 및 제2항에 따른 신고인의 인적 사항 또는 신고인임을 미루어 알 수 있는 사실을 다른 사람에게 알려주거나 공개 또는 보도하여서는 아니 된다.

④ 제2항에 따른 신고가 있는 경우 시·도, 시·군·구 또는 수사 기관은 정당한 사유가 없으면 즉시 조사 또는 수사에 착수해야 한다. 〈신설 2021. 1. 26.〉

제63조(과태료)

① 다음 각 호의 어느 하나에 해당하는 사람에게는 1천만 원 이하의 과태료를 부과한다.

2. 정당한 사유 없이 제10조 제2항에 따른 신고를 하지 아니한 사람

119 구급대원은 아동학대 신고 의무자로서 이를 신고해야 한다.

10 상기 사항을 구급일지에 작성해 보시오.

구급일지는 진술서를 대신할 수도 있어 확인된 사실을 모두 기록하고 구급대원의 개인적인 감정을 서술하지 않는다.

Cf: QR 코드 를 찍어 구급활동일지 예시를 확인할 수 있다.

11 수사 기관에서 위 사례와 관련된 목격자 진술서 작성을 요청받았다. 어떻게 할것인가?

진술서와 관련하여 경찰 요청 시 일정은 조정이 가능하다. 수사 기관에 일정 변경을 요청이 가능하므로 당황하지 말고 필요한 내용을 통지하면 된다. 피의자, 피해자의 경우에는 담당 부서 또는 변호인의 조력을 통해 조사에 임하는 것이 좋다.

■ 진술서 작성 시 주의 사항

- 진술서는 문서로 작성해야 하며 필요한 정보들을 상세히 작성한다.
- 육하원칙(누가, 언제, 어디서, 무엇을, 어떻게, 왜)을 준수한다.
- 증거를 통해 해당 내용이 사실임을 증명하는 것이 좋다.
- 추상적이지 않고, 분명하게 작성한다.(하소연하는 글보다는 사실을 적시)
- 허위 사실을 기재하거나 과장된 사실을 기재하지 않아야 한다.

다음의 진술서는 사례 환자를 바탕으로 작성된 예시이며 참고용이다.

※ 사례 환자를 바탕으로 작성된 진술서 예시이며 서울경찰청 진술서 양식을 사용함(참고용)

진 술 서

성 명	○○○ (한자 ○○○)			성 별	남 · 여
연 령	○○세 (19 . . .생)		주민등록번호	○○○○○○-○○○○○○○	
본 적	○○시 ○○동				
주 거	○○○○				
	(통 반)	자 택 전 화	○○○) ○○○-○○○○	직 장 전 화	○○○) ○○○-○○○○
직 업	소방 공무원	직 장 소재지	○○시 ○○동		

위의 사람은 피의자 ○○○에 대한 ○○○○피의사건의 (피의자, 피해자, 목격자, 참고인)(으)로서 다음과 같이 임의로 자필 진술서를 작성 제출함.

상기 본인은 ○○년 12월 23일 21시 05분에 출동한 구급 현장에서 목격한 사실을 아래와 같이 진술합니다.

상기 현장에 출동한 선임 구급대원으로 6세 남자아이 경련으로 구급 출동을 했으며 출동 중 신고자(모)로부터 환자가 숨을 쉬거나 이상 증상이 있는지 확인했습니다. 신고자(모)는 환자가 눈을 뜨고 숨을 쉬고 있는 상태로 설명하여 동료 구급대원 ○○○와 ○○○에게 필요 장비를 안내하고 현장에 도착했습니다.

현장에 도착하여 현장을 파악한 바 환자는 겨울임에도 난방이 되지 않는 환경에서 파란색 여름 내의를 입고 있었습니다. 환자의 상태를 확인하기 위해 동료 구급대원들이 활력징후를 측정하고 산소를 공급하는 응급처치를 진행했고, 보호자(모)에게 상황을 파악하기 위해 증상과 관련된 질의를 했고, 특이 사항을 발견하지 못했습니다.

도중 환자 상태를 파악하던 ○○○ 구급대원이 환자 옆구리와 복부에 색이 다른 멍을 발견하여 환자 보호자에게 외부 충격을 받을 만한 일이 있었는지 확인했지만 걷다 넘어진 적은 있지만 옆구리와 복부의 멍에 대해 정확히 파악하고 있지 않는 상태였습니다. 환자가 똑바로 눕지 못하고 산소포화도가 87%로 낮아 산소를 공급하고 ○○대학병원으로 이송한 후 인계 의사에게 정황을 설명하고 아동학대가 의심되어 추가적인 의학적 확인을 요청했습니다.

119 구급대원 현장응급처치 표준지침(아동학대)

The Standard Protocols for 119 Emergency Medical Services Providers

아동학대란 어린이의 행복과 안녕을 저해하는 모든 종류의 신체적, 정신적, 성적 공격과 방임을 일컫는 말이다. 아동학대의 종류로는 신체학대, 정서학대, 성 학대 및 방임(neglect)이 있으며 이 중 방임이 가장 흔하나 119 구급대에 신고 되는 경우는 대부분 신체 및 성 학대 환자이다. 구급대원은 모든 어린이 외상 환자에서 아동학대의 가능성을 고려해야 한다.

1. 병력 청취: 아동학대의 가능성을 의심할 수 있는 가장 중요한 단계

○ 다음의 내용을 모두 확인하여 기록함
- 손상 후 119 신고까지의 시간이 6시간 이상 지연된 경우 의심
  - ▸ 흔들린 아이 증후군(shaken baby syndrome, SBS)은 4~6시간 사이에 증상이 가장 심각해진다.
- 손상의 목격자를 찾고, 손상 경위를 자세하게 기술
- 병력의 일관성: 여러 사람 혹은 한 사람의 진술이 도중에 변경, 상충될 경우
- 병력의 적절성: 어린이의 발달 과정과 맞지 않는 사고 경위 제시
  - ▸ "침대/가구에서 떨어졌다": 뒤집기가 가능한 생후 6~7개월 이전에는 불가능한 손상
  - ▸ "수도꼭지를 틀어 화상을 입었다": 수도꼭지 회전은 생후 24개월 이후에 가능
- 최근 응급실 방문횟수: 비슷한 손상으로 수차례 응급실을 방문하거나 신고한 경우
- 보호자의 태도: 너무 공격적이거나 죄책감이 강하거나 무관심한 보호자

2. 이학적 검진

○ 시진: 전신을 탈의하고 피부의 화상, 멍, 상처를 찾음
- **멍:** 멍의 색깔로 수상 시기를 판정할 수 있다는 과학적인 근거는 없음. 다만 아주 오래되어 탈색 중인 멍과 최근 손상으로 붉은 빛이 도는 멍이 섞여 있다면 반복적 구타를 의심
- **이상한 화상**
  - ▸ 다리미, 젓가락, 난로의 옆면, 격자무늬와 같은 기하학적 모양의 화상
  - ▸ 장갑 혹은 양말을 끼운 듯 한 모양의 화상(gloves and stocking pattern): 뜨거운 물에 담가 생긴 화상
  - ▸ 도넛 모양 화상(doughnut-shape burn): 항문을 제외한 나머지 둔부의 화상
  - ▸ 허벅지 안쪽과 같이 생기기 어려운 부위의 화상
  - ▸ 의심스러운 열탕 화상: 정상은 상체에 화상이 많고 하지로 갈수록 화상부위가 적어야 하나 여기 저기 흩어진 양상의 화상은 의심해 보아야 함.
- 대칭적인 상처: 입 주위(재갈), 목 주위(목 조름), 귀 앞뒤(귀를 잡아당기는 손상)
- 물린 자국

○ 전신상태가 불량한 경우: 발육장애, 영양실조 및 탈수, 불량한 위생상태 및 피부감염 등

○ 그 외 일반적인 신체 검진을 자세하게 시행한다.

3. 응급처치 절차 및 방법

○ '환자 초기 평가·처치 표준지침'에 따라 일반적 외상 환자의 평가 및 처치를 시행하고 구체적인 상황에 대해서는 해당 지침을 따른다.

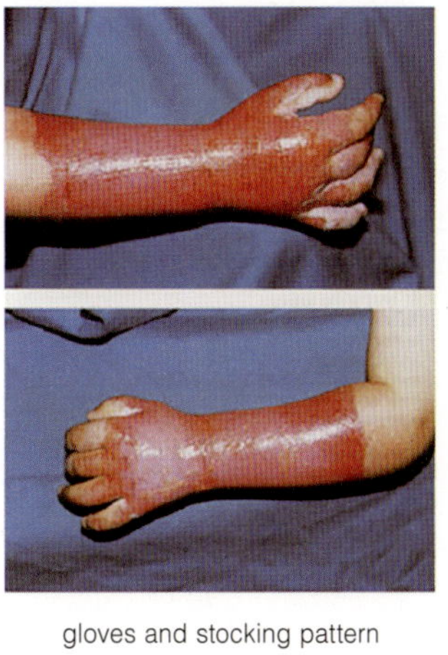

gloves and stocking pattern

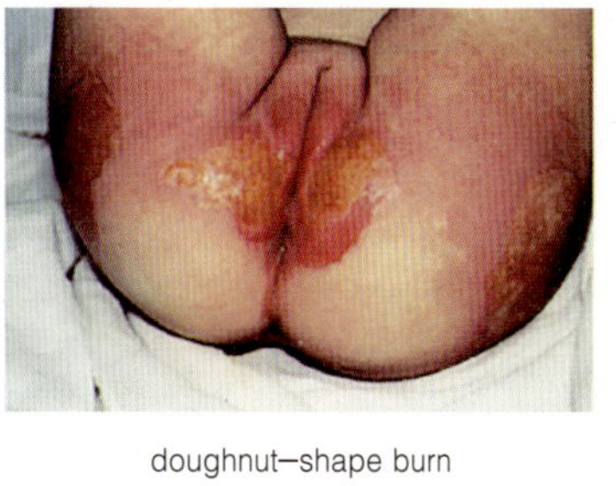

doughnut-shape burn

4. 응급처치 시 주의 사항 ☞ Ⓕ ② ①

- 현장의 학대 증거에 대해 가능한 한 모두 기록한다.
- 기록을 완성하기 위하여 현장에서 의료기관으로의 이송이 지연되어서는 안 된다.
- 학대가 의심되고 학대자로 의심되는 사람이 있는 경우라도 이를 공개적으로 비난하거나 싸워서는 안 된다. 그럴 경우 도주/인멸의 우려가 있고 결코 문제 해결에 도움이 되지 않으므로 차라리 증언을 해 줄 다른 가족이나 주변인을 면담하도록 한다.
- 아동학대가 의심될 경우 구급대원은 그 직무상 **아동학대를 신고할 의무(아동보호법 제26조)**가 있으므로 직접 112에 신고한다. 또한 의료지도를 요청, 지도 의사에게 아동학대 사실을 알리고 이를 구급일지에 기록한다.

  *** 참고: 아동보호 전문기관(112)**
- 경찰에 도움을 요청해야 할 경우는 환자나 부모, 보호자가 보는 앞에서 하지 않도록 한다.
- 피해 아동을 현장에서 격리하는 것이 필요하다면 의학적 검사가 필요하지 않더라도 병원으로 이송해야 하고 이송한 후 담당 의사에게 아동학대 사실 및 주변 정황을 알린다.
- 병원으로 이송을 하지 않게 되는 경우에도 역시 직접 의료지도를 요청하여 지도 의사에게 아동학대 사실을 알리고, 출동일지를 기록하여 증거를 남겨야 한다.

5. 구급일지에 기록할 내용 ☞ Ⓕ ② ①

- 피해아동의 이름, 생년월일 및 나이
- 부모나 법적 보호자의 이름, 생년월일 및 나이
- 추정 가해자의 이름, 나이 및 생년월일
- 전화번호와 주소
- 신고 내용
- 신고자의 이름, 주소 및 전화번호
- 환자, 부모 및 보호자가 말하는 그대로의 내용을 인용부호(큰 따옴표)를 이용해 기입
- 환자, 부모 및 보호자의 비정상적인 반응이나 행동이 관찰되면 기입
- 현장과 현장 주변의 상태, 같이 있던 사람들에 대해서도 기입
- 직접 의료지도를 요청했다면 지도 의사의 성명, 신고 시각 및 고지내용
- 병원에 이송했다면 피해아동을 인계 받은 의료진의 성명, 인계 내용

6. 직접 의료지도 요청 기준

- 보호자의 이송 거부
- 아동학대가 의심되는 경우

7. 이송 병원 선정 지침

- 아동학대 의심 환아가 중증 외상의 기준에 해당하는 경우, 가까운 권역 외상센터 또는 지역 응급외상센터 이상의 의료기관으로 이송하되, 지역별 여건에 따라 의료지도 등을 받아 치료가 가능한 가까운 지역 응급의료기관으로 이송할 수 있다.
- 의료기관으로 이송한 후에는 담당 의사에게 아동학대 사실 및 주변 정황을 알림을 원칙으로 한다.
- 중증 외상의 기준에 해당하지 않는 아동학대 의심 환아는 가장 가까운 지역 응급의료기관으로 이송하고 이송한 후 담당 의사에게 아동학대 사실 및 주변 정황을 알림을 원칙으로 한다.
- 특히, 성학대가 의심되는 경우 **해바라기센터(별표 참조)**로 이송하는 것이 권장된다.

■ **별표. 해바라기센터(통합형)**

센터명	주소		위탁병원	연락처		홈페이지
서울	본관	서울종로구 대학로 101 서울대학교병원 함춘회관 지하1층	서울대병원	본관	02-3672-0365 F.02-3672-0368	www.help0365.or.kr help@help0365.or.kr
	별관	서울 종로구 대학로8가길56 동숭빌딩 2층		별관	02-745-0366,0367 F.02-745-0368	
부산		부산 서구 구덕로 187 부산대학교병원 융합의학연구동 3층	부산대병원		051-244-1375 F.051-244-1377	www.pnuh.or.kr bssun1375@gmail.com
대전		대전 중구 문화로 282 충남대학교병원	충남대병원		042-280-8436 F.042-280-8434	www.djsunflower.or.kr djonestop@hanmail.net
울산		울산 남구 월평로171번길 13 울산병원 8층	울산병원		052-265-1375 F.052-244-6117	www.ussunflower.or.kr ussunflower@hanmail.net
경기 남부	거점	경기 수원시 영통구 월드컵로 179번길 7, 도병원약국 3층	아주대병원		031-217-9117 F.031-217-5198	www.ggsunflower.or.kr basecenter@daum.net
	통합	경기 수원시 영통구 월드컵로 1164, 아주대병원 내 경기남부 해바라기 센터 거점		별관	031-215-1117 F.031-214-9373	www.ggsunflower.or.kr ggsunflower1117@daum.net
				응급	031-216-1117 F.031-216-1109	
경기 북서부		경기 고양시 덕양구 화정로 65-1 우리프라자 5층(10497)	명지병원	통합	031-816-1375 F.031-816-1399	www.gnwsunflower.or.kr gnwsunflower@gmail.com
				응급	031-816-1374 F.031-816-7399	
경기 중부	본관	경기 부천시 원미구 조마루로 170, 순천향대부천병원 별관 지하3층	순천향대 부천병원	본관	032-651-1375 F.032-651-1376	www.gcunflower.or.kr joongbu2020@daum.net
	별관	경기 부천시 길주로 288, 다운타운빌딩 801호		별관	032-328-1375 F.032-328-1376	
강원 서부		강원 춘천시 백령로 156 강원대학교병원 어린이병원 지하 2층 (24289)	강원대병원		033-252-1375 F.033-254-1376	www.gwsunflower.or.kr gwchildsaver@hanmail.net
강원 동부		강원 강릉시 강릉대로 419번길 42 강릉동인병원 별관 (25478)	강릉 동인병원		033-652-9840 F.033-652-9839	www.sunflower6447.or.kr sunflower6447@hanmail.net
강원 남부		강원 원주시 일산로 20 원주 세브란스기독병원 (문창모기념관 5층)	원주 세브란스 기독병원		033-741-1896(1899) F.033-741-1899	www.gnsunflower.or.kr gnsunflower@naver.com
충남		충남 천안시 동남구 망향로 201 단국대학교병원 1층	단국대병원		041-567-7117 F.041-522-8117	www.cnonestop.or.kr cnone-stop@hanmail.net
전북 서부		전북 익산시 무왕로 859 원광대병원 (54538)	원광대병원		063-859-1375 F.063-859-1353	www.wksunflower.o.kr wksunflower@hanmail.net
전남		전남 영광군 영광읍 신남로 265 영광기독병원 6층	영광기독병원		061-351-4375 F.061-353-4375	www.jnsunflower.or.kr 2851172@hanmail.net
경북 동부		경북 포항시 남구 대잠동길 17 포항 성모병원 성루가관 지하3층(37661)	포항 성모병원		054-278-1375 F.054-278-1350	www.gbsunflower.or.kr gbsunflower@hanmail.net
경남 서부		경남 진주시 강남로 79 경상대학교병원 권역응급의료 센터 3층(52727)	경상대병원		055-754-1375 F.055-754-1378	www.savechild.or.kr gsc1374@hanmail.net
제주	본관	제주 제주시 도령로 65, 2층 (연동, 한라병원)(63127)	한라병원	본관	064-749-5117 F.064-749-5117	www.jjonestop.or.kr 117stop@hanmail.net
	별관	제주 제주시 남녕로 5-3 3층 (63098)		별관	064-748-5117 F.064-748-6117	

■ **별표. 해바라기센터(아동)**

센터명	주소	위탁병원	연락처	홈페이지
서울	서울 마포구 백범로 23 구프라자 7층 (04108)	연세의료원	02-3274-1375 F.02-3274-1377	www.child1375.or.kr help@child1375.or.kr
대구	대구 중구 국채보상로 140길 32(동인동2가 244-1) 2, 3층 (41944)	경북대병원	053-421-1375 F.053-421-1370	www.csart.or.kr ysf1375@hanmail.net
인천	인천 남동구 남동대로 769 한성빌딩 2층 (21556)	가천대 길병원	032-423-1375 F.032-432-1375	www.sunflowericn.or.kr isc1375@gilhospital.com
광주	광주 동구 제봉로 57 웰크리닉 4층 (61486)	전남대병원	062-232-1375 F.062-232-1375	www.forchild.or.kr sunflower1375@hanmail.net
경기	경기 성남시 분당구 판교로 471 한화빌딩 5층 (13521)	분당차병원	031-708-1375 F.031-708-1355	www.sunflower1375.or.kr sunflower1375@sunflower1375.or.kr
충북	충북 충주시 봉현로 222 (교현동, 보성빌딩 4층) (27377)	건국대 충주병원	043-857-1375 F.043-857-1380	www.1375.or.kr cscc1375@hanmail.net
전북	전북 전주시 덕진구 백제대로 751 뱅크빌딩 2층 (54906)	전북대병원	063-246-1375 F.063-247-1377	www.jbsunflower.or.kr jbsunflower@hanmail.net

* 해바라기 아동센터는 13세 미만 성폭력 피해 아동과 정신지체 장애인이 성폭력의 피해로부터 벗어나 정상적인 발달과 적응을 하도록 돕고 나아가 성폭력 피해를 예방하기위해 여성가족부 산하로 운영되는 기관임. 피해자 지원을 위한 전문가로 구성된 긴급구조 지원체계를 갖추고 성폭력 피해 아동과 그 보호자에 대한 상담, 사건 조사, 법률 지원, 의료지원 서비스를 one-stop으로 제공하는 어린이 성폭력 피해아동 전담지원 기관으로, 전국에 해바라기 아동센터 7개소, 해바라기 여성·아동센터(통합형) 16개소로 총 23개소가 운영되고 있음.

아동권리보장원	https://ncrc.or.kr/ncrc/main.do(qr 입력)
유형	신체 학대, 정서 학대, 성 학대, 방임 및 유기
아동복지기관 현황	아동복지기관 현황: 4,576개 지자체 현황: 아동학대 전담 공무원 229개 지역별 긴급 전화, 아동 경찰지원센터

Reference

1. 전국응급구조학과교수협의회. 《특수상황 전문응급처치학》(제4판), 대학서림, 2021.
2. 전국응급구조학과교수협의회. 《소아전문응급처치학》(제4판), 군자출판사, 2021.
3. 법의학교과서 편찬위원회. 《법의학》, 정문각, 2007.
4. 소방청. 《119 구급대원 현장응급처치 표준지침》, 2023.
5. 법제체 국가법령정보센터〈https://www.law.go.kr〉

사례 23 남편을 죽이고 싶어요

목적

- 행동 이상과 관련된 현장 상황 대응법(주의 사항) 규정에 대해 학습한다.

출동 개요

출동 메시지 "구급 출동!" 장소는 ○○시 ○○동 ○○아파트 ○○동 앞
정신질환자 추정 경찰 공동 대응 요청

출동 정보 **신고 시각** 7월 20일 10:03
출동 시각 7월 20일 10:04
현장 도착 7월 20일 10:15
현장과의 거리 5km(11분 소요)

출동 인원 **구급대원1** 리더(처치)
구급대원2 대원(운전)

환자 정보 및 기타 정보 여자 70대, 아파트 ○○동 앞

출동 단계

구급차 지휘센터! 여기 ○○ 구급대 신고 내용 재송신 바람.

지휘센터 112 상황실로부터 들어온 공동 대응 요청 건으로, 남편을 죽이고 싶다고 신고된 내용이며 현재 경찰도 현장 출동 중이라고 함. 세부적인 내용을 현재 파악 중

구급차 접수 완료! 출동 경찰관 연락처 확인 바람.

지휘센터 출동 경찰관 연락처 송부 완료.

구급차 (출동 경찰관과 유선 연락) 출동 중인 구급대입니다. 현장 도착하셨나요?

경찰관 네, 지금 현장 도착해서 신고자 만났습니다. 70대 여성으로 현장에 위협적인 상황은 없습니다.

구급차 환자분이 외상이 있으신가요?

경찰관 외관상에 보이는 상처는 없으시고, 남편분이 같이 계십니다.

구급차 네, 알겠습니다. 보호자분이 같이 계시고 외상은 없으신 상태인거죠? ○○아파트 ○○동 앞으로 가겠습니다.

Tip

공동 대응 시스템

119 상황실 신고 접수 때 범죄 현장과 관련되었을 경우 즉시 관계 기관에 통보함으로써 공조 체제를 유지하고 있다.

관계 기관과 공동 대응일 경우 출동 대원의 연락처를 확인하고, 최초 신고자가 다른 기관에 신고했을 경우에는 신고자 연락처를 함께 확인하는 것이 좋다.

---

01 출동 중 신고자와의 통화에서 소통의 어려움(빠른 출동만을 독촉, 비협조적인 태도)이 있다면 설득 요령과 미리 파악해야 하는 정보들은 무엇인가?

02 준비해야 할 장비와 관계 기관과의 협조 방법은 무엇인가?

현장 상황

○○아파트 ○○동 앞에 도착했을 때 70대 여성분이 구급차로 다가왔다. 옆에는 70대 남성분이 있는 상태였고, 경찰관도 마침 현장에 있었다.

70대 여성분은 본인이 신고했다며 '내가 암 환자이고 치료 중인데, 요즘 남편을 칼로 찔러 죽이고 싶다. 나 좀 어디에 가둬 달라. 유치장도 상관없다. 이러고 있으면 무슨 일이 일어날 것 같다'라고 말한다. 환자는 보행 보조 도구를 이용해 이동하고 있는 불안정한 상태로 흉기와 같은 물건은 없지만, 남편을 보면 주변에 있는 물건을 던지려고 하는 모습을 보이고 있다.

03 불안정한 심리 상태를 보이는 환자를 접할 때 주의점과 현장의 장애 요소는 무엇인가?

1차 평가

기본 활력징후 및 병력 청취	
의식 상태	A(명료함)
기도 및 호흡 상태	기도 개방 및 정상 호흡
순환 상태	미측정
병력 청취	췌장암 말기로 치료 중이며 암 치료 과정에서 우울증이 심하게 온 상태. 다음주 통원하는 병원에서 진료 예정이며 흥분된 상태임

04 1차 평가 결과를 바탕으로 추정되는 문제와 출동 대원 안전 조치는 무엇인가?

2차 평가

환자와 보호자에게 안정을 취할 수 있도록 하고, 대원1은 환자의 활력징후를 평가하고 대원2는 환자 보호자와 관계 기관 대원(경찰관)과 현장 상황을 전해 듣고 있다. 환자 증상을 바탕으로 환자 평가 후 응급처치 계획을 세운다.

Tip

신속한 이송이 필요한 경우가 아니라면 환자의 활력징후를 측정하면서 행동적인 변화를 확인한다. 폭력적이거나 과격한 행동을 보이는 환자에게 무리하게 접근하기보다는 안정적인 환경을 확보하고 활력징후 측정을 시도하는 것이 안전하다.

환자의 전반적인 모습과 행동을 관찰하면서 개방적인 질문을 통해 지남력, 기억, 지각 과정, 환자의 기분 상태 등을 확인하고 내용을 기록해 둔다.

약물 과용 등을 통한 자살 시도일 경우 복용한 약물 종류, 양, 복용 시간을 확인한다.

본 사례의 환자에게서는 생명에 위협적인 증상은 없으나 공격적인 행동을 특정인에게만 보이는 상태로 협조적인 상황이므로 행동 이상과 관련된 필요한 처치와 병원 선정 및 이송 방법을 결정한다.

■ 문진과 활력징후

대원1 환자분, 몸이 불편하신 곳은 없으세요?

환자 아픈 건 없는데 남편을 죽이고만 싶어. 한평생 잘해주고, 병간호도 다 해주는데 그냥 죽여버리고 싶어.

대원1 그래도 혹시 모르니깐 혈압하고 필요한 것들을 측정해봐도 될까요?

환자 내가 췌장암 때문에 치료받고있는 항암 치료 2차까지 하고 지난주에 퇴원했어. 다른 데는 모르겠어! 그냥 마음만 그래.

대원1 많이 힘드셨겠네요. 그래도 혹시 모르니 측정 좀 해볼게요.

환자 네, 그래요.

시각	혈압	맥박	호흡	체온	SpO_2	혈당
10:25	110/75 mmHg	88회/min	17회/min	36.8℃	93%	120 mg/dL

대원1 식사는 언제 하셨어요?

환자 아침에 죽 줘서 먹었어.

대원1 잠은 좀 주무셨나요?

환자 밤새 잠을 못 자고 칼을 쥐었다가 놓았다가 할아버지를 죽이고만 싶어. 나 좀 말려줘.

대원1 환자분 일단 방법을 찾아볼게요. 조금 진정해 보세요.

환자 경찰서도 좋으니까 나 어디다 가둬 줘. 이러다가 무슨 일이 일어날 거 같아.

대원1 네, 지금 경찰관들하고 할아버지하고 구급대원하고 같이 얘기 중이니까 진정하고 좀 기다려 볼게요.

대원2 할아버지 혹시 다치신 곳은 없으신가요?

보호자 아침에 할머니가 밀쳐서 넘어지기는 했는데 아프지는 않아. 할머니를 어떻게 해야 할지 모르겠어.

대원2 혹시 자녀분들은 어디 계신가요?

보호자 아들 내외는 저 지방에서 일하고 있고, 딸은 해외에서 살고 있어서 올 사람도 없어.

대원2 할머니가 다니시는 병원과는 혹시 연락해보셨어요?

보호자 연락해봤는데, 마음이 그런 거라고 다음 주에 외래 예약했어. 오늘 연락했는데 다음 주에나 진료 가능하다고. 병 걸리기 전에는 안 그랬는데 암 치료 받고 마음이 많이 이상해져서 어젯밤에는 나 죽이겠다고 얼마나 소리를 지르던지. 무서워.

Tip

법제처 국가법령정보센터
정신건강증진 및 정신질환자 복지서비스 지원에 관한 법률

Tip

정신 및 행동 장애의 유형

- 인지 장애(cognitive disorder)
- 조현병(schizophrenia)
- 불안 장애(anxiety disorder)
- 기분 장애(mood disorder)
- 물질 남용과 관련된 장애 (substance related disorder)
- 신체형 장애 (somatoform disorder)
- 인위 장애(factitious disorder)
- 해리 장애 (dissociative disorder)
- 섭식 장애(eating disorder)
- 인격 장애 (personality disorder)
- 충동조절 장애 (impulse control disorder)

대원2 일단 할머니 다니시던 병원과 다시 통화해볼게요. 연락처 알려주시겠어요?

보호자 여기 ○○○-○○○-○○○○야.

대원2 병원과 통화했으나 할아버지께서 말씀하신 내용하고 같네요. 다음 주까지는 기다리셔야 한다고 하네요.

보호자 그럼 어떻게 해야 해?

대원2 일단 암과 관련된 문제가 아니고 마음과 연결된 문제이니 정신과 상담을 받을 수 있는 곳을 먼저 알아보는 게 어떨까요?

보호자 어디든 좋으니까 알아봐 줘.

대원2 경찰관님, 혹시 이런 경우 응급 입원이 가능할까요?

경찰관 현재 위협이 발생한 상황이 아니어서 응급 입원을 하기는 어렵습니다. 본인이 입원을 희망하시고 보호자가 계시니 자의 입원이나 보호자에 의한 입원을 추진하는 게 좋을 것 같네요.

대원2 응급 입원은 안 된다고 하시는 거죠? 그럼 혹시 모르니 구급차에 동승 요청해도 될까요?

경찰관 할머니가 현재 위협적인 상황도 아니니 자체적으로 해결하시는 게 좋을 것 같네요.

---

05 행동 이상이 있는 환자가 입원하는 방식은 무엇인가?

06 응급 입원의 결정권은 누구에게 있는가?

07 보호의무자에 의한 입원 등에 있어 보호의무자는 누구이며, 몇 명의 동의가 필요한가?

현장 처치

대원2 (대원1에게 환자 상태 확인 후 환자 안정 조치를 위해 인근 정신과 진료 가능 병원 확인 요청함)
현재 경찰관이 응급 입원은 어렵다고 하네요. 보호자분과 함께 정신과 진료가 가능한 병원으로 이동해야 할 것 같습니다.

대원1 안녕하십니까? ○○ 구급대 1급 응급구조사입니다.
70대 여성 환자분으로 항암 치료 중이며 전일 밤부터 배우자를 죽이고 싶다고 하여 신고되었습니다. 활력징후는 안정적이신데 환자 진료 및 입원을 할 수 있을까요?

병원1 항암 치료 중이신 분이라 우리 병원은 정신과 환자만 볼 수 있어서 내과가 같이 있는 병원으로 이송하시는 게 좋을 것 같습니다.

병원2 상담은 가능한데 내과가 없어서 입원은 어렵습니다. 종합병원으로 이송하시는 게 좋을 것 같습니다.

병원3 저희도 상담만 가능하고 입원은 항암 치료 중이라서 어렵습니다. 상담이라도 받고 싶으시다면 상담은 가능합니다.

대원1 인근에 있는 정신과 병원에서는 입원 치료는 어렵고 상담만 가능하다고 합니다. 일단 병원3으로 이동하시죠.

대원2 네, 알겠습니다. (보호자에게) 인근 병원에서는 정신과 상담만 가능하고 입원 치료는 어렵다고 합니다. 일단 상담을 받아보시는 게 어떨까요?

보호자 알겠습니다.

대원2 보호자분은 환자분이 적대감을 표현하고 계시니깐 앞자리에 탑승하시는 게 어떨까요? 그리고 환자분의 활력징후가 안정적이라서 급하게 이동하지 않을 예정입니다.

이송 단계

대원1 인근에 상담이 가능한 병원이 있어서 일단 모시고 이동할게요. 혹시 불편하신 것은 없으세요?

환자 네, 할아버지만 안 보이면 조금 괜찮아지는 거 같은데. 무슨 일이 날 것 같아 어떻게 좀 해줘요.

대원1 네, 일단 차가 움직이니깐 안전띠하고 이동할게요. 이동 중에 불편한 게 있으시면 언제든 얘기해주세요.

환자 네, 고마워요.

Tip

행동 이상자 이송

행동 이상자의 변화는 예측이 어렵다. 구급대원의 일상적인 행동 하나하나에도 민감한 반응을 보이는 때도 있어 늘 환자의 상태에 따라 알맞게 대응하는 것이 좋다.

현장 처치 단계 또는 이송 단계에서 필요한 경우 언어적 억제를 넘어서 물리적 억제가 필요한 때도 있다. 협조자 또는 의료지도 및 구속 물품을 사전에 준비하는 것이 좋다.

08 행동 이상 환자를 이송할 때 취할 수 있는 안전 조치는 무엇인가?

09 구급대원의 병원 선정과 관련하여 환자와 보호자에게 반드시 알려야 하는데, 이때 병원 선정에 대한 의견 차이를 어떻게 설득할 것인가?

병원 단계

병원 도착 시 환자는 정신과 병원의 외형을 보고 더욱더 불안해한다.

의료진 무슨 환자예요?

대원1 췌장암으로 치료 중이시고 전일 밤부터 남편분을 칼로 죽이고 싶다고 하시면서 정신과 병원 입원을 희망하고 계신 환자분입니다. 활력징후는 안정적입니다.

의료진 네, 알겠습니다. 췌장암 치료 중이라 입원은 어렵고 일단 상담을 시작해 보겠습니다.

환자분은 입원 치료가 필요하신 상태로 보입니다. 하지만 앞서 말씀드린 대로 췌장암과 관련된 치료 중이라서 내과가 같이 있는 곳에 입원하여 치료하셔야 합니다. 우리 병원은 정신질환자만 입원하는 곳이라 입원 치료는 어려울 것 같습니다.

대원1 그럼 혹시 정신과 진료가 가능하면서 내과적 치료를 병행할 수 있는 병원이 있을까요?

의료진 종합병원들이 있기는 하지만 정신과 입원을 받는 곳이 한정적이라서 찾아보도록 하겠습니다. 여기서 50km 거리에 있는 ○○ 병원에서 환자를 수용하겠다고 합니다. 연락처 ○○○-○○○-○○○○으로 연락해보세요.

대원1 대원2에게 병원 담당자에게 연락하여 환자 상태를 설명하고 입원 치료 가능 여부를 재확인해 보니 입원 치료가 가능하다고 합니다.

대원2 (보호자와 환자에게) 인근에는 입원 치료가 어렵고 ○○ 지역에 있는 병원에서 입원 치료가 가능하다고 합니다. 그쪽 병원으로 이동하는 것에 동의하시는지요?

환자/보호자 네, 동의합니다.

10 상기 사항을 구급일지에 작성해 보시오.

제한점

- 행동 이상 환자는 상황과 상태에 따라 현장에서 대응할 방법이 제한적이다. 처치를 필요로 하는 환자도 있고 처치를 거부하는 환자도 있을 수 있다
- 행동 이상 환자 입원과 관련해 법률에서 정하고 있는 규정을 숙지하고 있어야 한다. 자의 입원, 동의 입원, 보호의무자에 의한 입원, 특별자치시장·특별자치 도지사·시장·군수·구청장에 의한 입원, 응급 입원에서 요구하고 있는 내용이 다르다.
- 행동 이상 환자의 진료가 가능한 병원은 한정적이고 언제나 위험이 존재하고 있어 출동 대원의 안전 관리 방안에 대한 계획이 필요하다.
- 신체를 구속하기 위해서는 구급대원의 단독적인 판단으로 진행하기 어렵다. 관계 기관과 의료지도에 의한 절차와 방법을 숙지할 필요가 있다.

실전 문제

01 행동 이상을 보이는 환자의 처치 우선순위는?
① 환자를 진정시킨다.
② 현장 안전을 확보한다.
③ 관계 기관에 연락한다.
④ 활력징후를 먼저 관찰해야 한다.

02 응급 입원의 결정자는?
① 정신보건 상담사
② 구급대원
③ 경찰관
④ 구급상황관리사

03 보호의무자의 입원에 있어 보호자가 아닌 자는?
① 부모님
② 직계 자손
③ 직장 동료
④ 후견인

04 물리적 억제 중 사지 부위를 고정하기 위한 물품으로 사용이 어려운 것은?
① 붕대
② 나일론 끈
③ 천 시트
④ 가죽 벨트

정답 1 ②, 2 ③, 3 ③, 4 ②

1-② 현장에 진입하기 전 안전을 확보할 수 있는 공간 여부와 주변에 위협적인 물건이 있는지를 확인한다. 신체 분비물로 인한 격리 등 위험한 조건이면 진입을 자제하고 추가적인 안전 확보 후 진입을 시도한다. 출동한 관계 기관이 있다면 같이 진입하는 것이 좋다.

2-③ 보호자가 없는 상황에서 급박한 위험이 존재하는 경우, 정신건강 증진법 제41조에서 제44조까지의 규정에 따라 입원 등을 시킬 시간적 여유가 없을 때는 의사와 경찰관의 동의를 받아 정신보건 의료기관에 그 사람에 대한 응급 입원을 의뢰할 수 있다. 정신보건 의료기관에서 응급 입원 서류 작성을 위해서는 경찰관의 동행이 필요하다.

3-③ 보호의무자는 민법에 따른 후견인 또는 부양의무자이다. 후견인은 민법 제928조(미성년자에 대한 후견의 개시), 제929조(성년후견 심판에 의한 후견의 개시), 제959조의 2(한정후견의 개시), 제959조의 5(한정후견감독인), 부양의무자는 민법 제974조(부양의무자) 제1항 직계 혈족 및 그 배우자 간, 제3항 생계(生計)를 같이 할 때(境遇) 한(限)한다. 동의 입원 및 보호의무자에 의한 입원 등의 경우에 법적 지위가 해당하는지 확인이 필요하다.

3-② 환자에게 적용할 수 있는 억제대는 부드러운 것(soft restraint; 천으로 된 시트나 손목 억제대 등)과 단단한 것(hard restraint; 플라스틱이나 가죽 재질로 된 억제대)의 두 종류가 있다.
- 환자에게 허용하는 움직임의 범위에 따라 억제 방법이 달라질 수 있다.
- 환자가 구토하거나 호흡곤란을 보이는 경우 즉시 억제대를 제거해야 한다.

사례 풀이

01 출동 중 신고자와의 통화에서 소통의 어려움(빠른 출동만을 독촉, 비협조적인 태도)이 있다면 설득 요령과 미리 파악해야 하는 정보들은 무엇인가?

출동 중에 통화하고 있음을 알리며(출동하지 않고 전화만 하는 것으로 오해하기도 한다), 거리와 대략적인 시간을 알려 안심시킨다.

1) 출동지령서의 위치 재확인(주소, 아파트 등의 구조물 확인)
2) 환자의 과거력 파악
3) 현재 상태(의식, 호흡, 증상의 유형) 파악
4) 증상이 발생하기 전에 어떤 상황(행동)이 있었는가? 사람의 사고·감정·행동 같은 것에 영향을 미치는 병적인 정신 상태나 정신 기능에 장애가 온 상태를 총칭한 것으로, 넓은 뜻과 좁은 뜻의 정신 질환이 있다.
5) 출동지령서의 위치를 재확인(집 주소, 건축물의 형태, 주변 건물, 몇 층인지, 문이 개방되어 있는지는 환자 운반을 위한 들것 사용과 장비 운반 계획에 도움이 된다.)
6) 관계 기관과 공동 대응이 필요한 경우 상황실을 통해 공동 대응을 요청하고, 관계 기관에서 공동 대응을 요청했을 때는 최초 신고자의 연락처 및 현장 정보를 요청한다.

■ 정신질환자 또는 범죄 현장과 연관성이 있는 경우

정신건강증진 및 정신질환자 복지서비스 지원에 관한 법률(이하 정신건강복지법) 제3조(정의)의 "정신질환자"란 망상, 환각, 사고(思考)나 기분의 장애 등으로 인하여 독립적으로 일상생활을 영위하는 데 중대한 제약이 있는 사람을 말한다.

신고 내용과 파악된 정보를 가지고 정신질환자와 연관성이 있는지 파악하고, 혹시 모르는 사고를 대비한다. 현장 진입에 방해가 되는 요소가 있는지 확인하여 물품을 준비하고 구급대 단독적인 행동을 지양한다.

02 준비해야 할 장비와 관계 기관과의 협조 방법은 무엇인가?

주 증상과 관련되는 장비가 무엇인가에 중점을 둔다.

기본적으로, 구급대원 대부분은 활력징후 측정과 관련된 기본 장비들을 휴대용 가방에 준비하고 있고, 거동이 불편한 경우 건축물의 구조에 따라 휴대용 들것 등을 준비한다.

그 외에도 상처 관리 및 외상 처치와 관련된 장비와 응급 상황에 대비한 산소 가방(산소 탱크와 수동/자동식 산소소생기, 산소마스크, 기도유지기 등), 심장충격기(부정맥과 심정지에 대비) 등을 생각할 수 있다.

외상과 관련된 증상이 없다면 때로는 검진 장비와 처치 장비보다 구급대원의 대인 관계 기술이 필요한 경우도 많다. 안전하게 적당한 거리를 둔 상태에서 환자에게 단답형의 폐쇄적인 질문보다는 개방적인 질문으로 시간을 가지고 환자의 이야기를 듣는다. 이때 환자와 눈높이를 맞추되 비판적인 태도를 보이지 않는 것이 좋다. 또한 순간의 해결책을 위해 환자에게 거짓말 또는 거짓 정보를 제공하는 것은 환자에게 흥분 또는 위협적인 행동을 유발하는 원인이 될 수 있다.

행동 이상과 관련된 출동은 다양한 관계 기관의 협조가 필요할 수 있다. 범죄가 예상된다면 112와 함께 공동 대응하는 것이 필요하다. 상황실을 통해 출동 기관의 출동 대원의 연락처를 확보하고 파악된 정보를 공유하여 범죄 현장이 예상된다면 공동으로 진입하여 현장 안전을 확보하는 것이 좋다. 상담 또는 행정적 지원이 필요한 환자의 경우 지역별 자살예방센터 또는 지역의 정신 건강 상담 기관의 협조를 출동과 함께 요청하는 것이 좋다.

03 불안정한 심리 상태를 보이는 환자를 접할 때 주의점과 현장의 장애 요소는 무엇인가?

기본 처치의 순서는 현장 안전 확보, 환자 안정화, 환자 임상 평가이다. 주변인에게 해를 가할 수 있는 위험한 물건을 소지하고 있는지, 주변에 위험한 물건이 있는지 먼저 확인하고 제거한 이후에 환자에게 접근한다. 자살 현장에서는 타살, 폭력의 가능성을 염두하고 다른 범죄와의 연관성에 대해 신중히 접근해야 한다.

구급대원은 신속한 응급처치와 범죄 현장의 증거 보존 사이에서 고민이 발생할 수밖에 없다. 예로 목을 매달고 있는 의사(hanging)의 경우 줄을 잘라 환자를 내려 응급처치를 제공해야 할 것인지, 아니면 현장을 보존해야 할 것인지 상황에 따라 고민이 발생할 수 있다. 신속한 응급처치가 필요한 상황이라고 판단되면 최대한 증거를 훼손하지 않는 선에서 응급처치를 시행하고 현장 사진을 확보해 놓는 것이 좋다.

04 1차 평가 결과를 바탕으로 추정되는 문제와 출동 대원 안전 조치는 무엇인가?

환자는 질병 발병 이후 변화된 심리 상태로 주변에 위해를 일으킬 위험이 존재하는 상황이다. 기존 질병의 치료를 우선으로 해야 하는지 아니면 심리적 변화에 알맞은 치료를 우선으로 해야 하는지 결정해야 한다. 현장에서는 신체적 억제보다는 언어적 제지를 활용하는 것이 우선된다. 환자에 대한 비판적인 언어와 환자의 개인 공간에 허락 없이 침입하는 행위는 피해야 하며, 환자의 의사를 존중하는 개방적인 질문과 동의를 얻기 위한 노력이 필요하다. 출동 대원은 언제든 회피할 수 있는 공간을 확보하는 것이 좋다.

환자에게 접근하기 전 사전에 들어가도 되는지를 물어보는 것이 좋다. 약물 과다 복용 등 자살을 시도한 환자의 경우 첫인상과 첫 질문을 어떻게 하는지에 따라 환자와의 관계가 결정되는 경우들이 많다. 구급대원 관점에서 파악하고 싶은 정보보다도 환자 관점에서 첫 질문을 시작하는 것이 좋을 수 있다. 예로 "어떤 약을 드셨어요?"보다는 "식사는 하셨나요?"와 같은 질문을 권한다.

05 행동 이상이 있는 환자가 입원하는 방식은 무엇인가?

관련 법령의 숙지가 필요하다. 관련 법령에는 정신건강 증진법 제41조(자의 입원 등), 제42조(동의 입원 등), 제43조(보호의무자에 의한 입원 등), 제44조(특별자치시장·특별자치도지사·시장·군수·구청장에 의한 입원), 제50조(응급 입원)가 있다.

법령에 따라 대상자와 요건이 다르다. 제41조 자의 입원은 정신질환자나 그 밖의 정신 건강상 문제가 있는 사람 본인이 요청, 제42조 동의 입원 등은 보호의무자의 동의를 받아 입원, 제43조는 정신의료기관 등의 장이 정신질환자의 보호의무자 2명 이상(보호의무자 1명만 있는 경우에는 1명)이 신청한 경우 정신건강의학과 전문의가 입원 등이 필요하다고 진단한 경우 가능하며, 그중 제44조 특별자치시장·특별자치도지사·시장·군수·구청장에 의한 입원은 과거 행정 입원으로 표현되어 왔다. 행정 기관의 입원 요청은 긴급성에 의해 이루어질 수 있으며 이송 전후 관련된 공문을 확보해야 한다.

06 응급 입원의 결정권은 누구에게 있는가?

보호자가 없고, 급박한 위험이 존재하는 경우 정신건강 증진법 제41조에서 제44조까지의 규정에 따른 입원 등을 시킬 시간적 여유가 없을 때는 의사와 경찰관의 동의를 받아 정신의료기관에 그 사람에 대한 응급 입원을 의뢰할 수 있다. 구급 현장에서 응급 입원의 결정권은 경찰관에게 있다고 할 수 있다. 또한 경찰관 직무집행법 제4조(보호 조치 등)에 의해 보건의료기관이나 공공 구호 기관에 긴급 구호를 요청하거나 경찰관서에 보호하는 등 적절한 조치를 할 수 있어 정신질환자를 이송할 때 구급대에 요청하고 있다.

119구조·구급에 관한 법률 제21조(구조·구급대원과 경찰 공무원의 협력) 제1항에 구조·구급대원은 범죄 사건과 관련된 위급 상황 등에서 구조·구급활동을 할 때는 경찰 공무원과 상호 협력해야 한다고 규정되어 있다.

보건복지부·경찰청·소방청·국립정신건강복지센터에서 발간된 "정신과적 응급 상황에의 현장 대응 안내 2.0"에서도 응급 조치나 이송의 업무는 소방으로 규정되어 있다. (별첨 참조)

07 보호의무자에 의한 입원 등에 있어 보호의무자는 누구이며, 몇 명의 동의가 필요한가?

제42조(동의 입원 등), 제43조(보호의무자에 의한 입원 등)에서 보호의무자가 등장한다. 보호의무자는 민법에 따른 후견인 또는 부양의무자이다. 후견인은 민법 제928조(미성년자에 대한 후견의 개시), 제929조(성년후견 심판에 의한 후견의 개시), 제959조의 2(한정후견의 개시), 제959조의 5(한정후견감독인), 부양의무자는 민법 제974조(부양의무자) 제1항 직계혈족 및 그 배우자 간, 제3항 생계(生計)를 같이 할 때(境遇)에 한(限)한다.

동의 입원 및 보호의무자에 의한 입원 등의 경우에 법적 지위가 해당하는지 확인이 필요하다. 특히 만성 알코올리즘 환자의 경우 같이 입소하여 친분을 쌓은 후 퇴원 후에 같이 모여 있으면서 옆의 사람을 입원시켜달라고 요청하는 경우가 있다. 이런 경우 입원 요청자의 법적 지위를 반드시 확인하고 관계 기관과 협력하여 조치하는 것이 좋다.

08 행동 이상 환자를 이송할 때 취할 수 있는 안전 조치는 무엇인가?

환자의 변화되는 상황을 예의 주시하며 파악해야 한다. 기분 변화는 언제 어떻게 발생할지 모르기 때문에 주의해야 하고, 환자에게 안전을 위해 안전띠를 착용시킨다. 시중에 판매 중인 안전띠 고정핀을 사용하면 벨트가 늘어나는 것을 방지할 수 있다. 또한 모포를 활용하여 환자에게 덮어주고, 모포를 들것의 패드 아래에 집어 넣어두면 환자의 움직임을 조금은 제한할 수 있다.

신규 구급차에서는 폭행 방지용 버튼과 구급차 업무용 핸드폰 어플을 활용할 수 있다. 하지만 가장 중요한 것은 위험을 감지하고 회피하는 것이다. 피할 공간을 확보하라고 하지만, 좁은 구급차 내에서 회피할 공간을 확보하는 것은 어렵다. 구급대 자체로 환자의 신체를 구속하는 것은 현실성이 부족하다. 환자의 신체적 구속은 경찰관의 협조와 의료지도 아래 이루어질 수 있도록 노력해야 한다.

또한 경찰관, 정신보건센터의 활용에 대한 방법을 숙지하고 있어야 한다. 정신질환자의 이송 및 예기치 못한 신체적 억제는 강제 이송과 억제라는 위험이 존재하기 때문에 구급대원의 자의적인 판단만이 아닌 관계 기관과 지도의사의 조언을 바탕으로 판단해야 한다.

경보 장치

운전석 확인 장치

스마트폰 어플 신고 장치

09 구급대원의 병원 선정과 관련하여 환자와 보호자에게 반드시 알려야 하는데, 이때 병원 선정에 대한 의견 차이를 어떻게 설득할 것인가?

정신과 입원 병원은 도심지의 종합병원이나 응급의료기관에 비하여 지리적으로 접근성이 떨어지는 문제가 있다. 또한 기존의 입원 환자가 아니면 입원 조치하기도 어려운 현실 때문에 주변에 가능한 의료기관이 있다면 환자와 보호자에게 119 구급대 이송선정기준을 재안내하여 설득하는 것이 좋다.

환자나 보호자가 의학적 상황에 대해 수긍하지 못한다면 의료지도(medical oversight)를 통해 연결할 수도 있다.

그런데도 원거리 이송에 대해 이견이 조율되지 못한다면 구급일지에 동의 및 고지 내용을 기록하여 향후 발생될 수 있는 민원에 대비하도록 한다. 또한 이송 중 환자의 상태가 악화할 것을 대비하여 이송 중 문제 발생 시 인근 응급의료기관으로 이송 가능하다는 점과 환자 상태에 따른 안전 운행에 대해 사전에 설명하는 것이 좋다.

본 구급대는 환자의 추가 손상 및 악화(사망 등) 방지를 위해 응급처치에 적합하고 최단 시간 이내에 이송이 가능한 __________으로 이송을 권유했으나 __________씨가 원하는 대로 __________으로 이송함에 따라 발생하는 민사·형사상 책임을 지지 않습니다. 위 내용을 고지합니다.

10 상기 사항을 구급일지에 작성해 보시오.

Cf: QR 코드 를 찍어 구급활동일지 예시를 확인할 수 있다.

119 구급대원 현장응급처치 표준지침(행동 이상 및 자살)

The Standard Protocols for 119 Emergency Medical Services Providers

행동 이상이란 정신 질환, 약물 남용 혹은 기타 질환으로 인해서 비정상적인 행동을 보이는 경우를 말한다. 행동 이상 환자는 환자 본인 혹은 주변인에게 해를 가할 가능성이 있기 때문에 구급 대원은 현장도착 시에 일차적으로 현장 안전을 확보해야 한다. 안전을 확보한 후에 행동 이상의 원인에 대한 평가와 필요한 응급처치를 수행하고, 동반된 손상 혹은 중독에 대해 확인해야 한다. 행동 이상은 정신 질환 외에 다른 내외과적 질환에 의한 증상일 수 있음을 주의해야 한다. 자살 환자의 경우에는 기본적인 접근 및 처치는 행동 이상 환자와 동일하나, 동반된 손상이나 중독에 대한 응급처치가 필요하며, 사고 현장에 대한 경찰 통보가 필요하다.

1. 임상적 특징

- 불안, 초조, 우울, 감정 변화
- 환청, 환시
- 망상
- 폭력, 난폭 행동
- 자살 시도
- 가정 폭력, 성폭력, 아동학대

2. 환자 평가 필수 항목

- 병력 청취
  - 정신 질환 병력 (정신과 약물 복용 여부 / 정신과 외래 치료 여부 / 정신과 입원 치료 여부)
  - 환자 본인 혹은 주변인에게 손상이나 위협을 가하는지 여부
  - 알코올 등 약물 남용 / 중독 동반 여부
  - 동반 손상 여부
  - 당뇨: 저혈당

- 이학적 검진
  - 섬망, 중독, 금단증, 약물 부작용 등의 내과적 질환에 의해 유발된 행동 이상을 감별한다.
  - 환청(지도하는 목소리), 죄악망상, 피해망상 등의 정신병적 징후를 확인
  - 생체징후 및 휴대용 혈당계로 말초혈관 혈당 측정

3. 응급처치 절차 및 방법

- **기본처치: 현장 안전 확보, 환자 안정화, 환자 임상 평가**
  - 기본처치는 **현장 안전 확보, 환자 안정화, 환자 임상평가** 순으로 진행된다.
  - 행동 이상 환자에 대한 응급처치는 일차적으로 현장 안전을 확보한 후에 수행한다. 현장 안전 확보 이전까지 구급대원은 환자와 일정 거리를 유지한다. ☞ Ⓕ ② ①
  - 구급대원이 접근하기에 위험한 현장 환경에 행동 이상 환자가 있거나 무기 등의 위험한 물건을 소지하고 있거나 난폭한 행동을 하는 경우에는 **경찰에 통보**하고 협조를 요청하여 현장 안전이 확보된 후에 응급처치를 수행한다. ☞ Ⓕ ② ①
  - 현장 안전이 확보되면, 행동 이상 환자를 안정화시켜야 한다. 초기 안정화 시에는 일차적으로 구두로 환자를 진정시켜서 안정하도록 하고 응급처치에 순응하도록 협력 관계를 구축한다. ☞ Ⓕ ② ①
  - 환자가 안정화되면, 생체 징후를 측정하고 말초 혈액의 혈당을 검사 한다. ☞ ② ①
  - 저혈당이 확인되면 정맥 주사를 확보하고 **50% 포도당 용액 50 mL**를 주사한다. ☞ ①
  - 환자 임상 평가 후에 동반된 손상이나 중독에 대해서 평가한다. 손상에 대한 응급처치를 수행하고, 중독 환자의 경우에는 복용한 물질의 종류와 양, 복용 시간을 확인해야 한다. ☞ Ⓕ ② ①
  - 자살을 시도한 환자의 경우 자살 시도방법에 대해 확인하고 병원 도착 시 의료진에게 정보를 제공해야 한다. 중독을 통한 자살 시도의 경우 복용한 물질의 종류, 양, 시간을 현장에서 확인하며, 복용한 물질의 종류를 모르는 경우에는

응급실로 자살에 사용한 물질을 가져와서 의료진에게 전달한다. ☞ Ⓕ ② ①

○ **경찰 협조 요청** ☞ Ⓕ ② ①

– 행동 이상 및 자살 환자에서는 구급대원이 현장도착 후에「정신건강증진 및 정신질환자 복지서비스 지원에 관한 법률」제44조, 제50조에 근거하여, 다음과 같은 경우에 경찰에 통보하여 협조를 요청해야 하며, 필요한 경우, 구급차에 같이 동승할 것을 요청할 수 있다.

※ 참고: 경찰관 직무집행법 제4조(보호조치 등) 관련 경찰공무원의 의무규정

▸ 환자가 있는 공간이 접근하기 위험해 일차적으로 환자를 안전한 곳으로 이동해야 하는 경우
▸ 환자가 주변인에게 해를 가할 수 있는 위험한 물건(예. 칼, 둔기 등)을 가지고 있는 경우
▸ 환자가 난폭한 행동을 보여 구급대원에게 해를 가할 수 있는 경우
▸ 환자를 이송하기 위해서 경찰의 협조가 필요한 경우
▸ 범죄 현장이 의심되는 경우

– 경찰에 통보한 후에는 경찰 통보 시각, 경찰 도착 시각, 경찰 소속 및 성명, 이송 과정 협조 여부를 구급대원 평가소견에 기록한다.

※「정신건강증진 및 정신질환자 복지서비스 지원에 관한 법률」참고사항 : 제5장 보호 및 치료 제15조(정신건강복지센터의 설치 및 운영) 제39조(보호의무자), 제40조(보호의무자의 의무), 제41조(자의입원등), 제42조(동의입원등), 제43조(보호의무자에 의한 입원등), 제44조(특별자치시장·시장·군수·구청장에 의한 입원), 제50조(응급입원)

※ 정신과적 응급상황에서의 현장대응 안내 2.0

○ 정신질환자 중 **자·타해 위험이 있는 자**에 대한 **정신건강복지센터 역할**

▸ 필요한 법적·행정적 절차에 대한 조취를 취한다.
▸ 입원치료를 위한 자원(휴일 및 야간 입원 가능 병원 등)을 파악하고 정보를 제공한다.
▸ 기타복지서비스 자원을 파악하고 정보를 제공한다.
▸ 가족이나 다른 지지체계를 통해 정신질환 치료 필요성을 설명하고 퇴원 시 연락할 수 있도록 정보를 제공한다.
▸ 정신건강전문병원에 의해 위기상황 평가를 진행한다. 위기상황 평가는 정신건강 상담을 통해 이루어지며, 표준화된 사정평가 도구를 활용하여 객관적인 결과를 도출할 수 있다.
▸ 필요시 정신건강의학과 전문의에 의한 심층사정평가를 진행하여 정신질환 가능성을 판단한다.
▸ 24시간 정신건강위기상담전화(1577-0199) 및 정신건강복지센터 서비스를 안내한다.
▸ 인근 정신의료기관으로 대상자를 의뢰한다.
▸ 충동성을 증가시킬 수 있는 술, 약물의 사용을 금하도록 안내한다.
▸ 고위험자의 현재 증상평가(CTRS)등 필요한 정보를 경찰 및 소방과 공유한다.

○ 정신질환자 중 **자·타해 위험이 있는 자**에 대한 **경찰 역할**

▸ 신고자로부터 피해 등을 신속하게 청취한 후 응급구호 및 격리조치 등 필요성 여부를 사전판단하여 대비한다.

※ 고위험자에 대한 기존의 신고 상황을 파악하여 출동한다.

▸ 정신질환자 중에는 환청, 피해망상 등으로 돌발행동 할 우려가 있으므로 대비태세를 갖춘다.
▸ 정신질환자 본인 및 사건관계인의 부상 등 신체적 피해 여부와 범죄 혐의 유무를 판단한다.
▸ 소지품, 지문조회, 원스톱 신원확인 시스템 등을 통해 신속하게 신원을 확인한 후 가족·친지 등에게 연락을 취한다.

※ 신원확인을 위한 소지품 검사는 경찰관직무집행법 제4조에 전제되어 있다고 보이며, 경찰관의 특별한 직무권한이 아닌 추정적 승낙에 의한 행위로 이해하여도 적법하다고 할 수 있다.

▸ 정신질환의 상태에 따라 정신의료기관 입원을 지원한다.
  – (응급입원이 필요한 경우) 경찰관은 정신의료기관까지 해당 환자를 이송한다.

※ 필요시 소방에 이송 협조요청을 하고, 당해 경찰관은 자·타해의 위험이 높아 응급입원이 필요한 경우 119 구급차에 동승 또는 추수한다.(뒤를 따른다.)

※ 경찰관은 정신건강복지법 제50조에 의거하여 응급입원서를 작성한다.

- 출동 시 돌발 상황 대비 경찰장구를 휴대하고, 고위험자의 자해 등 돌발행위와 경찰관, 119 구급대원, 정신건강전문요원에 대한 폭력행위를 제지한다.
- 경찰장구 사용 및 고위험자 제지, 체포 등 공권력 행사 시 인권침해 소지가 없도록 규정의 범위 내에서 탄력적으로 행사한다. 단독으로 처리 곤란할 경우에는 신속히 순찰차 지원을 요청한다.

※ 경찰장구는 직무를 수행함에 있어 필요하다고 인정되는 상당한 이유가 있는 때에 합리적으로 판단하여 필요한 한도에서 사용할 수 있다.

○ 정신질환자 중 **자·타해 위험이 있는 자**에 대한 **소방 역할**

- 119종합상황실에서는 신고자로부터 청취한 현장상황 및 피해내용 등을 종합적으로 판단하여 출동한 119 구급대원이 공격받을 수 있다는 전제하에 112협조 요청 등 위험 및 돌발 상황에 대비하여 출동 조치한다.
- 현장에 도착한 119 구급대원은 현장 안전이 확보 된 후 일차적으로 구두로 환자를 진정시켜 안정화하도록 하고, 응급처치 절차에 따라 기본처치(현장 안전 확보, 환자 안정화, 환자 임상평가)를 실시한다.
- 자·타해 위험이 있는 정신질환자개입에 있어 경찰에 협조 요청한다.

※ 환자 이송 시 자·타해의 위험이 높아 응급입원이 필요한 경우 당해 경찰관이 119 구급차에 동승 또는 추수할 것을 요청할 수 있다(뒤를 따르게 요청할 수 있다.)

- 응급 상황시 인근 정신의료기관으로 환자를 이송한다.
  - 입원 가능한 이송 병원 선정 지침
    - 행동 이상 및 자살 환자의 시장·군수 등에 의한 행정 입원 시 보건복지부장관이나 지방자치단체의 장이 지정한 정신의료기관에 이송하도록 한다.
    - 행동이상 및 자살환자의 응급입원 시 가까운 정신의료기관으로 이송한다.
    - 응급의료 취약 지역 또는 이송 병원 선정이 어려운 경우 직접 의료지도를 받아 환자의 동반된 손상, 중독, 기저질환을 고려하여 이송 병원을 선정한다.
- 동반된 손상 등에 대한 정보를 의료기관 도착 시 의료진에게 정보 제공하고 환자를 인계한다.
    - 손상된 부위 및 처치 상태 등
    - 중독 : 복용 물질 종류, 양, 시간 등
    - 자살 : 복용 물질 종류(모를 경우 의료진에게 가져가 전달), 양, 시간 등
- 119 구급대원은 보호자에게 24시간 정신건강위기상담전화(1577-0199) 및 정신건강복지센터 서비스를 안내하고, 사례관리, 연계 및 정신건강 위기 상황에 대응 할 수 있도록 정보를 제공한다.
- 환자 인계 후, 구급활동일지를 작성후 의료진에게 확인을 받는다.
- 구급활동일지를 작성하여 사본은 병원에 제공한다.

○ 정신질환자 중 **자살사고 및 자살시도자**에 대한 **정신건강복지센터의 역할**

- 자살예방센터가 설치된 지역은 자살예방센터에 문의
- 자살위기 사정평가 결과 애매하고 모호할 때는 고위기 단계로 생각한다.
- 필요시 표준화된 검진도구를 활용하여 평가한다.
- 자살 유가족에게 유가족 심리부검서비스에 대해 안내하고 자살 유가족 심리부검센터에 연계한다.

※ 심리부검(Psychological Autopsy) : 자살 유가족의 인터뷰를 통해 객관적 기준에 따라 자살의 원인을 규명하는 것을 목적으로 함. 유가족의 심리적안정과 일상의 복귀에 도움을 주며 정책적 데이터베이스 구축을 가능하게 함

※ 자살유가족 심리부검센터 : 02-555-1095~1098

- 자살위기 사정평가를 통한 위험도를 분류한 후 위험군별 서비스를 제공한다.

분류	대응 방안
고위험군	- 절대 혼자 두지 않도록 한다. - 자살수단(칼, 약, 농약, 번개탄 등)을 제거한다. - 즉각적으로 경찰 및 소방에 협조 요청하여 신속한 개입이 이루어지도록 한다. - 인근 정신과 병·의원에 반드시 치료를 의뢰한다. - 확보한 고위험자의 정보를 개입 요청 시에 함께 제공하도록 한다. - 충동성을 증가시킬 수 있는 술, 약물의 사용을 금지하도록 한다.
중위험군	- 24시간 정신건강 위기상담 전화와 지역 정신건강복지센터를 안내한다. - 인근 정신건강의학과 병원을 방문할 것을 권유한다. - 자·타해 위험성이 있는 경우 치료적 절차를 진행한다. - 충동성을 증가시킬 수 있는 술, 약물의 사용을 금지하도록 한다. - 보호자 정보를 확인하여 상황을 공유한다.
저위험군	- 24시간 정신건강 위기상담 전화와 지역 정신건강복지센터를 안내한다. - 공감해주며 지지적인 자세로 이야기를 들어준다. - 자살시도를 하지 않겠다는 다짐을 받는다. - 충동성을 증가시킬 수 있는 술, 약물의 사용을 금지하도록 한다.

○ 정신질환자 중 **자살사고 및 자살시도자**에 대한 **경찰 역할**

- ▸ 고위험자가 자살도구를 소지한 경우, 신속히 수거하고 신변안전을 최우선으로 확보한다.
- ▸ 필요한 경우 현장에 폴리스라인을 설치하고 일반인의 접근을 통제한다.
- ▸ 고위험자 및 보호자의 신상정보를 확인한다.
- ▸ 자살기도자는 돌발행동을 할 우려가 많으므로 자극을 주지 않도록 최대한 침착하게 행동한다.(사이렌소리 끄거나 줄이기)
- ▸ 자살기도자에 대한 급박한 위험이 해소된 후 , 재발방지를 위하여 정신건강복지센터에 상담을 받을 것을 안내하거나 연계한다.
- ▸ 정신건강전문요원에 의한 상담이 진행되는 경우에도 추가적인 위해 우려가 있는 경우 현장에서 철수하지 않으며, 보호자가 있는 경우 보호자에게 고위험자를 인계한다.
- ▸ (응급입원이 필요한 경우) 정신의료기관 응급실(외래)를 통해 입원치료 받을 수 있도록 응급입원에 대한 동의 및 이송 절차를 진행한다.

※ 필요시 소방에 이송 협조요청을 하고 당해 경찰관은 자·타해의 위험이 높아 응급입원이 필요한 경우 119 구급차에 동승 또는 추수한다.(뒤를 따른다)

※ 자살을 시도했다는 사실만으로 정신질환자로 추정할 수 없으나 자살시도자 중 일부는 우울증 등 정신질환을 동반할 수 있다.

- ▸ 출동 시 돌발 상황 대비 경찰장구를 휴대하고, 고위험자의 자해 등 돌발행위와 경찰관, 119 구급대원, 정신건강전문요원에 대한 폭력행위를 제지한다.
- ▸ 자살자가 발생한 경우 유가족에게 중앙심리부검센터에서 수행하는 심리부검 서비스에 대해 안내할 수 있다.

※ 심리부검(Psychological Autopsy) : 자살 유가족의 인터뷰를 통해 객관적 기준에 따라 자살의 원인을 규명하는 것을 목적으로 함. 유가족의 심리적안정과 일상의 복귀에 도움을 주며 정책적 데이터베이스 구축을 가능하게 함

※ 중앙심리부검센터 : 02-555-1095~1098

- ▸ 경찰은 광역 정신건강복지센터와 자살관련 통계 등의 자료를 상호 공유함으로써 자살률 감소를 위해 적극 협조한다.

○ 정신질환자 중 **자살사고 및 자살시도자**에 대한 **소방의 역할**

▸ 119종합상황실에서는 신고자로부터 청취한 현장상황 및 피해내용 등을 종합적으로 판단하여 출동한 119 구급대원이 공격받을 수 있다는 전제하에 112협조 요청 등 위험 및 돌발 상황에 대비하여 출동조치한다.

▸ 현장에 도착한 119 구급대는 현장 안전이 확보 된 후 환자의 상태 및 동반된 손상부위의 응급처치 절차에 따라 기본 처치를 실시한다.

※ 손상된 부위 및 처치, 중독(복용 물질 종류, 양, 시간 등), 복용 물질 모를 경우 병원으로 가져가 전달 등

▸ 자살사고 및 자살시도로 인한 응급상황인 경우 응급입원을 위한 환자 이송 시 경찰에 협조요청을 한다.

※ 환자 이송 시 자·타해의 위험이 높아 응급입원이 필요한 경우 당해 경찰관이 119 구급차에 동승 또는 추수할 것을 요청할 수 있다.(뒤를 따르게 요청할 수 있다.)

※ 동반된 손상, 중독, 기저질환을 고려하여 이송 병원 선정

▸ 의료진에게 환자를 인계하고, 구급활동일지를 작성 한 뒤 의료진에게 확인을 받는다.

▸ 구급활동일지를 작성하여 사본은 병원에 제공한다.

▸ 119 구급대원은 보호자에게 24시간 정신건강위기상담전화(1577-0199) 및 정신건강복지센터 서비스를 안내하고, 사례관리·연계 및 정신건강위기상황에 대응 할 수 있도록 정보를 제공 한다.

▸ 자살자가 발생한 경우 유가족에게 중앙심리부검센터에서 수행하는 심리부검서비스에 대해 안내 할 수 있다.

※ 심리부검(Psychological Autopsy) : 자살 유가족의 인터뷰를 통해 객관적 기준에 따라 자살의 원인을 규명하는 것을 목적으로 함. 유가족의 심리적안정과 일상의 복귀에 도움을 주며 정책적 데이터베이스 구축을 가능하게 함

※ 중앙심리부검센터 : 02-555-1095~1098

○ **환자 이송**

– 행동 이상 환자의 이송시에는 다음과 같은 경우에 경찰에 협조를 요청하여 환자를 이송해야 한다.

  • **환자가 응급처치 및 정신과 진료가 필요하나 이송을 거부하는 경우**

– 구급대원은 경찰에 통보하여 경찰이 현장에 도착한 후에 경찰의 협조 하에 환자를 의료기관으로 이송한다.

– 경찰의 협조 하에 환자 이송시에는 **현장에 도착한 구급대원(2인 이상)과 경찰(2인 이상)이 동시에 참여**하여 환자를 안전하게 이송하도록 한다. 이 과정에서 환자의 난폭 행동으로 인해 환자 본인 혹은 주변인의 부상 가능성을 항상 유의해야 한다.

– 경찰 협조 하에 환자의 이송 과정에서는 병원도착 시까지 주기적으로 2차 손상이 없는지 확인해야 한다.

○ **정신보건 위기개입 서비스 연계** ☞ Ⓕ ② ①

– 정신질환, 난폭행동 등으로 환자 본인 혹은 주변인에게 위해를 가할 수 있는 위기 상황에서 는 구급대 출동과 동시에 지역의 정신건강복지센터에 협조 요청한다.

– 각 관할 지역의 정신건강복지센터(위기상담서비스 1577-0199), 자살예방센터에 현장 위기 개입 서비스를 요청하여 환자를 현장에서 초기에 안정화시킬 수 있다.

– 구급대원은 관할 지역의 정신보건서비스 가용자원과 연락 방법에 대하여 알고 있어야 한다.

– 구급대원은 관할 지역 내 정신질환 관련 응급상황 발생시 정신건강복지센터*와 협력하여 정신건강 위기상황을 공동대응 할 수 있다.

– 정신건강복지센터는 정신위기상황평가 및 정보연계 등을 실시하고, 119 구급대는 응급처치, 정신의료기관 환자이송 등을 실시 할 수 있다.

* 주간 : 244개 기초정신건강복지센터

* 야간 및 휴일 : 16개 광역정신건강복지센터

※ 자살예방센터 정보제공 의무

자살시도자 등 출동 시 구급대원이 현장도착 후에 「자살예방 및 생명존중문화 조성을 위한 법률」 제12조의2(자살시도자 등의 사후관리)근거하여, 광역정신건강복지센터(자살예방센터)에 자살시도자 등의 개인정보제공* 의무화로 통보하여야 한다.

* 개인정보제공(자살시도자 등의 성명, 생년월일, 주소 및 연락처)

※ 예외사항

- ▸ 관련기관(광역, 지역정신건강복지센터, 자살예방센터)에서 현장 도착한 경우
- ▸ 만 14세 이하의 경우 법정대리인 동의 필수(미 동의시 정보제공 불가)

○ **이송 거부** ☞ Ⓕ ② ①

- 행동 이상 환자는 동반된 손상과 중독 등에 대한 응급처치와 정신과 진료를 신속하게 받아야 하며, 이를 위해 원칙적으로 모든 환자를 의료기관으로 반드시 이송해야 한다.
- 환자 안정화, 정신보건 위기개입 서비스 연계 등 가능한 수단을 모두 동원하였으나, 이송이 불가능한 경우에는 직접 의료지도 하에 이송 거부를 결정한다.
- 이송 거부 사유에 대해 구급일지 및 이송거부확인서에 기록한다.
- 이송 거부로 이송을 하지 않을 경우에는 환자의 상태 악화 시에 즉시 구급차 출동을 요청하도록 환자와 보호자에게 설명한다.

4. 응급처치 시 주의 사항

- ○ 행동 이상 환자의 평가시에는 정신 질환에 대한 병력 청취뿐만 아니라 환자의 의식 상태, 피부, 순환기, 호흡기, 신경계 등을 종합적으로 평가해야 한다.
- ○ 행동 이상이 정신 질환 외에 저혈당, 두부손상, 약물 복용 등 내외과적 질환에 의해서도 발생할 수 있음을 주의하고 이를 초기에 감별하여 적절한 응급처치를 수행해야 한다.
- ○ 행동 이상 환자의 이송시에는 가정 폭력이나 아동학대 등의 상황이 동반되었을 가능성을 확인해야 한다.
- ○ 자살 사고 현장에서는 타살, 폭력의 가능성을 확인하고, 필요시에 경찰에 통보해야 한다.

5. 직접 의료지도 요청 기준

- ○ 환자(미성년자 및 금치산자 등 자의적 의사표현이 불가능한 경우에 한하여 법적인 보호자가 확인된 경우에는 보호자)가 이송을 거부하는 경우
- ○ 동반된 손상이나 중독에 대한 응급처치 과정에서 직접 의료지도가 필요한 경우
- ○ 경찰에 통보하였으나 적절한 경찰의 협조가 이루어지지 않는 경우

6. 이송 병원 선정 지침

- ○ 행동 이상 및 자살 환자의 시장·군수 등에 의한 행정입원시 보건복지부장관이나 지방자치단체의 장이 지정한 정신의료기관에 이송하도록 한다.
- ○ 행동이상 및 자살환자의 응급입원시 가까운 정신의료기관으로 이송한다.
- ○ 응급의료 취약 지역 또는 이송 병원 선정이 어려운 경우 직접 의료지도를 받아 환자의 동반된 손상, 중독, 기저질환을 고려하여 이송 병원을 선정한다.

119 구급대원 현장응급처치 표준지침(환자 신체 구속)

The Standard Protocols for 119 Emergency Medical Services Providers

환자 자신은 물론 주변 사람이나 구급대원을 해칠 우려가 있는 환자에게 환자 결박을 고려할 수 있다. 성공적인 처치를 위해 중요한 사항은 환자의 권리에 대한 고려, 적절한 절차 및 방법에 근거하여 결박을 적용하는 것이다.

1. 원칙

- 환자 본인 및 주변 사람, 구급대원을 해칠 만한 즉각적인 위협이 있는 경우에 한해서만 제한적으로 결박을 적용해야 한다.
- 환자 신체 결박의 가장 중요한 고려 사항은 안전을 위해서라는 점을 구급대원, 가족 및 환자 본인에게 주지시키는 것이 필요하다.
- 공격적인 환자를 대응하기 전 반드시 경찰의 협조를 구해 현장에 동시에 도착하도록 하는 것이 좋으며, 만약 구급대원이 현장에 먼저 도착한 경우라면 경찰이 올 때까지 적극적인 물리적 결박을 적용해서는 안 된다. 현장에 도착한 경찰관의 소속 및 성명, 신고 시각 등을 기록해 두어야 한다.

2. 환자 평가 필수 항목

- 공격적인 행동을 유발할 수 있는 상태에 대한 고려가 필수적이다. 즉 급성 정신병적 상태 이외에 경련 후 상태, 저혈당증, 저산소증, 뇌손상, 약물 중독 등의 원인에 의해서도 공격적인 행동이 유발될 수 있음을 주지하고 원인 감별을 위한 병력 청취를 시행한다.

3. 신체 구속의 유형

- **구두 억제(verbal restraint)** ☞ Ⓕ ② ①
  - 솔직하고 정확하고 차분한 말투로 접근해야 하며, 거짓말을 하거나 환자를 위협하거나 자극하는 것은 상황을 악화시킨다. 상황을 단계적으로 천천히 해결하려 해야지 상황을 통제하려고 해서는 안 된다.
  - 직접적인 눈 맞춤은 피해야 하고 환자의 개인적인 공간에 침입하는 느낌을 주어서도 안 된다.
  - 불필요하거나 갑작스러운 움직임을 보여서는 안 된다.
  - 환자를 존중하며 환자의 존엄성을 유지하려는 태도를 보이는 것이 중요하다. 상황이 확대될 때를 대비하여 지원 인력을 요청해 두어야 한다.
  - 구급대원은 빠져나올 수 있는 출입구 가까이에 위치해야 하며 환자가 출입구 가까이 위치하도록 해서는 안 된다.
- **물리적 억제(physical restraints)** ☞ ② ①
  - 환자에게 적용할 수 있는 억제대는 부드러운 것(soft restraint: 천으로 된 시트나 손목 억제대 등)과 단단한 것(hard restraint: 플라스틱이나 가죽 재질로 된 억제대)의 두 종류가 있다.
  - 환자에게 허용하는 움직임의 범위에 따라 억제 방법이 달라질 수 있다.
  - 환자가 구토하거나 호흡곤란을 보이는 경우 즉시 억제대를 제거해야 한다.
- 화학적 억제(chemical restraints)
  - 우리나라에서 구급대원에 의한 화학적 억제는 아직 허용되지 않고 있으며 외국의 경우에도 직접 의료지도에 따라 시행토록 규정하고 있다.

4. 신체 구속 절차 및 주의 사항('신체 구속 술기 지침' 참조)

- **신고 직후 혹은 현장 도착 직후 경찰에 연락하여 도움을 요청해야 하고 경찰이 동반되지 않은 상태에서는 물리적 결박을 시행하지 않아야 한다.**
- 필요시 추가 구급 인력 배치를 요청해야 하고 신체 결박 절차를 지휘할 팀 리더를 정한다.
- **보호자에게 신체 구속에 대한 서면 동의를 반드시 받도록 한다. 구속 전 동의서 작성이 원칙이나 상황이 급박한 경우 구두 동의하에 구속을 시행한 이후 동의서를 작성할 수도 있다.**
- 환자 자신과 주변 사람들을 보호할 수 있는 가장 최소한의 방법이자 가장 덜 침습적인 방법을 사용하도록 해야 하지만, 이송 중 환자와 구급대원의 안전을 보장할 수 있는 방법은 전체 결박(full restraint)인 경우가 대부분이다.

ㅇ 얼굴, 머리와 목 부위에는 아무것도 결박하지 말아야 한다. 다만 환자가 침을 뱉는 행동을 할 수 있으므로 일회용 마스크 등을 착용시킬 수는 있다.
ㅇ 인간적인 방법으로 억제대를 적용하며, 가능한 한 환자의 존엄성을 존중해야 한다. 환자와 가족에게 지금 억제대를 적용할 것임을, 이것이 환자 본인과 다른 사람의 안전을 보장할 수 있는 최선의 방법임을 설명해야 하며, 가능하다면 구속복(straight jacket)을 착용토록 한다.
ㅇ 억제대를 적용한 환자를 엎드린 자세로 두면 기도폐쇄, 심정지, 흡인 등이 발생할 수 있으므로 금지한다.

5. 신체 구속 후 환자 감시

ㅇ **억제대가 적용된 환자의 기도, 순환 및 호흡과 의식 상태를 자주 확인해야 한다.**
ㅇ 혈압, 맥박, 호흡, 산소포화도를 지속적으로 감시(☞ ② ①)하며 이송(☞ Ⓕ ② ①)한다.
ㅇ 결박을 시행한 원위 부위의(손끝, 발끝과 같은) 순환, 움직임, 감각 등을 확인한다.

6. 신체 구속 시 기록 상황 ☞ Ⓕ ② ①

ㅇ **환자 의식 상태**
ㅇ **구두 통제에 반응이 없었다는 내용의 기록**
ㅇ **결박의 필요성, 적용한 결박 방법**
ㅇ **적용한 억제대의 종류**
ㅇ **환자 결박 후 결과**
ㅇ **결박 과정 중 환자나 구급대원이 입게 된 손상**
ㅇ **이송 중 결박 환자에게 적용한 감시(모니터링) 방법**
ㅇ **치료, 이송 중 환자의 자세[예: 앙와위(바로 누운 자세), 파울러, 세미파울러, 모로 누운 자세 등]**
ㅇ **활력징후**
ㅇ **원위부의 감각, 순환 체크 내용 기록**
ㅇ **이송 당시 환자 상태**
ㅇ **구속에 대한 서면동의서 별첨**

7. 직접 의료지도 요청 기준

ㅇ 신체 결박이 필요한 모든 환자

8. 이송 병원 선정 지침

ㅇ 중증 환자일 경우 가까운 지역 응급의료센터 이상의 의료기관으로 이송함을 원칙으로 하되, 지역별 여건에 따라 의료지도 등을 받아 치료가 가능한 가까운 지역 응급의료기관으로 이송할 수 있다.
ㅇ 중증 환자가 아닌 경증 환자일 경우 가장 가까운 지역 응급의료기관으로 이송한다.
ㅇ 응급의료 취약 지역일 경우 가장 가까운 지역 응급의료기관 이상의 의료기관에 이송한다.

정신과적 응급 상황에서의 현장 대응 안내 2.0

■ 응급 위기 대응(urgency of response scale)

점수	정신건강복지센터	경찰	소방
A (3~9) 극도의 위기	• 즉각적인 서비스가 필요, 입원 조치 필요 • 명백한 정신질환이나 알코올 중독으로 인한 위기 상황에서는 현장에 출동하더라도 정상적인 의사소통이 불가능 함. 입원 조치가 우선 필요	• 입원 조치 필요 센터 현장 출동 개입 없이 즉시 입원 권고 (필요시 소방 협조)	• 입원 조치 필요 센터 현장 출동 개입 없이 경찰관과 함께 정신의료기관으로 이송
B (10) 고위험	• 2시간 이내 접촉 필요함 입원이 가능할 수 있으며 외래를 이용한 치료 권유 (예: 폭력적이며 반복적이진 않으나 급성적이고 심한 스트레스) ※ 9, 10점인 경우는 좀 더 면밀한 임상적 평가가 필요함. 현장 출동을 통한 즉각적인 개입 필요	• 정신건강복지센터 현장 출동 시까지 고위험자 보호 조치 필요시 응급 입원 등의 조치	• 응급 조치나 이송이 필요한 경우 협조
C (11) 중간 위기	• 12시간 이내의 접촉이 필요 외래를 이용한 치료 권유(예: 혼란스러운 행동) • 현장 출동뿐만 아니라 전화 상담, 내소 상담, 가정 방문 등의 위기 개입 약속 등 다양한 방법으로 개입 필요	• 정신건강 관련 기관에 연계 및 상담 안내	• 정신건강 관련 기관에 연계 및 상담 안내
D (12~13) 낮은 위기	• 48시간 이내의 개입 필요 • 대기 기간 동안 자·타해의 위험이 낮은 경우로 전화 상담, 내소 상담, 가정 방문 등의 방법으로 위기 개입	• 정신건강 관련 기관에 연계 및 상담 안내	• 정신건강 관련 기관에 연계 및 상담 안내
E (14~15) 위기 상황	• 2주 이내의 개입 가능 • 대기 기간 동안 자·타해의 위험이 낮은 경우로 전화 상담, 내소 상담, 가정 방문 등의 방법으로 정신건강 서비스 제공	• 정신건강 관련 기관에 연계 및 상담 안내	• 정신건강 관련 기관에 연계 및 상담 안내
G	• 개입 종료	• 개입 종료	• 개입 종료

Reference

1. 전국 응급구조학과 교수협의회. 《내과전문응급처치학》(제5판), 도서출판 한미의학, 2018.
2. 보건복지부, 경찰청, 소방청, 국립정신건강센터. 《정신과적 응급상황에서의 현장대응 안내 2.0》, 2018.
3. 소방청. 《119 구급대원 현장응급처치 표준지침》, 2022, 2023.
4. 법제처 국가법령정보센터 〈https://www.law.go.kr〉

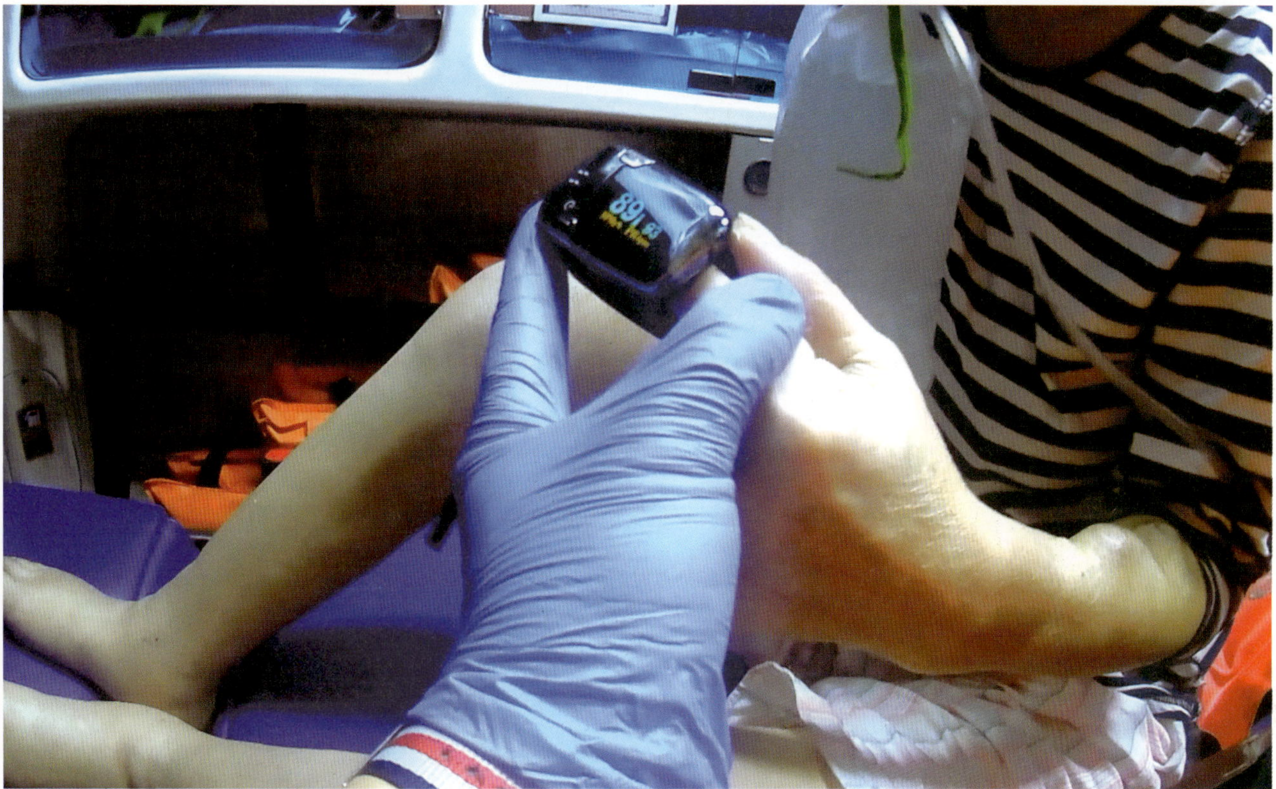

사례 24 기운이 없어요

목적

- 전신 쇠약이 있는 만성 신부전(CRF) 환자에 대한 현장 평가와 응급처치, 이송 중 관리에 대해 학습한다.

출동 개요

Tip

신부전

신장(콩팥)은 혈액 속의 노폐물을 걸러내어 소변으로 배출시키고 혈액 속의 전해질 농도를 조절하거나 혈압을 조절하는 등 다양한 기능을 수행하고 있다.

콩팥 기능 저하는 수분과 전해질, 대사 산물이 배설되지 않아 몸의 항상성을 유지할 수 없는 상태를 말한다.

급성 신부전(ARF)은 유발 원인을 제거하면 콩팥 기능이 회복될 수 있으나 만성 신부전(CRF)은 콩팥 기능이 점점 나빠져 기능 부전 상태에 이르는 것으로 콩팥 기능이 정상으로 회복되지 못한다.

출동 메시지 "구급 출동!" 장소는 ○○동 아파트 ○○○동 ○○○호, 기운 없는 환자 발생

출동 정보
- **신고 시각** 4월 13일 22:19
- **출동 시각** 4월 13일 22:20
- **현장 도착** 4월 13일 22:27
- **현장과의 거리** 3km(7분 소요)
- **현장–병원과의 거리** 10km(15분 소요)

출동 인원
- **구급대원1** 리더(처치)
- **구급대원2** 대원(운전)

환자 정보 및 기타 정보 57세 여성, 만성 신부전(CRF)으로 혈액 투석 중인 환자로 보호자가 현장에 있음

출동 단계

구급차 지휘센터! 여기 ○○ 구급대 신고 내용 재송신 바람.

지휘센터 환자는 가정 내 만성 신부전으로 전신 쇠약을 호소하는 57세 여성이라고 신고된 사항.

구급차 접수 완료!

대원1 (전화한다.) 출동 중인 구급대원입니다. 환자 상태는 지금 어떤가요?

신고자 기운이 없어 계속 누워 있어요.

대원1 환자분 투석은 언제 하나요? (월수금, 화목토?)

신고자 금요일에 받았어요.

대원1 거의 도착했으니 조금만 기다려 주세요.

늦은 저녁으로 차량 정체는 없지만, 좁은 골목길에 주차된 차량 때문에 더는 차량 이동이 어렵다.

---

01 신고 단계에서 파악된 정보에서 투석하는 요일을 물어보는 이유는 무엇인가?

02 대원1은 출동 중에 확인해야 하는 많은 정보를 놓치고 있다. 대원1이 빠트린 정보들은 무엇인가?

현장 상황

Tip

신장 기능이 떨어지면 혈액 속의 수분, 노폐물 배설 능력이 떨어져 피부에 어두운 색깔을 띄게 된다.

신고자로 보이는 남자가 문을 열어 주고 거실에 누워 있는 거무스레한 얼굴빛의 여성이 환자라고 알려준다. 환자는 눈을 뜨고 바닥에 누워 있으며 일어나려고 노력하지만, 힘이 없어 어려워한다. 보호자는 환자를 대원에게 안내하고, 분주히 병원에 갈 준비를 한다. 환자용 침대 옆에는 널려 있는 여러 가지 약 봉투 옆으로 간이 변기가 보이고, 현장의 특별한 위험 요소는 없다.

03 현장 상황에서 보이는 모습으로 보아 평소 환자의 상태는 어떠해 보이는가?

1차 평가

기본 활력징후 및 병력 청취	
의식 상태	A(명료함)
기도 및 호흡 상태	기도는 개방되어 있으며 정상 호흡을 보임
순환 상태	노동맥에서 느리지만, 규칙적인 맥박이 확인된다.

04 1차 평가 결과를 바탕으로 추정되는 문제는 무엇인가?

2차 평가

Tip

환자 병력을 기초로 검진을 통한 처치를 할 수 있으므로 환자에게 신뢰 받는 관계가 중요하다. 구급대원은 현장에서 환자에게 신뢰감을 줄 수 있도록 말과 행동과 복장에 주의해야 한다.

대원1은 병원에 갈 준비에 바쁜 보호자에게 환자 평가가 필요하다는 것을 알리고 환자 병력과 상태가 나빠진 상황에 대해 정보를 파악한다. (환자는 계속해서 피곤한 듯 눈을 감고 있다.)

대원2는 활력징후를 평가하고, 대원1은 대원2에게 혈당을 포함한 활력징후를 평가해 달라고 요청한다. 환자 평가 후 응급처치 계획을 세운다.

■ 문진과 활력징후

대원1 환자분 지금 어디가 제일 불편하세요?

환자 온몸에 기운이 없고, 설사해요.

대원1 언제부터 그러신 건가요?

보호자 오늘 오후 4시부터 식욕이 없고 기운이 없었어요.

대원1 갑자기 그러신 건가요? 설사나 구토를 하지는 않으셨나요?

보호자 12시에 점심을 먹고 나서 14시부터 갑자기 설사를 5번 했어요.

대원1 평소 투석 외 병원에서 진단 받거나 약 드시는 거 있나요?

보호자 고혈압, 당뇨약 먹어요.

대원1 신부전은 언제 진단 받아 투석하게 되었나요?

보호자 4년 전에 ○○대학병원에서 진단 받고 동네 내과에서 투석 받아요.

대원1 음식이나 약물에 알레르기가 있나요?

보호자 없습니다.

대원1 설사와 함께 배가 아프거나 다른 곳에 통증은 없나요?

환자 (매우 힘없는 얼굴로) 없어요.

■ 신체 검진

대원1 왼쪽 팔에서 동정맥루(AV-fistula)가 보이며 피부는 따뜻하고 건조하다.

대원2 활력징후와 동공 반응을 측정한다. [Rt 3mm(+) / Lt 3mm(+)]

시각	혈압	맥박	호흡	체온	SpO_2	혈당
22:29	90/60mmHg	42회/min	18회/min	36.6℃	98%	318mg/dL

대원1 심장충격기로 심전도를 분석하고 확인한다.

대원1 대원2에게 이송 준비를 요구한다.

05 추가로 필요한 검사 및 정보가 있다면 무엇인가?

06 활력징후 측정 시 주의할 점은 무엇인가?

현장 심전도

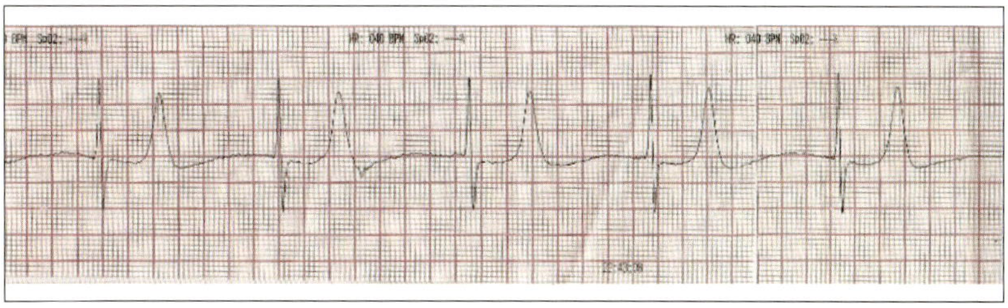

Tip

고칼륨혈증 신부전 환자의 경우 신경계 증상으로 근육 경련, 쇠약, 마비, 감각 이상 등의 증상이 나타날 수 있고, 소화기 증상으로 구역, 구토, 복통, 설사 등이 올 수 있으므로 환자의 병력 청취와 신체 검진을 통해 환자 상태를 평가한다.

07 위 심전도에 대한 해석은?

1) 리듬이 규칙적인가? □ 규칙적 □ 불규칙적
2) 맥박수가 정상인가? (정상: 60~100회) □ 정상 □ 빠름 □ 느림
3) P파 너비가 정상인가? (정상 ≤ 3칸) □ 정상 □ 넓음
4) PR 간격이 정상인가? (정상 ≤ 5칸) □ 정상 □ 늘어남 □ P파 뒤에 R파가 없다
5) QRS 너비가 정상인가? (정상 ≤ 3칸) □ 정상 □ 좁음 □ 넓음
6) ST 분절은 정상인가? □ 정상 □ 상승 □ 하강
7) T파의 높이는 정상인가? (정상: 사지≤ 5칸, 흉부 ≤ 10칸) □ 정상 □ 높음

08 환자의 심전도가 고칼륨혈증을 의심할 만한 근거는 무엇인가?

09 2차 평가 내용을 바탕으로 기록해 보자

신체 검진						
시진(눈으로 보이는 이상)						
청진(비정상적인 호흡음, 소리)						
촉진(손으로 느껴지는 이상 반응 확인)						
타진(소리나 반응으로 이상 반응 확인)						
동공 반응(빛반사/크기)						
활력징후						
시각	혈압	맥박	호흡	체온	SpO_2	혈당
:	/ mmHg	회/min	회/min	℃	%	mg/dL
Allergy(알레르기 유무)						
Medication(복용 중인 약물)						
Past illness(과거 병력, 수술력)						
Last meal(마지막 음식물 섭취 시간)						
Event[사고 당시 상황(기전)]						
Onset(발생 시점)						
Provocation(유발/악화/완화 요인)						
Quality(통증/증상의 유형)						
Region(연관된 통증/증상의 부위)						
Severity(통증/증상의 정도)						
Time(통증/증상 지속 시간)						

현장과 이송 단계

환자의 활력징후에서는 정상보다는 낮은 혈압과 느린 심박수를 보이지만, 생명을 위협하는 상황에서의 적극적인 응급처치가 필요한 상황은 아니다.

혈액 투석 날짜와 현장 심전도, 임상적 증상으로 보아 혈액 투석이 필요한 상황이므로 병원 전 단계에서는 특별한 처치보다는 이송에 중점을 두도록 한다. 현장에서 이송을 위해 준비할 것은 병원을 선정하고 안정을 찾을 수 있도록 돕는 것이다.

환자를 주들것에 고정한 후 이송 중에 환자 평가 및 활력징후를 재측정하고 지속해서 심전도를 관찰한다.

대원1은 이송 예정 병원에 전화를 걸어 병원 도착 예정 시간이 15분 정도 소요됨을 알린다. (이것은 지역에 따라 운전 대원이 무전을 통해 지휘센터에 통보하기도 한다.)

이송 중 활력징후는 다음과 같다.

시각	혈압	맥박	호흡	체온	SpO_2
22:40	95/70 mmHg	45회/min	16회/min	36.8℃	98%

10 이송 중 고려할 사항과 처치는 무엇인가?

병원 단계

의료진 어떤 환자예요?

대원1 환자는 50대 여성으로 의식은 Alert한 상태로 오늘 14시쯤부터 5차례 설사를 한 후 16시쯤부터 기운이 없었습니다.

초기 활력징후는

시각	혈압	맥박	호흡	체온	SpO_2	혈당
22:45	90/60 mmHg	42회/min	18회/min	36.6℃	98%	318 mg/dL

입니다.

심전도상 리드 2에서 느린맥이지만 규칙적인 리듬, Tall T-wave가 확인되었습니다.

의료진 투석은 무슨 요일에 하시나요?

대원1 월, 수, 금에 한다고 합니다.

의료진 동정맥루는 어느 팔인가요?

대원1 왼쪽 팔에 있습니다.

의료진 네, 들어가서 살펴보겠습니다.

이송 후 의료진은 문진, 활력징후 측정, 혈액 검사, 소변 검사를 한다. 검사 결과 후 곧바로 혈액 투석을 준비한다.

3일 후, 환자 상태를 문의해 보니 병실에서 퇴원했으며 당시 고칼륨혈증에 따른 투석 치료 후 상태가 호전되었다고 한다.

11 상기 사항을 구급일지에 작성해 보시오.

제한점

- 내과적인 현장에서 고칼륨혈증은 심전도상 특징적인 변화가 없으면 환자 상태를 정확히 인지하기가 어려워 문진에 의존할 수밖에 없다.
- 만성 신부전 환자에게 현장에서 구급대원이 처치해 줄 수 있는 범위는 제한적이다.

실전 문제

01 만성 신부전 환자에게 있어 고칼륨혈증이 심혈관계에 미치는 증상 및 징후가 아닌 것은?
① 부정맥
② 심장마비
③ 저혈압
④ 초기 느린맥, 후기 빠른맥

02 고칼륨혈증의 임상 증상이 아닌 것은?
① 근육 마비
② 장운동 마비
③ 소변 감소증(oliguria)
④ 구토, 설사

03 고칼륨혈증일 때 심전도의 이상 변화가 아닌 것은?
① 좁고 뾰족한 T파의 상승
② PR 간격의 연장
③ 편평한 P파 또는 P파 저하 소실
④ 넓은 U파와 QT 간격 연장

04 동정맥루가 관찰되는 환자의 처치로 비교적 거리가 먼 것은?
① 동정맥루가 있는 팔에 혈압을 재지 않는다.
② 가벼운 딱지는 가려우므로 제거해 준다.
③ 동정맥루가 있는 팔은 압력이 가해지지 않도록 한다.
④ 시계나 조이는 물건은 제거해 준다.

05 다음의 심전도에서 올바른 조합을 모두 고르시오.

가)
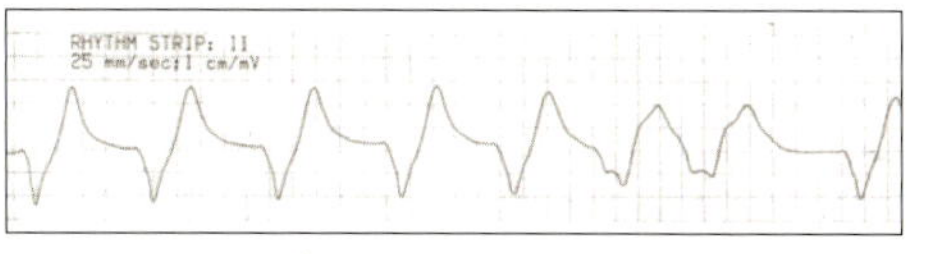

나)
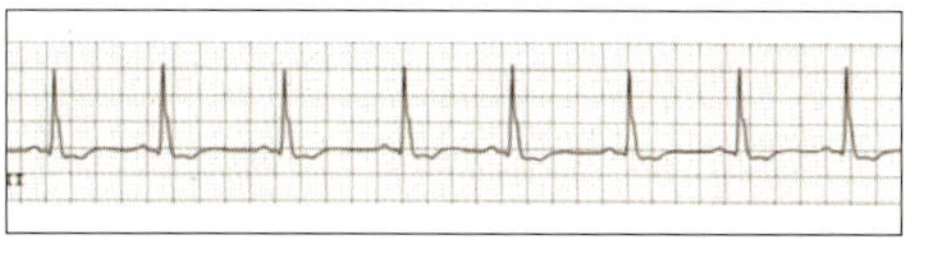

다)
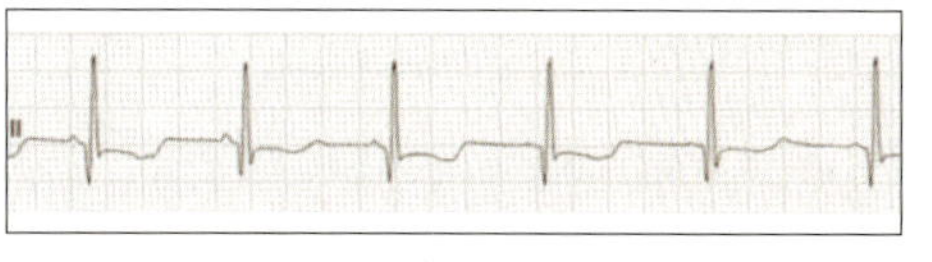

라)
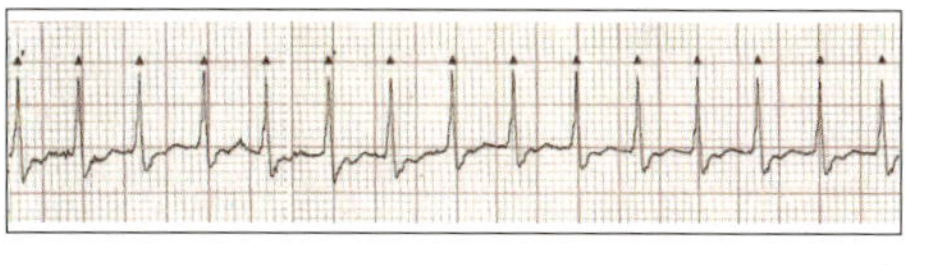

① 가) 저칼슘혈증
② 나) 고칼륨혈증
③ 다) 저칼륨혈증
④ 라) 발작성 심실상성 빈맥

정답 1 ④, 2 ②, 3 ④, 4 ②, 5 ③

1-④ 심혈관계는 초기 빠른맥, 후기 느린맥 징후를 보인다.
2-② 위장관계는 장운동이 활발하여 장 경련 및 장음의 항진 증상이 있다.
3-④ 넓은 U파와 QT 간격 연장은 저칼륨혈증일 때 심전도 이상 변화이다.
4-② 딱지를 제거할 경우 심한 출혈이 있을 수 있으므로 절대로 제거하면 안 된다.
5-③ 가) 고칼륨혈증: Sine 파형을 보이며, K+ 9.9mEq/L 상태의 중증 상태
나) 고칼슘혈증: QT 간격의 단축, Osborn waves(J waves, in severe hypercalcemia)를 보임
다) 저칼륨혈증: P파의 높이와 너비 증가, PR 간격 연장, T파 평탄화 또는 역전파형 발생, ST절 감소
라) 동성빈맥: 규칙적인 P파의 존재, 좁은 PR 간격, 좁은 QRS, 심박수 145회/min 소견

사례 풀이

01 신고 단계에서 파악된 정보에서 투석하는 요일을 물어보는 이유는 무엇인가?

신부전증을 앓고 있는 환자들은 혈중의 칼륨 배출을 담당하는 신장에 문제가 있어 투석을 통해 몸 바깥으로 배출시킨다는 것을 우리는 이미 알고 있다. 혈액 투석은 보통 일주일에 세 번씩 병·의원급 투석실에서 월, 수, 금 또는 화, 목, 토요일에 하게 된다. 그래서 금요일에 투석 받은 환자가 일요일 오후나 저녁 무렵에 이상을 느껴 신고하는 경우가 많으므로, 투석 받은 후 얼마나 시간이 지났는지 확인하는 것은 현재 증상이 고칼륨혈증과 연관되는 것인지 확인하는 첫 단계가 될 수 있다.

02 대원1은 출동 중에 확인해야 하는 많은 정보를 놓치고 있다. 대원1이 빠트린 정보들은 무엇인가?

환자가 거주하는 아파트의 층수를 확인하여 운반에 필요한 장비와 이송 방법 등을 생각해볼 수 있다.

주로 다니는 병원과 혈액 투석 여부, 환자의 의식 상태, 환자의 주 호소(증상), 병력, 거동 여부 등을 확인해 볼 수 있다. 구급대원은 획득한 정보를 통하여 현장 처치 시 휴대할 장비와 현장 활동에 대한 시나리오를 토의해 볼 필요가 있는데, 특히 환자의 질병에 대한 토의 과정에서 의학적 지식을 공유하고 환자의 상태에 따른 환자의 이송법을 고려해야 한다.

신고 내용 및 느린 맥박의 순환 상태를 참조하여 환자는 만성 신부전으로 전신이 쇠약한 상태로 보이지만, 구급요청 사유가 정기적으로 내원 진료를 위한 것인지, 다른 원인이 있는지를 알기 위해 병력 문진과 신체 검진이 추가로 필요하다.

03 현장 상황에서 보이는 모습으로 보아 평소 환자의 상태는 어떠해 보이는가?

덤덤히 문을 열어주고는 병원 갈 준비를 하는 보호자의 모습에서 평소에도 구급차 요청을 여러 번 했을 거라는 짐작을 할 수 있다. 현관에서 환자 방으로 향하는 도중에 보이는 환자용 침대와 널려 있는 약 봉투, 간이 변기는 평소 환자의 건강 상태를 알 수 있게 하는 정보가 된다.

환자 얼굴색이 거무스레하고 힘없는 모습은 현재 건강 상태가 신부전증과 연관된다는 것을 의심해볼 수 있는 정보가 된다.

04 1차 평가 결과를 바탕으로 추정되는 문제는 무엇인가?

1차 평가까지의 내용으로 보아 특별한 문제가 있는 것으로 생각할 부분은 없다. 하지만, 혈액 투석 중인 환자로 힘없이 누워만 있는 것으로 보아 활력징후가 저하된 상태로 순환기계와 호흡기계에 문제를 의심하지 않을 수 없다.

05 추가로 필요한 검사 및 정보가 있다면 무엇인가?

환자는 설사를 수차례 했고 전신이 쇠약한 상태이다. 만성 신부전 환자의 전해질 불균형으로 고칼륨혈증을 의심해 심전도를 확인해 볼 필요가 있다.

06 활력징후 측정 시 주의할 점은 무엇인가?

신부전 환자는 질병의 특성상 부종이 심한 환자가 많으며, 심한 부종으로 인해 연약한 피부를 가지고 있고 손상된 흔적을 종종 발견할 수 있다. 왼쪽 팔에 동정맥루(shunt)가 있어 혈압 측정으로 압력을 받으면 손상되기 때문에 동정맥루가 있는 위치에 혈압을 측정해서는 안 된다. 또한 피부가 가려워 긁으면서 생긴 딱지를 함부로 제거하지 못하도록 한다.

현장 대원들은 환자를 이동시키거나 고정해야 하는 경우 신체를 조심스럽게 다루어야 한다.

07 위 심전도에 대한 해석은?

1) 리듬이 규칙적인가? ☑ 규칙적 ☐ 불규칙적
2) 맥박수가 정상인가? (정상: 60~100회) → 42회 ☐ 정상 ☐ 빠름 ☑ 느림
3) P파 너비가 정상인가? (정상 ≤ 3칸) → 4~5칸 ☐ 정상 ☑ 넓음
4) PR 간격이 정상인가? (정상 ≤ 5칸) ☐ 정상 ☑ 늘어남 ☐ P파 뒤에 R파가 없다
5) QRS 너비가 정상인가? (정상 ≤ 3칸) ☑ 정상 ☐ 좁음 ☐ 넓음
6) ST 분절은 정상인가? ☐ 정상 ☐ 상승 ☑ 하강
7) T파의 높이는 정상인가? (정상: 사지≤ 5칸, 흉부 ≤ 10칸) ☐ 정상 ☑ 높음

심전도는 규칙적인 느린맥과 Tall T wave를 확인할 수 있다.

08 환자의 심전도가 고칼륨혈증을 의심할 만한 근거는 무엇인가?

T wave의 크기가 앞의 QRS 높이의 2/3 이상이라면 고칼륨혈증에서 나타나는 tall-T wave라고 부른다. 많은 대원들은 단순히 T wave의 높이를 보고 이송 중이거나 병원에 인계하는 과정에서 부족한 정보를 제공하기도 한다.

혈중 칼륨 농도에 따라 심전도의 모양이 변하지만, 초기 단계에서 보이는 의미 있는 심전도 변화는 다음과 같다.

■ 혈중 칼륨 농도 변화에 따른 심전도 변화

<2.5mEq/L	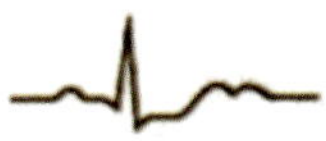	ST 분절 하강 이상형 T wave 두드러진 U wave
Normal	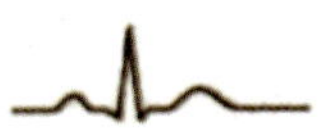	끝이 뾰족한 T wave
>6.0mEq/L	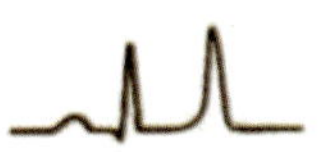	끝이 뾰족한 T wave QRS 간격의 연장 PR 간격의 연장 작은 P wave
>7.5mEq/L		P wave 없음 넓은 QRS wave 사인 wave
>9.0mEq/L	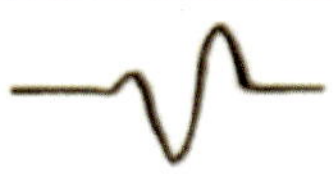	

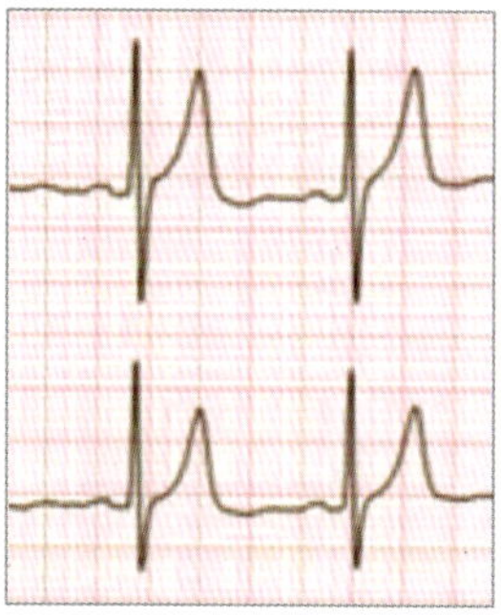

이러한 형태의 T wave는 tall-T wave라고 부르지 않는다.

1) PR 간격의 연장
2) peaked tall T-wave(재분극 이상과 관련) 5.5mEq/L
3) P파가 점점 작아지며 없어지게 된다. (심방의 기능 마비와 연관되며 P파가 넓어지며 낮아지다가 점점 사라진다.) 6.5mEq/L
4) QRS 파가 점점 넓어진다. (AV node와 His-Purkinje system의 전도가 감소되어 느린맥이 나타난다.) 7.0mEq/L
5) Sine wave(QRS, T wave가 전체적으로 S 모양으로 변화된다.) 8.5mEq/L 이상
6) 심실세동(무수축)

위 조건들을 보았을 때 이 환자의 심전도는 혈청칼슘 5.5mEq/L 이상의 고칼륨혈증 소견을 뒷받침하는 초기 심전도로 볼 수 있다.

09 2차 평가 내용을 바탕으로 기록해 보자.

신체 검진	
시진(눈으로 보이는 이상)	거무스레한 얼굴, 힘없이 누워 있는 상태, 왼쪽 팔 동정맥루 확인
청진(비정상적인 호흡음, 소리)	특별한 문제 없음
촉진(손으로 느껴지는 이상 반응 확인)	따뜻하고 건조한 피부
타진(소리나 반응으로 이상 반응 확인)	–
동공 반응(빛반사/크기)	Rt 3mm(+)/Lt 3mm(+)

활력징후						
시각	혈압	맥박	호흡	체온	SpO_2	혈당
21:41	90/60mmHg	42회/min	18회/min	36.6℃	98%	318mg/dL

Allergy(알레르기 유무)	없음
Medication(복용 중인 약물)	고혈압, 당뇨약
Past illness(과거 병력, 수술력)	고혈압, 당뇨, 신부전증
Last meal(마지막 음식물 섭취 시간)	12시 점심
Event[사고 당시 상황(기전)]	14시부터 갑자기 설사
Onset(발생 시점)	14시 이후
Provocation(유발/악화/완화 요인)	알 수 없음
Quality(통증/증상의 유형)	설사 후 전신 쇠약
Region(연관된 통증/증상의 부위)	없음
Severity(통증/증상의 정도)	VAS 7점
Time(통증/증상 지속 시간)	16:00 이후 현재까지

10 이송 중 가장 고려할 사항과 처치는 무엇인가?

환자는 심전도상 느린맥(T파 상승) 심전도 이상이 보이므로 지속적으로 환자를 관찰하며 심전도 감시를 통해 심장전도계 차단, 심실성 빈맥, 심실세동 등의 이상이 있는지 확인해야 한다. 이송 중 심전도상 느린맥이지만 의식이 확인되지 않으면 무맥성 전기 활동(PEA)으로 판단하고 심정지 응급처치 지침에 따르도록 한다.

이송 중 심정지 상황을 병원에 미리 알려 심정지 원인에 따른 소생술을 준비할 수 있도록 한다.

11 상기 사항을 구급일지에 작성해 보시오.

Cf: QR 코드 를 찍어 구급활동일지 예시를 확인할 수 있다.

고칼륨혈증

Hyperkalemia

- 혈중 칼륨 농도가 5.0mEq/L 이상을 고칼륨혈증이라고 한다. 칼륨 배출의 90%를 차지하는 신장에 신부전이 있는 경우 배출 이상으로 칼륨이 증가되므로 고칼륨혈증의 원인이 되며, 대사성 산증 상태나 인슐린 부족 등의 상태에서도 세포내액과 세포외액 간의 이동으로 고칼륨혈증이 나타난다.

  고칼륨은 신경과 근육을 흥분시키는 원인이 되며 신부전 환자의 50% 이상에서 발생한다. 신부전 환자는 투석을 통해 체외로 칼륨을 배출시키는데, 혈액 투석을 하는 신부전 환자의 경우 일주일에 3번 투석을 한다. 보통 월, 수, 금 또는 화, 목, 토 받게 되어 투석 받지 못한 일요일 오후 또는 월요일에 신부전 환자는 몸에 이상 신호가 느껴져 119에 구급 요청을 하는 경우가 많다. 그 외 고칼륨혈증은 광범위한 화상, 당뇨, 심한 외상, 수혈로 인한 용혈 현상, 음식이나 칼륨을 포함한 수액의 과다 투여 시 발생할 수 있다.

- 고칼륨혈증의 임상 증상은 근골격계는 근육 무력감, 피로감, 지각 이상 등이 있으며, 위장관계는 오심, 구토, 설사 등의 증상이 나타날 수 있다. 심해지면 근육 마비, 호흡부전, 저혈압, 심장부정맥, 가슴 통증, 실신 등의 증상이 나타나 급성 심정지에 이를 수 있다.

- 고칼륨혈증을 가장 빨리 아는 방법은 심전도이다. 고칼륨혈증은 치명적인 부정맥을 동반하므로 현장에서 고칼륨혈증에 의한 이상 심전도 소견을 숙지하고 있어야 한다. 심전도상 T파가 올라가고 P파가 작아지거나 보이지 않게 되고 넓어진 QRS 복합체 등의 이상이 나타나면서 고칼륨혈증이 중증 이상이면 심실빈맥, 심실조기수축, 심실세동으로 인한 심정지에 이를 수 있다.

- 고칼륨혈증 환자를 치료할 수 있는 가까운 응급의료기관 또는 응급의료센터로 이송하며 119 구급차 이송 중 119 구급대원은 심전도를 계속 감시해야 한다. 만약 이송 병원으로 심전도를 전송할 수 있는 장비가 119 구급차에 있다면 구급대원은 해당 병원으로 심전도를 이송하는 것이 좋다.

  고칼륨혈증 환자는 병원에 도착해 전문 의사의 진료를 받고 필요한 혈액 검사를 시행하여 고칼륨혈증이 심전도나 혈액 검사로 의심되면 즉시 필요한 약물로 치료 받는다. 또는 혈액 투석하는 신부전 환자의 경우 투석을 받는다.

  병원 전 단계에서 고칼륨혈증 환자에게 구급대원이 시행할 수 있는 적극적인 응급처치는 없으나 119 구급대원이 의료지도를 통해 정맥 주사를 할 수 있다면 시행하고, 119 구급차에 구비된 필요한 약물을 주사할 수 있다. 이때는 반드시 의사에게 직접 의료지도를 받아야 하며 환자의 병력과 현 상태, 심전도 감시와 전송을 통해 얻어진 심전도 기록을 토대로 약물 투여를 지시 받을 수 있다.

Reference

1. 소방청, 《119 구급대원 현장응급처치 표준지침》, 2023.

2. 유해영 외, 《성인간호학》(상), 2005, pp 106–107

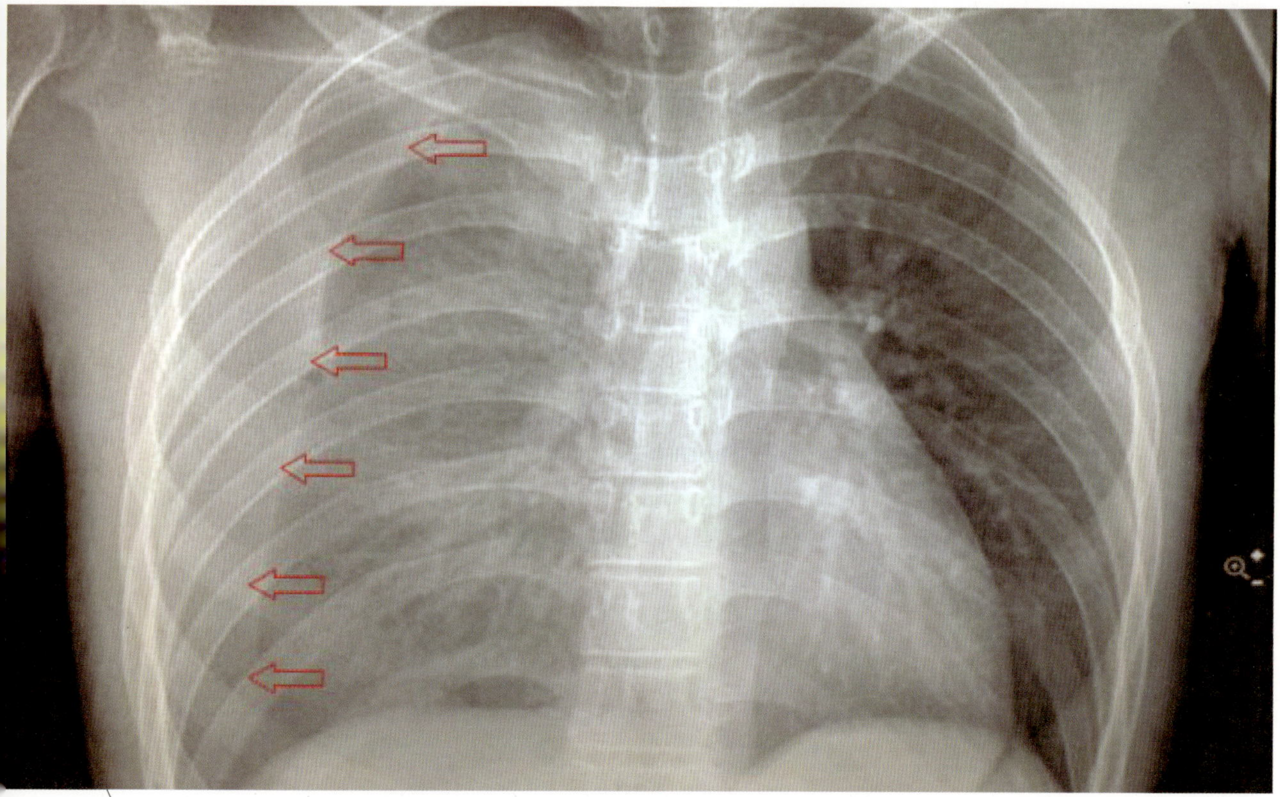

사례

25

숨 쉴 때 가슴이 아파요

목적

- 가슴 통증을 호소하는 환자의 심인성 통증과 비심인성 통증을 감별할 수 있는 능력을 기른다.

출동 개요

출동 메시지 "구급 출동!" 장소는 ○○동 ○○아파트 ○○○동 ○○○○호
가슴 통증의 아이 환자 발생

출동 정보 **신고 시각** 5월 5일 06:21
출동 시각 5월 5일 06:22
현장 도착 5월 5일 06:27
현장과의 거리 2.2km(5분 소요)

출동 인원 **구급대원1** 리더(처치)
구급대원2 대원(운전)

환자 정보 및 기타 정보 남자아이
가슴 통증 및 호흡곤란 호소, 계절적 특별한 요인 없음

출동 단계

구급차 지휘센터! 여기 ○○ 구급대 신고 내용 재송신 바람.

지휘센터 아이가 가슴 통증이 있다며 보호자가 신고한 사항으로 추가 신고 내용은 없음. 출동하면서 신고자와 통화해보기 바람.

이른 아침 시간대로 차량 통행이 원활했으나 아파트 단지 내 출근 차량과 승강기 탑승 지연으로 현장 도착이 늦어진다. 출동 대원들은 무전을 통해 현재 상황을 지휘센터에 보고한다.

대원1 어머니, 아기가 어디가 가장 불편해 보이나요?

신고자 아기가 어제 저녁부터 조금 아프다고 했는데, 자고 나니 더 아프다고 하면서 숨 쉬는 것도 힘들어해요.

대원1 네, 거의 다 도착했습니다. ○○○동 ○○○○호 맞으시죠?
그리고 아기가 몇 살이에요?

신고자 네, 맞아요. 우리 아기 올해 열일곱 살이에요.

대원1 ……?

구급차 접수 완료!

Tip

신고자의 신고 내용은 구급대원이 생각하는 것과 차이가 있을 수 있다.

현장의 위치, 사물을 보는 시각, 현장의 위급 정도 등 구급대원의 지식과 경험상 특이한 사항은 추정에 그치지 말고 정확하게 확인할 필요가 있다.

---

01 출동 중 환자 정보 파악에 있어 청소년의 가슴 통증에서 고려할 만한 사항은 무엇인가?

현장 상황

현관문은 열려 있고 어머니가 구급대원을 맞이하면서 안쪽으로 안내한다. 방 안쪽으로 들어가니 10대 학생으로 보이는 마른 체형의 남성이 몸을 숙인 채 침대에 걸터앉아 매우 힘들어하는 모습을 보인다. 음주의 흔적은 발견되지 않으며 호흡에 있어 특별한 냄새는 나지 않는다.

현장의 특별한 위험 요소는 발견되지 않는다.

환자는 숨 쉬는 것에 힘들어하는 모습을 보이며, 그의 어머니는 신속한 이송을 요구하면서 원거리의 3차 병원으로 이송해 달라고 한다. 어머니를 진정시켜 보지만 아이의 호흡곤란 상태가 심각하게 보였던지 안절부절못하며 빨리 이송할 것만을 요구한다.

구급대원은 환자 평가를 위해 아이에게 질문을 던지는 것조차 망설여진다.

02 비협조적인 환자나 보호자에 대해 구급대원의 관계 형성 방법을 알아보자.

1차 평가

Tip

환자는 의식이 명료한 상태로 호흡에서 약간 힘들어하는 모습을 보이나 기도와 맥박에 대한 문제는 발견되지 않는다.

기본 활력징후 및 병력 청취	
의식 상태	A(명료함)
기도 및 호흡 상태	호흡곤란을 호소한다.
순환 상태	노동맥에서 규칙적이며 강한 맥박, 약간 촉촉한 피부가 확인된다.

03 1차 평가를 바탕으로 먼저 시행해야 할 처치는 무엇이라고 생각하는가?

2차 평가

Tip

내과 질환의 2차 평가에 있어 OPQRST의 평가는 무엇보다 중요하다. OPQRST 평가는 이 환자에게 있어 가슴 통증과 호흡곤란의 발생 원인을 찾는 데 도움이 된다.

먼저 환자를 편안히 기대앉도록 한 뒤, 보호자에게 환자 파악이 가장 중요하다는 것을 알리고 환자의 병력부터 파악한다.

■ 문진과 활력징후

대원1 학생, 지금 가장 불편한 데가 어디예요?

환자 가슴 부위요. 숨쉬기가 힘들어요.

대원1 평소 앓고 있는 병으로 먹는 약이 있거나 알레르기가 있나요?

환자 없어요.

대원1 혹시 친구들이랑 장난치다 맞았다거나 아니면 어디에 부딪힌 적이 있나요?

환자 아뇨. 없어요.

대원1 그럼 언제부터 아프기 시작했나요?

환자 어제 저녁 10시부터 갑자기 가슴 통증과 함께 숨쉬기가 힘들었어요.

대원1 그럼 밤새도록 힘들었을 텐데 통증이 심해지거나 약해지는 때가 따로 있나요?

환자 아침에 일어나서 숨을 들이쉴 때 찌르는 듯한 통증이 있었어요.

대원1 지금 느낀 증상을 표현해 보시겠어요?

환자 오른쪽 가슴만 아픈 것 같고요, 숨을 들이쉴 때 통증이 있고 가슴이 답답하면서 숨쉬기 힘들어요. 화장실에 가려고 움직이면 더 심해지는 것 같아요.

대원1 마지막 식사는 언제 했나요?

환자 어제저녁 7시 정도 식사했어요.

대원1 아픈 부위가 어딘지 짚어볼 수 있어요?

환자 (오른쪽 위 가슴을 손으로 짚는다.)

대원1 그러면 통증과 숨쉬기가 힘든 것을 점수로 한 번 표현해 볼까요? 예를 들어, 하나도 안 아프면 '0'점이고 죽을 것같이 아프다는 '10'점일 때 몇 점이나 될까요?

환자 통증은 7점 정도이고요, 호흡곤란은 5~6점 정도입니다.

■ 신체 검진

대원1 피부는 따뜻하고 촉촉했고, 청진상 오른쪽 윗부분에 호흡음 감소와 공명음이 느껴진다.

대원2 활력징후와 동공 반응을 측정한다. [Rt 3mm(+)/Lt 3mm(+)]

시각	혈압	맥박	호흡	체온	SpO_2	혈당
06:37	120/80mmHg	80회/min	20회/min	36.4℃	98%	–mg/dL

대원1 구급대원은 환자 평가를 간략하게 마치고 병원 이송 준비를 서두른다.

---

04 위 병력 청취를 토대로 추론할 수 있는 진단은 무엇이며, 구급대원이 추가로 해볼 수 있는 검진은 무엇인가?

05 현장 단계에서 심인성 가슴 통증과 비심인성 가슴 통증을 어떻게 감별 진단할 수 있는가?

06 2차 평가 내용을 바탕으로 기록해 보자.

신체 검진						
시진(눈으로 보이는 이상)						
청진(비정상적인 호흡음, 소리)						
촉진(손으로 느껴지는 이상 반응 확인)						
타진(소리나 반응으로 이상 반응 확인)						
동공 반응(빛반사/크기)						
활력징후						
시각	혈압	맥박	호흡	체온	SpO_2	혈당
:	/ mmHg	회/min	회/min	℃	%	mg/dL
Allergy(알레르기 유무)						
Medication(복용 중인 약물)						
Past illness(과거 병력, 수술력)						
Last meal(마지막 음식물 섭취 시간)						
Event[사고 당시 상황(기전)]						
Onset(발생 시점)						
Provocation(유발/악화/완화 요인)						
Quality(통증/증상의 유형)						
Region(연관된 통증/증상의 부위)						
Severity(통증/증상의 정도)						
Time(통증/증상 지속 시간)						

현장 심전도

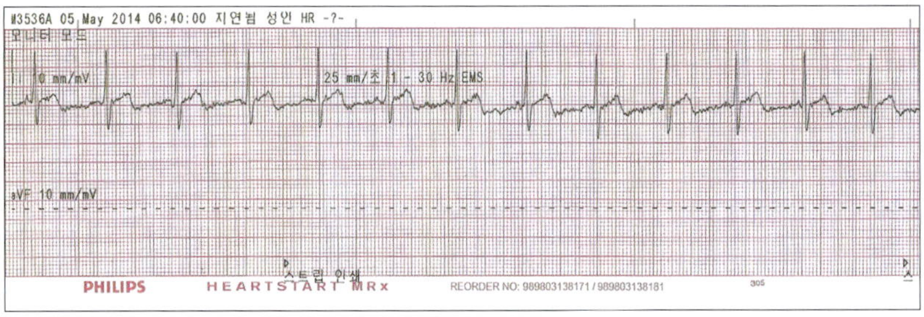

07 위 심전도에 대한 해석은?

1) 리듬이 규칙적인가? ☐ 규칙적 ☐ 불규칙적
2) 맥박수가 정상인가? (정상: 60~100회) ☐ 정상 ☐ 빠름 ☐ 느림
3) P파 너비가 정상인가? (정상 ≤ 3칸) ☐ 정상 ☐ 넓음
4) PR 간격이 정상인가? (정상 ≤ 5칸) ☐ 정상 ☐ 늘어남 ☐ P파 뒤에 R파가 없다
5) QRS 너비가 정상인가? (정상 ≤ 3칸) ☐ 정상 ☐ 좁음 ☐ 넓음
6) ST 분절은 정상인가? ☐ 정상 ☐ 상승 ☐ 하강

현장 처치

Tip

공기가슴증(pneumothorax)과 물공기가슴증(hydropneumo-thorax)

외상이나 병으로 다량의 유출액이 흉강 안에 고였을 때, 즉, 흉강 내에 물과 공기가 괴는 것을 말한다. 공기와 삼출액은 흉막 내의 공간을 차지하고 폐의 용량을 감소해 호흡곤란이 나타나며, 대개 한 쪽에서 나타나고 통증이 날카로운 형태이다. 타진상 흉수가 있는 부위에는 둔탁한 음이 들리고 공기가 많은 부위에는 공명음이 들린다.

구급대원은 2차 평가를 토대로 공기가슴증을 의심하고 응급 진료가 필요하다는 것을 환자와 보호자에게 알리고 이송을 위해 준비한다.

구급대원은 호흡곤란 해결을 위해 휴대용 산소소생기를 통해 비강캐뉼러로 4L/min의 산소를 준비한다.

환자를 주들것에 앉힌 후 3유도 전극을 가슴에 붙이고 심전도를 관찰하면서 구급차로 이동하기로 한다.

대원1 어머님, 지금 아드님의 가슴이 아프고 숨쉬기 힘든 것은 폐를 싸고 있는 막에 공기가 찬 것으로 의심됩니다. 우선 산소를 주면서 근처에 있는 응급실로 가도록 하겠습니다.

보호자 큰 병원에 가야 하는 거 아닌가요?

대원1 근처 병원 응급실에서 충분히 조치가 가능한 정도라서 걱정 안 하셔도 됩니다.

대원2 비강캐뉼러로 4L/min의 산소를 공급한다.

08 의료지도가 필요한 사항인가? 그렇다면 환자의 상태를 어떻게 설명할 것인가?

이송 단계

환자는 주들것의 등받이 부분을 수직으로 세워 달라고 요구했고, 구급차가 흔들리니 주들것의 손잡이를 잡고 앉아서 힘겹게 호흡하면서도 통증으로 인해 깊은 호흡을 하지 못했다.

의료지도 후에 정맥로 확보를 시도해보지만, 병원까지의 거리가 2km 남짓이고 혈압을 한 번 측정하기에도 어려워 산소포화도와 심전도를 지속해서 관찰하면서 이송한다.

활력징후는 다음과 같다.

시각	혈압	맥박	호흡	체온	SpO_2
06:45	115/80mmHg	120회/min	26회/min	36.4℃	98%

09 만약 이송 중인 지역 응급의료기관에서 응급 환자 수술 중으로 진료가 안 되어 20km 이상 거리의 3차 병원으로 옮겨야 하는 상황이라면 어떻게 하겠는가?

병원 단계

06:49

병원 도착 후 주들것을 밀고 들어가면서 미리 마중 나와 있는 의료진에게 간략하게 인계 사항을 전달한다. 구급대원의 설명을 들은 의료진은 곧장 환자를 X-ray 촬영실로 옮겼고 X-ray 촬영 결과 오른쪽에 자연 공기가슴증이 관찰된다.

환자는 응급 흉관삽입술을 시행하고 산소를 공급하며 경과를 관찰한다. 이내 안정 상태를 보여 X-ray 촬영으로 재확인하고 추가 관찰이 필요해 당일 병실로 입원했다.

의료진 무슨 환자입니까?

대원1 17세 남학생인데 어젯밤부터 가슴 통증이 있고 숨쉬기가 힘들었다고 합니다. 자고 난 아침에는 숨을 들이쉴 때 찌르는 듯한 통증이 있어 119에 신고했다고 합니다.
호흡음 청진에서 오른쪽 가슴에 호흡음이 감소하고 공명음이 느껴지는 상태입니다.

활력징후는

혈압	맥박	호흡	체온	SpO_2
120/80 mmHg	80회/min	20회/min	36.4℃	98%

입니다.

의료진 이런 상황이 처음인가요?

대원1 네, 처음이라고 합니다.

의료진 일단 검사를 좀 하도록 하겠습니다.

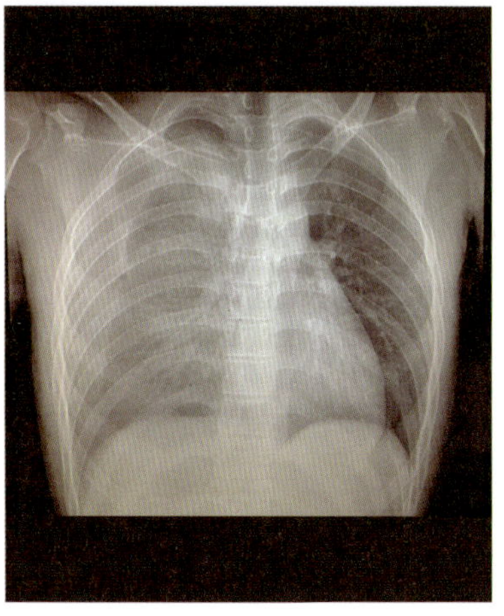

① 내원 당시 누워서 찍은 사진
누워서 촬영한 X-ray 사진으로 오른쪽 폐에 음영이 감소해 보인다.

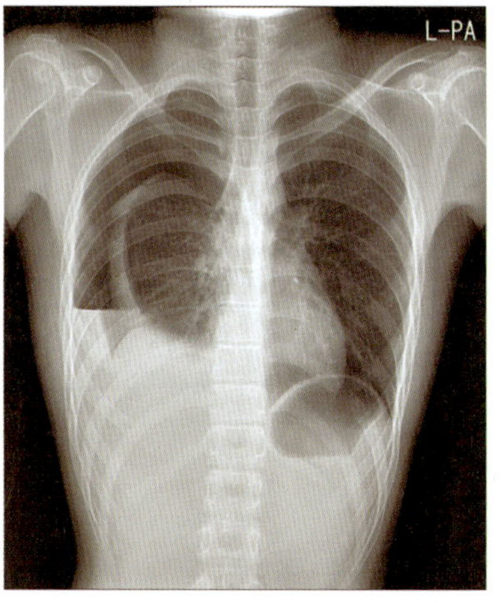

② Rt 물공기가슴증(삼출액이 차 있는 상태)
서서 촬영한 X-ray 사진으로 아래에 수평으로 나오는 음영이 공기가슴증을 보여주며 폐에 삼출액이 차 있는 것을 볼 수 있다.

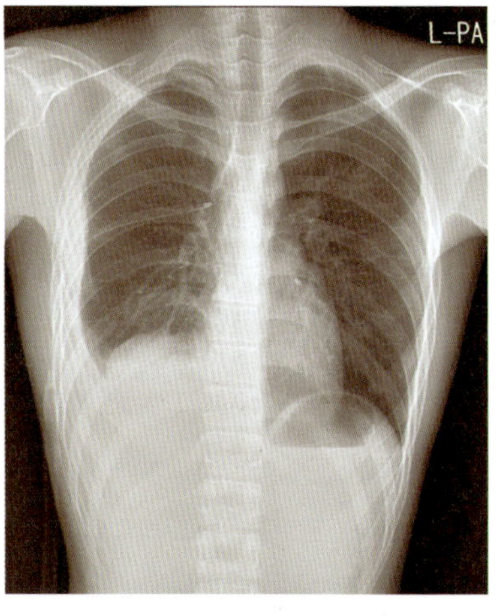

③ 폐쇄성 흉관(Trochar)삽입술 상태

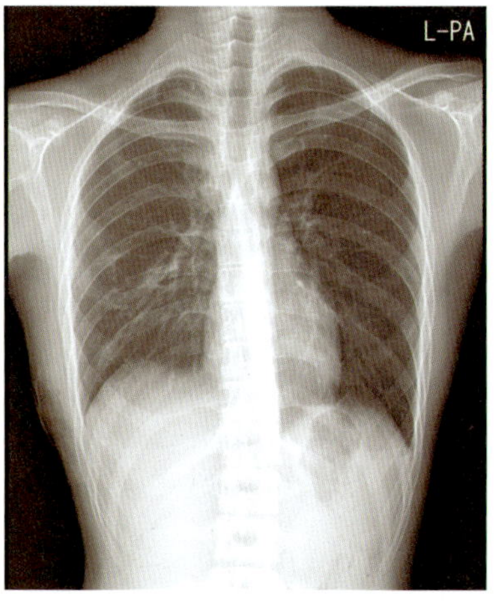

④ 공기가슴증 치료 후 퇴원 전 사진

10 병원 도착 시 가슴 X-ray 사진이다. 당신의 소견을 적어보자.

11 상기 사항을 구급일지에 작성해 보시오.

제한점

- 자연성 공기가슴증 환자는 진단 시 가슴 통증을 호소하는 부위의 청진과 타진이 무엇보다 중요하다. 이는 보다 정확한 평가를 하는 데 있어 매우 중요하지만 현장에서 소홀히 할 때가 있다.
- 바늘 감압법(needle decompresssion)은 전문적인 술기로 현장에서 쉽게 시도하지 못했고, 환자의 증상에 대한 기본적인 처치만 할 수밖에 없었다.
- 구급대원은 관내 병원 사정에 대해 충분히 파악하고 있어야 하며 재이송의 상황이 생기면 병원과 상호 협조할 수 있어야 한다.

실전 문제

01 가슴 통증을 호소하는 환자의 감별 진단에 있어 심인성 통증으로 보기 <u>어려운</u> 것은?

① 목이나 어깨 쪽으로 방사되는 찢어지는 듯한 통증이 동반될 경우
② 움직임에 의한 통증이 심하면서 10분 이하의 통증이 발생할 경우
③ 심전도의 ST 절 상승과 함께 10분 이상 지속될 경우
④ 수일 이상 기침, 가래를 동반한 가슴 통증이 있을 때

02 공기가슴증이 의심되는 환자에게 산소 공급을 하고자 한다. 다음 중 합병증을 고려해 추천되지 <u>않는</u> 방법은?

① 비강캐뉼러에 의한 4L 산소 공급
② 안면 마스크를 이용한 고농도 산소 공급
③ 비재호흡 마스크를 이용한 고농도 산소 공급
④ BVM을 이용한 양압 환기

03 공기가슴증이 의심되는 환자에게 자연 공기가슴증과 외상성 공기가슴증을 구별하기 위해 필수적으로 확인할 사항은?

① 가슴 손상의 여부
② 가슴 통증의 유무
③ 방사통의 유무
④ 들숨 때 통증의 존재 여부

04 공기가슴증 환자 이송 시 가장 적절한 방법은?

① 환자의 안정을 위해 반듯이 눕힌 후 적절히 고정한다.
② 호흡곤란증이 있으니 반좌위(semi Fowler) 자세를 취하게 한다.
③ 환자가 요구하는 편한 자세를 취하게 하고, 필요시 산소를 공급하며 이송한다.
④ 반듯이 눕는 자세는 호흡에 불편하여 바로 앉은 자세를 취하게 한다.

05 다음 중 공기가슴증이 의심되는 환자가 호소할 수 있는 내용들이다. 비교적 거리가 <u>먼</u> 것은?

① 한쪽 가슴만 더 아픈 것 같아요.
② 숨을 내쉴 때 더 답답해요.
③ 몸통을 비틀면 가슴 속에서 뭔가가 움직이는 것 같아요.
④ 걷거나 움직이면 더 심해지는 것 같아요.

정답 1 ④, 2 ④, 3 ①, 4 ③, 5 ②

1-④ 폐렴이나 가슴막염을 의심해 볼 수 있다.
2-④ 양압 환기는 공기가슴증의 상태를 악화시킬 수 있으므로 조심스럽게 고려해야 하는 방법이다.
3-① 외상성 공기가슴증은 주로 외력에 의한 둔상이나 천공으로 발생한다.
4-③ 공기가슴증 환자는 때로 특정한 자세를 취하며 증상이 완화된다고 표현하는데, 환자가 스스로 취하는 자세가 가장 편한 자세일 수 있다.
5-② 숨을 들이쉴 때 폐가 팽창하면서 통증이 악화하는 경향이 있다.

사례 풀이

01 출동 중 환자 정보 파악에 있어 청소년의 가슴 통증에서 고려할 만한 사항은 무엇인가?

청소년의 가슴 통증은 외상 및 과거 병력이 없는 한 일반적이지는 않다. 성인과 달리 그 원인이 다르게 나타나는 경우가 많으므로 외상이나 특별한 질환이 있는지 확인해 본다. 과거 병력이 없다 하더라도 통증이 발생했던 시기와 주 호소에 대한 정보를 파악한다면 현장에서의 처치에 도움이 된다.

02 비협조적인 환자나 보호자에 대해 구급대원의 관계 형성 방법을 알아보자.

원활한 환자 평가와 적극적인 현장 처치를 위해서는 환자나 보호자와 관계 형성이 매우 중요하다. 이는 효과적인 의사소통 능력을 말한다. 우선 환자와 보호자에게 자신의 신분을 밝힌 뒤 "저희가 도와 드리겠습니다."라는 메시지를 전달하는 것으로 시작한다.

1) 대원의 용모가 단정하면 먼저 좋은 인상을 전달할 수 있다.
2) 응급처치가 급한 경우에는 대원 1명이 보호자를 현장에서 조금 떨어진 곳으로 옮겨 설명한다.
3) 대원의 흥분하거나 거만한 말투, 직설적인 표현 등은 거부감을 줄 수 있다.
4) 우선 보호자가 요구하는 사항을 경청하며 끊지 않도록 해야만 설득력이 있다.
5) 환자의 현재 상태와 발생할 수 있는 문제에 대해 간략히 설명하고 현장 처치의 중요성을 알려야만 보호자가 구급대원의 행위를 이해할 수 있다.
6) 구급대원의 설명에도 불구하고 동의하지 않으면 의료지도 의사를 연결하는 방법을 고려한다.

03 1차 평가를 바탕으로 먼저 시행해야 할 처치는 무엇이라고 생각하는가?

1차 평가에서 환자는 구급대원과의 대화가 가능한 의식 상태이고, 당장 생명을 위협할 만한 징후는 보이지 않으나 호흡곤란을 호소하고 있어 잠재적인 응급 상황이 발생할 가능성이 존재한다. 우선 휴대용 산소를 이용해 비강캐뉼러로 3L/min의 산소 요법을 실시한다. 환자가 코로 숨을 쉬지 못하면 안면 마스크로 바꾸고 산소를 6L/min 이상으로 투여해야 한다. 필요하다면 심전도 관찰을 하고 가슴 통증의 원인이 무엇인지 문진을 시작해야 한다.

04 위 병력 청취를 토대로 추론할 수 있는 진단은 무엇이며, 구급대원이 추가로 해볼 수 있는 검진은 무엇인가?

가슴 통증은 심혈관계, 폐, 위장관계, 근골격계, 신경계 등의 문제에 의해서도 발생할 수 있으므로 감별 진단을 해야 한다. 우선 학생이라는 점에서 폭행이나 구타 등으로 인한 가슴 통증을 의심하고 접근할 수 있다.

문진을 통해 폭행 가능성은 희박하고 숨을 들이마실 때나 움직일 때 통증이 발생하는 것으로 봐서 공기가슴증을 의심해볼 수 있다. 즉시 청진기를 통하여 양쪽 폐음을 비교해 볼 필요가 있다. 한쪽에 호흡음 감소 등의 증상이 있다면 타진도 고려해 본다. 타진 시 둔탁음이 들리면 공기가슴증 외에 다른 삼출성 액체가 원인일 수 있다. 심인성 질병을 의심하여 심전도 관찰도 필수이다.

05 현장 단계에서 심인성 가슴 통증과 비심인성 가슴 통증을 어떻게 감별 진단할 수 있는가?

가슴 통증에 있어 우선 감별할 것은 심인성인지 비심인성인지를 확인하는 것이다. 심인성의 경우 허혈에 의한 경우와 비허혈에 의한 경우를 감별하고, 비심인성의 경우 근골격계, 호흡기계, 소화기계, 정신적 원인 등을 감별해야 한다.

가. 심인성 가슴 통증

1) 목이나 어깨 등의 방사통이나 불쾌감은 허혈 심질환의 흔한 증상으로 심전도 확인이 필수적이며, ST 절의 상승을 확인한다.
2) 움직임에 따라 발생한 통증, 저체온에 노출되거나 10분 이하의 가슴 통증이 발생하면 협심증을 의심하고 심전도 확인 후 혀 밑에 니트로글리세린을 투여한다.
3) ST 절의 상승과 함께 참을 수 없는 통증이 10분 이상 지속될 때 급성 심근경색증을 의심한다.

나. 비심인성 가슴 통증

1) 등쪽으로 혹은 등 위에서 아랫쪽으로 방사되는 찢어지는 듯한 통증이 동반되면서 양 팔의 혈압 차이, 혹은 상하지의 혈압 차이가 발생하면 대동맥박리증(aortic dissection)을 의심한다.
2) 갑작스러운 호흡곤란이 대표적인 증상이며 가슴 통증, 저혈압, 객혈 등이 동반되기도 한다.
3) 날카롭고 찌르는 듯한 통증이 가슴에 갑자기 발생하며 감소한 호흡음과 타진음이 증가하는 소견을 보이면 자연성 공기가슴증(pneumothorax)을 의심한다.
4) 수일 이상 기침, 가래, 호흡곤란, 열이 동반되는 수포음(crackle)이 들리며 가슴 통증이 동반되는 경우 폐렴(pneumonia)이나 가슴막염(pleuritis)을 의심한다.
5) 특정 부위의 날카로운 통증과 촉진 시 압통이 발생하는 부위가 있고 환자의 자세 변화에 따른 통증 변화가 있다면 근골격계 질환에 의한 가슴 통증을 의심한다.

※ 더 많은 내용은 '사례4 가슴 통증이 심해요' 편을 참조한다.

06 2차 평가 내용을 바탕으로 기록해 보자.

신체 검진	
시진(눈으로 보이는 이상)	불안하고 숨쉬기 힘들어하는 모습
청진(비정상적인 호흡음, 소리)	오른쪽 가슴 호흡음 감소
촉진(손으로 느껴지는 이상 반응 확인)	따뜻하고 촉촉한 피부
타진(소리나 반응으로 이상 반응 확인)	오른쪽 가슴 공명음
동공 반응(빛반사/크기)	Rt 3mm(+)/Lt 3mm(+)

활력징후						
시각	혈압	맥박	호흡	체온	SpO_2	혈당
06:37	120/80mmHg	80회/min	20회/min	36.4℃	98%	– mg/dL

Allergy(알레르기 유무)	없음
Medication(복용 중인 약물)	없음
Past illness(과거 병력, 수술력)	없음
Last meal(마지막 음식물 섭취 시간)	전일 저녁 7시(식사)
Event[사고 당시 상황(기전)]	갑자기 숨을 쉴 때마다 통증과 가슴 답답함, 숨쉬기 어려움
Onset(발생 시점)	전일 저녁 10시
Provocation(유발/악화/완화 요인)	특별한 요인은 없음
Quality(통증/증상의 유형)	숨 쉴 때 찌르는 듯한 통증 발생
Region(연관된 통증/증상의 부위)	오른쪽 가슴 윗부분
Severity(통증/증상의 정도)	NRS 7점, 호흡곤란 증상은 5~6점
Time(통증/증상 지속 시간)	계속

07 위 심전도에 대한 해석은?

1) 리듬이 규칙적인가?	☑ 규칙적	☐ 불규칙적	
2) 맥박수가 정상인가? (정상: 60~100회)	☑ 정상	☐ 빠름	☐ 느림
3) P파 너비가 정상인가? (정상 ≤ 3칸)	☑ 정상	☐ 넓음	
4) PR 간격이 정상인가? (정상 ≤ 5칸)	☑ 정상	☐ 늘어남	☐ P파 뒤에 R파가 없다
5) QRS 너비가 정상인가? (정상 ≤ 3칸)	☑ 정상	☐ 좁음	☐ 넓음
6) ST 분절은 정상인가?	☑ 정상	☐ 상승	☐ 하강

08 의료지도가 필요한 사항인가? 그렇다면 환자의 상태를 어떻게 설명할 것인가?

환자의 활력징후와 전반적인 평가 결과를 바탕으로 공기가슴증에 의한 호흡곤란을 호소하는 상태이나 환자가 응급처치를 거부하여 돌발 상황에 대비해 의료지도를 받기로 한다. 소속과 자격 범위, 성명을 알리고, 신고 내용, 1차, 2차 평가 내용을 전달한다. 구급대원이 판단한 병명과 처치 내용 그리고 응급처치에 대한 거부 반응도 지도 의사에게 보고한다.

지도 의사는 환자 상태를 지속해서 관찰하면서 신속하게 치료가 가능한 의료기관으로 이송하도록 조언한다. 또한 호흡곤란 악화 및 심전도 리듬의 변화, 의식 소실 등이 있으면 즉각적으로 처치하라고 구급대원에게 당부한다.

09 만약 이송 중인 지역 응급의료기관에서 응급 환자 수술 중으로 진료가 안 되어 20km 이상 거리의 3차 병원으로 옮겨야 하는 상황이라면 어떻게 하겠는가?

환자의 활력징후에 변화가 있다. 맥박이 빨라지고 호흡수도 빨라졌다. 의료진의 동승을 요구할 수도 있으나 여의치 않다면 시간을 지체해서는 안 된다. 의료지도를 요청하고 병원을 선정한 다음 최대한 빨리 이송해야 한다. 환자의 통증에 대비해 진통제 투여도 고려해 볼 수 있다. 구급대원은 전문 기도유지술을 준비하고 갑작스러운 의식 저하에 대비해 모든 장비를 점검해야 한다. 운전 요원에게는 차량 정체를 피할 수 있는 경로를 선택해 달라고 당부한다.

환자에게 많은 양의 산소를 투여하기 위해 양압으로 호흡을 보조하는 것은 추천하지 않는다. 자연성 공기가슴증이 긴장성 공기가슴증(tension pneumothorax)으로 진전될 수 있으므로 위험하다.

10 병원 도착 시 가슴 X-ray 사진이다. 당신의 소견을 적어보자.

가슴 X-ray 사진은 보는 방향과 반대이다. 즉, 관찰자의 오른쪽이 환자의 왼쪽이 된다. 척추를 중심으로 흰색의 음영은 심장, 대동맥, 기관 등을 나타내고, 양쪽으로 검은색의 넓은 음영은 폐 속에 공기가 찬 모습이다. 갈비뼈의 음영 사이로 나뭇가지와 같은 크고 작은 흰색의 음영은 기관지와 폐 혈관들이다.

①번 영상과 ②번 영상은 응급실 내원 당시 초기에 촬영한 X-ray 영상이며, ①번 영상은 누워서 찍은 사진으로 중력에 의해 삼출물이 퍼져 있어 오른쪽에 흰색의 선으로 표시되고 있다. ②번 영상은 서서 찍은 사진으로 삼출물이 오른쪽 아래로 모여 있어 음영이 수평으로 나타나 보인다. ③번 영상은 X-ray 촬영으로 진단된 후 흉관을 삽입한 상태로 ②번 영상에 비해 폐가 확장된 모습을 확인할 수 있다. ④번 영상은 치료 후 퇴원 전의 사진으로 치료가 된 모습이다.

11 상기 사항을 구급일지에 작성해 보시오.

Cf: QR 코드 [챕터25 구급활동일지] 를 찍어 구급활동일지 예시를 확인할 수 있다.

공기가슴증에 대한 표준지침은 없으나 문헌을 중심으로 살펴본 자연 공기가슴증에 대한 일반적 사항은 다음과 같다

공기가슴증은 크게 외력에 의한 공기가슴증과 자연적으로 발생하는 자연 공기가슴증으로 구분한다.

가. 정의

1) 자연 공기가슴증은 외력에 의한 둔상이나 천공상 없이 발생하는 공기가슴증으로 정의한다.
2) 폐의 장측과 벽측 흉막 사이의 흉막강 내로 공기가 차는 것을 말한다.

나. 위험 인자

1) 흡연 경력, 주로 10~20대의 마르고 키가 큰 남자이며 가족력이 있을 경우 발생률은 더 높다.
2) 체형이 마른 젊은 사람은 흉막도 얇기 때문에 구멍이 나기 쉽다. 나이가 들면서 재발이 줄어드는 것은 살이 찌고 내장이 두꺼워지면서 흉막도 두꺼워지기 때문이다.

다. 특징

1) 자주 재발하는 질환으로 일차 발병 후 2년 이내 재발할 확률이 50%이며, 재발한 환자군에 있어 3차 재발 확률도 높은 것으로 알려져 있다. 제대로 치료하지 않을 경우 치명적인 결과를 초래하기도 하지만 환자 및 보호자들은 심각성을 인지하지 못하는 경우가 많다.
2) 일반적으로 남성이 여성에 비해 6배 위험도가 높다고 알려져 있는데, 흡연력과 관계가 있는 것으로 보인다.

라. 생리

1) 흉막은 장막으로 각 폐장을 싸고 있는데, 흉벽에 나열되어 있는 벽측 흉막은 폐면에 이르러 장측 흉막에 이어진다. 각 폐문에서 벽측과 장측 흉막이 만나게 된다.
2) 흉막강은 흉벽이 팽창하려는 경향과 폐의 탄력성 반동에 의한 허탈 때문에 대기보다 낮은 압력을 나타내고 있다.
3) 흉막에 틈이 생기면 공기는 압력이 평행이 될 때까지 압력 차이에 의해서 흉막강으로 이동하게 되어 폐허탈(lung collapse)을 일으키게 되고, 그 결과로 환기 관류 불균형이 나타나며 폐활량이 감소하여 호흡곤란과 저산소증이 나타난다.

마. 증상/징후

1) 가슴 통증, 호흡곤란, 침범 부위의 호흡음 감소와 과공명음이 나타난다.
2) 환자는 주로 가슴 통증과 호흡곤란을 호소하며, 가슴 통증의 경우 운동과 관계없이 갑자기 날카롭게 찌르는 듯한 통증으로 시작되어 점차 둔하고 지속적인 통증으로 바뀐다.
3) 증상은 보통 24시간 이내에 사라지기 때문에 병원 방문의 기회를 놓치는 경우가 많다. 대개 심하지 않은 경우에는 가슴이 답답한 정도로 느끼기도 하기 때문이다.
4) 호흡곤란은 이전에 폐질환이 있었거나 공기가슴증(기흉)의 정도가 큰 경우에는 심하게 나타날 수도 있지만, 보통의 경우에는 대부분 가벼운 호흡곤란만 발생한다.
5) 증상은 공기가슴증의 크기와 발생의 속도와 관계가 깊다.

바. 병원 전 처치: ABC, SpO_2 감시, 심전도 감시, 산소투여

사. 병원 처치: 흉관삽입술(thoracostomy)

자. 감별 진단

1) 현장에서: 현 증상과 발생 시간, 병력 청취를 통해서 질병을 추정. 현장 판단이 어려울 경우 의료지도
2) 병원에서: X-ray 검사를 통해서 진단한다.

Reference

1. Judith E. Tintinalli. 《Emergency Medicine(응급 질환의 진단 및 치료)》, 서울: 도서출판 한우리, 2001.
2. 중앙소방학교. 《2014 현장구급대원을 위한 전문술기과정》, 2014.

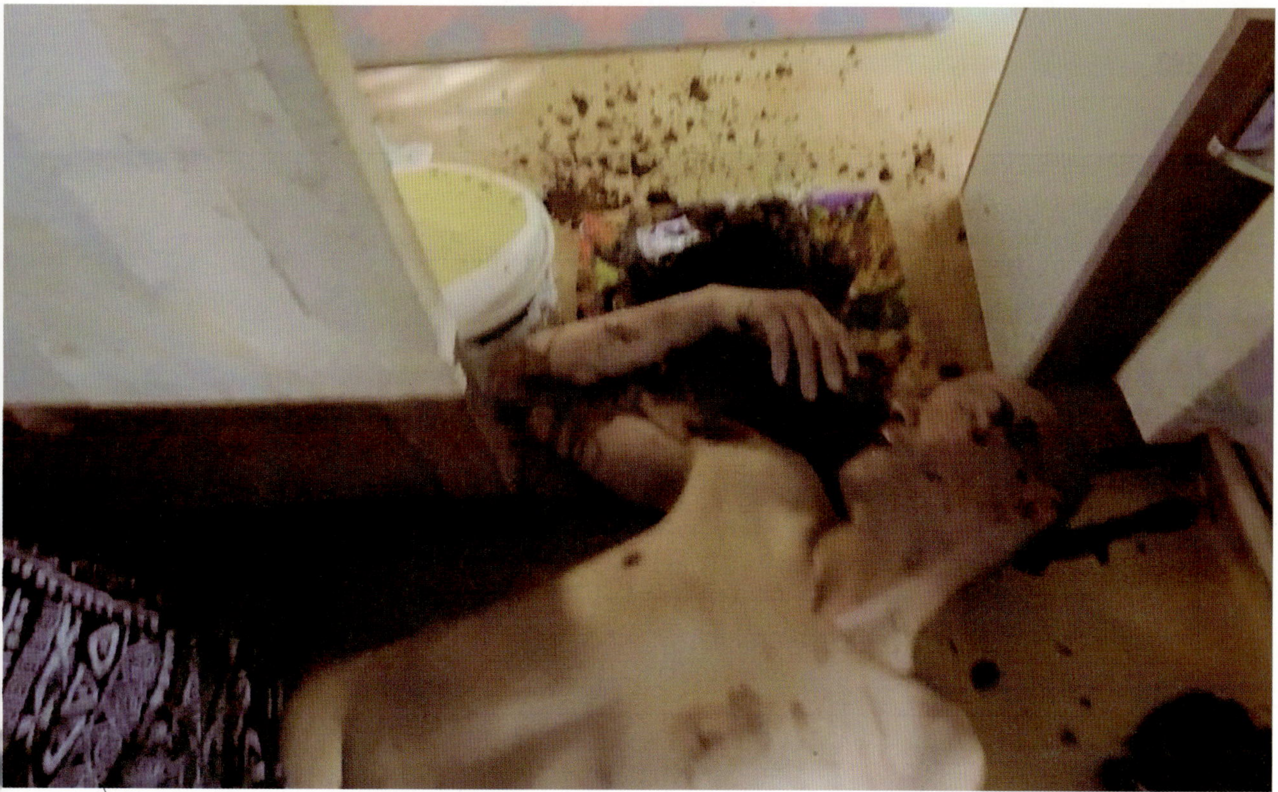

사례 26 계속 피를 토해요

목적

- 객혈과 토혈을 구분하고, 토혈 환자에 대한 응급처치 방법과 감염 방지에 대해서 학습한다.
- 부적절한 병원 선정 사례를 통해 이송 병원 선정의 중요성을 깨닫는다.

출동 개요

출동 메시지 "구급 출동!" ○○아파트 ○○○동 ○○○호, 피를 토하고 있다는 신고

출동 정보
- **신고 시각** 1월 11일 02:30
- **출동 시각** 1월 11일 02:31
- **현장 도착** 1월 11일 02:36
- **현장과의 거리** 3km(5분 소요)

출동 인원
- **구급대원1** 리더(처치)
- **구급대원2** 대원(처치)
- **구급대원3** 대원(운전)

환자 정보 및 기타 정보 50대 중반 남자, 토혈 중인 상태

출동 단계

구급차 지휘센터! 여기 ○○ 구급대 신고 내용 재송신 바람.

지휘센터 자다가 갑자기 피를 토했다는 내용으로, 자녀가 신고한 사항이며 의식은 있고 대화가 가능한 상태라고 함.
미성년자로 보이는 신고자가 놀란 상태이니 출동 중에 통화하기 바람.

구급차 접수 완료!

대원1 출동 중인 구급대원입니다. 환자분 상태가 어떠세요? 의식이 있나요?

신고자 네, 의식은 있어요. 조금 전부터 피를 토하기 시작했어요.

대원1 그러면 세숫대야로 피를 받아 놓으셔도 됩니다. 지금 차량 정체가 심하지만, 최대한 일찍 도착하도록 하겠습니다.

신고자 네네. 빨리 와 주세요.

출동 중에 감염 방지를 위해 개인 보호장비(PPE)를 착용하고, 거동이 안 되는 쇼크 상태로 추정되어 운전 대원에게 주들것을 준비해 달라고 요청한다.

Tip

간염 및 결핵의 병력 파악은 구급대원을 보호하기 위한 필수 요소이다.

간염의 경우 혈액을 매개로 감염되며 결핵은 호흡기 분비물에 의해 전염되기 때문에 환자와 접촉하는 구급대원은 전염의 가능성이 크다.

---

01 출동 중 신고자와의 통화에서 어떤 정보를 얻을 수 있는가?

02 현장 진입 시 어떤 장비들을 가지고 가야 하는가?

현장 상황

Tip

현장 도착 후 손상 기전을 확인한다. 내과적 손상인지 외상성 손상인지 파악해야 한다.

때때로 외상으로 인한 토혈 증상이 발생하는 경우 신고자 또는 환자는 외상에 의한 내용을 전달하지 않고 단순히 '피를 토해요'라고 하는 경우가 있으므로 구급대원은 출동 중 외상인지 비외상인지에 대한 파악이 중요하다.

상황이 급한 것으로 판단되어 대원1과 2는 활력징후 장비와 외상 처치 가방을 챙겨 아파트 승강기를 타고 현장으로 올라간다(대원3은 주차 후 들것과 함께 진입 예정).

도착 당시 거실에는 환자가 토한 것으로 보이는 검붉은색 핏덩이가 있고, 화장실에도 피를 토한 흔적이 보인다.

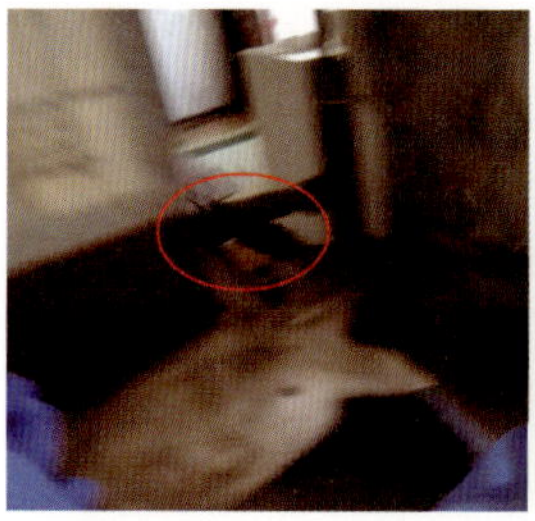
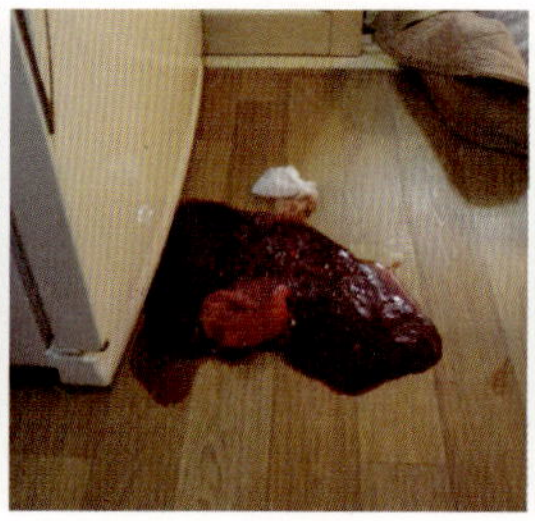

환자는 바닥에 누운 채 매우 힘들어하는 모습을 보이고 있고 자녀들은 매우 당혹해하고 있다. 현장의 위험 요소는 없으며 들것으로 이동할 때 방해되는 구조물은 보이지 않는다.

대원1 대원2에게 병원에 환자를 인계할 때 보여주기 위한 현장 모습을 촬영해 달라고 요청한다.

(대원2는 토혈하는 모습과 현장의 토혈 흔적을 구급차 핸드폰으로 촬영한다.)

03 (현장 사진은 실제 모습이다) 출혈 흔적으로 보아 얼마만큼의 시간과 양으로 추정되는가?

1차 평가

기본 활력징후 및 병력 청취	
의식 상태	A(명료함)
기도 및 호흡 상태	얕은 호흡을 힘들게 하고 있다.
순환 상태	노동맥에서 빠르고 약한 맥박과 식은땀이 확인된다.

04 1차 평가 결과를 바탕으로 추정되는 문제는 무엇인가?

2차 평가

Tip

객혈과 토혈의 구분은 매우 중요하다. 병원마다 치료할 수 있는 장비 및 인력이 다르므로 현장에서 토혈, 객혈을 구분해야 적절한 치료가 가능한 의료기관으로 이송할 수 있다.

환자와 보호자에게 안정을 취할 수 있도록 하고, 대원2는 활력징후를 평가하고, 대원3은 들것을 준비한다. 대원1은 환자와 보호자에게 증상을 바탕으로 환자 평가를 한 후 응급처치 계획을 세운다.

■ **문진과 활력징후**(환자 평가에 대한 이해를 돕기 위해 굵은 글씨로 표현했다)

대원1 **언제** 피를 토하게 됐나요?

보호자 주무시다가 갑자기 소리가 나서 나가보니 화장실에서 토하고 계셨는데, 그때가 신고하기 20분 전이에요.

대원1 평소 **병원**에서 **진단** 받고 **약** 드시는 게 있나요?

보호자 ○○○ 병원에서 1년 전 간경화를 진단 받았고, 약은 잘 모르겠어요.

대원1 이렇게 **피**를 **토한 것**이 **처음이에요?**

환자 며칠 전에 한 번 토했고 그때는 흑갈색 변도 있었어요.

대원1 이전에도 입에서 피 맛이나 트림할 때 피 냄새가 느껴진 적이 있었나요?[1)]

환자 아니오. 처음입니다.

대원1 **지금 피 토하는 것 외**에 **불편한 것**이 있습니까?[2)]

환자 약간 어지럽기도 합니다.

대원1 **마지막**으로 뭘 **먹은 시간**은 언제입니까?

환자 밤 11시 정도에 소주 1병이랑 김치 먹었어요.

대원1 병원으로 이송해야 할 것 같습니다.

환자 아니오. 그냥 좀 쉬면 괜찮아질 거니까 그냥 돌아가세요.

대원1 지금 피를 토한 것 때문에 혈압도 낮고 어지럼증이 있어 쇼크 증상이 보입니다.
지금 병원에 가지 않으면 다시 출혈이 생겼을 때 위험합니다.

보호자 네, 데려가 주세요.

토혈은 검붉은 혈액의 많은 출혈이며 거품은 보이지 않는다. 현장 평가를 통해 추정해본 바로는 호흡기계에서 발생한 객혈이 아닌 **소화기계**에서 발생한 **토혈**로 **추정**할 수 있었다.

---

1) 일부 환자들은 토혈 전에 피가 올라오는 느낌이 들거나 증상이 약할 때 이런 느낌을 표현하기도 한다.

2) 어지럼증의 동반은 출혈량이 많을 때 나타나는 쇼크 증상의 하나이다.

■ 신체 검진

대원1 얼굴에 식은땀이 나고 피부는 차갑고 축축하다. 표정으로 보아 VAS 8점으로 보인다.

대원3 활력징후와 동공 반응을 측정한다. [Rt 3mm(+) / Lt 3mm(+)]

시각	혈압	맥박	호흡	체온	SpO_2	혈당
02:38	70/40mmHg	110회/min	18회/min	36.0℃	94%	106mg/dL

05 (현장의 모습을 보고) 토혈과 객혈의 차이와 감별하는 방법은 무엇인가?

06 환자나 보호자가 병원 이송을 거부하는 경우 어떻게 대처해야 하는가?

현장 심전도

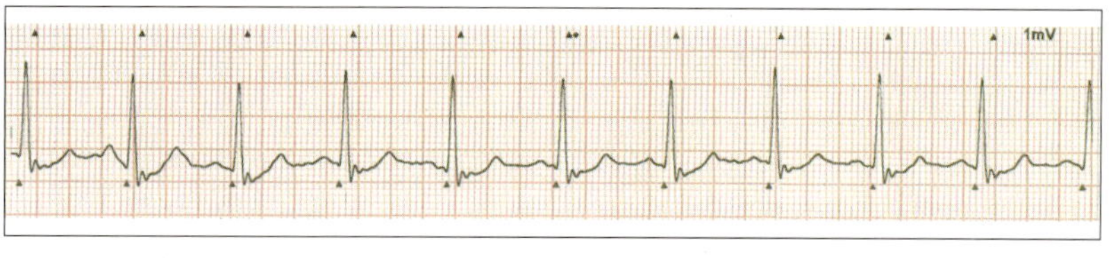

07 위 심전도에 대한 해석은?

1) 리듬이 규칙적인가? ☐ 규칙적 ☐ 불규칙적
2) 맥박수가 정상인가? (정상: 60~100회) ☐ 정상 ☐ 빠름 ☐ 느림
3) P파 너비가 정상인가? (정상 ≤ 3칸) ☐ 정상 ☐ 넓음
4) PR 간격이 정상인가? (정상 ≤ 5칸) ☐ 정상 ☐ 늘어남 ☐ P파 뒤에 R파가 없다
5) QRS 너비가 정상인가? (정상 ≤ 3칸) ☐ 정상 ☐ 좁음 ☐ 넓음
6) ST 분절은 정상인가? ☐ 정상 ☐ 상승 ☐ 하강

08 2차 평가 내용을 바탕으로 기록해 보자.

신체 검진	
시진(눈으로 보이는 이상)	
청진(비정상적인 호흡음, 소리)	
촉진(손으로 느껴지는 이상 반응 확인)	
타진(소리나 반응으로 이상 반응 확인)	
동공 반응(빛반사/크기)	

활력징후						
시각	혈압	맥박	호흡	체온	SpO_2	혈당
:	/ mmHg	회/min	회/min	℃	%	mg/dL

Allergy(알레르기 유무)	
Medication(복용 중인 약물)	
Past illness(과거 병력, 수술력)	
Last meal(마지막 음식물 섭취 시간)	
Event[사고 당시 상황(기전)]	
Onset(발생 시점)	
Provocation(유발/악화/완화 요인)	
Quality(통증/증상의 유형)	
Region(연관된 통증/증상의 부위)	
Severity(통증/증상의 정도)	
Time(통증/증상 지속 시간)	

현장 처치

낮은 혈압과 빠른 맥박의 원인이 토혈인 것으로 추정되어 활력징후 유지를 위해 의료지도를 받도록 한다.

대원1 대원2에게 정맥로 확보 준비를 하도록 요청한다.
대원3에게는 휴대용 산소로 비강캐뉼러로 3L/min의 산소 공급 후 들것을 준비해 달라고 요청한다.

대원1 (의료지도 요청) 안녕하십니까? ○○ 소방서 1급 응급구조사입니다.
(의료지도 내용은 9번 문항을 참고하기로 한다.)

대원1, 2 대원1은 의료지도 요청 후 정맥 주사 세트를 준비하고, 대원2는 정맥로 확보 준비를 한다.

Tip

구급대원은 병원 전 단계에서 출혈을 막지 못하므로 적절한 기도 유지, 저혈량 쇼크 처치를 위한 수액 공급, 치료 가능한 병원으로의 신속한 이송에 중점을 두어야 한다.

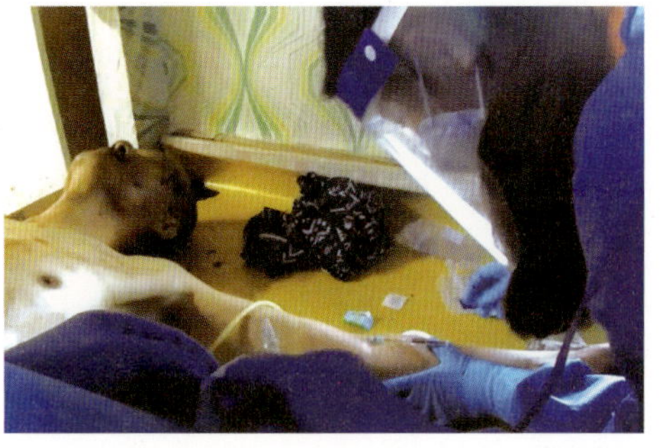

지도 의사는 굵은 바늘(16G 또는 18G)로 정맥로 확보 후 생리식염수 300mL를 주입한 후에도 혈압이 수축기 90mmHg 이상이 되지 않으면 최대 1L까지 공급하며 가까운 지역 응급의료센터 이상 병원으로 이송할 것을 주문했다.

09 의료지도 요청 시 환자의 어떤 정보를 제공하고 어떤 상태를 설명해야 하는가?

이송 단계

현장응급처치 후 간이 들것을 이용하여 주택 밖 주들것이 준비된 장소까지 환자를 이동시킨 후 구급차로 이송한다.

퇴근길 차량 정체가 극심하다. 구급대원은 수액 투여 상황 및 기본 활력징후를 관찰하며 인근의 치료가 가능한 지역 응급의료기관으로 환자를 이송한다. 이송 중 구급대원은 이송 병원에 환자 상태와 응급처치 중인 내용에 대해 미리 알린다.

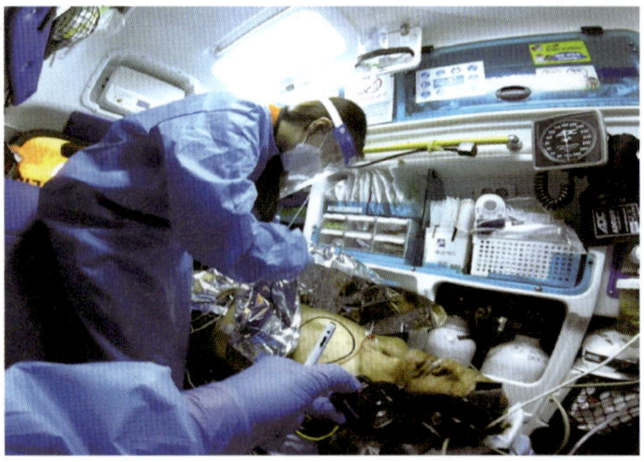

활력징후는 다음과 같다.

시각	혈압	맥박	호흡	체온	SpO_2
02:55	90/50 mmHg	88회/min	16회/min	36.5℃	98%

이송 중 심전도 리듬

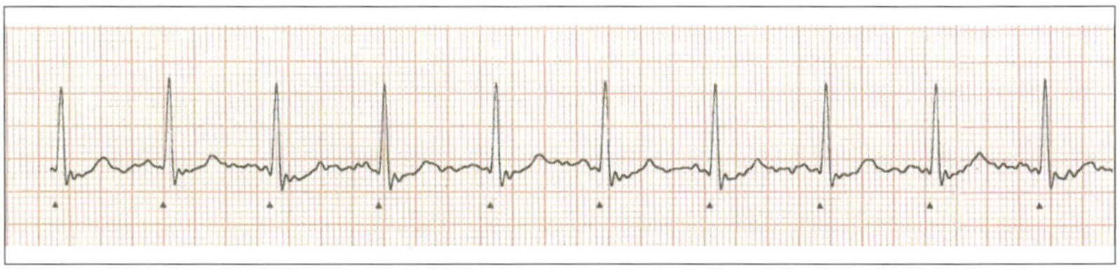

10 출동 중 차량 정체가 심할 때 안전하고 신속한 구급차 운행법에 대해 알고 있는가?

병원 단계

Tip

구토 백의 전달

구토백의 토혈 보관은 출혈량을 추정할 수 있으며 의료진은 진단에 활용할 수도 있다.

하지만, 현장 단계에서 수거한 토혈을 병원까지 가져가는 것은 위생상 좋지 않다.

사진으로 남겨 의료진에게 전달할 것을 추천한다.

병원 도착 후 구급대원은 대기하고 있던 의료진에게 환자 상태 및 응급처치에 관한 사항을 설명한다.

의사 전화했던 구급대입니까? 이송 중에도 토혈이 추가로 있었나요?

대원1 이송 중에 토하지는 않았지만, 숨 쉬는 게 불편하다 하여 비강 캐뉼러로 3L/min의 산소를 제공하고 있었습니다.

의료진(간호사) 환자 인계 부탁드립니다.

대원1 57세 남자로 1년 전 ○○○ 병원에서 간경화증을 진단 받았으나 약은 임의대로 먹지 않는 환자입니다.
02시 30분경 자다가 피를 토한다고 자녀가 신고했고, 의식은 명료했으나 어지러워 거동이 힘든 상태입니다. 화장실과 거실에 검붉은 피 약 300mL 정도를 토한 흔적이 있었습니다. 추가로 며칠 전 피를 한 번 토했고 검은색 변도 보았다고 환자가 말했습니다. 최초 활력징후는 혈압 70/40mmHg, 맥박 110회/min, SpO_2 98%로 확인되었습니다.

의료지도를 받아 18G 정맥로를 확보한 후 N/S 300mL를 주입했고, 병원 도착 전 수축기 혈압이 90/50mmHg로 확인되었습니다.

의료진 네, 안으로 들어가서 살펴보겠습니다.

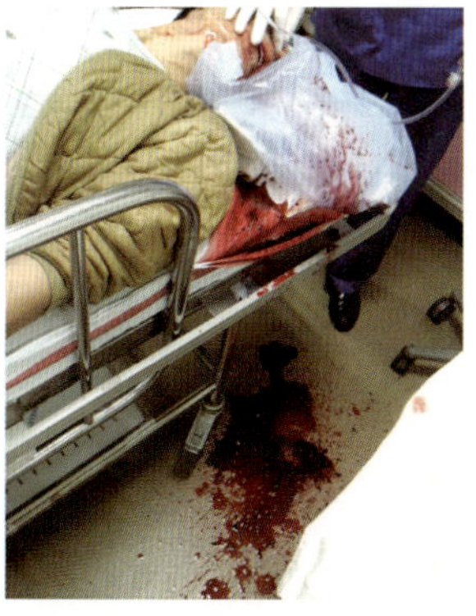

1차 지역 응급의료기관 응급실 도착 후 비관튜브(L-tube)로 처치 중에 200mL의 분출성 토혈이 다시 시작된다.

SB-tube와 응급 내시경 처치가 안 되어 20km 떨어진 2차 지역 응급의료센터로 재이송하기로 한다.

Tip

SB-tube (Sengataken-Blakemore tube)

흔히 '상스타켄 블레이크모어 관'이라고 부른다.

위식도 정맥류 파열로 인한 위장관 출혈 환자에게 위, 식도 부위에 풍선을 불어 넣어 지혈(활동성 출혈을 80%까지도 지혈 가능)하는 도구이다. 주로, 응급으로 내시경 지혈술이 가능한 응급의료센터급 이상 의료기관에서 적용한다.

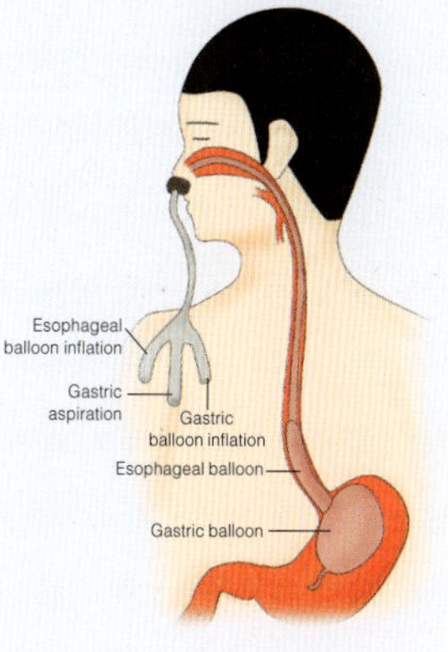

11 1차 의료기관에서 진료가 어려워 원거리 병원으로 이송해야 하는 상황에서 주의할 사항은 무엇인가?

12 상기 사항을 구급일지에 작성해 보시오.

제한점

- 환자의 혈액과 직접적인 접촉이 있을 수 있어 적절한 개인 보호장비를 착용해야 하나 미리 준비하지 못한 경우 현장에서 착용이 어렵다.
- 현장에서는 토혈과 객혈의 명확한 감별이 어려울 수 있다. 평소 객혈과 토혈에 대한 구분법을 충분히 알고 있어야 문진과 현장 평가를 통해 감별할 수 있다.
- 토혈과 객혈의 경우 급격한 혈압 저하로 인해 혈관을 통한 정맥로 확보가 어려울 수 있다. 정맥로 확보가 어려울 때 어떻게 해야 할지 고민해 봐야 한다.
- 초기 병원 선정 단계부터 24시간 내시경 처치와 SB-tube 삽입이 가능한 지역 응급의료센터로 이송했어야 했다.

실전 문제

01 현장 출동 중 토혈 환자의 정보를 받고 구급대원이 생각해야 할 것 중 적절하지 못한 것은?

① 혈액에 의한 감염 위험이 있어 개인 보호장비를 착용한다.
② 출동 단계에서 응급처치 의료지도를 미리 받는다.
③ 감염 방지를 위해 평소 앓고 있는 질환을 파악한다.
④ 많은 출혈량을 예상하여 의식 여부를 파악한다.

02 토혈 또는 혈변 증상에 대한 적절한 초기 평가가 아닌 것은?

① 의식 상태, 호흡, 맥박을 통한 빠른 일차 평가를 시행한다.
② 위, 십이지장의 궤양 및 간 질환에 대한 병력 청취를 한다.
③ 활력징후를 측정하고 불안정한 요소를 확인한다.
④ 신속하게 정맥로를 확보하고 수액을 투여한다.

03 토혈 또는 혈변 환자의 응급처치와 이송 시 고려해야 할 사항 중 잘못된 것은?

① 쇼크 시 이송 소요 시간이 20분 이상 예상되면 정맥로 확보를 시도한다.
② 정맥로 확보로 인해 이송이 지연되지 않도록 한다.
③ 현장에서 습득한 토혈 및 혈변 등은 굳이 병원에 인계할 필요가 없다.
④ 모든 혈변 및 토혈 환자는 산소를 충분히 공급해 주는 것이 좋다.

04 토혈 환자의 증상에 대해 설명이 바르지 못한 것은?

① 혈액에 거품이 관찰되며 선홍색 가래도 함께 나타난다.
② 무력하고 창백하며 어지럼증, 호흡곤란의 증상이 나타날 수 있다.
③ 보통 상부 위장관계의 출혈이 흔하다.
④ 대변은 흑색변의 증상이 관찰된다.

05 간경화를 앓고 있는 50세 남성 환자가 토혈 후 의식이 없다는 신고를 받고 현장에 도착했다. 구급대원이 할 수 있는 올바른 처치가 아닌 것은?

① 신속히 초기 평가 및 병력 청취를 통해 환자 상태를 파악한다.
② 토혈로 인해 기도가 폐쇄되지 않도록 고개를 옆으로 젖히고, 필요시 흡인(suction)하도록 한다.
③ 쇼크 증상이 있다면 수액 주입이 필요하므로 이송이 약간 지연되더라도 정맥로 확보가 우선이다.
④ 쇼크를 동반한 환자는 중증이므로 지역별 여건에 따라 치료 가능한 응급의료센터급 이상으로 이송해야 한다.

정답 1 ②, 2 ④, 3 ③, 4 ①, 5 ③

1-② 구급대원은 출동 중 현장의 상황을 추정할 수 있다. 그러나 환자의 상태를 확인하지 않고 미리 의료지도를 받는 것은 의료지도 의사에게 정확한 정보를 전달할 수 없어 지도 의사가 현장 상황을 제대로 파악하지 못해 정확한 의료 지시를 내릴 수 없게 한다.

2-④ 정맥로 확보는 일차 평가가 시행된 후 의료지도를 통해 이루어지는 중재이다. 따라서 환자의 상태에 따라 불필요하게 현장에서 정맥로를 무리하게 확보하지 않고 신속한 이송이 요구되는 때도 있다.

3-③ 현장에서 습득한 출혈의 흔적은 토혈, 혈변, 객혈을 감별하고 출혈의 양상을 파악하는 데 중요한 단서가 될 수 있다.

4-① 보통 선홍색 가래, 혈액 및 거품이 관찰된다면 객혈의 가능성이 크다.

5-③ 쇼크 증상을 보이는 환자는 저혈량 쇼크로 응급 상황이다. 정맥로 확보를 위해 이송을 지연시켜서는 안 된다. 병원 전 단계에서는 2회 정도 시도 후 실패하면 이송하도록 한다. (응급 상황에서는 이송 중에 구급차 안에서 시도하도록 한다.)

사례 풀이

01 출동 중 신고자와의 통화에서 어떤 정보를 얻을 수 있는가?

피를 토하고 있다면 그 양상을 물어보고, 출혈량이 많다면 의식 변화가 올 수 있음을 인지할 수 있다. 또한 피를 토한 과거력이 있는지, 아니면 심한 기침으로 피가 묻어 나오는 것인지 확인하여 폐 질환인지 간 또는 위장관계 질환인지도 추정해 볼 수 있다. 전화 통화 후에도 현장의 위치가 제대로 파악되지 않는다면 신고자에게 집 밖에서 구급차를 안내해 달라고 요청할 수 있다.

02 현장 진입 시 어떤 장비들을 가지고 가야 하는가?

제시된 지문에서는 출동 단계에서 출혈량이 얼마나 되는지 파악되지 않았다(출동 대원이 빠트린 부분이다).

현장은 병원과 달리 환자 근처에 많은 장비가 없고 인력이 충분하지 못하다. 구급대원이 여러 장비를 준비해서 이동하는 것에 많은 제약이 따르므로 출동 중에 파악된 정보를 바탕으로 필요 장비를 준비하는 능력을 길러야 한다.

1) 환자 평가를 위해 활력징후 측정 장비를 준비한다.
2) 응급처치 장비는 대량 토혈에 따른 쇼크 증상에 대비하기 위해 '휴대용 산소'와 '수액 공급 세트'를 준비한다.
3) 환자 이송을 위해 현장 상황에 따라 적절한 들것을 준비하도록 한다.

03 (현장 사진은 실제 모습이다) 출혈 흔적으로 보아 얼마만큼의 시간과 양으로 추정되는가?

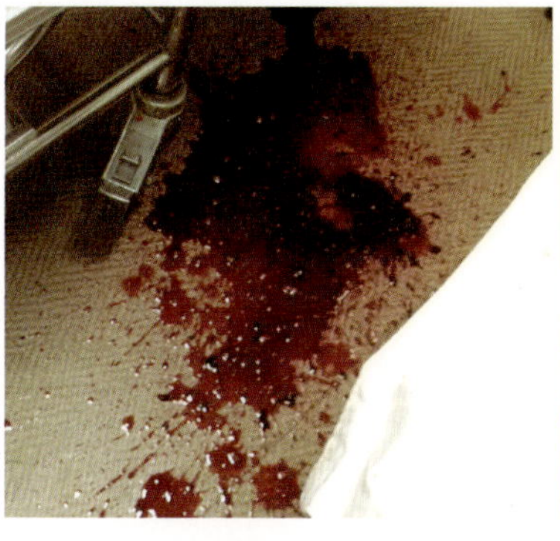
출혈 직후

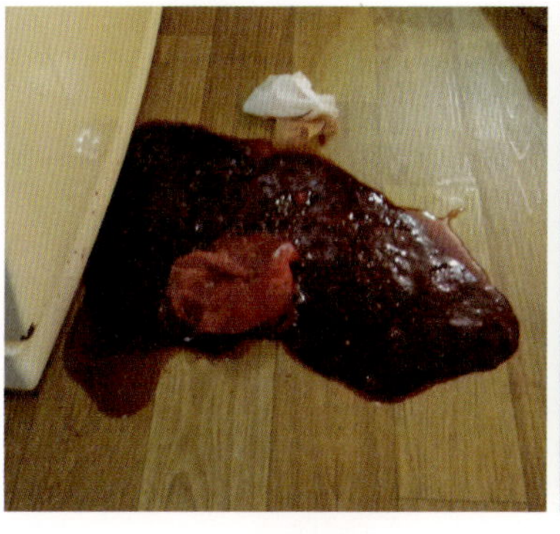
20~30분 이내

몇 시간 경과

■ 시간대별 특징과 출혈 흔적의 모습

수건과 거즈에 적셔진 가상(빨간 물감과 감자 전분) 또는 전혈(거즈에 적셔진 방법)을 통해 흡수량을 각각 실험한 연구가 있었다. 서울소방재난본부 구급대원 실험(2014년)에서는 500cc 용액을 충분히 흡수하기 위해서는 수건 1장 또는 10×10cm 거즈 75장[3]이나 20×20cm 외과형 패드 5장이 필요했다. Emran Ali Algadiem 등(2016)의 실험에서는 10×10cm 거즈 83장 또는 30×30cm 외과형 패드 5장이 필요했다.

3) 일반적으로 5장들이 1팩으로 유통되는 멸균 거즈로 모두 15팩(봉)이 필요하다.

두 실험은 가상의 혈액(물감과 감자 전분)과 실제 혈액을 비교한 것이다. 서울소방재난본부 구급대원의 실험에서 10×10cm 거즈의 경우 충분히 적셔지지 않았다는 것을 고려하여 현장 활동에 참고해야 한다.

■ 수건과 거즈에 적셔진 출혈량 추정법

100cc	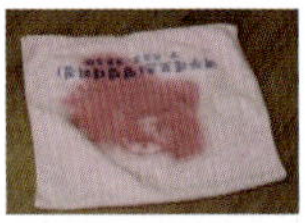
200cc	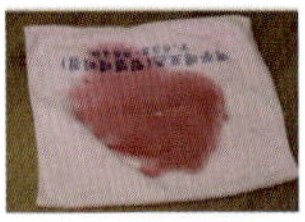
300cc	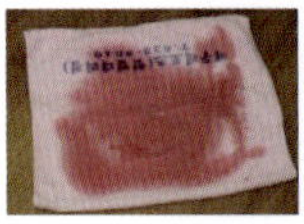 
400cc	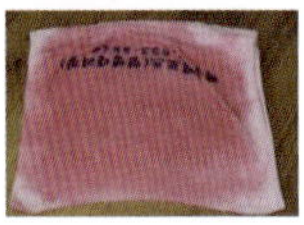
500cc	 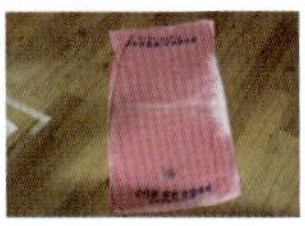

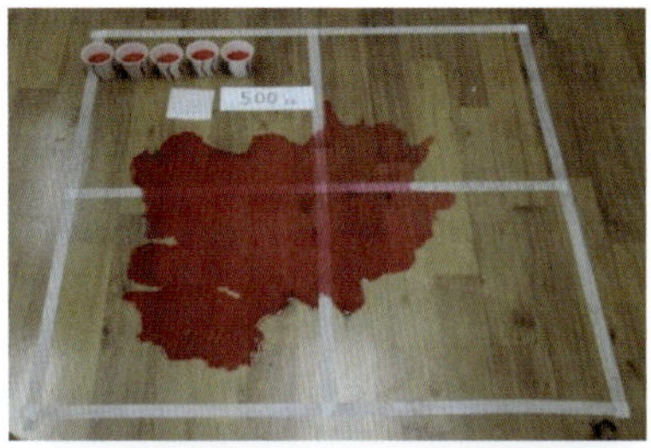

500cc

■ 거즈에 적셔진 출혈량 추정법

Gauze size	Percentage of saturation			
	25%	50%	50%	100%
10×10cm	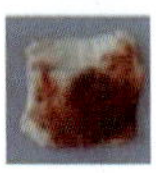 3mL	 6mL	 6mL	 12mL
30×30cm	 25mL	 50mL	 75mL	 100mL
45×45cm	 40mL	 80mL	 120mL	 160mL

Visual Guide for Determining Blood Loss for Three Different Sizes of Gauze. There was a 25% increase in total absorptive capacity when the gauze was dripping (supersaturated) and 25% decrease in each category when the gauze was wet.

04 1차 평가 결과를 바탕으로 추정되는 문제는 무엇인가?

명료한 의식, 얕은 호흡, 노동맥의 빠른 맥박, 식은땀은 현장 평가에서 확인된 출혈 흔적과 연관지어 볼 때 출혈에 의한 저체액성 쇼크의 보상 반응인 것으로 보인다. 이후, 재출혈이 나타나면 비가역적 손상으로 나타날 수 있어 신속한 응급처치와 병원 이송이 필요한 것으로 판단할 수 있다.

05 (현장의 모습을 보고) 토혈과 객혈의 차이와 감별하는 방법은 무엇인가?

현장의 혈액은 검붉은색을 나타내고 있었다. 다른 이물질은 관찰되지 않았다. 흔히 객혈의 경우 선홍색 혈액이 많이 관찰되며 거품이 보이고 폐음을 들었을 때 수포음(rales)이 확인될 수도 있다. 하지만 위 환자의 경우 거품이나 가래 같은 건 확인할 수 없으며 검붉은 혈흔이 관찰된다. 때때로 토혈 환자의 경우 선홍색의 혈액이 관찰되기도 한다. 환자는 간경화 병력이 있으며 며칠 전 검붉은(커피색과 비슷한) 변을 보았다고 했으므로 구급대원은 객혈보다는 토혈로 추정할 수 있다. 기침을 하면 나타나는 혈액은 보이지 않았다.

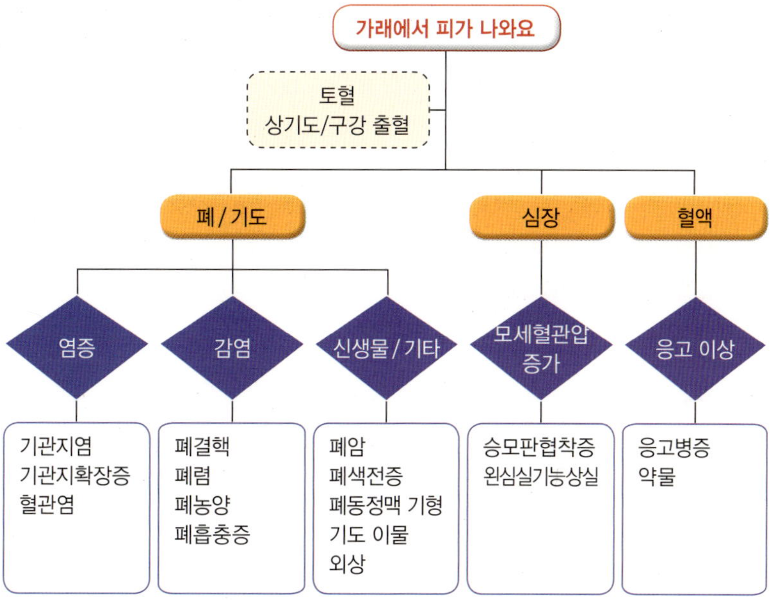

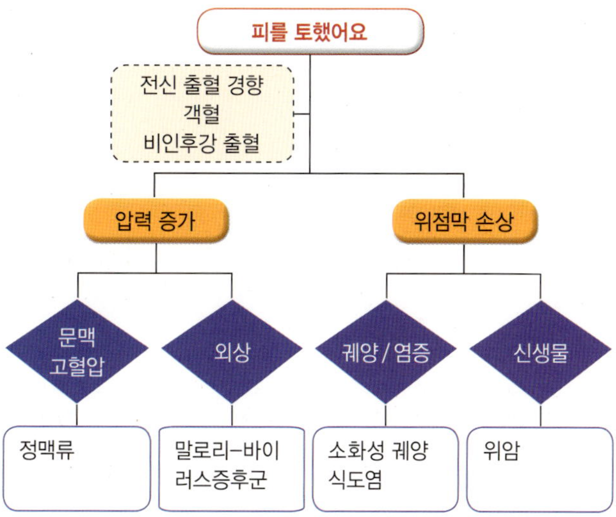

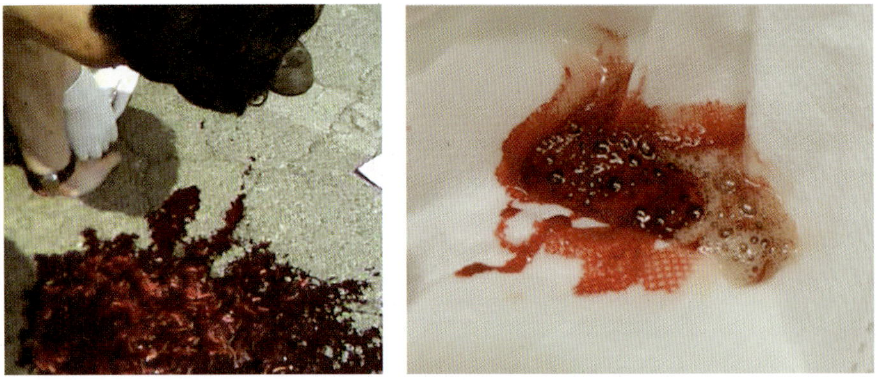

토혈과 객혈의 형태

■ 객혈(hematemesis)

객혈은 기도와 폐에서 선홍색(밝은) 피가 거품이나 가래와 함께 나오며 주로 기침을 통해 목 바깥으로 배출된다. 24시간 동안 200mL 이상의 출혈은 응급 상황이다.

원인은 폐실질, 기도 질환, 심장질환, 혈관 이상, 혈액 응고 등이다.

환자가 침을 뱉듯이 목 뒤에 고인 것을 뱉거나 양치질할 때 피가 나왔다는 것은 상기도 구강 출혈을 의미한다. 증상 중에 열, 가래가 있다면 감염증을 의심할 수 있다. 호흡곤란(염증, 심장질환), 담배(염증, 폐암), 가슴 통증과 숨찬 증상(폐색전증)과 관련하여 확인해야 한다.

■ 토혈(hematemesis)

토혈은 구토 시 출혈이 있는 것으로 피에 거품이 없고 검붉은색을 띠며 음식물이 포함될 수 있다. 하부 기도 출혈로 발생하는 객혈과 감별해야 한다. 위, 십이지장의 염증이나 궤양, 간 질환에 의한 식도정맥류 파열, 식도 점막 파열 등에 의한 상부 위장관 구조물의 출혈이 흔하다. 간혹 정맥류 파열 후 위를 거치지 않고 식도에서 바로 토혈하는 경우 선홍색 피가 보이는 경우가 있다.

현장에서 만나는 토혈 환자 중 상당수가 간경화 병력이 있는 정맥류 파열(49.4%)인 것으로 알려져 있다. 그 외, 소화성 궤양 34.5%, 위암 5.6%, 기타 10.5%를 차지한다.

06 환자나 보호자가 병원 이송을 거부하는 경우 어떻게 대처해야 하는가?

환자나 보호자가 이송을 거부하더라도 잠재적 위험이 있는 경우 구급대원은 이송을 위해 적극적인 노력을 해야 한다.

이송 거부가 지속될 때 구급대원이 상황의 심각성을 설명하거나 지도 의사에게 의료지도를 요청할 수 있다.

구급대원의 설명에 동의하지 않을 때 지도 의사에게 직접 설명을 듣도록 하는 것도 방법이다. (이럴 때는 의료지도 의사에게 미리 동의를 구하도록 한다.)

그럼에도 불구하고 강력하게 이송을 거부한다면 법적 분쟁을 예방하기 위해 이송 거부 동의서에 관해 설명하고 환자나 보호자의 서명을 받고 철수할 수 있다. (때에 따라서는 동의 후 녹음 또는 영상 녹화로 근거를 남기는 것이 필요하다.)

07 위 심전도에 대한 해석은?

1) 리듬이 규칙적인가?	☑ 규칙적	☐ 불규칙적	
2) 맥박수가 정상인가? (정상: 60~100회)	☐ 정상	☑ 빠름	☐ 느림
3) P파 너비가 정상인가? (정상 ≤ 3칸)	☑ 정상	☐ 넓음	
4) PR 간격이 정상인가? (정상 ≤ 5칸)	☑ 정상	☐ 늘어남	☐ P파 뒤에 R파가 없다
5) QRS 너비가 정상인가? (정상 ≤ 3칸)	☑ 정상	☐ 좁음	☐ 넓음
6) ST 분절은 정상인가?	☑ 정상	☐ 상승	☐ 하강

08 2차 평가 내용을 바탕으로 기록해 보자.

<table>
<tr><th colspan="7">신체 검진</th></tr>
<tr><td colspan="3">시진(눈으로 보이는 이상)</td><td colspan="4">토혈</td></tr>
<tr><td colspan="3">청진(비정상적인 호흡음, 소리)</td><td colspan="4">–</td></tr>
<tr><td colspan="3">촉진(손으로 느껴지는 이상 반응 확인)</td><td colspan="4">차갑고 축축한 피부</td></tr>
<tr><td colspan="3">타진(소리나 반응으로 이상 반응 확인)</td><td colspan="4">–</td></tr>
<tr><td colspan="3">동공 반응(빛반사/크기)</td><td colspan="4">Rt 3mm(+)/Lt 3mm(+)</td></tr>
<tr><th colspan="7">활력징후</th></tr>
<tr><td>시각</td><td>혈압</td><td>맥박</td><td>호흡</td><td>체온</td><td>SpO_2</td><td>혈당</td></tr>
<tr><td>02:38</td><td>70/40mmHg</td><td>110회/min</td><td>18회/min</td><td>36.0℃</td><td>94%</td><td>106mg/dL</td></tr>
<tr><td colspan="3">Allergy(알레르기 유무)</td><td colspan="4">없음</td></tr>
<tr><td colspan="3">Medication(복용 중인 약물)</td><td colspan="4">복용하지 않음</td></tr>
<tr><td colspan="3">Past illness(과거 병력, 수술력)</td><td colspan="4">간경화증(1년 전)</td></tr>
<tr><td colspan="3">Last meal(마지막 음식물 섭취 시간)</td><td colspan="4">전일 저녁 11시(소주 1병과 김치)</td></tr>
<tr><td colspan="3">Event[사고 당시 상황(기전)]</td><td colspan="4">수면 중에 구토 증상이 있어 변기에 피를 토함</td></tr>
<tr><td colspan="3">Onset(발생 시점)</td><td colspan="4">신고 20분 전 추정</td></tr>
<tr><td colspan="3">Provocation(유발/악화/완화 요인)</td><td colspan="4">–</td></tr>
<tr><td colspan="3">Quality(통증/증상의 유형)</td><td colspan="4">–</td></tr>
<tr><td colspan="3">Region(연관된 통증/증상의 부위)</td><td colspan="4">–</td></tr>
<tr><td colspan="3">Severity(통증/증상의 정도)</td><td colspan="4">VAS 8점</td></tr>
<tr><td colspan="3">Time(통증/증상 지속 시간)</td><td colspan="4">신고 20분 전부터 계속</td></tr>
</table>

09 의료지도 요청 시 환자의 어떤 정보를 제공하고 어떤 상태를 설명해야 하는가?

대원1 (소속과 자격을 밝히고 요청한 이유를 알린다) 안녕하십니까? ○○ 소방서 1급 응급구조사입니다.
57세 남자로 신고하기 20분 전부터 피를 토한다고 신고되었습니다. 의식은 명료하며 출혈량은 300mL로 추정됩니다.
활력징후는 70/40mmHg, 맥박 110회/min, 호흡 약 18회, 체온은 36.0℃, SpO_2 94%입니다.
토혈 외 어지럼증을 호소하는 상황입니다.

지도 의사 과거 병력이 있나요?

대원1 1년 전 간경화로 진단 받았고, 며칠 전에는 흑색변까지 보았다고 합니다.

지도 의사 18G로 정맥로 확보해 주시고, 300mL 덩이(bolus) 주입 후 100mL/h로 유지해 주세요.
호흡곤란이 있으면 산소 공급하시고 내시경 지혈 처치가 가능한 병원으로 이송하세요.

대원1 네, 알겠습니다.

10 출동 중 차량 정체가 심할 때 안전하고 신속한 구급차 운행법에 대해 알고 있는가?

구급차도 교통 법규를 준수해야 한다. 운전을 담당한 대원은 도로교통법 긴급차의 특례에 대해서 숙지하고 있어야 하며, 응급 환자 이송 중일 때는 경광등과 사이렌을 켜고 주행해야 한다. 특히 커브길 같은 경우 중앙선을 넘은 역주행은 상대방 운전자를 당황케 하여 교통사고를 유발할 수 있다.

또한, 교차로를 통과할 땐 교통의 흐름을 방해하지 않는 범위 내에서 조심스럽게 접근해야 한다. 아무리 급한 환자라 해도 사고를 일으킨다면 이송 시간이 오히려 지연될 것이다. 정체 구간을 통과할 때는 상대방 차들이 피할 수 있는 공간 확보가 쉬운 경로를 선택해야 한다. 예를 들어 갓길에 여유가 많다면 갓길로 접근하는 것이 좋고, 갓길 공간이 좁고 중앙분리대가 설치된 3차선 도로라면 1차선과 2차선 또는 2차선과 3차선 사이로 진입하는 것이 유리할 수 있다.

11 1차 의료기관에서 진료가 어려워 원거리 병원으로 이송해야 하는 상황에서 주의할 사항은 무엇인가?

1차 이송한 병원에서 발생한 재출혈로 인해 상급 병원으로 이송해야 하는 경우, 환자 상태가 위급하다면 의료진 동승을 요청할 수 있다. 만약, 가능하지 않다면 기록지에 사유를 작성하는 것이 좋다. 이송할 경우 발생 가능한 상황에 대해 전원을 보내는 의사에게 의료지도를 직접 받는 것 또한 좋은 방법이다.

좁은 구급차 안에서 토혈할 경우 감염과 저혈량 쇼크에 따른 심정지 상황까지 대비해서 이송하며, 해당 병원에 사전 통보가 되는지 확인하는 것도 잊지 말아야 한다.

12 상기 사항을 구급일지에 작성해 보시오.

119 구급대원 현장응급처치 표준지침(토혈/혈변)

The Standard Protocols for 119 Emergency Medical Services Providers

토혈(hematemesis)은 구토 시 출혈이 있는 것으로 피에 거품이 없고 검붉은색을 띠며 음식물이 포함될 수 있다. 하부 기도 출혈로 발생하는 객혈과 감별해야 한다. 위, 십이지장의 염증이나 궤양, 간 질환에 의한 식도정맥류 파열, 식도 점막 파열 등에 의한 상부 위장관 구조물의 출혈이 흔하다.

혈변(hematochezia)은 배변 시 대변에 선홍색의 혈액이 보이는 것으로 검은색의 대변은 흑색변(melena)으로 구분한다. 가벼운 치질에서부터 게실증, 대장(큰창자) 용종, 궤양성 대장(큰창자)염, 대장(큰창자)암 등 하부 위장관 출혈은 혈변으로 나타나고, 상부 위장관 출혈은 흑색변으로 나타난다.

1. 임상적 특징

- 중증의 만성/급성 위장관 출혈에 의한 토혈 환자는 무력, 창백, 어지럼증, 호흡곤란 등의 빈혈 증상이 나타난다.
- 하부 위장관 출혈에 의한 혈변 환자는 원인 질환에 의한 복통, 오심, 구토 등이 동반되기도 한다.

2. 환자 평가 필수 항목

- 병력 청취
  - 토혈이나 혈변의 양과 특성
  - 위, 십이지장의 궤양 및 간 질환에 대한 병력 청취
- 이학적 검진
  - 의식 변화, 기도 유지, 호흡 보조, 순환 확인을 한다.
  - 활력징후를 측정하고 불안정한 활력징후를 확인한다.
  - 쇼크 징후: 피부가 창백하거나 식은땀이 나는지 확인한다.
  - 황달, 복수를 암시하는 복부 팽만, 피부의 거미 혈관종, 정강이 부위 함요부종(pitting edema)

3. 응급처치 절차 및 방법

- '환자 초기 평가·처치 표준지침'에 따라 전반적인 평가 및 처치를 시행한다.
- 모든 토혈 및 혈변 환자는 기도를 유지하고 산소포화도가 94% 미만일 경우 저산소증 교정을 위해 **비강(코안)캐뉼러로 1~5L/min** 또는 **안면 마스크로 6~10L/min**의 산소를 투여한다. ☞ ② ①
- 산소투여 후 산소포화도가 95% 이상이 안 되면 **비재호흡 마스크**를 이용하여 **11~15L/min**의 산소를 투여한다. ☞ ② ①
- 이송 중 토혈로 인한 기도폐쇄 가능성이 있으므로 기도 유지에 주의하고, 구토 시 토물이 흡인되지 않도록 고개를 옆으로 젖힌다. ☞ Ⓕ ② ①
- 혈역학적으로 불안정하거나 쇼크 징후 또는 혈압이 90mmHg 이하면 하지를 거상(☞ Ⓕ ② ①)하고 정맥로를 확보(☞ ①)하여 300mL(소아는 5mL/kg)의 생리식염수나 젖산 링거액을 투여(☞ ①)하고, 혈압, 맥박수, 의식 등이 정상 범위로 회복되는지 확인한다. 쇼크가 지속될 경우 1L(소아는 10mL/kg)까지 수액을 지속적으로 투여한다.(☞ ①)

4. 응급처치 시 주의 사항

- 쇼크 시 이송 시간이 20분 이상 소요되는 것으로 예상될 때, 정맥로를 확보한다. 그러나 정맥로 확보로 인해 이송이 지연되지 않도록 능숙하게 한다.
- 현장이나 이송 중 습득한 토혈/혈변물은 토혈 및 혈변의 양과 성상을 파악할 수 있도록 버리지 않고 이송 병원에 인계한다.

5. 직접 의료지도 요청 기준

- 환자의 활력징후가 불안정하여 정맥로 확보 및 수액 투여가 필요한 경우
- 대량 토혈로 인한 기도폐쇄 위험이 있어 전문 기도유지술을 시도할 경우

6. 이송 병원 선정 지침

- ○ 쇼크를 동반하는 대량 토혈/혈변 환자이거나 간경화 환자의 식도정맥류 파열 환자는 중증이므로 가까운 지역 응급의료센터 이상의 의료기관으로 이송함을 원칙으로 하되, 지역별 여건에 따라 의료지도 등을 받아 치료 가능한 가까운 지역 응급의료기관으로 이송할 수 있다.
- ○ 응급의료 취약 지역일 경우 가장 가까운 지역 응급의료기관으로 이송한다.
- ○ 위 기준에도 불구하고 이송 병원 선정이 어려운 경우 직접 의료지도를 요청하고 지도에 따른다.

Reference

1. 소방청. 《119 구급대원 현장응급처치 표준지침》, 2023.
2. 전국응급구조학과교수협의회. 《내과전문응급처치학》(제1판), 2007, 서울:도서출판 한미의학, pp 365–371.
3. KSMC(한국의과대학·의학전문대학원협회). 《기본진료수행 지침》 전면 개정판(제2판), 2016.
4. 김희태 외 5인. 《바닥 및 거즈 등을 이용한 출혈량 파악》, 서울소방재난본부, 2014.
5. Emran Ali Algadiem Et al, Blood Loss Estimation Using Gauze Visual Analogue. Trauma Mon. 2016 May; 21(2):e34131.